高 等 学 校 教 材

建 筑 施 工

天津大学　刘津明　主编
清华大学　孟宪海

刘津明　闫西康　张晋元　丁红岩
王跃华　戎　贤　庞建勋　孟宪海　编
朱　嬿　曹小琳　曹跃进

中国建筑工业出版社

图书在版编目（CIP）数据

建筑施工／天津大学, 清华大学主编. —北京: 中国
建筑工业出版社, 2001.7（2022.6重印）
高等学校教材
ISBN 978-7-112-04633-1

Ⅰ. 建…　Ⅱ.①天…②清…　Ⅲ. 建筑工程-工程
施工-高等学校-教材　Ⅳ. TU7

中国版本图书馆 CIP 数据核字（2001）第 10147 号

高 等 学 校 教 材

建 筑 施 工

天津大学　刘津明
　　　　　　　　　　主编
清华大学　孟宪海

刘津明　闫西康　张晋元　丁红岩
王跃华　戎　贤　庞建勋　孟宪海　编
朱　嬿　曹小琳　曹跃进

*

中国建筑工业出版社出版、发行(北京西郊百万庄)

各地新华书店、建筑书店经销

廊坊市海涛印刷有限公司印刷

*

开本: 787×1092 毫米　1/16　印张: 32¼　字数: 779 千字
2001 年 7 月第一版　　2022 年 6 月第十七次印刷
定价: **44.00** 元
ISBN 978-7-112- 04633-1
(14896)

前　言

　　建筑施工是建筑工程专业的一门重要专业课。原有的《建筑施工》教材的内容包括：土方工程、桩基工程、砌体工程、钢筋混凝土工程、预应力混凝土工程、结构吊装工程、升板工程、流水原理、网络计划技术、施工组织设计等内容。国家教育部近年来对高等教育专业设置进行了调整，建筑工程、交通土建工程等四个专业合并为土木工程一个专业。这就意味着土木工程专业教育要比以往的建筑工程专业教育覆盖面更广。为满足专业调整的要求，我们编写了这本新编《建筑施工》教材。该教材在原来的建筑施工教材的基础上，增加了高层建筑施工；钢结构工程；路桥工程施工；水工及港工结构施工等内容。使本教材更能适应国内、国际市场竞争环境。

　　本教材力求做到深入浅出，图文并茂，理论阐述清晰、简明，易读易懂，具有较强的可操作性。因此，本教材不仅适于作本科生的施工课教材，同时也可作为工程技术人员、研究生的参考资料。

　　全书共十七章。各章的编写具体分工如下：第一、五章—刘津明；第二、四章—闫西康；第三、八章—张晋元；第六、十二章—丁红岩；第七章—王跃华，戎贤；第九、十章—戎贤；第十一章—庞建勋；第十三、十四章—孟宪海；第十五章—朱嫱，孟宪海；第十六章—曹小琳；第十七章—曹跃进。

　　由于作者水平所限及时间仓促，书中缺点和不当之处再所难免，恳请各位专家和读者批评指正。

目　录

第一章 土 石 方 工 程

土木工程中,常见的土石方工程有:场地平整、基坑(槽)与管沟开挖、路基开挖、人防工程开挖、地坪填土、路基填筑以及基坑回填等。

土石方工程施工具有以下特点:

1)面广量大、劳动繁重 建筑工地的场地平整,面积往往很大,某些大型工矿企业工地,土石方工程面积可达数平方公里,甚至数十平方公里。在场地平整和大型基坑开挖中,土石方工程量可达几百万立方米以上。对于面广量大的土石方工程,应尽可能采用全面机械化施工。

2)施工条件复杂 土石方工程施工多为露天作业,土又是一种天然物质,成分较为复杂,因此,施工中直接受到地区、气候、水文和地质等条件的影响。

组织土石方工程施工,在有条件和可能利用机械施工时,尽可能采用机械化施工;在条件不够或机械设备不足时,应创造条件,采取半机械化和革新工具相结合的方法,以代替或减轻繁重的体力劳动。另一方面,要合理安排施工计划,尽可能不安排在雨期施工;否则,应做好防洪排水等准备。此外,为了降低土石方工程施工费用,贯彻不占或少占农田和可耕地并有利于改地造田的原则,要作出土石方的合理调配方案,统筹安排。

第一节 土 的 工 程 分 类 及 性 质

一、土的工程分类

土石方工程施工和工程预算定额中,土是按其开挖难易程度(即土的硬度系数大小)分类的。

按我国水力电力部颁布的土石方工程 16 级分类法标准,一般工程土分为Ⅰ、Ⅱ、Ⅲ、Ⅳ级,见表 1-1。岩石则从Ⅴ~ⅩⅥ级。

一般工程土类分级表   表 1-1

土类级别	土 质 名 称	自然湿密度 (kg/m³)	外 形 特 征	开 挖 方 法
Ⅰ	1. 砂土 2. 种植土	1650~1750	疏松、粘着力差或易透水,略有粘性	用锹或略加脚踩开挖
Ⅱ	1. 粉质粘土 2. 淤泥 3. 含壤种植土	1750~1850	开挖时能成块并易打碎	用锹需要用脚踩开挖
Ⅲ	1. 粘土 2. 干燥黄土 3. 干淤泥 4. 含少量砾石粘土	1800~1950	粘手,看不见砂粒,或干硬	用镐、三齿耙开挖或用锹需用力加脚踩开挖

土类级别	土 质 名 称	自然湿密度 （kg/m³）	外 形 特 征	开 挖 方 法
IV	1. 坚硬粘土 2. 砾质粘土 3. 含卵石粘土	1900～2400	土壤结构坚硬，将土分裂后成块状，或含粘粒砾石较多	用镐、三齿耙等工具开挖

二、土的工程性质

1. 土的密度

与土方施工有关的是土的天然表观密度和土的干表观密度。天然表观密度是指土在天然状态下单位体积的重量，它与土的密实程度和含水量有关。

土的干表观密度，即单位体积土中固体颗粒的重量，即土体孔隙内无水时的单位体积土重。干表观密度是反映土颗粒排列紧密程度的一个指标。土的最大干表观密度值可参见表1-2。

土的最大干表观密度参考值   表 1-2

土的种类	最大干表观密度（g/cm³）	土的种类	最大干表观密度（g/cm³）
砂 土	1.80～1.88	重粉质粘土	1.67～1.79
粉 土	1.61～1.80	粉质粘土	1.65～1.74
粘质砂土	1.85～2.08	粘 土	1.58～1.70
粉质粘土	1.85～1.95		

2. 土的含水量

土的含水量是指土中所含的水与土的固体颗粒间的重量比，以百分数表示。土的含水量随外界雨雪、地下水的影响而变化。土的含水量对土方边坡稳定及填土压实有直接影响。因此，土方开挖低于地下水位时，应采用排水措施；回填土土料应处于最佳含水量范围内。参见表1-3。

土的最佳含水量   表 1-3

土的种类	最佳含水量（重量比）（%）	土的种类	最佳含水量（重量比）（%）
砂 土	8～12	重亚粘土	16～20
粉 土	16～22	粉质亚粘土	18～21
亚砂土	9～15	粘 土	19～23
亚粘土	12～15		

3. 土的渗透性

土的渗透性是指土体被水透过的性能，它与土的密实程度有关，土颗粒的孔隙比越大，则土的渗透系数越大。

法国学者达西根据砂土渗透实验，发现如下关系：

$$V = K \cdot I \tag{1-1}$$

式中 V——渗透水流的速度（m/d）；

K——渗透系数(m/d);

I——水力坡度。

一般用渗透系数 K 作为衡量土的透水性指标,渗透系数 K 就是水在 $I=1$ 的土中的渗透速度。土的渗透性,取决于土的形成条件、颗粒级配、胶体颗粒含量和土的结构等因素。

渗透系数的测定方法有现场注水、抽水试验与实验室测定两种。对于重大工程,宜采用现场抽水试验,以获得较为准确的渗透系数值。其方法是在现场设置抽水孔,并距抽水孔为 x_1 和 x_2 处设两个观测井(三者在同一直线上),抽水稳定以后,观测井内的水深 y_1 和 y_2,并测得抽水孔的抽水量 Q,按式(1-2)计算土的渗透系数 K:

$$K = \frac{Q \cdot \lg \frac{x_2}{x_1}}{1.366(y_2^2 - y_1^2)} \qquad \text{(m/d)} \qquad (1-2)$$

4. 动水压力和流砂

地下水分潜水和层间水两种。潜水即从地表算起第一层不透水层以上含水层中所含的水,这种水无压力,属于重力水。层间水即在两个不透水层之间含水层中所含的水。如果水未充满此含水层,水没有压力,称为无压层间水;如果水充满此含水层,水则带有压力,称为承压层间水(图1-1)。

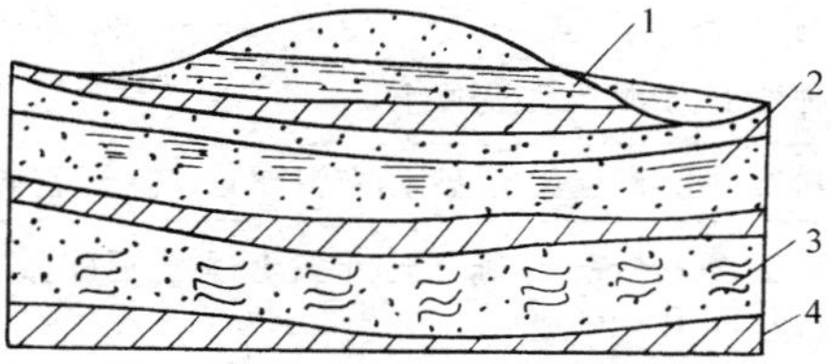

图 1-1　地下水
1—潜水;2—无压层间水;3—承压层间水;
4—不透水层

动水压力与水的重度和水力坡度有关:

$$G_D = I\gamma_w \qquad (1-3)$$

式中　G_D——动水压力,又称为渗透力(kN/m^3);

I——水力坡度(等于水位差除以渗流路线长度);

γ_w——水的重度(kN/m^3)。

动水压力 G_D 的大小与水力坡度成正比,即水位差愈大,G_D 亦愈大,而渗流路线愈长,则 G_D 愈小。动水压力的作用方向与水流方向相同。当水流在水位差作用下对土颗粒产生向上的压力时,动水压力不但使土颗粒受到水的浮力,而且还使土颗粒受到向上的压力,当动水压力等于或大于土的浸水重度 γ'_w 时,即

$$G_D \geqslant \gamma'_w \text{ 时}$$

土颗粒则失去自重,处于悬浮状态,土的抗剪强度等于零,土颗粒能随着渗流的水一起流动,这种现象称"流砂"。

在一定的动水压力作用下,细颗粒、颗粒均匀、松散而饱和的细砂和粉砂容易产生流砂现象,降低地下水位,改变水流方向,消除动水压力,是防止产生流砂现象的重要措施之一。

5. 等压流线与流网

水在土中渗流,地下水水头值相等的点连成的面,称为"等水头面",它在平面上或剖面上则表现为"等水头线",等水头线即等压流线。由等压流线和流线所组成的网称为"流网",流网有一个特性,即流线与等压流线正交。

6. 土的可松性

自然状态下的土经开挖后,其体积因松散乱而增加,以后虽经回填压实,仍不能恢复到

原来的体积,土的这种性质称为土的可松性,用可松性系数表示,即:

$$K_1 = \frac{V_2}{V_1}; \quad K_2 = \frac{V_3}{V_1} \tag{1-4}$$

式中　V_1——土在自然状态下的体积;

　　　V_2——土挖出后的松散体积;

　　　V_3——土经回填压实后的体积。

土的最初可松性对土方调配、夯填、计算运输工具数量有直接影响。土的可松性系数可参考表1-4。

土 的 可 松 性 系 数　　　　　　　　　　　　表 1-4

土 的 名 称	可松性系数	
	K_1	K_2
砂土、粉土	1.08～1.17	1.01～1.03
种植土、淤泥土、淤泥质土	1.20～1.30	1.03～1.04
粉质粘土、潮湿黄土、砂土混碎(卵)石、粉土、混碎(卵)石、素填土	1.14～1.28	1.02～1.05
粘土、重粉质粘土、砾石土、干黄土、黄土混碎(卵)石、粉质粘土混碎(卵)石、压实素填土	1.24～1.30	1.04～1.07
坚硬密实粘土、粘土混碎(卵)石、卵石土、密实黄土、砂岩	1.26～1.32	1.06～1.09
泥灰岩	1.33～1.37	1.11～1.15
软质岩石、次硬质岩石	1.30～1.45	1.10～1.20
硬质岩石	1.45～1.50	1.20～1.30

第二节　场　地　平　整

实际施工中,由于建筑工程的性质、规模、施工期限以及技术力量等条件的不同,并考虑到基坑(槽)开挖的要求等,场地平整的顺序,通常有以下三种:

1)先平整整个场地,后开挖建筑物基坑(槽)。这种做法,使大型土方机械有较大的工作面,能充分发挥其工作效能,也可减少与其他工作的相互干扰,但工期较长。此法适用于场地的填挖土方量较大的工地。

2)先开挖建筑物基坑(槽),后平整场地。此法适用于地形平坦的场地。这样作,可以加快建筑物的施工速度,也可减少重复挖土方的数量。

3)边平整场地,边开挖基坑(槽)。这种做法,是按照现场施工的具体条件,划分施工区,有的区先平整场地,有的区则先开挖基坑(槽)。

场地平整前,必须先确定场地平整的施工方案,其中包括:确定场地的设计标高(一般均在设计文件上规定)、计算挖方和填方的工程量、确定场地内外土方调配方案,并选择土方机械,拟定施工方法与施工进度。

一、土方量计算

(一)场地设计标高的确定

较大面积的场地平整,正确地选择设计标高是十分重要的。选择设计标高,需考虑以下

因素:

1）满足生产工艺和运输的要求;

2）尽量利用地形,以减少挖方数量;

3）场地以内的挖方与填方能达到相互平衡,以降低土方运输费用;

4）需有一定的泄水坡度(≥20‰),使能满足排水要求;

5）考虑最高洪水位的要求。

当设计文件上对场地标高无特定要求时,场地的设计标高,可照下述步骤和方法确定。

1. 将场地划分为方格并标注方格角点标高

如图1-2(a),将地形图划分方格。每个方格的角点标高,一般根据地形图上相邻两等高线的标高,用插入法求得;在无地形图情况下,也可在地面用木桩打好方格网,然后用仪器直接测出。

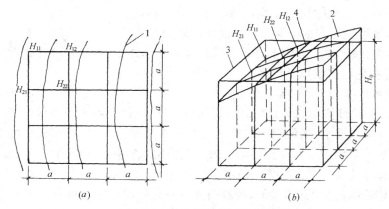

图1-2 场地设计标高计算简图

(a)地形图上划分方格;(b)设计标高示意图

1—等高线;2—自然地面;3—设计标高平面;4—自然地面与设计标高平面的交线(零线)

2. 初步计算场地设计标高

从降低工程成本角度考虑,场地设计标高,应该使场地的土方在平整前和平整后相等(图1-2b),即:

$$H_0 N a^2 = \Sigma \left(a^2 \frac{H_{11} + H_{12} + H_{21} + H_{22}}{4} \right) \tag{1-5}$$

所以:

$$H_0 = \frac{\Sigma(H_{11} + H_{12} + H_{21} + H_{22})}{4N} \tag{1-6}$$

式中　　H_0——初步算的场地设计标高(m);

　　　　a——方格边长(m);

　　　　N——方格个数;

$H_{11}\cdots\cdots H_{22}$——任一方格的四个角点的标高。

从图1-2中可看出,H_{11}系一个方格的角点标高,H_{12}和H_{21}均系两个方格公共的角点标高,H_{22}则系四个方格公共的角点标高。如果将所有方格的四个角点标高相加,那么,类似H_{11}这样的角点标高加到一次,类似H_{12}和H_{21}的标高加到两次,而类似H_{22}的标高则要加

到四次。因此,上式可改写成下列的形式:

$$H_0 = \frac{\Sigma H_1 + 2\Sigma H_2 + 3\Sigma H_3 + 4\Sigma H_4}{4N} \tag{1-7}$$

式中 H_1——一个方格的仅有角点标高(m);

      H_2——二个方格的共有角点标高(m);

      H_3——三个方格的共有角点标高(m);

      H_4——四个方格的共有角点标高(m)。

3. 计算设计标高的调整值

式(1-7)所计算的标高,纯系一理论数值,实际上,还需考虑以下因素进行调整。

(1) 由于土具有可松性,必要时应相应地提高设计标高;

(2) 由于设计标高以上的各种填方工程用土量而影响设计标高的降低,或者由于设计标高以下的各种挖方工程的挖土量而影响设计标高的提高;

(3) 由于边坡填挖土方量不等而影响设计标高的增减;

(4) 根据经济比较结果,而将部分挖方就近弃土于场外,或将部分填方就近取土于场外而引起挖填土的变化后需增减设计标高;

(5) 考虑泄水坡度对设计标高的影响:

如果按照式(1-7)计算出的设计标高进行场地平整,则整个场地表面将处于同一个水平面;但实际上由于排水要求,场地表面均有一定的泄水坡度。因此,还需根据场地泄水坡度的要求(单向泄水或双向泄水),计算出场地内各方格角点实际施工时所采用的设计标高。

1) 单向泄水时,场地各点设计标高的求法

H_0 为场地中心线的标高(图 1-3),场地内任意一点的设计标高则为:

$$H_n = H_0 \pm li \tag{1-8}$$

式中 H_n——场内任意一点的设计标高(m);

      l——该点至 H_0 的距离(m);

      i——场地泄水坡度(不小于 2‰);

      $\pm$——该点比 H_0 高则取"+",反之取"-"号。

例如欲求 H_{52} 角点的设计标高,则

$$H_{52} = H_0 - li = H_0 - 1.5ai$$

2) 双向泄水时,场地各点设计标高的求法

H_0 为场地中心点标高(图 1-4),场地内任意一点的设计标高为:

$$H_n = H_0 \pm l_x i_x \pm l_y i_y \tag{1-9}$$

式中 l_x、l_y——该点 x—x、y—y 方向距场地中心线的距离;

      i_x、i_y——该点于 x—x、y—y 方向的泄水坡度。其余符号表示的内容同前。

例如欲求 H_{42} 角点的设计标高,则:

$$H_{42} = H_0 - l_x i_x - l_y i_y = H_0 - 1.5ai_x - 0.5ai_y$$

(二) 场地土方量计算

场地土方量的计算方法,通常有方格网法和断面法两种。方格网法适用于地形较为平坦的地区,断面法则多用于地形起伏变化较大的地区。

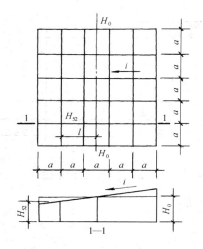

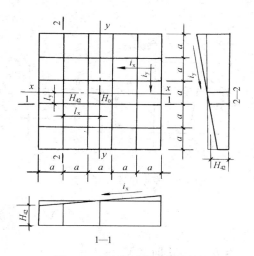

图 1-3　单向泄水坡度的场地　　　　　图 1-4　双向泄水坡度的场地

1．方格网法

用方格网划分整个场地。方格边长通常多采用 20m。根据每个方格角点的自然地面标高和实际采用的设计标高，算出相应的角点填挖高度，然后计算每一个方格的土方量，再将场地上所有方格的土方量求和，并算出场地边坡的土方量，这样即可以得到整个场地的挖、填土总方量。

场地诸方格的土方量的计算方法如下：

（1）计算零点位置

将方格角点自然地面标高与设计地面标高的差值，即各角点的施工高度（挖或填），标在方格角点。挖方为（－）填方为（＋）。在一个方格网内同时有填方和挖方时，要先计算出方格网边上的零点位置。

零点的位置按下式计算：

$$x_1 = \frac{h_1}{h_1 + h_2} \times a; \quad x_2 = \frac{h_2}{h_1 + h_2} \times a \qquad (1\text{-}10)$$

式中　x_1、x_2——角点至零点的距离（m）；

　　　　h_1、h_2——相邻两点的施工高度，均用绝对值（m）；

　　　　a——方格网的边长（m）。

将计算得出的零点标注在方格网上，连接零点就得到零线，它是填方区与挖方区的分界线（图 1-5）。

在实际工作中，为省略计算，常采用图解法直接求出零点，如图（1-6）。方法是用尺在角上按挖填施工高度标出相应比例，用尺相连划线，与方格的边相交点即为零点位置。十分方便，且不易出错。

（2）计算土方工程量

按下列公式计算每个方格的挖方或填方量：

1）一个角点填（挖）三个角点挖（填）方

7

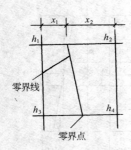
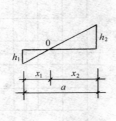

图 1-5 零点位置计算示意图

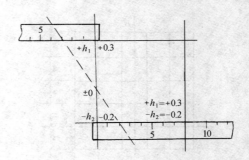

图 1-6 零点位置图解法

$$V_+ = \frac{1}{2}bc\frac{\Sigma h}{3} = \frac{bch_3}{6} \tag{1-11}$$

当 $b = c = a$ 时 $\quad V_+ = \dfrac{a^2 h_3}{6}$

$$V_- = \left(a^2 - \frac{bc}{2}\right)\frac{\Sigma h}{5} = \left(a^2 - \frac{bc}{2}\right)\frac{h_1 + h_2 + h_4}{5} \tag{1-12}$$

2) 两个角点填方,另外两个角点挖方

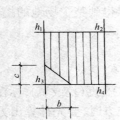
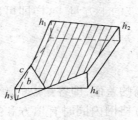
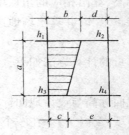
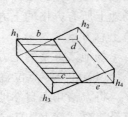

图 1-7 一个角点填(挖)三个角点挖(填)方 　　　图 1-8 两个角点填方,另外两个角点挖方

$$V_+ = \frac{d+e}{2}a\frac{\Sigma h}{4} = \frac{a}{8}(d+e)(h_2+h_4) \tag{1-13}$$

$$V_- = \frac{b+c}{2}a\frac{\Sigma h}{4} = \frac{a}{8}(b+c)(h_1+h_3) \tag{1-14}$$

3) 四个角点挖(填)方

$$V_- = \frac{a^2}{4}\Sigma h = \frac{a^2}{4}(h_1+h_2+h_3+h_4) \tag{1-15}$$

2. 断面法

沿场地取若干个相互平行的断面(可利用地形图定出或实地测量定出),将所取的每个断面(包括边坡断面)划分为若干个三角形和梯形,如图 1-10 所示,则面积:

$$f_1 = \frac{h_1}{2}d_1; \quad f_2 = \frac{h_1+h_2}{2}d_2; \cdots\cdots$$

而某一断面面积为:$F_i = f_1 + f_2 + \cdots\cdots + f_n$

若 $d_1 = d_2 = \cdots\cdots = d_n = d$,则

$$F_i = d(h_1 + h_2 + \cdots\cdots + h_n)$$

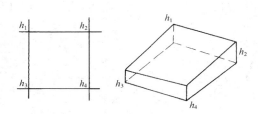

图 1-9 四个角点挖(填)方

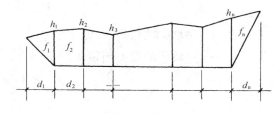

图 1-10 断面法

断面面积求出后,即可计算土方体积。设各断面面积分别为 F_1、F_2……F_n,相邻两断面间的距离依次为 l_1、l_2……l_{n-1},则所求土方体积为:

$$v = \frac{F_1 + F_2}{2}l_1 + \frac{F_2 + F_3}{2}l_2 + \cdots\cdots + \frac{F_{n-1} + F_n}{2}l_{n-1} \tag{1-16}$$

断面法求面积的一种简便方法是累高法,见图 1-11。此法不需用公式计算,只要将所取的断面绘于普通方格坐标纸上(d 取值相等),用透明纸尺从 h_1 开始,依次量出各点标高(h_1、h_2……),累计得各点标高之和,然后将此值与 d 相乘,即为所求断面面积。

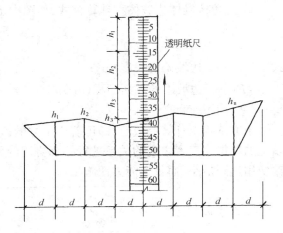

图 1-11 累高法求断面积

3. 边坡土方量计算

不论是填方还是挖方,边坡土方量的计算是不可忽视的。如图 1-12 所示,这是一个场地平整的边坡土方量平面示意图。从图中可以看出,边坡土方量的计算可以分为两种近似的几何图形。一种为三角棱柱体,如图中④;另一种为三角棱锥体,如图中①、②、③和⑤~⑪。

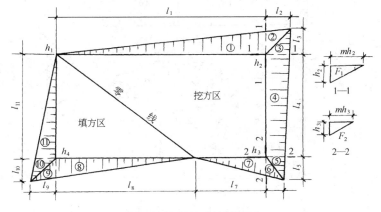

图 1-12 场地边坡平面图

1) 三角棱柱体边坡体积计算公式,如图中④的体积为:

9

$$V_4 = \frac{F_1 + F_2}{2} l_4 \tag{1-17}$$

式中　l_4——边坡④的长度(m);

　　F_1——边坡④的端面面积(m^2)。

$$F_1 = \frac{h_2(mh_2)}{2} = \frac{mh_2^2}{2}$$

　　h_2——角点的挖土高度;

　　m——边坡的坡度系数。

当两端横断面面积相差很大的情况下,则:

$$V_4 = \frac{l_4}{6}(F_1 + 4F_0 + F_2) \tag{1-18}$$

式中　F_1、F_2、F_0——边坡④两端及中部的横断面面积。

2）三角棱锥体边坡体积计算公式,如图中 1 的体积为:

$$V_1 = \frac{F_1 l_1}{3} \tag{1-19}$$

式中　l_1——边坡①的长度(m);

　　F_1——边坡①的端面面积(m^2)。

（三）土方调配

土方工程量计算完成后,即可着手土方的调配。土方调配,就是对挖土的利用、堆弃和填土的取得这三者之间的关系进行综合协调的处理。好的土方调配方案,应该是使土方运输费用达到最小,而且又能方便施工。

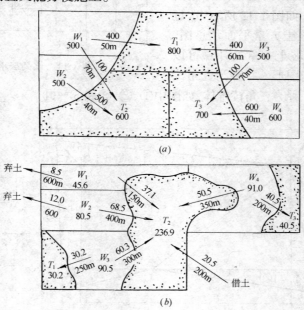

图 1-13　土方调配图

(a)场地内挖、填平衡的调配图。箭头上面的数字表示土方量(m^3),
箭头下面的数字表示运距(m 或 km);(b)有弃土和借土的调配图。
箭头上面的数字表示土方量($100m^3$),箭头下面的数字表示运距

图 1-13 是土方调配的两个例子。图上注明了挖填调配区、调配方向、土方数量以及每对挖、填区之间的平均运距。图 1-13(a) 共有四个挖方区，三个填方区，总挖方和总填方相等。土方的调配，仅考虑场地内的挖填平衡即可解决(这种条件的土方的调配可采用线性规划的方法计算确定)；图 1-13(b) 则有四个挖方区，三个填方区，挖填工程量虽然相等，但由于地形窄长，故采取就近弃土和就近借土的办法解决土方的平衡调配。

1. 土方调配原则

(1) 应力求达到挖、填平衡和运距最短的原则。因为，这样作可以降低土方工程成本。工程实践中应根据现场实际情况综合考虑，必要时可以在填方区周围就近借土，或在挖方区周围就近弃土，这样反而更经济合理。

(2) 考虑近期施工与后期利用相结合的原则。先期工程的土方余额应考虑后期工程的需要。先期工程有土方欠额时，也可由后期工程点挖取。

(3) 分区与全场相结合的原则。分区土方的余额或欠额的调配，必须配合全场性的土方调配。不可只顾局部的平衡，任意挖填而妨害全局。

(4) 选择恰当地调配方向、运输路线，使土方机械和运输车辆的功效能得到充分发挥。

总之，进行土方调配，必须根据现场的具体情况，有关技术资料、进度要求、土方施工方法与运输方法，综合考虑上述原则，并经计算比较，选择出经济合理的调配方案。

2. 土方调配图表的编制

(1) 划分调配区

在场地平面图上先划出挖、填区的分界线(即前述的零线)，根据地形及地理等条件，可在挖方区和填方区适当地分别划分出若干调配区，并计算出各调配的土方量，在图上标明(图 1-13)。

(2) 求出每对调配区之间的平均运距

平均运距即挖方区土方重心至填方区土方重心的距离。因此，求平均运距，需先求每个调配区的重心。其方法如下：

取场地方格网中的纵横两边为坐标轴，分别求出各区土方的重心位置，即：

$$\overline{X} = \frac{\Sigma \upsilon x}{\Sigma \upsilon} \qquad \overline{Y} = \frac{\Sigma \upsilon y}{\Sigma \upsilon} \qquad\qquad (1\text{-}20)$$

式中　$\overline{X}$、$\overline{Y}$——挖方调配区或填方调配区的重心坐标；

　　　　υ——每个方格的土方量；

　　x、y——每个方格的重心坐标。

为了简化 x、y 的计算，可假定每个方格上的土方是各自均匀分布的，从而用形心代替重心。重心求出后，标于相应的调配区图上，然后用比例尺量出每对调配区之间的平均运距。

(3) 列出土方调配方案表

土方调配方案可依据线性规划的理论，采用"表上作业法"求出。后面的表 1-11 就是图 1-13(a) 的土方调配方案表。

(4) 画出土方调配图

依据土方调配方案表在图上标出调配方向、土方数量以及平均运距,如图 1-13 所示。

3. 用"表上作业法"求解土方调配方案

我们的目的是求土方总运输量最小,根据挖填平衡的原则,该问题可列出如下数学模型。

目标方程:
$$\min Z = \sum_{i=1}^{m} \sum_{j=1}^{n} X_{ij} S_{ij} \tag{1-21}$$

约束条件:
$$\sum_{i=1}^{m} X_{ij} = T_j \qquad i = 1, 2, \cdots\cdots, m; \tag{1-22}$$

$$\sum_{j=1}^{n} X_{ij} = W_i \qquad j = 1, 2, \cdots\cdots, n; \tag{1-23}$$

$$X_{ij} \geqslant 0$$

式中　X_{ij}——从第 i 挖方区运土至第 j 填方区的土方量(m^3);

　　　S_{ij}——从第 i 挖方区运土至第 j 填方区的平均运距(km);

　　　W_i——第 i 挖方区的挖方量(m^3);

　　　T_j——第 j 填方区的填方量(m^3)。

如果是大型的复杂的土方工程,可以利用计算机求解该线性规划问题。如果是中小工程,可采用如下的"表上作业法"求解土方调配问题。其求解步骤如下所述:

(1) 列运距表

根据前述的图 1-13(a)的题意可列成如下表格:

土 方 平 衡 运 距 表　　　　　　　　　　　　　　　　表 1-5

	T_1		T_2		T_3		挖　方　量
W_1	50		70		120		500
W_2	80		40		90		500
W_3	60		130		70		500
W_4	100		120		40		600
填方量	800		600		700		2100

表中方格的左下角的方框内的数据就是运距,如表中的第一个数据 50 就表示由 W_1 至 T_1 的运距。

(2) 作初始方案

作初始方案采用"最小元素"法,即在运算过程中对运距最小者首先满足土方量。如从表中可知道 W_2 至 T_2 运距最短,为 40,我们首先满足它的要求。由题意我们知道 W_2 的挖方量为 500,而 T_2 所需填方量为 600,所以,最多 W_2 只能给 T_2 运送 500。我们把 500 填入表 1-6 中。照此办理,我们将 W_4 给 T_3 运送 600、W_1 给 T_1 运送 500、W_3 给 T_1 运送 300、W_3 给 T_3 运送 100、W_3 给 T_2 运送 100,依次将这些数据填入表 1-6 中。至此,土方调配初始方案完成。其结果如下表所示。

	T_1		T_2		T_3		挖　方　量
W_1	50	500	70		120		500
W_2	80		40	500	90		500
W_3	60	300	130	100	70	100	500
W_4	100		120		40	600	600
填方量	800		600		700		2100

从表中可以看出初始方案满足挖填平衡的原则。

这里需要补充说明的是,根据"线性规划"的原理,独立的约束方程的个数为 $(m+n-1)$ 个。所以,在初始方案表中,所填的数据的个数也应该为 $(m+n-1)$ 个。从表中可以看出,该初始方案满足 $(m+n-1)=(4+3-1)=6$ 这个要求。如果初始方案作下来,不满足 $(m+n-1)$ 的要求,则应该补足到 $(m+n-1)$ 个。补充的办法,就是在表中剩余的空格中,选择运距较短的空格,填上 0,以使表中所填的数据凑足到 $(m+n-1)$ 个。

（3）判断是否最优方案

初始方案不一定是最优方案,最优调配方案的判断条件是"全部检验数 $\geqslant 0$"。求检验数和判断的步骤如下。

1）作位势表

位势表有 m 行 n 列,如下表所示。首先在表中填入在初始方案中已确定有运送关系的"运距值",也就是在表 1-6 中有运输量的"运距值"填入相应的位置。如表 1-7 所示:

其余空格里的数据用"矩形法"来求得。所谓矩形法就是"构成任意矩形的四个角点的数据,其对角线上的两个数据之和必定等于另外一个对角线上两个数据之和"。如表 1-7 中右下角的四个格中有三个数据,另外一个未知数据可用"矩形法"来求得。已知对角线上的数据之和为 $(130+40)=170$,则另外一个对角线上的数据之和 $(70+x)$ 也必定等于 170。所以 $x=170-70=100$。根据同样道理可以填出表 1-7 中的所有空格。结果如表 1-8 所示。

位　势　表　　　　　　表 1-7		
(50)		
	(40)	
(60)	(130)	(70)
		(40)

位　势　表　　　　　　表 1-8		
(50)	120	60
−30	(40)	−20
(60)	(130)	(70)
30	100	(40)

2）作检验表

检验表的作法也很简单,就是用运距值减位势表（表 1-8）上对应的值。得出如表 1-9。

检　验　表　　　　　　　　　　　　　　　　　　　表 1-9		
$50-50=0$	$70-120=-50$	$120-60=60$
$80-(-30)=110$	$40-40=0$	$90-(-20)=110$
$60-60=0$	$130-130=0$	$70-70=0$
$100-30=70$	$120-100=20$	$40-40=0$

我们在前面已经谈到判断方案是否最优的标准就是"全部检验数≥0"。从表1-9中我们看到有一个"-50",所以,初始方案不是最优方案,还得进一步调整。

(4)调整

在初始方案表中,由检验数为负号的方格(若有几个负号时,则选择负数的绝对值最大的方格)开始,作一的闭合回路。其方法是,从该方格出发,延水平或垂直方向前进,每到有数字(即土方运送量)的方格可以(不是必须)转90°弯,再继续前进,照此办理,最终必将回到原来出发的那个方格。这样,形成的一条由水平和垂直线段所组成的闭合回路。在闭合回路上,以起点为"0",顺序给各角点编号。在奇数角点方格中,选一个土方运送量最小的数值作为"调整量"。本例中,第三个角点的土方运送量最小,所以"调整量"为100。然后,所有偶数角点方格加上该"调整量",所有奇数角点方格减去该"调整量"。如表1-10:

表1-10

	T_1		T_2		T_3		挖 方 量
W_1	50	500-100	70	0+100 ↑	120		500
W_2	80		40	500	90		500
W_3	60	300+100	130	100-100	70	100	500
W_4	100		120		40	600	600
填 方 量	800		600		700		2100

至此,便得到一个"调整方案"。见表1-11。

土方调配调整方案表　　　　　　　　　　　表1-11

	T_1		T_2		T_3		挖 方 量
W_1	50	400	70	100	120		500
W_2	80		40	500	90		500
W_3	60	400	130		70	100	500
W_4	100		120		40	600	600
填 方 量	800		600		700		2100

该调整方案是否最优方案,仍需用"检验表"来判断,下面是判断调整方案的位势表和检验表。

全部检验数≥0,所以该调整方案(表1-11)为最优方案。土方调配图如下表1-13所示。

	位　势　表	表1-12		检　验　表	表1-13	
(50)	(70)	60	0	0	60
20	(40)	30	60	0	60
(60)	80	(70)	0	50	0
30	50	(40)	70	70	0

从运输量的比较中,可使我们对最优方案有一个更深刻的认识;

初始方案的运输量:

$$500 \times 50 + 500 \times 40 + 300 \times 60 + 100 \times 130 + 100 \times 70 + 600 \times 40 = 107000$$

调整方案的运输量:

$$400 \times 50 + 100 \times 70 + 500 \times 40 + 400 \times 60 + 100 \times 70 + 600 \times 40 = 102000$$

调整方案比初始方案节约运输量 $5000(m^3 - m)$

二、场地平整施工

(一)施工准备工作

场地平整施工,需要做好一系列准备工作。

1.场地清理

在施工区域内,对已有房屋、道路、河渠、通讯和电力设备、上下水道、煤气管道以及其他建筑物,均需事先拆迁或改建。拆迁或改建时,应对一些重要的结构部分,如柱、梁、屋盖等进行仔细检查,采取相应的措施,确保施工安全。

此外,对于原地面含有大量有机物的草皮、耕地土以及淤泥等都进行清理。

2.修筑临时道路、水电线路

为保证土方机械进场施工,应事先修筑临时道路。此外,还需作好供电供水、机具进场、临时停机棚与修理间搭设等准备工作。

(二)场地平整施工方法

场地平整系综合施工过程,它由土方的开挖、运输、填筑、压实等施工过程组成。大面积的场地平整,适宜采用大型土方机械,如推土机、铲运机或单斗挖土机等施工。

1.推土机施工

推土机由拖拉机和推土铲刀组成,铲刀的操作方式有索式和液压式,行走的方式有履带式和轮胎式。

推土机是一种自行式的挖土、运土工具。运距在100m以内的平土或移挖作填时常采用之,以 $30 \sim 60m$ 最为最佳。推土机的特点是操作灵活,运输方便,所需工作面较小,行驶速度较快,易于转移。部分国产推土机的工作性能见表1-14。

部分国产推土机工作性能表 表 1-14

性　　能	推 土 机 型 号				
	T_2-60	T_1-100	T_2-100	T_2-120	T_2-160
推土刀操作系统	液　　压	钢　　索	液　　压	液　　压	液　　压
推土板尺寸					
宽度(mm)	2280	3030	3800	3760	3856
高度(mm)	788	1100	860	1000	977
最大切土深度(mm)	290	180	650	300	350
发动机功率(kW)	44	73.6	73.6	88.3	117.7
自重(kg)	5900	13430	16000	162000	17500

使用推土机推土的几种施工方法:

(1)下坡推土法

堆土机顺地面坡势进行下坡推土,可以借机械本身的重力作用,增加铲刀的切土力量(其生产见图1-14),因而可增大推土机铲土深度和运土数量,提高生产效率,在推土丘、回填管沟时,均可采用。

（2）分批集中,一次推送法

在较硬的土中,推土机的切土深度较小,一次铲土不多,可分批集中,再整批地推送到卸土区。应用此法,可使铲刀的推送数量增大,缩短运输时间,提高生产效率12%～18%。

（3）并列推土法

在较大面积的平整场地施工中,采用两台或三台推土机并列推土,能减少土的散失,因为两台或三台单独推土时,有四边或六边向外撒土,而并列后只有两边向外撒土,一般可使每台推土机的推土量增加20%。并列推土时,铲刀间距15～30cm。并列台数不宜超过四台,否则互相影响。

（4）沟槽推土法

就是沿第一次推过的原槽推土,前次推土所形成的土埂能阻止土的散失,从而增加推运量。这种方法可以和分批集中、一次推送法联合运用。能够更有效地利用推土机,缩短运土时间。

（5）斜角推土法

将铲刀斜装在支架上,与推土机横轴在水平方向形成一定角度进行推土。一般在管沟回填且无倒车余地时,可采用这种方法。

2. 铲运机施工

铲运机有拖式铲运机和自行式铲运机两种。拖式铲运机由拖拉机牵引及操纵,自行式铲运机的行驶和工作,都靠本身的动力设备,不需要其他机械的牵引和操纵。

铲运机的工作装置是铲斗,铲斗前方有一个能开启的斗门,铲斗前设有切土刀片。切土时斗门打开,铲斗下降,刀片切入土中。铲运机前进时,被切下的土挤入铲斗,铲斗装满后提起铲斗,放下斗门,将土运至卸土地点。铲运机是一种能独立完成挖土、运土、卸土、填筑、压实等工作的土方机械。适宜在松土、普通土中工作。场地地形起伏不大(坡度在20°以内)的大面积场地上施工。

（1）铲运机的开行路线

由于挖填区的分布不同,根据具体条件,选择合理的铲运路线,对生产率影响很大。根据实践,铲运机的开行路线有以下几种:

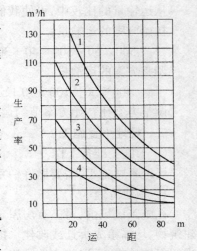

图 1-14　推土机生产效率与运距的关系

1—下坡坡度为20%；2—下坡坡度为10%；3—水平堆土；4—上坡坡度为10%

性　　能	铲 运 机 型 号				
	C_1-6	C_3-6	C_4-7	C_5-6	C_6-2.5
铲斗容量(m³)	6.4	6	7	6	2.5
铲刀宽度(mm)	1800	2600	2700	2600	1900

部分国产铲运机工作性能　　　　　　表 1-15

性　　能	铲　运　机　型　号				
	C₁-6	C₃-6	C₄-7	C₅-6	C₆-2.5
最大铲土深度(mm)	350	300	300	300	150
牵引装置	拖拉机	自行式	自行式	拖拉机	拖拉机
发动机功率(kW)	121.6	88.3	117.7	73.6	44.1
铲斗操纵系统	液　压	钢　索	液　压	钢　索	液　压

1) 环形路线　施工地段较短、地形起伏不大的挖、填工程,适宜采用环形路线,如图 1-15(a)、(b)。当挖土和填土交替,而挖填之间距离又较短时,则可采用大环形路线(图 1-15c)。大环形路线的优点是一个循环能完成多次铲土和卸土,从而减少了铲运机的转弯次数,提高了工作效率。

2) 8 字形路线　对于挖、填相邻。地形起伏较大,且工作地段较长的情况,可采用 8 字路线(图 1-15d)。其特点是铲运机行驶一个循环能完成两次作业,而每次铲土只需转弯一次,比环形路线可缩短运行

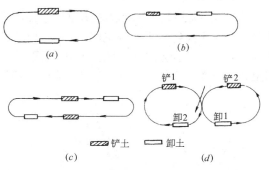

图 1-15　铲运机开行路线

(a)、(b)环形路线;(c)大环形路线;(d)8 字形路线

时间,提高生产效率。同时,一个循环中两次转弯方向不同机械磨损较均匀。

(2) 使用铲运机铲土的施工方法

为了提高铲运机的生产率,除规划合理的开行路线外,还可根据不同的施工条件,采用下列方法。

1) 下坡铲土　应尽量利用有利地形进行下坡铲土。这样,可以利用铲运机的重力来增大牵引力,使铲斗切土加深,缩短装土时间,从而提高生产率。一般地面坡度以 5°~7°为宜。如果自然条件不允许,可在施工中逐步创造一个下坡铲土的地形。

2) 跨铲法　预留土埂,间隔铲土的方法。可使铲运机在挖两边土槽时减少向外撒土量,挖土埂时增加了两个自由面,阻力减小,铲土容易,土埂高度应不大于 300mm,宽度以不大于拖拉机两履带间净距为宜。

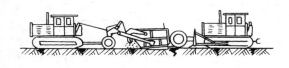

图 1-16　助铲法

3) 助铲法　在地势平坦、土质较坚硬时,可采用推土机助铲(图 1-16),以缩短铲土时间。此法的关键是双机要紧密配合,否则达不到预期效果。一般每 3~4 台铲运机配 1 台推土机助铲。推土机在助铲的空隙时间,可作松土或其他零星的平整工作,为铲运机施工创造条件。

当铲运机铲土接近设计标高时,为了正确控制标高,宜沿平整场地区域每隔 10m 左右,配合水平仪抄平,先铲出一条标准槽,以此为准,使整个区域平整达到设计要求。

当场地的平整度要求较高时,还可采用铲运机抄平。此法是,铲运机放低斗门,高速行

走,使铲土和铺土厚度经常保持在50mm左右,往返铲铺数次。如土的自然含水量在最佳含水量范围内,往返铲铺2~3次,表面平整的高差,可达50mm左右。

3. 挖土机施工

当场地起伏高差较大、土方运输距离超过一千米,且工程量大而集中时,可采用挖土机挖土,配合自卸汽车运土,并在卸土区配备推土机平整土堆。

第三节 土 方 开 挖

一、降低地下水位

在土方开挖过程中,当开挖底面标高低于地下水位的基坑(或沟槽)时,由于土的含水层被切断,地下水会不断渗入坑内。如果没有采取降水措施,把流入坑内的水及时排走或把地下水位降低,不但会使施工条件恶化,而更严重的是土被水泡软后,会造成边坡塌方和地基承载能力下降。因此,在基坑土方开挖前和开挖过程中,必须采取措施降低地下水位。

降低地下水位的方法有集水坑降水法和井点降水法。

(一)集水坑降水法

集水坑降水法是在基坑开挖过程中,在坑底设置集水坑,并沿坑底的周围或中央开挖排水沟,使水流入集水坑中,然后用水泵抽走(图1-17)。抽出的水应予引开,以防倒流。

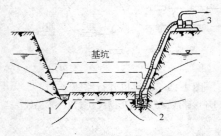

图 1-17 集水坑降水法
1—排水沟;2—集水坑;3—水泵

1. 集水坑设置

集水坑应设置在基础范围以外,地下水走向的上游。根据地下水量大小、基坑平面形状及水泵能力,集水坑每隔20~40m设置一个。

集水坑的直径或宽度,一般为0.6~0.8m。其深度,随着挖土的加深而加深,要经常低于挖土面0.7~1.0m。井壁可用竹、木或钢筋笼等简易加固。当基坑挖至设计标高后,井底应低于坑底1~2m,并铺设碎石滤水层,以免在抽水时间较长时将泥砂抽出,并防止井底的土被搅动。

采用集水坑降水时,根据现场土质条件,应能保持开挖边坡的稳定。边坡坡面上如有局部渗出地下水时,应在渗水处设置过滤层,防止土粒流失,并设置排水沟,将水引出坡面。

2. 水泵性能与选用

在建筑工地上,排水用的水泵主要有:离心泵、潜水泵和软轴水泵等。

(1)离心泵

是由泵壳、泵轴及叶轮等主要部件组成,其管路系统包括滤网与底阀、吸水管及出水管等,如图1-18所示。

离心泵的抽水原理是利用叶轮高速旋转时所产生的离心力,将轮心部分的水甩往轮边,沿出水管压向高处。此时叶轮

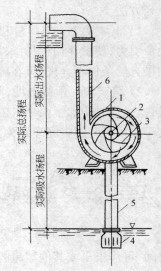

图 1-18 离心泵工作简图
1—泵壳;2—泵轴;3—叶轮;4—滤网与底阀;5—吸水管;6—出水管

中心形成部分真空,这样,水在大气压力作用下,就能源源不断地从吸水管自动上升进入水泵。

水泵的主要性能包括:流量、总扬程、吸水扬程和功率等。流量是指水泵单位时间内的出水量。扬程是指水泵能扬水的高度,也称水头。总扬程(H)包括吸水扬程和出扬程两部分。由于水经过管路有阻力而引起水头损失,因此要扣除损失扬程后,才是实际扬程。

最大吸水扬程表示水泵能吸水的最大高度,是确定水泵安装高度的一个重要数据。从理论上说,水泵能将水吸上10.3m,但水泵限于构造关系,其最大吸水扬程只有3.5~8.5m。实际吸水扬程还要扣除吸水管路阻力损失和水泵进口处的流速水头损失。实际吸水扬程可按性能表上的最大吸水扬程减去1.2(有底阀)~0.6m(无底阀)估算。

泵轴功率 N 是指水泵在一定的流量和扬程的情况下,电动机传给水泵轴上的功率,也称泵的输入功率。其与扬程、流量的关系如下式:

$$N = \frac{K \cdot Q \cdot H}{101.3 \eta_1 \eta_2} \quad (kW) \tag{1-24}$$

式中　Q——流量(m^3/h);

　　　H——扬程(m);

　　　η_1——水泵效率(0.4~0.5);

　　　η_2——动机械效率(0.75~0.85);

　　　K——安全系数,一般取2。

上述性能参数之间都有一定关系,表示这些性能参数之间相互影响关系的曲线称为离心泵的性能曲线。图1-19所示为3BA-9型离心泵性能曲线,其中流量与扬程的关系曲线为水泵主要性能曲线。

在基坑排水中,常用离心泵性能见表1-16。

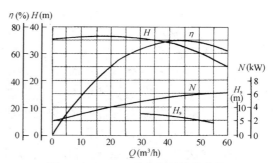

图 1-19　3BA-9 型离心泵性能曲线

常用离心泵性能　　　　　　　　　　　　　　　　　　表 1-16

型　号	流量(m^3/h)	总扬程(m)	最大吸水扬程(m)	电动机功率(kW)
$1\frac{1}{2}$B17	6~14	20.3~14	6.6~6.0	1.7
2B19	11~15	21~16	8.0~6.0	2.8
2B31	10~30	34.5~24	8.7~5.7	4.5
3B19	32.4~52.2	21.5~15.6	6.5~5.0	4.5
3B33	30~55	35.5~28.8	7.0~3.0	7.0
4B20	65~110	22.6~17.1	5	10.0

注:2B19表示进水口直径为2in,总扬程为19m(最佳工作时)的单级离心泵。

离心泵的选择。主要根据需要的流量与扬程而定。对基坑来说,离心泵的流量应大于基坑的涌水量,一般选用吸水口径2~4in的离心泵;离心泵的扬程在满足总扬程的前提下,主要是考虑吸水扬程是否能满足降水深度要求,如果不够,则可另选水泵或将水泵降低至坑壁台阶或坑底上。

离心泵的安装,要特别注意吸水管接头不漏气及吸水至少应在水面以下0.5m,以免吸入空气,影响水泵正常进行。

离心泵的使用,要先向泵体与吸水管内灌满水,排除空气,然后开泵抽水。为了防止所灌的水漏掉。在底阀内装有单向阀门。离心泵在使用中要防止漏气与脏物堵塞等。

(2)潜水泵 是由立式水泵与电动机组合而成,工作时完全浸在水中。其构造如图1-20所示。水泵装在电动机上端,叶轮可制成离心式或螺旋桨式;电动机设有密封装置。

这种泵具有体积小、重量轻、移动方便、安装简单和开泵时不需引水等优点,因此在基坑排水中采用较广。

使用潜水泵时,为了防止电机烧坏,不得脱水运转,或陷入泥中,也不得排灌含泥量较高的水质或泥浆水,以免泵叶轮被杂物堵塞。

集水坑降水法由于设备简单和排水方便,采用较为普遍;宜用于粗粒土层和渗水量小的粘性土。但当土为细砂和粉砂时,地下水渗出会带走细粒,发生流砂现象,导致边坡坍塌、坑底凸起,难以施工,此时应采用井点降水法。

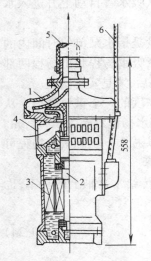

图1-20 潜水泵工作简图
1—叶轮;2—轴;3—电动机;4—进水口;5—出水胶管;6—电缆

(二)井点降水法

井点降水法就是在基坑开挖前,预先在基坑四周设一定数量的滤水管(井),利用抽水设备从中抽水,使地下水位降落到坑底以下;同时在基坑开挖过程中仍不断抽水。这样,可使开挖的土始终保持干燥状态,从根本上防止流砂发生,避免了地基隆起,改善了工作条件;同时土内水分排除后,边坡可以陡一些,以减少挖土量。此外,还可以加速地基土的固结,保证地基土的承载力,以利于提高工程质量。

井点降水法有:轻型井点、喷射井点、管井井点、深井井点及电渗井点等,可根据土的渗透系数、降低水位的深度、工程特点及设备条件等,参照表1-17选择。其中以轻型井点采用较广,下面将作重点阐述。

各种井点的适用范围   表1-17

项　次	井　点　类　别	土的渗透系数(m/d)	降低水位深度(m)
1	单级轻型井点	0.1～50	3～6
2	多级轻型井点	0.1～50	6～12
3	电渗井点	<0.1	根据选用的井点确定
4	管井井点	20～200	3～5
5	喷射井点	0.1～2	8～20
6	深井井点	10～250	>15

1. 轻型井点

轻型井点就是沿基坑的四周将许多直径38或50mm的井点管埋入地下蓄水层内,井点管的上端通过弯联管与总管相连接,利用抽水设备将地下水从井点管内不断抽出,这样便可将原有地下水位降至坑底以下,如图1-21所示。

(1)轻型井点设备

轻型井点设备是由管路系统和抽水设备组成。

管路系统(图1-21)包括:滤管、井点管、弯联管及总管等。

滤管是井点设备的一个重要部分,其构造是否合理,对抽水效果影响较大。滤管的直径为38或50mm,长度为1.0～1.5m,管壁上钻有直径为13～19mm的按梅花状排列的滤孔,滤孔面积为滤管表面积的20%～25%,滤管外包以两层滤网(图1-22)。内层,细滤网采用30～40眼/cm的铜丝布或尼龙丝布,外层粗滤网采用5～10眼/cm塑料纱布。为使水流畅通,避免滤孔淤

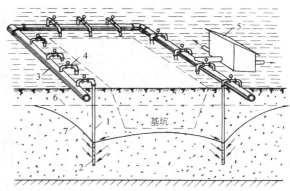

图1-21 轻型井点法降低地下水位全貌图
1—井点管;2—滤管;3—总管;4—弯联管;5—水泵房;
6—原有地下水位线;7—降低后地下水位线
注:图中虚箭头表示空气,实箭头表示水流。

塞时影响水流进入滤管,在管壁与滤网间用小塑料管(或铁丝)绕成螺旋形隔开。滤网的外边用带眼的薄铁管,或粗铁丝网保护。滤管的下端为一铸铁头,滤管的上端与井点管连接。

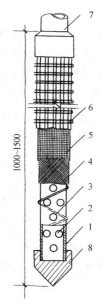

图1-22 滤管构造
1—钢管;2—管壁上的小孔;3—缠绕的塑料管;4—细滤网;5—粗滤网;6—粗铁丝保护网;7—井点管;8—铸铁头

井点管宜采用直径为38或50mm的钢管,其长度为5～7m。井点管的上端用弯联管与总管相连。弯联管装有阀门,以便检修井点。弯联管宜用透明塑料管能随时看到井点管的工作情况。

总管宜采用直径为100或127mm的钢管,总管每节长度为4m,其上每隔0.8m或1.2m设有一个与井点管连接的短接头。

抽水设备是由真空泵、离心泵和水气分离等组成。其工作原理如图1-23所示。抽水时先开动真空泵13,使土中的水分和空气受真空吸力形成水气混合液,经管路系统向上流到水气分离器6中,然后开动离心泵14。在水气分离器内水和空气向两个方向流去:水经离心泵由出水管16排出;空气则集中在水气分离器上部由真空泵排出。如水多,来不及排出时,水分分离器内浮筒7上浮,由阀门9将通向真空泵的通路关住,保护真空泵不使水进入缸体。副水气分离器12的作用是滤清从空气中带来的少量水分使其落入该器下层放出,以保证水不致吸入真空泵内。压力箱15除调节出水量外,并阻止空气由水泵部分窜入水气分离器,影响真空度。过滤箱4是用以防止由水流带来的部分细砂磨损机械。此外,在水气分离器上还装有真空调节阀21。当抽水设备所负担的管路较短,管路漏气轻微时,可将调节阀打开,让少量空气进入水气分离器内,使真空度能适应水泵的要求。当水位降低较深需要较高的真空度时,则将调节阀关闭。为对真空泵进行冷却,设有一个冷循环水泵17。

水气分离器与总管连接的管口,应高于其底部0.3～0.5m,使水气分离器内保持一定水位,不致被水泵抽空,当真空泵停止工作时,水气分离器内的水不致倒流回基坑。

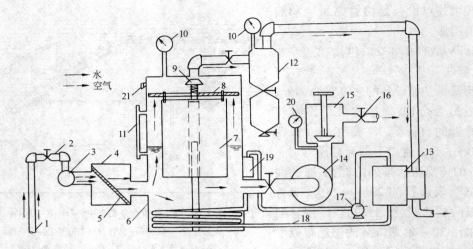

图 1-23　轻型井点抽水设备工作简图

1—井点管；2—弯联管；3—总管；4—过滤箱；5—过滤网；6—水气分离器；7—浮筒；8—挡水布；
9—阀门；10—真空表；11—水位计；12—副水气分离器；13—真空泵；14—离心泵；15—压力箱；
16—出水管；17—冷却泵；18—冷却水管；19—冷却水箱；20—压力表；21—真空调节阀

（2）轻型井点布置

轻型井点布置根据基坑大小与深度、土质、地下水位高低与流向、降水深度要求等而定。井点布置是否恰当，对井点使用效果影响较大。

1）平面布置　当基坑或沟槽宽度小于 6m，且降水深度不超过 5m 时，一般可采用单排井点，布置在地下水流的上游一侧，其两端的延伸长度不小于基坑（槽）宽度为宜（图 1-24）。如基坑宽度小于 6m 或土质不良，则宜采用双排井点。当基坑面积较大时，宜采用环形井点（图 1-25）；有时为了施工需要，也可留出一段（地下水流下游方向）不封闭。井点管距离基坑壁一般不宜小于 0.7～1.0m，以防局部发生漏气。井点管间距应根据土质、降水深度、工程性质等按计算或经验确定。靠近河流处与总管四角部位，井点应适当加密。

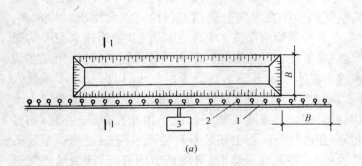

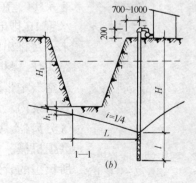

图 1-24　单排井点布置简图

（a）平面布置；（b）高程布置

1—总管；2—井点管；3—抽水设备

一套抽水设备能带动的总管长度，一般为 100～200m。采用多套抽水设备时，井点系统要分段，各段长度应大致相等，其分段地点宜选择在基坑拐弯处，以减少总管弯头数量，提高

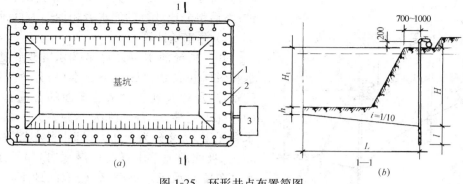

图 1-25　环形井点布置简图

(a)平面布置;(b)高程布置

1—总管;2—井点管;3—抽水设备

水泵抽吸能力,泵宜设置在各段总管的中部,使泵两边水流平衡。采用环形井点时,宜在泵的对面(即环圈的一半处)的总管上装设阀门或将总管断开,以控制总管内水流方向,改善总管内的水流状态,提高抽水效果。采用多套井点设备时,各套总管之间应装设阀门隔开,这样,当其中一套泵组发生故障时,可开启相邻阀门,借助邻近的泵组来维持抽水。同时,装设阀门也可以避免总管内水流紊乱。

2)高程布置　轻型井点的降水深度,从理论上说,利用真空泵抽吸地下水可达 10.3m,但考虑抽水设备的水头损失后,一般不超过 6m。

井点管的埋置深度 H_A(不包括滤管),可按下式计算(图 1-25b):

$$H_A \geqslant H_1 + h + IL \quad (m) \tag{1-25}$$

式中　H_1——总管平台面至基坑底面的距离(m);

h——基坑底面至降低后的地下水位线的距离,一般取 0.5～1.0m;

I——水力坡度,根据实测:环形井点为 1/10,单排线状井点为 1/4;

L——井点管至基坑中心的水平距离(m)。

根据上式算出的 H_A 值,如大于降水深度 6m,则应降低总管平台面标高以满足降水深度要求。此外在确定井点管埋置深度时,还要考虑到井点管的长度一般为 6m,且井点管通常露出地面为 0.2～0.3m。在任何情况下,滤管必须埋在含水层内。

为了充分利用抽吸能力,总管平台标高宜接近原有地下水水位线(要事先挖槽),水泵轴心标高宜与总管齐平或略低于总管。总管应具有 0.25%～0.5%坡度坡向泵房。降水深度不大,真空泵抽吸能力富余时,总管与抽水设备可放在天然地面上。

当一级轻型井点达不到降水深度要求时,可视土质情况,先用其他方法降水(如集水坑降水),然后将总管安装在原有地下水位线以下,以增加降水深度;或采用二级轻型井点(图1-26),即先挖去第一层井点所疏干的土,然后再在其底部装设在第二层井点。

(3)轻型井点计算

轻型井点的计算内容包括:涌水量计算、井点管数量与井距的确定,以及抽水设备选用等。

井点计算由于受水文地质和井点设备等许多因素影响,算出的数值只是近似值。

在进行涌水量计算时如矩形基坑的长宽比大于 5 或基坑宽度大于抽水影响半径的两倍

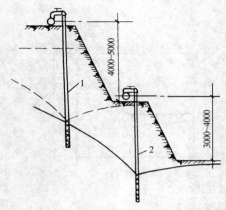

图 1-26 二层轻型井点
1—第一层井点管;2—第二层井点管

时,需将基坑分块,使其符合计算公式的适用条件;然后将分块计算的涌水量相加即为总涌水量。

1) 涌水量计算

井点系统涌水量计算是按水井理论进行的。水井根据井底是否达到不透水层,分为完整与不完整井;凡井底到达含水层下面的不透水层顶面的井称为完整井,否则称为不完整井。根据地下水有无压力,又分为无压井(即水井布置在潜水埋藏区,吸取的地下水是无压潜水时)与承压井(即水井布置在承压水埋藏区,吸取的地下水是承压水时)。各类井的涌水量计算方法都不同,其中以无压完整井的理论较为完善。

无压完整井抽水时,水位的变化如图 1-27(a)所示。当抽水一定时间后,井周围的水面最后将会降落成渐趋稳定的漏斗状曲面,称之为降落漏斗。水井轴至漏斗外缘(该处原有水位不变)的水平距离称为抽水影响半径 R。

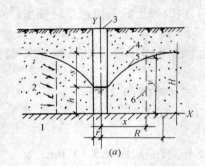 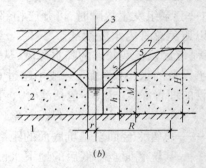

图 1-27 完整井水位降落曲线
(a)无压完整井;(b)承压完整井
1—不透水层;2—透水层;3—井;4—原有地下水位线;5—水位降落曲线;6—距井轴 x 处
的过水断面;7—压力水位线

根据达西定律以及群井的相互干扰作用,可推导出无压完整井(图 1-28a)群井涌水量如下:

$$Q = 1.366K \frac{(2H - S)S}{\lg R - \lg x_0} \quad (\text{m}^3/\text{d}) \tag{1-26}$$

式中　K——渗透系数(m/d),由实验测定;

　　　H——含水层厚度(m);

　　　S——水位降低值(m);

　　　R——抽水影响半径(m):

$$R = 1.95S \sqrt{HK}$$

　　　x_0——环形井点的假想半径(m):

$$x_0 = \sqrt{\frac{F}{\pi}}$$

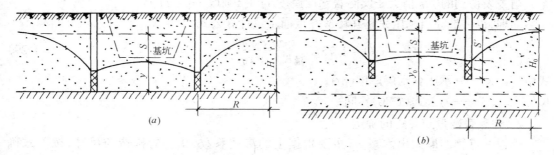

图 1-28　环形井点涌水量计算简图

(*a*)无压完整井;(*b*)无压非完整井

F——基坑周围井点管所包围的面积(m^2)。

渗透系数 K 值,确定得是否准确,对计算结果影响较大。渗透系数的测定方法有:现场抽水试验与实验室测定两种。对重大的工程,宜采用现场抽水试验,以获得较为准确的渗透系数值,其方法是在现场设置抽水孔,并距抽水孔为 x_1 与 x_2 处设两个观测井(三者在同一直线上),根据抽水稳定后,观测井的水深 y_1 与 y_2 及抽水孔相应的抽水量 Q,按下式计算 K 值。

$$K = \frac{Q \cdot \lg \dfrac{x_2}{x_1}}{1.366(y_2^2 - y_1^2)} \quad (m/d) \tag{1-27}$$

表 1-18 所列的 K 值,仅供参考。

土的渗透系数 K 值　　　　　　　　　　表 1-18

土的种类	粘　土 粉质粘土	粉　土	粉　砂	细　砂	中　砂	粗　砂	粗砂夹石	砾　石
K(m/d)	<0.1	0.1~1.0	1.0~5.0	5~10	10~25	25~50	50~100	100~200

注:1. 含水层含泥量多或颗粒不均匀系数大于 2 时取小值;

　　2. 表中数值为试验室中理想条件下获得,有时与实际出入较大,采用时宜根据具体情况调整。

抽水影响半径 R,与土的渗透系数、含水层厚度、水位降低值及抽水时间等因素有关。一般在抽水 2~5d 后,水位降落漏斗基本稳定。

上述各项确定后,即可根据公式(1-26)算出无压完整井环形井点涌水量 Q 值。

在实际工程中往往会遇到无压不完整井点系统(图 1-28*b*),其涌水量计算较为复杂。为了简化计算,仍可采用公式(1-26),此时式中 H 换成有效带的深度 H_0 值。

$$Q = 1.366K \frac{(2H_0 - S)S}{\lg R - \lg x_0} \quad (m^3/d) \tag{1-28}$$

其中有效带的深度 H_0 值系经验数值,可查表 1-19 得到。

有效带的深度 H_0 值　　　　　　　　　　表 1-19

$S'/(S'+1)$	0.2	0.3	0.5	0.8
H_0	$1.3(S'+1)$	$1.3(S'+1)$	$1.7(S'+1)$	$1.85(S'+1)$

当查表得到的 H_0 值大于实际含水层厚度 H 时,则取 $H_0 = H$。

同理,也可推导出承压完整井环形井点涌水量计算公式为:

$$Q = 2.73K \frac{MS}{\lg R - \lg x_0} \quad (\text{m}^3/\text{d}) \tag{1-29}$$

式中　　M——承压含水层厚度(m);

K、R、x_0、S——与公式(1-26)相同。

2)井点管数量与井距的确定

单根井点管的最大出水量 q,主要根据土的渗透系数、滤管的构造与尺寸,按下式确定:

$$q = 65\pi dl \sqrt[3]{K} \quad (\text{m}^3/\text{d}) \tag{1-30}$$

式中　　d——滤管直径(m);

l——滤管长度(m);

K——渗透系数(m/d)。

井点管的最少根数 n,根据井点系统的群井涌水量 Q 和单根井点管最大出水量 q,按下式确定:

$$n = 1.1 \frac{Q}{q} \quad (\text{根}) \tag{1-31}$$

式中　　1.1——备用系数,考虑井点管堵塞等因素。

井点管数量算出后,便可根据井点系统布置方式,求出井点管间距 D。

$$D = \frac{L}{n} \quad (\text{m}) \tag{1-32}$$

式中　　L——总管长度(m);

n——井点管根数(m)。

确定井点管间距时,还应注意以下几点:

(a)井距不能过小,否则彼此干扰大,出水量会显著减少,因此井距必须大于 $5\pi d$。

(b)在渗透系数小的土中,井距不应完全按计算取值,还要考虑抽水时间,否则井距较大时水位降落时间很长,因此在这类土中井距宜小些。

(c)靠近河流处,井管宜适当加密。

(d)井距应与总管上的接头间距(0.8m)相配合。

根据实际采用的井点管间距,最后确定所需的井点管根数。

3)抽水设备选用

真空泵的类型有:干式(往复式)真空泵和湿式(旋转式)真空泵两种。干式真空泵,由于其排气量大,在轻型井点中采用较多;但要采取措施,以防水分渗入真空泵。湿式真空泵具有重量轻、振动小、容许水分渗入等优点,但排气量小,宜在粉砂土和粘性土中采用。

干式真空泵的型号常用的有 W_5、W_6 型泵,可根据所带的总管长度、井点管根数及降水深度选用。采用 W_5 型泵时,总管长度一般不大于 100m;采用 W_6 型泵时,总管长度一般不大于 120m。

真空泵的真空度,根据机械性能,最大可达 100kPa。真空泵在抽水过程中所需的最低真空度(h_k),根据降水深度及各项水头损失,可按下式计算:

26

$$h_k = 10 \times (h + \Delta h) \quad (\text{kPa}) \tag{1-33}$$

式中　h——降水深度(m);

　　Δh——水头损失,包括进入滤管的水头损失、管路阻力损失及漏气损失等,可近似地按 $1.0 \sim 1.5$m 计算。

上式计算得出的是降水所需的最低真空度、实际真空度应高于此值,但也不能过高。过高的真空度会造成水气分离器内的浮筒上升,阀门关闭。

水泵的类型,在轻型井点中宜选用单级离心泵(表 1-16)。其型号应根据流量、吸水扬程及总扬程而定。

水泵的流量,应比基坑涌水量增大 $10\% \sim 20\%$,因为最初的涌水量较稳定的涌水量大。

(4) 轻型井点施工

轻型井点系统的施工,主要包括施工准备、井点系统安装与使用。

井点施工前,应认真检查井点设备、施工用具、砂滤料规格和数量、水源、电源等准备工作情况。同时还要挖好排水沟,以便泥浆水的排放。为检查降水效果,必须选择有代表性的地点设置水位观测孔。

井点系统的安装顺序是:挖井点沟槽、铺设集水总管;冲孔,沉设井点管,灌填砂滤料;弯联管将井点管与集水总管连接;安装抽水设备;试抽。

井点系统施工时,各工序间应紧密衔接,以保证施工质量。各部件连接头均应安装严密,以防止接头漏气,影响降水效果。弯联管宜采用软管,以便于井点安装,减少可能漏气的部位,避免因井点管沉陷而造成管件损坏。南方地区可用透明的塑料软管,便于直接观察井点抽水状况,北方寒冷地区宜采用橡胶软管。

井点管沉设可按现场条件及土层情况选用下列方法:

1) 用冲水管冲孔后,沉设井点管;

2) 直接利用井点管水冲下沉;

3) 套管式冲枪水冲法或振动水冲法成孔后沉设井点管。

在亚粘土、轻亚粘土等土层中用冲水管冲孔时,也可同时装设压缩空气冲气管辅助冲孔,以提高效率,减少用水量。在淤泥质粘土中冲孔时,也可使用加重钻杆,提高成孔速度。用套管式冲枪水冲法成孔质量好,但速度较慢。

井点管沉设当采用冲水管冲孔方法进行,可分为冲孔(图 1-29a)与沉管(图 1-29b)两个过程。冲孔时,先用起重设备将冲管吊起并插在井点位置上,然后开动高压水泵,将土冲松,冲管则边冲边沉。冲管采用直径为 $50 \sim 70$mm 的钢管,长度比井点管长 1.5m 左右。冲管下端装有圆锥形冲嘴;在冲嘴的圆锥面上钻有三个喷水小孔,各孔间焊有三角形立翼,以辅助冲水时扰动土层,便于冲管下沉。冲孔所需的水压,根据土质不同,一般为 $0.6 \sim 1.2$MPa。冲孔时应注意冲管垂直,插入土中,并作上下、左右摆动,以加剧土层松动。冲孔孔径不应小于 300mm,并保持垂直,上下一致,使滤管有一定厚度的砂滤层。冲孔深度应比滤管底深 0.5m 以上。以保证滤管埋设深度,并防止被井孔中的沉淀泥砂所淤塞。

井孔冲成后,应立即拔出冲管,插入井点管,紧接着就灌填砂滤料,以防止坍孔。砂滤料的灌填质量是保证井点管施工质量的一项关键性工作。井点要位于冲孔中央,使砂滤层厚度均匀一致,砂滤层厚度宜达 100mm;要用干净粗砂灌填,并填至滤管顶以上 $1.0 \sim 1.5$m,

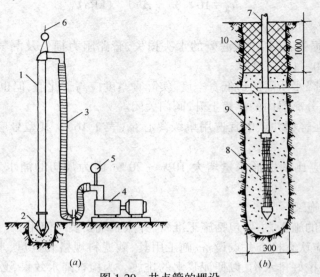

图 1-29　井点管的埋设
(a)冲孔；(b)埋管
1—冲管；2—冲嘴；3—胶皮管；4—高压水泵；5—压力表；6—起重机
吊钩；7—井点管；8—滤管；9—填砂；10—粘土封口

以保证水流畅通。

每根井点管沉后应检验渗水性能,检验方法是:在正常情况下,当灌填砂滤料时,井管口应有泥浆水冒出;如果管口没有泥浆冒出,应从井点管口向管内灌清水,测定管内水位下渗快慢情况,如下渗很快,则表明滤管质量良好。

在第一组轻型井点系统安装完毕后,应立即进行抽水试验,以检查管路接头质量、井点出水状况和抽水机械运转情况等,如发现漏气、漏水现象,应及时处理。因为一个漏气点往往能影响整个井点系统的真空度大小,影响降水效果。若发现滤管被泥砂堵塞,则属于"死井",特别是在同一范围连续有数根"死井"时,将严重影响降水效果,应逐根用高压水反向冲洗或拔出重新沉设。经抽水试验合格后,井点孔到地面以下 0.5～1.0m 的深度范围内,应用粘土填塞孔,以防止漏气和地表水下渗,提高降水效果。

(5) 轻型井点的使用

轻型井点使用时,一般应连续抽水,(特别是开始阶段)。时抽时停,滤网易堵塞,也容易抽出土粒,使出水混浊,并会引起附近建筑物由于土粒流失而沉降开裂;同时由于中途停抽,地下水回升,也会引起土方边坡坍塌等事故。

真空度是判断井点使用良好与否的尺度,必须经常观测。如发现真空不足,则应立即检查井点系统有无漏气并采取相应的消除方法。

采用井点降水时,应对附近的建筑物进行沉降观测,以便采取防护措施。

在抽水过程中,应调节离心泵的出水阀以控制出水量,使抽吸排水保持均匀,达到细水长流。否则,真空泵不断抽水,离心泵间歇出水,会造成真空抽气迫使土粒随水抽出。

在抽水过程中,还应检查有无"死井"(即井点管淤塞)。其方法是通过听管内水流声,夏冬季可用手摸井点管的冷热、潮干等来判断。采用透明塑料管弯头,水流是否畅通一目了然。如死井太多,严重影响降水效果时,应逐个用高压水反向冲洗或拔出重埋。

28

（6）轻型井点降水设计例题

【例题】 某厂房设备基础施工，基坑底宽 8m，长 12m，基坑深 4.5m，挖土边坡 1:0.5，基坑平、剖面如图 1-30、图 1-31 所示。经地质勘探，天然地面以下 1m 为粘土，其下有 8m 厚细砂层，细砂层以下为不透水的粘土层。地下水位标高为 -1.5m。采用轻型井点法降低地下水位，试进行轻型井点系统设计。

1）井点系统的布置

根据本工程地质情况和平面形状，轻型井点选用环形布置。为使总管接近地下水位，表层土挖去 0.5m，则基坑上口平面尺寸为 12m×16m，布置环形井

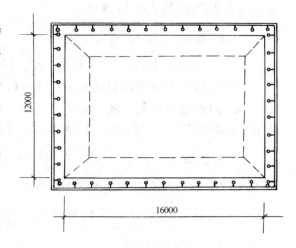

图 1-30 井点系统平面布置

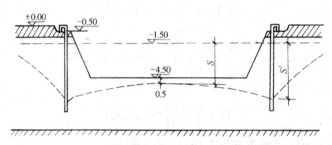

图 1-31 井点系统高程布置

点。总管距基坑边缘 1m，总管长度

$$L = [(12+2)+(16+2)] \times 2 = 64(\text{m})$$

水位降低值

$$S = 4.5 - 1.5 + 0.5 = 3.5(\text{m})$$

采用一级轻型井点，井点管的埋设深度（总管平台面至井点管下口，不包括滤管）

$$H_A \geqslant H_1 + h + IL = 4.0 + 0.5 + \frac{1}{10} \times \left(\frac{14}{2}\right) = 5.2(\text{m})$$

采用 6m 长的井点管，直径 50mm，滤管长 1.0m。井点管外露地面 0.2m，埋入土中 5.8m（不包括滤管）大于 5.2m，符合埋深要求。

井点管及滤管长 6+1=7m，滤管底部距不透水层 1.70m（(1+8)-(1.5+4.8+1) = 1.7)，基坑长宽比小于 5，可按无压非完整井环形井点系统计算。

2）基坑涌水量计算

按无压非完整井环形点系统涌水量计算公式（式 1-28）进行计算

$$Q = 1.366K \frac{(2H_0 - S)S}{\lg R - \lg x_0}$$

先求出 H_0、K、R、x_0 值。

H_0：有效带深度，按表1-19求出。

$$s' = 6 - 0.2 - 1.0 = 4.8\text{m}。根据 \frac{s'}{s'+1} = \frac{4.8}{4.8+1} = 0.827 \quad 查1-19表，求得 H_0：$$

$$H_0 = 1.85 \ (s'+1) = 1.85 \ (4.8+1.0) = 10.73(\text{m})$$

由于 $H_0 > H$（含水层厚度 $H = 1 + 8 - 1.5 = 7.5\text{m}$)，取 $H_0 = H = 7.5(\text{m})$

K：渗透系数，经实测 $K = 8\text{m}/昼夜$

R：抽水影响半径，$R = 1.95s \sqrt{H_0 K} = 1.95 \times 3.5 \times \sqrt{7.5 \times 8} = 52.87(\text{m})$

x_0：基坑假想半径，$x_0 = \sqrt{\dfrac{F}{\pi}} = \sqrt{\dfrac{14 \times 18}{3.14}} = 8.96(\text{m})$

将以上数值代入式(1-28)，得基坑涌水量 Q：

$$Q = 1.366K \frac{(2H_0 - S)S}{\lg R - \lg x_0} = 1.366 \times 8 \times \frac{(2 \times 7.5 - 3.5)3.5}{\lg 52.87 - \lg 8.96} = 570.6(\text{m}^3/昼夜)$$

3）计算井点管数量及间距

单根井点管出水量：

$$q = 65\pi d l^3 \sqrt{K} = 65 \times 3.14 \times 0.05 \times 1.0 \times \sqrt[3]{8} = 20.41(\text{m}^3/昼夜)$$

井点管数量：

$$n = 1.1 \frac{Q}{q} = 1.1 \times \frac{570.6}{20.41} \approx 31(\text{根})$$

井距：

$$D = \frac{L}{n} = \frac{64}{31} \approx 2.1(\text{m})$$

取井距为1.6m，实际总根数40根（64÷1.6=40）。

4）抽水设备选用

抽水设备所带动的总管长度为64m。选用 W_5 型干式真空泵。所需的最低真空度为：

$$h_k = 10 \times (6 + 1.0) = 70(\text{kPa})$$

所需水泵流量：

$$Q_1 = 1.1Q = 1.1 \times 570.6 = 628(\text{m}^3/昼夜) = 26(\text{m}^3/\text{h})$$

所需水泵的吸水场程：

$$H_s \geqslant 6 + 1.0 = 7(\text{m})$$

根据 Q_1、H_s 查表1-16可选用2B31型离心泵。

(7) 射流泵井点（简易轻型井点）设备

随着井点设备的改进和发展，射流泵井点已在一些地区推广使用多年。射流泵井点设备是由离心泵、射流器、循环水箱等组成，如图1-32所示。它是在原有轻型井点系统的基础上，保持管路系统，采用射流泵代替真空泵，使抽水设备大大简化，施工费用大大降低（一般可降低60%左右）。

射流泵的工作原理是：利用离心泵将循环水箱中的水送入射流器内由喷嘴喷出时，由于喷嘴处断面收缩而使流水速度骤增，压力骤降，使射流器空腔内产生部分真空，把井点管内的气、水吸上来进入水箱，待水箱内的水位超过泄水口时即自动溢出，排至指定地点。

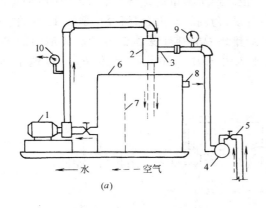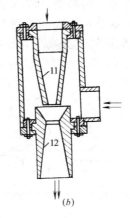

水 --- 空气

(a)   (b)

图 1-32 射流泵井点设备工作简图

(a)总图;(b)射流器剖面图

1—离心泵;2—射流器;3—进水管;4—总管;5—井点管;6—循环水箱;7—隔板;8—泄
水口;9—真空表;10—压力表;11—喷嘴;12—喉管

射流泵井点设备的降水深度能达到 6m,但其所带的井点管一般只有 25～40 根。总管
长度 30～50m,若采用两台离心泵和两个射流器联合工作,能带动井点管 70 根。总管
100m。这种设备,与普通轻型井点比较,具有结构简单、成本低、使用维修方便等优点。

采用射流泵井点设备降低地下水位时,要特别注意管路密封,否则会影响降水效果。

射流泵井点排气量较小,真空度的波动较敏感,易于下降,排水能力也较低,适用于粉
砂、轻亚黏土等渗透系数较小的土层中降水。

射流泵技术性能 表 1-20

项 目	型 号			
	QJD-45	QJD-60	QJD-90	JS-45
抽吸深度(m)	9.6	9.6	9.6	10.26
排水量(m³/h)	45	60	90	45
工作水压力(MPa)	>0.25	>0.25	>0.25	>0.25
电机功率(kW)	7.5	7.5	7.5	7.5

2．喷射井点

当基坑开挖要求降水深度大于 6m 时,如用轻型井点就必须用多层井点。这步会增加
井点设备数量和基坑挖土量,延长工期等,往往不是经济的。因此,当降水深度超过 6m,土
层渗透系数为 0.1～2.0m/d 的弱透水层时,以采用喷射井点为宜,其降水深度可达
20m。

每套喷射井点设备可带 30 根井点管,设备主要是由喷射井管、高压水泵和管路系统组
成(图 1-33a)。喷射井管 1 由内管 8 和外管 9 组成,在内管下端装有升水装置——喷射扬
水器与滤管 2 相连(图1-33b)。在高压水泵 5 作用下,具有一定压力水头(0.7～0.8MPa)的
高压水经进水总管 3 进入井管的外管与内管之间的环形空间,并经扬水器的侧孔流向喷嘴
10。由于喷嘴截面的突然缩小,流速急剧增加,压力水由喷嘴以很高流速喷入混合室 11(该

31

室与滤管相通),将喷嘴口周围空气吸入,被急速水流带走,因而该室压力下降而造成一定真空度。此时地下水被吸入喷嘴上面的混合室,与高压水汇合,流经扩散管 12 时,由于截面扩大,流速减低而转化为高压,沿内管上升经排水总管排于集水池 6 内。此池内的水,一部分用水泵 7 排走,另一部分供高压水泵压入井管用。如此不停的循环,将地下水逐步降低。

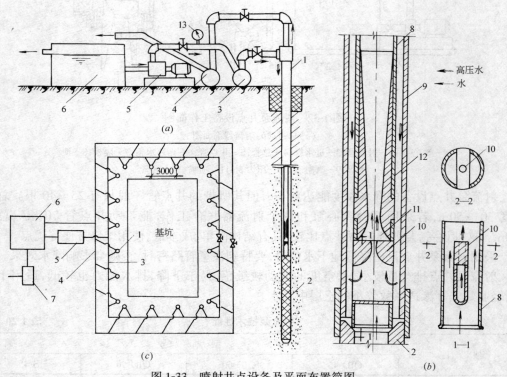

图 1-33　喷射井点设备及平面布置简图
(a)喷射井点设备简图;(b)喷射扬水器详图;(c)喷射井点平面布置
1—喷射井管;2—滤管;3—进水总管;4—排水总管;5—高压水泵;6—集水池;7—水泵;8—内管;
9—外管;10—喷嘴;11—混合室;12—扩散管;13—压力表

喷射井点施工顺序是:安装水泵设备及泵的进出水管路;铺设进水总管和回水总管;沉设井点管(包括灌填砂滤料),接通进水总管后及时进行单根试抽、检验;全部井点管沉设完毕后,接通回水总管,全面试抽,检查整个降水系统的运转状况及降水效果。

进水、回水总管同每根井点管的连接管均需安装阀门,以便调节使用和防止不抽水时发生回水倒灌。井点管路接头应安装严密。

喷射井点一般是将内外管和滤管组装在一起后沉设到孔内的。井点管组装时,必须保持喷射嘴与混合室中心线一致;组装后,每根井点管应在地面作泵水试验和真空度测定。地面测定真空度不宜小于 93.1kPa。

沉设井点管前,应先挖井点坑和排泥沟,井点坑直径应大于冲孔直径,以便于冲孔时孔内的土块从孔口随泥浆排出。冲孔直径不应小于 400mm,冲孔深度应比滤管底深 1m 以上。冲孔完后,应立即沉设井管,灌填砂滤料,接近地面的 1.5m 范围内用黏土封堵密实,以防漏气。

喷射井点抽水时,如发现井点管周围有翻砂冒水现象时,应立即关闭此井点,及时检查处理。

喷射井点的型号以井点外管直径(in)表示,根据不同渗透系数,一般有 2.5 型、4 型和 6 型三种(即其外管直径分别为 2.5in、4in、6in 相当于 62.5mm、100mm、150mm),以适应不同排水量要求。

3. 管井井点

管井井点就是沿基坑每隔一定距离设置一个管井,每个管井单独用一台水泵不断抽水来降低地下水位。在土的渗透系数大(20~200m/d)的土层中,宜采用管井井点。

管井井点的设备主要是由管井、吸水管及水泵组成(图 1-34)。管井可用钢管管井或混凝土管管井。井点构造如图 1-34 所示。水泵可采用 2~4in 潜水泵或单级离心泵。

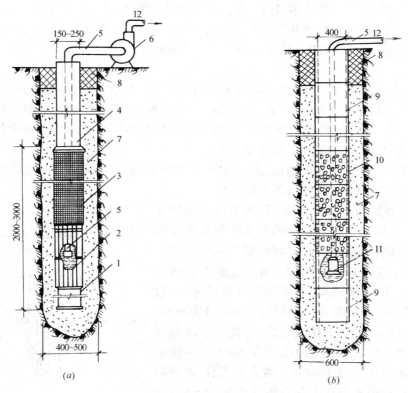

图 1-34　管井井点
(a)钢管管井;(b)混凝土管管井
1—沉砂管;2—钢筋焊接骨架;3—滤网;4—管身;5—吸水管;6—离心泵;7—小砾石过滤层;
8—粘土封口;9—混凝土实管;10—混凝土过滤管;11—潜水泵;12—出水管

管井的间距,一般为 20~50m,管井的深度为 8~15m。井内水位降低,可达 6~10m,两井中间水位则为 3~5m。

4. 深井井点

当降水深度超过 15m 时,可在管井井点中采用深井泵。这种采用深井泵的井点称为深井井点。深井井点一般可降低水位 30~40m,有的甚至可达百米以上。

常用的深井泵有两种类型:

33

（1）电动机在地面上的深井泵

其工作原理：是电动机通过传动轴带动水泵工作，水泵抽吸地下水，由吸水管的滤管进入泵体内，当叶轮旋转时，水受叶轮旋转的离心作用，使水的压力和速度同时增加。随后，水流经导流装置流入下一级叶轮，多级叶轮的工作使水压成正比增加，因而使水通过扬水管上升到地面，并经过连接管到排水槽或排水总管排出。其主要技术性能，如沈阳泵厂生产的 JD 型深井泵，其流量为 $20\sim1000m^3/h$，扬程 $24\sim112m$，电动机功率 $11\sim225kW$。

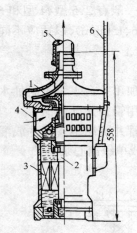

图 1-35 潜水泵工作简图
1—叶轮；2—轴；3—电动机；
4—进水口；5—出水胶管；
6—电缆

（2）深井潜水泵（沉没式深井泵）

潜水泵外形如图 1-35 所示，电动机是密封的，泵体为立式单线式多级离心泵。其主要技术性能，如上海深井泵厂生产的 JQ80 型深井潜水泵，其叶轮为 5、7、10 个，流量为 $80m^3/h$，扬程 $50\sim100m$，电动机功率 $17\sim34kW$。

5．电渗井点

在深基础工程施工中，有时会遇到渗透系数小于 $0.1m/d$ 的土层，这类土含水量大，压缩性高，稳定性差。由于土粒间微小孔隙的毛细管作用，将水保持在孔隙内，单靠用真空吸力的一般降水方法效果不佳，此时，必须采用电渗井点降水。

在饱和粘土中插入两根电极，通入直流电，土中的水则会向阴极移动，这称为电渗现象。利用电渗现象与井点相结合便成为电渗井点。

电渗井点布置如图 1-36 所示，以原有轻型或管井井点作阴极，在基坑一侧相应地插入 $\phi25$ 钢筋或其他金属材料作阳极（阳极数量必要时可多于阴极数量）。阳极的埋设深度较井点管深约 500mm，露出地面为 $200\sim400mm$。阴阳极距离，当采用轻型井点时，一般为 $800\sim1000mm$，采用喷射井点时为 $1200\sim1500mm$，阴极和阳极分别用电线连接成电路，并接至直流电流相应极上。施工时，工作电压不宜大于 60V，土中通电时的电流密度为 $0.5\sim1.0A/m^2$。通入电流后，随着阳离子向负极移动把水一起带向负极井点管，由井点管将地下水抽出。

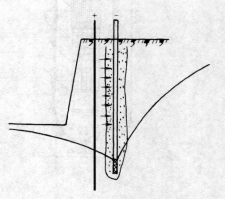

图 1-36　电渗井点

电渗降水施工前宜通过现场试验，了解电渗降水的可行性，确定合理的电压梯度和电极布置方案等。如果土层的导电率很高，电压无法升到规定数值时，则不能采用电渗法。

二、基坑开挖

基坑土方的开挖采用机械挖土时，要预留 200（铲运机）～300mm（挖土机）土层由人工铲除，以防基底超挖。

基坑挖好后，应紧接着进行下一工序，尽量减少暴露时间。否则，基坑底部应保留100～200mm 土暂时不挖，待下一工序开始前再挖至设计标高。

（一）单斗挖土机施工

单斗挖土机是大型基坑开挖中最常用的一种机械,根据其工作装置不同,可分为:正铲、反铲、拉铲、抓铲等(图1-37)。

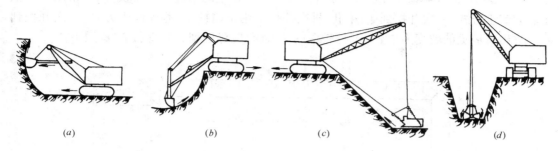

图1-37 挖土机的工作简图

(a)正铲挖土机;(b)反铲挖土机;(c)拉铲挖土机;(d)抓铲挖土机

1. 正铲挖土机施工

正铲挖土机的挖土特点是:"前进向上,强制切土"。其挖掘力大,生产率高,能开挖停机面以上的Ⅰ～Ⅳ级土,宜用于开挖高度大于2m的干燥基坑,但需设置上下坡道。

(1) 开挖方式

根据挖土机的开挖路线与运输工具的相对位置不同,可分为正向挖土侧向卸土和正向挖土后方卸土两种。

正向挖土侧向卸土,就是挖土机沿前进方向挖土,运输工具停在侧面装土。此法挖土机卸土时,动臂回转角度小,运输工具行驶方便,生产率高,采用较广(图1-38a)。

正向挖土后方卸土,就是挖土机沿前进方向挖土,运输工具停在挖土机后面装土。此法所挖的工作面较大,但回转角度大,生产率低,运输工具倒车开入,一般只用来开挖施工区域的进口处,以及工作面狭小且较深的基坑(图1-38b)。

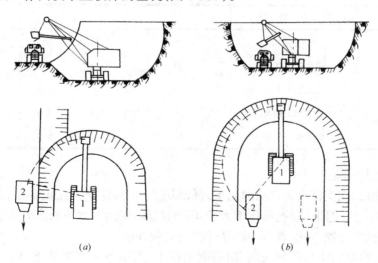

图1-38 正铲挖土机开挖方式

(a)正向挖土侧向卸土;(b)正向挖土后方卸土

1—正铲挖土机;2—自卸汽车

(2) 开行通道

根据挖土机的工作面尺寸与基坑的横断面尺寸,就可划分挖土机的开行通道。

图 1-39 所示是某基坑划分为三条开行通道进行挖土的情况。第Ⅰ次开行,采用正向挖土后方卸土方式,一次开挖到底;第Ⅱ、Ⅲ次开行都用正向挖土,侧向卸土方式,一次开挖到底。进出口坡道的坡度为 1:8。开挖较深的基坑时,应分层划分开行通道,逐层下挖。

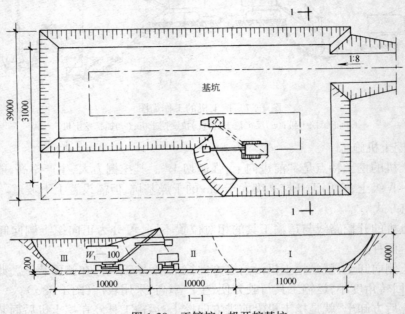

图 1-39 正铲挖土机开挖基坑

正铲挖土机技术性能(单位:m)   表 1-21

项　次	工作项目	符　号	W₁-50		W₁-100	
1	动臂倾角	α	45°	60°	45°	60°
2	最大挖土高度	H	6.5	7.9	8.0	9.0
3	最大挖土半径	R	7.8	7.2	9.8	9.0
4	最大卸土高度	H_2	4.5	5.6	5.5	6.8
5	最大卸土半径	R_3	7.1	6.5	8.7	8.0

2. 反铲挖土机施工

反铲挖土机的挖土特点是:"后退向下,强制切土"。其挖掘力比正铲小,能开挖停机面以下的Ⅰ~Ⅱ级土,宜用于开挖深度不大于 4m 的基坑,对地下水位较高处也适用。

反铲挖土机的开挖方式,可分为沟端开挖与沟侧开挖。

沟端开挖,就是挖土机停在沟端,向后倒退挖土,汽车停在两旁装土(图 1-40a)。该方法因挖土方便,挖土深度和宽度较大,而较多采用。当开挖大面积的基坑时,可分段开挖;当开挖深基坑时,可分层开挖。

沟侧开挖,就是挖土机沿沟一侧直线移动挖土(图 1-40b)。此法能将土弃于距沟边较远处,但挖土宽度受限制(一般为 $0.8R$),且不能很好地控制边坡,机身停在沟边而稳定性较差;因此只在无法采用沟端开挖或所挖的土不需运走时采用。

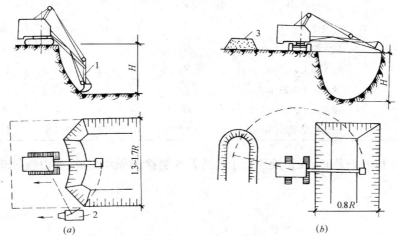

图 1-40 反铲挖土机开挖方式

(a)沟端开挖;(b)沟侧开挖

1—反铲挖土机;2—自卸汽车;3—弃土堆

W_1-50 反铲挖土机技术性能 表 1-22

项　次	工 作 项 目	符　号	数　据	
1	动臂倾角	α	45°	60°
2	开始卸土半径(m)	R_1	5.0	3.8
3	最终卸土半径(m)	R_2	8.1	7.0
4	开始卸土高度(m)	H_1	2.3	3.1
5	最终卸土高度(m)	H_2	5.2	6.1
6	向运输工具中装卸半径(m)	R_3	5.6	4.4
7	最大挖土深度(m)	H	5.56	
8	最大挖土半径(m)	R	9.2	

3. 拉铲挖土机施工

拉铲挖土机的挖土特点是:"后退向下,自重切土"。其挖土半径和挖土深度较大,能开挖停机面以下的Ⅰ~Ⅱ级土,工作时,利用惯性力将铲斗甩出去,挖得比较远。但不如反铲灵活准确,宜用于开挖大而深的基坑或水下挖土。

拉铲挖土机的开挖方式,基本上与反铲挖土机形似,也分为沟端开挖和沟侧开挖。

4. 抓铲挖土机施工

抓铲挖土机的挖土特点是:"直上直下,自重切土"。其挖掘力较小,只能开挖的Ⅰ~Ⅱ级土,宜于开挖窄而深的基坑。

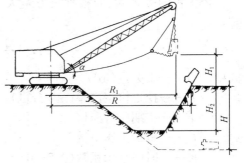

图 1-41 拉铲挖土机的工作尺寸

项 次	工作项目	符 号	数 据			
1	动臂长度(m)	L	13		16	
2	动臂角度(m)	α	30°	45°	30°	45°
3	最大卸土高度(m)	H_1	4.2	6.9	5.7	9.0
4	最大卸土半径(m)	R_1	12.8	10.8	15.4	12.9
5	最大挖土半径(m)	R	14.4	13.2	17.5	16.2
6	侧面挖土深度(m)	H_2	5.8	4.9	8.0	7.1
7	正面挖土深度(m)	H	9.5	7.4	12.2	9.6

抓铲挖土机一般是正、反铲液压挖土机将铲斗更换为抓斗而成,或由履带式起重机改装而成。

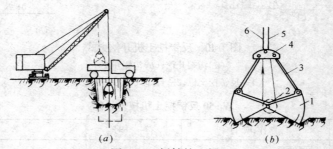

图 1-42 抓铲挖土机
(a)抓铲开挖柱基基坑;(b)抓铲斗工作示意

项 次	工 作 项 目	符 号	数 据
1	动臂长度(m)	L	13
2	回转半径(m)	R	4.5~12.5
3	最大卸土高度(m)	H_1	10.6~1.6

(二) 挖土机械配套计算

1. 挖土机数量确定

挖土机的数量 N,应根据土方量大小和工期长短,并考虑合理的经济效果,按下式计算:

$$N = \frac{Q}{P} \times \frac{1}{T \cdot C \cdot K} \quad (台) \tag{1-34}$$

式中 Q——土方量(m^3);

       P——挖土机生产率(m^3/台班);

       T——工期(工作日);

       C——每天工作班数;

       K——时间利用系数(0.8~0.9)。

挖土机生产率 P,可查定额手册或按下式计算:

$$p = \frac{8 \times 3600}{t} \cdot q \cdot \frac{K_c}{K_s} \cdot K_B \quad (\text{m}^3/台班) \qquad (1-35)$$

式中　　t——挖土机每次作业循环延续时间(s),W_1-100 正铲挖土机为 25~40s

　　　　　W_1-100 拉铲挖土机为 45~60s;

　　　　q——挖土机斗容量(m^3);

　　　K_s——土的最初可松性系数;

　　　K_c——土的充盈系数,可取 0.8~1.1;

　　　K_B——工作时间利用系数,一般为 0.7~0.9。

在实际工作中,当挖土机的数量已经确定时,也可利用式(1-34)来计算工期。

2．自卸汽车配套计算

用挖土机挖土时,土方的运输一般用自卸汽车与之配合。自卸汽车的载重量 Q_1,应与挖土机的斗容量保持一定的关系,一般宜为每斗土重的 3~5 倍。为保证连续工作,自卸汽车的数量应为:

$$N = \frac{T_s}{t_1} \qquad (1-36)$$

式中　　T_s——自卸汽车每一工作循环延续时间(min);

$$T_s = t_1 + \frac{2l}{v_c} + t_2 + t_3 \qquad (1-37)$$

　　　　t_1——自卸汽车每次装车时间(min);$t_1 = nt$;

　　　　n——自卸汽车每车装土次数:

$$n = \frac{Q_1}{q \cdot \frac{K_c}{K_s} \gamma} \qquad (1-38)$$

　　　Q_1——自卸汽车的载重量(m^3);

　　　　γ——实土表观密度,一般取 1.7t/m^3;

　　　　l——运土距离(m);

　　　v_c——重车与空车的平均速度(m/min);一般取 20~30km/h;

　　　　t_2——卸车时间,一般为 1min;

　　　　t_3——操纵时间(包括停放待装、等车、让车等),取 2~3min。

（三）基坑边坡稳定

基坑边坡的稳定,主要是靠土体的内摩阻力和粘结力来保持平衡的。一旦土体失去平衡,边坡就会塌方。边坡塌方会引起人身事故,同时会妨碍基坑开挖或基础施工,有时还会危及附近的建筑物。

1．边坡塌方的原因

根据工程实践调查分析,造成边坡塌方的主要原因有以下几点:

1）基坑边坡太陡,使土体本身的稳定性不够;在土质较差、开挖深度较大的基坑中,易遇到这种情况;

2）雨水、地下水或施工用水渗入边坡,使土体的重量增大及抗剪能力降低,这是造成边坡塌方的最主要原因;

3）基坑上边缘附近大量堆土或停放机具，使土体中产生的剪应力超过土体的抗剪强度。

2．边坡塌方的防治

根据以上所分析的边坡塌方原因，可采取以下几种防治方法：

（1）放足边坡

当无地下水时，在天然湿度的土中开挖基坑，可作成直立壁而不放坡，但开挖深度不得超过下列数值：

密实、中密的砂土和碎石类土（充填物为砂土）	1m
硬塑、可塑的粉土及粉质粘土	1.25m
硬塑、可塑的黏土和碎石类土（充填物为粘性土）	1.5m
坚硬的黏土	2m

当基坑深度大于以上数值，则应放坡。在土具有天然湿度、构造均匀、水文地质良好且无地下水时，深度在 5m 以内的基坑边坡坡度可按表 1-25 采用。粘性土的边坡可陡些。砂性土则应平缓些。井点降水时边坡可陡些（1:0.33～1:0.7），明沟排水则应平缓些。如果开挖深度大、施工时间长、坑边有停放机械等情况，边坡应平缓些。

深度 5m 的基坑（槽）、管沟边坡的最陡坡度　　　　　　表 1-25

土 的 类 别	边坡坡度（高：宽）		
	坡顶无荷载	坡顶有静载	坡顶有动载
中密的砂土	1:1.00	1:1.25	1:1.50
中密的碎石类土	1:0.75	1:1.00	1:1.25
（充填物为砂土）			
硬塑的粉土	1:0.67	1:0.75	1:1.00
中密的碎石类土	1:0.50	1:0.67	1:0.75
（充填物为粘性土土）			
硬塑的粉质粘土、黏土	1:0.33	1:0.50	1:0.67
老黄土	1:0.10	1:0.25	1:0.33
软土（经井点降水后）	1:1.00	—	—

当基坑附近有主要建筑物时，基坑边坡最大的坡度为 1:1.0～1:1.5。

（2）设置支撑

在基坑或沟槽开挖时，常因受场地的限制不能放坡，或放坡所增加的土方量很大，可采用设置支撑的施工方法。

常用的支撑方法：

1）横撑式支撑：分为水平式支撑和垂直式支撑。

水平式支撑：断续或连续的挡土板水平放置。断续式水平挡土板支撑，适于能保持直立壁的干土或天然湿度的粘土，深度在 3m 以内。连续式水平挡土板支撑，适于较潮湿的或散粒的土，深度在 5m 以内。

垂直式支撑：断续或连续的挡土板垂直放置。适于土质较松散或湿度很高的土，地下水较少，深度不限。

2）锚拉支撑：水平挡土板支在柱桩的内侧，柱桩一端打入土中，另一端用拉杆与锚桩拉紧，锚桩必须设在土的破坏范围以外，在挡土板内侧回填土。适用于开挖面积较大、深度不大的基坑或使用机械挖土。

3）短桩横隔板支撑：打入小短木桩，部分打入土中，部分露出地面，钉上水平挡土板，在背面填土。适于开挖宽度大的基坑，当部分地段下部放坡不够时使用。

4）临时挡土墙支撑：用砖、石块砌筑或用草袋装土筑成临时挡土墙。适于场地窄小，坡脚放坡不足时使用。

5）钢板桩支撑：挖土之前在基坑的周围打入钢板桩或钢筋混凝土板桩，板桩入土深度及悬臂长度应经计算确定，如基坑深度较大，可加水平支撑。适于一般地下水位较高的粘性土或砂土层中应用。

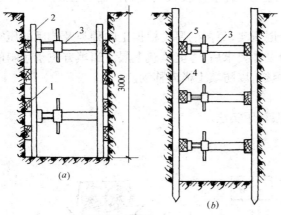
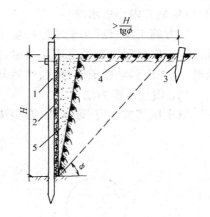

图 1-43　横撑式支撑
(a)断续式水平挡土板支撑；(b)垂直挡土板支撑
1—水平挡土板；2—竖楞木；3—工具式横撑；4—竖直挡土板；
5—横楞木

图 1-44　锚拉支撑
1—柱桩；2—挡土板；3—锚桩；4—拉杆；5—回填土；
ϕ—土的内摩擦角

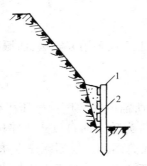
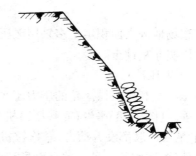

图 1-45　短桩横隔板支撑
1—短桩；2—横隔板

图 1-46　临时挡土墙支撑

当基坑面积和深度都较大时可采用板桩支撑或土层锚杆技术(参考本书第七章高层建筑施工部分)。

第四节　土方填筑与压实

一、土料选择与填筑方法

为了保证填土工程的质量,必须正确选择土料和填筑方法。

碎石类土、砂土、爆破石渣及含水量符合压实要求的粘性土可作为填方土料。淤泥、冻土、膨胀性土及有机物含量大于5%的土,以及硫酸盐含量大于5%的土均不能做填土。填方土料为粘性土时,填土前应检验其含水量是否在控制范围以内,含水量大的粘土不宜做填土用。

填方应尽量采用同类土填筑。如果,填方中采用两种透水性不同的填料时,应分层填筑,上层宜填筑透水性较小的填料,下层宜填筑透水性较大的填料。各种土料不得混杂使用,以免填方内形成水囊。

填方施工应接近水平地分层填土、分层压实,每层的厚度根据土的种类及选用的压实机械而定。应分层检查填土压实质量,符合设计要求后,才能填筑上层。当填方位于倾斜的地面时,应先将斜坡挖成阶梯状,然后分层填筑,以防填土横向移动。

二、填土压实方法

填土压实方法有:碾压法、夯实法及振动压实法。

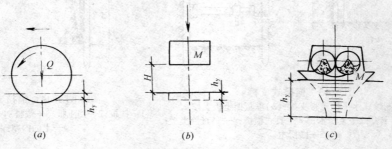

图 1-47　填土压实方法
(a)碾压;(b)夯实;(c)振动

平整场地等大面积填土多采用碾压法,小面积的填土工程多用夯实法,而振动压实法主要用于压实非粘性土。

（一）碾压法

碾压法是利用机械滚轮的压力压实土壤,使之达到所需的密实度。碾压机械有平碾及羊足碾等。(图 1-48)平碾(光碾压路机)是一种以内燃机为动力的自行式压路机,重量6～15t。羊足碾一般都没有动力,靠拖拉机牵引,有单筒、双筒两种。根据碾压要求,又可分为空筒及装砂、注水等三种。羊足碾虽与土接触面积小,但单位面积的压力比较大,土壤压实的效果好。羊足碾一般用于碾压粘性土,不适于砂性土,因在砂土中碾压时,土的颗粒受到羊足碾较大的单位压力后会向四面移动而使土的结构破坏。此外,松土不宜用重型碾压机械直接滚压,否则土层有强烈起伏现象,效率不高。如果先用轻碾压实,再用重碾压实就会取得较好效果。

碾压机械压实填方时,行驶速度不宜过快,一般,平碾不应超过2km/h;

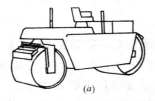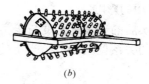

(a)　　　　　　　　　　　(b)

图 1-48　碾压机

(a)自行式平碾;(b)拖式羊脚碾

羊足碾不应超过 3km/h。

（二）夯实法

夯实法是利用夯锤自由下落的冲击力来夯实土壤,主要用于小面积回填土。夯实法分人工夯实和机械夯实两种。人工夯实所用的工具有木夯、石夯等;常用的夯实机械有夯锤、内燃夯土机和蛙式打夯机(图 1-49)等。

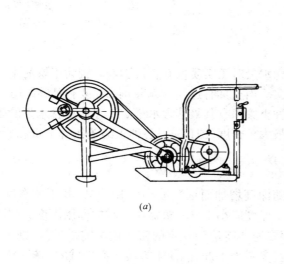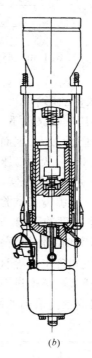

(a)　　　　　　　　　　　　　　　(b)

图 1-49　夯实机械

(a)蛙式打夯机;(b)内燃打夯机

（三）振动压实法

振动压实法是将振动压实机放在土层表面,借助振动机构使压实机振动,土颗粒发生相对位移而达到紧密状态。振动碾是一种振动和碾压同时作用的高效能压实机械,比一般平碾提高功效 1～2 倍,可节省动力 30％。用这种方法适于振实填料为爆破石渣、碎石类土、杂填土和粉土等非粘性土效果较好。

三、影响填土压实的因素

填土压实质量与许多因素有关,其中主要影响因素为:压实功、土的含水量以及每层铺土厚度。

1. 压实功的影响

填土压实后的干表观密度与压实机械在其上施加的功有一定的关系。土的干表观密度与所耗的功的关系见图1-51。当土的含水量一定,在开始压实时,土的干表观密度急剧增加,待到接近土的最大干表观密度时,压实功虽然增加许多,而土的干表观密度几乎没有变化。因此,在实际施工中,不要盲目过多地增加压实遍数,可参考表1-26实施。

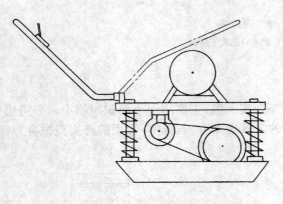

图1-50 平板振动机

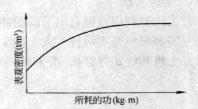

图1-51 土的表观密度与压实功的关系示意图

2. 含水量的影响

在同一压实功条件下,填土的含水量对压实质量有直接影响。较为干燥的土,由于土颗粒之间的摩阻力较大,因而不易压实。当土具有适当含水量时,水起了润滑作用,土颗粒之间的摩阻力减小,从而易压实。各种土壤都有其最佳含水量。土在这种含水量的条件下,使用同样的压实功进行压实,可得到最大干密度(图1-52)。各种土的最佳含水量和所能获得的最大干密度,可由击实试验取得。

3. 铺土厚度的影响

土在压实功的作用下,压应力随深度增加而逐渐减小(图1-53),其影响深度与压实机械、土的性质和含水量等有关。铺土厚度应小于压实机械压土时的作用深度,但其中还有最优土层厚度问题,铺得过厚,要压很多遍才能达到规定的密实度。铺得过薄,则也要增加机械的总压实遍数。恰当的铺土厚度(参考表1-26)能使土方压实而机械的功耗费最少。

填方每层的铺土厚度和压实遍数 表1-26

压 实 机 具	每层铺土厚度(mm)	每层压实遍数
平 碾	200～300	6～8
羊 足 碾	200～350	8～16
蛙式打夯机	200～250	3～4
人工打夯	不大于200	3～4

四、填土压实的质量检验

填土压实后应达到的一定密度要求,密实度应按设计规定的控制干密度 γ_d ($\gamma_d = \lambda_c \gamma_{dmax}$)作为检查标准。土的控制干密度与最大干密度之比称为压实系数。压实系数一般

44

由设计根据工程结构性质、使用要求以及土的性质确定,例如砌块承重结构和框架结构,在地基主要持力层范围内压实系数 λ_c 应大于 0.96,在地基主要持力层范围以下 λ_c 应在 0.93~0.96 之间。一般场地平整压实系数 λ_c 应为 0.9 左右。

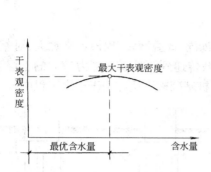

图 1-52　土的表观密度与含水量关系

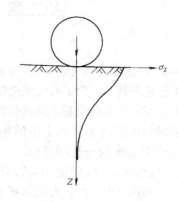

图 1-53　压实作用沿深度的变化

填土压实后的干密度,应有 90% 以上符合设计要求,其余 10% 的最低值与设计值的差,不得大于 0.08g/cm^3,应分散,不得集中。

检查土的实际干密度,可采用环刀法取样,其取样组数为:

基坑回填每 $20\sim50\text{m}^3$ 取样一组(每个基坑不少于一组);

基槽或管沟回填每层按长度 $20\sim50\text{m}$ 取样一组;

室内填土每层按 $100\sim500\text{m}^2$ 取样一组;

场地平整填土每层按 $400\sim900\text{m}^2$ 取样一组。

取样部位在每层压实后的下半部。试样取出后,先称出土的湿密度并测定土的含水量,然后用下式计算土的实际干密度 γ_0:

$$\gamma_0 = \frac{\gamma}{1 + 0.01W} \quad (\text{g/cm}^3) \tag{1-39}$$

式中　γ——土的湿密度(g/cm^3);

　　　W——土的含水量(%)。

如果,土的实际干密度 $\gamma_0 \geqslant \gamma_d$,则压实合格;若 $\gamma_0 < \gamma_d$,则压实不够,应采取相应措施,提高压实质量。

第二章 桩 基 工 程

近年来,在土木工程建设中,各种大型建筑物、构筑物日益增多,规模愈来愈大,对基础工程的要求也越来越高。为了有效地把结构的上部荷载传递到深处承载能力较大的土层上,或将软弱土层挤密以提高地基土的承载能力及密实度,桩基础被广泛应用于土木工程中。

桩基础是由若干个沉入土中的单桩在其顶部用承台连接起来的一种深基础。它具有承载能力大、抗震性能好、沉降量小等特点。根据其在土中受力情况不同,可分为端承桩和摩擦桩。端承桩是穿过软弱土层而达到深层坚实土的一种桩,上部结构荷载主要由桩尖阻力来承担;摩擦桩是完全设置在软弱土层一定深度的一种桩,上部结构荷载要由桩尖阻力和桩身侧面与土之间的摩阻力共同来承担。见图2-1。

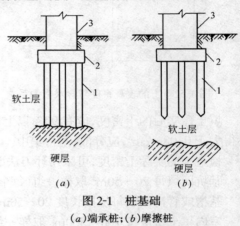

图2-1 桩基础
(a)端承桩;(b)摩擦桩
1—桩;2—承台;3—上部结构

按照施工方法的不同,桩可分为预制桩和灌注桩。预制桩是在工厂或施工现场制成的各种材料和形式的桩,如钢筋混凝土桩、钢桩、木桩等,然后用沉桩设备将桩打入、压入、振入、高压水冲或旋入土中;灌注桩是在施工现场的桩位上先成孔,然后在孔内灌注混凝土,或者加入钢筋后再灌注混凝土而形成。根据成孔方法的不同可分为钻、挖、冲孔灌注桩,套管灌注桩和爆扩桩等。

桩基础的使用可以在施工中省去大量土方支撑和排水降水设施,施工方便,且一般均能获得良好的技术经济效果。

第一节 预 制 桩 施 工

预制桩包括钢筋混凝土方桩、管桩、钢管桩和锥形桩,其中以钢筋混凝土方桩和钢管桩应用较多。其沉桩方法有锤击沉桩、振动沉桩和静力沉桩等,其中又以锤击沉桩应用较为普遍。本节以钢筋混凝土方桩为例介绍沉桩的施工工艺,其他桩形施工方法类似。

一、钢筋混凝土预制桩的制作、运输和堆放

(一)桩的制作

钢筋混凝土预制桩一般在预制厂制作,较长的桩在施工现场附近露天预制。单桩的长度主要取决于打桩架的高度,一般不超过30m。如桩长超过30m,可将桩分成几段预制,在打桩过程中接桩。混凝土预制方桩的截面边长为25~55cm。

钢筋混凝土预制桩所用混凝土强度等级不宜低于30MPa。混凝土浇筑工作应由桩顶向桩尖连续进行,严禁中断。桩顶和桩尖处不得有蜂窝、麻面、裂缝和掉角。桩的制作偏差应符合规范规定。

钢筋混凝土预制桩主筋应根据桩截面大小确定,一般为 4~8 根,直径为 12~25mm;主筋连接宜采用对焊;主筋接头配置在同一截面内的数量,当采用闪光对焊和电弧焊时,不超过 50%;同一根钢筋两个接头的间距应大于 30d,并不小于 500mm。预制桩箍筋直径为 6~8mm,间距不大于 20cm。预制桩骨架的允许偏差应符合规范的规定。桩顶和桩尖处的配筋应加强。见图 2-2。

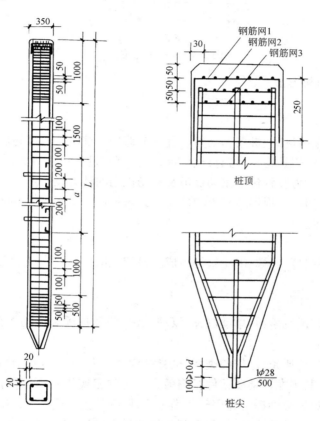

图 2-2　钢筋混凝土预制桩

(二)桩的起吊、运输和堆放

钢筋混凝土预制桩应在混凝土达到设计强度的 70% 方可起吊;达到设计强度的 100% 才能运输和打桩。如提前吊运,应采取措施并经验算合格后方可进行。

桩在起吊和搬运时,吊点应符合设计规定。如无吊环,吊点位置的选择随桩长而异,并应符合起吊弯矩最小的原则。见图 2-3。

当运距不大时,可采用滚筒、卷扬机等拖动桩身运输;当运距较大时可采用小平台车运输。运输过程中支点应与吊点位置一致。

桩在施工现场的堆放场地应平整、坚实,并不得产生不均匀沉陷。堆放时应设垫木,垫木的位置与吊点位置相同,各层垫木应上、下对齐,堆放层数不宜超过 4 层。

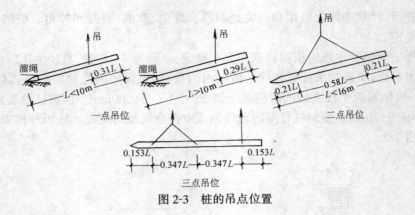

图 2-3　桩的吊点位置

二、预制桩的沉桩方法

（一）锤击沉桩

1．打桩机械

打桩机具主要包括桩锤、桩架和动力装置三个部分。桩锤是对桩施加冲击力,将桩打入土中的机具;桩架的作用是将桩吊到打桩位置,并在打桩过程中引导桩的方向,保证桩锤能沿要求的方向冲击;动力装置包括驱动桩锤及卷扬机用的动力设备。

在选择打桩机具时,应根据地基土的性质、工程的大小、桩的种类、施工期限、动力供应条件和现场情况确定。

（1）桩架

主要由底盘、导向杆、斜撑、滑轮组等组成。桩架应能前后左右灵活移动,以便于对准桩位。见图 2-4。

（2）桩锤

施工中常用的桩锤有落锤、单动汽锤、双动汽锤、柴油桩锤和振动桩锤。桩锤的适用范围及优缺点见表 2-1。

选择桩锤应根据地质条件、桩的类型、桩身结构承载力、桩的长度、桩群密集程度以及施工条件因素来确定,其中尤以地质条件影响最大。土的密实程度不同所需桩锤的冲击能量可能相差很大。汽锤和柴油锤可适用于各类土质;而振动锤只适用于砂类土,在粘性土中则效果较差。延长锤击桩顶的滞留时间,有利于桩的贯入,故打桩宜重锤低击。

2．锤击沉桩施工

（1）打桩前的准备工作

打桩前应处理地上、地下障碍物,对场地进行平整压实,放出桩基线并定出桩位,并在不受打桩影响的适当位置设置水准点,以便控制桩的入土标高;接通现场的水、电管线,准备好施工机具;做好对桩的质量检验。

正式打桩前,还应进行打桩试验,以便检验设备和工艺是否符合要求。按照规范的规定,试桩不得少于 2 根。

（2）打桩顺序

打桩顺序是否合理,直接影响打桩进度和施工质量。在确定打桩顺序时,应考虑桩对土体的挤压位移对施工本身及附近建筑物的影响。一般情况下,桩的中心距小于 4 倍桩的直径时,

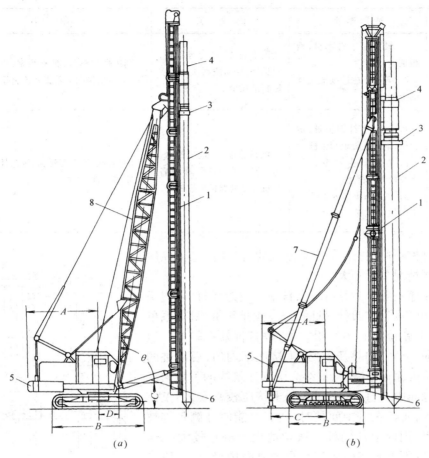

图 2-4　打桩机外形图

(a)起重机式打桩机;(b)柴油锤打桩机

1—立柱;2—桩;3—桩帽;4—桩锤;5—机体;6—支撑;7—斜撑;8—起重杆

桩锤适用范围及优缺点 表 2-1

桩锤种类	适 用 范 围	优 缺 点	附 注
落　　锤	1. 适宜打各种桩 2. 粘土含砾石的土和一般土层均可使用	构造简单、使用方便、冲击力大;能随意调整落距;但锤打速度慢,效率较低	落锤是指桩锤用人力或机械拉升,然后自由落下,利用自重夯击桩顶
单动汽锤	适于打各种桩	构造简单、落距短,对设备和桩头不易损坏;打桩速度及冲击力较落锤大,效率较高	利用蒸汽或压缩空气的压力将锤头上举,然后由锤的自重向下冲击沉桩
双动汽锤	1. 适宜打各种桩,便于打斜桩 2. 使用压缩空气时可在水下打桩 3. 可用于拔桩	冲击次数多、冲击力大、工作效率高,可不用桩架打桩,但设备笨重,移动较困难	利用蒸汽或压缩空气的压力将锤头上举及下冲,增加夯击能量

桩锤种类	适 用 范 围	优 缺 点	附 注
柴油锤	1. 最宜用于打木桩、钢板桩 2. 不适于在过硬或过软的土中打桩	附有桩架、动力等设备，机架轻，移动便利，打桩快，燃料消耗少	利用燃油爆炸，推动活塞；引起锤头跳动；有重量轻和不需要外部能源等优点
振动桩锤	1. 适宜于打钢板桩、钢管桩、钢筋混凝土和土桩 2. 宜用于砂土、塑性粘土及松软砂粘土 3. 在卵石夹砂及紧密粘土中效果较差	沉桩速度快，适应性大，施工操作简易安全，能打各种桩并帮助卷扬机拔桩	利用偏心轮引起激振，通过刚性连接的桩帽传到桩上

就要拟定打桩顺序；桩距大于 4 倍桩的直径时，打桩顺序与土壤挤压情况关系不大。

打桩顺序一般分为：逐排打、自中央向边缘打、自边缘向中央打和分段打等四种，见图 2-5。逐排打桩，桩架系单向移动，桩的就位与起吊均很方便，故打桩效率较高。但它会使土向一个方向挤压，导致土挤压不均匀，后面桩的打入深度将因而逐渐减小，最终会引起建筑物的不均匀沉降。自边缘向中央打，则中间部分土挤压较密实，不仅使桩难以打入，而且在打中间桩时，还有可能使外侧各桩被挤压而浮起，因此上述两种打法均适用于桩距较大（≥4倍桩距）即桩不太密集时施工。自中央向边缘打、分段打是比较合理的施工方法，一般情况下均可采用。

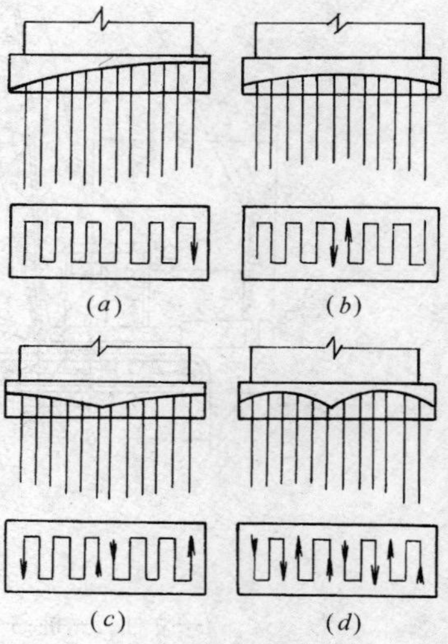

(3) 打桩施工

打桩过程包括：桩架移动和定位、吊桩和定桩、打桩、截桩和接桩等。

图 2-5　打桩顺序和土壤挤压情况
(a)逐排打设；(b)由边沿向中间打；
(c)由中间向两边打；(d)分段打设

桩机就位时桩架应垂直，导杆中心线与打桩方向一致，校核无误后将其固定。然后，将桩锤和桩帽吊升起来，其高度超过桩顶，再吊起桩身，送至导杆内，对准桩位调整垂直偏差。合格后，将桩帽在桩顶固定，并将桩锤缓落到桩顶上，在桩锤的重量作用下，桩沉入土中一定深度达稳定位置，再校正桩位及垂直度，此谓定桩。然后才能进行打桩。打桩开始时，用短落距轻击数锤至桩入土一定深度后，观察桩身与桩架、桩锤是否在同一垂直线上，然后再以全落距施打，这样可以保证桩位准确、桩身垂直。桩的施打原则是"重锤低击"，这样可使桩锤对桩头的冲击小，回弹也小，桩头不易损坏，大部分能量都能用于沉桩。

打桩是隐蔽工程，应做好打桩记录。开始打桩时需统计桩身每沉落 1m 所需锤击的次数。当桩下沉接近设计标高时，则应实测其最后贯入度。最后贯入度值，为每 10 击桩入土深度的平均值。设计和施工中所控制的贯入度是以合格的试桩数据为准，如无试桩资料，可按类似桩沉入类似土的贯入度作为参考。承受轴向荷载的摩擦桩,其控制入土深度应以标高为主,而以贯入度作为参考;端承桩的控制入土深度,则以贯入度为主,而以标高作为参考。合格的桩除应满足贯入度和标高的要求,没有断裂外还应保证桩的平面位置与垂直度的偏差在允许范围以内(桩的垂直偏差不大于 1%,水平位置偏差不大于 100~150mm)。

各种预制桩,打桩完毕后,为使桩顶符合设计高程,应将桩头或无法打入的桩身截去,对钢筋混凝土桩,应先将混凝土打掉,再截断钢筋。

(4) 打桩过程中常遇到的问题

由于桩要穿过构造复杂的土层,所以会遇到各种问题。在打桩过程中应随时注意观察,凡发生贯入度突变、桩身突然倾斜、移位或有严重回弹、桩顶或桩身出现严重裂缝或破碎等应暂停施工,及时与有关单位研究处理。

施工中常遇到的问题是:

1) 桩顶、桩身被打坏　与桩头钢筋设置不合理、桩顶与桩轴线不垂直、混凝土强度不足、桩尖通过过硬土层、锤的落距过大、桩锤过轻等有关。

2) 桩位偏斜　当桩顶不平、桩尖偏心、接桩不正、土中有障碍物时都容易发生桩位偏斜,因此施工时应严格检查桩的质量并按施工规范的要求采取适当措施,保证施工质量。

3) 桩打不下　施工时,桩锤严重回弹,贯入度突然变小,则可能与土层中夹有较厚砂层或其他硬土层以及钢渣,孤石等障碍物有关。当桩顶或桩身已被打坏,锤的冲击能不能有效传给桩时,也会发生桩打不下的现象。有时因特殊原因,停歇一段时间后再打,则由于土的固结作用,桩也往往不能顺利地被打入土中。所以打桩施工中,必须在各方面作好准备,保证施打的连续进行。

4) 一桩打下邻桩上升　桩贯入土中,使土体受到急剧挤压和扰动,其靠近地面的部分将在地表隆起和水平移动,当桩较密,打桩顺序又欠合理时,土体被压缩到极限,就会发生一桩打下,周围土体带动邻桩上升的现象。

(二) 振动沉桩

振动沉桩的原理是,借助于固定在桩头上的振动箱所产生的振动力,来减少桩与土颗粒之间的摩擦力,使桩在自重与机械力的作用下沉入土中。

振动沉桩机(图 2-6)具有设备构造简单,使用方便,效率高,所消耗的动力少,附属机具设备少等优点。缺点是适用范围较窄,不宜用于粘性土以及土层中夹有孤石的地基中。

振动沉桩适用于砂土、黄土、软土、砂质粘土、粉质粘土层中,在含水砂层中的效果更为显著。但在砂砾层中采用此法时,尚需配以水冲法。

(三) 静力压桩

静力压桩(图 2-7)是利用压桩架的自重和配重,通过卷扬机的牵引传到桩顶,将桩逐节压入土中。压桩架用型钢制作,一般高为 16~20m,静压力为 800~1500kN。桩应分节预制,每节长约 6~10m。当第一节压入土中,其上端距地面 2m 左右时,即将第二节桩接上,然后继续压入。桩的接头形式见图 2-8。

静力压桩无振动、无噪声;可节约材料,降低造价,减少高空作业,有利施工安全;但此法只适用于土质均匀的软土地基,且不能压斜桩。

(四) 水冲沉桩

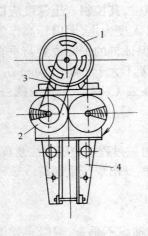

图 2-6　振动沉桩机示意图
1—电动机；2—振动机；
3—传动机构；4—桩夹

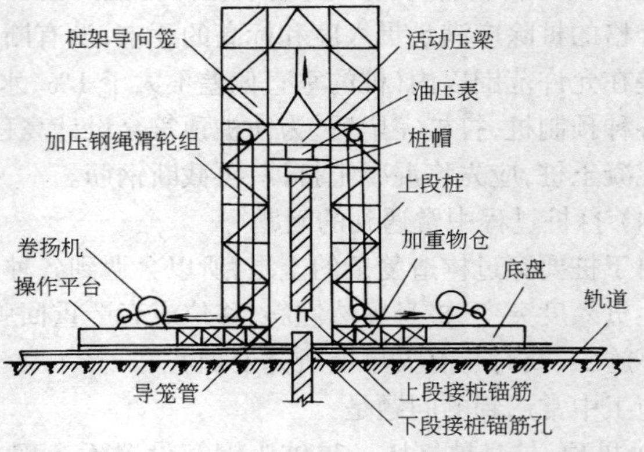

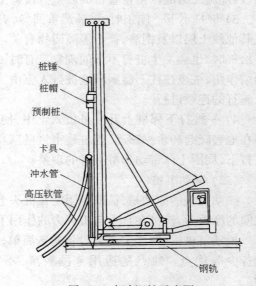

图 2-7　压桩机工作原理

水冲沉桩是利用高压水流冲刷桩尖下面的土壤，以减少桩表面与土之间的摩擦力和桩下沉时的阻力，使桩身在自重或锤击作用下，很快沉入土中，见图 2-9。射水停止后，冲松的土壤沉落，又可将桩身压紧。

水冲沉桩的设备，除桩架、桩锤外，还需要高压水泵和射水管。施工时应使射水管的末端经常处于桩尖以下 0.3～0.4m 处。当桩

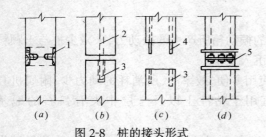

图 2-8　桩的接头形式
（a）焊接接头；（b）管式接头；（c）硫磺砂浆；（d）螺钉接头
1—L 150×100×5 角钢；2—预埋钢管；3—预留孔洞；4—预
埋钢筋；5—预埋法兰、螺栓

图 2-9　水冲沉桩示意图

沉落至最后 1～2m 时，不宜再用水冲，应用锤击将桩打至设计标高，以免冲松桩尖的土壤，影响桩的承载能力。

水冲沉桩适用于砂土、砾石或其他坚硬的土层，特别是对于打设较重的钢筋混凝土桩更为有效。当施工场地附近存有旧建筑物或构筑物时，由于水流冲刷，将会引起沉陷。所以在未采取措施前，不得采用此法。

第二节 灌注桩施工

灌注桩是直接在桩位上就地成孔,然后在孔内灌注混凝土或钢筋混凝土的一种成桩方法。与预制桩相比具有施工方便、节约材料、成本较低、施工不受地层变化的限制、无需接桩及截桩等优点。但也存在着技术间隔时间长,不能立即承受荷载,操作要求严,在软土地基中易缩颈、断裂,在冬季施工较困难等缺点。

灌注桩的施工方法,常用的有钻孔灌注桩、挖孔灌注桩、套管成孔灌注桩和爆扩成孔灌注桩等多种。

一、钻孔灌注桩

钻孔灌注桩是利用钻孔机在桩位成孔,然后在桩孔内放入钢筋骨架再灌混凝土而成的就地灌注桩。它能在各种土质条件下施工,具有无振动、对土体无挤压等优点。常用的施工方法根据地质条件的不同可分为干作业成孔灌注桩和湿作业成孔灌注桩。

(一)干作业成孔灌注桩

干作业成孔灌注桩适用于成孔深度内没有地下水的情况,成孔时不必采取护壁措施而直接取土成孔。

干式成孔一般采用螺旋钻机(图 2-10),它由主机、滑轮组、螺旋钻杆、钻头、滑动支架、出土装置等组成。由螺旋钻头切削土体,切下的土随钻头旋转并沿螺旋叶片上升而排出孔外。

当螺旋钻机钻至设计标高时,在原位空转清土,停钻后提出钻杆弃土,钻出的土应及时清除,不可堆在孔口。钢筋笼主筋直径不宜小于16mm,间距不得小于10cm,箍筋直径 6～8mm,钢筋骨架应一次绑好,一次整体吊入孔内。如过长亦可分段吊,两段焊接后再徐徐沉放孔内。钢筋笼吊放完毕,应及时灌注混凝土。混凝土不宜低于 C15,灌注时应分层捣实。

螺旋钻机成孔效率高、无振动、无噪声,宜用于匀质粘土层,亦能穿透砂层,成孔直径一般为400～600mm,成孔深度在 12m 以内。目前,螺旋钻孔灌注桩在国内外发展很快,除上述施工方法以外,还有若干种新的施工工艺,与之相应的成孔桩径和桩深也都有提高:

1.大芯管、小叶片的螺旋钻机成桩法

这种钻机的钻杆芯管较粗,待钻至设计标高后,通过芯管下放钢筋笼然后灌注混凝土,留下钻头,拔出钻杆即可。

2.日本的 CTP 工法

这种方法是用普通螺旋钻杆的钻机成孔,待

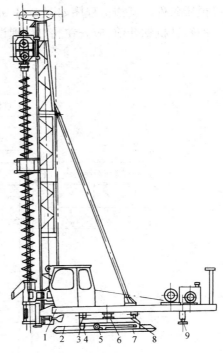

图 2-10　步履式螺旋钻机
1—上盘;2—下盘;3—回转滚轮;
4—行车滚轮;5—钢丝滑轮;6—回转中心轴;
7—行车油缸;8—中盘;9—支盘

钻至设计深度后停钻,打开钻头底活门,然后边提钻杆边通过中空的钻杆芯管向孔内泵送混凝土直至孔口,然后向孔内混凝土压入或打入钢筋笼而成桩。

3.钻孔压浆成孔法

该法的工艺原理是:先用螺旋钻机钻孔至预定深度,通过钻杆芯管利用钻头处的喷嘴向孔内自下而上高压喷注制备好的以水泥为主剂的浆液,使液面升至地下水位或无塌孔危险的位置处,提出全部钻杆后,向孔内沉放钢筋笼和骨料至孔口,最后再由孔底向上高压补浆,直至浆液达到孔口为止。

该法连续一次成孔,多次由下而上高压注浆成桩,具有无振动、无噪声、无护壁泥浆排污的优点,又能在流砂、卵石、地下水位高、易塌孔等复杂地质条件下顺利成孔成桩,而且由于高压注浆时水泥浆的渗透扩散,解决了断桩、缩颈、桩间虚土等问题,还有局部膨胀扩径现象,因此单桩承载力由摩擦力、支承力和端承力复合而成,比普通灌注桩约提高 1 倍以上。该法成桩的桩径为 300~1000mm,深度可达 50m。

(二)湿作业成孔灌注桩

软土地基的深层钻进,会遇到地下水问题。采用泥浆护壁湿作业成孔能够解决施工中地下水带来的孔壁塌落,钻具磨损发热及沉渣问题。常用的湿作业成孔机械有冲抓锥成孔机、斗式钻头成孔机、冲击式钻孔机、潜水电钻、大直径旋入全套管护壁成孔钻机和工程水文地质回转钻机等,其中回转钻机是目前灌注桩施工用得最多的施工机械,该钻机配有移动装置,设备性能可靠,噪声和振动小,效率高,质量好。适用于松散土层、粘土层、砂砾层、软岩层等地质条件。其施工程序如图 2-11 所示。

回转钻机钻孔前,应先在孔口处埋设护筒,护筒的作用是固定桩孔位置、保护孔口、防止

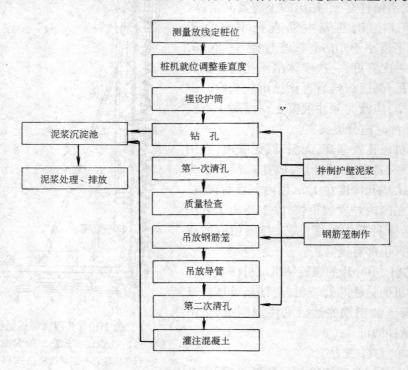

图 2-11　泥浆护壁成孔灌注桩施工程序

塌孔、增加桩孔内水压。护筒由 3～5mm 钢板制成,其内径比钻头直径大 100mm,埋在桩位处,周围用粘土填实。

钻孔过程中应向桩孔内注入泥浆,泥浆的作用是将土中空隙渗填密实,避免孔内漏水,同时泥浆比水重,也加大了护筒内水压,对孔壁起到支撑作用,因而可以防止塌孔。另外,泥浆还能起到携渣、冷却机具和切土润滑等作用。泥浆通常在挖孔前搅拌好,钻孔时输入孔内;有时也采用向孔内输入清水,一边钻孔,一边使清水与钻削下来的泥土拌和形成泥浆。根据注入泥浆入孔的方向不同,可将湿作业成孔工艺分为正循环回转钻机成孔和反循环回转钻机成孔。

正循环成孔(如图 2-12)设备简单,操作方便,工艺成熟,当孔深不太深,孔径小于 800mm 时钻进效率高。当桩径较大时,钻杆与孔壁间的环形断面较大,泥浆循环时返流速度低,排渣能力弱。如使泥浆返流速度增大到 0.20～0.35m/s,则泥浆泵的排量需很大,有时难以达到,此时不得不提高泥浆的相对密度和粘度。但如果泥浆相对密度过大,稠度大,难以排出钻渣,孔壁泥皮厚度大,影响成桩和清孔。

反循环成孔(如图 2-13)是泥浆从钻杆与孔壁间的环状间隙流入钻孔,来冷却钻头并携带钻渣由钻杆内腔返回地面的一种钻进工艺。由于钻杆内腔断面积比钻杆与孔壁间的环状断面积小得多,因此,泥浆的上返速度大,一般可达 2～3m/s,是正循环工艺泥浆上返速度的数十倍,因而可以提高排渣能力,保持孔内清洁,减少钻渣在孔底重复破碎的机会,能大大提高成孔效率。这种成孔工艺是目前大直径成孔施工的一种有效的先进的成孔工艺,因而应用较多。

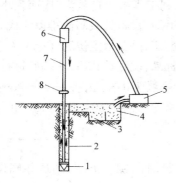

图 2-12　正循环回转钻机成孔工艺原理图
1—钻头;2—泥浆循环方向;3—沉淀池;
4—泥浆池;5—泥浆泵;6—水龙头;
7—钻杆;8—钻机回转装置

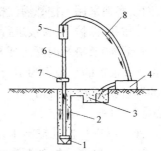

图 2-13　反循环回转钻机成孔工艺原理图
1—钻头;2—新泥浆流向;3—沉淀池;
4—砂石泵;5—水龙头;6—钻杆;
7—钻机回转装置;8—混合液流向

钻孔达到要求的深度后由于孔底存在有沉淀物(沉渣)或虽经扰动但却未排出的土层,因此要进行清孔。清孔的目的在于防止灌注桩沉降加大,承载能力降低。当孔壁土质较好,不易塌孔时,可用空气吸泥机清孔,同时注入清水,清孔后泥浆相对密度应控制在 1.1 左右;孔壁土质较差时,宜用泥浆循环清孔,清孔后的泥浆相对密度控制在 1.15～1.25 之间。施工及清孔过程中应经常测定泥浆的相对密度。

湿作业成孔灌注桩施工中容易发生的质量问题及处理方法是:

1. 塌孔

在成孔过程中或成孔后,由于土质松散、泥浆护壁不好、护筒水位不高等原因可能会造成孔壁塌落,其迹象是在排出的泥浆中不断出现气泡,有时护筒内的水位会突然下降。如发生塌孔,应探明塌孔位置,将砂和粘土(或砂砾和黄土)混合物回填到塌孔位置 1～2m,如塌孔严重,应全部回填,等回填物沉积密实再重新钻孔。

2. 缩孔

指孔径小于设计孔径的现象。原因是塑性土膨胀造成的,可反复扫孔,以扩大孔径。

3. 梅花孔

孔断面形状不规则呈梅花形。应选用适当粘度和比重的泥浆,及时清孔。

4. 斜孔

桩孔成孔后发现较大垂直偏差,是由于护筒倾斜和位移、钻杆不垂直、钻头导向部分太短、导向性差、土质软硬不一或遇上孤石等原因造成。斜孔会影响桩基质量,并会造成施工上的困难。处理时,可在偏斜处吊住钻头,上下反复扫孔,直至孔位校直;或在偏斜处回填砂粘土,待沉积密实后再钻。

根据不同的成孔工艺,湿作业成孔钻孔直径约 500～2000mm,钻孔深度可达 60m。

当钻孔直径约为 100～300mm 时被称为树根桩。树根桩是在钢套管的导向下用旋转法钻进,达设计标高后进行清孔,下放钢筋笼,钢筋数量从 1 根到数根,视桩孔直径而定,再用压力灌注水泥浆、水泥砂浆或细石混凝土,边灌边振边拔管,最后成桩。树根桩可以是垂直的或倾斜的,也可以是单排的或成排的,可用于承重、基础托换、加固边坡、挡土墙的堵漏等。

二、挖孔灌注桩

在土木工程中,有些高层建筑、大型桥梁、重要的水利工程由于自重大,底面积小,对地基的单位压力很高,需要大直径的桩来承受,但却往往受到钻孔设备的限制而难以完成。在这种情况下,人们较多地采用了挖孔灌注桩。挖孔灌注桩的施工,是测量定位后开挖工人下到桩孔中去,在井壁护圈的保护下,直接进行开挖,待挖到设计标高,桩底扩孔后,对基底进行验收,验收合格后下放钢筋笼,浇筑混凝土成桩。挖孔桩的桩径一般为 1～3m,桩深 20～40m,最深可达 60～80m。每根桩的承载力为 $10 \times 10^3 \sim 40 \times 10^3$ kN,甚至可高达 $60 \times 10^3 \sim 70 \times 10^3$ kN。

常用的井壁护圈有下列几种:

1. 混凝土护圈

采用这种护圈进行挖孔桩施工,应分段开挖,分段浇筑混凝土护圈,到达井底设计标高后,将钢筋笼放入,再浇筑桩基混凝土,如图 2-14 所示。

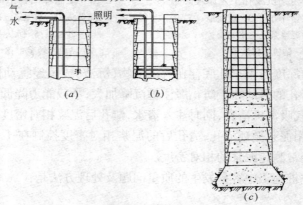

图 2-14　混凝土护圈

(a)在护圈保护下开挖土方;(b)支模板浇筑混凝土护圈;(c)浇筑桩身混凝土

护圈的结构形式为斜阶型,每阶高为1m,上端口护圈厚约170mm,下端口厚约100mm,用C15混凝土浇筑,采用拼装式弧形模板。在土质较差地段应加设少量钢筋,环筋直径可选用 $\phi 10 \sim \phi 12$,间距200mm,竖筋为 $\phi 10 \sim \phi 12$ 间距400mm。有时也可在架立钢筋网后直接锚喷砂浆形成护圈来代替现浇混凝土护圈,这样可以节省模板。

2. 沉井护圈

沉井护圈挖孔桩(图2-15),是先在桩位上制作钢筋混凝土井筒,然后在筒内挖土,井筒靠自重或附加荷载来克服筒壁与土壤之间的摩阻力,使其下沉至设计标高,再在筒内浇注混凝土。

3. 钢套管护圈

钢套管护圈挖孔桩(图2-16),是在桩位处先用桩锤将钢套管强行打入土层中,再在钢套管的保护下,将管内土挖出,吊放钢筋笼,浇注桩基混凝土。待浇筑混凝土完毕,用振动锤和人字拔杆将钢管立即强行拔出移至下一桩位使用。这种方法使用于流砂地层,地下水丰富的强透水地层或承压水地层,可避免产生流砂和管涌现象,能确保施工安全。

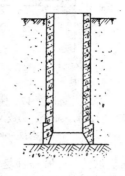

图2-15 沉井护圈挖孔桩

三、套管成孔灌注桩

套管成孔灌注桩又称为打拔管灌注桩。是利用一根与桩的设计尺寸相适应的钢管,在

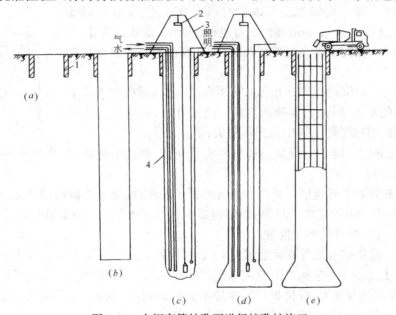

图2-16 在钢套管护孔下进行挖孔桩施工

(a)构筑井圈;(b)打入钢管;(c)在钢管护孔下开挖土方;(d)桩底扩孔;(e)浇筑混凝土、拔出钢管
1—井圈;2—链式电动葫芦;3—小型机架;4—钢管

其下端套上预制的桩靴。采用锤击或是振动的方法将其沉入土中,然后将钢筋笼子放入钢管内,再灌注混凝土,并随灌随将钢管拔出,利用拔管时的振动将混凝土捣实。

锤击沉管时采用落锤或蒸汽锤将钢管打入土中,如图2-17所示。振动沉管时是将钢管上端与振动沉桩机刚性连接,利用振动力将钢管打入土中,如图2-18所示。

钢管下端有两种构造,一种是开口,在沉管时套以钢筋混凝土预制桩尖,拔管时,桩尖留

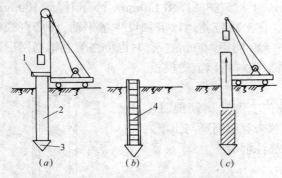

图 2-17　锤击套管成孔灌注桩

(a)打入钢管；(b)放入钢筋笼；(c)随灌混凝土随拔管

1—桩帽；2—钢管；3—桩靴；4—钢筋笼

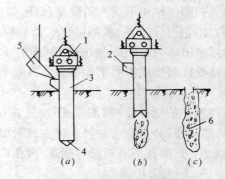

图 2-18　振动套管成孔灌注桩

1—振动锤；2—加料口；3—套管；

4—活瓣桩尖；5—上料斗；6—混凝土桩

在桩底土中；另一种是管端带有活瓣桩尖，其构造如图 2-19 所示，沉管时，桩尖活瓣合拢，灌注混凝土及拔管时活瓣打开。

拔管的方法，根据承载力的要求不同，可分别采用单打法，复打法和翻插法。

1. 单打法　即一次拔管法。拔管时每提升 0.5～1.0m，振动 5～10s 后，再拔管 0.5～1.0m，如此反复进行，直到全部拔出为止。

2. 复打法　在同一桩孔内进行两次单打，或根据要求进行局部复打。

3. 翻插法　将钢管每提升 0.5m，再下沉 0.3m，(或提升 1m，下沉 0.5m)，如此反复进行，直至拔离地面。此种方法，在淤泥层中可消除缩颈现象，但在坚硬土层中易损坏桩尖，不宜采用。

套管成孔灌注桩施工中常会出现一些质量问题，要及时分析原因，采取措施处理。

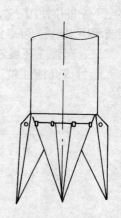

图 2-19　活瓣桩尖示意

1. 灌注桩混凝土有隔层　是由于钢管的管径较小，混凝土骨料粒径过大，和易性差，拔管速度过快造成。预防措施，是严格控制混凝土的坍落度≥5～7cm，骨料粒径≤3cm，拔管速度≤2m/min，拔管时应密振慢拔。

2. 缩颈　是指桩身某处桩径缩减，小于设计断面。产生的原因是在含水率很高的软土层中沉管时，土受挤压产生很高的空隙水压，拔管后挤向新灌的混凝土，造成缩颈。因此施工时应严格控制拔管速度，并使桩管内保持不少于 2m 高的混凝土，以保证有足够的扩散压力，使混凝土出管压力扩散正常。

3. 断桩　主要是桩中心距过近，打邻近桩时受挤压；或因混凝土终凝不久就受振动和外力作用所造成。故施工时，最好控制桩的中心距不小于 4 倍桩的直径。如不能满足时，则应采用跳打法或相隔一定技术间歇时间后再打邻近的桩。

4. 吊脚桩　是指桩底部混凝土隔空或混进泥砂而形成松软层。其形成的原因是预制桩尖质量差，沉管时被破坏，泥砂、水挤入桩管。施工时应针对不同情况，个别进行处理，如根据地下水量的大小，采用水下灌注混凝土；或灌第一槽混凝土时，酌减用水量等。

四、爆扩成孔灌注桩

爆扩成孔灌注桩简称爆扩桩，是由桩柱和扩大头两部分组成。如图2-20。施工时先是用人工或机械钻孔，然后在桩孔底部放下炸药包，并填筑混凝土，借爆炸力挤压周围的土层，形成所需要的扩大头，接着将钢筋骨架放入桩孔内浇筑桩柱的混凝土。其施工工艺如图2-21所示。

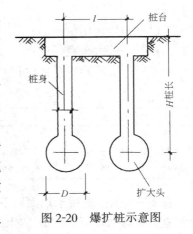

图2-20　爆扩桩示意图

爆扩桩与其他桩相比，由于有了扩大头，扩大了传递外荷载的面积，因而可以提高桩的承载力。其适用范围较为广泛，除软土、砂土和新填土外，其他各种土质均可采用。

爆扩桩成孔方法有两种，即一次爆扩法及两次爆扩法：

一次爆扩法是桩柱成孔及扩大头爆扩一次进行。其施工方法分为药壶法及无药壶法。

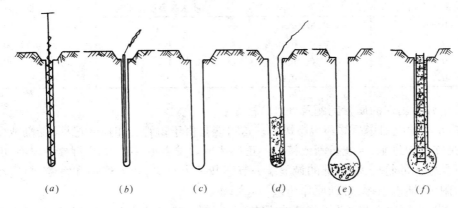

图2-21　爆扩桩施工过程

(a)导孔成孔；(b)放炸药条；(c)爆扩成孔、清孔；(d)放炸药包，浇筑第一次混凝土；(e)爆扩，
孔底形成扩大头，混凝土落入空腔；(f)放钢筋骨架，浇筑混凝土

药壶法是先用钢钎打成直径25～30mm的导孔，在导孔底部用炸药爆成装药壶，然后全部装满炸药，桩柱孔和扩大头一次引爆而成；无药壶法是在导孔底部装入爆扩大头所需的纯炸药，桩柱导孔装入比例为1:0.6～1:0.3的经过均匀搅拌的锯末混合炸药，一次引爆而成。

二次爆扩法是桩柱与扩大头分两次爆扩而形成。桩柱成孔时先用人工方法钻出直径为40～70mm的导孔，然后，在导孔内装入炸药条，在炸药条四周填塞干砂或其他粉状材料稳固好，然后引爆。爆破时为防止孔口土回落孔内，应将导孔上口挖成2～3倍桩孔直径的喇叭口。喇叭口深为两倍桩孔直径。桩柱成形后，即可在桩柱孔底放入炸药包，灌筑第一次混凝土，通电引爆，测量扩大头直径，捣实扩大头混凝土。

扩大头的爆扩，同一工程中宜采用同一种类的炸药和雷管。炸药用量与扩大头尺寸及土质有关，施工前应在现场做爆扩成型试验确定。试爆时用药量可用下式估算，也可参照表2-3选用，施工时根据具体情况再予调整。

$$D = K \cdot \sqrt[3]{Q} \tag{2-1}$$

式中　Q——炸药用量(kg)；

　　　D——扩大头直径(m)；

　　　K——土质影响系数，可参考表2-2。

土质影响系数 K 值　　　　　　　　　　　表2-2

土 的 类 别	K 值	土 的 类 别	K 值
坡 积 粘 土	0.7~0.9	卵 石 层 土	1.07~1.18
粉 质 粘 土	1.0~1.1	松 散 角 砾	0.94~0.99
冲 积 粘 土	1.25~1.30		

表2-3内数值适用于地面以下深3.5~9.0m的粘性土，土质松软时取较小值，坚硬时取较大值。在地面以下2~3m的土层中爆扩时，用药量减少20%~30%；在砂土中爆破时用药量增加10%。

爆扩桩用药量参考表　　　　　　　　　　　表2-3

扩大头直径(m)	用药量(kg)	扩大头直径(m)	用药量(kg)
0.6	0.30~0.45	1.0	0.90~1.10
0.7	0.45~0.60	1.1	1.10~1.30
0.8	0.6~0.75	1.2	1.30~1.50
0.9	0.75~0.90		

施工中容易出现的质量问题及处理方法是：

1）拒爆　通电引爆后炸药包不爆炸。这可能是由于雷管和炸药包过期、受潮或受冻失效；或者是炸药包进水，导线折断或接线不正确造成。发生拒爆后，如果混凝土没有初凝，可用一根直径较大的竹杆，在根部的最下端一节锯开一个小口，装入炸药和雷管，封紧小口插到原药包附近，通电引爆，带动原炸药包一起爆炸。

2）拒落　又称"卡脖子"，指炸药包爆炸后，混凝土"拒绝"下落，原因可能有以下几个方面：混凝土量太大；混凝土坍落度太小；爆炸后产生的气体扩散不出去，托住混凝土使其不能下落。可采取下述处理方法：混凝土初凝前，插入钢管或塑料管排出气体，或用振捣捧振动使混凝土下落，混凝土初凝后，可在旁边钻一孔，贯穿到空腔，放上同量炸药，往拒落桩底端空腔和新桩孔灌注混凝土，通电引爆后形成新的爆扩桩。

3）回落土　孔口或孔壁泥土坍落孔底。原因可能有四：孔壁土质松散软疏；受邻近桩爆炸的影响；爆扩成孔时孔口处理不当；雨水冲刷和浸泡。可采取如下处理措施：回落土量小时可用特制小工具掏出，量大时可用成孔机械再次取土；如果扩大头颈部土体坍落，可用成孔机械和辅助工具取出混凝土，掏出回落土，重新浇灌混凝土，有时回落土与少量地下水混为泥浆，可往孔内倾倒粉状干土或干石灰粉，稍加拌合后取出。

第三节　桩土复合地基

土木工程的地基问题，概括地说，可包括以下四个方面：

1）强度和稳定性问题。当地基的承载能力不足以支承上部结构的自重及外荷载时，地基就会产生局部或整体剪切破坏。

2）压缩及不均匀沉降问题。当地基在上部结构的自重及外荷载作用下产生过大的变形时，会影响结构物的正常使用，特别是超过结构物所能容许的不均匀沉降时，结构可能开裂破坏。沉降量较大时，不均匀沉降往往也较大。

3）地基的渗漏量超过容许值时，会发生水量损失导致发生事故。

4）地震、机器以及车辆的振动、波浪作用和爆破等动力荷载可能引起地基土，特别是饱和无粘性土的液化、失稳和震陷等危害。

当结构物的天然地基存在上述四类问题之一或其中几个时，即须采用这种或那种地基处理措施以保证结构物的安全与正常使用。

在各种地基中，需要根据不同条件进行处理的软弱土和不良土主要包括：软粘土、杂填土、冲填土、饱和粉细砂、湿陷性黄土、泥炭土、膨胀土、多年冻土、溶洞土等。除此之外，当旧房改造、加高、工厂设备更新等造成荷载增大，对原来地基提出更高的要求，或者在开挖深基坑，建造地下铁道等工程中有土体稳定、变形或渗流问题时，也需要进行地基处理。

地基处理的方法有很多，工程中人们常常采用的一类方法是采取措施使土中孔隙减少，土颗粒之间靠近，密度加大，土的承载力提高；另一类方法是在地基中掺加各种物料，通过物理化学作用把土颗粒胶结在一起，使地基承载力提高，刚度加大，变形减小。

一、砂桩、碎石桩和水泥粉煤灰碎石桩

碎石桩和砂桩合称为粗颗粒土桩，是指用振动、冲击或振动水冲等方式在软弱地基中成孔，再将碎石或砂挤压入孔，形成大直径的由碎石或砂所构成的密实桩体，具有挤密、置换、排水、垫层和加筋等加固作用。

水泥粉煤灰碎石桩（简称 CFG 桩）是在碎石桩基础上加进一些石屑，粉煤灰和少量水泥，加水拌和制成的具有一定粘结强度的桩。桩的承载能力来自桩全长产生的摩阻力及桩端承载力，桩越长承载力愈高，桩土形成的复合地基承载力提高幅度可达 4 倍以上且变形量小，适用于多层和高层建筑地基，是近年来新开发的一种地基处理技术。

（一）振动水冲成孔法

振动水冲成孔法简称"振冲法"，是利用振冲器的激振力和其端部的水冲作用，直接在软土层中成孔，然后从地面向孔中投入填充料，随即将填料分段挤振密实而成为砂或碎石桩体。当振冲法用于砂土地基，用以加强地基的抗地震液化能力，使松砂变密时，称为"振冲挤密"地基；当振冲法用于粘性土地基，以紧密的桩体材料置换一部分地基土，形成复合地基，使承载能力提高，沉降减少时，称为"振冲置换"地基。

振冲法施工的主要机具是振冲器、悬吊装置和水泵。振冲器的原理是利用电机旋转一组偏心块产生一定频率和振幅的水平向振动力。压力水通过空心竖轴从振冲器下端喷口喷出，其构造如图 2-22 所示。

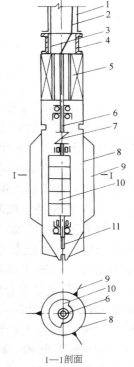

图 2-22　振冲器的构造示意

1—导管；2—水管；3—电缆；4—减振器；5—潜水电机；6—空心轴；7—联轴节；8—壳体；9—翼板；10—偏心块；11—射水管

61

振冲器的悬吊设备多使用履带式起重机,必要时也可采用其他方式。

1.粉细砂地基

宜采用加填料的振密工艺。成孔时水压一般采用 400~600kPa;供水量一般采用 200~400L/min;成孔速率宜控制在 1~2m/min,以使孔周砂土有足够的振密时间。孔底达设计深度后,将水压和水量减少至孔口有一定量回水但没有大量细颗粒带走的程度,将填料堆放在振冲器护筒周围,填料在水平振动力作用下依靠自重沿护筒周壁下沉至孔底并借助振冲器的振动力将填料挤入周围土中,从而使砂层挤密。由于砂层逐渐挤密、砂层抗挤入的阻力亦不断增大,这迫使振冲器输出更大的功率,引起电机电流值不断升高,当其稳定并达到规定的控制值时,将振冲器上提一段距离,继续投料挤密,如此逐段进行直至孔口。如图 2-23 所示。

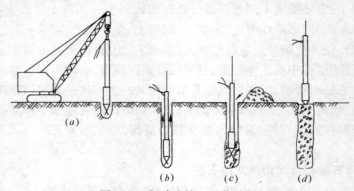

图 2-23 振冲法施工工艺过程
(a)对位;(b)成孔;(c)填料;(d)成桩

2.中粗砂层地基

可以用不加填料就地振密工艺,即利用中粗砂的自行塌陷代替外加填料。这一方法特别适用于振密人工回填或吹填的大片砂层。中粗砂层中施工常遇到的困难是振冲器不易贯入。可采取如下两个措施:一个是加大水量,另一个是加快成孔速度。这些措施能否奏效,应通过正式施工前的现场试验加以仔细验证。

3.软弱粘性土地基

宜采用振冲置换工艺使填料在振冲器的水平向振动力作用下挤向孔壁的软土中,形成复合土层。在复合土层中按照一定间距和分布打设一定数量的桩体即可组合形成承载能力有所提高、压缩性有所减少的复合地基。如果软弱土层不太厚,桩体可贯穿整个软弱土层直达相对硬层,这样复合地基有如钢筋混凝土,地基中的桩体有如钢筋混凝土中的钢筋,来承担基础传来的外加压力。如果软弱土层较厚,桩体不能打到相对硬层,则复合土层主要起到垫层的作用。垫层能将荷载引起的应力向周围横向扩散,使应力分布趋于均匀。

制作桩体的填料宜就地取材,如碎石、卵石、砂砾、矿渣、碎砖都可使用。各类填料的含泥量均不得大于 10%,填料的最大粒径一般不大于 5cm,以免卡孔或引起振冲器外壳的磨损。

成孔时宜采用先护壁,后制桩的办法施工。即先在软层上部 1~2m 范围内,将振冲器提出孔口加一批填料,下降振冲器使这批填料挤入孔壁,把这段孔壁加强以防塌孔。然后使振冲器下降至下一段软土中,用同样方法加料护壁。如此重复进行直达设计深度。孔壁护好后,就可按常规步骤制桩了。

振冲施工中要控制好水量和水压。水量要充足,使孔内充满着水,可免塌孔。水压视土质及其强度而定。一般地说,对强度较低的软土,水压要小些,对强度较高的土,水压宜大。关于电,主要控制加料振密过程中的密实电流。密实电流规定值根据现场制桩试验定出,一般为振冲器潜水电动机的空载电流加上 10～15A。振冲器在固定深度上振动一定时间而电流稳定在某一数值,这一稳定数值代表填料的密实程度。要求稳定电流值超过规定的密实电流值,该段桩体才能制作完毕。关于填料,要注意不要一次加入过猛,一次填料量以不高于制成 1m 桩柱的用量为宜。

制桩过程中应详细记录每次加料量、电流、水压、水量及振冲时间等,以便进行质量分析。

(二) 沉管成孔法

沉管成孔法过去主要用于制作砂桩,现在已开始用来制作碎石桩及水泥粉煤灰碎石桩,包括振动成桩法和冲击成桩法两种。

1．振动成桩法

振动成桩法的施工机械包括:振动打桩机、装有活瓣或桩靴的钢套管、装砂料斗、吊钩、缓冲器等几部分,其配备的机械有:起重机、装砂机和空压机等。其施工工艺就是在振动机的振动作用下,把钢套管打入规定的设计深度,然后向套管内投入填料,再边振动边拔出套管直至地面。如图 2-24 所示。

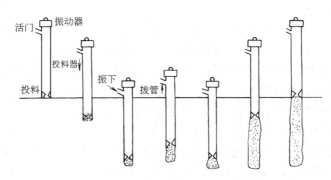

图 2-24　振动法挤密砂桩施工程序示意图

为了保证成桩的质量,在套管未入土前,应先在套管内投入少量填料(砂或碎石),打入一定深度后,复打 2～3 次,这样既挤密了桩周土,又形成较为坚硬的砂(碎石)泥混合的孔壁,避免拉拔套管时由于软粘土没有挤密又重新回复形成缩颈和断桩的可能。随后又将套管打入一定深度,加入填料并振动,于是填料再一次挤压周围土体,如此反复直至设计深度,再每拔出一定高度,投料振动,反复循环多次直至地面即成为砂或碎石桩。

砂(碎石)桩施工完毕,要检验质量。检查方法多以标准贯入或触探,用锤击法检查其密实度和均匀情况,如果发现桩有中断情况,要进行复打。

2．冲击成桩法

冲击成桩法的施工机具包括蒸汽打桩机或柴油打桩机、钢套管及装砂料斗等。根据钢套管的构造不同又有两种不同的施工工艺。

(1) 单管法

单管法施工用钢套管,下端带有活瓣或预制钢筋混凝土锥形桩靴(留在土中),其施工工艺是:桩靴闭合,将套管垂直就位然后将其打入土中到设计深度,用料斗向套管内装入填料。

填料量较大时,可分为二次加入,第一次加入三分之二,待将桩套管从土中拔起一半长度后再加入剩余的三分之一。随后按规定的拔出速度将套管从土中拔出。为了保证桩身的连续性,拔管速度要根据实验确定。一般土质条件下,拔管速度1.5~3.0m/min。桩身直径,可由灌砂量控制,当灌砂(碎石)量未达到设计要求时,可在原位再将套管打下一次或在旁边补加一根砂(碎石)桩。

(2)双管法

双管法施工用套管分为底端开口的外管和底端闭口的内管。其施工工艺是:将套管垂直就位,锤击内管和外管,将其下沉到设计深度,然后拔起内管,向外管内加入填料,再放下内管至外管内的砂(碎石)面上,拔起外管到与内管底面齐平,再锤击内管和外管将砂(碎石)压实。再拔出内管,向外管内灌入填料,如此反复,直到将套管拔出地面。该工艺在有淤泥夹层中能保证成桩,不会发生缩颈和塌孔现象,成桩质量较好。

采用沉管法施工时砂的含水量对砂桩密实性有很大影响,应根据成桩方法分别加以规定:采用单管冲击式或振动式成桩时宜使用饱和砂;采用双管冲击式成桩时,砂的含水量宜为7%~9%;在饱和土中施工时也可使用天然湿度砂或干砂。

在松散砂土中,首先施工外围桩,然后施工隔行的桩,对最后几行桩如下沉套管困难时,可适当增大桩距;在软弱粘性土中,砂桩成型困难时可隔行施工,各行中的桩也可间隔施工。

二、土桩和灰土桩

土桩和灰土桩挤密地基是由桩间挤密土和填夯的桩体组成的人工"复合地基"。适用于处理地下水位以上,深度5~15m的湿陷性黄土或人工填土地基。土桩主要适用于消除湿陷性黄土地基的湿陷性,灰土桩主要适用于提高人工填土地基的承载力。地下水位以下或含水量超过25%的土,不宜采用。

土桩和灰土桩的施工方法是利用打入钢套管(或振动沉管)在地基中成孔、通过"挤"压作用,使地基土得到加密,然后在孔内分层填入素土(或灰土、粉煤灰加石灰)后夯实而成土桩或灰土桩。回填土料一般采用过筛(筛孔不大于20mm)的粉质粘土,并不得含有有机质物质;粉煤灰采用含水量为30%~50%湿粉煤灰;石灰用块灰消解3~4d形成的粗粒粒径不大于5mm的熟石灰。灰土(体积比例2:8或3:7)或二灰土应拌和均匀至颜色一致后及时回填夯实。

土桩挤密地基由桩间挤密土和分层填夯的素土桩组成,土桩面积约占地基面积的10%~23%。土桩桩体和桩间土均为被机械均匀挤密的同类土料,因此,土桩挤密地基可视为厚度较大的素土垫层。

在灰土桩挤密地基中,由于灰土桩的变形模量远大于桩间土的变形模量,因此只占地基面积约20%的灰土桩可以承担总荷载的二分之一。而占地基总面积80%的桩间土仅承担其余二分之一。这样就大大降低了基础底面以下一定深度内土中的应力,消除了持力层内产生大量压缩变形和湿陷变形的不利因素,同时,由于灰土桩对桩间土能起到侧向约束作用,限制土的侧向移动,桩间土只产生竖向压密,使压力与沉降始终呈线性关系。

除了上述土桩和灰土桩外,还有单独采用石灰加固软弱地基的石灰桩。石灰桩的成孔也是采用钢套管法成孔,然后在孔内灌入新鲜生石灰块,或在石灰块中掺入适量的水硬性掺合料粉煤灰和火山灰,一般的经验配合比为8:2或7:3。在拔管的同时进行振捣或捣密。利用生石灰吸取桩周土体中水分进行水化反应,此时生石灰的吸水、膨胀、发热以及离子交换作用,使桩周土体的含水量降低,孔隙比减小,使土体挤密和桩柱体硬化。桩和桩间共同承受荷载,成为一种复合地基。

三、深层搅拌法施工

深层搅拌法是利用水泥、石灰等材料作为固化剂的主剂,通过特制的深层搅拌机械,在地基深处就地将软土和固化剂(浆液或粉体)强制搅拌,利用固化剂和软土之间所产生的一系列物理—化学反应,使软土硬结成具有整体性的并具有一定承载力的复合地基。

深层搅拌法适宜于加固各种成因的饱和软粘土,如淤泥、淤泥质土、粘土和粉质粘土等,用于增加软土地基的承载能力,减少沉降量,提高边坡的稳定性和各种坑槽工程施工时的挡水帷幕。

施工前,应依据工程地质勘察资料,进行室内配合比试验,结合设计要求,选择最佳水泥掺入比,确定搅拌工艺。

用于深层搅拌的施工工艺目前有两种,一种是用水泥浆和地基土搅拌的水泥浆搅拌(简称旋喷桩),另一种是用水泥粉或石灰粉和地基土搅拌的粉体喷射搅拌(简称粉喷桩)。

(一)水泥浆搅拌法

1. 施工机械

目前国内的搅拌机械主要有叶片喷浆方式和中心管喷浆方式,前者是使水泥浆从叶片上若干个小孔喷出,水泥浆与土体混合较均匀,适用于大直径叶片和连续搅拌,缺点是喷浆孔小,易被浆液堵塞,只能使用纯水泥浆。中心管喷浆方式中的水泥浆是从两根搅拌轴间的另一中心管输出,当叶片直径在1m以下时,可保证搅拌均匀度。中心管喷浆方式可采用多种固化剂如水泥浆、水泥砂浆,甚至掺入工业废料等粗粒固化剂。

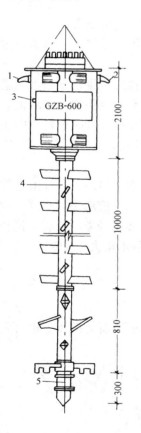

图 2-25　GZB-600 型叶片喷浆搅拌机

1—电缆接头;2—进浆口;3—电动机;
4—搅拌轴;5—搅拌头

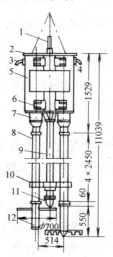

图 2-26　SJB-1 型中心管喷浆搅拌机

1—输浆管;2—外壳;3—出水口;4—进水口;5—电动机;6—导向滑块;
7—减速器;8—搅拌轴;9—中心管;10—横向系板;11—球形阀;12—搅拌头

2. 施工工艺

水泥浆搅拌法的施工工艺流程如图 2-27 所示。

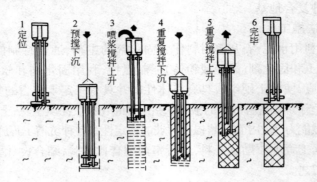

图 2-27　水泥土搅拌法施工工艺流程

1）定位　起重机(或塔架)悬吊搅拌机到达指定桩位,对中。

2）预搅下沉　待搅拌机的冷却水循环正常后,启动搅拌电机,使搅拌机沿导向架搅拌切土下沉,速度可由电机的电流监测表控制。

3）制备水泥浆　搅拌机下沉到一定深度时,可按设计要求拌制水泥浆。

4）提升喷浆搅拌　搅拌机下沉到设计深度后,开启灰浆泵将水泥浆压入地基中边喷浆边旋转,同时严格按照设计确定的提升速度提升搅拌机。

5）重复上下搅拌　搅拌机提升至设计加固深度的顶面标高时,为使软土和水泥浆搅拌均匀,可再次将搅拌机边旋转边沉入土中,至设计加固深度后再将搅拌机提升出地面。

6）清洗　当按设计要求的水泥浆全部注入软土中并搅拌均匀后,可向集料斗中注入适量清水,开启灰浆泵清洗全部管路中残余的水泥浆,直至基本干净。

7）移位　重复上述 1)～6)步骤,进行下一根桩的施工。

施工时水泥浆需用灰浆泵输送,要求流动性较大,水灰比一般为 0.5～0.6,由于软土含水量高,不利于加固土的强度增长,因此,为减少用水量又利于泵送,应选用减水剂。设计停浆面一般应高出基础底面标高 0.5m,在开挖基坑时应将该施工质量较差段挖去。搅拌桩的垂直偏差不得超过 1%,桩位布置偏差不得大于 50mm,桩径偏差不得大于 4%。

（二）粉体喷射搅拌法

1.施工机械

粉喷桩施工时使用的施工机械由下列几部分组成:

1）钻机　包括钻机和机架。一般用汽车运至现场后,单独在地面上操作。也可安装在汽车等载体上。

2）粉体发送器　它是一种定时定量发送粉体材料的设备,如图 2-28 所示。其工作原理是:由空气压缩机输送来的压缩空气,通过节流阀调节风量的大小,进入"气水分离器",使压缩空气中的气水分离。然后,"干风"到达粉体发送器喉管,与"转鼓"定量输出的粉体材料混合,成为气粉混合体,进入钻机的"旋转龙

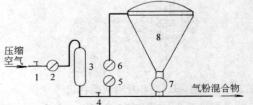

图 2-28　粉体发送器的工作原理

1—节流阀;2—流量计;3—气水分离器;4—安全阀;
5—管道压力表;6—灰罐压力表;7—发送器转鼓;8—灰罐

头",通过空气钻杆,喷入地下。

3) 空气压缩机　它是为粉体喷出提供风源的设备。

4) 搅拌钻头　凭借搅拌钻头的搅拌作用使灰粉与软土混合,因此钻头的型式具有正向钻进,反转提升的功能,同时反向旋转提升时,对土柱中土体具有压密作用。

2. 施工工艺

粉喷桩施工前应先对场地进行清理,以便机械在场地内移动和施钻。

施工时的施工顺序如图2-29所示。

1) 放样定位　根据设计,确定桩位,并将机械移至钻孔位置保持搅拌轴垂直。

2) 钻进　启动搅拌钻机,钻头边旋转边钻进,此时,为了不致堵塞喷射口,使钻进顺利,并不喷射加固材料,而仅喷射压缩空气。当钻至设计标高后停钻。

3) 提升　启动搅拌钻机,钻头呈反向边旋转,边提升。粉体材料通过发送器喷入被搅动的土体中,使土体与粉体材料进行充分拌合。当钻头提升至距地

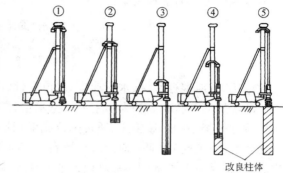

图 2-29　粉体喷射搅拌法施工顺序

面30～50cm时,则停止向孔内喷射粉料,以防止粉料溢出地面向空中喷发与飞散。

4) 移位　钻具提升至地面后,钻机移位对孔,按上述步骤进行下一根桩施工。

粉体喷射搅拌法与泥浆搅拌法的不同之处在于前者是以机械强制搅拌气粉混合体,只需克服喷灰口处土及地下水的阻力而喷入土中,通过搅拌叶片的机械搅拌作用,使灰、土混合形成加固柱体;后者则是依靠高压脉冲泵所喷射的高压水来破坏土层。

深层搅拌桩施工后应养护至设计强度,使用前应按规定数量进行现场静载试验以检验其实际承载能力,还应进行抽芯取样以检查其搅拌均匀程度和掺灰量的多少。

第四节　水域钻孔桩施工技术

桥梁、港口、码头、水闸、大坝电站及其他水域构筑物或建筑物,常把钻孔桩作为水域地基加固和基础的结构型式之一。与陆地施工相比较,水域钻孔桩施工具有如下特点:

1) 水域施工地基地质条件比较复杂,江河床底一般以松散砂、砾、卵石为主,很少有泥质胶结物,在近堤岸处大多有护堤抛石,而港湾或湖滨静水地带又多为流塑状淤泥。

2) 护筒埋设难度大,技术要求高。特别是水深流急的水域中,必须采取专门的措施,以保证施工质量。

3) 水面作业自然条件恶劣,施工具有明显季节性要求。

4) 在重要的航运水道上施工,必须兼顾航运和施工两者安全。

5) 考虑上部结构荷重及其安全稳定,水域钻孔桩往往设计的垂直承载力较大,所以桩径都比较大,桩身比较长。

基于上述特点,水域施工必须准备施工场地,用以安装钻孔机械、混凝土灌注设备以及其他设备。这是水域钻孔桩施工的最重要一环,也是水域施工的关键技术和主要难点之一。

水域施工场地,依据其建造方法的不同分为两种类型:一类是用围堰筑岛法修筑的水域岛、半岛或长堤,统称为围堰筑岛施工场地;另一类是用船或支架拼装建造的水域施工平台,统称为水域工作平台。

一、围堰筑岛的围筑要求和方法

用围堰筑岛的方法建造的施工场地,几乎可以将水域施工变为陆地施工,尤其是在近岸的浅水区。因此,在适宜的条件下,应优先采用围堰筑岛施工。

围堰筑岛可分为下列类型:

$$围堰筑岛 \begin{cases} 土石围堰筑岛 \begin{cases} 土围堰 \\ 草(麻)袋围堰 \end{cases} \\ 板桩围堰筑岛 \begin{cases} 木板桩围堰 \\ 钢板桩围堰 \end{cases} \end{cases}$$

在选用时,应根据水深、水流速度、水位变化、通航和桩的分布情况综合考虑。

筑岛场地的形状和面积大小主要根据水情、航情和桩的分布情况来确定:在近岸港口、码头桩位比较集中的水域施工,通常围筑成半圆形状与河岸相连;在桥墩桩基施工时,通常将水比较浅(不通航)的河一侧的多个墩台,围筑成长堤形施工场地并与河岸相接;在水较深的水域,则通常一个墩基围筑一岛以便通航和导流。

围筑岛面的高度主要根据水位变化情况和成孔施工要求决定,通常岛面宜高出施工期水域可能出现的最高水位 70cm 以上,最低不应小于 50cm。

如图 2-30 为草(麻)袋围堰筑岛的情况:用装了土石的草(麻)袋进行围堰,堰内充填土石而筑成施工场地。这种围堰筑岛的方法主要适用于水深小于 3.5m,流速为 1.0~2.0m/s 的水域施工。

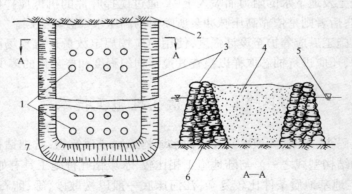

图 2-30　草(麻)袋围堰筑岛示意图
1—桩孔;2—河岸;3—草(麻)袋及其围堰;4—填心砂土;5—常水位;6—河床;
7—水流方向

如图 2-31 为竹笼围堰筑岛的情况:用竹片编成长圆形笼,内装卵石、石块、放在待筑岛的四周形成围堰,堰内充填砂粘土而筑成施工场地。这种方法适用范围较广,对于水较深(水深可达 5~6m),水流较急(流速达 3~5m/s)的水域也可用。

钢板桩围堰筑岛是用钢板桩围堰,再用砂土充填堰内而筑成的施工场地。这种方法围堰的造价较高,施工难度大。因此,只适用于施工条件复杂,水流急,护筒埋设困难或其他类型的施工场地不易建造的水域施工。

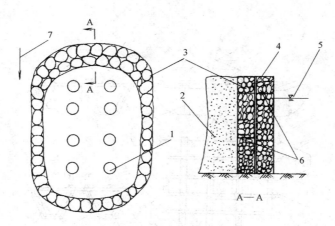

图 2-31　竹笼围堰筑岛示意图

1—桩孔；2—填心砂土；3—竹笼及其围堰；4—石块；5—常水位；
6—铁丝拉索；7—水流方向

二、水域工作平台的建造

水域工作平台依据其建造材料和定位的不同可分为船式、支架式、浮动式、沉浮式等多种类型。

1．船式工作平台及抛锚定位

船式工作平台是用船只、钢梁、木板组建拼装的并适用于钻孔施工或灌注水下混凝土施工的工作平台。所用的船多选用民用运输船或其他工程船，如木船、铁驳船或海轮等。按照船的性能和结构形式的不同，可分为下列三种类型：

1）航式单体船工作平台　即用一般本身带有动力，能自航的船改建的工作平台。特点是：结构简单，位移方便，灵活机动性好，但工作面积较小，一般只用于桩少而分布范围广的桩基工程施工。

2）航式双体船工作平台　即用两艘本身带有动力，能自航的船拼装组建而成。具有结构简单，位移方便，工作面积较大的优点，适用范围较广。

3）拖船式双体船工作平台　即用两艘本身不配动力，不能自航的拖船拼装组建而成。具有结构简单，成本低，工作面积大，稳定性好，载重量大等优点。其移动时主要靠另外的船舶拖航，机动性较差。在近岸水域常采用这种形式（图 2-32）。

船只吨位的选择，除考虑工作平台上的一切设备、材料及工具等的重量外，还要考虑风浪潮汐对船的冲击以及施工时可能出现的最大动荷载，并留有一定的安全系数。一般情况下，在水深不大，风浪和潮汐较小江河湖泊和近岸港口码头的水域，宜选用宽船身的平底船；水深>20m，风浪潮汐较大时，宜选用稳定性较好的尖底船；桩位相距较大，水深较大时，宜选用自航式船只；桩孔密集时，可采用拖船式船只。

拟拼装的两艘船应力求吨位相等，形状和类型相同，拼装成的平台具有足够的稳定性。两船的拼装距离和架设形式，应根据桩孔直径，桩位布置和设备安装尺寸等因素确定。一般情况下，拼装后的平台每次定位仅施工一个桩孔；在桩孔较集中且呈直线排列时，可考虑每次定位能施工数条桩（见图 2-33）。两船的拼装面积，应满足设备安装和材料堆放的要求并有足够的工作面积。

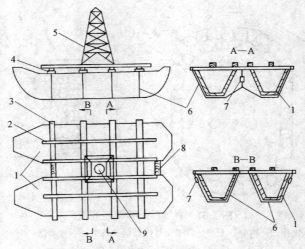

图 2-32　双体船工作平台拼装示意图

1—船体；2—基台木；3—横梁；4—船弦木垫；5—塔架；6—钢丝绳；
7—紧绳器；8—横撑木；9—桩孔

双体船的拼装方法有两种：一种是焊接法。即用型钢将两船焊牢连接成整体，适用于钢质船的拼装。另一种绑扎法，即用钢丝绳绕过船底与型钢捆扎在一起，把两船连接成整体，适用于各种类型的船的拼装。

浮船式工作平台主要依靠锚泊系统来定位。锚泊系统由锚（主锚、边锚）、锚绳、锚链、绞锚机及浮锚标组成。锚的数量一般依据平台面积大小决定，单体船为 6 只锚，双体船不少于 8 只锚。船前

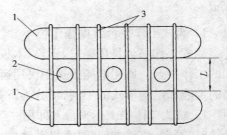

图 2-33　桩孔集中时船的拼装架设形式之一

1—浮船；2—桩孔；3—拼装梁

后的锚为主锚；船左右两侧的锚为边锚。锚的布置方法主要有首尾侧锚式、前后交叉式、和前后放射式等多种。一般多采用首尾侧锚式，其主锚与边锚之间的夹角为 50°～80°，锚绳与水面的夹角小于 20°。如图 2-34。

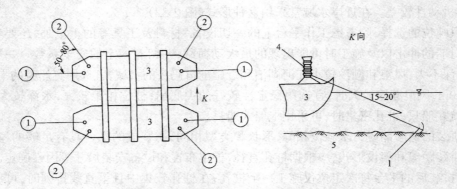

图 2-34　双体船工作平台锚位布置示意图

1—主锚；2—边锚；3—船体；4—绞锚机；5—河床

2．支架式工作平台

支架式工作平台是在待施工的桩位水域处，用锤击或振动法沉入若干根露出水面的钢桩、木桩或钢筋混凝土预制桩作为支架桩，再用钢梁或其他构件将各桩牢固地连接起来，成为平台的支架，在支架上布设纵、横梁和地板或其他设施，就形成了支架式工作平台，在平台上安装施工设备，即可进行水域施工。根据需要，支架式工作平台可采用不同的材料建造成各种形式，可以固定，也可以活动，如图 2-35 即为支架式活动工作平台的示意图。图 2-36 为支架式固定工作平台示意图。

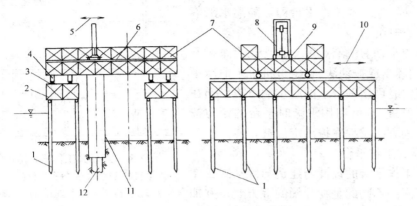

图 2-35　支架式活动工作平台

1—支架桩；2—固定工作平台；3—活动平台轨道；4—平台滚轮；5—钻机移动方向；
6—钻机轨道；7—活动工作平台；8—钻机；9—钻机滚轮；10—活动工作平台移动方向；
11—护筒；12—桩孔

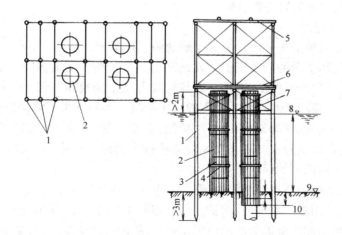

图 2-36　支架式固定工作平台施工示意图

1—支架桩；2—桩孔位置；3—导向架；4—导向架加固环；5—天梁；6—工
作平台；7—护筒；8—水位；9—河床；10—桩孔

3．浮动式工作平台

浮动式工作平台是一种能随水位变化而垂直升降的水域施工平台，主要适用于风浪潮差较大、水流急的中浅水域的钻孔桩施工。这种平台主要由浮桶、金属固定结构、定位桩和锚泊系统组成,如图 2-37 所示。

浮动式平台的定位,一般选在涨潮后的平潮时。此时,将平台移至待施工桩的桩孔处,用抛锚定位的方法,让平台初步定位。定位准确后,将定位桩与浮动平台连接成整体并固定。落潮时,整个平台随水位下落,定位桩在平台下落的重力作用下,插入江底土层,定位后,将锚绳松开,再拧松制动装置,此时,浮动式工作平台即可随潮水涨落沿定位桩垂直升沉。

若潮差较小,利用落潮沉入定位桩的深度不够时,仍可用锤击或振动法,将定位桩沉入河床土层。平台移位时可用平台上的起重葫芦拔出插在河床中的定位桩,也可利用涨潮时平台的浮力按上述沉桩时的方法反程序拔出定位桩。

4. 沉浮式工作平台

沉浮式工作平台的设计与建造与浮动式工作平台基本相同。不同的是在浮桶的上方开口并加盖,使用时,将平台移至预定位置,打开浮桶盖向浮桶内注水,使整个平台慢慢下沉,并坐落在河床

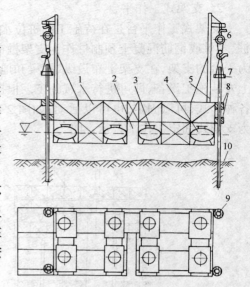

图 2-37　浮动式工作平台结构示意图
1—网格状金属框架;2—桩孔退位口;3—浮桶盖口;
4—浮桶;5—桅杆;6—起重葫芦;7—夹板;8—滑动
套;9—定位桩;10—河床

上或海滩底上而定位。平台移位时,将浮桶内的水用潜水泵慢慢抽掉使整个平台浮起,即可移位。这种平台适用于受风、潮汐影响的近岸浅水区。

三、水域钻孔桩施工的注意事项

1. 水域护筒的埋设

围堰筑岛施工场地的护筒埋设方法与陆地施工基本相同。

施工场地是工作平台的可采用钢制或钢筋混凝土护筒。钢筋混凝土护筒因其重量大、刚度大、容易沉入土中不易变形、成桩一般与桩身混凝土浇筑在一起不予回收、且造价较低等特点,成为在下护筒较深时可优先选用的施工用具。为防止水流将护筒冲歪,应在工作平台的孔口部位,架设护筒导向架,下沉好的护筒,应固定在工作平台上或护筒导向架上,以防万一发生坍孔时,护筒下跑或倾斜。在风浪流速较大的深水域中,为保持水中护筒稳定,可在护筒或导向架四周抛锚加固定位。

护筒入土下沉时,需要掏空护筒内的土,有助于其依靠自重或外加轴向力而下沉。方法可采用:在护筒底部用高压水冲射,使护筒因冲空而下沉;对于颗粒较粗的卵砾石层、砂层或其他土层最低可采用冲抓锥抓取护筒内的土使护筒下沉;当护筒内的土掏空后仍不能依靠自重下沉时,可在护筒上口堆加重物或安装千斤顶,借助工作平台的支架桩反力向护筒加压,以克服护筒外壁所受摩阻力,迫使护筒下沉。此外还可在护筒顶部安装振动器激振下沉护筒。护筒下沉过程中,要经常用水准仪或铅垂吊放重锤来监测护筒母线垂直度和护筒口平面的倾斜度,以便随时调整护筒垂直度。护筒的入土深度一般在 1.0m 左右。护筒内的水面应比护筒外水位高出 1.5~2.0m 左右为宜。

2. 配备安全设施,抓好安全作业

1）严格保持船位和平台不致有任何位移,船位和平台的位移,将导致孔口护筒偏斜、倾倒等一系列恶性事故,因此每一桩孔从开孔到灌注成桩都要求严格控制。

2）在工作平台四周设坚固的防护栏杆并配备足够的救生设备、防火器材,还要按规定悬挂信号灯等。

第三章 砌 体 工 程

砌体工程是指普通粘土砖、空心砖、硅酸盐类砖、石块和各种砌块的砌筑。

砖石砌体工程在我国有着悠久的历史,由于它取材方便、施工简单、成本低廉,目前在建筑工程中仍被广泛采用。但是,砖石砌体由小块体组砌而成,砌筑劳动量大,生产效率低,难以适应现代建筑工业化的要求,尤其是普通粘土砖的生产,浪费了大量可耕地,所以,必须进行墙体改革,砌体工程才能更具生命力,目前推广使用的硅酸盐砌块即为墙体改革的途径之一。

砌体工程是一个综合施工过程,它包括砂浆制备、材料运输、搭设脚手架及砌块砌筑等施工过程。

第一节 砌 体 材 料

砌体主要由块材和砂浆组成,其中,砂浆作为胶结材料将块材结合成整体,以满足正常使用要求及承受结构的各种荷载。因此,块材和砂浆的质量是影响砌体质量的首要因素。

一、块材

块材分为砖、石及砌块三大类。

（一）砖

根据使用材料和制作方法的不同,砌筑用砖分为以下几种:

1．烧结普通砖

烧结普通砖是以粘土、页岩、煤矸石、粉煤灰为主要原料,经过焙烧而成的实心或孔洞率不大于 15% 的砖。其规格为 240mm×115mm×53mm。烧结普通砖按力学性能分为 MU7.5、MU10、MU15 和 MU20 四个强度等级。

2．蒸压灰砂砖

蒸压灰砂砖是以石灰和砂为主要原料,经坯料制备、压制成型、蒸压养护而成的实心砖。规格为 240mm×115mm×53mm。按力学性能分 MU10、MU15、MU20 和 MU25 四个强度等级。

3．烧结多孔砖

烧结多孔砖是以粘土、页岩、煤矸石为主要原料,经焙烧而成的承重多孔砖。其规格为:

代号 M:190mm×190mm×90mm;

代号 P:240mm×115mm×90mm。

烧结多孔砖的孔洞尺寸应符合表 3-1 的规定。

烧结多孔砖孔洞规定 表 3-1

圆 孔 直 径	非圆孔内切圆直径	手 抓 孔
≤22mm	≤15mm	30～40mm×75～85

烧结多孔砖根据力学性能分为 MU30、MU25、MU20、MU15、MU10、MU7.5 六个强度等级。

4. 烧结空心砖

烧结空心砖是以粘土、页岩、煤矸石为主要原料,经焙烧而成的非承重的空心砖(孔洞率大于 35%)。

烧结空心砖的长度有 240、290mm;宽度有 140、180、190mm;高度有 90、115mm。

烧结空心砖根据密度分为 800、900、1100 三个密度级别,密度级别应符合表 3-2 的规定。

表 3-2

烧结空心砖密度级别

密 度 级 别	5块密度平均值(kg/m³)	密 度 级 别	5块密度平均值(kg/m³)
800	≤800	1100	901～1100
900	801～900		

5. 非烧结普通粘土砖

非烧结普通粘土砖是以粘土为主要原料,掺入少量胶凝材料,经粉碎、搅拌、压制成型、自然养护而成的,又称免烧砖。规格为 240mm×115mm×53mm,按其力学性能分为 MU15、MU10 和 MU7.5 三个强度等级。

6. 粉煤灰砖

粉煤灰砖是以粉煤灰、石灰为主要原料,掺加适量石膏和骨料,经坯料制备、压制成型、高压或常压蒸汽养护而成的实心砖。规格为 240mm×115mm×53mm。按其力学性能分为 MU20、MU15、MU10 和 MU7.5 四个强度等级。

(二) 石

砌筑用石分为毛石、料石两类。毛石又分为乱毛石和平毛石。乱毛石指形状不规则的石块;平毛石指形状不规则,但有两个平面大致平行的石块。毛石的中部厚度不小于 150mm。

料石按其加工面的平整程度分为细料石、半细料石、粗料石和毛料石四种。

因石材的大小和规格不一,通常用边长为 70mm 的立方体试块进行抗压试验,取 3 个试块破坏强度的平均值作为确定石材强度等级的依据。石材的强度等级划分为 MU100、MU80、MU60、MU50、MU40、MU30、MU20、MU15 和 MU10。

(三) 砌块

砌块按用途分为承重砌块与非承重砌块(包括隔墙砌块和保温砌块);按有无孔洞分为实心砌块和空心砌块(包括单排孔砌块和多排孔砌块);按使用的原材料分为普通混凝土砌块、粉煤灰硅酸盐砌块、煤矸石混凝土砌块、蒸压加气混凝土砌块、浮石混凝土砌块、火山渣混凝土砌块等;按大小分为小型砌块(块高小于 380mm)和中型砌块(块高 380～940)。

1. 混凝土空心砌块

混凝土空心砌块是以水泥、砂、石和水制成的,有竖向方孔,其主规格为 390mm×190mm×190mm(图 3-1)。

混凝土空心砌块 按其力学性能分为 MU15、MU10、MU7.5、MU5、MU3.5 五个强度等级,按其外观质量分为一等品和二等品。

2．加气混凝土砌块

加气混凝土砌块　以水泥、矿渣、砂、石灰等为主要原料，加入发气剂，经搅拌成型、蒸压养护而成的实心砌块。

加气混凝土砌块一般规格有两个系列。

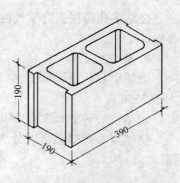

图 3-1　混凝土空心砌块

A 系列：长度：600mm；
　　　　宽度：75、100、125、150、175、200、275mm（以
　　　　　　　25mm 递增）；
　　　　高度：200、250、300mm。
B 系列：长度：600mm；
　　　　宽度：60、120、180、240mm（以 60mm 递增）；
　　　　高度：240、300mm。

加气混凝土砌块按其力学性能分为 MU7.5、MU5、MU3.5、MU2.5、MU1 五个强度等级，按其表观密度分为：08、07、06、05、04、03 六个表观密度等级。按其表观密度、外观质量分为：优等品（A）、一等品（B）、合格品（C）。见表 3-3。

加气混凝土砌块干表观密度　　　　　　　　　　表 3-3

表观密度等级	砌块干表观密度不大于(kg/m³)		
	优 等 品 （A）	一 等 品 （B）	合 格 品 （C）
03	300	330	350
04	400	430	450
05	500	530	550
06	600	630	650
07	700	730	750
08	800	830	850

3．粉煤灰砌块

粉煤灰砌块是以粉煤灰、石灰、石膏和骨料等为主要原料，经搅拌成型、蒸汽养护而成的实心砌块。砌块端面带有灌浆槽，其规格尺寸为：880mm×380mm×240mm、880mm×430mm×240mm 两种，按其力学性能分为 MU15 及 MU10 两个强度等级。

4．轻骨料混凝土砌块

轻骨料混凝土砌块常用品种有煤矸石混凝土空心砌块、煤渣混凝土空心砌块、浮石混凝土空心砌块及各种陶粒混凝土空心砌块等。

砌块生产单位供应砌块时，必须提供产品出厂合格证，写明砌块的强度等级和质量指标等。施工单位应按规定的质量标准及出厂合格证件进行验收，必要时可在施工现场取样检验。

二、砂浆

（一）原材料要求

砌筑砂浆使用的水泥品种及标号，应根据砌体部位和所处环境来选择。水泥应保持干燥。如遇水泥标号不明或出厂日期超过 3 个月等情况，应经试验鉴定后方可使用。不同品种的水泥不得混合使用。

砂浆宜采用中砂并过筛,不得含有草根等物。砂中含泥量,对于水泥砂浆和强度等级不小于 M5 的水泥混合砂浆,不应超过 5%;对于强度等级小于 M5 的水泥混合砂浆,不应超过 10%。人工砂、山砂特细砂,经试配能满足砌筑砂浆技术条件情况下,含泥量可适当放宽。

采用混合砂浆时,应将生石灰熟化成石灰膏,并用孔洞不大于 3mm×3mm 网过滤,熟化时间不少于 7d。对于磨细生石灰粉,其熟化时间不得少于 1d。沉淀池中贮存的石灰膏,应防止干燥、冻结和污染。严禁使用脱水硬化的石灰膏。

砂浆中的外掺料有粘土膏、电石膏和粉煤灰等。电石膏为气焊用的电石经水化形成青灰色的乳浆,然后泌水、去渣而成,可代替石灰膏。粉煤灰为烟囱落下的粉尘,掺量经试验确定。

引气剂、早强剂、缓凝剂及防冻剂等的掺量应通过试验确定。

(二)砂浆强度

砂浆强度等级是以标准养护(温度 20±5℃ 及正常湿度条件下的室内不通风处养护),龄期为 28d 的试块抗压强度为准。砂浆强度等级分为 M15、M10、M7.5、M5、M2.5、M1、M0.4 七个等级。

(三)砂浆的配合比设计

水泥砂浆、水泥混合砂浆的配合比设计按下列顺序进行:

(1)按砂浆设计强度等级及水泥标号计算每立方米砂浆的水泥用量(公式 3-1):

$$m_{c0} = \frac{1.15 f_m}{\alpha f_{ck}^0} \times 1000 \tag{3-1}$$

式中　　m_{c0}——每立方米砂浆中的水泥用量(kg);

　　　　f_m——砂浆强度等级(MPa);

　　　　f_{ck}^0——水泥强度等级,相当于水泥标号的 1/10(MPa);

　　　　α——调整系数,随砂浆强度等级与水泥标号而变化,其值列于表 3-4。

调整系数 α 值　　　　　　　　　　　　　　　　　　　　　　　　　　　　表 3-4

水泥标号	砂浆强度等级				
	M10	M7.5	M5	M2.5	M1
	α 值				
525	0.885	0.815	0.725	0.584	0.412
425	0.931	0.855	0.758	0.608	0.427
325	0.999	0.915	0.806	0.643	0.450
275	1.048	0.957	0.839	0.667	0.466
225	1.113	1.012	0.884	0.698	0.488

(2)按求出的水泥用量计算每立方米砂浆的石灰膏用量(公式 3-2):

$$m_{p0} = 350 - m_{c0} \tag{3-2}$$

式中　　m_{p0}——每立方米砂浆中的石灰膏用量(kg)。

(3)确定每立方米砂浆中砂的用量:含水率为 2% 的中砂和粗砂,每立方米砂浆中的用砂量为 1m³。

(4)通过试拌,按稠度要求确定用水量。

(5)通过试验调整配合比:石灰膏用量一般按稠度 120±5mm 计量。现场施工时,如其稠度与配时不一致,应按表3-5换算,即计算的石灰膏用量乘以相应的换算系数。

石灰膏不同稠度时的换算系数

表3-5

石灰膏稠度	120	110	100	90	80	70	60	50	40	30
换算系数	1.00	0.99	0.97	0.95	0.93	0.92	0.90	0.88	0.87	0.86

例1 某工程要求用325号水泥配制M5水泥混合砂浆,求水泥、石灰膏及砂用量。

水泥用量 $\quad m_{c0} = \dfrac{1.15 f_m}{\alpha f_{ck}^0} \times 1000 = \dfrac{1.15 \times 5}{0.806 \times 32.5} \times 1000 = 220\text{kg}$

石灰膏用量 $\quad m_{p0} = 350 - m_{c0} = 350 - 220 = 130\text{kg}$

砂用量 1m^3,合1450kg。

(四)砂浆制备与使用

砂浆配料应采用重量比,配料要准确。水泥、微沫剂的配料精确度应控制在±5%以内。

砂浆应采用机械拌合,一般用容量为200L、350L的砂浆搅拌机来进行。拌合时间至投料完算起,不得不于1.5min。掺入微沫剂时,宜用不低于70℃的水稀释至5%～10%的浓度,溶液投入搅拌机内的拌合时间,至投料完算起为3～5min。

拌成后的砂浆应符合设计要求的种类和强度等级,应符合规定的砂浆稠度(见表3-6),应具有良好的保水性(分层度不宜大于20mm)且应拌合均匀。

砌筑砂浆稠度

表3-6

项　目	砌体种类	砂浆稠度	项　目	砌体种类	砂浆稠度
1	实心砖墙、柱	70～100	4	空心砖墙、柱筒拱	50～70
2	实心砖平拱	50～70	5	石　砌　体	30～50
3	空心砖墙、柱	60～80			

流动性好的砂浆便于操作,使灰缝平整、密实,从而提高砌筑工作效率,保证砌筑质量。一般来说,对于干燥及吸水性强的块体,砂浆稠度应采用较大值,对于潮湿、密实、吸水性差的块体宜采用较小值。

保水性是指砂浆保持水分的性能。砂浆的保水性差,在运输过程中,一部分水分会从砂浆中分离出来而降低砂浆的流动性,使砂浆铺砌困难,从而降低灰缝质量,影响砌体强度。在砌筑过程中,砖将吸收一部分水分,当吸收的水分适量时,对于灰缝中的砂浆强度及密实性是有益的。如果保水性差,水分很快被砖吸收,砂浆水分失去过多,不能保证砂浆的正常硬化,反而会降低砂浆强度,从而降低砌体强度。

水泥砂浆的可塑性和保水性较差,使用水泥砂浆砌筑时,砌体强度低于相同条件下用混合砂浆砌筑的砌体强度。因此,一般仅对高强度砂浆及砌筑处于潮湿环境下的砌体时,采用水泥砂浆。

混合砂浆由于掺入塑性掺合料(如石灰膏、粘土膏等),可节约水泥,并提高砂浆的可塑性和保水性,是一般砌体中最常用的砂浆类型。

非水泥砂浆(如石灰砂浆、粘土砂浆等)由于强度很低,一般仅用于强度要求不高的砌体,如简易或临时建筑的墙体。

砂浆应随拌随用,水泥砂浆和水泥混合砂浆必须分别在拌成后 3h 和 4h 内使用完毕;如施工期间最高气温超过 30℃,必须分别在拌成后 2h 和 3h 内使用完毕。

第二节　脚手架和垂直运输设施

在建筑施工中,脚手架和垂直运输设施占有特别重要的地位。选择与使用的合适与否,不但直接影响施工作业的顺利和安全进行;而且也关系到工作质量、施工进度和企业经济效益的提高。它是建筑施工技术措施中最重要的环节之一。

满足施工需要和确保使用安全是对建筑施工脚手架和垂直运输设施的基本要求。

一、脚手架

砌筑用脚手架,是砌筑过程中堆放材料和工人进行操作的临时设施,它直接影响到工程质量、施工安全和劳动生产率。

砌筑用脚手架应有足够的宽度(或面积)、步架高度、离墙距离,能满足工人操作、材料堆置和运输的要求(图 3-2),其宽度一般为 1.5~2m,步架高度为 1.2~1.4m。

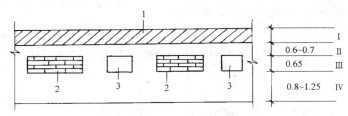

图 3-2　砌砖工作面布置图
1—砌体;2—砖堆;3—灰浆槽;
Ⅰ—待砌墙体区;Ⅱ—操作区;Ⅲ—材料区;Ⅳ—运输区

脚手架种类很多,按搭设位置分为外脚手架和里脚手架,按所用材料分为木、竹和金属脚手架;按构造形式分为多立杆式、框组式、桥式、吊式、挂式、挑式、爬升式以及用于楼层间操作的工具式脚手架等。

二、垂直运输设施

垂直运输设施是在建筑施工中担负垂直运(输)送材料设备和人员上下的机械设备和设施。砌体工程中各种材料(砖、砌块、砂浆)、工具(脚手架、脚手板、灰槽等)等均需送到各层楼的施工面上去,垂直运输工作量很大,因此,合理选择垂直运输机械,是砌体工程中首先要解决的问题之一。

目前,常用的垂直运输机械主要有塔式起重机、井架、龙门架、独杆提升机、屋顶起重机、建筑施工电梯等。砌体建筑由于施工单元小(按温度缝设置要求,单元最长为 60m),高度低(一般为 6 层左右,24m 以下),因此常用井架和龙门架作为主要的垂直运输设施。

第三节　砖 砌 体 施 工

一、砖砌体的施工工艺

(一)材料要求及施工机具的准备

砖的品种、强度等级必须符合设计要求,用于清水墙、柱表面的砖,应边角整齐、色泽均匀。

砖应提前1~2d浇水湿润,以免砖过多吸收砂浆中的水分而影响其粘结力,并可除去砖面上粉末,烧结普通砖、多孔砖含水率宜为10%~15%;灰砂砖、粉煤灰砖含水率宜为5%~8%。含水率以水重占干砖重的百分数计。

砂浆的品种、强度等级必须符合设计要求,砂浆的稠度应符合表3-6的规定。

施工中如用水泥砂浆代替水泥混合砂浆,应考虑砌体强度的降低,重新确定砂浆强度等级,并按此设计配合比。实际施工中,所采用的水泥砂浆强度等级比原设计的水泥混合砂浆强度等级提高一个等级,并按此强度等级重新设计配合比。

砌筑前,必须按施工组织设计要求,组织垂直和水平运输机械、砂浆搅拌机械进场、安装、调试等工作。同时,还要准备脚手架、砌筑工具(如皮数杆、托线板)等。

(二) 砖砌体的组砌形式

为保证砌体的强度和稳定性,各种砌体均应按一定的组砌形式砌筑。其基本原则是:砖块之间要错缝搭接,错缝长度一般不应小于60mm,不应使墙面和内缝中出现连续的垂直通缝,同时还要照顾到砌筑时的方便和少砍砖。

1) 实心墙的组砌形式有下列几种:一顺一丁、梅花丁(即同一皮砖丁顺相间组砌)、三顺一丁、两平一侧(用于3/4砖墙)、全顺(用于半砖墙)、全丁(用于圆弧形砌体,如烟囱等),如图3-3所示。

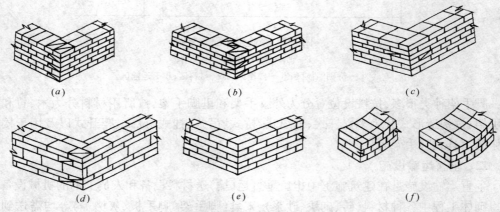

图3-3　砖墙各种组砌方式
(a)一顺一丁;(b)梅花丁;(c)三顺一丁;(d)两平一侧;(e)全顺;(f)全丁

2) 空斗墙的砌筑形式可采用以下几种:
①无眠空斗;②一眠一斗;③一眠二斗;④一眠三斗。

无论哪种砌筑形式,每隔一块斗砖必须砌1块或2块丁砖,墙面不应有竖向通缝。

斗砖是指平行于墙面的侧砌砖;丁砖是指垂直于墙面的侧砌砖;眠砖是指垂直于墙面的平砌砖。

3) 代号M的多孔砖的砌筑形式只有全顺,每皮均为顺砖,其抓孔平行于墙面,上下皮竖缝相互错开1/2砖长。

代号P多孔砖有一顺一丁及梅花丁两种砌筑形式。

4）空心砖一般侧立砌筑,孔洞呈水平方向,特殊要求时,孔洞也可呈垂直方向。空心砖墙的厚度等于空心砖的厚度。采用全顺侧砌。

5）砖拱立面形式有平拱和弧拱两种,且只能用于非地震区。

砖平拱呈倒梯形,拱高有 240mm、300mm、365mm,拱厚等于墙厚。

砖弧拱的构造与砖平拱相同,只是外形呈圆弧形。

（三）砖基础的砌筑

一般砌体基础必须采用烧结普通砖和水泥砂浆砌成,砖基础由墙基和大放脚两部分组成。墙基与墙身同厚。大放脚即墙基下面的扩大部分。

大放脚的底宽应根据设计而定。大放脚各皮的宽度应为半砖长的整倍数(包括灰缝)。

在大放脚下面为基础垫层,垫层一般为灰土、碎砖三合土或混凝土等。

在墙基顶面应设防潮层,地下水位较深或无地下水时,防潮层一般用 20mm 厚 1:2.5 防水砂浆,位置在底层室内地面以下一皮砖处;地下水位较浅时,防潮层一般用 60mm 厚配筋混凝土带,宽度同墙身。为增加基础及上部结构刚度,砌体结构中防潮层与地圈梁合二为一,地圈梁高度为 180～300mm。

砌筑砌体基础时应注意以下各点:

1）砌筑前,应将垫层表面上的杂物清扫干净,并浇水湿润。

2）为保证基础砌好后能在同一水平面上,必须在垫层转角处,交接处及高低处立好基础皮数杆。

3）砌筑时,可依皮数杆先在转角及交接处砌几皮砖,再在其间拉准线砌中间部分,其中第一皮砖应以基础底宽线为准砌筑。

4）内外墙的砖基础应同时砌起。如因特殊情况不能同时砌起时,应留置斜槎,斜槎的长度不应小于斜槎高度。

5）大放脚部分一般采用一顺一丁砌筑形式。在十字及丁字接头处,纵横基础要隔皮砌通。大放脚最下一皮及墙基的最上一皮砖(防潮层下面一皮砖)应以丁砌为主。

6）砌体基础中的洞口、管道、沟槽和预埋件等,应于砌筑时正确留出或预埋,宽度超过 300mm 的洞口,应砌筑平拱或设置过梁。

7）砌完基础后,应及时回填。回填土应在基础两侧同时进行,并分层夯实。单侧填土应在砖基础达到侧向承载能力和满足允许变形要求后才能进行。

（四）砖砌体的施工工序

砖墙的砌筑工序包括抄平、放线、摆砖、立皮数杆、砌砖、清理等。

1．抄平

砌墙前应在基础防潮层或楼面上定出各层标高,并用 M7.5 水泥砂浆或 C10 细石混凝土找平,使各段砖墙底部标高符合设计要求。找平时,需使上、下两层外墙之间不致出现明显的接缝。

2．放线

根据龙门板上给定的轴线及图纸上标注的墙体尺寸,在基础顶面上用墨线弹出墙的轴线和墙的宽度线,并定出门窗洞口位置。二层以上的轴线,可用经纬仪或线锤由外墙基处标注的轴线上引,同时,还应根据图纸上的轴线尺寸用钢尺校核。

3．摆砖

摆砖是在放线的基面上按选定的组砌方式用干砖试摆。摆砖的目的是为了校对所放出的墨线在门窗洞口、附墙垛等处是否符合砖的模数,以尽可能减少砍砖,并使砌体灰缝均匀、组砌得当。

4. 立皮数杆

皮数杆是指在其上划有每皮砖和砖缝厚度,以及门窗洞口、过梁、楼板、梁底、预埋件等标高位置的一种木制标杆,它是砌筑时控制砌体竖向尺寸的标志,同时还可以保证砌体的垂直度。

5. 砌砖

砌砖的操作方法很多,可采用铺浆法或"三一"砌砖法,依各地习惯而定。"三一"砌砖法,即是一块砖、一铲灰、一揉压并随手将挤出的砂浆刮去的砌筑方法。其优点是灰缝容易饱满、粘结力好、墙面整洁。八度以上地震区的砌砖工程宜采用此方法砌砖。

6. 清理

当该层砖砌体砌筑完毕后,应进行墙面、柱面及落地灰的清理。对清水砖墙,在清理前需进行勾缝,可用 1:1.5 或 1:2 水泥砂浆进行,勾缝要求横平竖直,深浅一致。

(五) 砖砌体的接槎

接槎是指先砌筑的砌体与后砌筑的砌体之间的接合。接槎方式合理与否对砌体的整体性影响很大,特别在地震区,接槎质量将直接影响到房屋的抗震能力,故应给予足够的重视。接槎应砌成斜槎(图 3-4),如留斜槎确有困难,除转角处外,也可留直槎,但直槎必须做成凸槎,并加设拉结钢筋(图 3-5);砖砌体的转角处和交接处应同时砌筑,对不能同时砌筑而又必须留置的临时间断处,应加设拉结筋(图 3-5),拉结筋的数量为每半砖厚墙放置 1 根直径6mm 的钢筋,间距沿墙高不得超过 500。

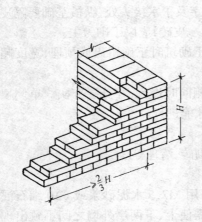

图 3-4　实心砖斜槎砌筑示意图

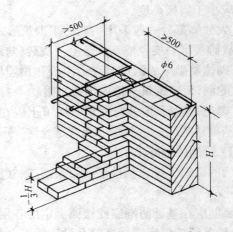

图 3-5　重墙丁字接头处接槎

砖砌体接槎时,必须将接槎处的表面清理干净,浇水湿润,并应填实砂浆,保持灰缝平直,框架结构房屋的填充墙,应与框架中预埋的拉结筋连接。

二、砖砌体的允许偏差

砖砌体的尺寸和位置的允许偏差不应超过表 3-7 的规定。

项次	项 目		允许偏差(mm)			检 验 方 法
			基 础	墙	柱	
1	轴线位移		10	10	10	用经纬仪复查或检查施工测量记录
2	基础顶面和楼面标高		±15	±15	±15	用水平仪复查或检查施工测量记录
3	墙面垂直度	每 层	—	5	5	用2m托线棉线检查
		全高 小于或等于10m	—	10	10	用经纬仪或吊线和尺检查
		大于10m	—	20	20	
4	表面平整度	清水墙、柱	—	5	5	用2m直尺和楔形塞尺检查
		混水墙、柱	—	8	8	
5	水平灰缝平直度	清水墙	—	7		拉10m线和尺检查
		混水墙	—	10		
6	水平灰缝厚度(10皮砖累计数)		—	±8		与皮数杆比较,用尺检查
7	清水墙游丁走缝		—	20		吊线和尺检查,以每层长一皮砖为准
8	外墙上下窗口偏移		—	20		用经纬仪和吊线检查,以底层窗口为准
9	门窗洞口宽度(后塞口)		—	±5		用尺检查

第四节　中小型砌块墙的施工

砌块代替粘土砖做为墙体材料,是墙体改革的一个重要途径。中小型砌块用于建筑物墙体结构,施工方法简便,减轻了工人的劳动强度,提高了劳动生产率。

一、砌块安装前的准备工作

1. 机具准备及安装方案的选择

砌块房屋的施工、除应准备好垂直、水平运输和安装的机械外,还要准备安装砌块的专用夹具和有关工具。

砌块墙的施工特点是砌块数量多,相应的吊次也多,但砌块的重量不大而人力又难以搬动,故需要小型起重设备协助。一般都采用轻型塔式起重机或井架拔杆先将砌块集中吊到楼面上,然后用小车进行楼面水平运输,再用小型起重机安装就位。小型起重机可选用台灵架或少先式起重机,小型起重机要随砌块的吊装来回移动,所以要求制造简单,移动方便。另一种方案也可用轻型塔式起重机作垂直运输,把砌块直接吊至台灵架旁,再由台灵架安装砌块,可省去楼面的水平运输。

吊装砌块的顺序一般是按施工段依次进行,在住宅工程中,通常是一个开间或二个开间为一个施工段。吊装砌块一般是先外后内,先远后近,先下后上,在分段处,应留踏步形接头。

2. 砌块的堆放

砌块堆放应使场内运输路线最短。堆置场地应平整夯实,有一定泄水坡度,必要时开挖排水沟。砌块不宜直接堆放在地面上，应堆放在草袋、煤渣垫层或其他垫层上，以免砌块底面玷污。砌块的规格、数量必须配套，不同类型分别堆放。

3．编制砌块排列图

砌块墙在吊装前应先绘制砌块排列图，以指导吊装施工和准备砌块。

砌块的排列图是根据建筑施工图上门、窗大小、层高尺寸、砌块错缝，搭接的构造要求和灰缝大小，进行排列。排列时尽量用主规格砌块，以减少吊次，提高台班产量。需要镶砖的地方，在排列图上要画出，镶砖应整砖镶砌，而且尽量对称、分散布置。

砌块排列主要是以立面图表示，砌块排列图按每片纵横墙分别绘制(图3-6)。

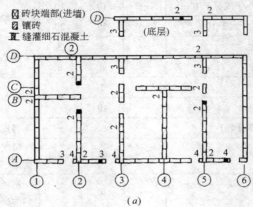

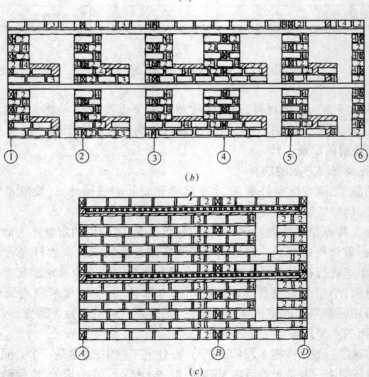

图 3-6　砌块排列图

(a)底层(二层)第一皮砌块排列平面图；(b)外墙 A 轴线砌块排列立面图；(c)外墙 1 轴线砌块排列立面图

注：空号砌块(880×380×240)；2 号砌块(580×380×240)；3 号砌块(430×380×240)；4 号砌块(280×380×240)

84

二、砌块施工工艺

砌块施工的主要工序是:铺灰、吊砌块就位、校正、灌缝和镶砖等。

1.铺灰

砌块墙体所采用的砂浆应具有良好的和易性,砂浆稠度采用 50~80mm。铺灰应均匀平整,长度一般以不超过 5m 为宜,炎热的夏季或寒冷季节应符合设计要求或适当缩短。灰缝的厚度应符合设计规定。

2.吊砌块就位

砌块就位应从转角处或定位砌块处开始,为了提高吊装效率,应按砌块排列图将所需砌块集中到吊装机械的旁边。严格按砌块排列图的顺序和错缝搭接的原则,内外墙同时砌筑。吊砌块一般用摩擦式夹具,夹砌块时应避免偏心。砌块就位时,应使夹具中心尽可能与墙身中心线在同一垂直线上,对准位置缓慢、平稳地落于砂浆层上,待砌块安放稳当后方可松开夹具。

3.校正

用锤球或托线板检查垂直度,用拉准线的方法检查水平度。校正时可用人力轻微推动砌块或用撬杠轻轻撬动砌块,自重 150kg 以下的砌块可用木锤敲击偏高处。

4.灌缝

砌块就位校正后即灌筑竖缝。灌竖缝时,在竖缝两侧夹住砌块,用砂浆或细石混凝土进行灌缝,用竹片或捣杆插捣密实。当砂浆细石混凝土稍收水后,即将竖缝和水平缝勒齐。此后,一般不准再撬动砌块,以防止砂浆粘结力受损。如砌块发生移动,应重砌。

5.镶砖

镶砖工作必须在砌块校正后紧紧跟上,镶砖时应注意使砖的竖缝灌捣密实。为了保证质量,不宜在吊装好一个楼层的砌块后再进行镶砖工作。

三、砌块砌体的组砌形式

砌块砌体的墙厚,一般等于砌块高度。因此,其立面砌筑形式,只有全顺式一种,即各皮砌块均为顺砌,上下皮砌块错缝搭接长度一般应为砌块长度的 1/2(较短的砌块必须满足这个要求),或不小于砌块皮高的 1/3,也不应小于 150mm,以保证砌块牢固搭接,如不能满足时,在水平灰缝中设置 2 根直径 6mm 的钢筋或直径 4mm 钢筋网片,加筋长度不少于700mm(图 3-7)。

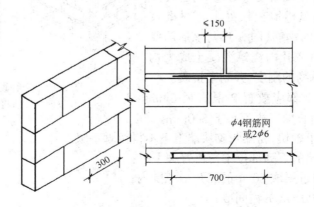

图 3-7　砌块墙砌筑形式

四、砌块砌体的砌筑

砌块砌体的砌筑应符合以下要求：

(1) 砌块砌筑前,应根据砌块高度和灰缝厚度计算皮数,制作皮数杆,并将皮数杆竖立于墙的转角处和交接处。皮数杆间距宜小于15m。

(2) 在砌块墙底部应用烧结普通砖或多孔砖砌筑,其高度不宜小于200mm。

(3) 砌块墙与承重墙或柱交接处,应在承重墙或柱的水平灰缝内预埋拉钢筋,拉结钢筋沿墙或柱高每1m左右设一道,每道为2根直径6mm的钢筋(带弯钩),伸出墙或柱面长度不小于700mm,在砌筑砌块时,将此拉结钢筋伸出部分埋置于砌块墙的水平灰缝中(图3-8)。

(4) 砌块中水平灰缝厚度应为10~20mm;当水平灰缝中有配筋或柔性拉结条时,其灰缝厚度应为20~25mm。竖缝的宽度为15~20mm;当竖缝宽度大于30mm时,应用强度等级不低于C20的细石混凝土填实;当缝宽度大于或等于150mm或楼层高不是砌块加灰缝的整倍数时,都要用粘土砖镶砌,如图3-9。

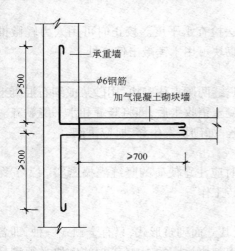

图3-8 砌块墙与承重墙拉结

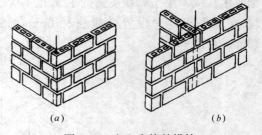

图3-9 砌块排列构造图

(5) 砌块墙的转角处,应隔皮纵、横墙砌块相互搭砌。砌块墙的T字交接处,应使横墙砌块隔皮端面露头,对于混凝土空心砌块,应注意使其孔洞在有处和纵横墙交接处上下对准贯通,并插上 φ8~12 的钢筋(图3-10),该插筋要埋置于基础中,然后在孔内浇筑混凝土成为构造小柱,以增强建筑物的刚度,并利于抗震。

(6) 墙体洞口上部应放置2根直径6mm钢筋,伸过洞口两边长度每边不小于500mm。

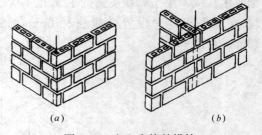

图3-10 空心砌块的搭接
(a)转角处;(b)T字交接处

(7) 加气混凝土砌块,粉煤灰砌块墙上下不得留脚手眼。

(8) 空心砌块墙的下列部位不得留置脚手眼:

1) 过梁上部与过梁成60°角的三角形范围内;

2) 宽度小于800mm的窗间墙;

3) 梁或梁垫下及其左右各500mm的范围内;

86

4）门窗洞口两侧 200mm 和墙体交接处 400mm 的范围内；

5）设计规定不允许留脚手眼的部位。

（9）砌块墙的每天砌筑高度，宜控制在 1.5m（或一步脚手架高度）内。

第五节　构造柱的设置

设置钢筋混凝土构造柱是提高多层砖混结构房屋（简称多层砖房）抗震能力的一种措施。当多层砖房超过《建筑抗震设计规范》（GBJ 11—89）规定的高度限值，如设置钢筋混凝土构造柱，则在遭受基本设防烈度的地震影响下，不致严重损坏，并且不经修理或经一般修理仍可继续使用。

设置钢筋混凝土构造柱的墙体，宜用普通粘土砖与水泥混合砂浆砌筑。砖的强度等级不低于 MU7.5，砂浆强度等级不低于 M2.5。

构造柱截面不应小于 240mm×180mm（实际应用最小截面为 240mm×240mm）。钢筋一般采用Ⅰ级钢筋，竖向受力钢筋一般采用 4 根，直径为 12mm。箍筋采用直径 4～6mm，其间距不宜大于 250mm。

砖墙与构造柱应沿墙高每隔 500mm 设置 2 根直径 6mm 的水平拉结钢筋，拉结钢筋两边伸入墙内不应少于 1m。拉结钢筋穿过构造柱部位与受力钢筋绑牢。当墙上门窗洞边到构造柱边的长度小于 1m 时，拉结钢筋伸到洞口边为止。在外墙转角处，如纵横墙均为一砖半墙，则水平拉结钢筋用 3 根。

砖墙与构造柱相连接处，砖墙应砌成马牙槎，每个马牙槎沿高度方向的尺寸不宜超过 300mm（或 5 皮砖高）；每个马牙槎退进应大于 60mm。每个楼层面开始，马牙槎应先退槎后进槎（图 3-11）。

构造柱必须与圈梁连接，在柱与圈梁相交的节点处应适当加密构造柱的箍筋，加密范围从圈梁上、下边算起均不应小于层高的 1/6 或 450mm，箍筋间距不宜大于 100mm（图 3-12）。

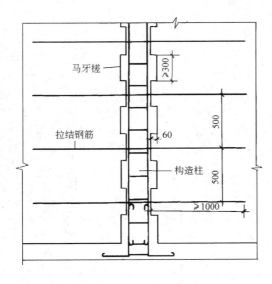

图 3-11　砖墙的马牙槎布置

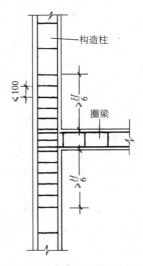

图 3-12　构造柱箍筋加密

H—层高

构造柱一般不设基础或扩大底面积。构造柱埋置深度从室外地坪算起不应小于300mm。当墙下有基础圈梁时,构造柱根部可与基础圈梁联结,无基础圈梁时,可在构造柱根部增设混凝土底脚,其厚度不应小于120mm,并将构造柱的竖向受力钢筋锚固在混凝土底脚内。

　　构造柱应按下列顺序施工:绑扎钢筋、砌砖墙、支模板、浇捣混凝土。

第四章　钢筋混凝土工程

钢筋混凝土是土木工程结构中被广泛采用并占主导地位的一种复合材料,它以其性能优异、材料易获得、施工方便、经久耐用而显示其巨大生命力。近年来,随着钢筋工程、模板工程和混凝土工程新技术的不断发展,钢筋混凝土在土木工程中更加广泛地被采用。

钢筋混凝土工程分为装配式钢筋混凝土工程和现浇钢筋混凝土工程。装配式钢筋混凝土工程的施工工艺是在构件预制厂或施工现场预先制作好结构构件,再在施工现场将其安装到设计位置。现浇钢筋混凝土工程则是在结构物的设计位置现场制作结构构件,由钢筋工程、模板工程及混凝土工程三部分组成,特点是结构整体性好、抗震性能好、节约钢材、不需大型起重机械。但是模板消耗量多、现场运输量大、劳动强度高、施工易受气候条件影响。

本章主要介绍现浇钢筋混凝土工程的施工及其冬季施工方法。

第一节　钢　筋　工　程

在钢筋混凝土结构中钢筋起着关键性的作用。由于在混凝土浇筑后,其质量难于检查,因此钢筋工程属于隐蔽工程,需要在施工过程中进行严格的质量控制,并建立起必要的检查和验收制度。

按照生产工艺的不同,钢筋可分为:热轧钢筋、冷轧钢筋、冷拉钢筋、冷拔钢丝、热处理钢筋、刻痕钢丝及钢绞线等。

按照不同的外形,钢筋可分为光圆钢筋和带肋钢筋。光圆钢筋为强度等级代号为R235、牌号为 Q235 的Ⅰ级钢筋。带肋钢筋外表通常为月牙螺纹。按照《钢筋混凝土用热轧带肋钢筋》(GB 1499—98)规定,热轧带肋钢筋分为三个牌号,分别为 HRB335、HRB400、HRB500。

按照直径大小钢筋又可分为:钢丝($\phi3\sim\phi5$)、细钢筋($\phi6\sim\phi12$)、粗钢筋($\phi>12$)。

钢筋出厂时应有出厂质量证明书或试验报告单,每捆(盘)钢筋均应有标牌,现场堆放钢筋应分批验收,分别堆放。对钢筋的验收包括外观检查和按批次取样进行机械性能检验,合格后方可使用。取样时,在每批钢筋中任意抽出两根截取试件,每根两个。取一根试件做拉力试验,测定其屈服点,抗拉强度及伸长率;另一根试件做冷弯试验。四个指标中如有一项经试验不合格则另取双倍数量试件,对不合格项目做第二次试验,如仍有一个试件不合格则该批钢筋为不合格品,应重新分级。

对热轧钢筋的级别有怀疑时,除作力学性能试验外,尚应进行钢筋的化学成分分析。使用中如发生脆断,焊接性能不良或力学性能显著不正常等现象,应进行化学成分检验或其他专项检验。对于国外进口钢筋应按规范的有关规定办理,并应注意力学性能和化学成分的检验。

一、钢筋的冷加工

钢筋的冷加工包括冷拉和冷拔,用以获得冷拉钢筋和冷拔钢丝。

（一）钢筋的冷拉

钢筋冷拉是将钢筋在常温下进行强力拉伸，使拉应力超过该钢筋屈服点的某一限值，迫使钢筋产生塑性变形，从而使其内部结晶产生滑动、弯曲、拉长、转动、扭曲甚至破坏，再经过变形硬化和时效，达到提高强度和节约钢材的目的。经过冷拉的钢筋硬度提高了，但其塑性、韧性以及弹性模量都会有所降低。

冷拉 I 级钢筋用于非预应力钢筋，冷拉热轧带肋钢筋可用作预应力钢筋。冷拉钢筋不用作受压钢筋。

1．钢筋冷拉的控制方法

钢筋冷拉的控制方法有冷拉率控制法和应力控制法两种。

（1）控制冷拉率法

钢筋的冷拉率是钢筋冷拉时由于弹性和塑性变形的总伸长值(称为冷拉的拉长值)与钢筋原长之比，以百分数表示。在一定限度内，冷拉率越大，钢筋强度提高越多，但塑性降低也越多。

以冷拉率来控制钢筋的冷拉时，冷拉率必须由试验确定。在将要冷拉的同炉批钢筋中取不少于 4 根的试件，按施工规范中规定的冷拉应力分别做拉伸试验，取其伸长率的平均值，作为该批钢筋实际采用的冷拉率。该冷拉率应符合施工规范中规定的最大冷拉率的要求。

冷拉率确定后，根据钢筋长度，求出拉长值，做为冷拉时的依据。冷拉伸长值 ΔL 为：

$$\Delta L = \delta \cdot L \tag{4-1}$$

式中　δ——冷拉率(由试验确定)；

　　　L——钢筋冷拉前的长度。

冷拉多根串连焊接的钢筋，冷拉率可按总长计，但冷拉后每根钢筋的冷拉率，应符合单根钢筋冷拉时规定。

控制冷拉率法施工简单，设备粗糙，当钢筋材质不匀时，钢筋实际达到的冷拉应力不一定能完全符合要求，不能保证冷拉钢筋的质量，因此用作预应力筋使用的钢筋冷拉不能采用控制冷拉率法。

（2）控制应力法

这种方法以控制钢筋冷拉应力为主，钢筋冷拉时，如果钢筋已达到规定的控制应力，而冷拉率未超过最大冷拉率，则认为合格。如钢筋已达到规定的最大冷拉率而应力还小于控制应力则认为不合格，应进行机械性能试验，按其实际级别使用。

采用控制应力法，易于保证冷拉钢筋质量，可避免因材质不匀对应力产生的影响。对于较重要的结构，如作为预应力筋使用对带肋钢筋冷拉，可采用控制应力法，以确保质量。但由于冷拉率是随被拉钢筋的抗拉强度而变化，有时每根钢筋既使在相同的控制应力下冷拉，冷拉后的钢筋长度也是不一致的，这对于有等长要求的预应力筋不利。

2．冷拉设备

钢筋的冷拉设备有两种：一种是采用以卷扬机为主及动滑轮为冷拉动力的机械式设备。另一种是采用长行程(1500mm 以上)的专用液压千斤顶和高压油泵的液压式设备。目前我国仍采用机械式设备。见图 4-1。

冷拉设备的冷拉能力可按下式计算：

$$Q = \frac{T}{K'} - F \tag{4-2}$$

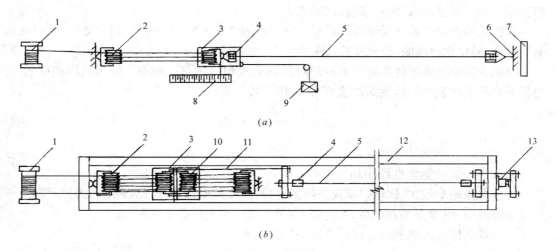

图 4-1 冷拉设备

(a)采用控制冷拉率方法时所用设备;(b)采用控制应力方法时所用设备

1—卷扬机;2—滑轮组;3—冷拉小车;4—夹具;5—被冷拉的钢筋;6—地锚;7—防护壁;8—标尺;

9—回程荷重架;10—回程滑轮组;11—传力架;12—冷拉槽;13—液压千斤顶

$$K' = \frac{f^{n-1}(f-1)}{f^n - 1} \tag{4-3}$$

式中　　Q——设备冷拉能力(kN);

　　　　T——卷扬机牵引力(kN);

　　　　K'——滑轮组省力系数;

　　　　F——设备阻力,包括冷拉小车与地面的摩阻力和回程装置的阻力等,实测确定,一般取 $5\sim10$(kN);

　　　　f——单个滑轮的阻力系数,对青铜轴套的滑轮 $f=1.04$;

　　　　n——滑轮组的工作线数。

为了保证设备冷拉能力的准确性,应当经常检验设备测量仪表的精确度、回弹值。钢筋的冷拉速度不宜太快,一般以 $0.5\sim1.0\text{m/s}$ 为宜,当只做为调直钢筋用可以快一些,待拉到规定的控制应力(或冷拉率)后,须稍停,待钢筋变形充分发展后,然后再行放松。

(二)钢筋的冷拔

钢筋冷拔是将 $\phi6\sim\phi8$ 的I级光面钢筋在常温下强力拉拔使其通过特制的钨合金拔丝模孔(如图 4-2),钢筋轴向被拉伸,径向被压缩,使钢筋产生较大的塑性变形,其抗拉强度提高 $50\%\sim90\%$,塑性降低,硬度提高。

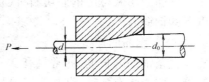

图 4-2　钢筋冷拔示意图

钢筋的冷拔主要是用来生产冷拔低碳钢丝,冷拔低碳钢丝分甲、乙两级,甲级钢丝主要用作预应力筋,乙级钢丝用于焊接网、焊接骨架、箍筋和构造钢筋。

钢筋冷拔工艺过程是:轧头→剥壳→拔丝。轧头是将盘圆钢筋的端头放在轧头机上压细,以便穿入拔丝模。剥壳是通过 $2\sim3$ 个槽轮的剥壳装置,除去钢筋表面坚硬的氧化铁锈,然后强力使钢筋通过润滑剂进入拔丝模孔。润滑剂各地配方不完全相同,常用的是石灰、动植物油、肥皂、白腊和水按一定配合比制成。

冷拔低碳钢丝经数次反复冷拔而成。钢筋截面应逐步缩小，否则冷拔次数过少，每次压缩量过大，易使钢丝拔断，拔丝模孔损失也大。

影响冷拔钢丝质量的主要因素有原材料的质量和冷拔总压缩率。冷拔总压缩率 β，为由盘条拔至成品钢丝的横截面总缩减率，可按下式计算：

$$\beta = \frac{d_0^2 - d^2}{d_0^2} \times 100\% \tag{4-4}$$

式中　d_0——原料钢筋直径(mm)；

　　　d——成品钢丝直径(mm)。

冷拔总压缩率越大，钢丝强度提高越多，但塑性降低也较多，因此必须控制总压缩率，一般 $\phi^b 5$ 钢丝由 $\phi 8$ 盘条拔制而成，$\phi^b 3$ 和 $\phi^b 4$ 钢丝由 $\phi 6.5$ 盘条拔制而成。

冷拔低碳钢丝的机械性能应符合表 4-1 的要求。

冷拔低碳钢丝的机械性能　　　　　　　　　表 4-1

钢丝级别	直　径 (mm)	抗拉强度(N/mm²)		伸长率(标距1000mm) (%)	反复弯曲(180°) 次　数
		Ⅰ　组	Ⅱ　组		
甲　级	5	650	600	3.0	4
	4	700	650	2.5	4
乙　级	3～5	550		2.0	4

二、钢筋的加工

钢筋的加工工艺包括除锈、调直、剪断、连接、弯曲成型等工序。单根钢筋需经过一系列的加工过程，才能成型为所需的形式和尺寸。

（一）钢筋的除锈、调直与切断

钢筋表面的锈皮应清除；盘条筋及弯曲的钢筋须经调直后才能使用。除锈与调直往往是一道工序完成。

粗钢筋多用冷拉方法调直，钢筋经冷拉变形，浮皮及铁锈则自行脱落，采用冷拉法调直，Ⅰ级钢筋的冷拉率不得大于 4%；热轧带肋钢筋不得大于 1%。

细钢筋的调直，一般使用调直机，调直过程同时除锈。调直机可调范围为直径 4～14mm，但一般多用于调直直径 3～5mm 的冷拔低碳钢丝。

钢筋的切断可用钢筋切断机(直径 40mm 以下的钢筋)及手动液压切断机(直径 16mm 以下的钢筋)。

（二）钢筋的连接

直条钢筋的长度，通常只有 9～12m。如构件长度大于 12m 时一般都要接长钢筋。钢筋接长的方法有三种：绑扎连接、焊接连接及机械连接。

1. 钢筋的绑扎搭接连接

钢筋的绑扎接头是采用 20～22 号火烧丝或镀锌铁丝，按规范规定的最小搭接钢筋长度，绑扎在一起而成的钢筋接头。

为确保结构的安全度，钢筋绑扎接头应符合如下规定：

（1）搭接长度的末端距钢筋弯折处，不得小于钢筋直径的 10 倍，接头不宜位于构件的最大弯矩处。

（2）在受拉区内的Ⅰ级钢筋绑扎接头的末端，应做弯钩；热轧带肋钢筋可不做弯钩。

（3）钢筋直径不大于12mm的受压Ⅰ级钢筋的末端，以及轴心受压构件中任意直径的受力钢筋的末端，可不做弯钩，但搭接长度不应小于钢筋直径的35倍。

（4）钢筋搭接处，应在接头的两端中部用铁丝绑扎牢固。

（5）各受力钢筋之间绑扎接头位置应相互错开。从任一绑扎接头中心至搭接长度的1.3倍区段范围内，有绑扎接头的受力钢筋截面面积占受力钢筋总截面面积的百分率应符合：在受压区不得超过50%；在受拉区不得超过25%。

（6）绑扎接头中钢筋的横向净距不应小于钢筋直径且不小于25mm。

（7）钢筋的保护层厚度要符合施工验收规范的规定，施工中应在钢筋下或外侧设置混凝土垫块或水泥砂浆垫块来保证。

（8）在任何情况下，纵向受拉钢筋的搭接长度不应小于300mm和1.2la；受压钢筋的搭接长度不应小于200mm和0.85la；当两根钢筋直径不同时，搭接长度按较细钢筋的直径计算。

（9）有抗震要求的受力钢筋搭接长度，对一、二级抗震设防的应增加50%。

（10）轻骨料混凝土的钢筋绑扎接头搭接长度应比普通混凝土的钢筋搭接长度增加50%，对冷拔低碳钢丝增加50mm。

（11）22号铁丝只能绑扎直径12mm以下的钢筋。

（12）当混凝土在凝固过程中受力钢筋易受扰动时，如滑模施工，其搭接长度宜适当增加。

2．钢筋焊接连接

试验表明，当受拉的搭接钢筋直径较大时，混凝土保护层相对变薄及钢筋的间距相对减少，因传力间断而引起的应力集中，使保护层混凝土的劈裂及抗滑移粘结强度的降低更为明显。因此对搭接钢筋的最大直径予以限制，要求当$d > 22mm$的受力钢筋不宜采用绑扎搭接接头形式。对受压为主的柱中钢筋，要求当$d > 25mm$的受力钢筋均宜采用焊接接头。钢筋的焊接连接，是节约钢材，提高钢筋混凝土结构和构件质量，加快工程进度的一个重要措施。常用的焊接方法是对焊、电弧焊、电渣压力焊、点焊和埋弧压力焊等。

（1）对焊

对焊的原理如图4-3所示，是利用对焊机使两段钢筋接触，通过低电压的强电流，使钢筋加热到一定温度后，进行加压顶锻，使两根钢筋焊接在一起。钢筋对焊常采用闪光焊。

（2）点焊

点焊的工作原理如图4-4所示，其工作部分为两根电极，焊件则夹在电极之间。当通电

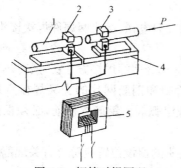

图4-3　钢筋对焊原理

1—钢筋；2—固定电极；3—可动电极；4—机座；5—焊接变压器

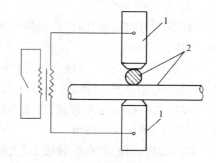

图4-4　点焊机工作示意

1—电极；2—钢丝

后,由于交叉筋之间是点接触,其电阻最大,故在通电瞬间接触点金属迅速发热至熔点,在两极的适当压力下,随即断电完成焊接。

(3) 电弧焊

电弧焊是利用弧焊机使焊条与焊件之间产生高温电弧,熔化焊条和高温电弧范围内的焊件金属,熔化的金属凝固后形成焊缝或焊接接头。

电弧焊的主要设备是弧焊机,设备简单,机动灵活,适应性强,在无法使用对焊机的场合,可用电弧焊焊接粗钢筋。

使用电弧焊接长钢筋有三种焊接形式,即帮条焊、搭接焊和坡口焊,如图4-5。

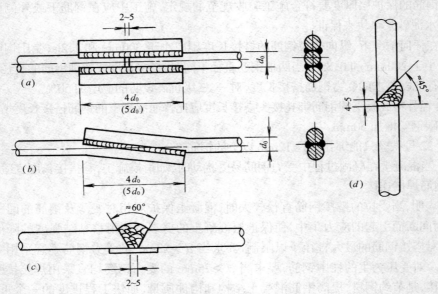

图 4-5 钢筋电弧焊
(a)帮条焊;(b)搭接焊;(c)坡口平焊;(d)坡口立焊

(4) 电渣压力焊

电渣压力焊是利用电流通过渣池产生的电阻热将钢筋端部熔化,然后施加压力使钢筋焊接(如图4-6)。适用于现场竖向钢筋直径在 14~36mm 钢筋的焊接,比电弧焊工效高、成本低,且容易掌握,多用于框架结构钢筋的接长。

(5) 埋弧压力焊

埋弧压力焊是利用埋在焊接头处的焊剂层下的高温电弧,熔化两焊件焊接接头处的金属,然后加压顶锻形成焊接接头(图4-7)。

钢筋施工中应根据现场条件及材料、设备状况选择合适的焊接方法:一般对热轧钢筋的焊接,可采用闪光对焊、电弧焊、电渣压力焊;对钢筋骨架和钢筋网片的交叉焊接宜采用电阻点焊;对钢筋与钢板的 T 型连接,宜采用埋弧压力焊或电弧焊。钢筋焊接前,必须根据施工条件进行试焊,以确保焊接质量。

钢筋焊接的接头形式、焊接工艺、质量验收和接头的留设位置应符合有关规范的规定。

3. 钢筋的机械连接

钢筋机械连接有挤压连接和锥螺纹连接。

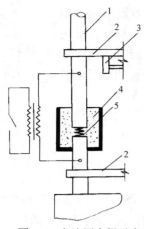

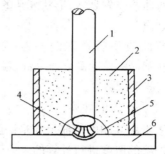

图 4-6　电渣压力焊示意
1—钢筋;2—夹钳;3—凸轮;
4—焊剂;5—铁丝团球或导电焊剂

图 4-7　埋弧压力焊
1—钢筋;2—431 焊剂;3—焊剂盒;
4—电弧柱;5—弧焰;6—钢板

（1）挤压连接

钢筋挤压连接是将两根变形钢筋插入钢套筒内,用挤压连接设备沿径向或轴向挤压钢套筒,使之产生塑性变形,依靠变形后的钢套筒与被连接钢筋纵、横肋产生的机械咬合作用实现钢筋的连接。

挤压连接分径向挤压连接和轴向挤压连接。

1）径向挤压连接:径向挤压连接是采用挤压机和压模,沿套筒直径方向,从套筒中间依次向两端挤压套筒,把插在套筒里的两根钢筋紧固成一体形成机械接头。它适用于地震区和非地震区的钢筋混凝土结构的热轧带肋钢筋连接施工。此工艺操作简单、容易掌握、连接质量好、完全可靠、无明火作业、无着火隐患、不污染环境、可全天候施工。

主要设备为径向挤压机、压模、超高压泵、手扳葫芦、划线尺等。

2）轴向挤压连接:轴向挤压连接是采用挤压机和压模,沿钢筋轴线冷挤压金属套筒,把插入金属套筒里的两根待连接热轧钢筋紧固一体形成机械接头。它适用于按一、二级抗震设防的地震区和非地震区的钢筋混凝土结构工程的钢筋连接施工。连接钢筋规格为带肋钢筋的 $\phi20\sim\phi32$ 竖向、斜向和水平钢筋。钢筋连接质量优于钢筋母材的力学性能。此工艺具有操作简单、容易掌握、对中度高、连接质量好、连接速度快、安全可靠、无明火作业、无操作着火危险、不污染环境的特点。

主要设备为超高压泵、半挤压机、挤压机、压模、手扳葫芦、划线尺、量规等。

（2）锥螺纹连接

锥螺纹钢筋连接是将所连接钢筋的两端套成锥形丝扣,然后将带锥形内丝的套筒用扭矩扳手按一定力矩值把两根钢筋连接起来,通过钢筋与套筒内丝扣的机械咬合达到连接的目的。

锥螺纹连接自锁性能好。能承受拉、压轴向力和水平力,在施工现场可连接带肋钢筋 $\phi16\sim\phi40$ 的同径或异径的竖向、水平或任何倾角的钢筋,适于按一、二级抗震等级设防的一般工业与民用建筑的现浇混凝土结构的梁、柱、板、墙基础的连接施工。

锥螺纹钢筋连接的主要机械设备为钢筋套丝机、量规、扭力扳手、砂轮等。

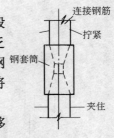

图 4-8 同径钢筋
连接示意

(三) 弯曲成型

根据结构的需要,钢筋常需弯折成一定的形状,钢筋的弯曲成型一般采用钢筋弯曲机,四头弯曲机(主要用于弯制钢箍)及钢筋弯箍机。在缺乏机具设备的条件下,也可采用手摇扳手弯制钢箍,用卡盘与扳手弯制粗钢筋。钢筋弯曲前应先划线,形状复杂的钢筋应根据加工牌上标明的尺寸将各弯曲点划出。

钢筋弯曲成型后允许偏差为:全长 ±10mm、弯起钢筋弯起点位移 20mm、弯起钢筋的弯起高度 ±5mm、箍筋边长 ±5mm。

三、钢筋的配料

(一) 下料长度的计算

设计图纸中注明的钢筋尺寸是钢筋的外轮廓尺寸,称为外包尺寸,是根据构件尺寸,钢筋形状及保护层的厚度进行计算的。由于钢筋弯曲时,外皮伸长,内皮缩短,而轴线长度不变,因此如果下料长度按外包尺寸的总和计算,则加工后钢筋尺寸大于设计要求的外包尺寸,影响施工质量,也造成材料的浪费。施工中根据构件配筋图计算构件的直线下料长度、总根数及钢筋总重量,然后编制钢筋配料单,做为备料加工的依据,这个过程称为钢筋的配料。

钢筋的外包尺寸和轴线尺寸之间存在一个差值,称为量度差值。直线钢筋的外包尺寸等于轴线长度,二者之间无量度差值;而钢筋弯曲段,外包尺寸大于轴线长度,二者之间存在量度差值。所以钢筋下料时,其下料长度应为各段外包尺寸之和,减去弯曲处的量度差值,再加上两端弯钩的增长值。

当弯心的直径为 $2.5d$ 时(d 为钢筋直径),半圆弯钩的增加长度和各种弯曲角度的量度差值,其计算方法如下:

1. 半圆弯钩的增加长度(图 4-9)

弯钩全长:

$$3d + \frac{3.5d\pi}{2} = 8.5d \tag{4-5}$$

弯钩增加长度(包括量度差值):

$$8.5d - 2.25d = 6.25d \tag{4-6}$$

2. 弯曲 90°时的量度差值(图 4-10)

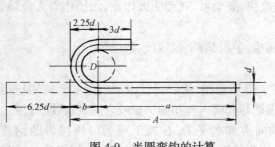

图 4-9 半圆弯钩的计算
A—外包尺寸

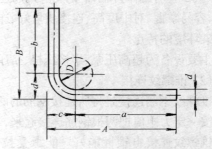

图 4-10 90°弯钩的计算
A、B—外包尺寸

外包尺寸: $2.25d + 2.25d = 4.5d \tag{4-7}$

中心线弧长：$\dfrac{3.5d\pi}{4}=2.75d$ （4-8）

量度差值：$4.5d-2.75d=1.75d$（取 $2d$） （4-9）

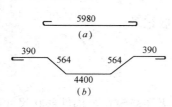

同理，弯 $30°$、$45°$、$60°$、$135°$ 时的量度差值，分别为 $0.35d$、$0.5d$、$0.85d$、$2.5d$。因此：两端带半圆弯钩的下料长度＝简图尺寸（外包尺寸）$+2\times6.25d-$其中弯曲角度的扣除量。

例如：当钢筋直径为 $\phi20$ 时，下列简图尺寸的钢筋的下料长度 L 为：

$$L=5980+2\times6.25\times20=6230\text{mm}$$

$$L=4400+2\times564+2\times390+2\times6.25\times20-4\times0.5\times20$$
$$=6518\text{mm}$$

但须指出，在实际生产中，钢筋弯心 D 受工人实际操作及设备条件的限制，不一定是 $2.5d$，各地区根据具体情况对弯钩的增加长度常采用一种经验数据。

（二）钢筋代换

钢筋的使用应尽量按设计要求的钢筋级别、种类和直径采用。施工中如确实缺乏设计图纸中所要求的钢筋种类、级别或规格时，可以进行代换。但是，代换时，必须充分了解设计意图和代换钢材的性能，严格遵守规范的各项规定；必须满足构造要求（如钢筋直径、根数、间距、锚固长度等）；对抗裂性要求高的构件，不宜采用光面钢筋代换螺纹钢筋；凡属重要的结构和预应力钢筋，在代换时应征得设计单位同意；钢筋代换后，其用量不宜大于原设计用量的 5%，并不低于 2%。钢筋代换的方法有三种：

1）当结构构件是按强度控制或不同种类的钢筋代换，可按强度相等的原则代换，称"等强代换"。

2）当构件按最小配筋率控制时或相同种类和级别的钢筋代换，应按等面积原则进行代换。

3）当结构构件按裂缝宽度或抗裂性要求控制时，钢筋的代换需进行裂缝及抗裂性验算。

在钢筋代换工作中，还应注意一些具体问题，如梁中有弯起钢筋与纵向受力钢筋时，为保证弯起钢筋的截面面积不被减弱，以满足支座处的剪力，应分别进行代换。对偏心受压（或拉）构件的钢筋代换也应分别进行，等等。

四、钢筋的安装

钢筋现场安装之前要核对成品钢筋的钢号、直径、形状、尺寸及数量是否与配料单和加工牌相符，核查无误后方可开始现场钢筋的施工。

现场钢筋绑扎有三种情况：一是全部散筋在现场绑扎，大多数使用这种方法。二是在钢筋加工厂内将钢筋先焊成网片，运到工地后在现场绑扎钢筋网片的接头。三是在钢筋加工厂内先将钢筋绑扎或骨架运到工地后，绑扎骨架的接头。钢筋绑扎的目的，是为了施工时（包括支模、运输、安装片网或骨架及浇注混凝土时）不使钢筋跑位，而不是靠火烧丝来传递钢筋的应力。

绑好的钢筋在浇注混凝土前，应进行检查，检查时应注意：

1．钢筋的级别、直径、根数、间距；

2．钢筋接头的位置、数量、搭接长度；

3．负弯矩筋位置；

4．抗震规范规定的构造要求，如钢箍的开口方向应错开，钢箍弯钩的角度及平直部分的长度及其他有关规定等等；

5．要保证混凝土保护层的厚度及纵向钢筋的净距要求。

检查完毕，在浇筑混凝土之前进行验收，并做好隐蔽工程验收记录。

第二节 模 板 工 程

在结构工程施工中，刚从搅拌机中拌合出的混凝土呈液态，需要浇筑在与构件形状尺寸相同的模型内凝结硬化，才能形成所需的结构构件。模板就是使钢筋混凝土结构或构件成型的模型。

钢筋混凝土结构的模板系统由两部分组成，其一是形成混凝土构件形状和设计尺寸的模板；其二是保证模板形状、尺寸及其空间位置的支撑系统。模板应具有一定的强度和刚度，以保证在混凝土自重、施工荷载及混凝土侧压力作用下不破坏、不变形。支撑系统既要保证模板的空间位置的准确性，又要承受模板、混凝土的自重及施工荷载，因此亦应具有足够的强度、刚度和稳定性，以保证在上述荷载作用下不沉陷、不变形、不破坏。

在现浇钢筋混凝土结构施工中，对模板系统的基本要求是：

1）模板安装要保证结构和构件各部分的形状、尺寸及相互间位置的正确性。

2）要有足够的强度、刚度和稳定性，以确保施工质量和施工安全。

3）构造简单、装拆方便、能多次周转使用。

4）接缝严密，不得漏浆。

5）用料节省，成本低。

一、模板材料的种类

1．木模板

木模板选用的木材主要为松木（红松、白松、落叶松等）和杉木。一般为不刨光的毛料，木材的含水率应低于19％，直接接触混凝土的木模板宽度不宜大于200mm，工具式木模板不宜大于150mm，以保证在干缩时缝隙均匀，浇水后易于密封，受潮后不易翘曲。

木模板重复利用率低，损耗大，为节约木材，我国从70年代初开始"以钢代木"，到目前，木模板在现浇钢筋混凝土结构施工中的使用率已大大降低。

2．钢模板

钢模板一般均为具有一定形状和尺寸的定型模板，由钢板和型钢焊成。主要类型有平面模板、阴角模板、阳角模板、联接模板等四种（图4-11）。钢模板的主要规格见表4-2。我国钢模板的宽度以100mm为基数，按50mm进级；长度以450mm为基数，按150mm进级；边肋孔距长向为150mm，短向为75mm，可以横、竖拼接，组拼成以50mm进级的任何尺寸模板。

钢模板配件中，连接件主要有U形卡、L形插销、钩头螺栓、对拉螺栓、S形扣件以及碟形扣件等（图4-12）。

钢模板适用于施工形状规则的各种混凝土结构，强度和刚度较大，通用性强，装拆、运输方便，周转次数多，板面平整，不吸水，不漏浆，易保证工程质量。缺点是一次性投资大，且应注意维护保养，否则易锈蚀，影响模板寿命及混凝土工程质量。

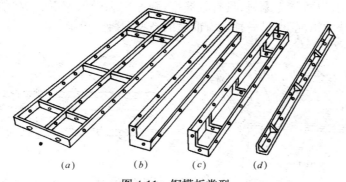

图 4-11　钢模板类型

(a)平面模板;(b)阳角模板;(c)阴角模板;(d)联接角模

钢 模 板 规 格(mm)　　　　　　　　　　　　　　　　　表 4-2

名　　称	宽　度 （mm）	长　度 （mm）	肋　高
平 面 模 板	300、250、200、150、100	1500、1200 900、750 600、450	55
阴 角 模 板	150×150、100×100		
阳 角 模 板	100×100、50×50		
联 接 角 模	50×50		

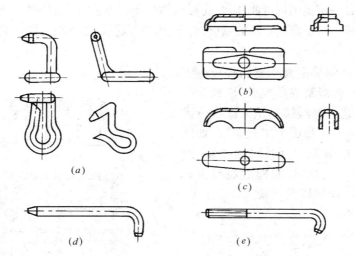

图 4-12　钢模板的主要连接件

(a)U 形卡;(b)碟形扣件;(c)S 形扣件;(d)L 形插销;(e)钩头螺栓

3. 胶合板模板

混凝土模板用的胶合板有木胶合板和竹胶合板两种。木胶合板由奇数层薄木片按相邻层木纹方向互相垂直用防水胶相互粘牢,组合而成。竹胶合板则是由一组竹片组合而成。木胶合板所用防水胶为酚醛树脂胶粘剂(PE),强度高、耐水、耐热、耐腐蚀性能好,尤其耐沸水及耐久性优异。竹胶合板所用防水胶为环氧树脂胶和瓷釉涂料,其中的瓷釉涂料涂面的综合效果较佳。

胶合板模板具有强度高、自重小、导热性能低、不翘曲、不开裂以及板幅大、接缝少等优点。尤其竹胶合板,以竹材为原料,具有收缩率、膨胀率和吸水率低,承载能力大的特点,在我国木材资源短缺的情况下,是一种大有前途的新型混凝土模板。

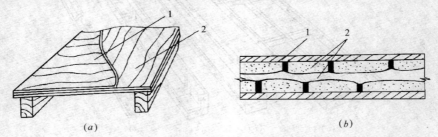

图 4-13　木、竹胶合板断面构造
(a)木胶合板纹理方向与使用
1—表板;2—芯板
(b)竹胶合板断面构造
1—竹席或薄木片表板;2—竹帘芯板

胶合板的宽度一般为 1200mm 左右,长度为 2400mm 左右。木胶合板的常用厚度为 12～18mm,竹胶合板的常用厚度为 12mm。可以整张使用,也可以将胶合板镶入钢框内使用,这样既可保护边角,又增加了模板的承载能力和刚度,这种钢框胶合板模板也被称之为板块式组合模板,如图 4-14 所示。

胶合板可以在一定范围内弯曲,因此还可以做成不同弧度的曲面模板。竹胶合板的弯曲性能优于木胶合板。对于高层建筑的弧形、筒仓、水塔、以及桥梁工程的圆形墩柱均可使用。

4．模壳

在大跨度现浇钢筋混凝土密肋楼板施工中,采用塑料和玻璃钢制成的模壳,已成为一项独特的模板工艺。塑料模壳是以改性聚丙烯塑料为基材,采用注塑成型工艺制成,如图 4-15 所示,优点是质轻、坚固、耐冲击、不腐蚀、施工简便、周转次数多、脱模后混凝土表面光滑。缺点是一次投资费用较大。

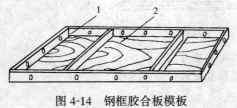

图 4-14　钢框胶合板模板
1—钢框;2—胶合板

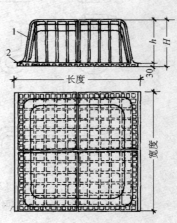

图 4-15　模壳构造
1—模壳;2—角钢

玻璃钢模壳是以中碱玻璃丝布作增强材料,不饱和聚酯树脂作胶结材料,采用薄型加肋的构造形式,经手糊阴模成型,具有刚度大、不需要型钢加固、模具制作方便、尺寸灵活、周转次数多等优点,有较大发展前景。

模壳支撑系统由龙骨(木、钢)、角钢和钢支柱组成,用销钉连接(如图 4-16)。

模壳安装时,应从跨中向两端铺设,以减小累计误差。混凝土浇筑时应垂直于龙骨进行。

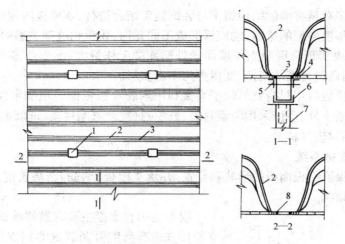

图 4-16　密肋楼板的模壳支撑系统布置

1—柱;2—模壳;3—钢龙骨;4—角钢;5—销钉;6—柱头托座;7—可调支柱;8—固定在模壳边部的角钢

5.预制混凝土薄板

预制混凝土薄板是一种永久性模板。施工时,薄板安装在墙或梁上,下设临时支撑;然后在薄板上浇筑混凝土叠合层,形成叠合楼板,见图 4-17。

根据配筋的不同,预制混凝土薄板可分为三类:第一类是预应力混凝土薄板;第二类是双钢筋混凝土薄板;第三类是冷轧扭钢筋混凝土。预制混凝土薄板的功能一是作底模;二是作为楼板配筋;三是提供光滑平整的底面,可不做抹灰,直接喷浆。这种叠合楼板与预制空心板比较,可节省模板、便于施工、缩短工期、整体性与连续性好、抗震性强、并可减少楼板总厚度。因此,它是一种具有发展前途的楼板结构体系。

6.压型钢板模板

在多、高层钢结构或钢-混凝土结构中,楼层多采用组合楼盖,其中组合楼板结构就是压型钢板与混凝土通过各种不同的剪力连接形式组合在一起形成的(图 4-18)。

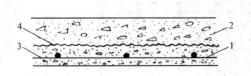

图 4-17　叠合楼板组成

1—预制薄板;2—现浇叠合层;
3—预应力钢丝;4—叠合面

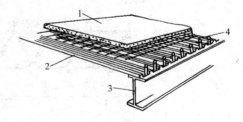

图 4-18　组合楼板

1—混凝土;2—压型钢板;3—钢梁;4—剪力钢筋

压型钢板作为组合楼盖施工中的混凝土模板,其主要优点是:薄钢板经压折后,具有良好的结构受力性能,既可部分地或全部地起组合楼板中的受拉钢筋作用,又可仅作为浇注混凝土的永久性模板。特别是层高较高,又有钢梁,采用压型钢板模板,楼板浇筑混凝土独立地进行不影响钢结构施工,上下楼层间无制约关系;无支模和拆模的繁琐作业,施工进度显著加快。但压型钢板模板本身的造价高于组合钢模板,消耗钢材较多。

7.装饰混凝土模板

装饰混凝土多数是将墙的结构施工与装饰施工结合进行,在模板内侧衬垫不同的衬模,充分利用混凝土塑性成型的特点,脱模后形成不同花饰、线型和纹理质感的混凝土表面。这种饰面工艺既解决了现浇混凝土外墙面做外贴面的工作量大、湿作业多、易起壳脱落等问题,又使建筑立面通过衬模的变换,变得更为丰富多彩。

装饰混凝土模板所用衬模材料除了直接利用木胶合板板面的粗糙木纹,浇筑出木纹纹理效果的装饰混凝土外,还可采用绳索衬模、铁木衬模、聚氨酯衬模、玻璃钢衬模、橡胶衬模、塑料条衬模、铸铝衬模等材料。

二、模板的支撑系统

模板支撑是保证模板面板的形状和位置,并承受模板、钢筋、新浇筑混凝土自重以及施工荷载的临时性结构。

模板的垂直支撑主要有散拼装的钢管支架、可独立使用并带有高度可调装置的钢支柱(图 4-19)及门型架(图 4-20)等。模板的水平支撑主要有平面可调桁架梁和曲面可变桁架梁,如图 4-21 所示。

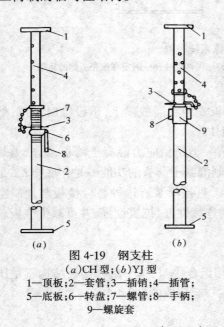

图 4-19　钢支柱
(a)CH 型;(b)YJ 型
1—顶板;2—套管;3—插销;4—插管;
5—底板;6—转盘;7—螺管;8—手柄;
9—螺旋套

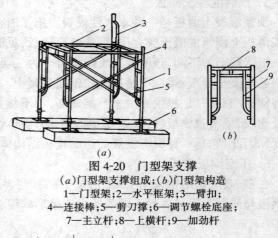

图 4-20　门型架支撑
(a)门型架支撑组成;(b)门型架构造
1—门型架;2—水平框架;3—臂扣;
4—连接棒;5—剪刀撑;6—调节螺栓底座;
7—主立杆;8—上横杆;9—加劲杆

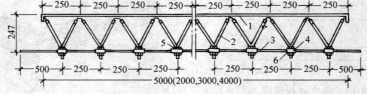

图 4-21　曲面可变桁架梁
1—内弦杆;2—腹筋;3—外弦杆;4—连接件;5—螺栓;6—方垫块

散拼散拆钢管支架通用性强、使用量大而广。钢管与钢管之间的连接采用可锻铸铁制造或冷轧钢板冲压成型的扣件(图 4-22)及碗扣接头(图 4-23)等。

可调钢支柱在建筑、隧道、涵洞、桥梁及煤矿坑道等工程上都可使用,具有能自由调节高度、承载能

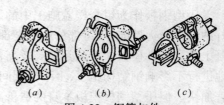

图 4-22　钢管扣件
(a)直角扣件;(b)旋转扣件;(c)对接扣件

102

力稳定可靠、重复多次使用以及重量轻、便于操作等优点,其安装与拆除的速度比扣件式钢管支架要快,能和多种模板体系配合使用,特别是近些年在建筑工程中广泛使用的早拆模板体系,可调钢支柱是其主要部件之一。

早拆模板体系由模板块、托梁、升降头、可调支柱、支撑系统等组成(见图 4-24)。

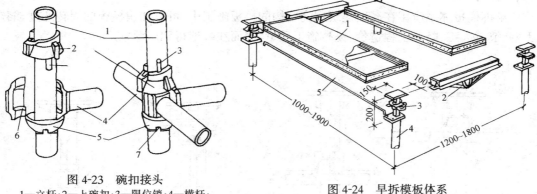

图 4-23 碗扣接头
1—立杆;2—上碗扣;3—限位销;4—横杆;
5—下碗扣;6—横杆接头;7—排水槽

图 4-24 早拆模板体系
1—模板块;2—托梁;3—升降头;4—可调支柱;5—跨度定位杆

可调支柱支撑系统的上端安装有升降头(也称早拆柱头),当新浇混凝土达设计强度的 50% 时,既可通过升降头的使用拆除模板,投入周转,但支柱仍然继续支撑混凝土结构,待混凝土强度增长到足以承担自重和施工荷载时(达设计强度的 75% 或 100%)再将支柱拆除。

按升降方式的不同,升降头的构造可分为斜面自锁式与支承销板式两种,如图 4-25 所示。斜面自锁式升降头巧妙地利用了"斜面自锁"的机械原理(见图 4-26),支模时将斜面板拉紧并固定在承重销上,拆模时,只要用一把铁锤敲击斜面板,使其松开与错位,从而斜面板带着梁托穿过承重销沿方形管自由下降,但受到底板限制而不会落地。

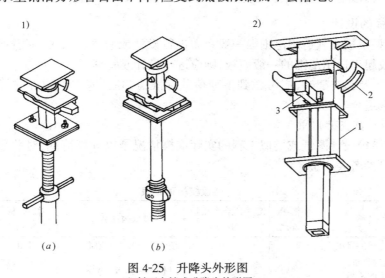

图 4-25 升降头外形图
1)斜面自锁式升降头外形图
(a)使用状态;(b)降落状态
2)支承销板式升降头外形图
1—方形管;2—梁托;3—支承销板

支承销板式升降头下端插在支柱的钢管内;矩形管中间部分开有倒凸槽,梁托的中心部位也开有倒凸形槽,套在矩形管上可上下移动;支承销板采用凸形截面形式,其后半部较窄,以便销板退出时可沿槽口升降。支模时,将销板插在矩形管与梁托中间的倒凸形槽内锁住梁托。拆模时,用铁锤敲击支承销板的尾部,使销板退出并沿着矩形管槽口下降。如图4-27所示。

早拆模板体系应用在高层建筑现浇结构的楼板施工中,可以加快模板的周转速度、缩短工期、节省人工、降低工程造价、提高施工质量,因而在各地得到广泛推广。

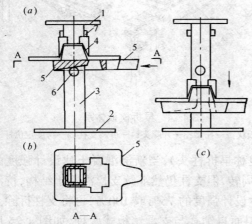

图 4-26　斜面自锁式升降头的构造
(a)升降头在支模后的使用状态;(b)滑动斜面板的俯视图;(c)升降头中斜面板与梁托的降落状态
1—顶板;2—底板;3—方形管;4—梁托;
5—滑动斜面板;6—承重销;7—限位板

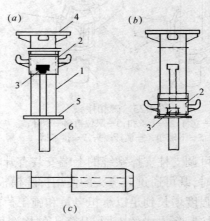

图 4-27　支承销板式升降头的构造
(a)升降头支模后的使用状态;(b)升降头中的销板与梁托降落状态;(c)支承销板详图
1—矩形管;2—梁托;3—支承销板;
4—顶板;5—底板;6—管状体

三、模板的设计

常用定型模板在其适用范围内一般无需进行设计或验算。而对一些特殊结构、新型体系的模板、或超出适用范围的一般模板,则应进行设计或验算。

计算模板及其支架时,应考虑到下列荷载标准值,并且应根据构件的特点及模板的用途,进行荷载组合。

1. 模板及其支架自重

可根据模板设计图纸或类似工程的实际支模情况予以计算荷载,对肋形楼板及无梁楼板的荷载,可参考表4-3。

楼板模板荷载表 表 4-3

模板构件名称	木模板 (N/m²)	定型组合钢模板 (N/m²)	模板构件名称	木模板 (N/m²)	定型组合钢模板 (N/m²)
平板模板及小楞的自重	300	500	楼板模板及其支架的自重	750	1100
楼板模板的自重 (其中包括梁的模板)	500	750	(楼层高度为4m以下)		

2. 新浇混凝土重量

普通混凝土可采用24kN/m³,其他混凝土根据实际的重力密度来确定。

104

3．钢筋自重

根据工程图纸确定。一般梁板结构 $1m^3$ 钢筋混凝土的钢筋重量为：

楼板：1100N；　　　梁：1500N。

4．施工人员及设备荷载标准值

1）计算模板及直接支承模板的小楞时，均布荷载为 $2500N/m^2$，并应另以集中荷载 2500N 再进行验算，比较两者所得弯矩值取大者采用。

2）计算直接支承小楞结构构件时，其均布荷载可取 $1500N/m^2$。

3）计算支架立柱及其他支承结构构件时，均布活荷载为 $1000N/m^2$。

对大型浇筑设备（上料平台、混凝土泵等）按实际情况计算；混凝土堆集料高度超过 100mm 以上时按实际高度计算；模板单块宽度小于 150mm 时，集中荷载可分布在相邻的两块板上。

5．振捣混凝土时产生的荷载

对水平面模板为 $2000N/m^2$；对垂直面模板为 $4000N/m^2$。

6．新浇混凝土对模板的侧压力

影响新浇混凝土对模板侧压力的因素主要有：混凝土容量、灌筑速度、振捣作用、凝结速度等。

当采用内部振捣器振捣，混凝土浇筑速度小于 6m/h 时，新浇筑的普通混凝土作用模板的最大侧压力，可按下列二式计算，并取二式中的较小值。

$$F = 0.22\gamma_c t_0 \beta_1 \beta_2 V^{\frac{1}{2}} \tag{4-10}$$

$$F = \gamma_c H \tag{4-11}$$

式中　F——新浇混凝土对模板的最大侧压力（kN/m^2）；

　　　γ_c——混凝土的重力密度（kN/m^3）；

　　　t_0——新浇混凝土的初凝时间（h），可按实测定。当缺乏试验资料时，可采用 $t_0 = 200/(T+15)$ 计算（T 为混凝土的温度℃）；

　　　V——混凝土的浇筑速度（m/h）；

　　　H——混凝土侧压力计算位置处至新浇混凝土顶面的总高度（m）；

　　　β_1——外加剂影响修正系数，不掺外加剂时取 1.0，掺具有缓凝作用的外加剂时取 1.2；

　　　β_2——混凝土坍落度影响修正系数，当坍落度小于 30mm 时，取 0.85；50～90mm 时，取 1.0；110～150mm 时，取 1.15。

7．倾倒混凝土时产生的荷载

倾倒混凝土时对垂直面模板产生的水平荷载按表 4-4 采用。

倾倒混凝土时产生的水平荷载 表 4-4

向模板中供料方法	水平荷载（kN/m^2）	向模板中供料方法	水平荷载（kN/m^2）
用溜槽、串筒或导管输出	2	用容量 0.2～0.8m^3 的运输器具倾倒	4
用容量 0.2m^3 及小于 0.2m^3 的运输器具倾倒	2	用容量大于 0.8m^3 的运输器具倾倒	6

计算模板及其支架时的荷载设计值,应采用上述各荷载标准值乘以相应的荷载分项系数求得,荷载的分项系数按表 4-5 采用。

荷载分项系数　　　　　　　　　　表 4-5

项　次	荷　载　类　别	γ_i
1	模板及支架自重	
2	新浇混凝土自重	1.2
3	钢筋自重	
4	施工人员及施工设备荷载	
5	振捣混凝土时产生的荷载	1.4
6	新浇混凝土对模板侧面的压力	1.2
7	倾倒混凝土时产生的荷载	1.4

由于模板系统为一临时性系统,因此对钢模板及其支架的设计,其设计荷载值可乘以系数 0.85 予以折减;对木模板及其支架设计,其设计荷载值可乘以系数 0.90 予以折减;对冷弯薄壁型钢不予折减。

计算模板及其支架时,应按表 4-6 进行荷载组合。

计算模板及其支架的荷载组合　　　　　　　　　　表 4-6

构 件 模 板 组 成	荷　载　类　别	
	计算强度用	验算刚度用
平板和薄壳的模板及其支架	1+2+3+4	1+2+3
梁和拱模板的底板	1+2+3+5	1+2+3
梁、拱、柱(边长≤300mm)、墙(厚≤100mm)的侧面模板	5+6	6
厚大结构、柱(边长>300mm)、墙(厚>100mm)的侧面模板	6+7	6

当验算模板及其支架的刚度时,其变形值不得超过下列数值:

1)结构表面外露的模板为模板构件跨度的 1/400。

2)结构表面隐蔽的模板,为模板构件跨度的 1/250。

3)支架压缩变形值或弹性挠度,为相应结构自由跨度的 1/1000。

模板系统的设计,包括选型、选材、荷载计算、拟定制作安装和拆除方案、绘制模板图等。

四、模板的组装与拆除

1. 模板的组装

模板的组装根据工程具体情况,可分为单块模板现场拼装、预组装成大板块吊装或预组装成整体模板吊装三种方式。预组装方式是提高模板安装质量,加快工程进度,加速模板周转的有效措施。

模板组装一般采取错缝拼装以加强组装的整体刚度:

(1)柱模板可拼装成四个单片,两块 L 形和整体式三种形式。组装块体的大小,视吊装机械的起重能力而定。

(2)梁模板可拼装成三片吊装,也可组装成整体吊装。

(3)楼梯模板可单块现场拼装,也可组装成大板块吊装,板块面积不宜大于 20m²。如模板面积过大,可分成几片组装。

(4)墙模板一般多采取拼装成板块方式吊装。墙模板不采取错位拼装,以防止对拉螺栓孔错位。拼装的板块一并与钢楞用钩头螺栓固定。

2．模板的拆除

在模板的施工设计阶段,就应考虑模板的拆除时间及拆除顺序,以使更多的模板参加周转,减少模板用量。模板的拆除时间,根据构件混凝土强度及模板所处的位置而定。

对于不受力的侧模,可提早拆除,以便及时尽快参加周转,但必须保证混凝土构件表面及棱角不因拆模而损坏。在拆除柱侧模时,因其顶部模板与梁模相连,如拆模困难可保留一圈柱顶部模板。

现浇整体式结构的承重模板的拆除时间,可按表4-7的规定执行。

现浇整体式结构拆模时所需混凝土强度   表 4-7

结构类型	结构跨度 （m）	设计强度标准值的百分比 （%）	结构类型	结构跨度 （m）	设计强度标准值的百分比 （%）
板	$L \leqslant 2$ $2 < L \leqslant 8$ $L > 8$	50 75 100	悬臂结构	$L \leqslant 2$ $L > 2$	75 100
梁、拱、壳	$L \leqslant 8$ $L > 8$	75 100			

预制构件的承重底模,其构件跨度等于和小于4m时,应在混凝土强度达到设计强度的50%;构件跨度大于4m时,应在混凝土强度达设计强度的70%,方可拆除。

预制构件模板的芯模或预留孔洞的内模,应在混凝土强度能保证构件和孔洞表面不发生坍陷和裂缝时方可拆除。

拆模时先拆除连接件,再逐块拆除模板。拆下的模板及零件应随拆随运,不得任意抛扔,模板运至堆放场地应排放整齐,并设专人清理修整。

拆除整体模板时,先拆除与结构连接的零件如穿墙螺栓,挂好吊索,拆除支撑,用木方敲打板体杆件,使板与结构分离。

拆模时应注意安全施工,防止大片模板脱落伤人。

第三节　混凝土工程

混凝土工程包括混凝土的制备、混凝土的运输、混凝土的浇筑、混凝土的养护及混凝土的质量检查等部分。

一、混凝土的制备

混凝土配制,应保证其硬化后能达到设计要求的强度等级;应满足施工上对和易性和匀质性的要求;应符合合理使用材料和节约水泥的原则,有时,还应使混凝土满足耐腐蚀、防水、抗冻、快硬和缓凝等特殊要求。为此,在配制混凝土时,必须了解混凝土的主要性能;重视原材料的选择和使用;严格控制施工配料;正确确定搅拌机的工作参数。

（一）混凝土的配合比

混凝土配合比的选择,应根据工程的要求、施工时混凝土组成材料的质量、所采用的施

107

工方法等因素,通过实验室的设计和试配来确定。混凝土是非匀质材料,施工中的混凝土硬化后所能达到的强度也不稳定,具有较大离散性。为了保证混凝土的实际施工强度基本不低于结构设计要求的等级,混凝土的施工试配强度应比设计的混凝土强度标准值提高一个数值,以达到 95% 的保证率,即应在其强度总体分布的平均值上增加 1.645 倍的标准差 (σ),其标准差 σ 应采用反映实际施工水平的标准差,以计算施工试配强度($f_{cu,0}$)。$f_{cu,0}$ 可按下式估计:

$$f_{cu,0} = f_{cu,k} + 1.645\sigma \tag{4-12}$$

式中　$f_{cu,0}$——混凝土施工试配强度(N/mm^2);

　　　$f_{cu,k}$——设计的混凝土立方体抗压强度标准值(N/mm^2);

　　　σ——施工单位的混凝土强度标准差(N/mm^2)。

混凝土强度标准差 σ 的取值,应由该单位施工的强度等级、混凝土配合比和工艺条件基本相同的混凝土 $28d$ 强度统计而得。在此期间如施工单位具有 30 组以上混凝土试配强度的统计资料,σ 可按下式计算:

$$\sigma = \sqrt{\frac{\sum_{i=1}^{n} f_{cu,i}^2 - n \cdot \mu_{f_{cu}}^2}{n-1}} \tag{4-13}$$

式中　$f_{cu,i}$——第 i 组混凝土试件强度(N/mm^2);

　　　$\mu_{f_{cu}}$——n 组混凝土试件强度的平均值(N/mm^2);

　　　n——统计周期内相同混凝土强度等级的试件组数。

考虑到目前混凝土生产单位的质量管理水平,国家标准(GB 50204—92)规定了强度标准差的限值。当混凝土强度等级为 C20 或 C25 时,如计算得到的 $\sigma < 2.5N/mm^2$,取 $\sigma = 2.5N/mm^2$;当混凝土强度等级为 C25 及其以上时,如计算得到的 $\sigma < 3.0N/mm^2$ 时,取 $\sigma = 3.0N/mm^2$。

当施工单位无近期统计资料时,σ 可按表 4-8 取值。

σ 取值表　　　　　　　　　　　　　　　　　　表 4-8

混凝土强度等级	≤C20	C20~C35	≥C35
$\sigma(N/mm^2)$	4.0	5.0	6.0

在实验室根据初步计算的配合比经过试配和调整后而得到的新的配合比,称为实验室配合比。确定实验室配合比所用的骨料(砂、石)都是干燥的。但是,施工现场使用的砂、石都含有一定量的水份,其含水率大小随季节、气候不断变化。为保证混凝土工程质量,保证按配合比投料,施工时应将实验室配合比换算为骨料在实际含水量情况下的施工配合比。

假设原实验室配合比为:水泥:砂:石子 = $1 : X : Y$ 　　　　　　　　　(4-14)

水灰比为:$\dfrac{W}{C}$

现场测得砂含水率为 W_x,石子含水率为 W_y

则施工配合比为水泥:砂:石子 = $1 : X(1 + W_x) : Y(1 + W_y)$ 　　　　(4-15)

水灰比:$\dfrac{W}{C}$ 不变(但实际用水量要扣除砂、石中的含水量)

108

为了严格控制混凝土的配合比,用料称量务必准确,其重量偏差不得超过以下规定:水泥和干燥的外加剂为±2%;砂石为±3%;水及外加剂的溶液为±2%。

（二）混凝土的拌合

1. 混凝土的搅拌机械

混凝土搅拌机按其工作原理,可分为自落式和强制式两类。

自落式搅拌机的鼓筒内壁装有径向布置的叶片,搅拌时圆形鼓筒绕轴旋转,装入筒内的物料被叶片提高到一定高度,在重力作用下自由降落,使物料相互穿插、翻拌、混合、直到拌合均匀。见图4-28。

自落式混凝土搅拌机多用于搅拌塑性混凝土。

强制式混凝土搅拌机容纳物料的圆筒固定不动,圆筒内装有转轴和叶片,装入圆筒内的物料在叶片的强制搅动下被剪切和旋转,形成交叉的物流,直至搅拌均匀,此即为剪切掺和机理。见图4-29。

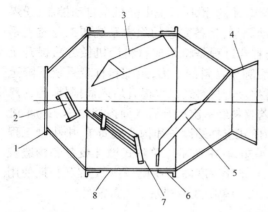

图 4-28　自落式搅拌机

1—进料口圈;2—挡料叶片;3—主叶片;4—出料口圈;
5—出料叶片;6—滚道;7—副叶片;8—筒身

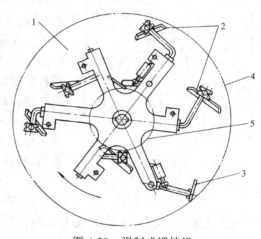

图 4-29　强制式搅拌机

1—搅拌盘;2—拌合铲;3—刮刀;4—外筒壁;5—内筒壁

强制式混凝土搅拌机适于搅拌干硬性混凝土及轻骨料混凝土。

搅拌机的工作参数有:工作容量、搅拌机转速和搅拌时间。

搅拌机的工作容量可以用进料容量(即进料总体积)或出料容量(出料总体积)来表示,过去我国是以进料容量来表示混凝土搅拌机的规格,现在我国已改用出料容量来表示。选工作容量时,除要满足生产率的要求外,还要考虑骨料的最大粒径,否则会影响混凝土的搅拌质量,又易损坏机械部件的寿命。

搅拌机转速应考虑最佳转速,即在使离心力对搅拌影响最小的情况下,转速最大。转速不能过大,否则会使物料粘在筒壁上不会落下,转速不能产生搅拌作用;也不能过小,否则会降低生产率。

混凝土的搅拌时间与搅拌机类型、容量、混凝土材料与配合比有关,是指自全部材料装入搅拌筒起到开始卸料止。适当延长搅拌时间,可提高混凝土拌合物的均匀性,使水化作用更完全,强度也可适当提高。但搅拌时间不能过长,否则会降低生产率,还可能产生离析现象,搅拌时间也不能过短,否则会使混凝土不能拌合均匀。我国规范对混凝土的搅拌时间作了规定,如表 4-9 所示。掺有外加剂时,搅拌时间可适当延长。

混凝土搅拌的最短时间(s)　　　　　　　　　　　表 4-9

混凝土坍落度（cm）	搅拌机机型	搅拌机出料量(L)		
		小于 250	250～500	大于 500
≤3	自落式	90	120	150
	强制式	60	90	120
>3	自落式	90	90	120
	强制式	60	60	90

当混凝土需要量较大时,可在施工现场设置混凝土搅拌站。搅拌站的规模大小,以能满足施工期间混凝土最大的班需要量为准来确定搅拌机的型号及台数。如果施工场地狭窄,不能布置搅拌机械,还可采用商品混凝土搅拌站供应的商品混凝土。

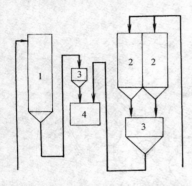

生产规模较大的现代化搅拌站其上料及配料系统均实行自动化操作,计量、搅拌系统由微机全自动控制;粉煤灰、外加剂自动添加;具备先进的除尘系统和工业监视系统等。混凝土拌合过程是将组成材料用机械方法提升至较高位置,然后利用材料的重力,经配料称量系统下降至搅拌机拌筒搅拌。若材料经二次提升后入筒搅拌,称为双阶式搅拌站,若材料经一次提升后入筒搅拌则称之为单阶式搅拌站。双阶式搅拌站设备和构造较简单,中小型工程多采用,如图 4-30、4-31 所示。单阶式搅拌设备和构造较复杂,机械化、自动化程度高,多用于大型工程和长期使用的工程。图 4-32 为单阶式搅拌站工艺布置图。

图 4-30　双阶式搅拌站工艺流程
1—水泥仓;2—骨料贮料斗;
3—称量系统;4—搅拌机

2. 施工配料

施工配料是根据施工配合比及工地搅拌机的型号,确定搅拌时原材料的一次投料量。

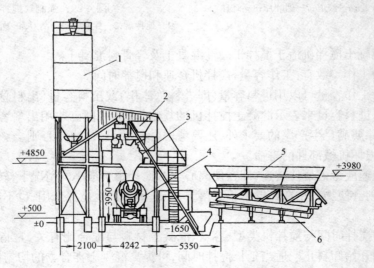

图 4-31　双阶式低位钢贮斗搅拌站
1—水泥仓;2—上料斗;3—集料斗;4—搅拌机;5—骨料仓;6—皮带称量器

如已知混凝土实验室配合比为 1:2.28:4.47,施工配合比为 1:2.35:4.51,水灰比为 0.63,每 1m³ 混凝土水泥用量 $C = 285kg$,采用混凝土搅拌机的出料容量为 260L,则搅拌时的一次投料量为:

水泥:$285 \times 0.26 = 74.1kg$(取 75kg,一袋半)

砂:$75 \times 2.35 = 176.25kg$

石子:$75 \times 4.51 = 338.25kg$

水:$75 \times 0.63 - 75 \times (2.35 - 2.28) - 75 \times (4.51 - 4.47) = 47.25 - 5.25 - 3 = 39kg$

搅拌混凝土时,根据计算出的各组成材料的一次投料量,按重量投料。

投料数量的允许偏差应符合表 4-10 的规定。

混凝土配料时,各种衡器应保持准确;对骨料的含水率应经常进行检测,据以调整骨料和水的用量。

3. 加料顺序

加料顺序各地不一,在一次翻斗投料时,一般按石子—水泥—砂的顺序投入料斗,与翻斗投料入机的同时,加入全部拌合用水进行搅拌,其特点是:水泥加在石子和砂中间,上料时不致飞扬,同时水泥及砂又不致粘住斗底,上料时水泥和砂先在筒内形成水泥砂浆,缩短了包裹石子的过程,能提高搅拌机生产率。在分组投料时,宜先将石子和部分拌合用水投入鼓筒,以清除上一盘粘附于筒壁上的残渣,然后再将水泥、剩余的拌和用水和砂投入。

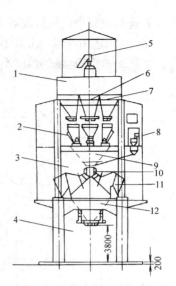

图 4-32 搅拌楼的工艺布置
1—料仓层;2—称量层;3—搅拌层;4—底层;5—旋转布料器;6—水泥料仓;7—砂、石料仓;8—集中控制室;9—集料斗;10—两路溜槽;11—搅拌机;12—混凝土漏斗

投料数量的允许偏差 表 4-10

材 料 类 别	允 许 偏 差 (%)	
	现 场 拌 制	集 中 搅 拌 站 拌 制
水泥干燥状态下外掺混和材料	±2	±1
粗、细骨料	±3	±2
水、外加剂	±2	±1

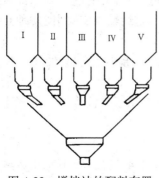

图 4-33 搅拌站的配料布置
Ⅰ—砂;Ⅱ—中颗粒石;Ⅲ—水泥;Ⅳ—大颗粒石;Ⅴ—小颗粒石

对自落式搅拌机,可在搅拌筒内先加部分水再投料,但对强制式搅拌机,大多出料口在下部,不能先加水,应在投入料的同时缓慢均匀分散地加水。

大规模搅拌站采用自动上料系统,各种材料单独自动称量配料,卸入锥形料斗后进入搅拌机,水泥配料器能使水泥与骨料同时流卸,如图 4-33 所示。

拌制出的混凝土,应经常检查其和易性,如有较大差异,应检查配料(特别是用水量)是否有误,或者骨料含水量和级配是否发生较大的波动,以便及时调整。

二、混凝土的运输

(一)对混凝土运输的要求

1．在运输过程中应保持混凝土的均匀性,避免产生分层离析、泌水、砂浆流失、流动性减小等现象。为此要求选用的运输工具不吸水、不漏浆;运输道路平坦,车辆行驶平稳;垂直运输的自由落差不大于2m;溜槽运输的坡度不大于30°;混凝土移动速度不宜大于1m/s(见图4-34)。

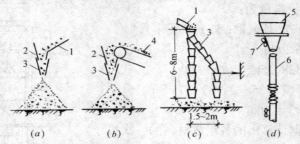

图 4-34　防止混凝土离析的措施

(a)溜槽运输;(b)皮带运输;(c)串筒;(d)振动串筒

1—溜槽;2—挡板;3—串筒;4—皮带机;5—漏斗;6—节管;7—振动器

2．应使混凝土在初凝之前浇筑完毕。故要求应尽可能使运输线路短直、转运次数最少、运输时间最短。混凝土从搅拌机中卸出到浇筑完毕不宜超过表4-11中规定的时间。

混凝土从搅拌机中卸出后到浇筑完毕的延续时间(min)　　　　表 4-11

混 凝 土 强 度 等 级	气 温	
	不高于25℃	高于25℃
低于及等于 C30	120	90
高于 C30	90	60

3．保证混凝土的浇筑量,尤其是在滑模施工和不允许留施工缝的情况下,混凝土运输必须保证其浇筑工作能够连续进行。

(二) 混凝土运输机具

混凝土运输分水平运输和垂直运输两种情况。

1．水平运输工具

常用水平运输工具主要有搅拌运输车、自卸汽车、机动翻斗车、皮带运输机、双轮手推车。

混凝土搅拌运输车是用于长距离输送混凝土的专用高效运输车辆。在运输途中,混凝土搅拌筒始终不停地做慢速转动,从而使筒内的混凝土拌合物可连续得到搅拌,以保证混凝土不离析,当运输距离较远时,可将干料全部装入搅拌筒,先作干料运输,在达到使用地点前加水搅拌。反转时可以卸料见图4-35。

机动翻斗车用于运距较近的场内运输。容量400L可与400L搅拌机配套使用。特点是机动性好、行驶速度快、效率高、在施工中已被大量应用。

皮带运输机可综合进行水平、垂直运输,运输连续,速度快,多用于灌注大体积混凝土。

2．垂直运输工具

常用垂直运输工具有井架运输机、塔式起重机。

塔式起重机做为混凝土的垂直运输工具,一般均配有料斗(图4-37)。利用料斗运输的优点是混凝土不受振动。料斗容量及形式,可根据机械的起重量,结构特点及施工方法等选用,料斗容积一般为 0.3m³,上部开口装料,下部按装扇形手动闸门,可直接把混凝土卸入模板中。塔式起重机可同时完成垂直运输和楼面水平运输而不需倒运。

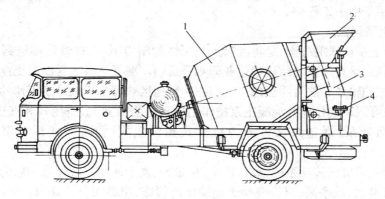

图 4-35　混凝土搅拌运输车
1—拌筒;2—进料斗;3—卸料斗;4—卸料溜槽

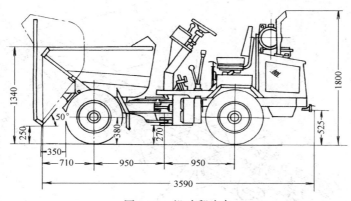

图 4-36　机动翻斗车

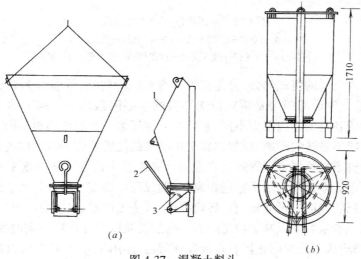

图 4-37　混凝土料斗
(a)卧式料斗;(b)立式料斗
1—混凝土入口;2—手柄;3—扇形门

垂直运输还可采用井架运输机。井架运输机由井架、卷扬机、升降平台组成，构造简单，使用经济，多用于中小工程中。

3.混凝土泵运输

使用混凝土泵输送混凝土，是将混凝土在泵体的压力下，通过管路输送到浇筑地点，一次完成水平运输、垂直运输及结构物作业面水平运输。混凝土泵输送混凝土速度快，生产率高，较其他形式的输送方法有明显的优点。在狭窄地区或其他机械难于工作的条件下，使用混凝土泵往往可以顺利作业。混凝土泵按作用原理分为活塞式、挤压式和气压式三种。应用较多的是活塞泵，活塞泵又可分为机械式和液压式两种，新式活塞泵多为液压传动。

液压泵省去了机械传动系统，故体积小，重量轻，便于使用。液压泵一般为双缸工作，故混凝土的输出量大，效率高，可将混凝土连续压出管路，出料无脉冲现象，图4-38为液压泵工作原理示意图。

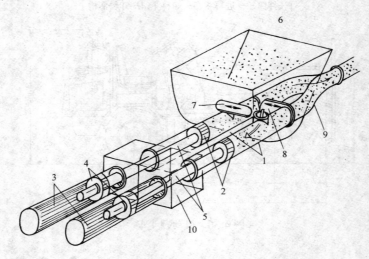

图4-38　液压混凝土泵工作原理
1—混凝土缸；2—混凝土活塞；3—油缸；4—油缸活塞；
5—活塞杆；6—料斗；7—吸入阀；8—排出阀；9—Y形管；10—水箱

输送管是混凝土泵的组成部分，分为直管和弯管数种规格，管段多为合金钢制造，故坚固可靠、耐磨。输送管道的阻力是影响输送距离的主要因素之一。水平输送管、垂直输送管、弯管、锥形管等各自的管内阻力不同，它们对泵体压力的抵消作用也不同，为了能够计算出混凝土泵最大能够输送的距离，应根据施工现场泵的位置及管路布置情况进行计算，通常是将各种形状的管道换算成水平管道长度进而计算出整个配管管线的水平换算长度，该长度应小于混凝土泵的额定最大水平输送距离，才能保证将混凝土输送到指定地点。

混凝土泵输送管线应尽可能短、直，转弯要缓，接头要严密，以减少压力损失；泵送前，管道应先用水泥浆或砂浆润滑以减少输送阻力；泵送时，泵的料斗内应充满混凝土防止吸入空气，对向下倾斜的输送管还要防止因自重流动使混凝土中断，混入空气而引起混凝土离析，产生阻塞；泵送后，应用高压水予以冲洗。

将液压式混凝土泵装在汽车上便成为混凝土泵车（图4-39），车上装有可伸缩式曲折的布料杆,布料杆的末端是软管,可将混凝土拌合物直接送到浇筑地点,工作十分方便。

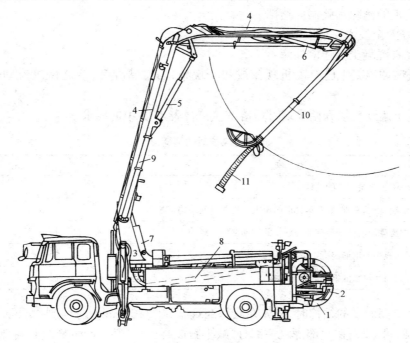

图 4-39　布料杆汽车泵车

1—混凝土泵;2—输送管;3—布料杆回转支承装置;4—布料杆臂架;
5、6、7—控制布料杆摆动的油缸;8、9、10—输送管;11—橡胶软管

混凝土泵宜与搅拌运输车配套使用,且应使混凝土搅拌站的供应能力和搅拌运输车的运输能力大于混凝土泵的泵送能力,以保证能连续工作。

泵送混凝土要求碎石最大粒径与输送管直径之比宜为 1:3,卵石可为 1:2.5,高层建筑宜为 1:3~1:4,以免阻塞;细骨料宜用中砂,粒径在 0.315mm 以下的细骨料所占比重不应少于 15%,最好能达 20%,砂率宜控制在 40%~50%;水泥最少用量 300kg/m³,泵送混凝土的坍落度宜为 80~180mm;对轻骨料混凝土应注意宜予先将骨料充分吸水,以免影响坍落度;为了保证混凝土和易性还可掺入适量的外加剂。

三、混凝土的浇筑

浇筑混凝土总的要求是能保持结构或构件的形状、位置和尺寸的准确性,并能使混凝土达到良好的密实性,要内实外光,表面平整,钢筋与预埋件的位置符合设计要求,新旧混凝土结合良好。

(一)混凝土浇筑前的准备工作

(1)混凝土浇筑前,应将材料供应、机具安装、道路平整、劳动组织等安排就绪。

(2)模板和支架、钢筋及预埋件应进行检查,并做好记录。

模板应检查其尺寸、位置(轴线及标高)、垂直度是否正确,支撑系统是否牢靠,模板接缝是否严密。

钢筋种类、规格、数量、位置和接头是否正确;预埋件位置和数量是否正确;并做好隐蔽工程验收记录。

（3）浇筑混凝土前清除模板内的垃圾、泥土及钢筋上的油污；木模板应浇水湿润，但不应有积水；模板的缝隙和孔洞应堵严。

（4）作好安全技术交底。

此外，浇筑混凝土前还应注意：

1）浇筑前如混凝土已有离析现象或初凝现象，需重新拌和，使之恢复流动性，才能入模。

2）混凝土运到现场开始浇筑时坍落度应符合表 4-12 中的要求。

混凝土浇筑时的坍落度　　　　　　　　　　　　　表 4-12

结 构 类 差 别	坍 落 度 （cm）
小型预制块及便于浇筑振动的结构	0～2
基础或地面垫层、桥涵基础、墩台等无筋的厚大结构或少筋结构	1～3
板、梁和大、中型截面的柱子等普通配筋率的钢筋混凝土结构	3～5
配筋较密、断面较小的钢筋混凝土结构	5～7
配筋特密、断面高而狭窄的钢筋混凝土结构	7～9

3）在浇筑深而窄的结构时，应先在底部浇筑厚 50～100mm 的水泥砂浆（配合比与混凝土中的砂浆相同）或先在底部浇筑一部分"减半石混凝土"以避免产生蜂窝麻面现象。

（二）混凝土浇捣成型的一般方法

1. 混凝土的自由下落高度

浇注混凝土时为避免发生离析现象，混凝土自高处倾落的自由高度不应超过 2m。自由下落高度较大时，应使用溜槽或串筒，以防混凝土产生离析现象。使用溜槽时其水平倾角不宜超过 30°。串筒用薄钢板制成，每节筒长 70cm 左右，用钩环连接，筒内设缓冲挡板（参见图 4-34）。

2. 混凝土的分层浇筑

混凝土浇筑应分层进行以使混凝土能够振捣密实。在下层混凝土凝结前，上层混凝土应浇筑振捣完毕。上下层同时浇筑时，上层与下层前后浇筑距离应保持在 1.5m 以上。在倾斜面上浇筑混凝土时，应从低处开始逐层扩展升高，保持水平分层。

混凝土浇筑层的厚度应符合规范的规定，见表 4-13。

混凝土浇筑层的厚度　　　　　　　　　　　　　表 4-13

项　次	捣实混凝土的方法		浇筑层的厚度（mm）
1	插入式振捣		振捣器作用部分长度的 1.25 倍
2	表 面 振 动		200
3	人工捣固	在基础、无筋混凝土或配筋稀疏的结构中	250
		在梁、墙板、柱结构中	200
		在配筋密列的结构中	150
4	轻骨料混凝土	插入式振捣	300
		表面振动（振动时需加荷）	200

3．混凝土施工缝的留设

浇筑混凝土应连续进行。如必须间歇,其最长间歇时间应按所用水泥品种及混凝土凝结条件确定,一般不得超过表 4-14 中的规定。

混凝土的凝结时间(min)　　　　　　　　　　　　表 4-14

混凝土强度等级	气　　温　　（℃）	
	低　于　25	高　于　25
C30 及 C30 以下	210	180
C30	180	150

由于技术和组织方面的原因,混凝土不能一次连续浇筑完毕,需要间歇,如间歇时间超过表 4-14 中所规定的时间,则原先浇筑的混凝土已经凝结,经过处理,后浇混凝土虽能较好地连接,但仍会形成一个对结构剪力、结构整体性和防水都不利的施工缝。为此,应选择合适的位置留设施工缝。施工缝一般应留在结构受剪力最小的部位,并要照顾施工方便。柱应留设水平缝,位置可留在基础顶面或柱顶梁下皮;梁、板、墙应留设垂直缝;平板的施工缝,可以留在平行于短边的任何位置;梁的施工缝应留在梁跨度的中间 1/3 段范围内,此处弯矩虽大,但剪力最小。

当从施工缝开始继续浇筑混凝土时,必须待已浇筑混凝土的强度达 1.2N/mm² 以后才能进行,而且应对施工缝进行处理。一般是将混凝土表面凿毛、清洗、清除水泥薄膜和松动石子或软弱混凝土层,再满铺一层厚 10～15mm 的水泥浆或与混凝土同水灰比的水泥砂浆,然后即可继续浇筑混凝土。混凝土应细致捣实,使新旧混凝土紧密结合。

4．混凝土的成型

混凝土浇入模板时由于骨料间的摩阻力和水泥浆的粘结力的作用,不能自动充满模板,其内部是疏松的,需经过密实成型才能赋予混凝土制品或结构一定的形状、尺寸、强度、抗渗性及耐久性。

（1）振捣成型

振捣成型分人工振捣和机械振捣两种方式。人工振捣是用捣锤或插针等工具的冲击力来使混凝土密实成型;机械振捣是将振动器的振动力以一定的方式传给混凝土使之发生强迫振动而使混凝土密实成型。机械振捣效率高、密实度大、质量好;且能振实低流动性或干硬性混凝土,因此一般多用机械振捣。

混凝土振动机械按其工作方式不同,可分为内部振动器、表面振动器、外部振动器和振动台等。这些振动机械的构造原理(图 4-40)都很简单,主要是利用偏心轴或偏心块的高速旋转,使振动器因离心力的作用而振动。由于振动器的高频振动,水泥浆的凝胶结构受到破坏,从而降低了水泥浆的粘度和骨料之间的摩阻力,提高了混凝土拌合物的流动性,使之能很好地充满模板内部,并获得较高的密实度。

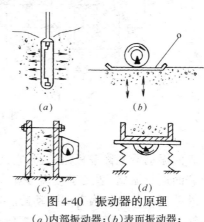

图 4-40　振动器的原理
（a）内部振动器;（b）表面振动器;
（c）外部振动器;（d）振动台

实践证明,影响混凝土振实质量的基本参数为振幅 A、频率 ω 和振动时间 t。振幅与振动时间有关,较大的振幅可使振动时间稍短,小的振幅则需较长的振动时间。为使混凝土获得较大的能量,应选用与混凝土频率相同或相近的振动频率,以使其产生共振,获得较大的振幅,为此较粗颗粒的混凝土应选用低频振动器,具有较细颗粒的混凝土则应选用高频振动器,干硬性混凝土用高频更有效。由于混凝土拌合物的性质不同,如能选用适应它的最佳频率和振幅会获得更大的效果。

内部振动器又称插入式振动器,由电机、软轴及振动棒三部分组成。多用于振捣基础、柱、梁、墙等构件及大型设备基础等大体积混凝土结构。根据振动棒的内部构造,可分为偏心轴式和行星滚锥式(简称行星式)两种。偏心式内部振动器的频率多为 6000r/min,频率再提高有困难,且电机功率大,机体重,操作不便,现对内部振动器的振动频率要求都在每分钟万次以上,所以目前高频率振动器的结构型式,多向着行星滚锥传动方向发展。行星式振动器频率高、振幅小、所需功率小、重量轻、功率高、尺寸小、易于操作(见图4-41)。

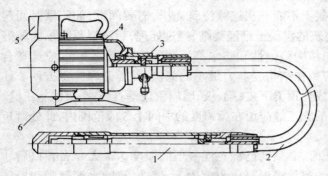

图 4-41　行星式插入振动器
1—振动棒;2—软轴;3—防逆装置;
4—电动机;5—电器开关;6—电机支座

使用内部振动器时,应垂直插入混凝土中,快插慢拔,插入深度应进入前一层已浇筑的混凝土内 5～10cm,以使上、下层混凝土能结合得更好,插入点应均匀排列,布置方法有行列式和交错式两种见图 4-42,以插点距离使混凝土不漏振为原则。图中 R 是插入式振动器的有效作用半径。

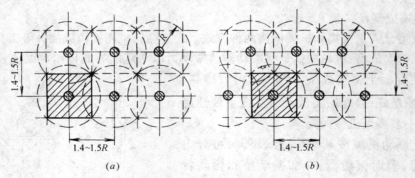

图 4-42　振动棒插点位置
(a)行列式;(b)交错式

表面振动器又称平板振动器,它是由带偏心块的电动机和平板(木或钢板)等组成,在混凝土表面进行振捣,适用于楼板、地面、板形构件和薄壁等结构。

外部振动器又称附着式振动器。这种振动器是固定在模板外侧的横档和竖档上,偏心块旋转时所产生的振动力通过模板传给混凝土,使其振实。适用于钢筋密集、断面尺寸小的构件。

振动台是一个支承在弹性支座上的工作平台,在平台下面装有振动机构,当振动机构运转时,即带动工作台强迫振动,从而使在工作台上制作构件的混凝土得到振实。如图 4-43 所示。振动台是混凝土制品厂中的固定生产设备,用于振实预制构件。

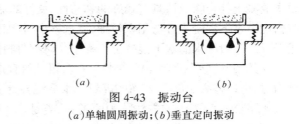

图 4-43　振动台
(a)单轴圆周振动;(b)垂直定向振动

（2）挤压成型

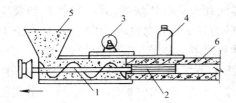

图 4-44　挤压成型原理
1—螺旋铰刀;2—成型管;3—振动器;
4—压重;5—料斗;6—已成型的板

挤压成型的工作原理如图 4-44 所示,混凝土拌合料通过料斗 5 由螺旋铰刀 1 向后挤送,在此挤送过程中,由于受到已成型空心板 6 的阻力作用而被挤压密实,挤压机也在这一反作用力作用下,沿着挤压相反的方向被推动前进。压重 4 是为了防止在挤压时机身往上抬。振动器 3 的作用是改善混凝土的流动性,减少混凝土与铰刀间的摩擦,以提高挤压密实的效果。螺旋铰刀后面设有板孔成型管 2,成型管的断面随板孔形状而定,可取为圆形或矩形。螺旋铰刀与成型管的数量按板孔的数量配置。如欲制造空心板,则只需把成型管拆除即可。有的还在成型管内部安装振动器,同时进行内部振捣。

挤压成型多孔板带切断方法有两种:一种是在混凝土初凝前,按所需长度切断混凝土部分,待混凝土达到一定强度后,再放松切断预应力钢丝;另一种是在混凝土达到一定强度后,用液压钢筋混凝土切割机整体切断。

采用挤压成型的优点是:全部过程实现了机械化连续生产;可减轻劳动强度、提高生产率、节约模板;还可根据设计要求的不同长度任意切断板材。

（3）离心法成型

离心法成型就是在离心机上将装有混凝土的钢制模板旋转,在摩擦力和离心力的作用下,先将混凝土沿模板内壁均匀分布,内部形成空腔,然后加大转速,增大离心力,将混凝土中的部分水分挤出,使混凝土得到密实。如图 4-45 所示。用离心法生产的构件,都是具有圆形空腔的管形构件,构件外形可为圆形、方形、多边形等各种形状。常

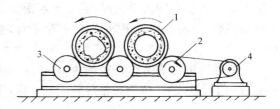

图 4-45　离心法成型原理
1—管模;2—主动轮;3—从动轮;4—电动机

用此法生产管柱、管桩、管式屋架的杆件、电杆及上、下水管等。

（三）水下浇筑混凝土

在干地拌制而在水下浇筑和硬化的混凝土,叫做水下浇筑混凝土,简称水下混凝土。水下混凝土的应用范围很广,如沉井封底、钻孔灌注桩浇筑、地下连续墙浇筑、水中浇筑基础结构等及一系列水工和海工结构的施工等。

水下浇筑混凝土一般不进行振捣,是依靠自重(或压力)和流动性进行摊平和密实。因此

要求混凝土拌合物应该具有较好的和易性、良好的流动性保持能力、较小的泌水率和一定的表观密度。水下混凝土宜选用颗粒细、泌水率小、收缩性小的水泥，如硅酸盐水泥和普通水泥，可用于具有一般要求的水下混凝土工程中。对细骨料宜选用石英含量高，颗粒浑圆，具有平滑筛分曲线的中砂，砂率宜为40%～47%。对粗骨料宜选用卵石，当需要增加水泥砂浆与骨料的胶结力时，可以掺入20%～25%的碎石。水下混凝土浇筑前应进行配合比设计。

水下浇筑混凝土的方法分为两类：一类是水下压浆混凝土施工，即在水下预填骨料，从置于预填骨料中的灌注管中压力或自流灌注水泥浆，形成混凝土结构。另一类是在水上拌制混凝土，进行水下浇筑，如导管法、泵压法、柔性管法、倾注法、开底容器法和装袋叠置法等。其中导管法和泵压法是应用较普遍的方法，用于规模较大的水下混凝土工程，能保证整体性和强度。本节主要介绍导管法。

导管是导管法水下混凝土施工的主要设备，由直径100～300mm，长度1～3m的钢管筒组成，管筒间用法兰盘和橡皮垫圈紧密连接。导管上端装有漏斗，漏斗上方装有振动设备，用来防止混凝土在导管中堵塞。如图4-46所示。

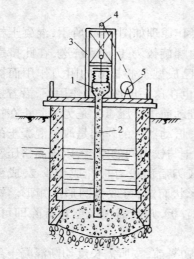

图4-46 水中浇筑混凝土
1—漏斗；2—导管；3—支架；
4—滑轮组；5—绞车

浇筑混凝土前，将导管下放到底面之上约10cm，用吊绳将塞子悬挂在漏斗下的导管内，然后浇入混凝土。塞子是用各种材料制成的圆形球，随着混凝土的浇筑而下滑，至接近管底时剪断吊绳，在混凝土自重推动下塞子下落至管底，混凝土冲击管口并将管底埋入混凝土内。此时必须及时向漏斗输送混凝土，以便连续浇筑。随着水下混凝土堆不断增大上升，导管也逐渐提升，但是不能提升过快，应使导管下端始终埋入混凝土内，以保证混凝土不与水接触（图4-47）。

导管埋入混凝土中的深度，和混凝土的浇筑质量密切相关。导管的埋入深度越大，混凝土向四周均匀扩散的效果越好，混凝土越密实，表面也越平坦。但埋入过深，混凝土在导管内流动不畅，易造成堵管事故，因此有个最佳埋入深度，一般应使导管埋入混凝土内0.8～1m。

一般导管的有效工作直径约为6～7m，每根导管所灌混凝土能覆盖的面积约为30～35m²，当面积过大时，可用数根导管同时工作（图4-48）。

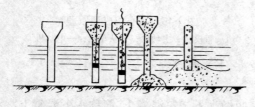

图4-47 导管法浇筑混凝土的步骤

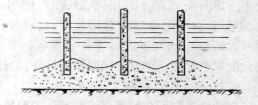

图4-48 用数根导管同时浇筑混凝土

导管法浇筑水下混凝土，具有设备简单、整体性好、浇筑速度快、不受水深和仓面大小限制等优点，是应用最广泛的一种浇筑水下混凝土的方法。

（四）大体积混凝土浇筑

在现浇钢筋混凝土结构施工中常常遇到大体积混凝土，如大型设备基础，大型桥梁墩台、水电站大坝等，体积大，整体性要求高，不允许留设施工缝。因此在施工中应当采取措施保证混凝土浇筑工作能连续进行。

1．大体积混凝土浇筑方案

首先应按下式计算每小时需要浇筑混凝土的数量，即

$$V = \frac{B \cdot L \cdot H}{t_1 - t_2} \tag{4-16}$$

式中　V——每小时混凝土浇筑量(m^3/h)；

B、L、H——分别为浇筑层的宽度、长度、厚度(m)；

t_1——混凝土的初凝时间(h)；

t_2——混凝土的运输时间(h)。

根据混凝土的浇筑量，即可计算需要搅拌机、运输工具和振动器的数量，并据此拟定浇筑方案和进行劳动组织。

常用的浇筑方案是采用分段分层的方法，有以下几种（见图4-49）：

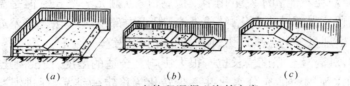

(a)　　　　　　　(b)　　　　　　　(c)

图 4-49　大体积混凝土浇筑方案

(a)全面分层；(b)分段分层；(c)斜面分层

（1）全面分层　在整个模板内全面分层，浇筑区面积即为基础平面面积，第一层全部浇筑完毕后，再回头浇筑第二层，第二层要在第一层混凝土凝结之前，全部浇筑振捣完毕。采用这种方案，结构的平面尺寸一般不宜太大。

（2）分段分层　混凝土从底层开始浇筑，进行一定距离后就回头浇筑第二层，如此向前呈阶梯形推进。当结构的厚度不大，分层较少时，混凝土浇筑到顶后，第一层末端的混凝土还未初凝，又可从第二层依次分层浇筑。适用于结构平面面积较大时采用。

（3）斜面分层　当结构的长度大大超过厚度三倍时，可采用本方案。振捣工作从浇筑层斜面的下端开始，逐渐上移，以保证混凝土的浇筑质量。

2．大体积混凝土浇筑后的温度裂缝

由于大体积混凝土浇筑后，水泥的水化热热量大，聚积在大体积混凝土内部不易散发，混凝土内部温度较高，易形成内外温差，此温差引起的混凝土内外体积变化的差异大到足以使混凝土的内部应力不能保持平衡时，则混凝土将出现裂缝。裂缝的产生可能在升温阶段，也可能在降温阶段。在升温阶段多为混凝土表层表现不规则裂缝，在冷却阶段则常是由于外界条件的约束使混凝土内部出现大的长裂缝。

大体积混凝土的温度裂缝将影响结构的防水性和耐久性，严重时还将影响结构的承载能力，因此，在施工前和施工过程中应在控制混凝土的温升，延缓混凝土降温速率，减少混凝土收缩，提高混凝土极限拉伸值，改善约束和完善构造设计等方面采取措施予以控制。可以采取的措施有：

（1）选用中低热的水泥品种如矿渣硅酸盐水泥，减少放热量。

（2）掺加减水剂，降低水灰比，减少水泥用量，减少放热量。

（3）采用自然连续级配的粗骨料和以中、粗砂为主的细骨料，必要时投以毛石，在减少拌合用和水泥用量，吸收热量，降低水化热。

（4）采取拌合用水中加冰块的方法降低混凝土出机温度和浇筑入模温度。

（5）预埋冷却水管，用循环水降低混凝土温度，进行人工导热。

（6）采用蓄水养护以及拆模后及时回填，用土体保温延缓降温速率。

（7）通过改善混凝土配合比，采用二次振捣及二次投料的砂浆裹石或净浆裹石搅拌新工艺减少混凝土收缩，提高混凝土极限拉伸值。

（8）设置测温装置，加强观测。

四、混凝土的养护

混凝土成型后，为保证水泥水化作用能正常进行，应及时进行养护。养护的目的，是为混凝土硬化创造必需的温度、湿度条件，使混凝土达到设计要求的强度。

温度的高低对混凝土强度增长有很大影响，在合适的温度条件下，温度越高水泥水化作用就越迅速、完全。混凝土硬化速度快，强度就越大；反之，当温度低于－3℃时，则混凝土中的水会结冰，水泥颗粒不能和冰发生化学反应，强度也就无法增长。但是温度也不能过高，过高则会使水泥颗粒表面迅速水化，结成外壳，阻止内部继续水化。温差亦不能过大，过大则在混凝土内将出现过大的温度应力，使混凝土出现裂缝。

湿度的大小，对混凝土强度增长也有很大影响。合适的湿度，使混凝土在凝结硬化期间已形成凝胶体的水泥颗粒能充分水化并逐步转化为稳定的结晶，促进混凝土强度的增长。如果在较高的温度条件下，混凝土凝胶体中的水泥颗粒尚未充分水化时缺水，就会在混凝土表面出现片状或粉状剥落（即剥皮、起砂现象）的脱水现象。如果在新浇混凝土尚未达充分强度时湿度过低，混凝土中的水分过早蒸发，就会产生很大收缩变形，出现干缩裂纹，从而影响混凝土的整体性和耐久性。

以上述原理为依据，对混凝土进行养护可以采用自然养护和蒸汽养护的方法来进行。

（一）自然养护

自然养护就是在混凝土浇筑后用适当的材料覆盖，并经常浇水湿润，使混凝土在常温环境条件下强度增长。

当采用硅酸盐水泥和矿渣硅酸盐水泥时，洒水养护时间不得少于 7 昼夜。掺用缓凝型外加剂或有抗渗要求的混凝土，不得少于 14 昼夜。当混凝土强度达到设计强度的 60%～70%时，即可停止养护。

混凝土浇筑后应在 12h 内加以覆盖和浇水，养护初期和气温较高时，应多次浇水以保证混凝土具有足够的湿润状态。

混凝土的覆盖材料一般使用易于保水的廉价材料，如草帘、砂、锯末等。目前也有很多单位采用塑料布覆盖，使用时，四周应压严，并应保持塑料布内有凝结水。

对于地下结构或基础，可在其表面涂刷沥青乳液或用回填土代替；对于大面积的地坪、路面等有条件的也可采用蓄水养护。对于不便洒水养护的部位，则可喷涂塑料溶液在已凝结的混凝土表面上，待溶液挥发后，形成一层薄膜使空气与混凝土隔绝，其中水分不再蒸发，内部保持湿润状态,完成水化作用。

自然养护成本低,效果好,但养护期长。

(二) 蒸汽养护

蒸汽养护就是将构件放在充有饱和蒸汽或蒸汽空气混合物的养护室内,在较高的温度和相对湿度的环境中进行养护,以加速混凝土的硬化。预制构件厂生产的预制构件一般多采用常压蒸汽养护。

蒸汽养护分为静置、升温、恒温和降温四个阶段。

混凝土成型后,在室温或低温下停放一段时间再进行蒸汽养护,称为静置阶段。静置时间为 2～6h,这样可避免蒸汽养护时在构件表面出现裂缝和疏松现象,并可加速升温过程。

升温阶段即构件由常温升到养护温度的过程。升温速度不宜过快,以免在构件表面和内部产生过大温差而出现裂纹。升温速度为:薄壁构件不超过 25℃/h,其他构件不得超过 20℃/h,用干硬性混凝土制作的构件,不得超过 40℃/h。

恒温阶段是温度保持不变的持续养护阶段,是混凝土强度增长最快的阶段。恒温养护阶段应保持 90%～100% 的相对湿度,恒温养护温度不得大于 95℃。如果再高,虽可使混凝土硬化速度加快,但会降低其后期强度。恒温养护时间一般为 3～8h。

降温阶段是恒温养护结束后,构件由养护最高温度降至常温的散热降温过程。降温速度不得超过 10℃/h,构件出养护室后,其表面温度与外界温差,不得大于 20℃。

蒸汽养护室的构造以隧道窑和立窑养护工艺较为合理。

图 4-50 为折线形隧道窑养护室的示意图,它将升温区和降温区作成斜坡,而恒温区做成水平式,自然形成明显的升温区、恒温区和降温区,每个区都经常保持规定的温度条件,构件可以连续不断地从一个区移动到另一区进行养护。

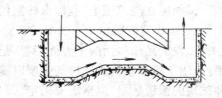

图 4-50 隧道窑养护室

图 4-51 为立窑养护示意,温度高的饱和蒸汽聚积在上部,窑内温度由下到上逐渐升高,构件在上升、横移和下降过程中,经过不同的温度区段完成升温、恒温、降温的过程。

此外,亦可将带有钢模的构件重迭起来,顶上一层加上盖罩,将每个钢模上下开设两个蒸汽进出口,然后通入蒸汽进行叠模养护。

热拌混凝土热模养护,就是在搅拌混凝土的过程中,直接将低压饱和蒸汽通入经过密封的搅拌机内,将混凝土加热到 40～60℃,然后浇筑成型,再将蒸汽喷射到模板上,加热模板,使热量通过模板传到构件内部,这样可以较快地进入高温养护,因而可大大缩短养护周期。

混凝土成型后,经过一段时间养护,当强度

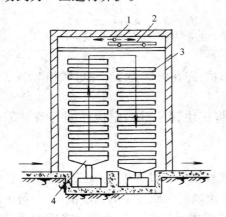

图 4-51 立窑养护示意
1—蒸汽管;2—横移机;3—构件;
4—上顶升机;5—下顶升机

达到一定要求时,即可拆模。

五、混凝土的质量检查

为了保证混凝土的质量,必须对混凝土生产的各个环节进行检查,消除质量隐患,保证安全。

(一) 混凝土施工过程中的检查

检查内容包括:水泥品种及标号、砂石的质量及含泥量、混凝土配合比、搅拌时间、坍落度、混凝土的振捣等环节。规范对上述各环节的检查频率都作了规定,一般要求在每一工作班至少两次,如混凝土配合比有变化时,还应随时检查。

采用预拌商品混凝土时,应在商定的交货地点进行坍落度的质量检查,要求运来的混凝土坍落度与指定坍落度之间的允许偏差值应在表 4-15 规定的范围内。

表 4-15

混凝土的坍落度与指定坍落度之间的允许偏差(mm)

坍 落 度	允 许 偏 差	坍 落 度	允 许 偏 差
≤50	±10	≥90	±30
50~90	±20		

(二) 混凝土的强度检验

混凝土养护后,应对其抗压强度通过留置试块做抗压强度试验判定。

1. 取样

试块应在浇筑现场,就地取样制作成边长为 15cm 的立方体。

2. 试块留置数量

试块的用途包括两个方面,其一是用于评定结构或构件的强度;其二是作为施工的辅助手段,用于检查结构或构件的强度以确定拆模、出池、吊装、张拉及临时负荷的允许时机,此种试块的留置数量,根据需要确定。

作为评定结构强度的试块组数,对同配合比的混凝土应按下列规定留置:

(1) 每工作班不少于一组;

(2) 每拌制 $100m^3$ 混凝土不少于一组;

(3) 现浇楼层每层不少于一组;同一单位工程每一验收项目不少于一组。

3. 试块养护方法

用于评定结构的抗压强度,试块必须进行标准养护,即在温度为 $20\pm3℃$ 和相对湿度为 90% 以上的潮湿环境或水中养护 28d。

作为施工辅助用试块,应使用同条件养护,即将试块置于欲测定构件同等条件下养护。

4. 抗压强度试验

试验应分组进行,每组三块应在同盘混凝土中取样制作。其强度是以三个试块试验结果的平均值,作为该组强度的代表值。当三个试块中出现过大或过小的强度值,其一与中间值相比超过 15% 时,以中间值作为该组的代表值。当过大或过小者与中间值之差均超过中间值约 15% 时,该组试块不应作为强度评定的依据。

5. 验收评定标准

验收应分批进行,每批由若干组试块组成,同一验收批由原材料和配合比基本一致的混凝土所制试块组成。同一验收批的混凝土强度,以该批全部试块的代表值来评定。

(1) 当混凝土的生产条件在较长时间内能保持一致,且同一品种混凝土的强度变异性能保持稳定时,应由连续的三组试块代表一个验收批,其强度应同时符合下列要求:

$$m_{f_{cu}} \geqslant f_{cu,k} + 0.7\sigma_0 \tag{4-17}$$

$$f_{cu,min} \geqslant f_{cu,k} - 0.7\sigma_0 \tag{4-18}$$

当混凝土强度等级不高于 C20 时,尚应符合下式要求:

$$f_{cu,min} \geqslant 0.85 f_{cu,k} \tag{4-19}$$

当混凝土强度等级高于 C20 时,尚应符合下式要求:

$$f_{cu,min} \geqslant 0.90 f_{cu,k} \tag{4-20}$$

式中　　$m_{f_{cu}}$——同一验收批混凝土强度的平均值(N/mm^2);

　　　　$f_{cu,k}$——设计的混凝土强度标准值(N/mm^2);

　　　　　σ_0——验收批混凝土强度的标准差(N/mm^2);

　　　$f_{cu,min}$——同一验收批混凝土强度的最小值(N/mm^2)。

验收批混凝土强度的标准差,应根据前一检验期内同一品种混凝土试件的强度数据,按下列公式确定:

$$\sigma_0 = \frac{0.59}{m} \sum_{i=1}^{m} \Delta f_{cu,i} \tag{4-21}$$

式中　　$\Delta f_{cu,i}$——前一检验期内第 i 验收批混凝土试件中强度的最大值和最小值之差;

　　　　　m——前一验收期内验收批总批数。

注:每个检验期不应超过三个月,且在该期间内验收批总批数不得少于 15 组。

(2) 当混凝土的生产条件不能满足上述规定,或在前一检验期内的同一品种混凝土没有足够的强度数据用以确定验收批混凝土强度标准差时,应由不少于 10 组的试件代表一个验收批,其强度应同时符合下式要求:

$$m_{f_{cu}} - \lambda_1 S_{f_{cu}} \geqslant 0.9 f_{cu,k} \tag{4-22}$$

$$f_{cu,min} \geqslant \lambda_2 f_{cu,k} \tag{4-23}$$

式中　　$S_{f_{cu}}$——验收批混凝土强度的标准差(N/mm^2),当 $S_{f_{cu}}$ 的计算值小于 $0.06 f_{cu,k}$ 时,取 $S_{f_{cu}} = 0.06 f_{cu,k}$;

　　λ_1, λ_2——合格判定系数。

验收批混凝土强度的标准差 $S_{f_{cu}}$ 应按下式计算:

$$S_{f_{cu}} = \sqrt{\frac{\sum_{i=1}^{n} f_{cu,i}^2 - n m_{f_{cu}}^2}{n-1}} \tag{4-24}$$

式中　　$f_{cu,i}$——验收批内第 i 组混凝土试件的强度值(N/mm^2);

　　　　n——验收批内混凝土试件的总组数。

合格判定系数,应按表 4-16 取用

试 件 组 数	10~14	15~24	≥25
λ_1	1.70	1.65	1.60
λ_2	0.90	0.85	

(3) 对零星生产的预制构件的混凝土或现场搅拌批量不大的混凝土,可采用非统计法评定。此时,验收批混凝土的强度必须同时符合下列要求:

$$m_{f_{cu}} \geqslant 1.15 f_{cu,k} \tag{4-25}$$

$$f_{cu,min} \geqslant 0.95 f_{cu,k} \tag{4-26}$$

(4) 混凝土试块强度不符合上述规定时,可以从结构中钻取混凝土试样或采用非破损检验方法作为辅助手段进行检验。

(三) 混凝土强度的其他检验方法

1. 钻芯检验法

当需要对混凝土结构物的强度复验,或由于其他原因需要重新核对结构物的承载能力时,可以在混凝土结构物上钻取芯样,做抗压强度试验,以确定混凝土的强度等级。由于芯样是在结构物上直接钻取,因此所得结果能较真实地反映结构物的强度情况。

钻取混凝土芯样是采用内径为 100mm 或 150mm 的金刚石或人造金刚石薄壁钻头钻取高度和直径均为 100mm 或 150mm 的芯样。取芯部位应该是在结构或构件受力较小部位;避开主筋、预埋件和管线的位置;便于钻芯机的安装与操作的部位。钻芯检验法对薄壁构件不能采用。

2. 非破损检验方法

(1) 回弹法

回弹法是利用回弹仪根据事前预测好的硬度——强度曲线,来测定结构或构件的抗压强度。回弹仪可直接测得是结构或构件已硬化的表层混凝土的数据,因此,需要事先对混凝土表面的碳化深度准确测定,只有确信表层和内部的质量一致时,所测得的强度才是该构件的平均强度。

(2) 超声法

超声法是利用超声波检测仪的发射器与接收器放在需要测试混凝土强度的对称部位,发射器放出的超声波,经过混凝土后被接收器接收,由于混凝土密实度不同,形成超声波在其间行进速度不同,通过仪器读数,按事先建立的强度与速度的关系曲线,可以换算成所需要测定的混凝土强度。

超声波还可以较准确地检测混凝土的缺陷位置、大小和性质,因而它也是用来判断混凝土连续性、均匀性的一种常用方法。

(3) 超声回弹综合法

超声回弹综合法是建立在超声波传播速度和回弹值同混凝土抗压强度之间相互联系的基础之上的,以声速和回弹值综合反映混凝土的抗压强度。综合法与单一法相比精度高、适应范围广,已在我国混凝土工程上广泛应用。

六、混凝土缺陷的修补

当混凝土拆模后,如果发现缺陷,应该找出原因,采取措施加以修补。

1．数量不多的小蜂窝、麻面或露石

这主要是由于浇筑前，模板湿润不够，吸收了混凝土中大量的水分，或由于振捣不够仔细所致。其修补方法一般是先用细丝刷或压力水清洗，再用1:2～1:2.5的水泥砂浆填满、抹平、并加强养护。

2．蜂窝或露筋

蜂窝主要是由材料配比不当，搅拌不匀或振捣不密实所致。处理时应去掉附近不密实的混凝土和突出的骨料颗粒，然后用钢丝刷或压力水冲洗，再用比原强度等级高一级的细石混凝土填塞，仔细捣实，加强养护。

3．影响结构安全的孔洞和大蜂窝

应该会同有关单位研究处理，进行必要的结构检验。补救方法一般是在彻底清除软弱部分及清洗之后，用高压水泥喷枪或压力灌浆法补救。

4．裂缝

构件裂缝发生的原因比较复杂。当裂缝较细，数量又不多时，可将裂缝加以冲洗、用水泥浆抹补。如裂缝较大较深（宽1mm以内），应沿裂缝凿去薄弱部分，用水冲洗，再用1:2～1:2.5水泥砂浆或用环氧树脂抹补。

第四节　混凝土冬期施工

新浇混凝土中的水可分为三部分，一部分是游离水（也称自由水）它充满在混凝土各种材料的颗粒孔隙之间；第二部分是物理结合水，是吸附在各种颗粒的表面和毛细管中的薄膜水；第三部分是与水泥颗粒起水化作用的水化水。在混凝土冬期施工中，气温较低，对混凝土的凝结硬化和强度增长有较大影响。一般认为，冬季施工的起始日期是在室外日平均气温连续五天低于5℃时，或最低气温降到0℃和0℃以下时开始。在5℃时，混凝土的初凝时间就会大大推迟；降至0℃，混凝土的硬化速度会变得非常缓慢；下降至0℃以下，混凝土中的石子和水泥砂浆界面、混凝土和钢筋界面薄膜水和水化水相继开始结冰，水化作用将更加缓慢。

如果混凝土在初凝前后遭受冻结，则由于水泥水化作用刚开始不久，混凝土本身尚无强度，会因大量游离水结冰膨胀而变得很松散，其最终强度会损失50％以上，其抗冻性、不透水性及耐久性也会大大降低。如果混凝土终凝后再遭受冻结，则由于其本身强度还不能抵抗水结冰而引起的膨胀应力，混凝土经正温养护后仍要损失其最终强度。当混凝土具有一定强度足以抵抗其内部剩余水结冰而产生的膨胀应力时遭受冻结，混凝土的强度将不会受到损失，此强度称为混凝土冬期施工的临界强度。

临界强度的取值，我国规范作了规定：

1）硅酸盐水泥和普通硅酸盐水泥配制的建筑物混凝土，为设计强度标准值的30％，对公路桥涵混凝土，为设计强度标准值的40％。

2）矿渣硅酸盐水泥配制的建筑物混凝土，为设计强度标准值的40％，公路桥涵混凝土为设计强度标准值的50％。

3）C10和C10以下的混凝土不得低于5MPa。

对火山灰及粉煤灰水泥由于其早期强度低，建议冬季施工不采用。

实践证明混凝土受冻越早,其以后的强度发展越缓慢,后期强度损失也越大。对抗拉强度的损失比抗压强度的损失更大一些,所以钢筋混凝土遭受冻结的结果比一般素混凝土更为不利。因此,在混凝土冬期施工中为了防止混凝土过早遭受冻结,尽快使之达到临界强度,应采取一定的冬季施工技术措施,保证混凝土施工顺利进行。

一、混凝土的拌制

为了使混凝土在受冻前达到允许受冻的临界强度,可以提高混凝土的入模温度。或是采取措施使混凝土短期内在正温或负温的条件下,养护硬化到允许受冻的临界强度。可以采取的方法是:

1. 热拌混凝土

上节已经介绍在搅拌过程中同时加热的热拌混凝土施工工艺。这种方法需要强制式搅拌机、蒸汽锅炉及保温较好的搅拌站,在有条件时可以考虑采用。

2. 外加剂的使用

混凝土冬期施工中使用的外加剂有四种类型。即早强剂、防冻剂、减水剂和引气剂,可以起到早强、抗冻、促凝、减水和降低冰点的作用,能使混凝土在负温下继续硬化,而无需再采取任何保温措施,这是混凝土冬期施工的一种有效方法。当掺加外加剂后仍需加热保温时,这种混凝土冬期施工方法称为正温养护工艺;当掺加外加剂后不再需要加热保温时,这种混凝土冬季施工方法称为负温养护工艺。

(1) 防冻剂和早强剂

防冻剂的作用是降低混凝土液相的冰点,使混凝土早期不受冻,并使水泥的水化能继续进行;早强剂是指能提高混凝土早期强度,并对后期强度无显著影响的外加剂。

常用的防冻剂有:氯化钠($NaCl$)、亚硝酸钠($NaNO_2$)、乙酸钠(CH_3COONa)等。

早强剂以无机盐类为主,如氯盐($CaCl_2$、$NaCl$)、硫酸盐(Na_2SO_4、$CaSO_4$、K_2SO_4)、碳酸盐(K_2CO_3)、硅酸盐等。其中的氯盐使用历史最久;氯化钙早强作用较好常作早强剂使用;而氯化钠降低冰点作用较好,故常作为防冻剂使用。有机类有:三乙醇胺[$N(C_2H_4OH)_3$]、甲醇(CH_3OH)、乙醇(C_2H_5OH)、尿素[$CO(NH_2)_2$]、乙酸钠(CH_3COONa)等。

氯盐的掺入效果随掺量而异,以掺入水泥量的2%效果最好。掺量再高(3%～5%),不但会降低混凝土的后期强度,而且将增大混凝土的收缩量。由于氯盐对钢筋有锈蚀作用,故规范对氯盐的使用及掺量有严格规定:

在钢筋混凝土结构中,氯盐掺量不得超过水泥重量的1%。

经常处于高湿环境中的结构、预应力及使用冷拉钢筋或冷拔低碳钢丝的结构、具有薄细构件的结构或有外露钢筋预埋件而无防护的部位等,均不得掺入氯盐。

(2) 减水剂

减水剂是指在不影响混凝土和易性条件下,具有减水及增强作用的外加剂。

常用的减水剂有:木质素磺酸盐类、萘系减水剂、树脂系减水剂、糖蜜系减水剂、腐植酸减水剂、复合减水剂等。

(3) 引气剂

引气剂是指在混凝土中,经搅拌能引入大量分布均匀的微小气泡,当混凝土受冻时,孔隙中部分水被冻胀压力压入气泡中,缓解了混凝土受冻时的体积膨胀,故可防止冻害。

引气剂按材料成份可分为:松香树脂类;烷基苯磺酸盐类;脂肪醇类等。

3. 对混凝土原材料的加热

最简易也是最经济的办法是加热拌合水。水不但易于加热,而且水的比热比砂石大,其热容量也大,约为骨料的五倍左右。只有当外界温度很低,只加热水而不能获得足够的热量时,才考虑加热骨料。加热骨料的方法,可以在骨料堆或容器中通入蒸汽或热空气,较长期使用的可安装暖汽管路,也有用火炉加热铁板或火坑上放骨料而加热的,这种方法只适用于分散、用量小的地方。任何情况下不得加热水泥,原因是加热不易均匀,过热的水泥遇水会导致水泥假凝。

混凝土的搅拌温度,是由外界气温及入模温度所决定的。根据所需要的混凝土温度,选择材料的加热温度。

二、混凝土的运输与浇筑

混凝土拌合物经搅拌倾出后,还需经过一段运输距离,才能入模成型。在运输过程中,仍然要有热损失。运输中的热损失,与运输时间、运输工具的散热程度以及倒运次数有关。为了尽量减少损失,应根据具体情况采取一些必要措施。如尽可能使运输距离缩短,对运输工具采取保温措施减少倒运次数等。

混凝土在低温下强度增长应充分利用水泥水化所放热量。为促使水化热能尽早散发,混凝土的入模温度不宜太低,一般取 15~20℃。规范规定,养护前的温度不得低于 2℃。混凝土入模前,应清除模板和钢筋上的冰雪、冻块和污垢。如用热空气或蒸汽融解冰雪。冰雪融溶后应及时浇筑混凝土,然后立即覆盖保温。

三、混凝土的养护

混凝土的养护有蓄热法、蒸汽加热法、电热法、暖棚法等。

1. 蓄热法养护

蓄热法就是将具有一定温度的混凝土浇筑后,在其表面用草帘、锯末、炉渣等保温材料加以覆盖,避免混凝土的热量和水泥的水化热散失太快,以此来维持混凝土在冻结前达到所要求的温度。

蓄热法适用于室外最低气温不低于 15℃,表面系数不大于 5 的结构以及地面以下工程的冬季混凝土施工的养护。

选用蓄热法养护时,应进行方案设计,并进行热功计算,满足要求后再施工。

2. 综合蓄热法

蓄热法虽是简单易行且费用较低的一种养护方法,但因受到外界气温及结构类型条件的约束,而影响了它的应用范围。目前国内在混凝土冬期施工中,较普遍采用的是综合蓄热法,就是根据当地的气温条件及结构特点,将其他的有效方法与蓄热法综合应用,以扩大其使用范围。这些方法包括:掺入适当的外加剂,用以降低混凝土的冻结温度并加速其硬化过程;采用高效能保温隔热材料如泡沫塑料等;与外部加热法合并使用,如早期短时间加热或局部加热;以棚罩加强围护保温等。这些方法不一定同时使用。目前工程实践中,以蓄热法加用外加剂的综合法应用较多。

3. 蒸汽加热养护

蒸汽加热法就是利用蒸汽使混凝土保持一定的温度和湿度,以加速混凝土的硬化,多用于预制构件厂的养护,需要锅炉管道等设备,耗能较高,费用贵。在现浇结构中有汽套法、毛管法和构件内部通汽法等。

（1）汽套法

即在构件模板外再加一层密封的套模，在模板与套模之间的空隙不宜超过150mm，在套模内通入蒸汽加热养护，此法加热均匀，但套模及设备复杂，费用大，只适宜在特殊条件下使用。

（2）毛管法

是指一种所谓"毛细管模板"，即在模板内侧做成凹槽，凹槽上盖以铁皮，在凹槽内通入蒸汽进行加热。毛管法用汽少，加热均匀，适用于养护柱、墙等垂直结构。

（3）构件内部通气法

是在浇筑构件时先预留孔道，再将蒸汽送入孔道内加热混凝土。待混凝土达到要求的强度后，即用砂浆和细石混凝土灌入孔道内加以封闭。

采用蒸汽加热的混凝土，宜选用矿渣及火山灰水泥，它们可以在蒸汽养护后立即达到100%的设计强度标准值，其后期强度损失要比普通水泥小。为避免温差过大，防止混凝土产生裂缝，应严格控制升温、降温速度；模板和保温层应在混凝土冷却到5℃后方可拆除；拆模后的混凝土表面还应用保温材料临时覆盖。

4．电加热养护法

电加热养护法，是利用电流通过不良导体混凝土或电阻丝所发出的热量来养护混凝土，其方法有电极法、电热器法、电磁感应法等。

（1）电极法

即在新浇筑的混凝土中，每隔一定间距（200～400mm）插入电极（$\phi6$～$\phi12$ 短钢筋），接通交流电源利用新浇混凝土本身的电阻，变电能为热能进行加热。电热时，要防止电极与钢筋接触而引起短路。

（2）电热器法

是利用电流通过电阻丝产生的热量进行加热养护。根据需要，电热器可制成板状，用以加热现浇楼板；亦可制成针状，用以加热装配整体式的框架接点；对用大模板施工的现浇墙板，则可用电热模板加热。

（3）电磁感应加热法

是利用在交变的电磁场中，使铁质材料产生感应电动势及涡流电流，通过铁质电阻，变为热能发热的原理，使钢模板及混凝土中的钢筋发热，并使它传到混凝土中。

电热应在混凝土表面覆盖后进行。电热过程中，须注意观察混凝土外露表面的温度，当表面开始干燥时，应先断电，并浇温水湿润混凝土表面。

电热法设备简单，施工方便，但耗电量大，费用高，应慎重选用并注意安全。

5．暖棚法养护

暖棚法是在混凝土浇筑地点，用保温材料搭设暖棚，使温度提高，混凝土养护如同在常温中一样。

采用暖棚养护时，棚内温度不得低于5℃，并应保持混凝土表面湿润。

6．远红外线加热养护法

远红外线加热养护即是利用波长为5.6～1000μm的远红外线对新浇混凝土进行大致匹配的辐射加热，混凝土由于吸收了辐射热能，同时由于水分子在辐射下发生共振本身也发热，再加上水化热，使混凝土的内部温度很快升高，进一步促进水泥的水化作用进行，使混凝土的硬化加快。

另一种方法是加热钢模板,即以钢模板作为远红外线辐射的对象,使钢模板吸收红外线而变热,再通过钢模板而加热混凝土。

7. 空气加热法

空气加热养护方法有二种:

一是用火炉加热,只用在小型工地上,由于火炉燃烧,放出很多的二氧化碳,可使新浇的混凝土表面碳化。

二是用热空气加热,它是通过热风机将空气加热,并以一定的压力把热风输送到暖棚或覆盖在结构上的覆盖层之内,使新浇的混凝土在一定温度及湿度条件下硬化。

热风机可采用强力送风的移动式轻型热风机,它与保暖设施和暖棚相结合,设备简单,施工方便,费用低廉。

第五章 预应力混凝土工程

第一节 预应力混凝土的特点

近年来预应力混凝土得到了广泛应用。这是由于普通钢筋混凝土的抗拉极限应变只有0.0001~0.0005。要使混凝土不开裂,受拉钢筋的应力只能达到 $20\sim30N/mm^2$,当裂缝宽度限制在 0.2~0.3mm 时,受拉钢筋的应力也只能达到 $150\sim250N/mm^2$。为了克服普通钢筋混凝土过早出现裂缝和钢筋不能充分发挥其作用这一矛盾,人们创造了对混凝土施加预应力的方法。即在结构或构件受拉区域,通过对钢筋进行张拉、锚固、放松,使混凝土获得预应力,产生一定的压缩变形。当结构或构件受力后,受拉区混凝土的拉伸变形,首先与压缩变形抵消,然后随着外力的增加,混凝土才继续被拉伸,这就延缓了裂缝的出现,限制了裂缝的开展。

预应力混凝土的应用范围愈来愈广。除在屋架、吊车梁、托架梁、空心楼板、大型屋面板等单个构件上应用外,还成功地把预应力技术运用到多层工业厂房、高层建筑、大型桥梁、核电站安全壳、电视塔、大跨度薄壳结构、筒仓、海洋工程等技术难度较高的大型整体或特种结构上。

预应力混凝土的施工工艺常用的有先张法、后张法和电张法。

第二节 预 应 力 筋

预应力混凝土结构的钢筋有非预应力钢筋和预应力筋。非预应力钢筋可采用Ⅰ~Ⅱ级钢筋和乙级冷拔低碳钢丝。预应力筋有冷拉Ⅱ~Ⅳ级钢筋、甲级冷拔低碳钢丝、碳素钢丝、钢绞线、热处理钢筋及精轧螺纹钢筋等。当前,预应力钢筋正朝着高强度、粗直径、低松弛耐腐蚀的趋势发展。

我国目前在建筑工程中仍在较多地应用冷拉Ⅱ~Ⅳ级钢筋作预应力筋。虽然这种钢筋强度不算太高,但价格便宜、塑性好,可以对焊接长,施工操作简单。

冷拔低碳钢丝有较高的抗拉强度,但塑性太小,$\phi4$ 或 $\phi5$ 的冷拔低碳丝伸长率 δ_{100} 仅为1.5%~3.0%,采用这种钢丝配筋的预应力构件,破坏前的变形预兆很小。

预应力钢绞线一般是用 7 根钢丝在绞线机上以一根钢丝为中心,其余 6 根钢丝围绕着进行螺旋状绞合,再经低温回火制成。钢绞线的直径较大,比较柔软,施工方便,因此,具有广阔的发展前景,但价格比钢丝贵一些。

精轧螺纹钢筋是用热轧方法在整个钢筋表面上轧出不带纵肋的螺纹外形。钢筋的接长用连接器,端头锚固直接用螺母,施工方便、无需焊接。其力学性能见表 5-1。

直　径 (mm)	牌　号	屈服点 kgf/mm² (N/mm²)	抗拉强度 kgf/mm² (N/mm²)	伸长率 δ_s (%)	冷　弯	1000h 松弛值
		不　小　于				不　大　于
25	40Si₂MnV	75(735)	90(885)	8	90°,$d=6a$	
	15Mn₂SiB	95(930)	110(1080)	8	90°,$d=6a$	3%
32	40Si₂MnV	75(735)	90(885)	7	90°,$d=7a$	

第三节　先　张　法

先张法施工如图 5-1 所示,其步骤是在浇筑混凝土前张拉预应力筋,并将张拉的预应力筋临时固定在台座上(或钢模上),然后浇筑混凝土,待混凝土强度达到设计要求时,或当设计无专门要求时应达混凝土强度标准值的 75% 以上,预应力与混凝土之间具有足够的粘结力之后,在端部放松预应力筋,使混凝土产生预压应力。

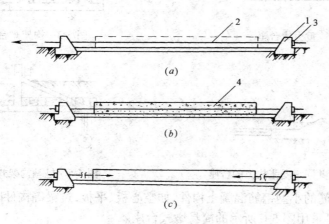

图 5-1　先张法施工顺序
(a)张拉预应力筋;(b)浇筑混凝土;(c)放松预应力筋
1—台座;2—预应力筋;3—夹具;4—构件

先张法生产可采用台座法或机组流水法。采用台座法时,构件是在固定的台座上生产,预应力筋的张拉力由台座承受。预应力筋的张拉、锚固、混凝土的浇筑、养护和预应力筋的放长等均在台座上进行。台座法不需要复杂的机械设备,能适宜多种产品生产,可露天生产、自然养护,也可采用湿热养护,故应用较广。

采用机组流水法时,构件是在钢模中生产的,预应力筋拉力由钢模承受;构件连同钢模按流水方式,通过张拉、浇筑、养护等固定机组完成每一生产过程。机组流水需大量钢模和较高的机械化程度,且需蒸汽养护,因此只用在生产定型预制构件中。如楼板、屋面板、檩条、小型吊车梁。

一、张拉设备和机具

(一)台座

台座是先张法生产中的主要设备之一,要求有足够的强度和稳定性,以免台座变形、倾覆、滑移而引起预应力值的损失。台座按构造不同,可分为墩式台座和槽式台座两类。

1. 墩式台座

墩式台座一般用于生产小型构件。生产钢筋混凝土构件的墩式台座,其长度常为100~150m,这样既可利用钢丝长的特点,张拉一次可生产多根构件,减少张拉及临时固定工作,又可减少钢丝滑动或台座横梁变形引起的应力损失。

(1) 墩式台座的形式

墩式台座有重力式(图5-2)和构架式(图5-3)两种。这两种台座靠自重和土压力以平衡张拉力所产生的倾覆力矩,靠土壤的反力和摩擦力抵抗水平位移,因此台座大、埋深大,不够经济。为改变台座的受力状况,常采用台座与台面共同作用的做法(图5-4)和采用爆扩桩基的方法(图5-5),以减少台座的用料和埋深。

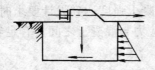

图 5-2 重力式台座

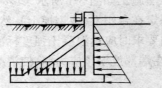

图 5-3 构架式台座

图 5-4 与台面共同承受张拉力的台座

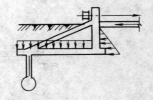

图 5-5 桩基构架式台座

当生产平面布筋的小型钢筋混凝土构件,如空心板、平板、过梁等构件时,由于张拉力和倾覆力矩不大,则可采用图5-6所示的简易墩式台座。

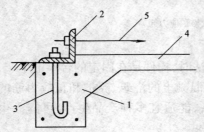

图 5-6 简易墩式台座

1—卧梁;2—75×75承力角钢;3—预埋螺栓;4—混凝土台面;5—钢丝

(2) 墩式台座的稳定性和强度验算

墩式台座的稳定性包括台座的抗倾覆和抗滑移的能力。墩式台座抗倾覆和抗滑移验算的计算简图见图5-7。

墩式台座的抗倾覆能力以台座的倾覆的安全系数 K_0 表示。

$$K_0 = \frac{M_1}{M} \geq 1.5 \qquad (5-1)$$

式中　M——由张拉力产生的倾覆力矩。

$$M = Te$$

式中　T——张拉力的合力;

　　e——张拉力合力 T 的作用点到倾覆转动点 O 的力臂;

　　M_1——抗倾覆力矩,如不考虑土压力,则

134

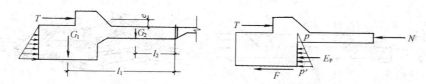

图 5-7 墩式台座稳定性验算计算简图

(a)抗倾覆验算；(b)抗滑移验算

$$M_1 = G_1 l_1 + G_1 l_2$$

式中　G_1——传力墩的自重；

　　　l_1——传力墩重心至倾覆转动点 O 的力臂；

　　　G_2——传力墩外伸台面局部加厚部分的自重；

　　　l_2——传力墩外伸台面局部加厚部分重心至倾覆转动点 O 的力臂。

墩式台座的抗滑移能力以台座的抗滑移安全系数 K_0 表示。

$$K_0 = \frac{T_1}{T} \geq 1.3 \qquad\qquad (5\text{-}2)$$

式中　T——张拉力的合力；

　　　T_1——抗滑移力。

$$T_1 = N + E_p + F$$

式中　N——台面反力；

　　　E_p——土压力 P、P' 的合力；

　　　F——摩擦阻力。

墩式台座的强度验算：传力墩的牛腿和外伸台面局部加厚部分，分别按钢筋混凝土结构的牛腿和偏心受压构件计算；横梁按简支梁计算。

2. 槽式台座

浇筑中小型吊车梁时，由于张拉力矩和倾覆力矩都很大。一般多采用槽式台座，如图5-8所示，它由钢筋混凝土立柱、上下横梁及台面组成。台座长度应便于生产多种构件：一般为 45m(可生产 6 根 6m 长的吊车梁)或 76m(可生产 10 根 6m 长的吊车梁，或 24m 屋架 3 榀，或 18m 屋架 4 榀)。为便于拆移，台座式应设计成装配式。此外，在施工现场亦可利用条石或已预制好的柱、桩和基础梁等构件，装配成简易式台座。

(二)夹具

夹具是预应力筋进行张拉和临时固定的工具，要求夹具工作可靠，构造简单，施工方便，成本低。根据夹具的工作特点分为张拉夹具和锚固夹具。

1. 张拉夹具

张拉夹具是将预应力筋与张拉机械连接起来，进行预应力张拉的工具。常用的张拉夹具有：

(1)偏心式夹具

偏心式夹具是由一对带齿的月牙形偏心块组成的，见图5-9。

(2)楔形夹具

楔形夹具是由锚板和楔块组成的，见图5-10。

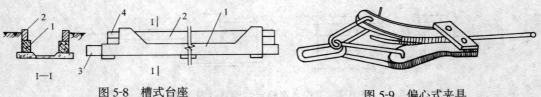

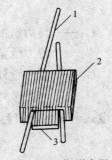

图 5-8　槽式台座

1—传力柱；2—砖墙；3—下横梁；4—上横梁

图 5-9　偏心式夹具

2. 锚固夹具

锚固夹具是将预应力筋临时固定在台座横梁上的工具。常用的锚固夹具有：

（1）锥形夹具

锥形夹具是用来锚固预应力钢丝的，由中间开有圆锥形孔的套筒和刻有细齿的锥形齿板或锥销组成。它又分为圆锥齿板式夹具和圆锥三槽式夹具，见图 5-11 和图 5-12。

圆锥齿板式夹具的齿板分两种，Ⅰ型齿板配用在 BJ_3 型号夹具上，可锚固 ϕ^b3 和 ϕ^b4 钢丝；Ⅱ型齿板配用在 BJ_4 型号夹具上，可锚固 ϕ^b4 和 ϕ^b5 钢丝。套筒和齿板均用 45 号钢制作。齿板需

图 5-10　楔形夹具

1—钢丝；2—锚板；3—楔块

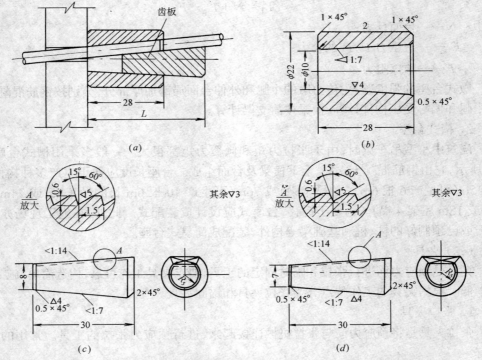

图 5-11　圆锥齿板式夹具

（a）装配图；（b）套筒；（c）Ⅰ型齿板；（d）Ⅱ型齿板

作热处理，齿板热处理后的硬度应达 HRC40～50。套筒不需作热处理。

圆锥三槽式夹具锥销上有三条半圆槽，依锥销上半圆槽的大小，可分别锚固一根 ϕ^b3、

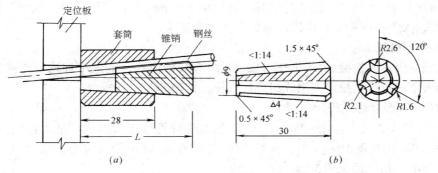

图 5-12　圆锥三槽式夹具

(a)装配图;(b)锥销

$\phi^b 4$ 或 $\phi^b 5$ 钢丝。套筒和锥销均用 45 号钢制作,套筒不作热处理,锥销热处理后的硬度应达 HRC40～45。

锥形夹具锚固碳素钢丝时,套筒应作热处理,其硬度应达 HRC32～36,齿板或锥销热处理后其硬度应达 HRC48～52。

锥形夹具工作时依靠预应力钢丝的拉力就能够锚固住钢丝。锚固夹具本身牢固可靠地锚固住预应力筋的能力,称为自锚。

(2)圆套筒三片式夹具

圆套筒三片式夹具是用于锚固预应力钢筋的,由中间开有圆锥形孔的套筒和三片夹片组成,见图 5-13。

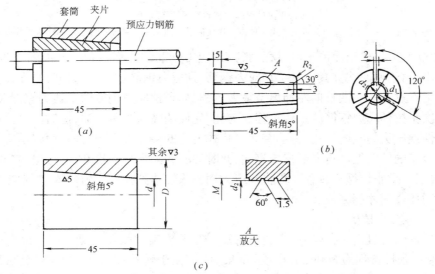

图 5-13　圆套筒三片式夹具

(a)装配图;(b)夹片;(c)套筒

圆套筒三片夹式夹具可以锚固 $\phi 12$ 或 $\phi 14$ 的单根冷拉Ⅱ、Ⅲ、Ⅳ级钢筋。套筒和夹片用 45 号钢制作,套筒热处理后硬度应达 HRC35～40,夹片热处理后硬度应达 HRC40～45。

(3)镦头锚固

预应力钢丝或钢筋镦头后由锚板锚固。冷拔低碳钢丝可采用冷镦或热墩方法制作镦头;碳素钢丝只能采用冷镦方法制作镦头;直径小于22mm的钢筋可在对焊机上采用热镦方法制作镦头;大直径的钢筋只能采用热锻方法锻制镦头。

（三）张拉机械

张拉预应力筋的机械,要求工作可靠,操作简单,能以稳定的速率加荷。先张法施工中预应力筋可单根进行张拉或多根成组进行张拉。常用的张拉机械有:

1.YC-200型穿心式千斤顶

YC-200型穿心式千斤顶由偏心式夹具、油缸和弹性顶压头组成。最大张拉力200kN,张拉行程200mm,自重19kg。适于张拉直径12～20mm的单根预应力钢筋。YC-200型穿心式千斤顶的工作过程见图5-14。

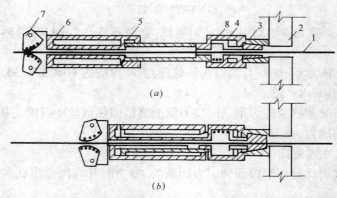

图5-14　YC-200型穿心式千斤顶工作过程示意图
（a）张拉过程;（b）临时锚固,回油过程
1—钢筋;2—台座;3—圆套筒三片式夹具;4—弹性顶压头;5、6—油嘴;7—偏心式夹具;8—弹簧

YC-200型穿心式千斤顶工作过程:张拉预应力钢筋的工作过程——油嘴6进油,油缸向左侧伸出,由于偏心式夹具夹紧了预应力钢筋,预应力钢筋被张拉。临时锚固预应力钢筋和回油的工作过程——油缸向左伸出至最大行程,如果预应力钢筋尚未达到控制应力,则需进行第二次张拉预应力钢筋的工作过程。为此,先使油嘴6缓缓回油,这时由于预应力钢筋回缩和弹性顶压头的共同作用,将圆套筒三片式夹具的夹片推入到套筒,而将预应力钢筋临时锚固在台座的横梁上。再向油嘴5进油,此时偏心式夹具自动松开,油缸退回到零行程位置,就完成了一个张拉循环过程。为将预应力钢筋张拉达到控制应力的要求,常需要经过若干个张拉循环过程才能完成。

2.电动螺杆张拉机

电动螺杆张拉机由张拉螺杆、变速箱、拉力架、承力架和张拉夹具组成。最大张拉力为300～600kN,张拉行程为800mm,自重400kg,为了便于转移和工作,将其装置在带轮的小车上。电动螺杆张拉机可以张拉预应力钢筋也可以张拉预应力钢丝。电动螺杆张拉机的工作过程见图5-15。

电动螺杆张拉机的工作过程:工作时顶杆支承到台座横梁上,用张拉夹具夹紧预应力筋,开动电动机使螺杆向右侧运动,对预应力筋进行张拉,达到控制应力要求时停车,并用预先套在预应力筋上的锚固夹具将预应力筋临时锚固在台座的横梁上。然后开倒车,使电动螺杆张拉机卸荷。电动螺杆张拉机运行稳定,螺杆有自锁能力,张拉速度快,行程大。

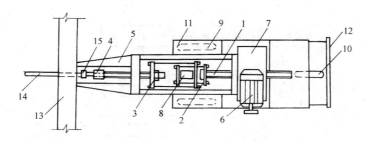

图 5-15　电动螺杆张拉机

1—螺杆;2—承力架;3—拉力架;4—张拉夹具;5—顶杆;6—电动机;7—齿轮减速箱;
8—测力计;9、10—车轮;11—底盘;12—手把;13—横梁;14—钢筋;15—锚固夹具

3．油压千斤顶

油压千斤顶可张拉单根预应力筋或多根成组预应力筋。多根成组张拉时,可采用四横梁装置进行,见图 5-16。

4．千斤顶的校验

采用千斤顶张拉预应力筋时,钢筋的控制应力主要用油压表上的读数来表示。油压表上所指示的读数,表示千斤顶油缸活塞单位面积的油压力。在理论

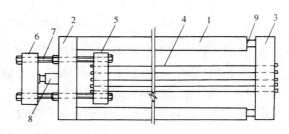

图 5-16　四横梁式油压千斤顶张拉装置

1—台座;2—前横梁;3—后横梁;4—预应力筋;
5、6—拉力架横梁;7—大螺丝杆;8—油压千斤顶;9—放张装置

上可以将油压表读数乘以活塞面积,即可求得张拉力的大小。因此,当我们已知预应力筋张拉力 N,所采用千斤顶油缸活塞面积 F 的情况下,就可推算出张拉时油压表读数 P。

$$P = \frac{N}{F} \quad (\text{N/mm}^2) \tag{5-3}$$

但是,实际张拉力比按公式计算所得的为小。其原因是一部分张拉力被存在于油缸与活塞之间的摩擦力所抵消;而摩擦力的大小与许多因素有关,具体数值很难通过计算决定,因此一般采用试验校正的方法,直接测定千斤顶的实际张拉力与油压表读数之间的关系,画出 P 与 N 的关系曲线,以供实际施工时应用。一般千斤顶的校验期限不超过半年。但在千斤顶修理、碰撞、久置重新使用、更换油压表或张拉伸长值误差较大等情况时,均应对张拉设备重新校验。千斤顶的校验通常在实验机上进行。实验机须有一定的精度。校验时,千斤顶活塞的运行方向,应与实际张拉工作状态一致。经校验后的千斤顶和油压表应配套使用,这样才能比较准确地控制预应力筋的张拉力。

二、先张法施工工艺

先张法施工工艺流程见图 5-17。

(一)预应力筋的张拉

预应力筋的张拉应根据设计要求进行。

1．张拉控制应力

预应力筋的张拉工作是预应力施工中的关键工序,应严格按设计要求进行。

预应力筋张拉控制应力的大小直接影响预应力效果,影响到构件的抗裂度和刚度,因而

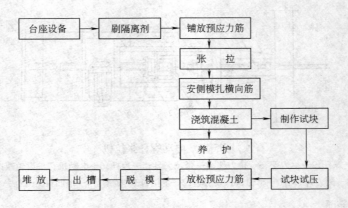

图 5-17　先张法施工工艺流程图

控制应力不能过低。但是,控制应力也不能过高,否则会使构件出现裂缝的荷载与破坏荷载很接近,这是很危险的;此外过大的超张拉会造成反拱过大,预拉区出现裂缝也是不利的。因此,预应力筋的张拉控制应力应符合设计要求。当施工中预应力筋需要超张拉时,可比设计要求提高 5%,但其最大张拉控制应力不得超过表 5-2 的规定。

最大张拉控制应力允许值(N/mm²)　　　　　　　　　　　　　　表 5-2

钢　种	张　拉　方　法		钢　种	张　拉　方　法	
	先 张 法	后 张 法		先 张 法	后 张 法
碳素钢丝、刻痕钢丝、钢绞线	$0.80f_{ptk}$	$0.75f_{ptk}$	冷拉热轧钢筋	$0.95f_{pyk}$	$0.90f_{pyk}$
冷拔低碳钢丝、热处理钢筋	$0.75f_{ptk}$	$0.70f_{ptk}$			

注:1. f_{ptk} 为预应力筋极限抗拉强度标准值

　　2. f_{pyk} 为预应力筋屈服强度标准值

钢丝、钢绞线属于硬钢,冷拉热轧钢筋属于软钢。硬钢和软钢根据它们是否存在屈服点划分的,由于硬钢无明显屈服点,塑性较软钢差,所以其控制应力值较软钢低。

2. 张拉程序的确定

预应力筋的张拉程序:0→105%控制应力 $\xrightarrow{\text{持荷 2min}}$ 控制应力,或 0→103%控制应力。

预应力筋进行超张拉(1.03~1.05 控制应力)主要是为了减少松弛引起的应力损失值。所谓应力松弛是指钢材在常温高应力作用下,由于塑性变形而使应力随时间延续而降低的现象。这种现象再张拉后的头几分钟内发展得特别快,往后则趋于缓慢。例如,超张拉 5%并持荷 2min,再回到控制应力,则可减少 50%以上的应力松弛损失。为了保证建立预应力混凝土的预压应力值,预应力筋的应力值不允许超过其屈服强度,以使预应力筋处于弹性工作状态。

3. 预应力筋的张拉

预应力筋的张拉力根据设计的张拉控制应力与钢筋截面积及超张拉系数之积而定。

$$N = m\sigma_{con}A_y \tag{5-4}$$

式中　N——预应力筋张拉力(N);

　　　m——超张拉系数,1.03~1.05;

　　　σ_{con}——预应力筋张拉控制应力(N/mm²);

A_y——预应力筋的截面积(mm^2)。

张拉预应力筋可单根进行也可多根成组同时进行。多根成组同时进行时,应先调整预应力筋的初应力,以保证张拉完毕应力一致。初应力值一般取 10% 的控制应力。

预应力筋张拉后,与设计位置的偏差不得大于 5mm 且不得大于构件截面最短边长的 4%。预应力筋张拉锚固后,实际预应力值与工程设计规定的检验值相比偏差不能超过 5%。

4．预应力值的校核

预应力钢筋的张拉力用伸长值校核。伸长值误差在 −5% ~ +10% 范围内是允许的。

预应力钢丝的应力可利用 2CN-1 型钢丝测力计或半导体频率记数测力计进行测定。测力计工作构造示意图见图 5-18。

2CN-1 型钢丝测力计工作时,先将挂钩 2 勾住钢丝,旋转螺丝 9 使测头与钢丝接触,此时

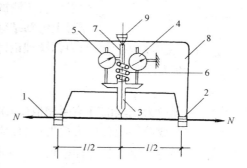

图 5-18　2CN-1 型钢丝测力计
1—钢丝;2—测力计的挂钩;3—测头;4—测挠度百分表;5—测力百分表;6—弹簧;7—推杆;8—表架;9—螺丝

百分表 4 和百分表 5 读数均为零,继续旋转螺丝 9 时,使测挠度百分表的读数达到实验确定的常数时,从测力百分表 5 的读数便可知道钢丝的拉力 N。2CN-1 型钢丝测力计精度为 2%。

张拉时为避免台座承受过大的偏心压力,应先张拉靠近台座面重心处的预应力筋,再轮流对称张拉两侧的预应力筋。

（二）混凝土的浇筑和养护

混凝土的浇筑必须一次完成,不允许留设施工缝。混凝土的强度等级不得小于 C30。为了减少混凝土的收缩和徐变引起的预应力损失。在确定混凝土的配合比时,应采用低水灰比,控制水泥的用量,对骨料采取良好的级配,预应力混凝土构件制作时,必须振捣密实,特别是构件的端部,以保证混凝土的强度和粘结力。

预应力混凝土构件叠层生产时,应待下层构件的混凝土达到 8 ～ 10N/mm^2 后,再进行上层混凝土构件的浇筑。

在台座上生产预应力混凝土构件,采取蒸汽养护时,为了减少温差引起的预应力损失,应采取二次升温法养护混凝土。即开始蒸汽养护混凝土时,控制温差不得超过 20℃ ,待混凝土强度达到 10N/mm^2 后,再按正常升温制度加热养护混凝土。对于机组流水法或传送带法用钢模制作的预应力混凝土构件,由于预应力筋和钢模之间不存在温差引起的预应力损失,故采取蒸汽养护时,可按正常升温制度加热养护混凝土,不需二次升温。

（三）预应力筋的放张

先张法施工的预应力放张时,预应力混凝土构件的强度必须符合设计要求。设计无要求时,其强度不低于设计的混凝土强度标准值的 75%。重叠生产的构件,需待最后一层构件的强度达到 75% 的设计强度等级后,方可进行预应力筋放张。过早放张预应力会因预应力钢丝产生滑动而引起较大的预应力损失。对于薄板等预应力较低的构件,预应力筋放张时混凝土的强度可适当降低至 15N/mm^2。预应力混凝土构件在预应力筋放张前要对试块进行试压。

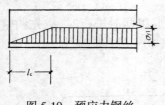

图 5-19 预应力钢丝
应力传递长度

预应力混凝土构件的预应力筋为钢丝时,放张前,应根据预应力钢丝的应力传递长度(图 5-19),计算出预应力钢丝在混凝土内的回缩值,以检查预应力钢丝与混凝土粘结效果。若实测的回缩值小于计算的回缩值,则预应力钢丝与混凝土的粘结效果满足要求,可进行预应力钢丝的放张。预应力钢丝理论回缩值,可按式(5-5)进行计算。

$$a = \frac{1}{2}\frac{\sigma_{y1}}{E_s}l_a \tag{5-5}$$

式中　a——预应力钢丝的理论回缩值(cm);

　　　σ_{y1}——完成第一批预应力损失后,预应力钢丝建立起的有效预应力值(N/mm^2);

　　　E_s——预应力钢丝的弹性模量(N/mm^2);

　　　l_a——预应力筋传递长度(mm),参见表 5-3。

预应力钢筋传递长度　　　　　　　　　　　　　　　　表 5-3

钢 筋 种 类	放张时混凝土强度			
	C20	C30	C40	>C50
刻痕钢丝 $d<5mm$	150d	100d	65d	50d
钢绞线 $d=7.5\sim15mm$	—	85d	70d	70d
冷拔低碳钢丝 $d=3\sim5mm$	110d	90d	80d	80d

例如:某预应力混凝土构件,混凝土设计强度标准值 C40,放张时混凝土强度为 C30,预应力筋采用直径 5mm 的冷拔低碳钢丝,弹性模量 $E_s=1.8\times10^5$N/mm^2,抗拉强度标准值 $f_{ptk}=650$N/mm^2,设计张拉控制应力 $\sigma_{con}=0.7f_{ptk}$,设计考虑第一批预应力损失 0.1σ_{con},则放松钢丝时有效预应力 $\sigma_{y1}=0.9\times0.7\times650$,预应力筋的传递长度根据表 5-3 得 $l_a=90d$,

故　　　$a = \frac{1}{2}\frac{\sigma_{y1}}{E_s}l_a = \frac{1}{2}\frac{0.9(0.7\times650)}{1.8\times10^5}\times90\times5 = 0.51$mm

若实测钢丝回缩值 a' 小于 0.51 时,即可放松预应力钢丝;否则,应继续养护。

为避免预应力筋放张时对预应力混凝土构件产生过大的冲击力,引起构件端部开裂、构件翘曲和预应力筋断裂,预应力筋放张必须按下述规定进行。

对配筋不多的预应力钢丝混凝土构件,预应力钢丝放张可采用剪切、割断和熔断的方法逐根放张,并应自中间向两侧进行,以减少回弹量,利于脱膜。对配筋较多的预应力钢丝混凝土构件,预应力钢丝放张应同时进行,不得采用逐根放张的方法,以防止最后的预应力钢丝因应力增加过大而断裂或使构件端部开裂。

对预应力钢筋混凝土构件,预应力钢筋放张应缓慢进行。预应力钢筋数量较少,可逐根放张;预应力钢筋数量较多,则应同时放张。对于轴心受压的预应力混凝土构件,预应力筋应同时放张。对于偏心受压的预应力混凝土构件,应同时放张预压应力较小区域的预应力筋,再同时放张预压应力较大区域的预应力筋。

如果轴心受压的或偏心受压的预应力混凝土构件,不能按上述规定进行预应力筋放张,则应采用分阶段、对称、相互交错的放张方法,以防止在放张过程中,预应力混凝土构件发生翘曲,出现裂缝和预应力筋断裂等现象。

对于预应力混凝土构件,为避免预应力筋一次放张时,对构件产生过大的冲击力,可利用楔块或砂箱装置进行缓慢的放张方法。

楔块装置(图 5-20)放置在台座与横梁之间,放张预应力筋时,旋转螺母使螺杆向上运动,带动楔块向上移动,钢块间距变小,横梁向台座方向移动,便可同时放松预应力筋。

砂箱装置(图 5-21)放置在台座与横梁之间。砂箱装置由钢制的套箱和活塞组成,内装石英或铁砂。预应力筋张拉时,砂箱装置中的砂被压实,承受横梁的反力。预应力筋放张时,将出砂口打开,砂缓慢流出,从而使预应力筋慢慢的放张。

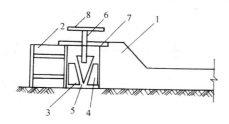 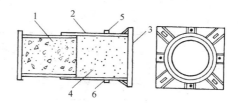

图 5-20　楔块装置放张预应力示意图　　　图 5-21　砂箱装置放张预应力示意图

1—台座;2—横梁;3、4—钢块;　　　　1—活塞;2—套箱;3—套箱底板;4—石英砂;

5—钢楔块;6—螺杆;7—承力板;8—螺母　　5—进砂口(ϕ25 螺丝);6—出砂口(ϕ16 螺丝)

楔块装置放张方法适用于预应力筋的张拉力不超过 300kN 的情况。砂箱装置的承载能力主要取决于桶壁厚度。可用于预应力筋的张拉力 1000kN 以上的情况。

(四)折线张拉工艺简介

桁架式或折线式吊车梁配置折线预应力筋,可充分发挥结构受力性能,节约钢材,减轻自重。折线预应力筋可采用垂直折线张拉(构件竖直灌筑)和水平折线张拉(构件平卧灌筑)两种方法。

1.垂直折线张拉

图 5-22 为利用槽形制作三榀 9m 折线式吊车梁的例子。预应力筋采用Φ^l12。三榀吊车梁共 12 个转折点。在上下转折点处设置上下承力架,以支承竖向力。预应力筋张拉可采用两端同时或分别按 25% σ_{con} 逐级加荷至 100% σ_{con} 的方式进行,以减少预应力损失。

折线张拉时,钢筋因转折摩擦引起应力损失,预应力损失值(σ_s),与转角大小及转折次数有关,可用下式表示:

$$\sigma_s = \left(1 - \frac{1}{e^{\mu n\theta}}\right) \cdot \sigma_{con} \tag{5-6}$$

式中　σ_s——由于转折所引起的预应力损失(N/mm^2);

　　σ_{con}——张拉端控制应力;

　　e——自然对数的底,取 2.718;

　　μ——转折处的摩擦系数;

　　n——转折次数;

　　θ——转折角度(以弧度计)。

为了减少摩擦,一般转折点不宜超过 10 个。另外,可将下承力架做成摆动支座,摆动位置用临时拉索控制。上承力架焊在两根工字钢梁上,工字钢梁搁置在台座上。为使应力均匀,还可在工字钢梁下设置千斤顶,将钢梁及承力架向上顶升一定的距离,以补足预应力(称

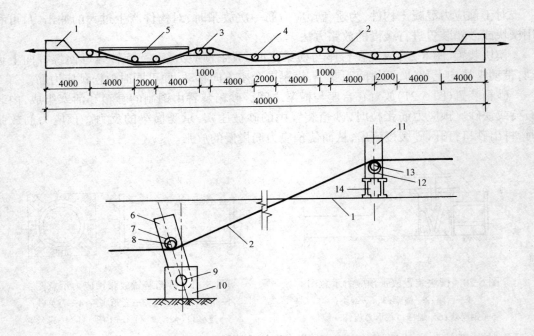

图 5-22　折线式吊车梁预应力筋垂直折线张拉示意图

1—台座；2—预应力筋；3—上支点(即圆钢管 12)；4—下支点(即圆钢管 7)；5—吊车梁；6—下承力架；
7、12—钢管；8、13—圆柱轴；9—连销；10—地锚；11—上承力架；14—工字钢梁

为横向张拉)。

　　钢筋张拉完毕后灌筑混凝土。当混凝土达一定强度后，两端同时放松钢筋，最后抽出弯折点的圆柱轴 8、13，只剩下支点钢管 7、12 埋在混凝土构件内(钢管直径 $D \geqslant 2.5$ 倍钢筋直径)。

2．水平折线张拉

　　图 5-23 为利用预制钢筋混凝土双肢柱作为台座压杆在现场成对生产 8 榀桁架式吊车梁的例子。在预制柱上相应钢丝弯折点处，套以钢筋抱箍 5，并装置短槽钢 7，连以焊结钢筋网

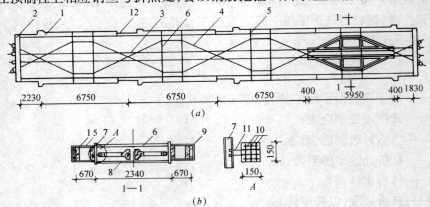

图 5-23　桁架式吊车梁预应力筋水平折线张拉示意图
(a)平面图；(b)预应力筋在转角处固定方法

1—台座；2—横梁；3—直线预应力筋；4—折线预应力筋；5—钢筋抱箍；6、8—木撑；7—8 号槽钢；
9—70×70 方木；10—3ϕ10 钢筋；11—2ϕ18 钢筋；12—砂浆填缝

144

片,预应力筋通过网片而弯折。为承受张拉时产生的横向张力,在短槽钢上安置木撑6、8。

两根折线钢筋可用四台千斤顶在两端同时张拉。或采用两台千斤顶同时在一端张拉后,再在另一端补张拉。为减少应力损失,可在转折点处采取横向张拉,以补足预应力。

第四节 后 张 法

后张法是在构件或块体上直接张拉预应力钢筋,不需要专门的台座。大型构件可分块制作,运到现场拼装,利用预应力筋连成整体。因此,后张法灵活性较大,适用于现场预制或工厂预制块体,现场拼装的大中型预应力构件、特种结构和构筑物等。随着预应力技术的发展,已逐渐从单个预应力构件发展到预应力结构,如大跨度大柱网的房屋结构、大跨度的桥梁、大型特种结构等等。但后张法施工工序较多,且锚具不能重复使用,耗钢量较大。

一、锚具及预应力筋的制作

锚具是后张法结构或构件中为保持预应力筋拉力并将其传递到混凝土上用的永久性锚固装置。不同于先张法,张拉夹具于张拉完毕可以回收重复使用。

目前常用的预应力筋有单根粗钢筋、钢筋束(钢绞线束)和钢丝束三种。这三种钢筋分别适用不同体系的锚具,钢筋的制作工艺也因锚具的不同而有所差异。下面分别介绍这三种预应力筋所适用的锚具及预应力筋的制作。

(一)单根预应力筋

1.单根预应力筋的锚具

(1)帮条锚具

由衬板和三根帮条焊接而成(图5-24),是单根预应力粗钢筋非张拉端用锚具。帮条采用与预应力钢筋同级别的钢筋,衬板采用 Q235 钢。

帮条安装时,三根帮条应互成120°,其与衬板相接触的截面应在一个垂直平面上,以免受力时产生扭曲。帮条的焊接宜在预应力钢筋冷拉前进行,施焊方向应由里向外,引弧及熄弧均应在帮条上,严禁在预应力钢筋上引弧,并严禁将地线搭在预应力钢筋上。焊接时应注意防止烧伤预应力筋并不允许有扭曲、变形现象。

(2)螺丝端杆锚具

由螺丝端杆、螺母及垫板组成(图5-25),是单根预应力粗钢筋张拉端常用的锚具。此锚具也可作为电热张拉时的锚具或先张法的夹具使用。

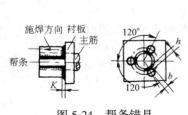

图 5-24 帮条锚具

K,b,h—焊缝尺寸

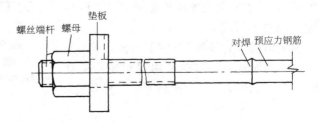

图 5-25 螺丝端杆锚具

螺丝端杆锚具的特点是将螺丝端杆与预应力筋对焊接成一个整体,对焊应在预应力钢筋冷拉前进行,以检验焊接质量。用张拉设备张拉螺丝杆,用螺母锚固预应力钢筋。螺丝端杆锚具的强度不得低于预应力钢筋的抗拉强度实测值。螺丝端杆可采用与预应力钢筋同级冷拉钢筋制作，也可采用冷拉或热处理45号钢制作。螺母与垫板均采用Q235钢。端杆的长度一般为320mm（当构件长度超过30m时，端杆的长度为370mm）；其净截面积大于或等于所对焊的预应力钢筋截面面积。

（3）精轧螺纹钢筋锚具

由螺母和垫板组成，适用于锚固直径25mm和32mm的高强精轧螺纹钢筋。

（4）单根钢绞线锚具

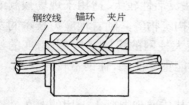

图5-26 单根钢绞线锚具

由锚环与夹片组成（图5-26）。夹片形状为三片式，斜角为4°。夹片的齿形为"短牙三角螺纹"，这是一种齿顶较宽，齿高较矮的特殊螺纹，强度高，耐腐蚀性强。

适用于锚固 $\phi^j 12$ 和 $\phi^j 15$ 钢绞线，锚具尺寸按钢绞线直径而定。也可作先张法的夹具使用。

2. 单根预应力筋的制作

预应力单根粗钢筋的制作一般包括下料、对焊、冷拉等工序。热处理钢筋及冷拉Ⅳ级钢筋宜采用切割机切断，不得采用电弧切割。预应力筋的下料长度应由计算确定，计算时应考虑锚夹具的厚度、对焊接头的压缩量、钢筋的冷拉率、弹性回缩率、张拉伸长值和构件长度等的影响。

为保证质量，冷拉宜采用控制应力的方法。若在一批钢筋中冷拉率分散性较大时，应尽可能把冷拉率相接近的钢筋对焊在一起，以保证钢筋冷拉应力的均匀性。

对焊接头的压缩量，包括钢筋与钢筋、钢筋与螺丝端杆的对焊压缩，通常一个接头的压缩量取一倍的钢筋直径。

预应力筋锚具的尺寸按设计规定采用或按规范选用。螺丝端杆外露在构件外的长度，是根据垫板厚度、螺帽厚度和拉伸机与螺丝端杆连接所需长度来确定，一般可取120～150mm。帮条锚具的长度是由帮条长度和垫板厚度确定，一般取70～80mm。镦头锚具的长度由镦头和垫板厚度确定，一般取50mm左右。镦头可将预应力筋端部镦粗后再与其他预应力筋对焊或先预制成镦头端杆，再与预应力筋对焊而成。

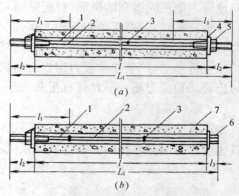

图5-27 粗钢筋下料长度计算示意图

（a）两端用螺丝端杆锚具；（b）一端用螺丝端杆锚具

1—螺丝端杆；2—预应力钢筋；3—对焊接头；4—垫板；5—螺母；6—帮条锚具；7—混凝土构件

预应力筋下料长度，可按下列公式计算：

（1）当预应力筋两端采用螺丝端杆锚具（图5-27）时，预应力筋的钢筋部分下料长度

$$L = \frac{L_0}{1 + r - \delta} + nl_0 \tag{5-7}$$

式中 L_0——预应力筋的钢筋部分的成品（冷拉、焊接后）长度：$L_0 = L_1 - 2l_1$

L_1——预应力钢筋成品全长（包括螺丝端杆在内冷拉后的全长）：$L_1 = l + 2l_2$

l——构件孔道长度；

146

l_2——螺丝端杆伸出构件外的长度,按下式计算:

张拉端:$l_2 = 2H + h + 5 \text{(mm)}$

锚固端:$l_2 = H + h + 10 \text{(mm)}$

其中 H 为螺母高度;h 为垫板厚度。

l_1——螺丝端杆长度;

r——钢筋冷拉率(由试验确定);

δ——钢筋冷拉弹性回缩率(由试验确定,一般取 $0.4\% \sim 0.6\%$);

l_0——每个对焊接头的压缩长度,(取一倍钢筋直径);

n——对焊接头的数量(包括钢筋与螺丝端杆的对焊)。

(2)当预应力筋一端采用螺丝端杆,另一端用帮条(或镦头)锚具(图5-27)时,预应力筋的下料长度的计算公式仍为(5-7)式,只是 L_1、L_0 取值有所不同,应按下式取值:

$$L_1 = l + l_2 + l_3$$
$$L_0 = L_1 - l_1$$

式中 l_3——镦头或帮条锚具长度(包括垫板厚度)。

(二)预应力钢筋束(钢绞线束)

1.预应力钢筋束(钢绞线束)锚具

(1)KT-Z 型锚具

又称可锻铸铁锥形锚具,由锚环与锚塞组成(图5-28),适用于锚固 $3 \sim 6$ 根直径 12mm 的冷拉螺纹钢筋与钢绞线束。锚环和锚塞均采用 KT37-12 或 KT35-1 可锻铸铁铸造成型。

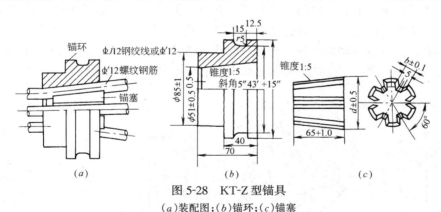

图 5-28 KT-Z 型锚具

(a)装配图;(b)锚环;(c)锚塞

(2)JM 型锚具

由锚环与夹片组成(图5-29)。JM 型锚具的夹片属于分体组合型,组合起来的夹片形成一个整体截锥形楔块,可以锚固多根预应力钢筋或钢绞线,因此锚环是单孔的。锚环和夹片均采用 45 号钢,经机械加工而成,成本较高。夹片呈扇形,靠两侧的半圆槽锚住预应力筋,为增加夹片与预应力筋之间的摩擦力,在半圆槽内刻有截面为梯形的齿痕,夹片背面的坡度与锚环内圈的坡度一致。JM 型锚具主要用于锚固 $3 \sim 6$ 根直径 12mm 的Ⅳ级冷拉钢筋束与 $4 \sim 6$ 根,直径 $12 \sim 15$mm 的钢绞线束。JM 型锚具通过实践证明优良好的锚固性能,预应力筋的滑移比较小,同时具有施工方便的优点。目前有些地区采用精密铸造及模锻的方法 JM 型生产铸钢锚具,解决了加工困难和成本高的问题。为 JM 型锚具推广开辟了新的途径。

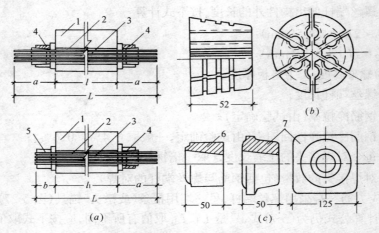

图 5-29　JM 型锚具

(a)预应力筋与锚具连接图;(b)JM12-6 型夹片;(c)JM12 型锚环

1—混凝土构件;2—孔道;3—钢筋束;4—JM12 型锚具;5—镦头锚具;6—甲型锚环;7—乙型锚环

JM 型锚具根据锚固的预应力筋的种类、强度及外形的不同,其尺寸、材料、齿形及硬度等有所差异,使用时应注意。

(3)群锚体系

XM、QM 和 OVM 锚具均为群锚体系,即在一块锚板上可锚固多根钢绞线。

1)XM 型锚具

由锚板和夹片组成(图 5-30(a))。锚板采用 45 号钢,锚孔沿锚板圆周排列,锚孔中心线倾角 1:20,锚板顶面应垂直于锚孔的中心线,以利于夹片均匀塞紧。夹片采用三片式,按 120°均分、斜开缝,开缝沿轴向的偏转角与钢绞线的扭角相反,不仅可锚固钢绞线,还可用于锚固钢丝束。这是一种齿顶较宽,齿高较矮的特殊螺纹,强度大,耐磨性强。

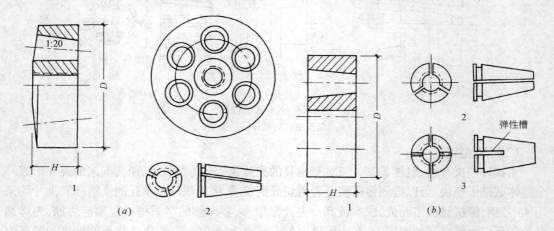

图 5-30　群锚体系

(a)XM 型锚具;(b)QM 与 OVM 型锚具

1. 锚板;2. 三片式夹片;3. 二片式夹片

XM 型锚具适用于锚固 $1\sim12\phi^j15$ 钢绞线,也可用于锚固钢丝束。其特点是每根钢绞线都是分开锚固的,任何一根钢绞线的锚固失效(如钢绞线拉断、夹片碎裂等),不会引起整束锚固失效。

XM型锚具可作工具锚与工作锚使用。当用于工具锚时,可在夹片和锚板之间涂抹一层固体润滑剂(如石墨、石蜡等),以利夹片松脱。用于工具锚时,使用次数不超过三次;然后该锚具转为工作锚使用。用于工作锚时,具有连续反复张拉的功能,可用行程不大的千斤顶张拉任意长度的钢绞线。

2) QM与OVM型锚具

由锚板与夹片组成(图5-30(b))。但与XM型锚具不同之点:锚孔是直的,锚板顶面是平的,夹片为三片式,垂直开缝,夹片内侧有倒锯形细齿。QM型锚具适用于锚固4~31ϕ^j12和3~19ϕ^j15钢绞线束。QM型锚具备有配套自动工具锚,张拉和退出十分方便。张拉时要使用QM型锚具的配套限位器。

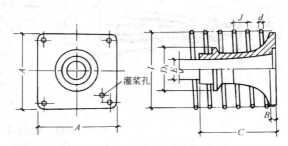

图5-31　QM型锚具喇叭管与螺旋筋

QM型锚具备有配套铸铁喇叭管与螺旋筋(图5-31),铸铁喇叭管是将端头垫板与喇叭管铸成整体,可解决混凝土承受大吨位局部压力及预应力孔道与端头垫板的垂直问题。由于灌浆孔设在垫板上,锚板尺寸可稍小。

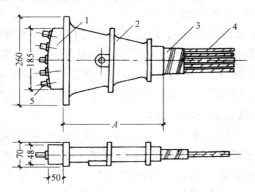

图5-32　BM15-5扁锚构造
1—扁锚板;2—扁型垫板与喇叭管;3—扁型
波纹管;4—钢绞线;5—夹片

OVM型锚具是在QM型锚具的基础上,将夹片改为二片式(图5-30(b)),以进一步方便施工,并在夹片背面上部锯有一条弹性槽,以提高锚固性能。

3) 扁锚体系

它由扁锚头、扁型垫板、扁型喇叭管及扁型管道等组成。(图5-32)它是为长江公路大桥的需要而开发的一种新型群锚。扁锚的特点:张拉槽口扁小,可减少混凝土板厚,单根张拉,施工方便。特别适用于空心板、T型梁、低高度箱梁及桥面横向预应力。

(4) 固定端锚具

1) 压花锚具　是利用液压轧花机将钢绞线端头压成梨型散花头的一种黏结式锚具。为提高压花锚四周混凝土抗裂强度,在散花头根部配置螺旋筋(图5-33(a))。

2) 镦头锚具　由锚固板和带镦头的预应力筋组成(图5-33(b))。当预应力钢筋束一端张拉时,在固定端可用这种锚具代替KT-Z型锚具或JM型锚具,以降低成本。

3) 挤压锚具(图5-33(c))　利用液压压头机将套在钢绞线端头上的套筒挤压,使套筒变细,紧夹住钢绞线形成挤压头。另外,套筒内衬有硬钢丝螺旋圈,在挤压力作用下,硬钢丝全部脆断,一半嵌入外钢套,一半压入钢绞线,从而增加钢套筒与钢绞线之间的摩阻力。

2．预应力钢筋束(钢绞线束)的制作

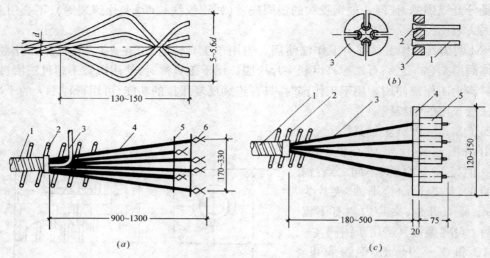

图 5-33　固定端锚具

(a)压花锚具；
1—波纹管；2—螺旋筋；3—灌浆管；4—钢绞线；5—构造筋；6—压花锚具
(b)镦头锚具；
1—预应力筋；2—镦粗头；3—锚固板
(c)挤压锚具
1—波纹管；2—螺旋筋；3—钢绞线；4—钢垫板；5—挤压锚具

　　预应力钢筋束的钢筋直径一般在 12mm 左右,成圆盘状供货。预应力筋制作一般包括开盘冷拉、下料和编束等工序。如用镦头锚具时,应增加镦头工序。

　　预应力钢筋束下料应在冷拉后进行。预应力钢绞线束为了减少钢绞线的构造变形和应力松弛损失,在张拉前,需经预拉。预拉应力值可采用钢绞线抗拉强度的 85%,预拉速度不宜过快,拉至规定应力后,应持荷 5～10min,然后放松。在钢绞线下料前应在切割口两侧各5cm 处用铁丝绑扎,切割后对切割口应立即焊牢,以免钢绞线松散。

　　预应力钢筋束或钢绞线束的编束,主要是为了保证穿筋在张拉时不发生扭结。编束工作一般把钢筋或钢绞线理顺后,用 18～22 号铁丝,每隔 1m 左右绑扎一道,形成束状,在穿筋时要注意防止钢筋束(钢绞线束)扭结。

　　当采用夹片式锚具,以穿心式千斤顶在构件

图 5-34　钢筋束下料长度计算简图
1—混凝土构件；2—孔道；3—钢筋束；4—夹片式工作锚；5—穿心式千斤顶；6—夹片式工具锚

上张拉(图 5-34)时,钢筋束或钢绞线束的下料长度 L 为:

两端张拉
$$L = l + 2(l_4 + l_5 + l_6 + 100) \qquad (5-8)$$

一端张拉
$$L = l + 2(l_4 + 100) + l_5 + l_6 \qquad (5-9)$$

式中　　l_4——夹片式工作锚厚度；

　　　　l_5——穿心式千斤顶长度；

　　　　l_6——夹片式工具锚厚度。

　　(三)预应力钢丝束

　　1.预应力钢丝束锚具

（1）钢丝束镦头锚具

适用于锚固任意根数 ϕ^s5 钢丝束。镦头锚具的型式与规格，可根据需要自行设计。常用的镦头锚具为 A 型和 B 型(图 5-35)。A 型由锚杯与螺母组成，用于张拉端；B 型为锚板，用于固定端，利用钢丝两端的镦头的进行锚固。钢丝镦头要在穿入锚杯或锚板后进行，镦头采用钢丝镦头机冷镦成型。

锚杯与锚板采用 45 号钢铁制作，螺母采用 30 号或 45 号钢制作。锚杯与锚板上的孔数由钢丝根数而定，孔洞间距应力求准确。

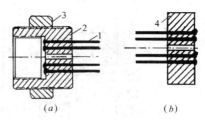

图 5-35　钢丝束镦头锚具
(a)张拉端镦头锚具；(b)固定端镦头锚具
1—钢丝；2—锚杯；3—螺母；4—锚板

预应力钢丝束张拉时，在锚杯内口拧上工具式拉杆，通过拉杆式千斤顶进行张拉，然后拧紧螺母将锚杯锚固。

（2）锥形螺杆锚具

由锥形螺杆、套筒、螺母、垫板组成(图 5-36)。适用于锚固 $14\sim28\phi^s5$ 钢丝束。

螺丝端杆锚具的安装需经过预紧，即先将钢丝束均匀整齐地紧贴在螺杆锥体部分，然后套上套筒，用手锤将套筒均匀地打紧，再用拉杆式千斤顶和工具式预紧器进行预紧，预紧用的张拉力为预应力筋张拉控制应力的 1.1 倍，将钢丝束牢固地锚固在锚具内(图 5-37)。因为锥形螺杆锚具外形较大，为了缩小构件孔道直径，所以一般仅需在构件两端将孔道扩大，因此，钢丝束锚具一端可事先安装，另一端则要将钢丝束穿入孔道后才能进行安装。

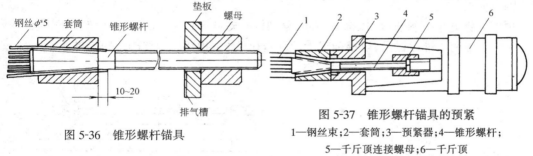

图 5-36　锥形螺杆锚具

图 5-37　锥形螺杆锚具的预紧
1—钢丝束；2—套筒；3—预紧器；4—锥形螺杆；
5—千斤顶连接螺母；6—千斤顶

（3）钢质锥形锚具（又称弗氏锚具）

由锚环和锚塞组成(图 5-38)。适用于锚固 $\phi6$、12、18 与 $24\phi^s5$ 钢丝束。

锚环采用 45 号钢制作，锚塞用 45 号钢或 T_7、T_8 碳素工具钢制作。锚环与锚塞的锥度应严格保持一致。锚塞表面加工成螺纹状小齿以保证钢丝与锚塞的啮合。

2．预应力钢丝束的制作

钢丝束的制作一般有调直、下料、编束和安装锚具等工序。其具体制作工艺随锚具形式而异。

用锥形螺杆锚具的钢丝束在制作时，为了保证每根钢丝下料长度相等，使在张拉预应力时每根钢丝的受力均匀一致，因此，要求钢丝在应力状态下切断下料称为"应力下料"。下料时的控制应力采用 $300N/mm^2$。

为保证钢丝束穿盘和张拉时不发生扭结，穿束前应逐根理顺，捆扎成束，不得紊乱。钢丝编束依所用锚具形式不同，编束方法也有差异。

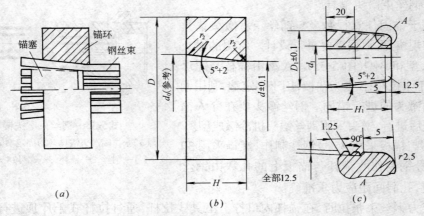

图 5-38 钢质锥形锚具

(a)装配图;(b)锚塞;(c)锚环

采用镦头锚具时,钢丝的一端可直接穿入锚杯,另一端在距端部约200mm处编束,以便穿锚板时钢丝不紊乱,钢丝束的中间部分可根据长度适当编扎几道。

采用钢质锥形锚具、锥形螺杆锚具时,编束前必须对同一束的钢丝直径进行测量,使同束钢丝直径相对误差控制0.1mm以内,以保证成束钢丝与锚具的可靠连接。编束工作是首先把钢丝理顺平放,然后每隔1m左右用22号铁丝将钢丝编成帘子状,如图5-39所示。最后,每隔1m放一个按端杆直径大小制成的钢丝弹簧圈作为衬圈,并将编好的钢丝帘绕衬圈围成圆束而成。

预应力钢丝束下料长度,依锚具不同,分别按下式计算:

(1)采用钢质锥形锚具,以锥锚式千斤顶张拉(图5-40)时,钢丝的下料长度 L 为:

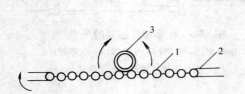

图 5-39 钢丝编束示意图

1—钢丝;2—铅丝;3—衬圈

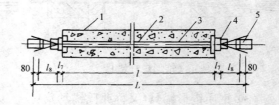

图 5-40 采用钢质锥形锚具时钢丝下料

1—混凝土构件;2—孔道;3—钢丝束;
4—钢质锥形锚具;5—锥锚式千斤顶

两端张拉 $$L = l + 2(l_7 + l_8 + 80) \qquad (5\text{-}10)$$

一端张拉 $$L = l + 2(l_7 + 80) + l_8 \qquad (5\text{-}11)$$

式中 l_7——锚环厚度;

l_8——YZ 式千斤顶的长度,如 YZ-850 型千斤顶长度为 470mm。

(2)采用镦头锚具,以拉杆式千斤顶在构件上张拉(图5-41)时,钢丝束的下料长度 L 为:

两端张拉 $$L = l + 2h_1 + 2b - (H_1 - H) - \Delta L - c \qquad (5\text{-}12)$$

一端张拉 $$L = l + 2h_1 + 2b - 0.5(H_1 - H) - \Delta L - c \qquad (5\text{-}13)$$

式中 l——孔道长度;

152

h_1——锚杯底部厚度或锚板厚度；

b——钢丝镦头留量(取钢丝直径的两倍)；

H_1——锚杯高度；

H——螺母高度；

ΔL——钢丝束张拉伸长值；

c——张拉时构件混凝土弹性的压缩值。

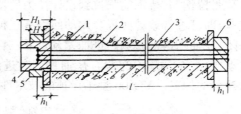

图 5-41 采用镦头锚时钢丝下料长度计算简图
1—混凝土构件；2—孔道；
3—钢丝束；4—锚环；5—螺母；6—锚板

二、张拉设备

张拉设备由液压千斤顶、供油用的高压油泵和外接油管三部分组成。

(一)千斤顶

在后张法中,目前常用的千斤顶有拉杆式千斤顶(代号为 YL)、穿心式千斤顶(代号为 YC)和锥锚式千斤顶(代号为 YZ)。千斤顶的选择主要依据锚具型式和总张拉力的大小。

为保证张拉预应力筋时张拉力值的准确,千斤顶使用一段时间就应该进行校验,一般千斤顶的校验期限不超过半年。关于千斤顶的校验,参考本章第三节有关内容。

1. 拉杆式千斤顶

拉杆式千斤顶有 YL600 型、L4000 型和 5000 型。最常用的拉杆式顶是 YL600 型千斤顶,它主要适用于螺丝端杆锚具或夹具及镦头锚具或夹具。其构造如图 5-42 所示。

其工作原理是 A 油嘴进油,B 油嘴回油,单向阀关闭,油缸 A、B 腔断绝,此时活塞拉杆

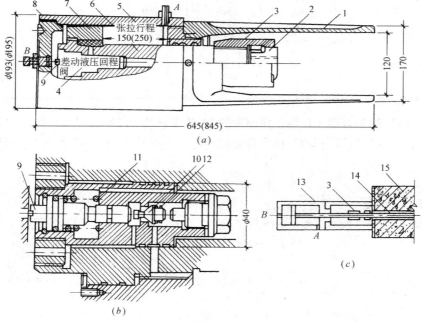

图 5-42 YL600 型拉杆式千斤顶
(a)YL600 型千斤顶；(b)差动液压回程阀；(c)YL600 型千斤顶工作原理图
1—撑脚；2—张拉头；3—连接头；4—差动液压回程阀；5—油缸；6—拉杆；7—活塞；
8—端盖；9—差动阀活塞杆；10—锥阀；11—回程弹簧；12—压力弹簧；13—YL600 型千斤顶；
14—螺丝端杆锚具；15—混凝土构件

左移张拉钢筋,待钢筋张拉到设计拉力后持荷,拧紧螺丝端杆上的螺母,此时预应力筋张拉完毕,即可进行差动回程。差动回程有三种控制方法可供选择:单路进油差动回程(A 油嘴关闭、B 油嘴进油);双路进油差动回程(A 油嘴卸荷后与 B 油嘴同时进油);带荷双路进油差动回程(A 油嘴不卸荷与 B 油嘴同时进油)。三种控制方法均可使活塞拉杆右移回复到张拉前的位置。YL600 型千斤顶的技术性能见表 5-4。

YL600 型千斤顶技术性能表　　　　　　　　　　　　表 5-4

项　目	单　位	数　据	项　目	单　位	数　据
额定油压	MPa	40	差动回程压面积	cm²	38
张拉缸液压面积	cm²	162.6	回程油压	N/mm²	<10
理论张拉力	kN	650	外形尺寸	mm	$\phi 193 \times 677$
公称张拉力	kN	600	净　重	kg	65
张拉行程	mm	150	配套油泵	ZB₄-500 型电动油泵	

2. 穿心式千斤顶

穿心式千斤顶是一种适应性较强的千斤顶,它既适用于 JM12 型、XM 型和 KT-Z 型锚具,配上撑脚、拉杆等附件后,也可作为拉杆式千斤顶使用,根据使用功能不同可分为 YC 型、YC-D 型与 YCQ 型系列产品。

常用的 YC 型千斤顶,技术性能见表 5-5。其中 YC600 型和 YC200D 型千斤顶较为常用。

YC 型穿心式千斤顶技术性能表　　　　　　　　　　表 5-5

项　目	单　位	YC180 型	YC200D 型	YC600 型	YC1200 型
额定油压	MPa	50	40	40	50
张拉缸液压面积	cm²	40.6	51	162.6	250
公称张拉力	kN	180	200	600	1200
张拉行程	mm	250	200	150	300
顶压缸活塞面积	cm²	13.5	—	84.2	113
顶压行程	mm	15	—	50	40
张拉缸回程液压面积	cm²	22	—	12.4	160
顶压方式		弹　簧	—	弹　簧	液　压
穿心孔径	mm	27	31	55	70

图 5-43 即为 YC600 型千斤顶工作原理图,A 油嘴进油、B 油嘴回油,张拉油缸带动工具锚左移张拉预应力筋。顶压锚固时,在保持张拉力稳定的条件下,B 油嘴进油,顶压活塞随即将

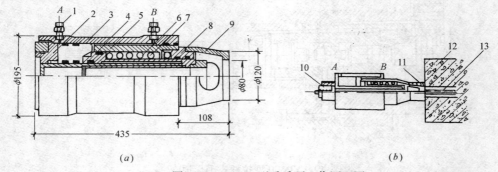

图 5-43　YC600 型千斤顶工作原理图
(a)YC600 型千斤顶构造;(b)YC600 型千斤顶工作原理
1—端盖螺母;2—端盖;3—张拉油缸;4—顶压活塞;5—顶压油缸;6—穿心套;7—回程弹簧;8—连接套;9—撑套;10—工具锚;11—预应力筋锚具;12—构件;13—预应力筋

154

夹片强力顶入锚环内锚固钢筋。张拉缸采用液压回程,此时 A 油嘴回油,B 油嘴进油。顶压活塞采用弹簧回程,此时 A、B 油嘴同时回油,顶压活塞在弹簧力作用下回程复位。

YCD 型千斤顶,主要适用于 XM 型锚具。YCQ 型千斤顶主要适用于 QM 型锚具。

3．锥锚式千斤顶

常用型号有 YZ380、YZ600 和 YZ850,主要适用于钢质锥形锚具。锥锚式千斤顶构造简图见图 5-44。当 A 油嘴进油,B 油嘴回油,主缸带动卡盘左移,固定在其上的钢丝束被张拉;达到设计张拉力后,关闭 A 油嘴,B 油嘴进油,随即由副缸顶压活塞杆将锚塞强力顶入锚环内。然后 A 油嘴回油,主缸右移回程复位;B 油嘴回油,在弹簧力作用下,顶压活塞杆左移复位。

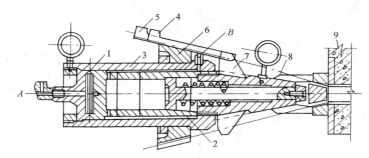

图 5-44　锥锚式千斤顶构造简图

1—主缸;2—副缸;3—退楔缸;4—楔块(张拉时位置);5—楔块(退出时位置);6—锥形卡环;
7—退楔翼片;8—锥形锚具;9—构件;A、B—进油嘴

（二）高压油泵

高压油泵主要为各种液压千斤顶供油,有手动和电动两类。目前常用的是电动高压油泵,它由油箱、供油系统的各种阀和油管、油压表及动力传动系统等组成。其技术性能见表 5-6。

电动高压油泵技术性能　　　　表 5-6

项　　　目	单　　位	$ZB_{0.8}$-50 型	$ZB_{0.8}$-63	ZB_4-50
额定油压	N/mm²	50	63	50(双路供油时为 40)
试验油压	N/mm²	62.5	78.8	57.5
理论流量	L/min	0.95	0.72	
电动机功率	kW	0.75		3.0
油箱容量	L	12		50
重　　量	kg	35		120

$ZB_{0.8}$-50 型和 $ZB_{0.6}$-63 型系电动小油泵,是同一构造的两种系列产品,主要用于小吨位预应力千斤顶和液压镦头器。如对张拉速度无特殊要求时,也可用于中等预应力千斤顶。该油泵自重轻、操作简单、携带方便,对现场预应力施工尤为适用。

ZB_4-50 型电动油泵是目前常用的拉伸机油泵,主要与额定压力不大于 50N/mm² 的中等吨位的预应力千斤顶配套使用,也可供对流量无特殊要求的大吨位千斤顶和对油泵自重无特殊要求的小吨位千斤顶使用,还可供液压镦头用。

此外,还有 ZB10/320-4/800 型大流量、超高压的变量电动油泵,主要与张拉力 1000kN 以上或工作压力在 50N/mm² 以上的预应力液压千斤顶配套使用。

三、后张法施工工艺

后张法施工工艺流程如图 5-45,下面仅对的孔道留设、预应力筋张拉和孔道灌浆主要工序进行介绍。

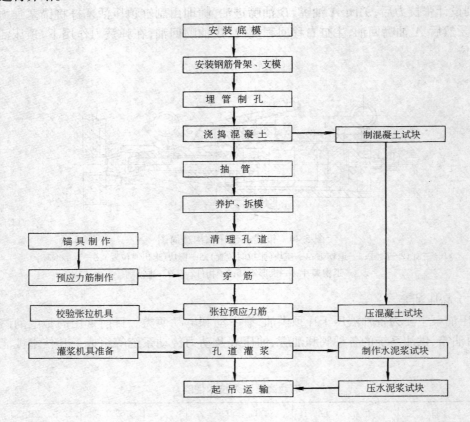

图 5-45 后张法施工工艺流程

(一) 孔道留设

孔道留设正确与否,是制作过程中的关键之一。孔道的直径一般比预应力筋(束)外径(包括钢筋对焊接头处外径或必须穿过孔道的锚具外径)大 10~15mm,以利于预应力筋穿入。孔道的留设方法有抽芯法和预埋管法。

1. 抽芯法

抽芯法一般有两种,即钢管抽芯法与胶管抽芯法。

(1) 钢管抽芯法

这种方法大都用于留设直线孔道时,预先将钢管埋设在模板内的孔道位置处。钢管要平直,表面要光滑,每根长度最好不超过 15m,钢管两端应各伸出构件约 500mm 左右。较长的构件可采用两根钢管,中间用套管连接(如图 5-46)。在混凝土浇筑过程中和混凝土初凝后,每间隔一定时间慢慢转动钢管,不让混凝土与钢管粘牢,等到混凝土终凝前抽出钢管。

抽管过早,会造成坍孔事故;太晚,则混凝土与钢管粘结牢固,抽管困难。常温下抽管时间,约在混凝土浇灌后 3～6h。抽管顺序宜先上后下,抽管可采用人工或用卷扬机,速度必须均匀,边抽边转,与孔道保持直线。抽管后应及时检查孔道情况,做好孔道清理工作。

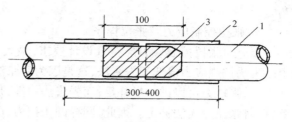

图 5-46　钢管连接方式
1—钢管;2—白铁皮套管;3—硬木塞

（2）胶管抽芯法

此方法不仅可以留设直线孔道,亦可留设曲线孔道,胶管弹性好,便于弯曲,一般有 5 层或 7 层夹布胶管和钢丝网橡皮管两种。胶管具有一定弹性,在拉力作用下,其断面能缩小,故在混凝土初凝后即可把胶管抽拔出来。夹布胶管质软,必须在管内充气或充水。在浇筑混凝土前,胶皮管中充入压力为 0.6～0.8MPa 的压缩空气或压力水,此时胶皮管直径可增大 3mm 左右,然后浇筑混凝土,待混凝土初凝后,放出压缩空气或压力水,胶管孔径变小,并与混凝土脱离,随即抽出胶管,形成孔道。胶管中也可以用钢筋芯棒加劲,以防孔道变形。抽拔管时,先拔出钢筋,即可拔出胶管。胶管不允许在混凝土硬化过程中漏气或漏水。在施工中要随时注意防止钢筋头或铁丝刺破胶管,并随时补足气或水,以保证孔道尺寸。抽管顺序,一般应为先上后下,先曲后直。

一般采用钢筋井字形网架固定管子在模内的位置,井字网架间距:钢管 1～2m 左右;胶管直线段一般为 500mm 左右,曲线段为 300～400mm 左右。

2．预埋管法

将金属波纹管预先埋在构件中,形成孔道。

金属波纹软管是由镀锌薄钢带经波纹卷管机压波卷成,具有重量轻、刚度好、弯折方便、连接简单、与混凝土粘结较好等优点。目前我国生产的波纹管外形有单纹与双纹两种,波纹管的内径为 50～100mm,管壁厚 0.25～0.3mm。除圆形管外,近年来又研制成一种扁形波纹管,可用于板式结构中,扁管的长边边长为短边边长的 2.5～4.5 倍。

用金属波纹软管留孔,可以根据设计的任意曲线形状固定于模板内,采用 600～1000mm 间距的井字形钢筋托架或吊架,该托架或吊架均应与构件的非预应力钢筋可靠固定在一起。采用波纹管的孔道成型法,应特别注意防止波纹管在绑扎钢筋和浇筑混凝土时被压扁或破损漏浆,给下一道工序造成极大的困难。

预埋管法可直接把下好料的钢丝、钢绞线在孔道成型前就穿入波纹管中,这样可以省掉穿束工序。

对连续结构中呈波浪状布置的曲线束,且高差较大时,应在孔道的每个峰顶处设置泌水孔;起伏较大的曲线孔道,应在弯曲的低点处设置排水孔;对于较长的直线孔道,应每隔 12～15m 左右设置排气孔。泌水孔、排气孔必要时可考虑作为灌浆孔用。波纹管的连接可采用大一号的同型波纹管,接头管的长度为 200mm,密封胶带封口。

（二）预应力筋张拉

1．混凝土的张拉强度

预应力筋的张拉是制作预应力构件的关键,必须按规范有关规定精心施工。张拉时构件或结构的混凝土强度应符合设计要求,当设计无具体要求时,不应低于设计强度标准值的

75%。

2．张拉控制应力及张拉程序

预应力张拉控制应力应符合设计要求，最大张拉控制应力不能超过表 5-2 的规定。其中后张法控制应力值低于先张法，这是因为后张法构件在张拉钢筋的同时，混凝土已受到弹性压缩，张拉力可以进一步补足；而先张法构件，是在预应力筋放松后，混凝土才受到弹性压缩，这时张拉力无法补足。因此，同样的张拉力，后张法最后建立的预应力值比先张法要高，所以后张法的控制应力值略低于先张法。此外，混凝土的收缩、徐变引起的预应力损失，后张法也比先张法小。

为了减少预应力筋的松弛损失等，与先张法一样采用超张拉法，其张拉程序为：

$$0 \to 1.05\sigma_{con} \xrightarrow{\text{持荷 2min}} \sigma_{con}$$

或 $0 \to 1.03\sigma_{con}$

施工时，注意严格控制预应力筋的超张拉应力值，冷拉Ⅱ、Ⅲ、Ⅳ级钢筋的不得超过屈服点的 90%；碳素钢丝、钢绞线不得超过标准强度的 75%；冷拔低碳钢丝、热处理钢筋不得超过标准强度的 70%。

3．张拉方法

张拉方法有一端张拉和两端张拉。两端张拉，宜先在一端张拉，再在另一端补足张拉力。如有多根可一端张拉的预应力筋，宜将这些预应力筋的张拉端分别设在结构的两端。

长度不大的直线预应力筋，可一端张拉。曲线预应力筋应两端张拉。抽芯成孔的直线预应力筋，长度大于 24m 应两端张拉；不大于 24m 可一端张拉。预埋波纹管成孔的直线预应力筋，长度大于 30m 应两端张拉；不大于 30m 可一端张拉。竖向预应力结构宜采用两端分别张拉，且以下端张拉为主。

安装张拉设备时，应使直线预应力筋张拉力的作用线与孔道中心线重合；曲线预应力筋张拉力的作用线与孔道中心线末端的切线重合。

4．预应力值的校核

张拉控制应力值除了靠油压表读数来控制，在张拉时还应测定预应力筋的实际伸长值。若实际伸长值与计算伸长值相差 10% 以上时，应检查原因，修正后再重新张拉。预应力筋的计算伸长值可由下式求得：

$$\Delta L = \frac{\sigma_{con}}{E_g}L \tag{5-14}$$

式中 ΔL——预应力筋的伸长值(mm)；

σ_{con}——预应力筋张拉控制应力(N/mm²)；

E_g——预应力筋的弹性模量(N/mm²)；

L——预应力筋的长度(mm)。

上式如需超张拉，σ_{con} 取实际超张拉的应力值。

5．张拉顺序

选择合理的张拉顺序是保证质量的重要一环。当构件或结构有多根预应力筋(束)时，应采用分批张拉，此时按设计规定进行，如设计无规定或受设备限制必须改变时，则应经核算确定。张拉时宜对称进行，避免引起偏心。在进行预应力筋张拉时，可采用一端张拉法，亦可采用两端同时张拉法。当采用一端张拉时,为了克服孔道摩擦力的影响,使预应力筋的应力得以均匀传递,采用反复张拉 2~3 次,可以达到较好的效果。

采用分批张拉时,应考虑后批张拉预应力筋所产生的混凝土弹性压缩对先批预应力筋的影响;即应在先批张拉的预应力筋的张拉应力中增加 $\dfrac{E_g}{E_h}\sigma_h$;

先批张拉的预应力筋的控制应力 σ_{con}^1 应为:

$$\sigma_{con}^1 = \sigma_{con} + \frac{E_g}{E_h}\sigma_h \tag{5-15}$$

其中　　σ_{con}^1——先批预应力筋张拉控制应力;

　　　　σ_{con}——设计控制应力(即后批预应力筋张拉控制应力);

　　　　E_g——预应力筋弹性模量;

　　　　E_h——混凝土弹性模量;

　　　　σ_h——张拉后批预应力筋时在已张拉预应力筋重心处产生的混凝土法向应力。

对于平卧叠浇制的构件,张拉时应考虑由于上下层间的摩阻引起的预应力损失,可由上至下逐层加大张拉力。对于钢丝、钢绞线、热处理钢筋,底层张拉力不宜比顶层张拉力大5%;对于冷拉 Ⅱ~Ⅳ 级钢筋,底层张拉力不宜比顶层张拉力大 9%,且不得超过最大张拉控制应力允许值(参考表 5-2)。

(三)孔道灌浆

预应力筋张拉、锚固完成后,应立即进行孔道灌浆工作,以防锈蚀,增加结构的耐久性。

灌浆用的水泥浆,除应满足强度和粘结力的要求外,应具有较大的流动性和较小的干缩性、泌水性。应采用标号不低于 425 号普通硅酸盐水泥;水灰比宜为 0.4 左右。对于空隙大的孔道可采用水泥砂浆灌浆,水泥浆及水泥砂浆的强度均不得小于 20N/mm²。为增加灌浆密实度和强度,可使用一定比例的膨胀剂和减水剂。减水剂和膨胀剂均应事前检验,不得含有导致预应力钢材锈蚀的物质。建议拌合后的收缩率应小于 2%,自由膨胀率不大于 5%。

灌浆前孔道应湿润、洁净。对于水平孔道,灌浆顺序应先灌下层孔道,后灌上层孔道。对于竖直孔道,应自下而上分段灌注,每段高度视施工条件而定,下段顶部及上段底部应分别设置排气孔和灌浆孔。灌浆压力 0.5~0.6MPa 为宜。灌浆应缓慢均匀地进行,不得中断,并应排气通畅。不掺外加剂的水泥浆,可采用二次灌浆法,以提高密实度。

第五节　无粘结预应力混凝土施工工艺

无粘结后张预应力 80 年代初应用于实际工程中。无粘结后张预应力混凝土是在浇灌混凝土之前,把预先加工好的无粘结筋与普通钢筋一样直接放置在模板内,然后浇筑混凝土,待混凝土达到设计强度时,即可进行张拉。它与有粘结预应力混凝土所不同之处就在于:不需在放置预应力筋的部位预先留设孔道和沿孔道穿筋;预应力筋张拉完后,不需进行孔道灌浆。现场的施工作业,无粘结比有粘结简单,可大量减少现场施工工序。由于无粘结预应力筋表面涂上了润滑的防腐油脂及塑料外包层,使其与混凝土之间没有粘结,可以自由地滑动,故可直接张拉锚固。

1. 无粘结预应力筋的制作

无粘结筋(图 5-47)的制作是无粘结后张预应力混凝土施工中的主要工序。无粘结筋一般由钢丝、钢绞线等柔性较好的预应力钢材制作,当用电热法张拉时,亦可用冷拉钢筋制作。

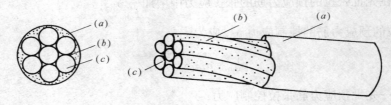

图 5-47 无粘结后张预应力筋
(a)塑料外包层;(b)防腐润滑脂;(c)钢绞线(或碳素钢丝束)

无粘结筋的涂料层应由防腐材料制作,一般防腐材料可以用沥青、油脂、蜡、环氧树脂或塑料。涂料应具有良好的延性及韧性;在全部操作过程及一定的温度范围内(至少在 $-20\sim70℃$)不流淌、不变脆、不开裂;应具有化学稳定性,与钢、水泥以及护套材料均无化学反应,不透水、不吸湿,防腐性能好;润滑性能好,摩擦阻力小,如规范要求防腐油脂涂料层无粘结筋的张拉摩擦系数不应大于 0.12,防腐沥青涂料则不应大于 0.25。

无粘结筋的护套材料可以用纸带或塑料带包缠或用注塑套管。护套材料应具有足够的抗拉强度及韧性,以免在工作现场或因运输、储存、安装引起难以修复的损坏和磨损;要求其防水性及抗腐蚀性强;低温不脆化、高温化学稳定性高;对周围材料无侵蚀性。如用塑料作为外包材料时,还应具有抗老化性能。高密度的聚乙烯和聚丙烯塑料就具有较好的韧性和耐久性;低温下不易发脆;高温下化学稳定性较好,并具有较高的抗磨损和抗蠕变能力。但这种塑料目前我国产量还较低,价格昂贵。我国目前用高压低密度的聚乙烯塑料通过专门的注塑设备挤压成型,将涂有防腐油脂层的预应力筋包裹上一层塑料。(图 5-48)。

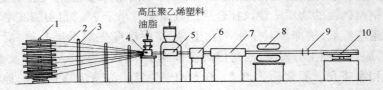

图 5-48 挤压涂层工艺流水线
1—放线盘;2—钢丝;3—梳子板;4—给油装置;5—塑料挤压机机头;6—风冷装置;
7—水冷装置;8—牵引机;9—定位支架;10—收线盘

2. 无粘结筋的铺放

无粘结筋的铺设工序通常在绑扎完底筋后进行。无粘结筋铺放的曲率,可用垫铁马凳,或其他构造措施控制。其放置间距不宜大于 2m,用铁丝与粘结筋扎紧。铺设双向配筋的无粘结筋时,应先铺放标高低的无粘结筋,再铺放标高较高的无粘结筋,应尽量避免两个方向的无粘结筋相互穿插编结。绑扎无粘结筋时,应先在两端拉紧,同时从中往两端绑扎定位。

浇筑混凝土前应对无粘结筋进行检查验收,如各控制点的矢高、端头连杆外露尺寸是否合格;塑料保护套有无脱落和歪斜;固定端镦头与锚板是否贴紧,无粘结筋涂层有无破损等,合格后方可浇筑混凝土。

3. 无粘结筋的张拉

无粘结预应力束的张拉与有粘结预应力钢丝束的张拉相似。张拉程序一般采用0→103%σ_{con}，然后进行锚固。由于无粘结预应力束常为曲线配筋，固应采用两端同时张拉。

成束无粘结筋正式张拉前，宜先用千斤顶往复抽动几次，以降低张拉摩擦损失。实验表明，进行三次张拉时，第三次的摩阻损失值可比第一次降低16.8%～49.1%。在张拉过程中，当有个别钢丝发生滑脱或断裂时，可相应降低张拉力，但滑脱或断裂的根数，不应超过结构同一截面钢丝总根数的2%。

4. 锚头端部的处理

无粘结预应力束通常采用镦头锚具，外径较大，钢丝束两端留有一定长度的孔道，其直径略大于锚具的外径。钢丝束张拉锚固以后，其端部便留下孔道，且该部分钢丝没有涂层，必须采取保护措施，防止钢丝锈蚀。

无粘结预应力束锚头端部处理的办法，目前常用的有两种办法：一是在孔道中注入油脂并加以封闭。二是在两端留设的孔道内注入环氧树脂水泥砂浆，将端部孔道全部灌注密实，以防预应力筋发生局部锈蚀。灌筑用环氧树脂水泥砂浆的强度不得低于35MPa。灌浆时同时将锚杯内也用环氧树脂水泥砂浆封闭，即可防止钢丝锈蚀，又可起锚固作用。最后浇筑混凝土或外包钢筋混凝土，或用环氧砂浆将锚具封闭。用混凝土做堵头封闭时，要防止产生收缩裂缝。当不能采用混凝土或环氧砂浆作封闭保护时，预应力筋锚具要全部涂刷抗锈漆或油脂，并加其他保护措施。

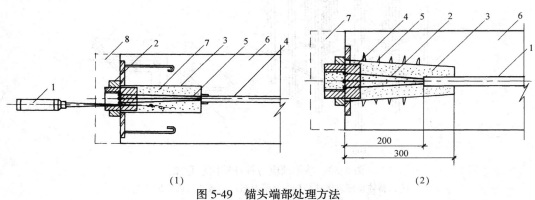

（1）　　　　　　　　　　　　　　　（2）

图5-49　锚头端部处理方法

（1）锚头端部处理方法之一

1—油枪；2—锚具；3—端部孔道；4—有涂层的无粘结预应力束；
5—无涂层的端部钢丝；6—构件；7—注入孔道的油脂；8—混凝土封闭

（2）锚头端部处理方法之二

1—无粘结预应力束；2—无涂层的端部钢丝；3—环氧树脂水泥砂浆；
4—锚具；5—端部加固螺旋钢筋；6—构件；7—混凝土封闭

第六节　整体预应力结构施工

预应力混凝土除了可用来生产构件，还可以应用于装配或现浇整体式混凝土结构。房屋整体预应力即在施工现场以整幢房屋为对象对起水平或垂直方向施加预应力,也可以水平和垂直方向同时施加预应力,使房屋结构的竖向、水平或全部形成整体,以改善或增强结构的整体性能。整体预应力可提高房屋的抗侧力和抗扭转的能力,遇有小震时,不致出现裂缝,遇有强震将产生裂缝和变形,但地震停止,裂缝和变形较易恢复原状。整体预应力结构具有抗震性能好、工业化程度高、建筑开间增大布置灵活、减轻重量、技术经济指标好等优点。

一、整体预应力板柱结构体系特点

整体预应力板柱结构(图 5-50),以预制楼板和柱为基本构件。柱截面尺寸常为 30cm×30cm、35cm×35cm、40cm×40cm。楼板一般预制成 20cm 厚的整块密肋楼板。板与柱接触面间的立缝中灌入砂浆或细石混凝土形成平接接头,在楼板与楼板之间的明槽中设置直线形或折线形预应力筋,然后对整个楼层施加双向预应力,使之形成整体空间结构(图 5-51、图 5-52)。楼板依靠预应力的静摩擦力支承在柱上,板柱之间形成预应力摩擦节点。这是一种新型的结构体系,它改变了传统的"搁支传力"的习惯做法。板柱之间形成的摩擦节点(如图 5-50 所示)是整体预应力板柱结构的关键部位。摩擦节点在双向预应力作用下,加上垂直荷载,节点处于三向受压状态,具有良好的强度和刚度,节点核芯区柱的混凝土具有较强的抗剪能力,这对抗震十分有利。

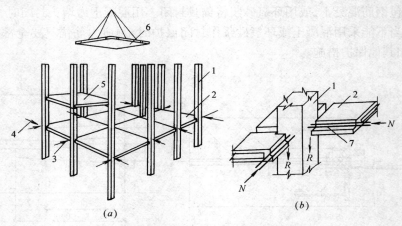

图 5-50 整体预应力板柱结构示意图

(a)整体预应力板柱结构安装示意图;(b)板与柱的摩擦节点

1—柱;2—楼板;3—纵向预应力;4—横向预应力;5—安装就位的楼板;6—正在吊装的楼板;7—预应力筋

在垂直荷载作用下,摩擦节点抗剪安全度可按下式计算:

$$k = \frac{Q_1 + Q_2}{Q} \tag{5-16}$$

式中　k——摩擦节点抗剪安全系数;

Q_1——水平预压力能承担的剪力:

$$Q_1 = \mu \cdot N$$

其中　μ——摩擦系数(取 0.7);

N——使用阶段预应力筋的有效预压力;

Q_2——压折钢筋产生的剪力;

Q——垂直荷载作用下的节点剪力。

整体预应力板柱结构主要由柱、楼板、剪力墙、边梁、与阳台板等构件组成。

1）柱　通常采用矩形截面的无牛腿柱,柱的长度一般作成3层为一节,并在楼层标高范围内预留有双向预应力筋的孔道。柱之间的连接可采用焊接、榫接头或浆锚接头。

2）楼板　每个柱网单元可以采用一块楼板或多块拼装楼板。楼板型式通常采用矩形平面双向带肋楼板（图5-52）,在楼梯间为大开孔楼板。楼板与柱连接的板角留有直角缺口。板角采用实心三角形加肋

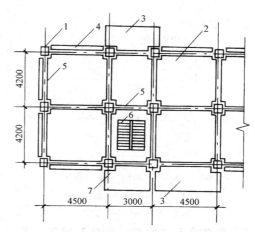

图 5-51　整体预应力板柱结构平面示意图
1—柱;2—楼板;3—阳台板;4—边梁;
5—剪力墙;6—楼梯;7—雨篷

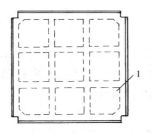
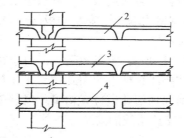

图 5-52　楼板
1—楼板平面图;2—井式楼板;3—带平顶楼板;4—空心式填心楼板

块,增加节点区的强度和刚度,以适应传递和承受整体预应力的需要。

3）剪力墙　整体预应力板柱结构,由于板柱节点组成的框架,抗侧力刚度比普通钢筋混凝土框架小,需设置剪力墙。剪力墙有现浇和预制两种。

地震裂度较高的地区的建筑或高层建筑易采用现浇钢筋混凝土剪力墙。现浇剪力墙施工应在楼层预应力张拉完成后进行。剪力墙的竖向钢筋应贯通整个楼层,横向钢筋与柱的预留钢筋搭接焊牢,然后支模板、浇筑混凝土。

对多层建筑,通常多采用预制钢筋混凝土剪力墙,一个开间一个楼层高度可用一整块墙板。剪力墙横向或纵向预留孔道,穿入预应力筋,进行水平或垂直方向预应力张拉。

4）边梁　沿着建筑物四周在没有阳台板的部位需设置边梁,支承在两柱之间,其作用是形成柱间边支撑与楼板共同承担预应力,并作为外墙的支托（图5-53）。

5）阳台板　位于边柱轴线外,板角与柱接触处留有直角缺口,亦是通过预应力筋与结构拼接在一起,预应力筋设于阳台板与楼板之间明槽中或穿过阳台板预留沟槽,在阳台外边缘锚固（图5-54）。

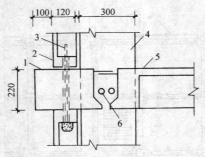

图 5-53 边梁与结构拼接示意图

1—边梁;2—外墙板;3—插筋;
4—柱;5—楼板;6—预应力筋

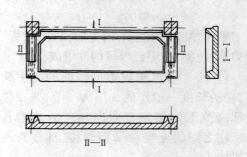

图 5-54 阳台板

二、整体预应力板柱结构体系施工工艺

(一) 构件安装

根据整体预应力板柱结构特点,在楼层结构安装前,必须设置临时支撑系统,以便搁置楼层的预制构件(包括楼板、阳台板、边梁、垫块等)。结构安装顺序一般为安装(或接长)柱——安装预制剪力墙——安装楼板——安装边梁与阳台板——校正、灌缝、张拉。

1. 柱的安装

柱一般分段预制,重量较轻。但由于整体预应力的特点,柱的双向均有穿预应力筋的预留孔,安装柱要注意柱上预留孔位置上下的一致性。其偏差若大于5mm,应在基础抄平时加以调整,确保预留孔道位置精确。以避免预应力筋折角造成预应力损失。

2. 临时支撑系统的安装

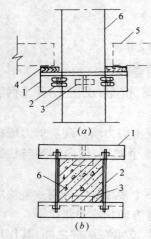

图 5-55 柱侧钢支托

(a)立面图;(b)平面图

1—角钢;2—螺栓;3—凸块;
4—木垫板;5—楼板;6—柱

安装楼层构件用的临时支撑有柱侧钢支托、中间支撑。对临时支撑要求具有足够承载能力,可靠的结构稳定性,构造简单,装拆方便。并且在施加预应力时,对结构变形不产生约束作用。

(1) 柱侧钢支托

柱侧钢支托是由一对背面焊有15m厚凸块的角钢和两对螺栓组成。安装时,将凸块嵌入柱侧的预留槽内,并拧紧螺栓。靠夹紧螺栓产生的摩擦力及凸块在柱侧预留凹槽内的支承力支撑上部荷载(图5-55)。

(2) 拼板斜支撑

拼装楼板的中间支撑,当下层楼板由于拼缝处灌缝的混凝土强度还不高而不能直接承受上层自重及施工荷载时,可采用拼板斜支撑(图5-56)。

3. 楼板安装

楼板安装一般以2~3层为一施工段,安装时,整块楼板超过柱顶后从柱网之间平稳下落,搁置在柱侧临时钢支托上。楼板安装顺序是先安装中间跨,再安装边跨,且每跨均从中轴线开始,这样可减少柱的位移。楼板就位时,要严格控制板柱之间接缝宽度,一般不小于15mm,间隙太小将会给板柱之间灌

164

注接缝砂浆造成困难,但为保证预应力的传递,板柱之间接缝宽度也不要大于45mm。楼板安装完后,再安装边梁、阳台板等。

板柱之间接缝在结构中起着传递预应力的作用。板柱接缝施工时,应严格保证接缝的施工质量,严格配比,认真捣实,加强养护。接缝水泥砂浆应满足高强、早强、微膨胀等要求。通常采用微膨胀快硬高强水泥砂浆,(一天强度达30MPa以上)。当接缝宽度大于30mm时,应采用同等级的细石混凝土灌缝。待灌缝砂浆强度达到设计要求时,即可穿入预应力筋进行张拉工作。

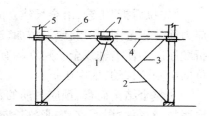

图5-56 拼板用斜支撑
1—抱箍;2—梯杆;3—腹杆;4—横杆;
5—柱;6—楼板;7—垫块

(二) 预应力筋的张拉

预应力混凝土板柱结构双向预应力筋的张拉,是在整个楼层柱网纵横各轴线处的相邻楼板间槽内进行的。通过双向施加预应力,使预制楼板与柱装配成整体。预应力筋常用碳素钢丝与钢绞线。锚具可根据预应力筋的配置形式与数量进行选型和设计,通常可选用钢质锥形锚具、XM型锚具和镦头螺杆锚具等。根据所选用锚具型式和张拉力大小,选择张拉设备类型,例如可以选YC180、YC200穿心式千斤顶和YL600型拉杆式千斤顶,进行预应力筋张拉。

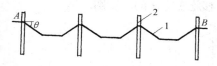

图5-57 楼板折线筋示意图
1—折线筋;2—柱

预应力筋张拉可分为明槽直线张拉和明槽折线张拉(图5-57)两种。明槽折线张拉又可分为"先拉后折"与"先折后拉"两种工艺方法。

"先拉后折"工艺是在楼层预应力筋直线张拉完成后进行压折。压折设备可用手动螺旋压折器和液压压折器(图5-58)。压折器勾住楼板底部,压力油推动缸体并带动压块向下运动,迫使预应力筋下折,当压折到位后,在板肋预留孔中插入销杆将预应力筋固定,也可用"土"字形钢拉杆,上端拉着预应力筋,下端钩挂在楼板底部加以固定(图5-59)。

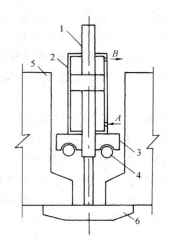

图5-58 液压压折器
1—活塞杆;2—缸体;3—压块;4—预应力筋;
5—楼板;6—条形垫块;A—进油孔;B—回油孔

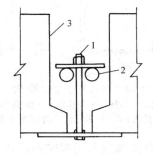

图5-59 "土"字形钢拉杆
1—拉杆;2—预应力筋;3—楼板

165

"先拉后折"工艺,沿全长建立的预应力是比较均匀的,之后通过每压折一次,就会在预应力筋一定范围内引起应力增加,进行应力重新分布。最后形成的应力分布情况取决于压折顺序。为使沿轴线全长建立的有效预应力比较均匀,应先折压中间跨,然后在由两端跨对称向中间跨移动,依次压折。

对整个结构而言,预应力筋的张拉顺序一般为:竖向安排上由一层开始逐层向上至屋顶层张拉,对每一层而言,先张拉长向的纵轴线预应力筋,后张拉短向的横轴线预应力筋;对于各轴线之间的张拉顺序,则先中柱后边柱,对称交叉张拉;对于每一轴线多根预应力筋张拉,则应对角线对称分批张拉。长向纵轴线的预应力筋,由于长度较长,宜采用两端张拉,即一端先行张拉,另一端补张拉至 $103\% \sigma_{con}$,然后锚固的张拉工艺。短向横轴线的预应力筋,由于长度较短,可采用一端张拉工艺。

在预应力筋的张拉过程中,由于板、柱以及接缝砂浆的弹性压缩,将产生柱底弯矩和柱顶位移。短向横轴线预应力筋张拉时,影响较小,可忽略不计。长向纵轴线预应力筋张拉时,必须预先估计由于预应力作用产生的柱顶位移,可在预应力筋张拉之前,采取对柱施加强迫反位移法,来消除或减小预应力对柱产生的次应力和位移。例如,如图 5-60 所示,预先估计板、柱及接缝砂浆的弹性压缩值为 7mm,则对纵轴线两端 3~4 根柱,在施加预应力之前,强迫柱反位移分别为 3.5mm、3.0mm、2.5mm、2.0mm。然后浇筑板柱之间的接缝砂浆,待砂浆强度达到 30MPa 时,最后张拉预应力筋。图 5-61 是强迫柱子反位移施工方法的示意图。

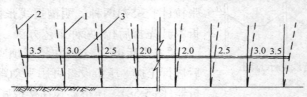

图 5-60　张拉前柱子反位移情况
1—柱正常位置;2—柱反位移后位置;3—预应力筋

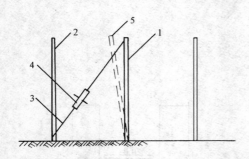

图 5-61　强迫柱子反位移方法
1—强迫位移柱;2—相邻柱;3—钢筋拉杆;
4—花篮螺丝;5—强迫位移后柱的位置

(三)孔道灌浆及楼板明槽混凝土浇筑

在完成预应力筋张拉和压折以后,应及时进行柱上预应力孔道灌浆和楼板明槽混凝土浇筑作业。柱孔灌浆可用振捣灌浆法或压浆法,灌浆须饱满密实。

在明槽混凝土浇筑完毕且强度达到 15MPa 以后,可采用气焊切割锚具外多余的预应力筋,其切割点应离锚具外皮 30~50mm,并严禁采用大剪刀剪断钢丝或用电弧切割预应力筋。在锚具外多余的预应力筋切割完毕后,锚头应及早用混凝土封固,保护层厚度不小于 50mm。

三、整体预应力框架结构简介

整体预应力框架结构形式主要有装配整体预应力框架和现浇整体预应力框架。

装配整体预应力框架是由预制柱、预制框架槽梁和预应力空心板等基本构件组成,如图5-62 所示。预应力筋布置在预制框架槽梁中心的空间内。其施工工艺与预应力板柱结构基本相同。

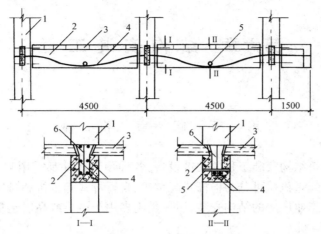

图 5-62　装配整体式预应力框架结构示意图

1—柱子;2—槽形框架梁;3—预应力空心板;

4—预应力筋;5—ϕ30 长 280 插销;6—二次浇筑混凝土

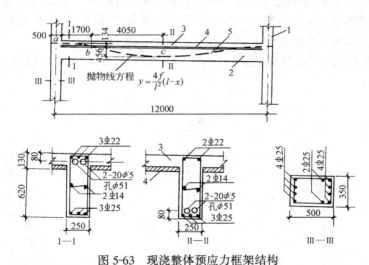

图 5-63　现浇整体预应力框架结构

1—框架柱;2—框架梁;3—现浇叠合层;4—预制预应力混凝土薄板;5—预应力筋

　　现浇整体预应力框架结构(图 5-63)施工中,现浇钢筋混凝土框架梁用后张法施加预应力。楼板可采用预应力叠合楼板,也可采用预制的预应力空心板。预应力叠合楼板是由预制的预应力薄板与现浇叠合层组成。预应力薄板厚度一般为 50mm,施工时可做永久性模板使用,现浇叠合层厚度按设计要求而定,一般为 60～90mm。这种结构形式与普通框架相比,可扩大空间,减轻结构自重,降低楼层高度;由于采用了预应力叠合楼板,与现浇板比较,可节省大量模板,施工方便,与预制楼板相比,整体性和抗震性好,可减少楼板厚度。因此,现浇整体预应力框架结构是一种比较好的结构形式。

第六章 结构安装工程

第一节 起重机械

起重机械是建筑结构安装工程的关键设备,各种预制构件都需用起重机械将其安放到设计位置。常用的起重机械可分为桅杆式起重机、自行杆式起重机和塔式起重机等三大类。前两类多用于单层工业厂房的结构安装,后一类则多用于多层或高层建筑的结构安装。

一、桅杆式起重机

桅杆式起重机是用木材或金属材料制作的起重设备。它制作简单、拆装方便、起重量较大(可达 100t 以上),受地形限制小,能用于其他起重机不能安装的一些特殊结构和设备的安装。尤其是在交通不便的地区进行结构安装时,因大型设备不能运入现场,桅杆式起重机有着不可替代的作用。但因其服务半径小,移动较困难,需要设置较多的缆风绳,故一般仅用于结构安装工程量集中的工程。

桅杆式起重机可分为:独脚把杆、人字把杆、悬臂把杆和牵缆式桅杆起重机等,如图6-1~图6-4 所示。

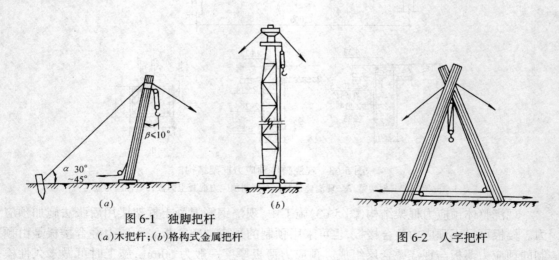

图 6-1　独脚把杆

(a)木把杆;(b)格构式金属把杆

图 6-2　人字把杆

二、自行杆式起重机

建筑工程中常用的自行杆式起重机有履带式起重机、汽车式起重机和轮胎式起重机三种。如图 6-5~图 6-7 所示。

三、塔式起重机

塔式起重机(如图 6-8)是一种塔身直立,起重臂安在塔身顶部且可作 360°回转的起重机。一般可按行走机构、变幅方式、回转机构的位置以及爬升方式的不同而分成若干类型。

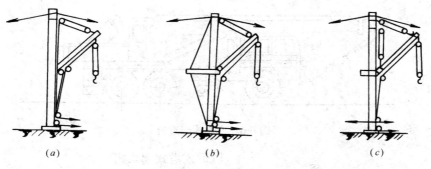

图 6-3　悬臂把杆

(a)一般形式；(b)带加劲杆；(c)起重悬臂可沿把杆升降

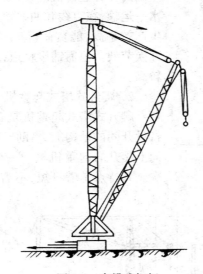

图 6-4　牵缆式把杆

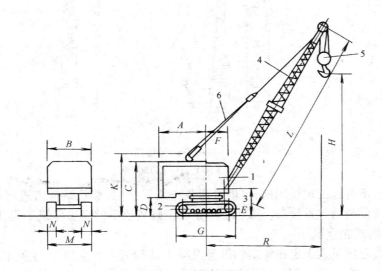

图 6-5　履带式起重机

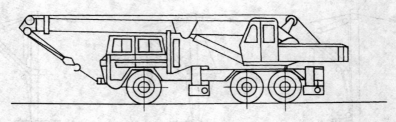

图 6-6　汽车式起重机

1. 轨道式塔式起重机

轨道式塔式起重机是在多层房屋施工中应用最为广泛的一种起重机。该机种类繁多,能同时完成垂直和水平运输,在直线和曲线轨道上均能运行,且使用安全,生产效率高,能负荷行走,起重高度可按需要增减塔身互换节架。但需铺设轨道,装拆、转移费工费时,台班费较高。

2. 爬升式塔式起重机

爬升式塔式起重机是安装在建筑物内部电梯井或特设开间的结构上,借助于爬升机构随建筑物的升高而向上爬升的起重机械。一般每隔 1~2 层楼便爬升一次。其特点是塔身短,不需轨道和附着装置,用钢量相

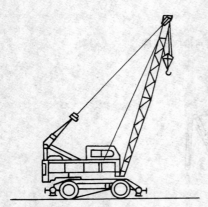

图 6-7　轮胎式起重机

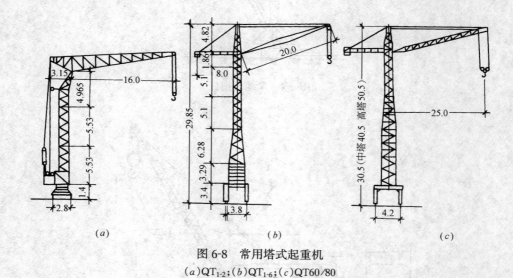

图 6-8　常用塔式起重机

(a)QT$_{1-2}$;(b)QT$_{1-6}$;(c)QT60/80

对较省,造价低,不占施工现场用地;但塔机荷载作用于楼层,建筑结构需进行相对加固,拆卸时需在屋面架设辅助起重设备。该机适用于施工现场狭窄的高层建筑工程(图 6-9)。

3. 附着式塔式起重机

附着式塔式起重机是固定在建筑物近旁混凝土基础上的起重机械,它可借助顶升系统将塔身自行向上接高,从而满足施工进度的要求。为了减小塔身的计算长度,应每隔 20m

左右将塔身与建筑物用锚固装置相连(图6-
10),多用于高层建筑施工。附着式塔式起重
机还可安在建筑物内部作为爬升式塔式起重
机使用,亦可作轨道式塔式起重机使用。
QT$_4$-10型附着式塔式起重机,起重力矩可达
1600kN·m,最大起重量可达5～10t,起重半
径3～30m,并可根据建筑物建造高度自行接
高(每次接高2.5m),最大起吊高度160m。

四、起重设备

结构吊装工程施工中除了起重机外,还要
使用许多辅助工具及设备,如卷扬机、钢丝绳、
滑轮组、横吊梁等。

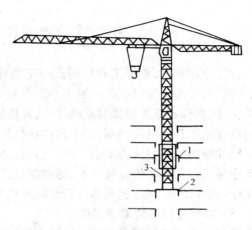

图6-9 爬升式塔式起重机

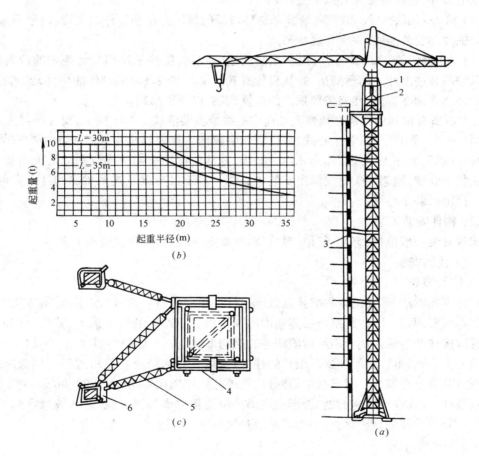

图6-10 附着式塔式起重机

第二节　单层工业厂房结构吊装

在工业建筑中,单层工业厂房占一定的比例。其主要承重结构由基础、柱、吊车梁、屋架、天窗架、屋面板等组成。一般中小型单层工业厂房的承重结构多数采用装配式钢筋混凝土结构,除基础在施工现浇就地浇注外,其他构件多采用钢筋混凝土预制构件;尺寸大且重的构件在施工现场就地预制;中小构件在构件厂预制,运至现场吊装。重型厂房多采用钢结构。因此结构吊装便成为单层工业厂房施工的重要环节。

单层工业厂房结构安装阶段,除选择合适的施工机械外,还应着重解决吊装前的一些准备工作、构件吊装方法、起重机开行路线及构件平面布置等问题。

一、构件吊装前的准备工作

单层工业厂房结构吊装前的准备工作除清理好场地、压实道路、敷设水、电管线并安排好排水措施外,还要着重做好以下工作。

(1) 检查厂房的轴线和跨距,清除基础杯口里的垃圾。在基础杯口上面、内壁及底面弹出定位轴线和安装准线,并将杯底抄平。

(2) 在预制厂制作的构件,可以在吊装前运至现场,按施工组织设计规定的位置堆放,也可以按吊装进度计划随运随吊,并认真检查其质量。在现场就地制作的构件,要制定现场预制构件的平面布置图,严格按照规定的位置预制,以便于吊装。

(3) 对所有预制构件都必须弹上几何中心线或安装准线。对于柱子,要在柱身三面(两个小面,一个大面)标出吊装中心线,在柱顶与牛腿面上还要标出屋架及吊车梁的安装中心线。对于屋架,要在上弦顶面标出几何中心线,并从跨度中央向两端分别标出天窗架、屋面板的安装中心线,屋架端头也要标出安装中心线。对于吊车梁及连系梁等构件要在两端头及顶面标出吊装中心线。

二、构件安装工艺

构件安装一般包括:绑扎、起吊、对位、临时固定、校正和最后固定等工序。

(一) 柱的安装

1. 柱的绑扎

柱的绑扎方法、绑扎位置和绑扎点数应视柱的形状、长度、截面、配筋、起吊方法及起重机性能等因素而定。因柱起吊时吊离地面的瞬间由自重产生的弯矩最大,其最合理的绑扎点位置应按柱产生的正负弯矩绝对值相等的原则来确定。一般中小型柱(自重 13t 以下)大多采用一点绑扎;重柱或配筋少而细长的柱(如抗风柱),为防止在起吊过程中柱身断裂,常采用两点甚至三点绑扎。对于有牛腿的柱,其绑扎点应选在牛腿以下 200mm 处。工字形断面和双肢柱,应选在矩形断面处,否则应在绑扎位置用方木加固翼缘,防止翼缘在起吊时损坏。按柱起吊后柱身是否垂直,分为直吊法和斜吊法,相应的绑扎方法有:

(1) 斜吊绑扎法

当柱平卧起吊的抗弯能力满足要求时,可采用斜吊绑扎(图 6-11)。该方法的特点是柱不需翻身,起重钩可低于柱顶,当柱身较长,起重机臂长不够时,用此法较方便,但因柱身倾斜,就位时对中较困难。

(2) 直吊绑扎法

当柱平卧起吊的抗弯能力不足时,吊装前需先将柱翻身后再绑扎起吊,这时就要采取直吊绑扎法(图6-12)。该方法的特点是吊索从柱的两侧引出,上端通过卡环或滑轮挂在铁扁担上;起吊时,铁扁担位于柱顶上,柱身呈垂直状态,便于柱垂直插入杯口和对中、校正。但由于铁扁担高于柱顶,须用较长的起重臂。

（3）两点绑扎法

当柱身较长,一点绑扎和抗弯能力不足时可采用两点绑扎起吊(图6-13)。

2.柱的起吊

柱子起吊方法主要有旋转法和滑行法。按使用机械数量可分为单机起吊和双机抬吊。

（1）单机吊装

1）旋转法 起重机边升钩,边回转起重臂,使

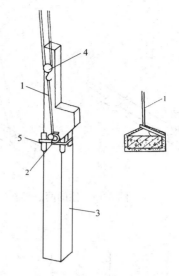

图 6-11　柱的斜吊绑扎法

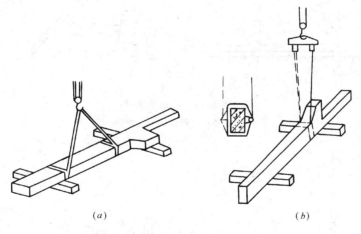

(a)　　　　　　　　(b)

图 6-12　柱的翻身及直吊绑扎法

柱绕柱脚旋转而呈直立状态,然后将其插入杯口中(图6-14)。其特点是:柱在平面布置时,柱脚靠近基础,为使其在起吊过程中保持一定的回转半径(起重臂不起伏),应使柱的绑扎点、柱脚中心和杯口中心点三点共弧。该弧所在圆的圆心即为起重机的回转中心,半径为圆心到绑扎点的距离。若施工现场受到限制,不能布置成三点共弧,则可采用绑扎点与基础中心或柱脚与基础中心两点共弧布置。但在起吊过程中,需改变回转半径和起重臂仰角,工效低且安全度较差。旋转法吊升柱振动小,生产效率较高,但对起重机的机动性要求高。此法多用于中小型柱的吊装。

2）滑行法 柱起吊时,起重机只升钩,起重臂不转动,使柱脚沿地面滑升逐渐直立,然后插入基础杯口(图6-15)。采用此法起吊时,柱的绑扎点布置在杯口附近,并与杯口中心位于起重机的同一工作半径的圆弧上,以便将柱子吊离地面后,稍转动起重臂杆,即可就位。采用滑行法吊柱,具有以下特点:在起吊过程中起重机只须转动起重臂即可吊柱就位,比较

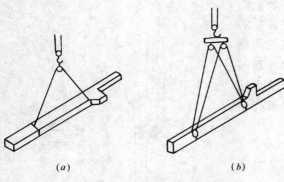

图 6-13 柱的两点绑扎法

安全。但柱在滑行过程中受到振动,使构件、吊具和起重机产生附加内力。为了减少滑行阻力,可在柱脚下面设置托木或滚筒。滑行法用于柱较重、较长或起重机在安全荷载下的回转半径不够;现场狭窄,柱无法按旋转法排放布置;或采用桅杆式起重机吊装等情况。

（2）双机抬吊

当柱子体型、重量较大,一台起重机为性能所限,不能满足吊装要求时,可采用两台起重机联合起吊。其起吊方法可

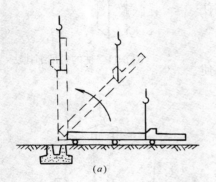
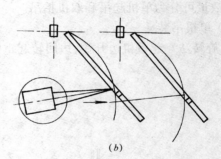

图 6-14　旋转法吊柱
（a）旋转过程;（b）平面布置

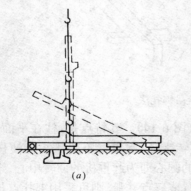
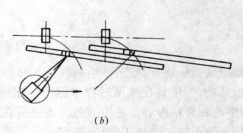

图 6-15　滑行法吊柱
（a）滑行过程;（b）平面布置

采用旋转法(两点抬吊)和滑行法(一点抬吊)。

双机抬吊旋转法是用一台起重机抬柱的上吊点,另一台抬柱的下吊点,柱的布置应使两个吊点与基础中心分别处于起重半径的圆弧上;两台起重机并立于柱的一侧(图 6-16)。

起吊时,两机同时同速升钩,至柱离地面 0.3m 高度时,停止上升;然后,两起重机的起重臂同时向杯口旋转;此时,从动起重机 A 只旋转不提升,主动起重机 B 则边旋转边提升

174

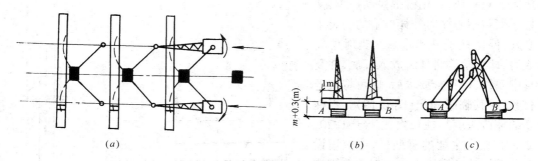

图 6-16　双机抬吊旋转法

(a)柱的平面布置;(b)双机同时提升吊钩;(c)双机同时向杯口旋转

吊钩直至柱直立,双机以等速缓慢落钩,将柱插入杯口中。

　　双机抬吊滑行法柱的平面布置与单机起吊滑行法基本相同。两台起重机相对而立,其吊钩均应位于基础上方(图 6-17)。起吊时,两台起重机以相同的升钩、降钩、旋转速度工作,故宜选择型号相同的起重机。

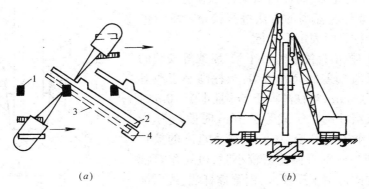

图 6-17　双机抬吊滑行法

1—基础;2—柱预制位置;3—柱翻身后位置;4—滚动支座

　　采用双机抬吊,为使各机的负荷均不超过该机的起重能力,应进行负荷分配(图 6-18),其计算方法如下:

$$P_1 = 1.25Q\,\frac{d_1}{d_1 + d_2} \tag{6-1}$$

$$P_2 = 1.25Q\,\frac{d_2}{d_1 + d_2} \tag{6-2}$$

式中　Q——柱的重量(t);

　　　P_1——第一台起重机的负荷(t);

　　　P_2——第二台起重机的负荷(t);

　　d_1,d_2——分别为起重机吊点至柱重心的距离(m);

　　1.25——双机抬吊可能引起的超负荷系数,若有不超荷的保证措施,可不乘此系数。

　　3. 柱的对位与临时固定

　　柱脚插入杯口后,应悬离杯底 30~50mm 处进行对位。对位时,应先沿柱子四周向杯口放入8只楔块，并用撬棍拨动柱脚，使柱子安装中心线对准杯口上的安装中心线，保持柱子基本垂直。当对位完成后，即可落钩将柱脚放入杯底，并复查中心线，待符合要求后，即可将楔子打紧，使其临时固定（图6-19）。当柱基的杯口深度与柱长之比小于1/20，或具有较大牛腿的重型柱，还应增设带花篮螺丝的缆风绳或加斜撑等措施加强柱临时固定的稳定性。

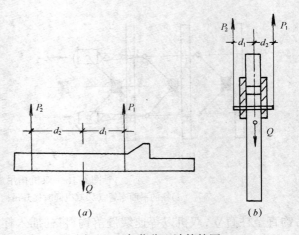

图6-18 负荷分配计算简图
（a）两点抬吊；（b）一点抬吊

4.柱的校正

柱的校正包括平面位置校正、垂直度校正和标高校正。

平面位置的校正，在柱临时固定前进行对位时就已完成，而柱标高则在吊装前已通过按实际柱长调整杯底标高的方法进行校正。垂直度的校正，则应在柱临时固定后进行。

柱垂直度的校正直接影响吊车梁，屋架等安装的准确性，要求垂直偏差的允许值为：当柱高小于或等于5m时偏差为5mm；当柱高大于5m且小于10m时偏差为10mm；当柱高大于或等于10m时偏差为1/1000柱高并且小于或等于20mm。柱垂直度的校正方法：对中小型柱或垂直偏差值较小时，可用敲打楔块法；对重型柱则可用千斤顶法、钢管撑杆法、缆风绳校正法（图6-20）。

5.柱的最后固定

柱校正后，应将楔块以每两个一组对称、均匀、分次打紧，并立即进行最后固定。其方法是在柱脚与杯口的空隙中浇筑比柱混凝土强度等级高一级的细石混凝土。混凝土的浇筑分两次进行。第一次浇至楔块底面，待混凝土达到25%的强度后，拔去楔块，再浇筑第二次混凝土至杯口顶面，并进行养护；待第二次浇筑的混凝土强度达到75%设计强度后，方能安装上部构件。

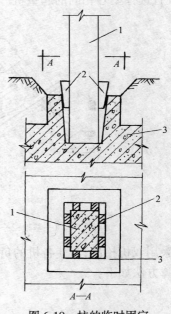

图6-19 柱的临时固定
1—柱；2—楔块；3—基础

（二）吊车梁的安装

吊车梁的安装，必须在柱子杯口二次浇筑混凝土的强度达到70%以后进行。

1.绑扎、起吊、就位、临时固定

吊车梁均用对称的两点绑扎，两根索具等长以便梁身保持水平。梁的两端设拉绳控制，避免悬空时晃动碰撞柱子。就位时应缓慢落钩，以便对线；由于柱子在纵轴方向刚度较差，因此梁就位时，不宜在纵轴方向用撬棍撬动，仅用垫铁垫平即可。当吊围梁的梁高与梁宽之比大于

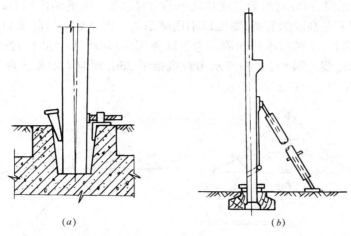

图 6-20 柱的垂直度校正方法
(a)千斤顶校正法；(b)钢管撑杆法

4 时,要用铅丝将梁捆在柱上,作为临时固定,以防倾倒。吊车梁的吊装如图 6-21 所示。

2. 校正、最后固定

吊车梁就位后应作标高、平面位置和垂直度的校正。梁的标高校正主要取决于牛腿的标高,只要柱子的标高准确,其误差就不致太大。倘若误差需要校正,待安装轨道时调整即可。平面位置的校正,主要是检查吊车梁纵轴线两列中车梁之间的跨距是否符合要求,规范规定轴线偏差不得大于 5mm。吊车梁平面位置的检查可用拉钢丝法、仪器放线法、边吊边校法等方法。吊车梁垂直度的安装偏差应小于 5mm。可用靠尺绳锤来校核。经检查超过规定时,可用铁片垫平。吊车梁的最后固定,是在校正完

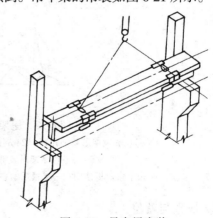

图 6-21 吊车梁安装

毕后,将梁与柱上的预埋件焊牢,并在接头处支模,浇灌细石混凝土。

(三)屋架的安装

装配式钢筋混凝土屋架,一般在现场平卧迭浇。安装的施工顺序为绑扎、翻身就位、起吊、对位、临时固定、校正和最后固定。

1. 绑扎

屋架的绑扎点,一般选在上弦节点处,对称于屋架的重心。吊点的数目及位置与屋架的形式和跨度有关,应经吊装验算确定,一般设计部门在施工图中均有标明。翻身或立直屋架时吊索与水平线的夹角不宜小于 60°,吊装时不宜小于 45°,以免屋架承受过大的横向压力。

图 6-22 所示为屋架翻身和吊装的几种绑扎方法。图 6-22(a)所示为 18m 钢筋混凝土屋架吊装的绑扎情况,用两根吊索 A、C、E 三点绑扎。这种屋架翻身时,应绑于 A、B、D、E 四点。图 6-22(b)所示为 24m 钢筋混凝土屋架翻身和吊装的绑扎情况,用两根吊索 A、B、C、D 四点绑扎。图 6-22(c)所示为 30m 钢筋混凝土屋架翻身和吊装的绑扎情况。这里使

用了 9m 长的横吊梁，以降低吊装高度和减小吊索对屋架上弦的轴向压力，如起重机吊杆长度可以满足屋架安装高度的需要，则可以不用横吊梁。图 6-22(d) 所示为组合屋架吊装的绑扎情况，四点绑扎，下弦绑木杆加固。当下弦为型钢，其跨度不大于 12m 时，可采用两点绑扎进行翻身和吊装。图 6-22(e) 所示为双机抬吊 36m 预应力混凝土屋架的一种绑扎情况，每台起重机吊 A、B、C 三点。

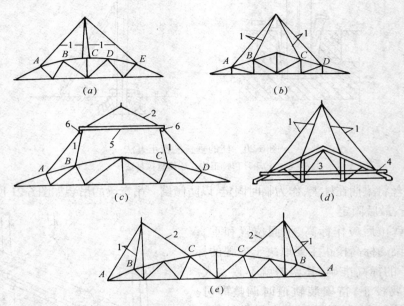

图 6-22　屋架反身和吊装的绑扎方法

(a)18m 屋架吊装绑扎；(b)24m 屋架翻身和吊装绑扎；(c)30m 屋架吊装绑扎；

(d)组合屋架吊装绑扎；(e)36m 屋架双机抬吊绑扎

1—长吊索对折使用；2—单根吊索；3—加固木杆；4—铅丝；5—横吊梁；6—单门滑车

2．扶直与就位

钢筋混凝土屋架一般在施工现场平卧浇灌，在安装前，要翻身扶直并将其吊运至预定地点就位。因屋架侧向刚度差，扶直时由于自重影响，改变了杆件的受力性质，极易造成屋架损伤，因此应采取加固措施。

扶直屋架时由于起重机与屋架的相对位置不同，可分为正向扶直与反向扶直。

1) 正向扶直　起重机位于屋架下弦一边，扶直时，吊钩对准上弦中点，收紧吊钩，然后稍起臂，使混凝土屋架脱模，随即升钩、起臂，使屋架以下弦为轴缓慢转为直立状态。如图 6-23(a) 所示。

2) 反向扶直　起重机位于屋架上弦一边，吊钩对准上弦中点，收紧吊钩，稍起臂，随之升钩、降臂，使屋架绕下弦转动而直立，如图 6-23(b) 所示。

两种扶直方法的不同点是在扶直过程中，一为起钩升臂，一为起钩降臂，其目的是保持吊钩始终在上弦中点的垂直上方。升臂比降臂易于操作，也比较安全。屋架扶直后，应立即进行就位。就位的位置与屋架的安装方法、起重机的性能有关，除要注意少占场地，便于吊装还应考虑屋架的安装顺序、两头朝向等问题。一般靠柱边斜放或以 3～5 榀为一组平等柱

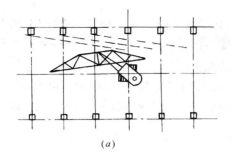
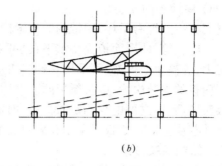

(a) (b)

图 6-23 屋架的扶直
(a)正向扶直；(b)反向扶直

边就位,就位范围在布置预制构件平面图时应加以确定。就位位置与屋架预制位置在起重机开行路线同一侧时,叫作同侧就位;否则叫作异侧就位。采用哪种就位方法,应视现场具体情况而定。屋架就位后,应用 8 号铁丝、支撑等与已安装的柱或已就位的屋架相互拉牢,以保持稳定。

3.吊升、对位与临时固定

先将屋架吊离地面约 300mm,然后将屋架转至吊装位置下方,再将屋架提升到超过柱顶约 300mm 的位置,此时用事先已绑在屋架上的两根拉绳,旋转屋架,使其基本对准安装轴线,随之缓慢落钩进行对位,待屋架的端部轴线与柱顶轴线重合后,即可作临时固定。第一榀屋架的临时固定必须牢靠,其固定方法是用 4 根缆风绳从两边将屋架拉牢,也可将屋架与抗风柱连接作为临时固定。以后的各榀屋架,可用屋架校正器作临时固定,如图 6-24 所示。15m 跨以内的屋架用一根校正器,18m 跨以上的屋架用两根校正器。屋架临时固定稳妥后,起重机方可脱钩。

4.校正与最后固定

屋架经对位、临时固定后,主要校正垂直度偏差。规范规定,屋架上弦跨中对通过两支座中心垂直面的偏差不得大于 $h/250$(h 为屋架高度)。检查屋架竖向垂直度的偏差,可用挂线卡子在屋架下弦一侧的外侧一段距离拉线,并在上弦用同样距离挂线锤检查,跨度在 24m 以内的屋架,检查跨中一点,有天窗架时,检查两点。30m 以上的屋架,检查两点。当使用两根校正器同时校正时,摇手柄的方向必须相同,快慢也应基本一致。

图 6-24 屋架的临时固定和校正
1—第一榀屋架上揽风;2—卡在屋架下弦的挂线卡子;
3—校正器;4—卡在屋架上弦的挂线卡子;5—线锤;6—屋架

伸缩缝处的一对屋架,可用小校正器临时固定和校正。屋架校正时也可借助于安放于地面的经纬仪进行检查。屋架经校正后,就可上紧锚栓或电焊作最后固定。用电焊作最后固定时,应避免同时在屋架两端的同一侧施焊,以免因焊缝收缩使屋架倾斜。屋架最后固定并安装了若干块大型屋面板后,方可将临时固定的支撑取下。

（四）屋面板的安装

屋面板一般埋有吊环,用带钩的吊索钩住吊环即可安装。屋面板有四个吊环,因此四根吊索拉力应相等,使屋面板保持水平,也可采用横吊梁钩吊屋面板。为了充分发挥起重机的起重能力,提高生产效率,可采用一钩多块迭吊法或平吊法。

屋面板的安装次序,应自屋架两端对称地逐块铺向屋架跨中,以避免屋架荷载不对称。屋面板对位后,应立即电焊固定,每块屋面板至少有三个角与屋架或天窗架焊牢,必须保证焊缝尺寸与质量。空心板必须堵孔后再安装。

三、结构安装方案

单层工业厂房结构安装方案的主要内容有:起重机的选择、结构安装方法,起重机开行路线及停机点的确定、构件平面布置等。

（一）起重机的选择

起重机的选择直接影响到构件安装方法,起重机开行路线与停机点位置、构件平面布置等在安装工程中占有重要地位。起重机的选择包含起重机类型的选择和起重机型号的确定两方面内容。

（二）结构安装方法

单层工业厂房的结构安装方法,有分件安装法和综合安装法两种。

1. 分件安装法(又称大流水法)

分件安装法是起重机每开行一次只安装一种或几种构件。通常起重机分三次开行安装完单层工业厂房的全部构件(图6-25)。

这种安装法的一般顺序是:起重机第一次开行,安装完全部柱子并对柱子进行校正和最后固定;第二次开行,安装全部吊车梁、连系梁及柱间支撑等;第三次开行,按节间安装屋架、天窗架、屋盖支撑及屋面构件(如檩条、屋面板、天沟等)。

分件安装法的主要优点是:构件校正、固定有足够的时间;构件可分批进场,供应较单一,安装现场不致过分拥挤,平面布置较简单;起重机每次开行吊同类型构件,索具勿需经常更换,安装效率高。其缺点是不能为后续工序及早提供工作面,起重机开行路线长。

2. 综合安装法(又称节间安装法)

综合安装法是起重机每移动一次就安装完一个节间内的全部构件。即先安装这一节间柱子,校正固定后立即安装该节间内的吊车梁、屋架及屋面构件,待安装完这一节间全部构件后,起重机移至下一节间进行安装(图6-26)。

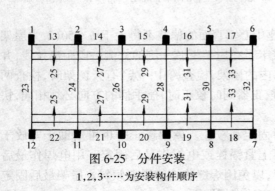

图6-25 分件安装
1,2,3……为安装构件顺序

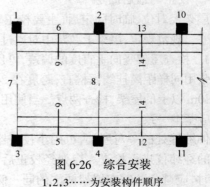

图6-26 综合安装
1,2,3……为安装构件顺序

综合安装的优点是:起重机开行路线较短,停机点位置少,可使后续工序提早进行,使各工种进行交叉平行流水作业,有利于加快整个工程进度。其缺点在于同时安装多种类型构件,起重机不能发挥最大效率;且构件供应紧张,现场拥挤,校正困难。故此法应用较少,只有在某些结构(如门式框架)必须采用综合安装时,或采用桅杆式起重机安装时,才采用这种方法。

（三）起重机的开行路线及停机位置

起重机的开行路线与停机位置和起重机的性能、构件尺寸及重量、构件平面位置、构件的供应方式、安装方法等有关。

（四）构件布置

构件的平面布置是结构安装工程的一项重要工作,影响因素众多,布置不当将直接影响工程进度和施工效率。故应在确定起重机型号和结构安装方案后结合施工现场实际情况来确定。单层工业厂房需要在现场预制的构件主要有柱和屋架,吊车梁有时也在现场制作。其他构件则在构件厂或预制场制作,运到现场就位安装。

（五）履带式起重机吊装单层工业厂房实例

某厂金工车间,距离 18m,长 54m,柱距 6m,共 9 个节间,建筑面积 1002.36m²。主要承重结构采用装配式钢筋混凝土工字型柱,预应力折线形屋架 1.5m×6m 大型屋面板,T 形吊车梁(表 6-1)。车间为东西走向,北面紧靠围墙,有 6m 间隙,南面有旧建筑物,相距 12m,东面为预留扩建地,西面为厂区道路,可通汽车,见图 6-27、图 6-28。

某厂金工车间主要承重结构一览表　　　　　　　　表 6-1

项 次	距 度	轴 线	构件名称、编号	构件数量	构件重量(t)(10kN)	构件长度(m)	安装标高(m)
1		Ⓐ、Ⓑ	基础梁 YJL	8	1.43	5.97	
2		Ⓐ、Ⓑ ②~⑨ ①~② ⑨~⑩	连系梁 YLL$_1$ YLL$_2$	42 12	0.79 0.73	5.97 5.97	+3.90 +7.80 +10.78
3		Ⓐ、Ⓑ ②~⑨ ①~⑩ Ⓐ~Ⓑ ⑨~②	柱 Z$_1$ Z$_2$ Z$_3$	16 4 2	6.0 6.0 5.4	12.25 12.25 14.4	-1.25 -1.25
4			屋架 YWL$_{18-1}$	10	4.95	17.70	+11.00
5		Ⓐ、Ⓑ ②~⑨ ①~② ⑨~⑩	吊车梁 DCL$_5$-4Z DCL$_6$-4B	14 4	3.6 3.6	5.97 5.97	+7.80 +13.90
6			屋面板 YWB$_1$	108	1.50	5.97	+13.90
7		Ⓐ、Ⓑ	天沟 TGB$_{58-1}$	18	1.07	5.97	+11.60

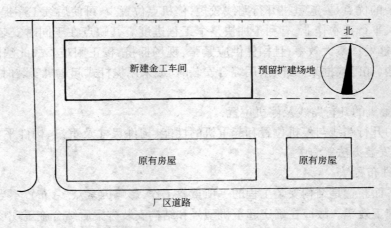

图 6-27　某厂金工车间平面位置图

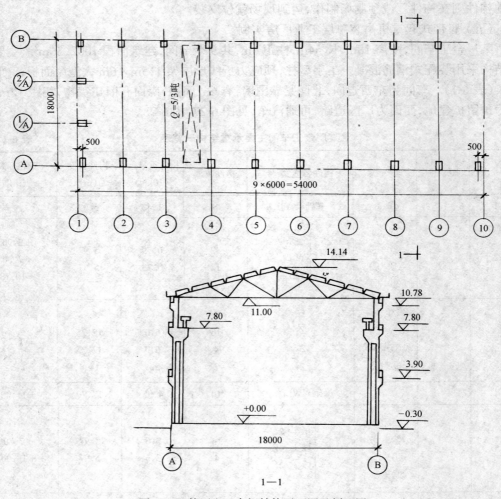

图 6-28　某厂金工车间结构平面图及剖面图

（1）起重机选择及工作参数计算

根据现有起重设备,选择履带式起重机 W₁-100 进行结构吊装。W₁-100 起重机性能曲线见图 6-29,其工作参数按下列公式计算:

1) 起重量

$$Q \geqslant Q_1 + Q_2$$

(Q_1——起重机的起重量,Q_2——索具的重量) (6-3)

2) 起重高度

$$H \geqslant h_1 + h_2 + h_3 + h_4$$ (6-4)

(H——起重机起重高度,从停机面算起至吊钩;h_1——安装支座表面高度,从停机面算起;h_2——安装间隙,一般不小于 0.3m;h_3——绑扎点至构件吊起后底面的距离;h_4——索具高度)

3) 起重臂的仰角

$$\alpha = \arctan \sqrt[3]{\frac{h}{f+g}}$$ (6-5)

(α——起重臂的仰角;h——起重臂底铰至构件吊装支座的高度;f——起重钩需跨过已吊装结构的距离;g——起重臂轴线与已吊屋架间的水平距离。)

4) 最小臂杆长度

$$L \geqslant \frac{h}{\sin\alpha} + \frac{f+g}{\cos\alpha}$$ (6-6)

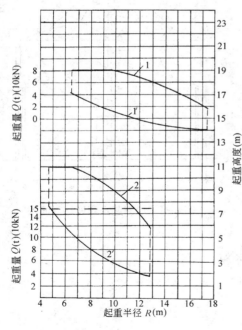

图 6-29　W₁-100 型履带式起
重机性能曲线

1——L = 23m 时 R-H 曲线
1′——L = 23m 时 Q-R 曲线
2——L = 13m 时 R-H 曲线
2′——L = 13m 时 Q-R 曲线

5) 起重半径

$R = F + L\cos\alpha$（F——起重机的旋转中心至履带前端的距离） (6-7)

对一些有代表性的构件计算如下:

① 柱

183

采用斜吊绑扎法吊装。选 Z_1 及 Z_3 两种柱分别进行计算。

Z_1 柱　起重量 $Q = Q_1 + Q_2$

$$= 6.0 + 0.2 = 6.2t \quad (62kN)$$

起重高度(见图 6-30)

$$H = h_1 + h_2 + h_3 + h_4$$
$$= 0 + 0.3 + 8.55 + 2.00$$
$$= 10.85(m)$$

Z_3 柱　起重量 $Q = Q_1 + Q_2$

$$= 5.4 + 0.2 = 5.6(t)(56kN)$$

起重高度　$H = h_1 + h_2 + h_3 + h_4$

$$= 0 + 0.3 + 11.0 + 2.00$$
$$= 13.3(m)$$

② 屋架,见图 6-31。

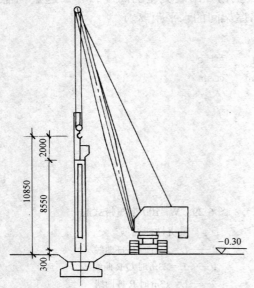

图 6-30　Z_1 柱起重高度计算简图

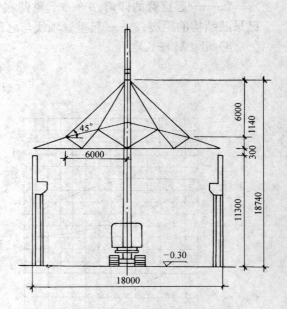

图 6-31　屋架起重高度计算简图

起重量 $Q = Q_1 + Q_2$

$$= 4.95 + 0.2 = 5.15(t) \quad (51.5kN)$$

起重高度　$H = h_1 + h_2 + h_3 + h_4$

$$= 11.3 + 0.3 + 1.14 + 6.0$$
$$= 18.74m$$

③ 屋面板,见图 6-32。

首先考虑吊跨中屋面板。

起重量 $Q = Q_1 + Q_2$

$$= 1.3 + 0.2 = 1.5(t)(15kN)$$

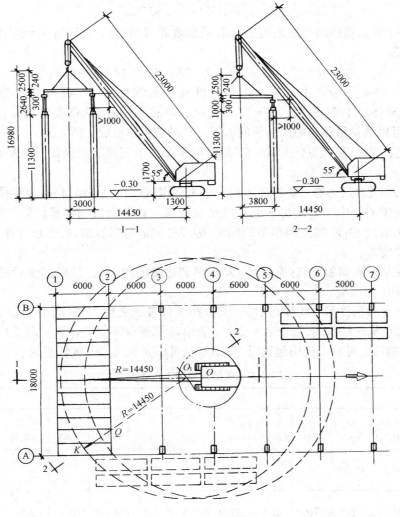

图 6-32　屋面板吊装工作参数计算简图及屋面板的就位布置图

（虚线表示当屋面板跨外布置时的位置）

起重高度　$H = h_1 + h_2 + h_3 + h_4$

$\qquad = (11.30 + 2.64) + 0.3 + 0.24 + 2.50$

$\qquad = 16.98\text{m}$

起重机吊装跨中屋面板时,起重钩需要跨过已安装好的屋架 3m,且起重臂轴线与已安装好的屋架上弦中线最少保持 1m 的水平间隙,据此来计算起重机的最小起重臂杆长度和起重仰角。

所需臂杆最小长度时的仰角按式(6-5)计算:

$$\alpha = \operatorname{arctg}\sqrt[3]{\frac{h}{t+g}} = \operatorname{arctg}\sqrt[3]{\frac{11.30 + 2.64 - 1.70}{3+1}} = 55°25'$$

代入式(6-6)可得最小臂杆长度:

$$L = \frac{h}{\sin\alpha} + \frac{f+g}{\cos\alpha} = \frac{12.24}{\sin55°25'} + \frac{4.00}{\cos55°25'} = 21.95\text{m}$$

结合 W$_1$-100 起重机的情况采用 23m 长的起重臂,并取起重机仰角 $\alpha = 55°$代入式(6-7)可得起重半径

$$R = F + L\cos\alpha = 1.3 + 23\cos55° = 14.45\text{m}$$

根据 $L = 23\text{m}$ 及 $R = 14.45\text{m}$,查起重机性能曲线图 6-29 可得起重量 $Q = 2.3\text{t}$ (23kN)＞1.5t(15kN),起重高度 $H = 17.3\text{m} ＞ 16.98\text{m}$。这说明选择起重机臂长 $L = 23\text{m}$,仰角 $\alpha = 55°$可以满足吊装跨中屋面板的需要。其吊装工作参数见图 6-32。

再以所选的 23m 长起重臂及 $\alpha = 55°$仰角用作图法来复核能否满足吊装最边缘一块屋面板的要求。

在图 6-32 中,以最边缘一块屋面板的中心 K 为圆心,以 $R = 14.45\text{m}$ 为半径画弧,交起重机开行路线于 O_1 点。O_1 点即为起重机吊装边缘一块屋面板的停机位置。用比例尺量得 $KQ_1 = 3.8\text{m}$,过 Q_1K 按比例作 2-2 剖面。从 2-2 剖面可以看出,所选起重臂及起重仰角可以满足吊装要求。

起重机在吊装屋面板时,首先立于 O_1 点吊装边缘的屋面板,然后逐步后退,最后立于 O 点吊装跨中的屋面板。

根据以上各种构件吊装工作参数的计算,经综合考虑之后,确定选用 23m 长度的起重臂,W$_1$-100 起重机性能曲线,列于表 6-2。从表中计算所得需要工作参数与 23m 起重臂之实际工作参数对比,可看出选用起重机 W$_1$-100 是可以完成结构安装任务的。

某厂金工车间结构安装工作参数表   表 6-2

构件名称	Z$_1$ 柱			Z$_3$ 柱			屋 架			屋 面 板		
吊装工作 参 数	$Q(\text{t})$ (10kN)	H (m)	R (m)	$Q(\text{t})$ (10kN)	H (m)	R (m)	$Q(\text{t})$ (10kN)	H (m)	R (m)	$Q(\text{t})$ (10kN)	H (m)	R (m)
计算所需 工作参数	6.2	10.85		5.6	13.3		5.15	18.74		1.5	16.98	
23m 起重臂 工作参数	6.2	19.0	7.8	5.6	19.0	8.5	5.15	19.0	9.0	2.3	17.30	14.49

(2) 现场预制构件的平面布置与起重机开行路线

构件采用分件法安装。柱与屋架在现场预制,在场地平整及杯形基础浇筑后即可进行。由于安装柱时的最大起重半径 $R = 7.8\text{m}$ 小于 $L/2 = 9\text{m}$,故吊装柱时需要在跨边开行,吊装屋面结构时,则在跨中开行。根据现场情况,车间南面距原有房屋有 12m 的空地,故 A 列柱可在此空地上预制。B 列柱至围墙之间只有 6m 的距离,因此 B 列柱安排在跨内预制。屋架则安排在跨内靠 A 轴线一边预制。关于各构件的预制位置及起重机开行路线,停机位置见图 6-33。

① A 列柱的预制位置

A 列柱安排在跨外预制,两根迭浇。柱采用旋转法安装,起重机停在两柱之间,起重半径 R 相同,且要求 R 大于最小起重半径 6.5m,小于最大起重半径 7.8m,故要求起重机开行路线距基础中线的距离应小于 $\sqrt{(7.8)^2 - (3.0)^2} = 7.2\text{m}$,大于 $\sqrt{(6.5)^2 - (3.0)^2} =$

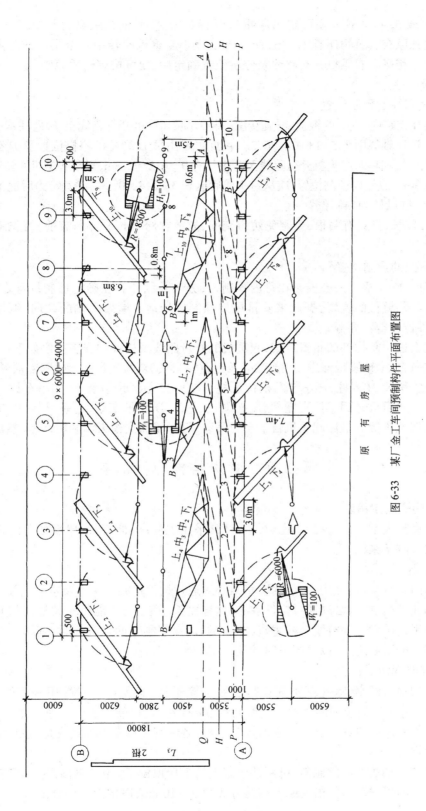

图 6-33　某厂金工车间预制构件平面布置图

5.78m,可取 5.9m。这样便可定出起重机开行路线到 A 轴线距离为 $5.90-0.4=5.5m$。开行路线到原有建筑物还有 $12-5.5=6.5m$,大于起重机回转中心至尾部的距离 3.3m,不会与原房屋相碰。起重机开行路线及停机位置确定后,便可按旋转法原则,定出各柱的预制位置,见图 6-33。

② B 列柱的预制位置

B 列柱在跨内预制,两根迭浇,旋转法吊装,并取起重机开行路线至 B 列柱基中心为最小值 5.8m,至 B 轴线则为 $5.8+0.4=6.2m$,由此可定出吊 B 列柱的停机位置及 B 列柱之预制位置。但吊 B 列柱时起重机开行路线至跨中只有 $9-6.2=2.8m$,小于起重机回转中心到尾部的距离 3.3m。故屋架预制位置,应从跨中线后退 $3.3-2.8=0.5m$,此例定为后退 1m。

③ Z_3 抗风柱的预制位置

Z_3 柱较长,且只有两根,为避免妨碍交通,故放在跨外预制。吊装前,需先就位再行吊装。

④ 屋架的预制位置

屋架以 3~4 榀为一叠安排在跨内预制,共分三叠制作。在确定预制位置之前,应先定出各屋架吊装就位的位置,据此来安排屋架预制的场地。屋架两端的朝向、编号、上、下次序、预埋件位置等不要弄错。

按照上述预制构件的布置方案,起重机的开行路线及构件的安装次序如下:

起重机自 A 轴线跨外进场,接 23m 长起重臂,自①至⑩先吊 A 列柱,然后转去沿 B 轴线自⑩至①吊装 B 列柱,再吊装两根抗风柱。然后自①至⑩吊装 A 列吊车梁、连系梁、柱间支撑等。然后自⑩到①扶直屋架、屋架就位、吊装 B 列吊车梁、连系梁、柱间支撑以及屋面板卸车就位等等。最后起重机自①至⑩吊装屋架、屋面支撑天沟和屋面板,然后退场。

第三节 特殊结构构件吊装

一、门式刚架吊装

为了满足大空间的需要,房屋建筑设计常采用主柱高、伸臂长、厚度较薄的大跨度钢筋混凝土门式刚架结构。

1. 绑扎、起吊

轻型门式刚架,可采用一点绑扎,吊索必须通过构件重心。中型及重型刚架可采用两点或三点绑扎,绑扎中心必须通过构件重心,这样刚架吊起后,才能使刚架柱保持垂直。也可增加一根平衡吊索来保持刚架柱垂直(图 6-34)。人字刚架两点绑扎时,其绑扎点连线必须在人字刚架的重心之上,以防起吊时倾翻。

2. 临时固定、校正

刚架的临时固定,除在基础杯口打入 8 个楔子外,必须在悬臂端用井字架支承,如图 6-35 所示。井字架的顶面距刚架悬臂底面约 30cm 左右,以便放置千斤顶和垫木。在纵向,第一榀刚架要用缆风绳或支撑作临时固定,以后各榀则可用缆风绳或支撑,也可用屋架校正器临时固定。

刚架在横轴线方向的倾斜,可用井字架上的千斤顶校正。因为刚架重心在跨内,所以倾斜方向往往向里,校正时,需使刚架向跨外倾斜 5~10mm,以抵消一部分偏差。

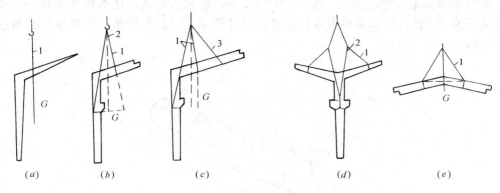

图 6-34　刚架绑扎方法

(a)一点绑扎;(b)两点绑扎;(c)、(d)三点绑扎;(e)人字刚架两点绑扎

1—吊索;2—滑轮;3—平衡吊索;G—刚架重心

刚架在纵轴线方向的倾斜,用缆风、支撑或屋架校正器校正。校正时,应同时观测 A、B、C 三点,使该三点都同在一个垂直面上。可先校刚架柱的倾斜,使 A、B 两点同在一垂直线上,然后检查 C 点,如有偏差,可用撬杠撬动悬臂端来调整。如图 6-36 所示。

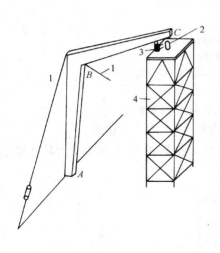

图 6-35　门式刚架的临时固定和校正

1—揽风;2—千斤顶;3—垫木;4—井字架;

A、B、C 校正钢架垂直度的观测点

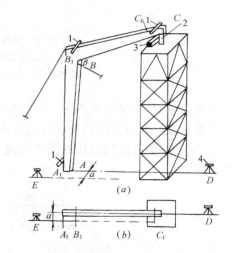

图 6-36　观测刚架垂直度时经纬仪的架设位置

(a)透视图;(b)A 向视图

D—经纬仪在刚架横轴线上的架设位置;

E—用平移法经纬仪的架设位置;

1—卡尺;2—千斤顶;3—垫木;4—经纬仪;a—平移距离

观测 A、B、C 三点时,经纬仪如架设在刚架横轴线上 D 点会造成不便,此时可将仪器平移 50cm 左右架在 E 点,用卡尺将 A、B、C 三点平移同样的距离至 A_1、B_1、C_1 处,用经纬仪观测 A_1、B_1、C_1 三点,通过校正使之在同一垂直面内。

二、V 型折板吊装

V 型折板吊装前,应检查支座的位置、尺寸和三角坡度,防止折板就位后受力不均匀使板面扭曲。在折板的一端,按照出檐尺寸划线,以保证折板排列整齐和吊环相互对齐,便于焊接。

189

折板必须采取多点起吊,吊点距离为2~2.5m,在起吊时就应使折板先张开一角度,以便进入三角支座后,能依靠自重自行张开到设计要求,为此,需特制一个横吊梁起吊,如图6-37所示。

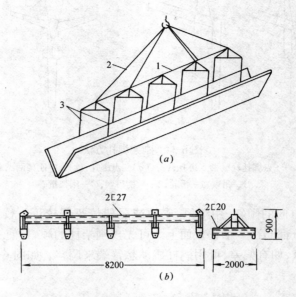

图 6-37　折板起吊情况和横吊梁构造

(a)起吊情况;(b)横吊梁构造

1—横吊梁;2—横吊梁上的吊索;3—横吊梁下的吊索

折板就位时,应使折板均匀向两边张开,否则应吊起重新就位。

折板就位后很容易出现挠度过大及扭曲变形,为此,需采取下列措施:

1)每隔2~3m用临时拉杆拉住折板边缘,并要转动花篮螺丝,至初步受力后才可摘钩。见图6-38。

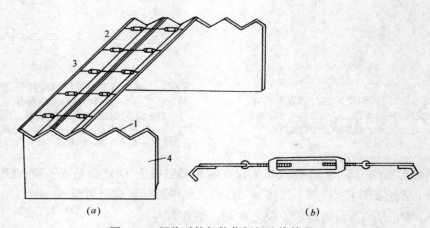

图 6-38　用临时拉杆拉住折板边缘情况

(a)临时拉杆拉住折板边缘情况;(b)拉杆构造

1—三角支座;2—折板;3—临时拉杆;4—砖墙

2）调整花篮螺丝，使折板脊缝、底缝平直，宽窄均匀，防止折板两边伸出的钢筋相碰，产生板压板的现象。如有"人"字形或"入"字形情况，必须调整成"八"字形。

3）调整后，立即将两块板的吊环相焊。吊环用撬杠撬弯、折平。吊环不要拱起，以免妨碍灌缝处理。

4）如折板跨度过大，可在板下面搭一排脚手架，作为临时支撑，以防折板挠度过大。

5）吊装过程中，板上操作人员应严格控制在6人以下，并不得集中在一起。

6）调整、焊接后应立即进行灌缝工作。

第七章　高层建筑施工

第一节　概　　述

不同的国家、地区对高层建筑有不同的理解。我国建设部《民用建筑设计通则》(JGJ 37—87)中规定,高层建筑是指 10 层以上的住宅及总高度超过 24m 的公共建筑及综合建筑。1972 年召开的国际高层建筑会议确定为:

第一类高层建筑　　　　　9～16 层(最高 50m)
第二类高层建筑　　　　　17～25 层(最高 75m)
第三类高层建筑　　　　　26～40 层(最高到 100m)
超高层建筑　　　　　　　40 层以上(高度 100m 以上)

一、国内高层建筑的发展

我国近代的高层建筑始于 20 世纪初。解放后,由于国民经济的不断发展,高层建筑陆续在各地兴建起来。进入 80 年代,我国的高层建筑蓬勃发展,各大城市及一批中等城市都兴建了高层建筑。已建成的有深圳 68 层、高 384m(塔尖高度)地王商业大厦(高 384m,68层)、广州中天广场(高 389.9m、80 层)和上海浦东陆家嘴的金茂大厦(88 层、高 420m)。

二、高层建筑的特点与分类

随着建筑物高度的增加,它所承受的水平荷载(如风力、地震力)也就愈大;由于房屋的高宽比增大,其侧向刚度也就变差。因此,随着房屋高度的增加,提高结构抵抗水平荷载的能力和侧向刚度,就成了关键所在,结构体系就由混合结构逐步发展为钢筋混凝土的框架结构、框架—剪力墙结构、剪力墙结构和筒体结构。

1. 框架结构

框架结构具有平面布置灵活,容易满足生产工艺和使用要求的特点,而且梁、柱、板等构件便于定型化,能实现工业化施工,所以在多层及高层房屋中应用较多。

框架结构的型式,主要分为梁板式和无梁式两大类。

(1) 梁板式框架

梁板式框架是由柱、主梁、连系梁及楼板组成。根据梁板布置方向的不同,又可分为横向框架承重,纵向框架承重,纵、横向框架混合承重三种。框架结构的节点可分为铰节点和刚节点两种。依据节点形式的不同,又可分为横刚纵刚结构、横铰纵铰结构、横刚纵铰结构、横铰纵刚结构等。纵、横梁与柱连接的方式,也是梁板式框架施工方案选择的重要参数之一。因刚节点构造比铰节点复杂,当框架为横刚纵刚或横铰纵刚方案时,由于刚接点较多,宜采用现浇施工方案;反之,若为横铰纵铰或横刚纵铰方案时,可采用预制装配施工方案。

现浇框架结构的施工,一般多采用定型组合式模板或永久性模板,也可采用滑模、提模、升梁提模、以升带滑等方法施工,以节约模板和缩短工期。

装配式框架的全部构件均为预制,然后进行吊装。其优点是节约模板、缩短工期,但是连接节点的用钢量大、焊接工作量大,尤其是当荷载大、振动大,需采用刚性连接时,节点的构造较难处理;且在焊接时,必须注意消除焊接变形和焊接应力。为了减少焊接工作量,亦可采用预制现浇接头的施工方案。

(2)无梁式框架

无梁式框架由板和柱子组成,具有板底平整、室内净高有效利用等优点。

无梁式结构类型较多,有现浇整体无梁楼盖、装配式无梁结构、采用升板法施工的升板结构、装配整体式的板柱结构,还有整体预应力装配式的板柱结构。

整体预应力装配式板柱结构,又称 IMS 体系。这种体系的基本构件是板和柱,全部为非预应力的预制构件。柱无牛腿,板为密肋板,板角留有直角缺口,和柱的两个侧面有 2cm 的空隙。施工时,先将柱立好后,即可将板吊至楼层标高位置,在四角暂时用临时支托支承在柱上,并在板和柱的 2cm 空隙内填以早强高强度等级的水泥砂浆,然后对整个楼层纵横方向施加预应力。预应力筋通过板的纵横板缝和所有柱子的预留孔道,最后锚固在外柱的垫板上。这样,柱夹板、板夹柱、整个楼层全部板柱均被双向预应力筋连为一整体。楼层施加预应力后,即可拆除柱上的临时支托,板依靠摩擦阻力直接固定在柱子上,这种板柱节点称为"摩擦节点"。最后在板缝内浇筑混凝土、在柱的预留孔道内灌浆,即形成整体预应力装配式的板柱结构。这种结构装配程度高,整体性好,抗震能力强,是一种与我国传统作法完全不同的新型结构体系。

2.框架—剪力墙结构

当房屋向更高发展时,采用框架体系就会产生不少矛盾。首先,从强度方面来看,由于层数和高度的增加,竖向荷载和水平荷载(风力、地震力)产生的内力都要相应加大,特别是水平荷载产生的内力增加得更快。

其次,从刚度方面来看,随着房屋高度的增加,高宽比也逐渐增大,由于框架结构本身柔性较大,在水平荷载作用下,侧向变位也往往成为必须控制的因素。因此,当层数较高(15层以上)或地震烈度较大(8度以上)时,如要满足强度和刚度的要求,框架下面几层的梁柱断面尺寸就会增大到不经济甚至不合理的地步。为了解决这个矛盾,往往需要增设一些刚度较大的剪力墙来代替部分框架,使水平荷载的大部分由剪力墙来承担,用以提高结构抵抗水平位移的能力,而框架则主要承受竖向荷载。这样就产生了框架—剪力墙结构体系。此种体系的施工中,剪力墙部分多用大模板现浇;框架部分则同前面所述框架结构。

3.剪力墙结构

随着房屋层数和高度的进一步增加,需要设置较多数量的剪力墙来抵抗水平荷载,就形成了剪力墙体系。

剪力墙体系可采用滑模或大模板施工,亦可采用隧道模和提模、翻模等方法施工。当用滑模施工时,楼盖结构可用预制板,亦可用降模法现浇,还可用工具式模板使滑升墙体与浇筑楼面交替进行。

装配式大板建筑,实际上亦为剪力墙体系,但由于连接节点的整体性、强度和延性较差,抗震性能较低,所以目前仅用于 12 层以下的民用房屋中。

4.筒体结构

当房屋由高层向超高层发展时,其结构体系从平面结构向空间结构发展,就形成了筒体结构。

筒体结构，就是在房屋中设置刚性筒体以抵抗水平力。它可利用房屋中的电梯井、楼梯间、管道井以及服务间等作为核心筒体，也可利用四周外墙作为外筒体。核心筒式和外筒式均属单筒体系。此外，还有由外筒和内筒组成的双筒结构，亦称筒中筒结构。

筒体常与框架结合在一起，水平荷载由筒体承受，框架主要承受竖向荷载，它在建筑布置和使用方面都比较灵活，是超高层建筑结构的一种较好体系。

此类结构施工时，筒体部分可用大模板或滑升模板浇筑，框架部分可用滑模或工具式模板现浇，楼面结构则用台模、定型组合式模板或永久式模板（如瓦楞、波纹钢板，预应力混凝土薄板等）浇筑。

第二节 施 工 机 具

高层建筑施工，每天都有大量建筑材料、半成品、成品和施工人员要进行垂直运输。一般来说，墙体和楼板模板、钢筋等运输主要利用塔式起重机，由于其起重臂长度大，模板的拼装、拆除方便，钢盘或钢筋骨架亦可直接运至施工处，效率较高。混凝土的运输可用塔式起重机和料斗、混凝土泵、快速提升机、井架起重机，其中以混凝土泵的运输速度最快。施工人员的上下主要利用人货两用施工电梯。尺寸不大的非承重墙墙体材料和装饰材料的运输，可用施工电梯、井架起重机、快速提升机等。高层建筑的施工速度在一定程度上取决于施工所需物料的垂直运输速度。因此，施工机具的正确选择和使用非常重要。

在选择施工机具时，要考虑以下几个方面：

1）运输能力要满足规定工期的要求。

2）机械费用低。高层建筑施工中机械费用较高，在选择机械类型和配套时，应力求降低机械费用。

3）综合经济效益好。

下面分类讲述施工机具的作用与特点。

一、塔式起重机

详见单层工业厂房吊装一章。

二、施工电梯

施工电梯又称人货两用电梯，是一种安装于建筑物外部，施工期间用于运送施工人员及建筑器材的垂直提升机械，是高层建筑施工中垂直运输最繁忙的一种机械，已被公认为高层建筑施工中不可缺少的关键设备之一。

施工电梯分为齿轮驱动和钢丝绳轮驱动两类。前者又可分为单厢式和双厢式，可配平衡重，亦可不配平衡重。施工电梯又有单塔架式和双塔架式之分，我国主要采用单塔架式。

齿轮齿条驱动施工电梯是由塔架（导轨架）、轿箱、驱动机构、安全装置、电控系统、提升接高机构等组成。塔架的断面尺寸多为 650mm×650mm 和 800mm×800mm。轿厢升运速度一般在 36m/min 左右，当传动机构发生故障或电梯控制失灵时，轿厢就会自由坠落，造成重大伤亡。为此，必须安装限速制动装置，一般规定下降速度不得超过 0.88～0.98m/s。常用的限速制动装置有重锤离心摩擦式捕捉器和偏心摩擦锥鼓制动器两种。前者是在轿厢降落速度超过限定值时，限速器就自行动作并带动一套楔块止动装置，使梯笼在较小的行程范围内强制性地刹住在导轨架上;后者由制动轮、制动毂、组合蝶簧、偏心块、限位开关等组成,主动齿轮套装在制动轮的轴端上,并直接与固定在导轨上的齿条相啮合,当轿厢运行速度超过限定值时,由于离心力作用被抛出的偏心块嵌入制动轮内壁的凸齿中,并迫使制动轮朝制动毂旋进,从而实现平缓的制动,逐步迫使轿厢停止运动。另外旋进的最终结果是限位开头被迫作用而切断电源,使轿厢完全停止运动。从作用原理和操作来看,偏心摩擦锥鼓限速制动器优于重锤离心摩擦式捕捉器,因为它制动平稳,对乘员冲击小。

绳轮驱动的施工电梯,是近年来开发的新品种。它由三角形断面的无缝钢管焊接塔架、底座、轿厢、卷扬机、绳轮系统及安全装置等部件组成。其安全装置有上下限位开关,止挡缓冲装置、安全钳和轿厢自锁装置。安全钳由力激发安全装置、速度激发安全装置和断电激发安全装置组成,在突然断电、卷扬机制动器失灵时起作用,使轿厢停止运行,制动后轿厢下滑距离不超过100mm。

高层建筑施工时,应根据建筑体型、建筑面积、运输量、工期及电梯价格、供货条件等选择施工电梯。其参数(载重量、提升高度、提升速度)要满足要求。根据我国一些高层建筑施工时施工电梯配置数量的调查,一台单笼齿轮齿条驱动的施工电梯,其服务面积一般为$(2\sim 4)\times 10^4 \text{m}^2$。

外用施工电梯布置的位置,应便利人员上下和物料集散;由电梯出口到各施工处的平均距离应最近;便于安装附墙装置;接近电源,有良好的夜间照明。

三、泵送混凝土施工机械

1. 混凝土泵的原理及分类

在钢筋混凝土结构的高层建筑施工中,混凝土的垂直运输量占总垂直运输量的3/4左右,正确选择混凝土的运输设备十分重要。混凝土泵是在压力推动下沿管道输送混凝土的一种设备,它能一次连续完成水平运输和垂直运输,配以布料杆或布料机还可有效地进行布料和浇筑,因为它效率高、劳动力省,在国内外的高层建筑施工中得到广泛的应用。目前我国各地主要使用活塞式混凝土泵。

活塞式混凝土泵中,根据其动力的不同,有机械式活塞泵和液压式活塞泵之分。根据其能否移动和移动的方式,可分为固定式、拖式和汽车式(泵车)。高层建筑施工所用的混凝土泵主要是后两种。拖式混凝土泵,其工作机构装在可移动的底盘上,由其他运输工具拖动转移工作地点。汽车式混凝土泵,其工作机构装在汽车底盘上。这两者都带有布料杆,移动方便,机动灵活,移至新的工作地点不需进行很多准备工作即可进行混凝土浇筑工作,因而是目前大力发展的机种。我国已可以生产拖式混凝土泵和汽车式混凝土泵车,性能良好。

2. 分配阀

分配阀是活塞式混凝土泵中的一个关键部件,它直接影响混凝土泵的使用性能,可以认为分配阀是活塞式混凝土泵的心脏。分配阀可分为转动式分配阀、闸板式分配阀和管形分配阀三类,目前应用较多的是后两类。

闸板式分配阀是近年来许多新型的活塞式混凝土泵应用较多的一种分配阀,它是在油压泵的作用下,靠往返运动的钢闸板周期地开启和封闭混凝土缸的进料口和出料口而达到进料和排料的目的。

(1) 闸板式分配阀

闸板式分配阀的种类很多,主要有平置式(卧式)、斜置式和摆动式等几种。

平置式闸板分配阀的闸板与混凝土流道呈直角配置,闸板以垂直方向切割混凝土拌合物,许多新型的双缸混凝土泵多用这种分配阀。

斜置式闸板分配阀的闸板与混凝土流道斜交,不是垂直切割混凝土拌合物。这种分配阀设置在料斗的侧面,可以降低料斗的离地高度,又能使泵体紧凑,而且流道合理,进料口大,密封性能好。其缺点是结构复杂,维修困难。单缸混凝土泵采用这种分配阀的较多。

摆动式板阀由扇形闸板和舌形闸板组成,绕一水平轴来回摆动。两个混凝土缸通到料斗底部,摆动式板阀亦装在料斗底部。当扇形闸板将一个混凝土缸的出料口封闭时,与此同时会将另一混凝土缸的进料口封闭,因而能交替地运料和出料。这种分配阀构造简单,维修方便,磨损后可用堆焊修复,使用寿命长,开关迅速,是一种较好的分配阀。

(2) 管形分配阀

管形分配阀是近年来出现的一种分配阀。它是以管件的摆动来达到混凝土拌合物吸入和排出的目的。

管形分配阀的优点是使料斗的离地高度降低,便于混凝土搅拌运输车向料斗卸料。

3. 布料杆

在混凝土泵车上都装备有布料杆。布料杆既担负混凝土拌合物运输又完成布料摊铺工作,它由臂架和混凝土输送管组成。

4. 混凝土泵的选择和应用

选择混凝土泵时,应根据工程结构特点、施工组织设计要求、泵的主要参数及技术经济比较等进行。

混凝土泵按混凝土压力高低分为高压泵与中压泵,凡混凝土压力大于 $7N/mm^2$ 者为高压泵,小于和等于 $7N/mm^2$ 者为中压泵。高压泵的输送距离大,但价格高,液压系统复杂,维修费用大,且需配用厚壁的输送管。

一般浇筑基础或高度不大的结构工程,如在泵车布料杆的工作范围内,采用混凝土泵车最宜。施工高度大的高层建筑,可用一台高压泵一泵到顶,亦可采用中压泵以接力输送方式亦可满足要求,这取决于方案的技术经济比较。

混凝土泵的主要参数,即混凝土泵的实际平均输出量和混凝土泵的最大输送距离。

混凝土泵启动后,先泵送适量水进行湿润,再泵送水泥浆或 1:2 水泥砂浆进行润滑。泵送速度应先慢后快,逐步加速,宜使活塞以最大行程进行泵送。当泵送压力升高且不稳定、油温升高、输送管振动明显时,应查明原因,不得强行泵送。泵送完毕,应及时清洗混凝土泵和输送管。

四、高层建筑施工用脚手架

高层建筑施工中,脚手架使用量大、要求高、技术较复杂,对人员安全、施工质量、施工速度和工程成本有重大影响,所以需要慎重对待,需有专门的设计和计算,必须绘制脚手架施工图。高层建筑施工常用的脚手架有:扣件式钢管脚手架、碗扣式钢管脚手架、门型组合式脚手架、外挂脚手架等。

1. 扣件式钢管脚手架

(1) 构造要求

这种脚手架是以标准的钢管杆件(立杆、横杆、斜杆)和特制扣件组成的脚手架骨架与脚手板、防护构件、连墙件等组成的。是目前最常用的一种脚手架。

钢管一般采用外径 48mm、壁厚 3.5mm 的焊接钢管，最大长度不宜超过 6500mm，最大重量不应超过 25kg。可锻铸铁连接扣件有三种：供两根垂直相交钢管连接用的直角扣件；供两根任意相交钢管连接用的旋转扣件；和供两根对接钢管连接用的对接扣件。扣件质量应符合有关规定。脚手板一般用厚 2mm 的钢板压制而成，长 2～4m，宽 250mm，上有防滑措施。脚手板亦可用厚 50mm 的木脚手板和竹脚手板，但每块重量不宜超过 30kg。连墙件可用管材、型材或线材。

纵向水平杆应水平设置，长度不宜小于 3 跨，其接头应用对接扣件连接，两根相邻纵向水平杆的接头不应设置在同步、同跨内，两个相邻接头应错开的距离不小于 500mm，且各接头中心距立柱轴线的距离应小于 1/3 跨度。如采用搭接，搭接长度不应小于 1m，且用不少于 3 个旋转扣件固定。

当采用冲压钢板、木、竹串片脚手板时，纵向水平杆要用直角扣件固定在立柱上，作为横向水平杆的支座；当采用竹笆脚手板时，纵向水平杆宜用直角扣件固定在横向水平杆上，间距不应超过 400mm。

横向水平杆应设置在立柱与纵向水平杆相交处（中心节点），且离立柱轴线不应大于 150mm。非中心节点处的横向水平杆应根据脚手板的需要等间距设置。

当使用冲压钢板、木、竹串片脚手板时，双排脚手架的横向水平杆的两端应用直角扣件固定在纵向水平杆上；单排脚手的横向水平杆，一端用直角扣件固定在纵向水平杆上，另一端插入墙内不少于 180mm；当使用竹笆脚手板时，双排脚手架的横向水平杆应固定在立柱上；单排脚手架的横向水平杆，一端固定在立柱上，另一端插入墙内不少于 180mm。

冲压钢板、木、竹串片脚手板应采用三支点承重，当长度小于 2m 时可用两支点承重，但应两端固定。宜平铺对接，对接处距横向水平杆的轴线应大于 100mm、小于 150mm。竹笆脚手板的主筋应垂直于纵向水平杆，应对接平铺，四个角用 18 号铅丝固定在支承杆上。

立柱均应设置标准底座，高度大于 24m 者应设可调底座。立柱应设置纵、横向扫地杆（离地面很近的纵、横向水平杆），用直角扣件固定在立柱上，纵向扫地杆轴线距底座下皮不应大于 200mm。立柱接头除顶层可用搭接外，其余均必须用对接扣件连接，对接扣件应交错布置，两根相邻立柱接头不应在同步架内，左右两个相邻接头在高度方向应至少错开 500mm。且各对接头中心距纵向水平杆轴线小于 1/3 步距。搭接者搭接长度不小于 1m，高出檐口 1.5m。双立柱中副立柱的高度不应低于 3 步，钢管长度不小于 6m。

立柱必须用连墙件与建筑物连接，连墙件间距如表 7-1 所示。

连 墙 件 的 布 置　　　　　　　　　　表 7-1

脚手架类型	脚手架高度(m)	垂直间距(m)	水平间距(m)
双　　排	≤50	≤6(3 步)	≤6(3 跨)
	>50	≤4(2 步)	≤6(3 跨)
单　　排	≤24	≤6(3 步)	≤6(3 跨)

每个连墙件抗风荷载的最大面积应小于 40m²，连墙件宜靠近中心节点设置，偏离的最大距离应小于 300mm，连墙件需从底步架第一根纵向水平杆处开始设置，可呈梭形、方形、矩形布置。非封闭脚手架的两端必须设连墙件，其垂直间距不应大于建筑物层高，亦不应超过 4m(2 步)。24m 以上的双排脚手架必须采用刚性连墙件与建筑物可靠连接。连墙件宜

水平设置,否则与脚手架连接的一端可稍向下倾斜。

脚手架应设置支撑体系。24m 以上的双排脚手架应在外侧整个长度和高度上连续设置剪刀撑。每道剪刀撑最多跨越 7 根立柱;宽度不应小于 4 跨,亦不小于 6m;斜杆与地面的倾角宜为 45°～60°。剪刀撑斜杆应用旋转扣件固定在与之相交的立柱或横向水平杆伸出端处,固定点距中心节点不应超过 150mm。斜杆的接头除顶层可用搭接外,其余均用对接扣件连接。

24m 以上的双排脚手架,除两端设横向斜撑外,中间每隔 6 跨设置一道,横向斜撑的斜杆只占一空格,由底至顶呈"之"字形布置,斜杆两端固定在立柱或纵向水平杆上。24m 以下的封闭型双排脚手架可不设横向斜撑。但一字形、开口形者则需设置。

脚手架的地基标高应高于自然地坪 100～150mm,架基不得有积水。

(2) 搭设要求

为保证脚手架搭设过程中的稳定性,必须按施工组织设计中规定的搭设顺序进行搭设。脚手架必须配合施工进度搭设,一次搭设高度不应超过相邻连墙件以上二步。每搭完一步脚手架后,应按规定校正立柱的垂直度、步距、柱距和排距。

在地面平整、排水畅通后,铺设厚度不小于 40mm、长度不少于 2 跨的木垫板,然后于其上安放底座。

搭设立柱时,不同规格的钢管严禁混合使用。底部立柱需用不同长度的钢管,使相邻两根立柱的对接扣件错开至少 500mm。竖第一节立柱时,每 6 跨临时设一根抛撑,待连墙件安装后再拆除。搭至有连墙件处时,应立即设置连墙件。

对于纵向水平杆的搭设,除满足构造要求外,对于封闭型外脚手架的同一步纵向水平杆,必须四周交圈,用直角扣件与内外角柱固定。纵向水平杆应用直角扣件固定在立柱内侧。

横向水平杆的搭设除满足构造要求外,对于双排脚手架其靠墙一端至墙装饰面的距离应小于 100mm;对于单排脚手架,横向水平杆不应设置在设计上不允许留脚手眼的部位、砖过梁上及与过梁成 60 度角的三角形范围内、宽度小于 1m 的窗间墙、梁或梁垫下及其两侧各 500mm 范围内、砖砌体门窗洞口两侧 3/4 砖和转角处 3/4 范围内、独立或附墙砖柱处等。

连墙件、剪力撑、横向斜撑、抛撑都需按构造要求搭设。剪刀撑、横向斜撑的下端需落地,支承在垫块或垫板上。当横向斜撑妨碍操作时,可临时解除一步架的横向斜撑,用后必须及时补上。

扣件规格必须与钢管外径相同。螺栓拧紧扭力矩不应小于 40N·m,亦不大于 60N·m。

在六级及六级以上大风和雾、雨、雪天应停止脚手架搭拆作业。在临街搭设的脚手架外侧应有防护措施,以防坠物伤人。脚手架不应在高、低压线下方搭设。脚手架外侧边缘距外电架空线路外侧边缘的安全距离不应小于表 7-2 的规定。

脚手架的安全距离　　　　　　　　　　　　　　　表 7-2

外电线路电压(kV)	<1	1～10	35～110	154～220	330～500
安全距离(m)	4	6	8	10	15

(3) 脚手架设计计算时的主要内容:

1) 脚手板、横向水平杆、纵向水平杆等受弯构件的强度;

2）轴心受压构件的稳定性；

3）脚手架与主体结构的连接强度；

4）脚手架地基基础的承载力。

2. 外挂脚手架

沿建筑物外表面满搭的脚手架，虽然对结构和装饰工程施工较为方便，但费料耗工太多，工期亦长，对高层建筑施工不利。因此，近年来在高层建筑施工中发展了多种形式的外挂脚手架。

外挂脚手架是一种工具式脚手架，多利用穿入结构预留孔洞（多为大模板、爬模等的穿墙螺栓孔）中的螺栓外挂在墙面上，借助起重机械或自身携带的简易起重工具（倒链或称手拉葫芦等）随着结构施工向上逐层提升，以满足结构施工的需要。待结构工程施工结束，开始进行装饰施工时，为适应建筑物外装饰施工的需要，外挂脚手架又可随着装饰施工仍借助提升工具再逐层下降，或从屋顶吊挂，以吊篮架子的形式为外装饰施工服务。因此，外挂脚手架用于高层建筑施工，经济效益十分显著，这也是高层建筑外脚手的发展方向。

第三节　深基坑挡土支护结构

高层建筑上部结构传到地基上的荷载比多层建筑大得多，为此很多高层建筑都建造补偿性基础，即以天然地面到建筑物埋置深度之间的土体重量，来补偿一部分建筑物的荷重。所以高层建筑的埋深一般较大，这对于增加建筑物的稳定性和充分利用地下空间、改善建筑物的功能也有利。

但是，基础埋深加大会给施工带来很多困难，尤其是在城市建筑物密集地区，很多情况下不允许采用比较经济的放坡开挖，而需要在人工支护条件下进行基坑开挖，这就是本节要讨论的问题。支护结构虽然为临时结构，但其选型、计算和施工的正确与否，对施工的安全、工期和经济效益有巨大影响，有时会成为高层施工的关键技术之一。因此，对待支护结构要采取慎重的态度。

支护结构一般包括挡墙和支撑（拉锚）两部分。挡墙结构一般有钢板桩、钢筋混凝土板桩、钻孔灌注桩、地下连续墙、旋喷桩帷幕墙、深层搅拌水泥土桩挡墙等几种。支撑系统分两类：基坑内支撑和基坑外拉锚。基坑外拉锚又可分为顶部拉锚和锚杆拉锚。常用的内支撑有钢结构支撑和钢筋混凝土结构支撑两类。

一、挡土支护结构的计算

上述各种支护结构可分为两类，即非重力式支护结构（亦称柔性支护结构）和重力式支护结构。深层搅拌水泥土桩挡墙和旋喷桩帷幕墙属于重力式支护结构；其他如钢板桩、钢筋混凝土板桩、钻孔灌注桩挡墙和地下连续墙等皆属非重力式支护结构。

1. 支护结构的破坏形式和计算内容

非重力式支护结构和重力式支护结构的破坏形式不同，其计算内容亦不一样。

非重力式支护结构挡墙的破坏包括强度破坏和稳定性破坏。强度破坏包括（图 7-1a、b、c）：

（1）拉锚破坏或支撑压曲

过多的增加了地面荷载引起的附加荷载，或土压力过大、计算有误，引起拉杆断裂，或锚

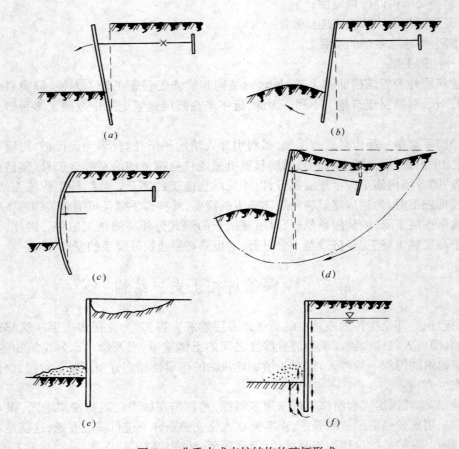

图 7-1 非重力式支护结构的破坏形式

(a)拉锚破坏或支撑压曲;(b)底部走动;(c)平面变形过大或弯曲破坏;(d)墙后土体整体滑动失稳;
(e)坑底隆起;(f)管涌

固部分失效、腰梁(围檩)破坏,或内部支撑断面过小受压失稳。为此需计算拉锚承受的拉力或支撑荷载,正确选择其截面或锚固体。

(2)支护墙底部走动

当支护墙底部入土深度不够,或由于挖土超深、水的冲刷等原因都可能产生这种破坏。为此需正确计算支护结构的入土深度。

(3)支护墙的平面变形过大或弯曲破坏

支护墙的截面过小、对土压力估算不准确、墙后无意地增加大量地面荷载或挖土超深等都可能引起这种破坏。为此需正确计算其承受的最大弯矩值,以此验算支护墙的截面。

平面变形过大会引起墙后地面过大的沉降,亦会给周围附近的建(构)筑物、道路、管线等造成损害,在城市中心建(构)筑物和公共设施密集地区施工,这方面的控制十分重要,有时支护结构的截面即由它控制。

非重力式支护结构的稳定性破坏包括(图 7-1d、e、f):

(1)墙后土体整体滑动失稳

200

如拉锚的长度不够,软粘土发生圆弧滑动,会引起支护结构的整体失稳。为此需验算是否可能产生这种整体失稳。

(2) 挡墙倾覆

如入土深度不够,上部土压力大,有可能产生这种失稳。

(3) 坑底隆起

在软粘土地区,如挖土深度大,可能由于挖土处卸载过多,在墙后土重及地面荷载作用下引起坑底隆起。对挖土深度大的深坑需进行这方面的验算,必要时需对坑底土进行加固处理。

(4) 管涌

在砂性土地区,当地下水位较高、坑深很大时,挖土后在水头差产生的动水压力作用下,地下水会绕过支护墙连同砂土一同涌入基坑。为此需要时要进行验算,以保证支护结构不会失稳。

重力式支护结构的破坏亦包括强度破坏和稳定性破坏两方面。其强度破坏只有水泥土抗剪强度不足,产生剪切破坏,为此需验算最大剪应力处的墙身应力。其稳定性破坏包括:

(1) 倾覆

水泥土挡墙如截面、重量不够大,在墙后推力作用下,会绕某一点产生整体倾覆的失稳。为此,需进行抗倾覆验算。

(2) 滑移

如水泥土挡墙与土间产生的抗滑力不足以抵抗墙后的推力时,挡墙会产生整体滑动,使挡墙失效。为此,需进行抗滑移稳定性验算。

(3) 土体整体滑动失稳

其破坏情况与验算方法同非重力式支护结构相似。

(4) 坑底隆起

其破坏情况与验算方法同非重力式支护结构。

(5) 管涌

其发生的情况与验算方法同非重力式支护结构。

2. 非重力式支护结构计算

(1) 支护结构承受的荷载,一般包括土压力、水压力和墙后地面荷载引起的附加荷载。用作地下结构外墙的地下连续墙(施工期间用作支护结构)和桩墙合一方案中的钻孔灌注桩,还承受上部结构传来的荷载。

1) 土压力。支护结构承受的土压力一般按下式计算:

主动土压力
$$e_{\mathrm{a}} = \gamma H \mathrm{tg}^2\left(45° - \frac{\varphi}{2}\right) - 2c \cdot \mathrm{tg}\left(45° - \frac{\varphi}{2}\right) \tag{7-1}$$

被动土压力
$$e_{\mathrm{p}} = \gamma H \mathrm{tg}^2\left(45° + \frac{\varphi}{2}\right) + 2c \cdot \mathrm{tg}\left(45° + \frac{\varphi}{2}\right) \tag{7-2}$$

式中 γ——土的重力密度($\mathrm{kN/m^3}$);

    H——基坑的深度(m);

    φ——土的内摩擦角(°)。

上述主动土压力和被动土压力的产生需要满足一定的变形条件。对于悬臂式挡土结构,一般均满足。

2）水压力。作用于支护结构上的水压力,一般按静水压力考虑,有稳态渗流时按图7-2所示的三角形分布计算。在有残余水压力时,按图7-3所示梯形分布计算。

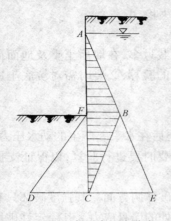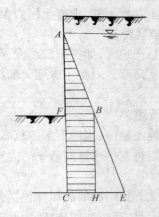

图7-2　三角形水压力分布　　　　　　　　图7-3　梯形水压力分布

至于水压力与土压力是分算还是合算,目前两种情况均有采用。一般情况下,由于在粘性土中水主要是结晶水和结合水,宜合算;在砂性土中土颗料之间的空隙中充满的是自由水,其运动受重力作用,能起静水压力的作用,宜分算。合算时,地下水位以下土的重力密度采用饱和重力密度;分算时,地下水位以下土的重力密度采用浮重力密度,另外单独计算静水压力,按三角形分布考虑。

3）墙后地面荷载引起的附加荷载。有下述三种情况:

① 墙后有均布荷载 q。如墙后堆有土方、材料等,如图7-4(a)所示。地面均布荷载 q 对支护结构引起的附加荷载按下式计算:

$$e_2 = q \cdot \text{tg}^2\left(45° - \frac{\varphi}{2}\right) \tag{7-3}$$

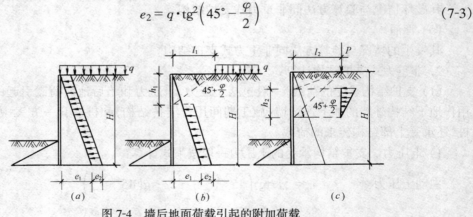

图7-4　墙后地面荷载引起的附加荷载

(a)墙后有均布荷载;(b)距离支护结构一定距离有均布荷载;
(c)距离支护结构一定距离有集中荷载

② 距离支护结构一定距离有均布荷载 q。如图7-4(b)所示,距离支护结构 l_1 有均布荷载 q。此时压力传到支护结构上有一空白距离 h_1,在 h_1 之下产生均布的附加应力:

$$h_1 = l_1 \cdot \text{tg}\left(45° + \frac{\varphi}{2}\right) \qquad e_2 = q \cdot \text{tg}^2\left(45° - \frac{\varphi}{2}\right) \tag{7-4}$$

③ 距离支护结构一定距离有集中荷载 P 如图 7-4(c)所示，距离支护结构 l_2 有集中荷载 P，如布置有塔式起重机、混凝土泵车等。由 P 引起的附加荷载分布在支护结构的一定范围 h_2 上。

(2) 支护结构的强度计算

支护结构受力计算的方法很多，目前常用的有"等值梁法"、"弹性曲线法"、"竖向弹性地基梁法"和"有限元法"。对于中小型工程和非粘性土可用"等值梁法"，它计算简单，较为实用。但是"等值梁法"不适用于粘性土、地面荷载与支护结构高度相比十分大的情况以及拉杆(锚杆)处于特别低位置处的支护结构。

对于粘性土宜用"弹性曲线法"或"竖向弹性地基梁法"。刚度较小的钢板桩、钢筋混凝土板桩，用上述两种方法的计算结果相近。但对于刚度较大的灌注桩、地下连续墙，则宜用"竖向弹性地基梁法"进行计算，因为它考虑了墙体刚度和支撑位移对内力的影响，更为精确。

利用弹性地基上温克勒模型对支护结构的挡墙进行计算也是一种比较适用的方法。目前一些具有多层支撑的支护结构多采用之。该法将支撑(拉锚)及墙前土视为弹簧作用，而且在一定程度上考虑了支护体系与土体的共同作用，因而更加切合实际。

按照温克勒假定，墙体各点受到的反力与其变形成正比

$$P = K \cdot W \tag{7-5}$$

式中　P——墙体上的反力；

　　　K——基床系数；

　　　W——墙体变位。

二、地下连续墙施工

地下连续墙工艺是几十年来，在地下工程和基础工程中发展起来并应用较广泛的一项技术。一些重大的地下工程和深基础工程是利用地下连续墙工艺完成的，取得了很好的效果。

1. 地下连续墙施工工艺原理

地下连续墙施工工艺，即在工程开挖土方之前，用特制的挖槽机械在泥浆(又称触变泥浆、安定液、稳定液等)护壁的情况下每次开挖一定长度(一个单元槽段)的沟槽，待开挖至设计深度并清除沉淀下来的泥渣后，将在地面上加工好的钢筋骨架(一般称为钢筋笼)用起重机械吊放入充满泥浆的沟槽内，用导管向沟槽内浇筑混凝土，由于混凝土是由沟槽底部开始逐渐向上浇筑，所以随着混凝土的浇筑即将泥浆置换出来，待混凝土浇至设计标高后，一个单元槽段即施工完毕。各个单元槽段之间由特制的接头连接，形成连续的地下钢筋混凝土墙。如呈封闭状，则工程开挖土方后，地下连续墙就既可挡土又可防水，便利了地下工程和深基础的施工。如将地下连续墙作为建筑的承重结构，则经济效益更好。

2. 施工前的准备工作

在进行地下连续墙设计和施工之前，必须认真调查，以确保施工的顺利进行。调查包括施工现场情况调查和水文、地质情况调查。施工现场情况调查的主要内容包括：施工机械进入现场和进行组装的可能性、挖槽时弃土的处理和外运、给排水和供电条件、地下障碍物和

相邻建(构)筑物情况、噪声、振动与污染等公害引起的有关问题等;水文、地质情况调查的内容包括:地下水位及水位变化情况、地下水流动速度、承压水层的分布与压力大小以及必要时对地下水的水质进行水质分析。

3．制订施工方案

由于地下连续墙一般多用于施工条件较差的情况下,而且其施工的质量在施工期间不能直接用肉眼观察,一旦发生质量事故返工处理就较为困难,所以在施工前详细制订施工方案是十分重要的。地下连续墙的施工组织设计,一般应包括下述内容:

(1) 工程规模和特点,水文、地质和周围情况以及其他与施工有关条件的说明。

(2) 挖掘机械等施工设备的选择。

(3) 导墙设计。

(4) 单元槽段及其施工顺序。

(5) 预埋件和地下连续墙与内部结构连接的设计和施工详图。

(6) 护壁泥浆的配合比、泥浆循环管路布置、泥浆处理和管理。

(7) 废泥浆和土渣的处理。

(8) 钢筋笼加工详图,钢筋笼加工、运输和吊放所用的设备和方法。

(9) 混凝土配合比设计,混凝土供应和浇筑方法。

(10) 动力供应和供水、排水设施。

(11) 施工平面图布置。包括:挖掘机械运行路线;挖掘机械和混凝土浇灌机架布置;出土运输路线和推土处;泥浆制备和处理设备;钢筋笼加工及堆放场地;混凝土搅拌站或混凝土运输路线;其他必要的临时设施等。

(12) 工程施工进度计划、材料及劳动力等的供应计划。

(13) 安全措施、质量管理措施和技术组织措施等。

4．地下连续墙的施工工艺过程

地下连续墙按其填筑的材料,分为土质墙、混凝土墙、钢筋混凝土墙(又有现浇和预制之分)和组合墙(预制钢筋混凝土墙板和现浇混凝土的组合,或预制钢筋混凝土墙板和自凝水泥膨润土泥浆的组合);按其成墙方式,分为桩排式、壁板式、桩壁组合式;按其用途,分为临时挡土墙、防渗墙、用作主体结构一部分兼作临时挡土墙的地下连续墙、用作多边形基础兼作墙体的地下连续墙。

目前,我国建筑工程中应用最多的还是现浇的钢筋混凝土壁板式地下连续墙,多为临时挡土墙,亦有用作主体结构一部分同时又兼作临时挡土墙的地下连续墙。在水利工程中有用作防渗墙的地下连续墙。

对于现浇钢筋混凝土壁板式地下连续墙,其施工工艺过程通常如图 7-5 所示。其中修筑导墙、泥浆制备与处理、深槽挖掘、钢筋笼制备与吊装以及混凝土浇筑,是地下连续墙施工的主要工序。

5．地下连续墙施工

(1) 修筑导墙

导墙是地下连续墙施工挖槽之前修筑的临时结构。它的主要作用是:①挡土;②作为测量的基准;③作为挖槽机械的支承;④存蓄泥浆。

它的施工顺序为:平整场地──→测量定位──→挖槽及处理弃土──→绑扎钢筋──→支模板

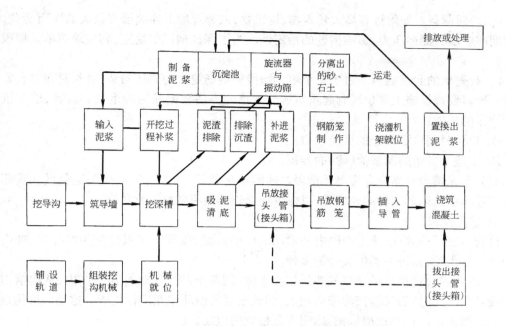

图 7-5　现浇钢筋混凝土地下连续墙的施工工艺过程

──→浇筑混凝土──→拆模并设置横撑──→导墙外侧回填土(如无外侧模板,可不进行此项工作)。

（2）泥浆护壁

地下连续墙的深槽是在泥浆护壁下进行挖掘的。泥浆在成槽过程中有护壁、携碴、冷却和润滑的作用。

（3）挖深槽

挖槽是地下连续墙施工中的关键工序。挖槽约占地下连续墙工期的一半,因此提高挖槽的效率是缩短工期的关键。同时,槽壁形状基本上决定了墙体外形,所以挖槽的精度又是保证地下连续墙质量的关键之一。

地下连续墙挖槽的主要工作,包括:单元槽段划分;挖槽机械的选择与正确使用;制订防止槽壁坍塌的措施与工程事故和特殊情况的处理等。

1）单元槽段划分

地下连续墙施工时,预先沿墙体长度方向把地下墙划分为许多某种长度的施工单元,这种施工单元称为"单元槽段"。地下连续墙的挖槽是对一个个单元槽段进行挖掘,在一个单元槽段内,挖土机械挖土时可以是一个或几个挖掘段。划分单元槽段就是将各种单元槽段的形状和长度标明在墙体平面图上,它是地下连续墙施工组织设计中的一个重要内容。

单元槽段的最小长度不得小于一个挖掘段(挖土机械的挖土工作装置的一次挖土长度)。从理论上讲单元槽段愈长愈好,因为这样可以减少槽段的接头数量,增加地下连续墙的整体性,又可提高其防水性能和施工效率。但是单元槽段长度受许多因素限制,在确定其长度时除考虑设计要求和结构特点外,还应考虑下述各因素:

A. 地质条件。当土层不稳定时,为防止槽壁倒坍,应减少单元槽段的长度,以缩短挖槽时间,这样挖槽后立即浇筑混凝土,消除或减少了槽段倒坍的可能性;

B. 地面荷载。如附近有高大建筑物、构筑物，或邻近地下连续墙有较大的地面荷载，在挖槽期间会增大侧向压力，影响槽壁的稳定性。为了保证槽壁的稳定，亦应缩短单元槽段的长度；

C. 起重机的起重能力。由于一个单元槽段的钢筋笼多为整体吊装（过长时在竖直方向分段），所以要根据施工单位现有起重机械的起重能力估算钢筋笼的重量和尺寸，以此推算单元槽段的长度；

D. 单位时间内混凝土的供应能力；

E. 工地上具备的泥浆池（罐）的容积。

划分单元槽段时尚应考虑单元槽段之间的接头位置，一般情况下接头避免设在转角处及地下连续墙与内部结构的连接处，以保证地上连续墙有较好的整体性。

2）挖槽机械

目前，在地下连续墙施工中国内外常用的挖槽机械，按其工作机理分为挖斗式、冲击式和回转式三大类，而每一类中又分为多种。

A. 挖斗式挖槽机。就是以其斗齿切削土体，切削下的土体收容在斗体内，从沟槽内提出地面开斗卸土，然后又返回沟槽内挖土，如此重复的循环作业进行挖槽。这是一种构造最简单的挖槽机械。这类挖槽机械，适用于较松软的土质。

B. 冲击式挖槽机。冲击式挖槽机包括钻斗冲击式和凿刨式两类，前者我国有的地区采用。

钻头冲击式挖槽机是通过各种形状钻头的上下运动，冲击破碎土层，借助泥浆循环把土渣携出槽外。

冲击钻机是依靠钻头的冲击力破碎地基土层，所以不但对一般土层适用，对卵石、砾石、岩层等地层亦适用。

C. 回转式挖槽机。这类挖槽机是以回转的钻头切削土体进行挖掘，钻下的土渣随循环的泥浆排出地面。

3）防止槽壁坍方的措施

地下连续墙施工时保持槽壁稳定防止坍方是十分重要的问题。如发生坍方，不仅可能造成埋住挖槽机的危险，使工程拖延，同时可能引起地面沉陷而使挖槽机械倾覆，对邻近的建筑物和地下管线造成破坏。如在吊放钢筋笼之后，或在浇筑混凝土过程中产生坍方，坍方的土体会混入混凝土内，造成墙体缺陷，甚至会使墙体内外贯通，成为产生管涌的通道。因此，槽壁坍方是地下连续墙施工中极为严重的事故。

与槽壁稳定有关的因素是多方面的，可以归纳为泥浆、地质条件与施工三个方面。

地下水位愈高，平衡它所需的泥浆相对密度也愈大，即槽壁失稳的可能性也愈大。地下水位即使有较小的变化，对槽壁的稳定亦有显著影响，特别是当挖深较浅时影响就更为显著。因此，如果由于降雨使地下水位急剧上升，地面水再绕过导墙流入槽段，这样就使泥浆对地下水的超压力减小，极易产生槽壁坍方。故采用泥浆护壁开挖深度大的地下连续墙时，要重视地下水的影响。必要时可部分或全部降低地下水位，对保证槽壁稳定会起很大的作用。

泥浆质量和泥浆液面的高低对槽壁稳定亦产生很大影响。泥浆液面愈高所需的泥浆相对密度愈小，即槽壁失稳的可能性愈小。泥浆液面一定要高出地下水位一定高度。在施工期间如发现有漏浆或跑浆现象,应及时堵漏和补浆,以保证泥浆规定的液面,以防止出现坍塌。

施工单元槽段的划分亦影响槽壁的稳定性。因为单元槽段的长度决定了基槽的长深比(H/L),而长深比的大小影响土拱作用的发挥,而土拱作用影响土压力的大小。一般长深比越小,土拱作用越小,槽壁越不稳定;反之土拱作用大,槽壁趋于稳定。

在制订施工组织设计时,要对是否存在坍塌的危险进行详尽的研究,并采取相应的措施。

（4）清底

挖槽结束后,悬浮在泥浆中的土颗粒将逐渐沉淀到槽底,此外,在挖槽过程中未被排出而残留在槽内的土碴,以及吊放钢筋笼时从槽壁上刮落的泥皮等都堆积在槽底。在挖槽结束后清除以沉渣为代表的槽底沉淀物的工作称为清底。清底是地下连续墙施工中的一项重要工作,必须做好。

清底的方法,一般有沉淀法和置换法两种。沉淀法是在土渣基本都沉淀到槽底之后再进行清底;置换法是在挖槽结束之后,对槽底进行认真清理,然后在土渣还没有再沉淀之前就用新泥浆把槽内的泥浆置换出来,使槽内泥浆的相对密度在1.15以下。我国多用后者的置换法进行清底。

（5）钢筋笼加工和吊放

1）钢筋笼加工。钢筋笼根据地下连续墙墙体配筋图和单元槽段的划分来制作。钢筋笼最好按单元槽段做成一个整体。如果地下连续墙很深或受起重设备起重能力的限制,需要分段制作,接头宜用绑条焊接,纵向受力钢筋的搭接长度,如无明确规定时可采用60倍的钢筋直径。

制作钢筋笼时要预先确定浇筑混凝土用导管的位置,由于这部分要上下贯通,因而周围需增设箍筋和连接筋进行加固。尤其在单元槽段接头附近插入导管,由于此处钢筋较密集,更需特别加以处理。

加工钢筋笼时,要根据钢筋笼重量。尺寸以及起吊方式和吊点布置,在钢筋笼内布置一定数量(一般2~4榀)的纵向桁架。

2）钢筋笼吊放。钢筋笼的起吊、运输和吊放应周密地制订施工方案,不允许在此过程中产生不能恢复的变形。

钢筋笼起吊应用横吊梁或吊架,吊点布置和起吊方式要防止起吊时引起钢筋笼变形。插入钢筋笼时,最重要的是使钢筋笼对准单元槽段的中心,垂直而又准确地插入槽内。

（6）混凝土浇筑

地下连续墙施工所用混凝土,除满足一般水工混凝土的要求外,尚应考虑泥浆中浇筑的混凝土的强度随施工条件变化较大,同时在整个墙面上的强度分散性亦大,因此,混凝土应按照比结构设计规定的强度等级提高5MPa进行配合比设计。

混凝土的原材料,为避免分层离析,要求采用粒度良好的河砂,粗骨料宜用粒径5~25mm的河卵石。水泥采用425~525号的普通硅酸盐水泥或矿渣硅酸盐水泥。

三、钢板桩施工

钢板桩支护由于其施工速度快、可重复使用,因此在一定条件下使用会取得较好的效益。常用的钢板桩有U型和Z型,其他还有直腹板式、H型和组合式钢板桩。

1. 钢板桩打设前的准备工作

钢板桩的设置位置应便于基础施工,即在基础结构边缘外并留有支、拆模板的余地。特殊情况下如利用钢板桩作箱基底板或桩基承台的侧模,则必须衬以纤维板(或油毛毡)等隔离材料,以利钢板桩拔出。

钢板桩布置的平面位置,应尽量平直整齐,避免不规则的转角,以便充分利用标准钢板桩和便于设置支撑。

对于多层支撑的钢板桩,宜先开沟槽安设支撑并预加顶紧力(约为设计值的50%)后再挖土,以减少钢板桩支护的变形。

2. 钢板桩打设方式选择

打设方式分为单独打入法和屏风式打入法两种。

(1) 单独打入法。这种方法是从板桩墙的一角开始,逐块(或两块为一组)打设,直到工程结束。这种打入方法简便、迅速,不需要其他辅助支架。但是易使板桩向一侧倾斜,且误差积累后不易纠正。为此,这种方法只适用于板桩墙要求不高、且板桩长度较小(如小于10m)的情况。

(2) 屏风式打入法。这种方法是将10~20根钢板桩成排插入导架内,呈屏风状,然后再分批施打。施打时先将屏风墙两端的钢板桩打至设计标高或一定深度,成为定位板桩,然后在中间按顺序分1/3、1/2板桩高度呈阶梯状打入。

屏风式打入法的优点是可以减少倾斜误差积累,防止过大的倾斜,而且易于实现封闭合拢,能保证板桩墙的施工质量。其缺点是插桩的自立高度较大,要注意插桩的稳定和施工安全。一般情况下多用这种方法打设板桩墙,它耗费的辅助材料不多,但能保证质量。

我国规定的钢板桩打设允许误差:桩顶标高±100mm;板桩轴线偏差±100mm;板桩垂直度1%。

钢板桩打设时,先用吊车将它吊至插桩点处进行插桩,插桩时锁口要对准,每插入一块即套上桩帽轻轻加以锤击。在打桩过程中,为保证钢板桩的垂直度,用两台经纬仪在两个方向加以控制。为防止锁口中心线平面位移,可在打桩方向的钢板桩锁口处设卡板,阻止板桩位移。同时在围檩上预先算出每块板块的位置,以便随时检查校正。

钢板桩分几次打入,如第一次由20m高打至15m,第二次则打至10m,第三次打至导梁高度,待导架拆除后第四次才打至设计标高。

打桩时,开始打设的第一、二块钢板桩的打入位置和方向要确保精度,它可以起样板导向作用,一般每打入1m应测量一次。

钢板桩拔除时会产生一定的振动,如拔桩再带土过多会引起土体位移和地面沉降,可能给已施工的地下结构带来危害,并影响邻近建筑物、道路和地下管线的正常使用。

对于封闭式钢板桩墙,拔桩的开始点宜离开角桩5根以上,必要时还可用跳拔的方法间隔拔除。拔桩的顺序一般与打设顺序相反。

拔除钢板桩宜用振动锤或振动锤与起重机共同拔除。后者用于只用振动锤拔不出的钢板桩,需在钢板桩上设吊架,起重机在振动锤振拔的同时向上引拔。

对拔桩产生的桩孔,需及时回填以减少对临近建筑物等的影响。

四、土锚在深基中的应用

土层锚杆(亦称土锚)是一种新型的受拉杆件,它的一端与支护结构等联结,另一端锚固在土体中,将支护结构和其他结构所承受的荷载(侧向的土压力、水压力以及水上浮力和风力带来的倾覆力等)通过拉杆传递到处于稳定土层中的锚固体上,再由锚固体将传来的荷载分散到周围稳定的土层中去。土层锚杆不仅用于临时支护结构,而且在永久性建筑工程中亦得到广泛的应用。

（一）土层锚杆的型式与构造

土层锚杆,通常由锚头、锚头垫座、支护结构、钻孔、防护套管、拉杆(拉索)、锚固体、锚底板(有时无)等组成(图7-6)。

土层锚杆沿长度方向可分为自由段 l_f(非锚固段)和锚固段 l_A(图7-7)。土层锚杆的自由段处于不稳定土层中,要使它与土层尽量脱离,一旦土层有滑动时,它可以伸缩,其作用是将锚头所承受的荷载传递到锚固段去。锚固段处于稳定土层中,要使它与周围土层结合牢固,通过与土层的紧密接触将锚杆所受荷载分布到周围土层中去。锚固段是承载力的主要来源。锚杆锚头的位移主要取决于自由段。

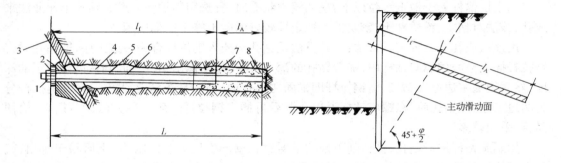

图7-6　土层锚杆的构造
1—锚头;2—锚头垫座;3—支护结构;4—钻孔;5—防护套管;6—拉杆(拉索);7—锚固体;8—锚底板

图7-7　土层锚杆的自由段与锚固段的划分
l_f—自由段(非锚固段);l_A—锚固段

土层锚杆的承载能力,取决于拉杆(拉索)强度、拉杆与锚固体之间的握裹力、锚固体与土壁之间的摩阻力等因素,但主要还是取决于后者。要增大单根土层锚杆的承载能力,不能仅仅依靠增大锚固体的直径,主要是依靠增加锚固体的长度,或者采取技术措施把锚固段作成扩体以及采用二次灌浆。

（二）土层锚杆的施工

土层锚杆施工,包括施工准备、钻孔、安放拉杆、灌浆和张拉锚固。

1．施工准备

在土层锚杆正式施工之前,一般需进行下列准备工作:

1) 必须清楚施工地区的土层分布和各土层的物理力学特性(天然重度、含水量、孔隙比、渗透系数、压缩模量、凝聚力、内摩擦角等)。这对于确定土层锚杆的布置和选择钻孔方法等都十分重要。

还需了解地下水位及其随时间的变化情况,以及地下水中化学物质的成分和含量,以便研究对土层锚杆腐蚀的可能性和应采取的防腐措施。

2) 要查明土层锚杆施工地区的地下管线、构筑物等的位置和情况,慎重研究土层锚杆施工对它们产生的影响。

3) 要研究土层锚杆施工对邻近建筑物等的影响,如土层锚杆的长度超出建筑红线,还应得到有关部门和单位的批准或许可。

同时也应研究附近的施工(如打桩、降低地下水位、岩石爆破等)对土层锚杆施工带来的影响。

4) 编制土层锚杆施工组织设计。

2. 钻孔

土层锚杆的钻孔工艺,直接影响土层锚杆的承载能力、施工效率和整个支护工程的成本。钻孔时注意尽量不要扰动土体,尽量减少土的液化,尽量减少原来应力场的变化,不使自重应力释放。

土层锚杆钻孔用的钻孔机械,按工作原理分,有旋转式钻孔机、冲击式钻孔机和旋转冲击式钻孔机三类。主要根据土质、钻孔深度和地下水情况进行选择。

钻孔方法的选择主要取决于土质和钻孔机械。常用的土层锚杆钻孔方法有:

(1) 螺旋钻孔干作业法

当土层锚杆处于地下水位以上,呈非浸水状态时,宜选用不护壁的螺旋钻孔干作业法来成孔,该法对粘土、粉质粘土、密实性和稳定性较好的砂土等土层都适用。

用该法成孔有两种施工方法:一种方法是钻孔与插入钢拉杆合为一道工序,即钻孔时将钢拉杆插入空心的螺旋钻杆内,随着钻孔的深入,钢拉杆与螺旋钻杆一同到达设计规定的深度,然后边灌浆边退出钻杆,而钢拉杆即锚固在钻孔内;另一种方法是钻孔与安放钢拉杆分为两道工序,即钻孔后,在螺旋钻杆退出孔洞后再插入钢拉杆。后一种方法设备简单,简便易行,采用较多。

用螺旋钻杆进行钻孔,被钻削下来的土屑对孔壁产生压力和摩阻力,土屑易于排出,就是在螺旋钻杆转速和扭矩相对较小的情况下,亦能顺利地钻进和排土。对于含水量高、呈软塑或流动状态的土,由于钻削下来的土屑与孔壁间的摩阻力小,土屑排出就较困难,需要提高螺旋钻杆的转速,使土屑能有效地排出。凝聚力大的软粘土、淤泥质粘土等,对孔壁和螺旋叶片产生较强的附着力,需要较高的扭矩并配合一定的转速才能排出土屑。

此法的缺点是当孔洞较长时,孔洞易向上弯曲,导致土层锚杆张拉时摩擦损失过大,影响以后锚固力的正常传递,其原因是钻孔时钻削下来的土屑沉积在钻杆下方,造成钻头上抬。

(2) 压水钻进成孔法

该法是土层锚杆施工应用较多的一种钻孔工艺。这种钻孔方法的优点,是可以把钻孔过程中的钻进、出渣、固壁、清孔等工序一次完成,可以防止坍孔,不留残土,软、硬土都能适用。但用此法施工,工地如无良好的排水系统会积水多,有时会给施工带来麻烦。

(3) 潜钻成孔法

此法是利用风动冲击式潜孔冲击器成孔,这种工具原来是用来穿越地下电缆的,它由压缩空气驱动,内部装有配气阀、气缸和活塞等机构。它是利用活塞往复运动作定向冲击,使潜孔冲击器挤压土层向前钻进。由于它始终潜入孔底工作,冲击功在传递过程中损失小,具有成孔速度快,孔壁光滑而坚实、噪声低等特点。冲击器体形细长,且头部带有螺旋状细槽纹,有较好的导向作用,即使在卵石、砾石的土层中,成孔亦较直。此法宜用于孔隙率大、含水量较低的土层。由于不出土,孔壁无坍落和堵塞现象。但是,在含水量较高的土层中,在冲击器高频率的冲振下,孔壁土结构易破坏,而且经冲击挤压后孔壁光滑,如灌浆压力较低,浆体与孔壁土结合不紧密,会影响土层锚杆的锚固能力。

土层锚杆的钻孔要注意达到以下要求:

1) 孔壁平直,以便安放钢拉杆和灌注水泥浆。

2) 孔壁不得坍陷和松动,否则影响钢拉杆安放和土层锚杆的承载能力。

3) 钻孔时不得使用膨润土循环泥浆护壁,以免在孔壁上形成泥皮,降低锚固体与土壁间摩阻力。

3. 安放拉杆

土层锚杆用的拉杆,常用的有钢管(钻杆用作拉杆)、粗钢筋、钢丝束和钢绞线。主要根据土层锚杆的承载能力和现有材料的情况来选择。承载能力较小时,多用粗钢筋;承载能力较大时,多用钢绞线。

(1) 钢筋拉杆

钢筋拉杆由一根或数根粗钢筋组合而成,如为数根粗钢筋则需用绑扎或电焊连接成一体。其长度应按锚杆设计长度加上张拉长度(等于支撑围檩高度加锚座厚度和螺母高度)。钢筋拉杆防腐蚀性能好,易于安装,当土层锚杆承载能力不很大时应优先考虑选用。

对有自由段的土层锚杆,钢筋拉杆的自由段要做好防腐和隔离处理。国外对土层锚杆的防腐处理非常重视,因为已有土层锚杆由于锈蚀而破坏的先例。

土层锚杆的长度一般都在10m以上,有的达30m甚至更长。为了将拉杆安置在钻孔的中心,防止自由段产生过大的挠度和插入钻孔时不搅动土壁;对锚固段,还为了增加拉杆与锚固体的握裹力,所以在拉杆表面需设置定位器(或撑筋环)。钢筋拉杆的定位器用细钢筋制作,在钢筋拉杆轴心按120°夹角布置,间距一般2~2.5m。

粗钢筋拉杆如过长,为了安装方便可分段制作,再用对焊和搭接焊等方法进行连接。

(2) 钢丝束拉杆

钢丝束拉杆可以制成通长一根,它的柔性较好,往钻孔中沉放较方便。但施工时应将灌浆管与钢丝束绑扎在一起同时沉放,否则放置灌浆管有困难。

钢丝束拉杆的自由段需理顺扎紧,然后进行防腐处理。钢丝束拉杆的锚固段亦需用定位器,该定位器为撑筋环。钢丝束的钢丝分为内外两层,外层钢丝线扎在撑筋环上,撑筋环的间距为0.5~1.0m,这样锚固段就形成一连串的菱形,使钢丝束与锚固体砂浆的接触面积增大,增加了粘结力,内层钢丝则从撑筋环的中间穿过。

钢丝束拉杆的锚头要能保证各根钢丝受力均匀,常用者有镦头锚具等,可按预应力结构锚具选用。

沉放钢丝束时要对准钻孔中心,如有偏斜易将钢丝束端部插入孔壁,引起坍孔,又可能堵塞灌浆管。为此,可用一长小筒将钢丝束下端套起来。

(3) 钢绞线拉杆

钢绞线拉杆的柔性更好,向钻孔中沉放更容易,因此在国内外应用的比较多,用于承载能力大的土层锚杆。

锚固段的钢绞线要仔细清除其表面的油脂,以保证与锚固体砂浆有良好的粘结。自由段的钢绞线也要进行防腐处理。

4. 压力灌浆

压力灌浆是土层锚杆施工中的一个重要工序。灌浆的作用是:①形成锚固段,将锚杆锚固在土层中;②防止钢拉杆腐蚀;③充填土层中的孔隙和裂缝。

灌浆的浆液为水泥砂浆(细砂)或水泥浆。对永久性工程施工水泥一般不宜用高铝水泥,由于氯化物会引起钢拉杆腐蚀,因此其含量不应超过水泥重的 0.1%。由于水泥水化时会生成 SO_3,所以硫酸盐的含量不应超过水泥的 4%。在我国多用普通硅酸盐水泥。

第四节 升板法施工

升板法是就地预制,提升安装楼板、屋面板而建造钢筋混凝土板柱结构的施工方法,其工艺流程如图 7-7。提升程序见图 7-8。

挖土 → 基础施工 → 回填土 → 预制柱 → 吊装柱 → 浇筑混凝土地坪 → 浇筑各层楼板和屋面板 → 安装提升设备 → 交替提升屋面板及各层楼板 → 节点的最后固定和后浇板带施工 → 围护结构施工 → 装修施工

图 7-7 工艺流程图

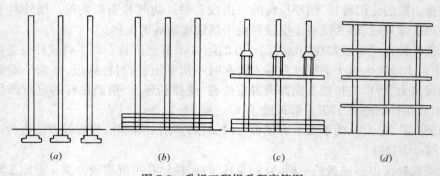

图 7-8 升板工程提升程序简图
(a)立柱;(b)浇筑各层板;(c)提升;(d)提升完毕

升板工程施工的关键是群柱稳定问题,根据提升设备和工艺条件,对提升过程中柱的稳定问题要给予足够重视,防止群柱失稳。

一、升滑法施工

升滑法施工,是利用自升式提升设备的动力,在升板的同时,把墙体或筒体的滑升模板也带上去。

升滑法的模板组装可参照图 7-9 所示。

悬臂钢梁一般采用槽钢制作,一端用锚栓与顶层板固定,另一端与提升架相连,提升架的槽梁用槽钢制作,立柱可用角钢、槽钢或钢管制作,立柱与槽梁交接成直角。提升架间距一般为 1.2~1.5m。对于变截面结构,可在提升架立柱上设丝杆调整装置,以调整模板间距离。

当顶层板提升至第一个停歇孔停歇后,即可开始模板组装,其顺序为:

1) 安装悬臂钢梁,锚栓螺母暂不拧紧;

2) 安装提升架,校正后拧紧锚栓的螺母;

3) 安装滑模模板,钢筋绑扎与其配合;

4) 安装外操作平台;

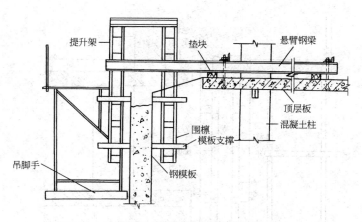

图 7-9　升滑法模板组装示意

5）安装吊脚手。

模板可采用钢大模板、定型组合钢模板、木模板或钢木模板等。模板应有足够的刚度，以控制变形。施工中，提升架、围圈、板面的变形叠加值，沿模板高度不大于 4mm。模板高度一般为 1～1.2m，外模比内模高 0.2m。模板组装的单面倾斜度一般为 0.2%～0.4%。

模板使用前应清理干净，并喷涂脱模剂，脱模剂应切实有效，并不致影响装饰质量。

墙体水平钢筋长度宜取柱距加搭接长度，垂直钢筋长度宜取层高加搭接长度。钢筋位置必须准确，弯钩不得向外。

钢筋绑扎应与楼板的提升速度相配合，水平钢筋应在混凝土入模前绑扎完毕，并应保持浇筑混凝土的顶层面距模板上口 5～10cm，留出一层水平钢筋，以免漏绑。

混凝土坍落度宜在 6～8cm，脱模强度宜在 $0.1～0.3N/mm^2$。

混凝土脱模后，应进行外观检查，及时修补施工缺陷。预留孔洞、门窗位置的偏差超过《钢筋混凝土升板结构技术规范》规定者必须修复。埋设件表面应及时清理。

现浇墙体，应随时观测其竖向偏差，及时采取纠偏措施。

在升滑施工中，当顶层板需停歇时，为了防止板与混凝土墙体粘结，应采取空滑措施，滑空高度应不小于 1/3 的模板高度。

升滑法施工，应做好施工记录，内容包括：楼板水平状态；竖向结构的垂直偏差；混凝土强度变化、稳定措施执行情况以及机械运转情况等。

混凝土施工时，有关浇捣方法、施工缝处理、外加剂使用以及冬期施工等项应遵照现行《混凝土结构工程施工及验收规范》中有关条文规定。

升滑法在施工组织上，可采取日班提升顶层板及浇筑混凝土，夜班进行其他楼板的提升，合理利用一套自升式提升设备，使升板与滑模有机地结合，充分发挥一机多用的作用。

二、升提法施工

升提法施工工艺是，浇灌一个提升高度的墙体混凝土，待混凝土达到脱模强度，开启模板，使模板脱离混凝土墙体，再把顶层板升一个提升高度，然后停歇，固定模板，再浇灌混凝土。其模板构造和组装与升滑法基本相同（图 7-10）。由于工艺的要求，需要有脱模开启装置。一般在模板上部安装一个松紧螺栓，作为上端脱模的开启装置，模板下部设一道对销螺栓，待混凝土达到脱模强度后，抽出对销螺栓，下端模板自行张开。

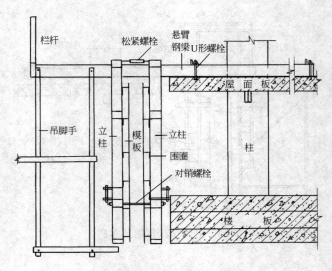

图 7-10　升提法模板组装示意

　　模板可采用钢大模板、定型组合钢模板、木模板或钢木模板。模板高度一般为 2m,也可按层高配制。

　　混凝土坍落度宜在 4～6cm,脱模强度宜在 0.8～1.0MPa。

　　混凝土应分层循环浇筑,每层厚度不大于 50cm,门窗洞口两侧的混凝土应同时均匀浇筑,以防产生位移。

　　现浇墙体、筒体施工中,应及时观测其竖向偏差,做到每提模一次观测一次。

　　其他有关施工要求与升滑法相同。

　　由于升提法施工是将模板脱开墙体而提升,此时墙体处于悬空状态,为此必须采取临时措施,保证墙体稳定,一般采取限制顶层板的提升高度、墙与板临时拉结,以及逐层进行墙、板、柱永久固定,形成整体框架等稳定措施。

　　升提法在施工程序和组织上与升滑法一样,要按一定的提升程序,把墙体钢筋绑扎、提升顶层板、浇筑混凝土等工序有机地衔接起来,具体安排可以是:当天上午或下午浇一个模板高的混凝土,晚上拔出下端对销螺栓,翌日上午松开上端松紧螺栓模板脱开,提升顶层板;模板就位固定,墙体钢筋绑扎穿插进行。下午浇一个模板高的混凝土,可按提升程序提升其他楼板。

　　三、升模法施工

　　升模法施工工艺是,在顶层板上的每个柱位置处,安装一个井架,井架上固定柱模板,并设置平台。顶层板提升前,提前浇灌柱混凝土,待达到计算要求强度(不低于 15MPa)后,可在柱上悬挂提升机,承担全部施工荷载。每提一次顶层板,在井架上接长一段柱钢筋并浇筑混凝土,这样不断接高混凝土柱,逐步提升楼板(图 7-11)。

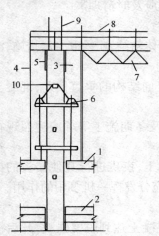

图 7-11　升模法组装示意

1—顶层板;2—楼板;3—现浇柱;
4—井架;5—吊模板;6—提升机;
7—平台桁架;8—栏杆;9—柱钢筋;
10—承重销

超高层建筑的施工中是否恰当地选择模具和垂直运输机械将会直接影响到工程速度、质量以及劳动组织,最终会影响工程成本。整体升降模施工技术既保持钢大模板施工的优点,又不增加垂直运输机械的施工方案。

（一）整体升降模板的施工原理及特点

1. 整体升降模板的施工原理

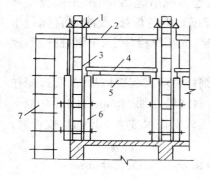

图 7-12　整体升降模板系统示意图
1—升板机;2—承力架;3—劲性钢柱
(或工具柱);4—操作平台;5—梁侧模;
6—墙、柱模;7—悬吊外脚手

整体升降模板施工方法是一种运用升板机来提升墙、柱和梁侧模的方法。是将高度为一个层高的墙、柱模板和梁的两侧模板全部悬挂在操作平台上,操作平台则悬挂在承力架上,承力架被升板机吊住,升板机搁置在柱、墙中的劲性钢柱或工具式钢柱上。操作平台供绑扎钢筋和浇筑混凝土使用(图 7-12)。

升模系统是由劲性钢柱或工具式钢柱、承力架、操作平台、墙、柱、梁模板、吊脚手组成。劲性钢柱或工具式钢柱作为施工中的承力结构的导杆,升板机悬挂在它的上面,吊住承力架,承力架下悬操作平台,平台的下面挂着全部墙柱大模板和梁的两边侧模。

悬挂式外脚手整体下降施工工艺是在工程结构完成后,将结构升模使用的外挂脚手架进行分离、扩充,再用升板机将其从屋面逐层下降,同时逐层完成建筑的外装饰施工,降至地面后拆除。

2. 整体升降模板系统的特点

(1) 运用升板机这种“小机群”来完成建筑结构施工模具整体升降,再配合泵送混凝土技术,是钢筋混凝土结构超高层建筑施工的一种新方法。与采用塔式起重机来完成上述作业相比,大量节省了塔式起重机的台班吊次。

(2) 采用整体升降模板工艺,完善了升板法施工工艺。在整个高层施工中只需配置一层墙、柱、梁模板,比采用散支散拆组合式模板施工,可减少 50% 的模板投入量。

(3) 取消了高层脚手架,采用外挂式脚手架整体升降工艺,速度快,外饰面质量提高与分段挑板钢管脚手相比,人工和费用降低 50% 以上。

(4) 与滑升模板工艺相比,由于采用非连续性作业,工人操作易掌握,质量易保证。

(5) 外脚手架将原来钢管脚手架的受压杆件改为受拉杆件,脚手架减轻 80%,安全度增加。

（二）整体升降模板系统的制作、组装与拆除

1. 整体升降模板系统构件的制作

升降模板系统由钢柱(包括劲性柱和工具式柱)、承力架、操作平台和模板构成。凡是不受运输超长超宽限制的构件,宜在工厂制作组装完成;凡受运输超长超宽限制的构件应分成若干个分件现场拼装。所有构件必须进行严格检验,合格者方可出厂。

2. 升模系统的组装

升模系统的组装均从地面 ±0.00 开始,对于采用工具式钢柱和劲性钢柱的升模系统,其劲性钢柱的安装可在地下室顶板浇筑后即开始。

其安装顺序如下:

地坪 → 弹墙、柱位置线 → 安装劲性钢柱 → 绑扎墙、柱钢筋 → 固定梁底的墙模 → 组装独立柱模 →

组装室内墙模并固定 → 组装外墙模 → 吊装操作平台 → 在操作平台上弹承力架轴线 → 组装提升架 →

安装工具柱 → 安装升板机 → 提升承力架至规定标高 → 吊装吊杆 → 把墙、梁侧模板连接在操作平台下

（1）劲性钢柱和工具式钢柱的就位安装

劲性钢柱分段制作，在地面试拼后编号堆放。用塔式起重机吊起后，与事先预埋在墙体、柱内的小钢柱就位，并用两台经纬仪在两个垂直方向校正后进行焊接，要求垂直偏差小于 $L/1000$。校正方法是：用铁片塞紧上、下劲性钢柱的空穿，先用螺栓将上、下钢柱拧紧，经复校无误后，用角钢在四角对称帮焊。

工具式钢柱在大模板、操作平台安装后进行。工具式钢柱由塔式起重机吊起，穿过操作平台上预留洞及地下室顶板的预留洞（洞的尺寸为工具式钢柱尺寸加 50mm），搁置在地下室底板预先埋设的四个角钢中间（四个角钢内侧尺寸比工具式钢柱尺寸大 50mm），校正后，均用钢楔揳牢（图 7-13）。

工具式钢柱安装的垂直偏差为 $L/1000$，全柱最大垂直偏差不得大于 20mm。

（2）钢木模板组装

由于钢大模板的调直与固定要靠外设三角支撑来解决（图 7-14），因此其安装方法是：先就位安装支撑一侧的钢大模，待校正后，再吊装另一侧钢大模，并用穿墙螺栓固定。有角模者，先安装角模，后安装平模。钢大模安装后，再安装柱、梁模板。安装后垂直偏差，不得超过 $L/1000$。

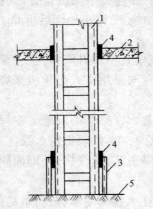

图 7-13　工具式钢柱安装示意图

1—工具式钢柱；2—地下室顶板；3—预埋定位角钢；

4—钢楔；5—地下室底板

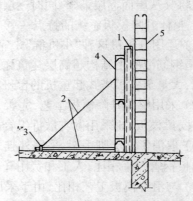

图 7-14　钢大模板支撑示意图

1—钢大模；2—φ50 钢管支撑；3—预埋件

（@1500～2000mm）；4—φ50 钢管与钢模连接；5—钢筋

（3）操作平台的安装

经检验合格的分块操作平台，按设计位置吊放。在墙体之间的操作平台，可先吊放在钢大模板设置的钢牛腿上；非墙体之间的操作平台，先吊放在事先搭设的临时内脚手架上；建筑物外围小型操作平台先吊放在事先搭设的临时外脚手架上。

操作平台的水平控制，直接影响建筑物的垂直度，因此在吊放后必须进行抄平。相邻高差不得大于 10mm，全部操作平台最大高差不大于 20mm。在施工过程中，每提升一层测定校正一次，确保建筑物的垂直度。

（4）承力架的安装

216

承力架安装前先在操作平台上弹出承力架的轴线,然后将配置的承力架散件在操作平台上进行焊接和螺栓连接(图 7-15)。一般情况下,承力架与内筒墙、梁、柱的净距不小于50mm;与外筒、梁、柱的净距为 150mm,亦可根据施工组织设计确定。

承力架相邻高差不大于 10mm,全部承力架最大高差不大于 20mm。并测定各钢柱位的标高值,作好记录,作为以后升差调整的依据。

承力架安装后提升 1.7m,然后安装承力架与操作平台之间的连接吊杆。吊杆长度偏差不得大于 5mm。吊杆构造及节点见图 7-16。

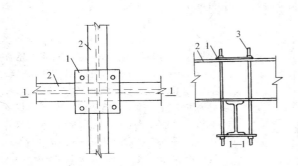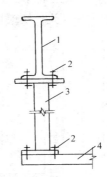

图 7-15　承力架主、次梁螺栓夹板连接　　　　图 7-16　吊杆构造及节点示意图
1—夹板;2—工字钢;3—螺栓　　　　　1—承力架;2—连接螺栓;3—ϕ48 无缝钢管;4—操作平台

(5) 升板机的安装

升板机的安装方法与一般升板法施工一样,将其悬挂在劲性钢柱或工具式钢柱上,所不同的是要间断、反复地提升承力架,无需接长或拆短吊杆。因而升板机螺杆下的短吊杆与承力架采用临时固结,这样既能提升,又能使螺杆支撑在承力架上进行升板机爬升。

3. 降模系统的组装

当结构升模施工到顶后,就可以组装和转换外挂脚手架,使之能适应外墙装饰施工,其程序如下:

拆除模具 ⟶ 拆除操作平台 ⟶ 下降承力架至规定标高 ⟶ 安装支撑系统 ⟶ 安装平衡系统 ⟶

安装悬挂系统 ⟶ 连接悬挂系统和承力架 ⟶ 割离内外承力架 ⟶ 脚手系统下降

4. 升降模板系统的拆除

整体升降模板系统拆除顺序如下:

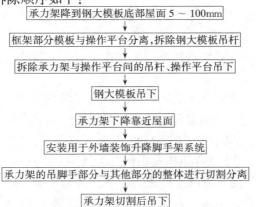

承力架降到钢大模板底部屋面 5～100mm

框架部分模板与操作平台分离,拆除钢大模板吊杆

拆除承力架与操作平台间的吊杆、操作平台吊下

钢大模板吊下

承力架下降靠近屋面

安装用于外墙装饰升降脚手架系统

承力架的吊脚手部分与其他部分的整体进行切割分离

承力架切割后吊下

（三）整体升降模板法现浇钢筋混凝土施工

升降模板系统组装完毕经验收合格后，即可进行现浇钢筋混凝土结构施工。

1．升降模板程序

升降模板施工工艺是不连续的、反复升降的工艺，确定这种工艺的条件是：墙体和柱的水平钢筋和箍筋只能在操作平台和承力架之间绑扎，且绑扎的高度需分二次完成，直到全部绑扎完成后才能继续提升；为了便于楼板钢筋的绑扎、管道敷设及浇筑混凝土，所以在墙、柱钢筋绑扎完后，必须先将墙、柱模板下口提升离拟浇筑的楼面 1.8m，并在楼板钢筋混凝土完成后再降到楼面进行墙、柱模板的组装，如此反复进行（图 7-17）。

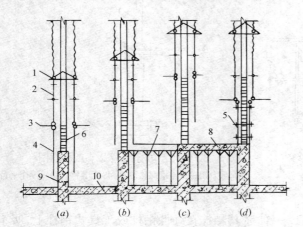

（a）模板提升一个高度，完成一个提升高度墙、柱钢筋的绑扎；（b）再提升一个高度再完成一个提升高度墙、柱钢筋的绑扎，支设楼板模板；（c）完成一个层高的墙、柱钢筋绑扎后，连续提升模板，使其下口离开楼面1.8m，以便绑扎楼板钢筋和浇筑混凝土，另外完成上一楼层一个提升高度的墙、柱钢筋绑扎；（d）下降模板，组装墙、柱模板，并准备浇筑墙、柱混凝土
1—升板机；2—承力架；3—操作平台；4—墙、柱模板；5—组装好的墙、柱模板；6—墙、柱钢筋；7—楼板模板；8—楼板混凝土；9—已完墙、柱；10—已完楼板

图 7-17　升降模板程序示意图

2．临时搁置

在升模施工中，由于往复提升模板，所以需要临时搁置。本系统是采用承重销将承力架销在劲性钢柱或工具柱上来完成临时搁置的。钢结构的承力架可直接搁在承重销上。而钢筋混凝土结构的承力架则必须在搁置点下方埋设预埋铁。

3．操作平台的水平控制

建筑物在施工过程中的垂直度在很大程度上受到升模系统的水平度的影响。由于操作平台是悬挂在承力架上，而且相对位置基本不会变化，所以只控制承力架的水平度，就能达到控制操作平台的目的。在承力架组装完毕未提升前，先测定各吊点的标高并作为原始记录，以后每提升一层测定一次，校正一次，使相邻柱间误差控制在 10mm 以内。

4．工具式钢柱的卸荷升层

工具式钢柱在施工中与劲性钢柱不同之处在于有一个卸荷后自提升的工序。在施工中可选用两种方法进行。

（1）选择在墙、梁、柱模板全部组装后进行。由于组装后的模板稳定性好，把全部荷载（包括操作平台、承力架自重和施工荷载）卸荷在模板上，通过模板传递给建筑物。若操作平台不能直接搁置在模板上，可在操作平台处安装临时支撑，将荷载传给建筑物。然后让升板机或吊杆与承力架脱开，用塔式起重机逐根提升工具式钢柱到新的楼层就位。

（2）选择在墙、梁、柱浇筑混凝土时进行。为了不影响混凝土浇筑后的拆模时间，在每浇筑完一根工具式钢柱周围的墙、柱、梁以后，就提升该根工具式钢柱。其他程序同上。

为确保安全,不允许全部同时卸荷,应该是每卸一根,提升一根,校正、固定一根。并随升板机将承力架提升到升高后的工具式钢柱上去。

为了减少提升次数,可以二层、三层提升一次,以不超过三层为宜。一般应事先拟定提升顺序图,提升时应有专人负责检查,并用两台经纬仪从两个方向控制垂直度。

5．标准层施工流程

标准层施工流程如下:

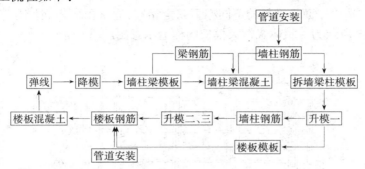

注:图中一、二、三表示升模次数。

6．施工注意事项

（1）混凝土强度的控制要求如下:

拆模强度(墙、柱、梁侧模)大于等于 $2.5N/mm^2$;

提升模板时强度(墙、柱、梁侧模)大于等于 $5\sim10N/mm^2$;

楼板上人强度大于等于 $12N/mm^2$;

工具式钢柱与最上一层用钢楔固定的楼面混凝土强度大于等于 $15N/mm^2$。

（2）建筑物的标高和垂直偏差在控制的同时,要做到逐层调整,不得产生积累误差。

（3）操作平台的施工荷载应按计算规定控制,不得超载,同时要控制集中荷载的材料堆放。

（4）工具式钢柱的承重节点和限位支点,应按规定安装,每次提升后,应由专人检查无误后方可使用。

（5）承力架、操作平台、模板之间的吊杆及悬吊脚手的吊杆的焊接节点,应定期进行检查,以防焊缝破坏,发生事故。

（6）所有电线、电源开关和电器设备均由专人负责,不能乱接乱放。

（7）劲性钢柱和工具式钢柱应有良好的避雷装置。

第五节　大模板施工法

我国目前采用大模板施工的工程基本上分为三类:外墙预制内墙现浇(简称内浇外挂);内外墙全现浇;外墙砌砖内墙现浇(简称内浇外砌)。

大模板施工,就是采用工具式大型模板,配以相应的吊装机械,以工业化生产方式在施工现场浇筑钢筋混凝土墙体。这种施工方法,施工工艺简单,施工速度快,劳动强度低,装修的湿作业减少,而且房屋的整体性好,抗震能力强,因而有广阔的发展前途。

采用大模板施工,要求建筑结构设计标准化,预制构配件与大模板配套,以便能使大模板通用,提高重复使用次数,降低施工中模板的摊销费。

在建筑方面,大模板施工要求设计参数简化,开间和进深尺寸的种类要减少,而且应符合一定的模数,层高要固定,在一个地区内墙厚也应当固定,这样就为减少大模板的类型创造了条件。此外,还要求建筑物体形力求简单,尽量避免结构刚度的突变,以减少扭转、振动及应力集中。

一、大模板的构造及施工流程

大模板的构造由于面板材料的不同亦不完全相同,通常由面板、骨架、支撑系统和附件等组成。图 7-18 所示为一整体式钢大模板的构造示意图。

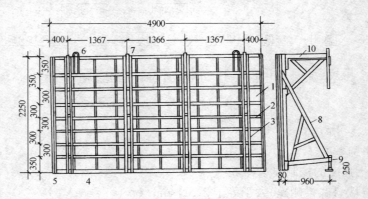

图 7-18　横墙大模板构造图
1—面板;2—横肋;3—竖肋;4—小肋;5—穿墙螺栓;6—吊环;
7—上口卡座;8—支撑架;9—地脚螺丝;10—操作平台

面板的作用是使混凝土成型,具有设计要求的外观。骨架的作用是支承面板,保证所需的刚度,将荷载传给穿墙螺栓等,通常由薄壁型钢、槽钢等做成的横肋、竖肋组成。支撑系统包括支撑架和地脚螺丝,一块大模板至少设两个,用于调整模板的垂直度和水平标高,支撑模板使其自立。附件包括操作平台、穿墙螺栓、上口卡板、爬梯等。对于外承式大模板还包括外承架。

对于高层建筑,大模板结构施工宜采用内横墙和内纵墙同时浇注混凝土的施工方法,以增强结构的刚度(图 7-19)。

支撑中,首先要对模板表面进行认真清理,喷刷脱模剂,并应在地面或楼板上弹好墙体尺寸线、模板就位线,然后按模板组装平面编号及吊装顺序"对号入座",待两面模板校正后,方可固定。支撑时,要将模板之间或模板与楼板之间缝隙堵严,防止漏浆。

拆模需待混凝土强度达到 1.0MPa 以上才能进行。模板拆除后,应及时对墙面进行清理和修补。

二、大模板爬升施工

爬升施工是一种特殊的大模板施工,模板随建筑物结构施工而上升,兼有大模板墙面平整和滑模不落地的优点,可以减少塔式起重机和其他垂直运输设备的工作。20 世纪 70 年代初,欧洲开始应用于高层现浇钢筋混凝土结构施工,并较快地在我国上海、天津、北京、南京等地的高层建筑中采用,并不断有所创新发展。

爬升模板有两大类:

220

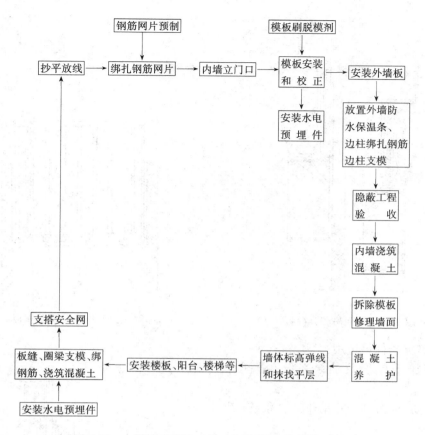

图 7-19　大模板工程施工的工艺流程(内浇外挂工程)

　　一类仍利用塔式起重机或其他垂直运输设备将支承在承重墙上的大模板垂直吊装到上一层就位,这一类大模板与一般大模板并没有多大区别,模板是一种定型工具,不带动力。可以用作外墙的外侧单面爬升,也可以用于墙体的双面爬升(图 7-20)。用于电梯井的爬模,在操作平台的两侧带枢轴,装有靠墙滑轮,当模板固定时,滑轮及枢轴的一部分伸入预留方洞内以支撑平台并承受模板自重及其他荷载。混凝土浇筑后拆模时,起重机吊平台向上爬升,此时枢轴向下旋转,滑轮紧靠墙体上升,直至进入下一个预留洞内,两个预留洞之间的高度即为一个层高(图 7-21)。

　　另一类爬升模板带有自动爬升的设备,不需要塔式起重机或其他垂直运输设备吊装。

　　以下着重介绍自动爬升模板。

1. 模板组成

自动爬升模板一般由大模板、爬升支架和爬升设备三部分组成。

(1) 大模板

与一般外墙外侧大模板不同处是模板背后附有爬升设备。

(2) 爬升支架

包括立柱和底座两部分。立柱是悬吊、爬升、固定大模板的固定架,底座是支承在承重墙上整个爬升模板的固定座。

(3) 爬升设备

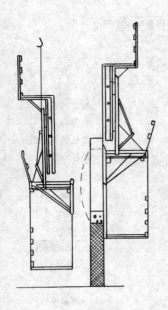

图 7-20　双面吊爬升模板

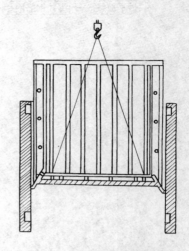

图 7-21　电梯井爬升模板

根据具体条件可选用：

1）液压千斤顶及油泵系统（滑模设备）。

2）电动（或液压）螺杆升降机系统（升板设备）。

3）电动葫芦或倒链等。

爬升设备安装在大模板和爬升支架上。

2．工艺原理

大模板依靠爬升支架上的爬升设备，使模板能完成脱模、上升、就位、校正和固定等全部作业，此时爬升支架固定于下层的承重墙上。待上层完成混凝土浇筑并达到支承全部爬升模板荷载的强度后，将爬升支架与墙体暂时脱离，依靠大模板上的爬升设备，将爬升支架上升、就位、校正、固定于上层的承重墙上。如此完成一层爬升作业。

由于大模板和爬升支架的相互交替爬升，就可以使结构逐层上升（图 7-22）。

爬升支架也可以同时作模板用，形成两种模板交替爬升。

3．适用范围

爬升模板适用于高层现浇钢筋混凝土结构的承重外墙外模和电梯井筒及其他竖

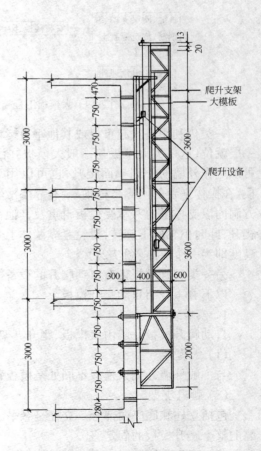

图 7-22　自动爬升模板示意图

222

向井筒,也可以用于外墙内模、承重内墙和柱、梁;并适用于高耸竖向构筑物。越高越显示其优越性。

第六节　滑升模板施工

滑升模板是施工现浇混凝土工程的有效方法之一,它机械化程度较高,施工速度快,建筑物的整体性好。因而在国内外得到广泛应用。

用滑升模板施工高层建筑,楼板的施工是关键之一。近年来各种楼板施工新工艺的应用,使楼板施工可用多种方法进行选择。再加上可以将外装饰与结构施工结合起来。上面用滑升模板浇筑墙体,下面随着在吊脚手上进行外装饰施工,也大大加快了施工速度。由于上述施工措施的应用,使得滑升模板工艺成为高层建筑施工中的一种有效工艺,并有日益扩大的趋势。

滑升模板施工时模板是整体提升的,一般不宜在空中重新组装或改装模板和操作平台;同时,要求模板提升有一定的连续性,混凝土浇筑具有一定的均衡性,不宜有过多的停歇。为此,用滑升模板施工对设计有一定的要求。比如,建筑的平面布置和立面处理,在不影响设计效果和使用的前提下,应力求做到简洁、整齐。在结构构件布置方面,应使构件竖向的投影重合,有碍模板滑升的局部突出结构要尽量避免。

一、滑升模板的构成

滑升模板由模板系统、操作平台系统、液压提升系统以及施工精度控制与观测系统等四部分组成,详见图7-23。

（一）模板系统

1.模板

模板可用钢材、木材或钢木混合以及其他材料制成,相邻两块模板之间可用螺栓或回形卡连接。要求模板形状尺寸准确,表面光滑,有足够的强度、刚度,能承受混凝土的侧压力、冲击和滑升时的摩阻力,不发生扭曲变形,以保证滑出的混凝土表面平整。为了防止木模板吸水后膨胀变形,在两块木板之间应留 2～4mm 的拼缝,或在模板表面包以铁皮,或用稀沥青煮 24h。

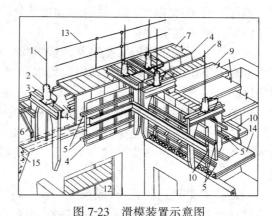

图 7-23　滑模装置示意图

1—支承杆;2—液压千斤顶;3—提升架;4—模板;5—围圈;
6—外挑三角架;7—外挑操作平台;8—固定操作平台;9—活动操作平台;10—内围梁;11—外围梁;12—吊脚手架;13—栏杆;14—楼板;15—混凝土墙体

模板的高度与混凝土达到出模强度所需的时间和模板滑升速度有关。如果模板高度不够,混凝土脱模过早,则会造成混凝土下坍现象;反之,模板高度过高时,则会增加摩阻力,影响滑升。

2.围圈

围圈又称围檩,其作用是固定模板位置,承受模板传来的水平力与垂直力。围圈分上、下两层,沿模板外侧横向布置,用以将模板与提升架连成整体。

为了减少模板的支承跨度,围圈一般不设在模板的上下两端,其合理的位置应使模板在受力时产生的变形最小。对高度为 $1.0 \sim 1.2mm$ 的钢模板,上下围圈的间距可取 $500 \sim 700mm$。上围圈距模板上口不大于 $200mm$,以保证模板上口的刚度,下围圈距模板下口可稍大一些,使模板下部有一定柔性,便于混凝土脱模,但也不宜大于 $300mm$。内外围圈必须形成封闭,在转角处做成刚性角,使之具有足够的刚度,以保证模板几何形状与尺寸的准确,防止提升过程中产生较大的变形。围圈接头处的刚度亦不应小于围圈本身的刚度,上、下围圈的接头不应设置在同一截面上。

对于框架结构,当千斤顶集中布置在柱上,提升架之间的跨度较大时,为加强围圈在垂直方向上的刚度,可将上下围圈用腹杆连成整体,形成桁架围圈。当操作平台直接支承在围圈上时,上下围圈还必须用托架加固,以承受平台荷载。

3. 提升架

提升架又称千斤顶架或门架,其作用是固定围圈的位置,防止模板侧向变形,把模板系统和操作平台联成整体,承受模板和操作平台的荷载,并将荷载传给千斤顶。

提升架的形式,按横梁的数量分为单横梁式与双横梁式两种。单横梁式轻便、节约材料。双横梁式刚度好,且上横梁可用作架设油管、电线、铺设辅助平台或放置钢筋,使用较方便。

(二)操作平台系统

1. 操作平台

操作平台又称工作平台,供运输和堆放材料、机具、设备及施工人员操作之用,有时还利用操作平台架设起重设备。

操作平台一般用钢桁架或梁及铺板组成。桁架可支承在提升架的立柱上,亦可通过托架支承在上下围圈上。桁架之间应设置水平和垂直支撑,以保证平台有足够的强度、刚度和稳定性。

建筑物外侧使用的操作平台是用悬挑三角架和铺板组成。

操作平台铺板的顶面标高,不宜低于模板上口,一般与模板上口水平,但在无筋结构中,为使操作平台的载重结构形成一个整体,不为模板所分隔,其整个工作平台的位置应高出模板。

当结构的垂直钢筋较长,或操作面较小,必要的设备、材料堆放不下,运输不便,造成操作高度或操作面不够时,一般还要在操作平台上面搭设一层辅助平台。

2. 内外脚手架

内外吊脚手又称挂脚手。外吊脚手挂在提升架和外挑三角架上。内吊脚手挂在提升架和操作平台上,以供混凝土表面修饰、质量检查、截面收分,调整和拆除模板之用。吊脚手的吊杆可用圆钢、扁钢或角钢,也可用柔性链条。采用柔性链条的优点是可以在组装模板时一次装上,不需要滑到一定高度后再安装。吊脚手视需要可设一层或数层,每个吊杆必须安装双螺母,以保安全。

(三)提升系统

提升系统包括支承杆、液压千斤顶、针形阀、油管与油路、分油器、液压控制台、油液与阀门等,是液压滑模施工的重要组成部分。

1. 支承杆

支承杆又称爬杆,一般用 $\phi 25mm$ 圆钢制成,采用冷拉法事先调整,延伸率可控制在

2%～3%以内,支承杆的加工长度在3～5mm。支承杆的连接见图7-24,支承杆在混凝土内部弯曲时的加固措施见图7-25。内墙支承杆体外布置见图7-26。

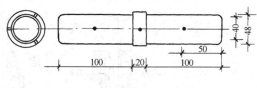

图 7-24　支承杆的连接

2．千斤顶

其性能及提升原理图见图7-27。

3．液压控制装置

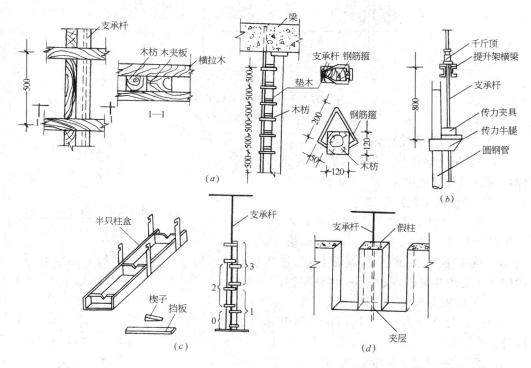

(a)

(b)

(c)

(d)

图 7-25　支承杆在混凝土内部弯曲时的加固措施

(a)方木加固;(b)钢管加固;(c)柱盒加固(0、1、2、3 为先后拼装顺序);(d)假柱加固

操作原理主要为电动机驱动轮汞,将高压油液通过电磁换向阀、分油器、针形阀及油管输送到各台千斤顶,然后停止电动机,改换电磁换向阀方向;由于千斤顶内弹簧回弹作用,油液回流到高压油泵的油箱内。如图7-28。换向阀和溢流阀的流量与压力均应等于或大于油泵的流量与压力,阀的公称内径应不小于10mm。

（四）施工精度控制系统

施工精度控制系统主要包括水平度和垂直度观测与控制装置以及通讯联络设施等。

1）水平度和垂直度观测设备,可采用水准仪、自动安平激光测量仪、经纬仪、激光铅直仪以及线锤等,其精度不应低于1/10000;

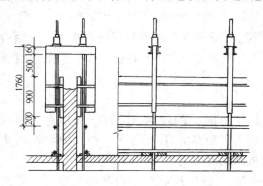

图 7-26　内墙支承杆体外布置图

225

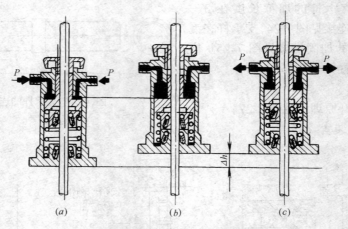

图 7-27 千斤顶性能及提升原理图
(a)进油;(b)爬升;(c)排油

2) 施工精度的控制装置;

3) 通讯联络设施,可采用有线或无线电话(对讲机)以及其他声光信号联络设施。

二、滑升模板的施工工艺

近年来,墙体滑模施工工艺不断改进,并且吸收了其他施工工艺一些特点(如大模板等)。目前,除一般滑模施工工艺外,滑框倒模、液压提升爬模等工艺也相继出现,并不断得到完善。

(一) 模板的滑升

模板的滑升分为初试滑升、正常滑升和完成滑升三个阶段。

1. 模板的初试滑升阶段

模板的初试滑升,必须在对滑模装置和混凝土凝结状态进行检查后进行。试滑时,应将全部千斤顶同时缓慢平稳升起 $50\sim100$mm,脱出模的混凝土用手指按压有轻微的指印和不粘手,及滑升过程中有耳闻"沙沙"声,即说明已具备滑升条

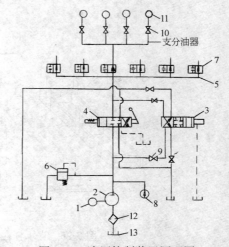

图 7-28 液压控制装置原理图
1—电动机;2—齿轮油泵;3—三位四通电磁换向阀;
4—三位四通手动换向阀;5—分油器;6—溢流阀;
7—二位二通电磁阀;8—液压表;9—截止阀;10—针
形阀;11—液压千斤顶;12—滤油器;13—油箱

件。当模板升至 $200\sim300$mm 高度后,应稍事停歇,对所有提升设备和模板系统进行全面检查、修整后,即可转入正常滑升。混凝土出模强度宜控制在 $0.2\sim0.4$MPa,或贯入阻力值为 $0.30\sim1.05$kN/cm²。

2. 正常滑升阶段

正常滑升,其分层滑升的高度应与混凝土分层浇灌的厚度相配合,一般为 $200\sim300$mm。两次提升的时间间隔不应超过 1.5h。在气温较高时,应增加 $1\sim2$ 次中间提升,中间提升的高度为 $30\sim60$mm,以减少混凝土与模板间的摩阻力。

模板滑升时,应使所有的千斤顶充分地进、排油。提升过程中,如出现油压增至正常滑

升油压值的 1.2 倍,尚不能使全部液压千斤顶升起时,应停止提升操作,立即检查原因,及时进行处理。

在滑升过程中,操作平台应保持水平。各千斤顶的相对标高差不得大于 40mm,相邻两个提升架上千斤顶的升差不得大于 20mm。

连续变截面结构,每滑升一个浇灌层高度,应进行一次模板收分。模板一次收分量不宜大于 10mm。

在滑升过程中,应检查和记录结构垂直度、扭转及结构截面尺寸等偏差数值,检查及纠偏、纠扭应符合下列规定:

1)对连续变截面和整体刚度较小的结构,每提升一个浇灌层高度应检查、记录一次;

2)对整体刚度较大的结构,每滑升 1m 至少应检查、记录一次;

3)在纠正结构垂直度偏差时,应缓缓进行,避免出现硬弯;

4)当采用倾斜操作平台的方法纠正垂直度偏差时,操作平台的倾斜度应控制在 1% 内;

5)对圆形筒壁结构,任意 3m 高度上的相对扭转值不应大于 30mm。

在滑升过程中,应随时检查操作平台、支承杆的工作状态及混凝土的凝结状态,如发现异常,应及时分析原因并采取有效的处理措施。

在滑升过程中,应及时清理粘结在模板上的砂浆和转角模板及收分模板与活动模板之间的夹灰。对被油污染的钢筋和混凝土,应及时处理干净。

3. 模板的完成滑升阶段

模板的完成滑升阶段,又称作末升阶段。当模板滑升至距建筑物顶部标高 1m 左右时,滑模即进入完成滑升阶段,此时应放慢滑升速度,并进行准确的抄平和找正工作,以使最后一层混凝土能够均匀地交圈,保证顶部标高及位置的正确。

4. 停滑措施

因气候或其他原因,滑升过程中必须暂停施工时,应采取下列停滑措施:

(1)混凝土应浇灌到同一水平面上;

(2)模板应每隔 0.5~1h 启动千斤顶一次,每次将模板提升 30~60mm,如此连续进行 4h 以上,直至混凝土与模板不会粘结为止,但模板的最大滑升量,不得大于模板高度的 1/2;

(3)当支承杆的套管不带锥度时,应于次日将千斤顶提升一个行程;

(4)框架结构模板的停滑位置,宜设在梁底以下 100~200mm 处;

(5)继续施工时,除应对液压系统进行检查外,还应将粘结于模板及钢筋表面的混凝土块清除干净,用水冲走残渣后,先浇灌一层减半石子的混凝土,然后,再继续向上分层浇灌混凝土。

模板滑空时,应事先验算支承杆在操作平台自重、施工荷载、风载等共同作用下的稳定性。如稳定性不能满足要求,应采取可靠的措施,对支承杆进行加固。

5. 模板滑升速度

模板滑升速度,可按下列规定确定:

(1)当支承杆无失稳可能时,混凝土的出模强度控制,可按式(7-6)确定:

$$V = \frac{H - h - a}{T} \tag{7-6}$$

式中　V——模板滑升速度(m/h);

　　　H——模板高度(m);

h——每个浇灌层厚度(m);

a——混凝土浇满后,其表面到模板上口的距离,取 $0.05\sim0.1$(m);

T——混凝土达到出模强度所需的时间(h)。

(2) 当支承杆受压时,按支承杆的稳定条件控制模板的滑升速度,可按式(7-7)确定:

$$V = \frac{10.5}{T \cdot \sqrt{K \cdot P}} + \frac{0.6}{T} \tag{7-7}$$

式中　V——模板滑升速度(m/h);

P——单根支承杆的荷载(kN);

T——在作业班的平均气温条件下,混凝土强度达到 $0.7\sim1.0$MPa 所需的时间(h),由试验确定;

K——安全系数,取 $K = 2.0$。

(3) 当以施工过程中的工程结构整体稳定来控制模板的滑升速度时,应根据工程结构具体情况经计算确定。

(二)阶梯形变截面壁厚的处理

1. 调整丝杠法

在提升架立柱上设置调整围圈和模板位置的丝杠(螺栓)和支撑,当模板滑升至变截面的位置,只要调整丝杠移动围圈和模板即可(图 7-29)。此法调整壁厚比较简便,但提升架制作比较复杂,而且在调整过程中,必须处理好转角处围圈和模板变截面前后的节点连接。

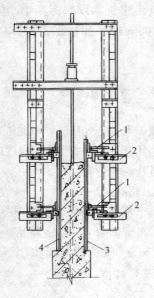

2. 衬模板法

按变截面结构宽度制备好衬模,待滑升至变截面位时,将衬模固定于滑升模板的内侧,随模板一起滑升(图 7-30)。这种方法构造比较简单,缺点是需另制作衬垫模板。

3. 吊柱调整法

用钢材或木材制作一个吊柱,吊柱在提升架的横梁上。吊柱的一侧与提升架的立柱连接,另一侧支承变截面的围圈和模板(图 7-31)。滑升时依靠吊

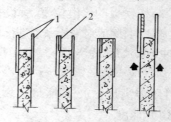

图 7-30　衬模板示意图
1—普通模板;2—衬模板

图 7-29　调整丝杠变截面
1—调整丝杠;2—承托角钢;3—内模板;4—外模板

柱厚度来调整变截面的尺寸。

此法构造更加简单,不需另行制作衬垫模板,但调整工作比较麻烦,当围圈和模板调整位置后,其接头处还需作处理。

4. 平移提升加架立柱法

228

在提升架的立柱与横梁之间装设一个顶进丝杠,变截面时,先将模板提空,拆除平台板及围圈桁架的活接头。然后拧紧顶进丝杠,将提升架立柱带着围圈和模板向壁厚方向顶进,至要求的位置后,补齐模板,铺好平台,改模工作即告完成(图7-32)。

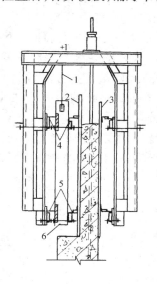

图 7-31　吊柱调整法

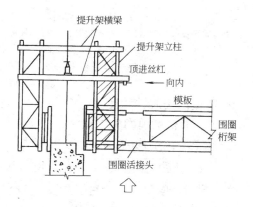

图 7-32　平移提升架立柱变截面

5. 模板双挂钩法

在需要变截面一侧的模板背后,设计成双挂钩,依靠挂钩的不同凹槽位置,来调整模板的位置(图7-33)。

当滑升至需要改变壁厚时,停止浇灌混凝土,空滑到一定高度后停止。此时上下围圈与桁架及提升架均不动,只将模板的双挂钩的外钩挂在上下围圈上,与模板双挂钩相连的模板也相应向外窜动。整个过程仅需一天半时间,既改变了壁厚,也大大缩短了工期。

三、滑框倒模施工工艺

滑框倒模施工工艺是在滑模施工工艺的基础上发展而成的一种施工方法。这种方法兼有滑模和倒模的优点,因此,易于保证工程质量。但由于操作较为繁琐,因而施工中劳动量较大,速度略低于滑模。

(一)滑框倒模的组成与基本原理

(1)滑框倒模施工工艺的提升设备和模板装置与一般滑模基本相同,亦由液压控制台、油路、千斤顶及支承杆和操作平台、围圈、提升架、模板等组成。

(2)模板不与围圈直接挂钩,模板与围圈之间增设竖向滑道,滑道固定于围圈内侧,可随围圈滑升。滑道的作用相当于模板的支承系统,既能抵抗混凝土的侧压力,又可约束模板位移,且便于模板的安装。滑道的间距按模板的材质和厚度决定,一般为 $300\sim400mm$;长度为 $1\sim1.5m$,可采用内径 $25\sim40mm$ 钢管制作。

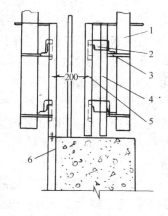

图 7-33　模板双挂钩装置
1—提升架;2—模板双挂钩;3—围圈;4—调正前内圆模板位置;5—调正后内圆模板位置;6—外挂模板

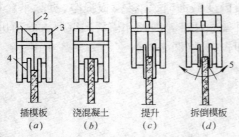

图 7-34 滑框倒模示意图
(a)插模板;(b)浇混凝土;(c)提升;(d)拆倒模板
1—千斤顶;2—支承杆;3—提升架;
4—滑道;5—向上倒模

(3)模板在施工时与混凝土之间不产生滑动,而与滑道之间相对滑动,即只滑框,不滑模。

当滑道随围圈滑升时,模板附着于新浇灌的混凝土表面留在原位,待滑道滑升一层模板高度后,即可拆除最下一层模板,清理后,倒至上层使用(图 7-34)。模板的高度与混凝土的浇灌层厚度相同,一般为 500mm 左右,可配置 3～4 层。模板的宽度,在插放方便的前提下,尽量加大,以减少竖向接缝。

模板应选用活动轻便的复合面层胶合板或双面加涂玻璃钢树脂面层的中密度纤维板,以利于向滑道内插放,拆模倒模。

(4)滑框倒模的施工程序

施工墙体结构的程序为:

| 绑一步横向钢筋 | → | 安装上一层模板 | → | 浇灌一步混凝土 | → | 提升一层模板高度 |

→ | 拆除脱出的下层模板,清理后,倒至上层使用 |

如此循环进行,层层上升。

(二)滑框倒模工艺的特点

(1)滑框倒模工艺与滑模工艺的根本区别在于:由滑模时模板与混凝土之间滑动,变为滑道与模板滑动,而模板附着于新浇灌的混凝土面而无滑移。因此,模板由滑动脱模变为拆倒脱模。与之相应,滑升阻力由滑模施工时模板与混凝土之间的摩擦力,改为滑框倒模时的模板与滑道之间的摩擦力。模拟试验说明,滑框倒模施工时摩擦力的数值,不仅小于滑模时的摩阻力,而且随混凝土硬化时间的延长呈下降趋势(图 7-35)。

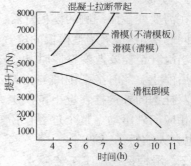

图 7-35 滑框倒模与滑模
提升阻力模拟试验

(2)滑框倒模工艺只需控制滑道脱离模板时的混凝土强度下限大于 0.05MPa,不致引起混凝土坍塌和支承杆失稳,保证滑升平台安全即可。不必考虑混凝土硬化时间延长造成的混凝土粘膜、拉裂等现象,给施工创造很多便利条件。

(3)采用滑框倒模工艺施工有利于清理模板,涂刷隔离剂,以防止污染钢筋和混凝土;同时可避免滑模施工容易产生的混凝土质量通病(如蜂窝麻面、缺棱掉角、拉裂及粘模等)。

(4)施工方便可靠。当发生意外情况时,可在任何部位停滑,而无需考虑滑模工艺所采取的停滑措施,同时也有利于插入梁板施工。

(5)可节省提升设备投入。由于滑框倒模工艺的提升阻力远小于滑模工艺的提升阻力,相应地可减少提升设备。与滑模相比可节省 1/6 的千斤顶和 15% 的平台用钢量。

(6)采用滑框倒模工艺施工高层建筑时,其楼板等横向结构的施工以及水平、垂直度的控制,与滑模工程基本相同。

四、滑模施工的精度控制

滑模施工的精度控制主要包括:滑模施工的水平度控制和垂直度控制等。

（一）滑模施工的水平度控制

在模板滑升过程中,整个模板系统能否水平上升,是保证滑模施工质量的关键,也是直接影响建筑物垂直度的一个重要因素。由于千斤顶的不同步因素,每个行程可能差距不大,但累计起来就会使模板系统产生很大升差,如不及时加以控制,不仅建筑物垂直度难以保证,也会使模板结构产生变形,影响工程质量。

目前,对千斤顶升差(即模板水平度)的控制,主要有以下几种方法:

1. 限位调平器控制法

筒形限位调平器是在 GYD 或 QYD 型液压千斤顶上改制增设的一种机械调平装置(图7-36)。其构造主要由筒形套和限位挡体两部分组成,筒形套的内筒伸入千斤顶内直接与活塞上端接触,外筒与千斤顶缸盖的行程调节帽螺纹连接。

限位调平器工作时,先将限位挡按调平要求的标高,固定在支承杆上,当限位调平器随千斤顶上升至该标高处时,筒形套被限位挡顶住并下压千斤顶的活塞,使活塞不能排油复位,该千斤顶即停止爬升,因而起到自动限位的作用(图7-37)。

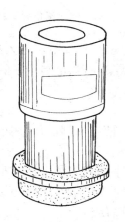

图7-36　筒形限位调平器

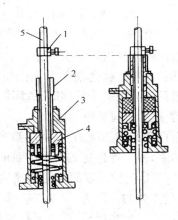

图7-37　筒形限位调平器工作原理图
1—限位挡;2—限位调平器;3—千斤顶;4—活塞;5—支承杆

模板滑升过程中,每当千斤顶全部升至限挡处一次,模板系统即可自动限位调平一次。这种方法简便易行,投资少,是保证滑模提升系统同步工作有效措施之一。

2. 限位阀控制法

限位阀是在液压千斤顶的进油嘴处增加一个控制供油的顶压截止阀(图7-38),限位阀体上有两个油嘴,一个连接油路,另一个通过高压胶管与千斤顶的进油嘴连接。

使用时,将限位阀安装在千斤顶上,随千斤顶向上爬升,当限位阀的阀芯被装在支承杆上的挡体顶住时,油路中断,千斤顶停止爬升。当所有千斤顶的限位阀都被限位挡体顶住后,模板即可实现自动调平。

限位阀的限位挡体与限位调平器的限位挡体的基本构造相同,其安装方法也一样。所不同的是:限位阀是通过控制供油,而限位调平器是控制排油来达到自动调平的目的。

使用前,必须对限位阀逐个进行耐压检验,不得在 12MPa 的油压下出现泄漏或阀芯密封不严等现象;否则,将使千斤顶失控并将挡体顶坏。另外,向上移动限位挡体时,应认真逐个检查,不得有遗漏或固定不牢的现象。

3.截止阀控制法

截止阀一般安设在千斤顶的油嘴与进油路之间(图 7-39)。施工中,通过手动旋紧或打开截止阀来控制向千斤顶供油的油路,其工作原理与限位阀相似。

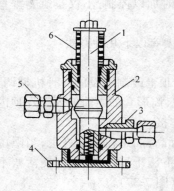

图 7-38 限位阀构造图
1—阀芯;2—阀体;3—出油嘴;4—底座;5—进油嘴;6—弹簧

图 7-39 截止阀安装图

利用这种方法进行限位调平时,千斤顶的数量不宜过多;否则,不仅用人过多,不易操作,而且稍有遗漏,就会使千斤顶产生较大升差。因此单纯应用截止阀调平的方法已不常用。一般只作为更换千斤顶时,关闭油路使用。

4.激光自动调平控制法

激光自动调平控制法,是利用激光平面仪和信号元件,使电磁阀动作,用以控制每个千斤顶的油路,使千斤顶达到调平的目的。

图 7-40 是一种比较简单的激光自动控制方法。激光平面仪安装在操作平台的适当位置,水堆激光束的高度为 2m 左右。每个千斤顶都配备一个光电信号接收装置。它收到的脉冲信号,通过放大以后,控制千斤顶进油口处的电磁阀开启或关闭。

图 7-41 是激光束控制千斤顶爬升原理图,当千斤顶无升差时,继电器 J1 动作,绿色信号灯发光,常开式电磁阀不关闭,千斤顶正常爬升。当千斤顶偏高时,激光束射在较下一块硅光电池上,继电器 J2 动作,接通电磁阀的电路,使千斤顶停止爬升。

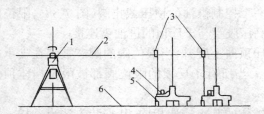

图 7-40 激光平面仪控制千斤顶爬升示意图
1—激光平面仪;2—激光束;3—光电信号装置;
4—电磁阀;5—千斤顶及提升架;6—滑模操作平台

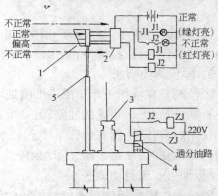

图 7-41 激光束控制千斤顶爬升原理图
1—光电信号装置;2—信号放大装置;3—千斤顶;
4—电磁阀;5—高度调节螺丝

232

在排油的时候，必须使电磁阀断电，保证千斤顶里的油液可以排出。当某个光电信号装置受到干扰，或因遮挡影响没有激光信号输入，继电器 J1 和 J2 会停止工作，表示不正常的红色信号灯发光。操作人即可根据激光平面的所在高度进行调整，使光电信号装置重新工作。这种控制系统一般可使千斤顶的升差保持在 10mm 范围内，但应注意防止日光的影响而使控制失灵。

（二）滑模施工的垂直度控制

在滑模施工中，影响建筑物垂直度的因素很多，诸如：千斤顶不同步引起的升差、滑模装置刚度不够出现变形、操作平台荷载不匀、混凝土的浇灌方向不变以及风力、日照的影响等等。为了解决上述问题，除采取一些有针对性的预防措施外，在施工中还应经常加强观测，并及时采取纠偏、纠扭措施，以使建筑物的垂直度始终得到控制。

1. 垂直度的观测

观测建筑物垂直度的方法很多，除一般常用的线锤法、经纬仪法之外，近年来，许多单位采用了激光铅直仪、激光经纬仪以及导电线锤等设备进行观测，收效较好。

（1）激光导向法

可在建筑物外侧转角处，分别设置固定的测点（图 7-42）。模板滑升前，在操作平台对应地面测点的部位，设置激光接收靶。接收靶由毛玻璃、坐标纸及靶筒等组成。接收靶的原点位置与激光经纬仪的垂直光斑重合（图 7-43）。施工中，每个结构层至少观测一次。

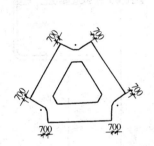

图 7-42　测点平面布置
注：图中"·"系观测点位置

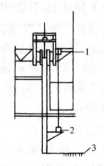

图 7-43　激光导向观测
1—接收靶；2—激光经纬仪；3—地面

具体做法：在测点水平钢板上安放激光经纬仪，直接与钢板上的十字线所表示的测点对中，仪器调平校正并转动一周，消除仪器本身的误差。然后，以仪器射出的铅直激光束打在接收靶上的光斑中心为基准位置，记录在观测平面图上。与接收靶原点位置对比，即可得知该测点的位移。

（2）激光导线法

主要用于观测电梯井的垂直偏差情况，同时与外筒大角激光导向观测结果相互验证，并可考察平台刚度对内筒垂直度的影响。

具体做法是：在底层事先测设垂直相交的基准导线（图 7-44），用激光经纬仪通过楼板预留洞。施工中，随模板滑升将此控制导线逐层引测至正在施工的楼层。据此量测电梯井壁的实际位置，与基准位置对比，即可得出电梯井的偏扭结果。如再与外筒观测数据对比，则可检验平台变形情况。

（3）导电线锤法

导电线锤是一个重量较大的钢铁圆锥体，重约20kg左右。线锤的尖端有一根导电的紫铜棒触针。使用时，靠一根直径为2.5mm的细钢丝悬挂于吊挂机构上。导电线锤的工作电压为12V或24V。通过线锤上的触针与设在地面上的方位触点相碰，可以从液压控制台上信号灯光，得知垂直偏差的方向及大于10mm的垂直偏差（图7-45）。

图 7-44　激光导线观测

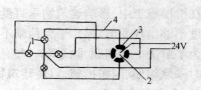

图 7-45　导电线锤原理图
1—液压控制台信号灯；2—线锤上的触针；3—触点；4—信号线路

导电线锤的上部为自动放长吊挂装置（图7-46）。主要由吊线卷筒、摩擦盘、吊架等组成。吊线卷筒分为两段，分别缠绕两根钢丝绳，一根为吊线、一根为拉线，可分别绕卷筒转动。为了使线锤不致因重量太大而自由下落，在卷筒一侧设置摩擦盘，并在轴向安设一个弹簧，以增加摩擦阻力。当吊挂装置随模板提升时，固定在地面上的拉线即可使卷筒转动将吊线同步自动放长。

2．垂直度的控制

（1）平台倾斜法

平台倾斜法又称作调整高差控制法。其原理是：当建筑物出现向某测位移的垂直偏差时，操作平台的同一侧，一般会出现负水平偏差。据此，我们可以在建筑物向某侧倾斜时，可将该侧的千斤顶升高，使该侧的操作平台高于其他部位，产生正水平偏差，

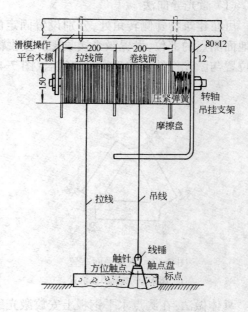

图 7-46　导电线锤吊挂装置

然后，将整个操作平台滑升一段高度，其垂直偏差可随之得到纠正。

对于千斤顶需要的高差，可预先在支承杆上做出标志（可通过抄平拉斜线，最好采用限位调平器对千斤顶的高差进行控制）。

（2）导向纠偏控制法

当发现操作平台的外墙中部联系较弱的部位，产生圆弧状的外涨变形时（图7-47），可通过限位调平器将整个平台调成锅底状（图7-48）的方法进行纠正。调整结果是使操作平台产生一个向内倾斜的趋势，使原来因构件变形而伸长的模板投影水平距离，稍有缩短，同时，由千斤顶的位置高差，使得外筒的提升架也产生了一定的倾斜，改变了原有模板倾斜度，这样，利用模板的导向作用和平台自重产生的水平分力促使外涨的模板向内移位。同样，对

局部偏移较大的部位,也可采用这种方法来改变模板倾斜度,使偏移得到纠正和控制。

图 7-47　外墙中部外涨变形　　　　　图 7-48　将平台调成锅底状

（3）顶轮纠偏控制法

这种纠偏方法是利用已滑出模板下口并具有一定强度的混凝土作为支点,通过改变顶轮纠偏装置的几何尺寸而产生一个外力,在滑升过程中,逐步顶移模板或平台,以达到纠偏的目的（图 7-49）。

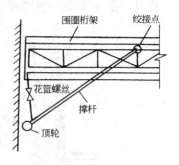

图 7-49　顶轮纠偏示意图

顶轮纠偏装置由撑杆顶轮和花篮螺丝所组成。撑杆的一端与围圈桁架上弦铰接。另一端安装一个轮子,并顶在混凝土墙面上。花篮螺丝一头挂在围圈桁架的下弦上,另一头焊接在顶轮的撑杆上。收紧花篮螺丝,撑杆的水平投影距离加长,使顶轮紧紧顶住混凝土墙面,在混凝土墙面的反力作用下,围圈桁架（包括操作平台、模板等）向相反方向移位。

这种顶轮纠偏工具加工简单,拆换方便,操作灵巧,效果显著,是滑模纠偏纠扭的一种有力工具。

纠偏、纠扭工作,不仅需要从技术上采取有效的措施,而且在管理上也必须有严格的制度。

（4）外力法

当建筑物出现扭转偏差时,可沿扭转的反方向施加外力,使平台在滑升过程中,逐渐向回扭转,直至达到要求为止。

具体作法:采用手搬葫芦或倒链（3～5t）作为施加外力的工具,一端固定在已有强度的下一层结构上,另一端与提升架立柱相连。当搬动手搬葫芦和倒链时,相对结构形心,可以得到一个较大的反向扭矩。

采用外力法纠扭时,动作不可过猛,一次纠扭的幅度不可过大;同时,还要考虑连接手搬葫芦或倒链的两端时,应尽可能使其水平,以减小竖向分力。

第七节　液压爬模施工简介

目前,国内外的自动爬模工艺,按提升动力又分为电动和液压等类型;按爬模的构造和基本原理又可分为:"模板爬架子、架子爬模板"和"模板爬模板"等形式。但无论哪一种自动爬模,其提升动力的构造虽有变化,但基本原理都是利用构件之间的相对运动,即交替爬升来实现的。这里仅介绍液压爬模模板爬模板施工工艺。

（一）液压爬模构造

液压爬模系统主要由模板、爬升装置、液压油路、平台挑架、支撑、三角爬架、千斤顶和"生根"背楞等组成(图7-50)。

1．模板

模板由大型组合钢模板拼装而成,分A型和B型两种。A型模板宽0.9m、高6.3m,布置在外墙与内墙交接处的外侧,或大开间房间外墙外侧的中央。B型模板宽2.6～3.0m,高3m,与A型模板交替布置。

2．爬升装置

爬升装置主要由三角爬架、支承杆、卡座、千斤顶、液压油路组成(图7-51)。

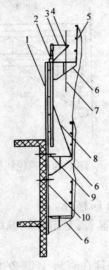

图7-50　液压爬模系统

1—模板;2—千斤顶;3—三角爬架;4—卡座;
5—安全网;6—平台挑架;7—支承杆;8—支撑;
9—"生根"背楞;10—连接板

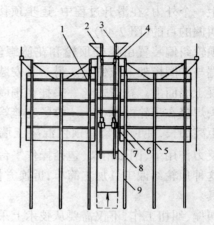

图7-51　爬升装置

1—B型模板;2—三角爬架;3—爬杆;4—卡座;5—连接板;
6—千斤顶;7—千斤顶座;8—A型模板;9—"生根"背楞

注:为简化起见,本图未画出挑架和支撑

三角爬架均设置在模板上口两端,插入双层套筒内,套筒用U形螺栓与竖向背楞联结。三角爬架的作用是支承卡座和支承杆,可以回转。

3．爬模的"生根"背楞

爬模的"生根"背楞位于B型模板下端,直接贴墙面竖向放置,由穿墙螺栓固定在墙体上,通过连接板支承上方的模板。其水平方向的位置,与模板的竖向背楞相对应。连接板是一种简单的过渡装置,既可解决模板和"生根"背楞的连接问题;又可调整"生根"背楞位置的高低,使模板螺孔同混凝土墙上预留的穿墙孔位置相吻合。A型模板的下端不设"生根"背楞。

(二) 液压爬模的施工程序

液压爬模施工时,A型模板和B型模板交替布置,交替爬升。每块模板靠近左右两端的竖向背楞上均装设三角爬架和千斤顶等爬升装置。当B型模板由其上口的千斤顶带动爬升时,以A型模板的爬架和支承杆为依托;当A型模板由其中部的千斤顶带动爬升时,以B型模板的爬架和支承杆为依托。具体爬升流程为:

(1) 模板安装就位、校正后,装设穿墙螺栓,浇灌混凝土(图7-52a)。

(2) 待混凝土达到拆模强度,拆除A型模板的穿墙螺栓,松动A型模板,将A型模板爬

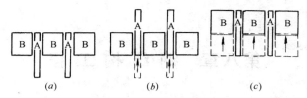

图 7-52　爬升流程图

(a)模板就位,浇灌混凝土;(b)A型模板爬升;

(c)B型模板爬升,浇灌混凝土

升一个楼层的高度,校正后,再装入穿墙螺栓(图 7-52b)。

(3) 拆除 B 型模板的穿墙螺栓,借助 A 型模板,将 B 型模板爬升至 A 型模板上口平齐校正后,装入穿墙螺栓,浇灌混凝土(图 7-52c)。

如此反复,交替爬升。

第八章 钢结构工程

和其他材料的结构相比,钢结构具有下列特点:

1)钢材重量轻而强度高。当跨度和荷载都相同时,钢屋架的重量仅为钢筋混凝土屋架的 1/4~1/3,如果采用薄壁型钢屋架则更轻。因此,钢结构比钢筋混凝土结构能承受更大的荷载,跨越更大的跨度。

2)钢材的塑性和韧性好。由于材料的塑性好,钢结构在一般情况下不会因偶然超载或局部超载而突然断裂破坏;材料的韧性好,则使钢结构对动荷载的适应性较强。钢材的这些性能对钢结构的安全可靠提供了充分的保证。

3)钢材更接近于匀质等向体。钢材的内部组织比较均匀,非常接近匀质体,其各个方向的物理力学性能基本相同,接近各向同性体。在使用应力阶段,钢材属于理想弹性工作,因而变形很小。这些性能和力学计算中的假定符合程度很好,所以钢结构的实际受力情况和力学计算结果最相符合。

4)钢材具有可焊性。由于材料的可焊性,使钢结构的连接大为简化,可适应制造各种复杂结构形状的需要。但焊接时产生很高的温度,使结构中产生较高的焊接残余应力,局部的应力状态复杂化。

5)钢结构制造简便,施工方便,具有良好的装配性。钢结构由各种型材组成,都采用机械加工,在专业化的金属结构厂制造,因而制作简便,成品的精确度高。制成的构件运到现场拼装,可采用螺栓连接,且结构较轻,故施工方便,施工周期短。此外,已建成的钢结构也易于拆卸、加固或改建。

6)钢材易于锈蚀,应采取防护措施。钢材在潮湿环境中,特别是处于有腐蚀性介质的环境中易锈蚀,必须涂油漆或镀锌加以保护,而且在使用期间还应定期维护。这就使钢结构的维护费用比钢筋混凝土结构高。

7)钢结构的耐热性好,但防火性差。

根据上述钢结构的特点,钢结构更适合于建筑结构和各种工程结构中,改革开放以前,由于我国钢材产量不高,钢结构主要用于重型工业厂房和大跨度结构中。当前,我国经济建设正在迅速发展,工业对厂房结构提出更高的灵活适应性的要求,很多企业生产技术的更新周期已由过去的 20~25 年普遍缩短到 10~15 年,个别的如电子工业等已缩短到 4~5 年,因而要求建造跨度和柱距都较大、又易于扩建改建的灵活性大的厂房结构。这就促进了钢结构的大量应用。

第一节 建筑钢结构材料

一、钢材

我国建筑钢结构采用的钢材主要是碳素结构钢和低合金高强度结构钢。

1. 普通碳素结构钢

碳素结构钢是建筑钢结构中应用最广的钢种。在国家标准《碳素结构钢》(GB 700—88)中,根据钢材中碳、锰含量及屈服点的大小,按由低到高的次序排列,将碳素结构钢分为5种牌号,大部分牌号中还分有质量等级。每种牌号都规定有脱氧方法,碳素结构钢的牌号和化学成分(熔炼分析)应符合表 8-1 的规定,拉伸和冲击试验应符合表 8-2 的规定,弯曲试验应符合表 8-3 的规定。

碳素结构钢的化学成分　　　　表 8-1

牌　号	等　级	化 学 成 分 （%）					脱氧方法
		C	Mn	Si	S	P	
				不 大 于			
Q215	A	0.09～0.15	0.25～0.55	0.3	0.050	0.045	F、b、Z
	B				0.045		
Q235	A	0.14～0.22	0.30～0.65	0.3	0.050	0.045	F、b、Z
	B	0.12～0.20	0.30～0.70		0.045		
	C	≤0.18	0.35～0.80		0.040	0.040	Z
	D	≤0.17			0.035	0.035	TZ

注：Q235A、B 级沸腾钢锰含量上限为 0.60%。

钢的牌号由代表屈服点的字母、屈服点数值、质量等级符号、脱氧方法符号等四个部分按顺序组成。例如 Q235-B·F,其中各符号的定义是:

Q——钢材屈服点"屈"字汉语拼音首位字母;

A、B、C、D——分别为质量等级;

F——沸腾钢"沸"字汉语拼音首位字母;

b——半镇静钢"半"字汉语拼音首位字母;

Z——镇静钢"镇"字汉语拼音首位字母;

TZ——特殊镇静钢"特镇"两字汉语拼音首位字母。

在牌号组成表示方法中,"Z"与"TZ"符号可以省略,如 Q235-B,即表示屈服点为:235N/mm² 的 B 级镇静钢。

进行拉伸和弯曲试验时,钢板和钢带应取横向试样,伸长率允许比表 8-2 降低 1%(绝对值)。型钢应取纵向试样。

碳素结构钢的拉伸和冲击试验　　　　表 8-2

牌号	等级	拉 伸 试 验													冲击试验	
		屈服点 f_y(N/mm²)						抗拉强度 f_u (N/mm²)	伸长率 δ_5（%）						温度 (℃)	V 型冲击功(纵向)(J)
		钢材厚度(直径)(mm)							钢材厚度(直径)(mm)							
		≤16	>16 ～40	>40 ～60	>60 ～100	>100 ～150	>150		≤16	>16 ～40	>40 ～60	>60 ～100	>100 ～150	>150		
		不 小 于							不 小 于							不小于
Q215	A	215	205	195	185	175	165	335～410	31	30	29	28	27	26	—	—
	B														20	27

牌号	等级	拉 伸 试 验												冲击试验
		屈服点 f_y(N/mm²)						抗拉强度 f_u (N/mm²)	伸长率 δ_5(%)						V型冲击功(纵向)(J)
		钢材厚度(直径)(mm)							钢材厚度(直径)(mm)						温度(℃)
		≤16	>16 ~40	>40 ~60	>60 ~100	>100 ~150	>150		≤16	>16 ~40	>40 ~60	>60 ~100	>100 ~150	>150	
		不 小 于							不 小 于						不小于
Q235	A	235	225	215	205	195	185	375~460	26	25	24	23	22	21	— —
	B														20
	C														0	27
	D														−20

注：1. 夏比(V型缺口)冲击功值按一组三个试样单值的算术平均值计算，允许其中一个试样单值低于规定值，但不得低于规定值的70%。

2. 冲击试样的纵向轴线应平行于轧制方向。

3. 对厚度不小于12mm的钢板、钢带、型钢或直径不小于16mm的棒钢做冲击试验时，应采用10mm×10mm×55mm试样；对厚度为6mm至小于12mm的钢板、钢带、型钢或直径为12mm至小于16mm的棒钢做冲击试验时，应采用5mm×10mm×55mm小尺寸试样，冲击试样可保留一个轧制面。

2. 优质碳素结构钢

优质碳素钢按国家标准 GB 699—88 的规定，根据其含锰量的不同分为两组：普通含锰量的钢，其含锰量小于0.8%；较高含锰量的钢，其含锰量为0.7%~1.2%。优质碳素钢含杂质较少，磷、硫的含量均不大于0.035%，优质碳素钢在建筑工程中应用较少，其钢号的写法是用其平均含碳量的百分之几表示，如"45号钢"是平均含碳量0.45%的优质碳素钢，用作高强度螺栓的垫圈等。

碳素结构钢的冷弯试验　　　　　　　　　　　　　　　　　　　表 8-3

牌 号	试样方向	冷弯试验 $B=2a$　180°		
		钢材厚度(直径)(mm)		
		60	>60~100	>100~200
		弯 心 直 径 d		
Q215	纵	0.5a	1.5a	2a
	横	a	2a	2.5a
Q235	纵	a	2a	2.5a
	横	1.5a	2.5a	3a

注：B 为试样宽度，a 为钢材厚度(直径)。

3. 低合金高强度结构钢

普通低合金高强度钢是一种在普通素钢基础上添加少量的一种或多种合金元素（总含量一般不超过5%），以提高其强度、耐腐蚀性、耐磨性或低温冲击韧性的钢材。普通低合金钢按其屈服强度等级分为五种牌号，钢结构常用的牌号为Q345钢。钢的牌号由代表屈服点的汉语拼音字母、屈服点数值，质量等级符号三个部分按顺序排列。如Q345A，其中"Q"

是钢材屈服点的"屈"字汉语拼音的首位字母;"345"为该牌号钢的屈服点数值,表明该钢材的屈服强度为"345MPa";"A"为钢材的质量等级符号,共分为A、B、C、D、E五个等级,"A"级为最低等级,"E"级为最高等级。

国标 GB/T 1591—94 的低合金高强度结构钢牌号表示方法如下:

1)当合金元素平均含量小于 1.5%时,钢号中只标明元素,不标明含量。

2)当合金元素平均含量在 1.5%～2.5%之间时在元素化学符号下角标注 2,若合金量在 2.5%～3.5%之间时,则标注 3,按上类推。

例如:16 锰(16Mn)表示平均含碳量为万分之十六,锰的平均含量在 1.5%以下的低合金结构钢;15 锰钒(15MnV)表示平均含碳量为万分之十五,锰和钒的平均含量都分别在 1.5%以下的低合金结构钢。为了标明某些特殊用途的钢,则在钢号的后面再加上一个代号字母,如 16 锰桥钢、15 锰钒桥钢等等。

在建筑钢结构中,目前通常采用的低合金结构钢,主要有 16Mn、16Mnq、15MnV、15MnVq 钢等。

常用的 Q345 钢的化学成分见表 8-4,机械性能见表 8-5。

低合金高强度结构钢的化学成分 表 8-4

牌 号	等级	化　学　成　分 （%）								
		C≤	Mn	Si≤	P≤	S≤	V	Nb	Ti	Al≥
Q345	A	0.20	1.00～1.60	0.55	0.045	0.045	0.02～0.15	0.015～0.060	0.02～0.20	—
	B	0.20	1.00～1.60	0.55	0.040	0.040	0.02～0.15	0.015～0.060	0.02～0.20	—
	C	0.20	1.00～1.60	0.55	0.035	0.035	0.02～0.15	0.015～0.060	0.02～0.20	0.015
	D	0.20	1.00～1.60	0.55	0.030	0.030	0.02～0.15	0.015～0.060	0.02～0.20	0.015
	E	0.20	1.00～1.60	0.55	0.025	0.025	0.02～0.15	0.015～0.060	0.02～0.20	0.015

低合金高强度结构钢机械性能 表 8-5

牌号	等级	屈服点 σ_s(MPa)				抗拉强度 σ_b (MPa)	伸长率 δ_5(%)	冲击功,A_{kv},(纵向)(J)				180°弯曲试验 $d=$ 弯心直径;$a=$ 试样厚度(直径)	
		厚度(直径、边长)(mm)						+20℃	0℃	−20℃	−40℃	钢材厚度(直径) (mm)	
		≤16	16～35	35～50	50～100			不　小　于				≤16	>16～100
		不　小　于											
Q345	A	345	325	295	275	470～630	21					D=2a	D=3a
	B	345	325	295	275	470～630	21	34				D=2a	D=3a
	C	345	325	295	275	470～630	22		34			D=2a	D=3a
	D	345	325	295	275	470～630	22			34		D=2a	D=3a
	E	345	325	295	275	470～630	22				27	D=2a	D=3a

4.钢材的选择和代用

钢材的选择首先应符合图纸设计要求的规定,一般选择原则见表 8-6。

项 次	结 构 类 型			计算温度	选用牌号
1	焊接结构	直接承受动力荷载的结构	重级工作制吊车梁或类似结构	—	Q235 镇静钢或 Q345 钢
2			轻、中级工作制吊车梁或类似结构	等于或低于 −20℃	同 1 项
3				高于 −20℃	Q235 沸腾钢
4		承受静力荷载或间接承受动力荷载的结构		等于或低于 −30℃	同 1 项
5				高于 −30℃	同 3 项
6	非焊接结构	直接承受动力荷载的结构	重级工作制吊车梁或类似结构	等于或低于 −20℃	同 1 项
7				高于 −20℃	同 3 项
8			轻、中级工作制吊车梁或类似结构	—	同 3 项
9		承受静力荷载或间接承受动力荷载的结构		—	同 3 项

表中的计算温度按现行《采暖通风和空气调节设计规范》中的冬季空气调节室外计算温度确定,此外,由于各种结构对钢材的要求各不相同,选用时应全面考虑,承重结构的钢材,应保证抗拉强度(σ_b),屈服点强度(σ_s),伸长率(δ_5、δ_{10})及硫(S)和磷(P)的极限含量;对于高层建筑钢结构的钢材,根据《高层建筑钢结构设计与施工规程》的规定,宜采用 Q235 中 B、C、D 等级的碳素结构钢和 Q345 中 B、C、D 等级的低合金钢;对重级工作制及起重量大于 50t 的中级工作制焊接吊车梁,应有常温冲击韧性的保证。此外,对于焊接结构,应保证碳(C)的极限含量。

因此,钢结构工程所采用的钢材必须附有钢材的质量证明书,各项指标应符合设计要求和国家现行有关标准的规定,当需进行钢材代用时,除必须征得设计人同意外,还应注意以下几点。

1) 材质证明书不满足设计要求时,应进行补充试验,合格后才能应用。

2) 应保证钢材代用的安全性和合理性,不能任意以优代劣。

3) 钢材的牌号和材料性能都与设计要求不符时,应进行结构及构件计算,并根据计算结果改变结构的截面,焊缝尺寸及节点构造。

5. 钢材的验收和堆放

钢材验收是保证钢结构工程质量的重要环节,验收的主要内容是,核对钢材的数量和品种是否与订货单一致;核对钢材的规格尺寸及对钢材进行表面质量检验。

钢材堆放的原则是,节约占地,提取方便,减少钢材的变形和锈蚀。

二、连接材料

钢结构的连接是通过一定方式将各个杆件连成整体。杆件间要保证正确的相互位置,以保证传力和使用要求,连接部位应有足够的静力强度和疲劳强度。因此,连接是钢结构设计和施工中重要的环节,钢结构的连接应符合安全可靠、节省钢材、构造简单和施工方便的原则。

钢结构的连接方法分为铆接、焊接、普通螺栓和高强度螺栓连接,依据连接方法的不同,连接材料分为以下几种。

(一)铆钉

铆钉用于铆接,但现在在建筑结构中已很少采用,仅在某些对焊接所产生的变形或残余应力特别敏感的结构中采用,在工程中以半圆形铆钉居多,当要求铆钉头与钢材表面齐平时,可采用沉头铆钉。铆钉一般用普通碳素钢铆螺用热轧圆钢制造,其钢号为 ML2 和 ML3,在学成分应符合表 8-7 的规定,铆钉的规格按《粗制半圆头铆钉》(GB 863.1—86)和《粗制沉头铆钉》(GB 865—86)进行生产。

表 8-7

钢 号		化 学 成 分 (%)			
牌 号	代 号	碳(C)	磷(P)	硫(S)	铜(Cu)
			不 大 于		
铆螺 2	ML2	0.09~0.15	0.045	0.050	0.25
铆螺 3	ML3	0.14~0.22	0.045	0.050	0.25

(二)普通螺栓

建筑钢结构中使用的普通螺栓,一般为六角头螺栓,用 Q235 钢制成,根据产品质量和制作公差的不同,分为 A、B 和 C 级三种,A 级和 B 级均为精制螺栓,经车削加工制成,尺寸准确,但成本高,安装困难,因此极少使用,C 级为粗制螺栓,施工简单,拆装方便,主要用于安装连接和可拆卸的结构中。

普通螺栓材料性能见表 8-8。

普通螺栓材料性能 表 8-8

性能等级	材料和热处理	化 学 成 分 (%)				最低回火温度(℃)
		C		P	S	
		min	max	max	max	
3.6	低碳钢	—	0.2	0.05	0.06	—
4.6 4.8	低碳钢或中碳钢		0.55	0.05	0.06	—
8.8	低碳合金钢(加硼、锰或铬)淬火并回火	0.15	0.35	0.04	0.05	425
	中碳钢淬火并回火	0.25	0.55	0.04	0.05	450

注:1. 性能等级代号的含义为:小数点前的数字表示螺栓成品抗拉强度的最低限值(单位为 100N/mm²),小数点后面的数字表示材料的屈强比。
2. 对 8.8 级的螺栓,为保证良好的淬透性,螺纹直径大于 M20 的紧固件必须采用对 10.9 级(GB 3098.1—85)规定的合金钢。

A、B 级螺栓的表面处理有两种:①氧化;②镀锌纯化。

C 级螺栓的表面处理方法有两种:①不经处理;②镀锌纯化。

（三）高强度螺栓

高强度螺栓连接传递剪力的机理和普通螺栓不同,普通螺栓靠栓钉杆抗剪和承压来传递剪力,而高强度螺栓首先是靠连接板间的摩擦阻力来传递剪力。为了产生更大的摩擦阻力,高强度螺栓应采用高强材料,一般有两种,一种是优质碳素钢,经热处理后抗拉强度不低于830MPa,属8.8级螺栓;另一种是合金结构钢,经热处理后抗拉强度不低于1040MPa,属10.9级螺栓。同时,螺母和垫圈均采用45号钢制造,并经热处理。

钢结构用高强度螺栓主要品种有:大六角头高强度螺栓连接副和扭剪型高强度螺栓连接副,这些螺栓适用于铁路和公路桥梁,锅炉钢结构,工业厂房,高层民用建筑,塔桅结构,起重机械等。这两种螺栓的材料及性能等级见表8-9及表8-10。

大六角头螺栓、螺母、垫圈性能等级及推荐材料 表8-9

类　别	性能等级	推荐材料	标准编号	适用规格
螺　栓	10.9S	20MnTiB	GB3077	≤M24
		35VB		≤M30
	8.8S	40B	GB3077	≤M24
		45	GB699	≤M22
		35	GB699	≤M20
螺　母	10H	45、35	GB699	
		15MnVB	GB3077	
	8H	35	GB699	
垫　圈	HRC 35～45	45、35	GB699	

扭剪型高强度螺栓、螺母、垫圈性能等级 表8-10

类　别	性能等级	推荐材料	材料标准号
螺　栓	10.9S	20MnTiB	GB3077
螺　母	10S	35*	GB699
		15MnVB	GB3077
垫　圈	硬　度	45*	GB699

（四）焊接材料

焊接材料主要有电焊条、焊丝及焊剂。

1.电焊条

电焊条种类繁多,但在建筑钢结构中,使用最多的是碳钢焊条和低合金钢焊条两种,在个别情况下,亦使用不锈钢焊条。

按照焊条熔渣的碱度可分为酸性焊条和碱性焊条两大类,酸性焊条氧化性较强,因而熔敷金属的塑性、韧性均较低;碱性焊条焊缝金属的塑性和冲击韧性较好,非金属夹杂物亦少,一般用于受动荷载的结构,刚性较大的结构及可焊性较差的钢材。碱性焊条一般只能采用直流反接(即焊条接正极)进行焊接。

电焊条也可按药皮的主要成分或焊条的用途分类。

电焊条的型号是以焊条的国家标准为依据反映焊条主要特性的一种表示方法,一般包括焊条类别,焊条特性(如熔敷金属抗拉强度及其化学成分,使用温度,焊芯金属类型等),药皮类型及焊接电源等。

(1) 碳钢焊条(GB 5117—85)

碳钢焊条的型号根据熔敷金属的抗拉强度、药皮类型、焊接位置和焊接电流种类划分。焊条的型号编制方法如下:字母"E"表示焊条;前两位数字表示熔敷金属抗拉强度的最小值(单位为 kgf/mm²);第三位数字表示焊条的焊接位置,"0"及"1"表示焊条适用于全位置焊接(平、立、仰、横),"2"表示焊条适用于平焊及平角焊,"4"表示焊条适用于向下立焊,第三位和第四位数字组合时表示焊接电流种类及药皮类型。

焊条型号完整的表示方法如下:

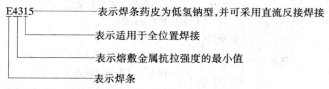

(2) 低合金钢焊条(GB 5118—85)

低合金钢焊条根据熔敷金属的力学性能、化学成分、药皮类型、焊接位置和焊接电流种类划分规定各种型号,其编制方法如下:字母"E"表示焊条:前面两位数字表示熔敷金属抗拉强度的最小值(单位为 kgf/mm²)。第三位数字表示焊条的焊接位置"0"及"1"表示焊条适用于全位置焊接(平焊、立焊、仰焊及横焊),"2"表示焊条适用于平焊及平角焊;第三位和第四位数字组合时表示焊接电流种类及药皮类型;后缀字母为熔敷金属的化学成分分类代号,并以短划"—"与前面数字分开,如还具有附加化学成分时,附加化学成分直接用元素符号表示,并以短划"—"与前面后缀字母分开。焊条型号举例如下:

焊条牌号是对焊条产品的具体命名,我国焊条牌号是根据焊条的用途及性能特点来命名的,通常以一个汉语拼音字母(或汉字)与三位数字组成,拼音字母(或汉字)表示焊条的用途类别,牌号内前两位数字表示各大类中的若干小类,第三位数字表示各种焊条牌号的药皮类型及焊接电源。

2. 焊丝

焊丝按制造方法的不同可分为实芯焊丝和药芯焊丝两大类,在此基础上又可根据其适用的焊接方法或被焊材料的不同分为若干种。建筑钢结构使用的焊丝大致可分为:

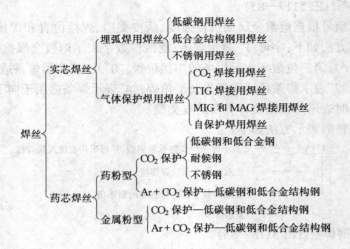

实心焊丝中,除不锈钢焊丝外都要进行表面处理以防止焊丝生锈,目前主要是镀铜处理。埋弧焊接时,焊缝的成分和性能主要是由焊丝和焊剂共同决定的。另外,由于焊接时熔深大,母材熔合比高,故母材的影响亦比较大。因此,对于给定的焊接结构,应根据母材钢种成分对焊缝性能的要求等进行综合分析后再选用焊丝和焊剂。

药芯焊丝一般为无缝管焊丝,外表镀铜,性能良好。由于药芯中加入了稳弧剂,因此电弧稳定,熔滴均匀过渡,飞溅少;与实芯焊丝相比,由于药芯焊丝载面上通电部分的面积小,在同样的电流下,电流密度高,熔化速度快,并可采用大电流进行全方位焊接。

3．焊剂

焊剂是埋弧焊和电渣焊不可缺少的焊接材料,在焊接过程中,焊剂对金属起着保护作用、冶金处理作用和改善工艺性能的作用。按制造方法可分为熔炼焊剂和非熔炼焊剂,非熔炼焊剂又可分为粘结焊剂,烧结焊剂和混合焊剂。

三、防锈及防火涂料

为保证钢结构的使用期限,施工前应将钢结构表面进行防锈、除油处理,以除去浮锈,氧化皮,油污等杂质,并刷防锈底漆 $1 \sim 2$ 遍,特殊介质条件下还应作防腐及防水处理。常用的防锈漆的种类和性能见表 8-11。

表 8-11

常用的防锈漆性能比较表

品　　种	优　点	缺　点	用　途
Y53-31 红丹油性防锈漆	1. 防锈性能好;2. 易于涂刷并对被涂物件渗透性强故附着力好;3. 对表面处理要求不高;4. 耐久性仅次于醇酸防锈漆	1. 干燥慢;2. 机械强度较差;3. 红丹有一定的毒性且价格较贵;4. 沉淀结块严重;5. 不便采用喷涂;6. 消耗较多的植物油	户外大型钢铁建筑物,如桥梁铁塔,以及机车、车辆、轮船打底防锈。不能用于轻金属表面,也不能当面漆使用

品　　种	优　　点	缺　　点	用　　途
T53-31 红丹酯胶防锈漆	1.防锈性能较好;2.干燥较快;3.附着力较好;4.机械强度较油性防锈漆高	1.耐久性较差;2.红丹有一定毒性,且较其他防锈颜料贵;3.沉淀结块严重;4.不便采用喷涂	机车、车辆、一般桥梁、钢铁建筑物及构件打底,不能用于轻金属,也不能当面漆
F53-31 红丹酚醛防锈漆	1.防锈性能好;2.干燥较快;3.附着力好;4.机械强度较高;5.耐水性较油性及醇酸防锈漆好	1.沉底结块严重;2.红丹有一定毒性且价格较一般防锈颜料贵;3.不便采用喷涂	机车、车辆、大型钢铁结构表面打底,多用于户外物件,但不能作面漆,也不能用于轻金属表面
C53-31 红丹醇酸防锈漆	1.防锈性能好;2.干燥适中;3.附着力好;4.机械强度较好;5.耐久性较其他类型防锈漆都强	1.价格较贵;2.红丹有一定毒性;3.不便采用喷涂;4.沉底结块严重	大型桥梁铁塔,户外大型钢铁设备、机车、车辆、钢铁船舶打底,不能作面漆使用,也不能用于轻金属的防锈
H53-31 红丹环氧酯防锈漆	1.防锈性能好;2.干燥适中;3.附着力很好;4.机械强度较高	1.价格较贵;2.红丹有一定毒性因此不便采用喷涂;3.沉底结块严重	大型桥梁、车皮、铁塔、大型钢铁建筑物表面打底防锈,不能用于轻金属,也不宜作面漆

钢材虽然是非燃烧材料,但其耐火极限低(约为 0.5~0.6h),高温下钢材很快就屈服,进入流塑状态,因此钢结构表面必须设防火层(涂料),目前,常用的防火涂料有以下几种:

1) STL-A 型钢结构防火涂料,涂层厚度 2.0~2.5cm 时即可满足建筑物一级耐火等级的要求,且不裂,不脱落,导热系数 0.074~0.0954W/(m·K)。

2) LG 钢结构防火隔热涂料,涂层厚 3.0~3.5cm,耐火极限 2.5~3.0h(梁柱),导热系数 0.09701~0.10467W/(m·K)。

3) GJ-1 型钢结构薄层膨胀防火材料,附着力强,耐火极限高。

4) TN-LG、TN-LF 钢结构防火涂料,导热系数 0.091~0.105W/(m·K),涂层厚度 2.5~3.0cm 时,耐火极限可达 2.0h 以上。

第二节　钢结构加工

一、工艺流程

由于钢材的强度高,硬度小,对钢结构的制造精度要求较高,因而钢结构构件的加工制造必须在具有专门机械设备的金属结构制造厂中进行。

钢结构制造的工艺流程一般包括的顺序如图 8-1。

二、零件加工

零件加工主要包括以下各工序:

1.原材料矫正

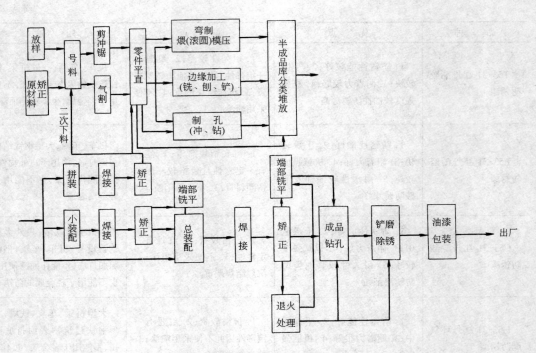

图 8-1 钢结构制造的工艺流程

钢材从轧钢厂运到钢结构加工厂,常因长途运输,装卸不慎等原因而产生较大的变形,给加工造成困难,影响制造的精度,因此在加工前必须进行校正使之平直,钢板校正一般采用辊式平板机,其工作简图如图 8-2,技术性能如表 8-12;型钢校正采用辊式型钢矫正机及机械顶直矫正机。

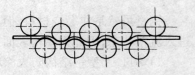

图 8-2 辊式平板机工作简图

辊式平板机的技术性能   表 8-12

产品名称	型　号	技　术　性　能			
		矫正板材厚度 (mm)	矫正板材宽度 (mm)	校平速度 (m/min)	电机功率 (kW)
十一辊板料校平机	Z925	4～16	2500	9	73.5
十三辊板料校平机	W43-10×2000	10	2000	9	50

当钢材型号超过矫正机负荷能力或构件形式不适于采用机械矫正时,可采用火焰矫正。其原理是,当钢材受热时,各方向以 $1.2\times10^{-5}/℃$ 的线膨胀率伸长,当冷却到原来的温度时,除收缩到未加热时的长度外,还以 $1.48\times10^{-6}/℃$ 的收缩率进一步收缩,故收缩后的长度比未加热前有所缩短。因此,在适当位置对构件进行火焰加热,当构件冷却时即产生很大的冷缩力,达到矫正变形的目的。

2. 放样和号料

在一个结构中往往有很多完全相同的构件,而每一构件又由各种零件组成,所以一个结构工程中各种零件的数量很多,为保证构件的制作质量和提高工作效率,应按施工图上的图

248

形和尺寸给出 1:1 的大样,并做成足尺寸的样板,这一工序叫放样;然后依样板在钢材上画线,以得到所需要的切割线和孔眼位置,这一工序叫号料。

放样工作包括,核对图纸的安装尺寸和孔距,以 1:1 的大样放出节点,核对各部分的尺寸,制作样板和样杆作为下料、弯制、铣、刨、制孔等加工的依据,样板用质轻价廉且不易伸缩变形的材料做成。样板和样杆上应注明工号、图号、零件号、数量及加工边、坡口部位,弯折线和弯折方向,孔径和滚圆半径等。图 8-3a 是屋架上弦节点板的样板。图 8-3b 是屋架上弦杆的样杆。

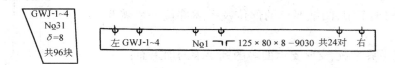

图 8-3　样板及样杆

号料时应在材料上画出切割、铣、刨、弯曲、钻孔等加工位置,打冲孔,注明零件编号等。当工艺有规定时,应按规定的方向取料。

放样及号料时,应根据工艺要求、材料厚度、切割方法、焊接方法预留加工余量及焊接收缩量。高层钢结构中的框架柱尚应预留柱的弹性压缩量。

3．下料(切割)

钢材下料的方法有气割、锯切、剪切、冲模落料等,最方便的是用剪切机切割,图 8-4 是钢板剪切机的工作简图。薄钢板可以用一般的压力剪切机切割。钢板的最大剪切厚度视剪床的功率而定,一般加工厂可以剪切 14～25mm 厚的钢板,厚钢板可用强大的龙门剪床切割,但会增加矫正的困难,一般多用氧气切割。角钢等小号型钢可在型钢剪切机上用特殊的刀刃切割。

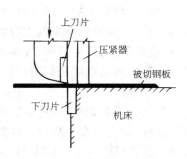

图 8-4　钢板剪切机工作简图

钢材经剪切后在离剪切边缘 2～3mm 范围内产生严重的冷作硬化,使该区域钢材变脆。因此,对于厚度较大且受动力荷载作用的重要结构,剪切后应将该部分刨去。

对于方管、圆管、Z 形和 C 形断面的薄壁型钢可用砂轮锯切割,当材料厚度较大(超过 4mm)时,效率较低;另外,当手动进给时,由于侧向抗力会使切口倾斜。

对工字钢、槽钢、钢管和大号角钢经常用无齿锯切割,生产效率高,切割边整齐。缺点是噪声大,在切割区会有淬硬倾向。

气割系以氧气和燃料(乙炔气、汽油气体、煤油气体等)燃烧时产生的高温来熔化钢材,并以高压氧气流予以氧化和吹扫,造成割缝达到切割金属的目的。特别适用于板厚大于 25mm 的钢材切割。气割分为手动切割,自动和半自动切割,以及精密切割。它的优点是生产效率高,较经济,可以切割任何厚度,既能切直线也能切曲线,还能直接做成 V 形和 X 型焊缝的坡口。

4．制孔

制孔的方法有冲孔和钻孔两种。冲孔在冲床(图 8-5)上进行,一般只用于冲制非圆孔和薄板孔,直径大小也有一定限度,一般不能小于钢板的厚度。冲孔的原理是剪切,因此孔壁周围将产生严重的冷作硬化,质量较差,但冲孔的生产效率很高。所以,当对孔的质量要求不高(如安装孔)时,可以采用。

钻孔在钻床上进行,可以钻任意厚度的钢材。钻孔的原理是切削,故孔壁损伤小,质量较好,但生产效率较低,仅用于厚钢板以及直接承受动力荷载作用的结构中。

5. 边缘加工

在钢结构加工中,图纸要求的部位及下述部位一般需要边缘加工。

1)吊车梁翼缘板、支座支承面等图纸要求的加工面;

2)焊接坡口;

3)尺寸要求严格的加劲板(如吊车梁支座处)、隔板、腹板和有孔眼的节点板等。

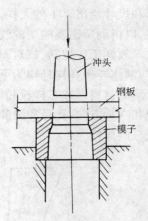

图 8-5 冲孔简图

边缘加工的主要设备有刨边机、端面铣床、风铲,碳弧气刨等。

刨边是很费工的工序,生产效率低,成本高,因此非必要时应尽量避免。对于工作量不大,且加工质量要求不高的边缘加工,可用风铲。风铲是一种利用高压空气作为动力的风动工具,设备简单,使用方便,成本低,但噪声大,质量不如刨的好。

近年来通常以精密切割代替刨铣加工。

6. 弯制

当钢板或型钢需要弯成某一角度或弯成某一圆弧时,就需经过弯制工序。弯曲可在常温下进行,即为冷弯;也可在热塑状态下进行,即为热弯。钢板和型钢的冷弯可在专门的辊弯机上进行(图 8-6)。冷弯只适用于薄钢板,其曲率半径也不宜过小,以免钢材的塑性损失过大和导致出现裂纹。要把钢板冷弯成其有某种截面形式的杆件,可用模压机(图 8-7)。

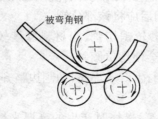

图 8-6 角钢辊弯机工作简图

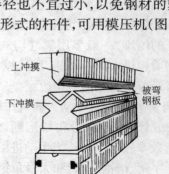

图 8-7 模压机工作简图

对于厚钢板或型钢,当弯曲的角度过大或弯曲的曲率半径较小时,一般需要将钢材加热至暗黄色(1000～1100℃),在模子上进行弯曲,此即热弯,热弯在暗黄色时开始,在蓝脆区(500～550℃)前结束。当加热温度超过 1100℃时,时间较长钢材会过热,过热后钢材晶粒粗大,晶格间发生裂隙,材料变脆,即使尚未熔化,质量也已降低,不能再用。因此在热弯时一定要掌握好温度。热弯后应使零件缓慢而均匀的冷却,以防钢材变脆。

各种筒形结构卷圆后的对接不能连续生产,效率较低,且有纵向缝,对比母材强度有所降低。因此目前常用螺旋卷管,其特点是,斜接缝,可与母材等强度计算,又可连续生产,效率高。螺旋卷管的加工工艺过程如图8-8。加工时滚圆机斜放,其角度可按板料宽度和成型产品的直径调整。

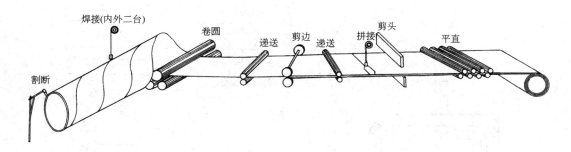

图 8-8　螺旋卷管加工工艺示意

7. 钢球制作

在焊接网架中,球形节点是一空心焊接钢球,其形式如图8-9(1),分加肋和不加肋两种,前者用于外径大于300mm且杆件内力较大时。制作方法如图8-9(2),为保证球节点强度,必须保证两个半球对焊的焊接质量。为此除外观检查以外,还应用超声波探伤对焊缝内部进行检查。

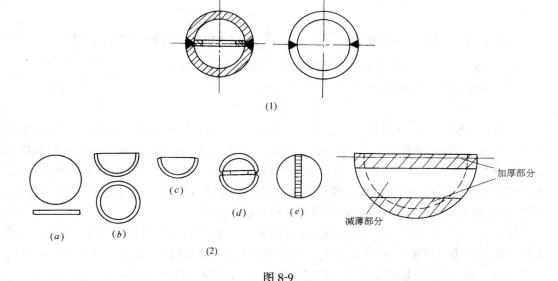

图 8-9

(1)形式;(2)制作方法

(a)圆板下料;(b)热压半球;(c)机械加工;(d)装配;(e)焊接

8. 加工实例

1)箱形柱。箱形柱是由四块钢板组成的承重构件,在它与梁连接部位设有加劲隔板,每节柱子顶部要求平整,柱断面图和工艺流程图详见图8-10。

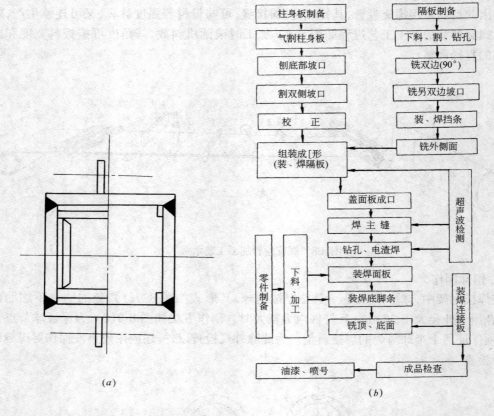

图 8-10(1)　箱形柱断面示意图　　　　　　　图 8-10(2)　箱形柱制造工艺流程

2）变截面梁。某变截面梁的断面图和工艺流程图详见图 8-11。

三、构件工厂拼装和连接

（一）拼装

拼装是钢构件生产流水段中质量保证的关键,是将加工好的零部件按照图纸的要求拼装成单个构件,构件拼装的尺寸,应根据运输线路、现场环境、起重设备能力以及构件组拼的实际需要等来确定。只要条件许可,构件应尽量拼装得大一些,以减少现场工作量,提高工程的安装质量。有些复杂的构件,因受运输和安装设备能力的限制,应在工厂进行预拼装、调整、检查好各部位尺寸后进行编号,最后再拆开运往现场。

构件拼装时,拼装平台应牢靠稳定,在拼装平台上制作的拼装胎模应稳定,可靠。组装工作开始前要编制拼装工序表,组拼时严格按顺序组拼,对焊接结构,拼装焊条必须保证与焊接母材一致,拼装焊点必须保证拼装构件吊装下胎时不会变形,还要保证一定的强度和稳定,拼装焊缝的厚度,长度以及间距能保证构件在正式焊接时不会被拉开;对有特殊要求的钢材,应考虑到拼装点焊的预热和后热的要求,同时还应控制不应在非焊接部位随意打火,引弧。

钢构件经拼装、焊接后,会产生各种形式的变形。应根据钢结构验收规范的要求对钢结构进行矫正。

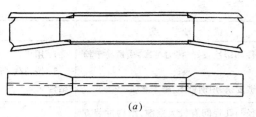

(a)

图 8-11(1)　变截面梁示意

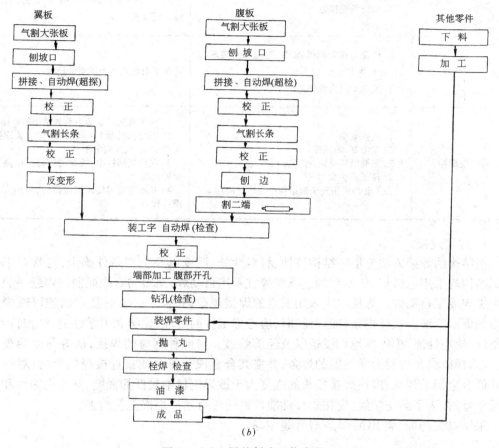

(b)

图 8-11(2)　梁的制造工艺流程

（二）连接

钢结构的连接方法分为焊接、铆接、普通螺栓（A、B 级和 C 级）和高强度螺栓连接等，其优缺点和适用范围如表 8-13。

各种钢结构连接方法的优缺点及适用范围　　　　　表 8-13

连接方法	优　缺　点	适　用　范　围
焊　接	1. 构造简单，加工方便，易于自动化操作 2. 不削弱杆件截面，可节约钢材 3. 对疲劳较敏感	除少数直接承受动力荷载的结构连接，如重级工作制吊车梁与有关构件的连接在目前情况下不宜用焊接外，其他可广泛用于工业及民用建筑钢结构中

连接方法		优　缺　点	适　用　范　围
铆　　接		1. 韧性和塑性较好,传力可靠,质量易于检查 2. 构造复杂,用钢量多,施工麻烦	1. 用于直接承受动力荷载的结构连接 2. 按荷载、计算温度及钢号宜选用铆接的结构
普通螺栓	C级	1. 杆径与孔径间有较大空隙,结构拆装方便 2. 只能承受拉力 3. 费料	1. 适用于安装连接和需要装拆的结构 2. 用于承受拉力的连接,如有剪力作用,需另设支托
	A级、B级	1. 杆径与孔径间孔隙小,制造和安装较复杂,费料费工 2. 能承受拉力和剪力	用于有较大剪力的安装连接
高强度螺栓		1. 连接紧密 2. 受力好,耐疲劳 3. 安装简单迅速,施工方便 4. 便于养护和加固 在工业与民用建筑钢结构中已广泛应用	1. 用于直接承受动力荷载结构的连接 2. 钢结构的现场拼装和高空安装连接的重要部位,应优先采用 3. 在铆接结构中,松动的铆钉可用高强度螺栓代换 4. 凡不宜用焊接而用铆接的,可用高强度螺栓代替

1. 焊接连接

钢结构的焊接方法应根据结构特性、材料性能、厚度以及生产条件确定,通常对于一般的钢结构均采用电弧焊,长而直的连续焊缝宜采用自动焊,而短的直线或曲线焊缝一般都采用手工焊或半自动焊。焊接时应采用适宜的焊接规范,并采取必要的技术措施以减少焊接应力和焊接变形。选择焊条(或焊丝)时,应考虑工件的物理、化学和力学性能、结构特点、工作条件、使用性能、施焊场地和设备以及经济效益。对同种钢材的焊接,从等强度的观点出发,应选择能满足母材力学性能的焊条,并使其合金成分符合或接近被焊的母材;对一般碳钢和低合金钢的焊接,应使焊接接头的强度大于被焊钢材中最低的强度,其冲击韧性和塑性不低于母材,为了防止裂纹,应按焊接性能较差的母材选择焊接工艺措施。

采用电弧焊时,常用的焊条型号是 E43××型和 E50××型。

焊缝标注时,用单箭头指向焊缝隙位置,然后画出引出线和横线(必要时在横线末绘出尾部)。横线上、下标注焊缝尺寸和焊缝间隙形状;标注在横线以上时,表示焊缝在箭头一边,标注在横线以下时,表示焊缝在箭头所指的另一边,角点处可标注部分焊缝,尾部可书写焊缝的特殊说明。钢结构中常用的对接焊缝,贴角焊缝和角焊缝标注内容和书写方法如图 8-12 及图 8-13。

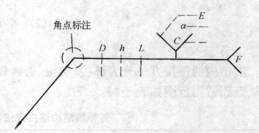

图 8-12　对接焊缝的标注内容和书写方法
D 处—焊缝根部高;h 处—焊根以上部分焊缝高;L 处—焊缝长度(未注明时为全长焊);E 处—焊缝间隙或坡口符号(表 16-109);a 处—焊缝坡口开角;C 处—对接焊缝离缝尺寸;F 处—特殊说明(如反面清根、补焊衬垫或两端用引弧板等)

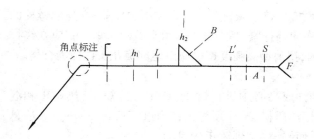

C处—围焊符号(表16-110);h_1处—贴角焊缝高度;L处—贴角焊缝长度(未注明时为全长焊);h_2处—贴角焊缝焊脚宽度(仅在坦式贴角缝时注明);B处—贴角焊缝间隙或焊缝形状符号(表16-112);L处—断续焊缝每分段长度;A处—断续焊缝符号(表16-113);S处—断续焊缝相邻间距;F处—特殊说明

图 8-13　贴角焊缝的标注内容和书写方法

　　型钢的工厂接头,近年来多采用对接焊连接,这种连接方法节省连接角钢、钢板,经济效益好,也避免了贴角焊缝不平整的缺点。

　　焊接连接的设备种类和分类如下:

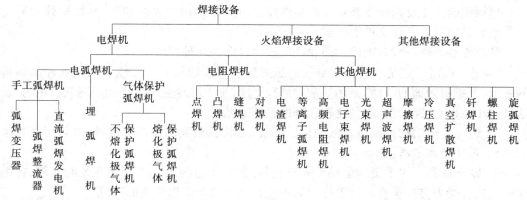

　　2. 螺栓和铆钉连接

　　螺栓和铆钉的排列形式有并列式和错列式两种,排列螺栓时,螺栓行列之间以及螺栓与构件边缘的距离,应符合表 8-14 的要求。

螺栓的最大、最小容许距离

表 8-14

名　称	位　置　和　方　向			最大容许距离 (取两者的较小者)	最小容许距离
中 心 间 距	任意方向	外　排		$8d_0$ 或 $12t$	$3d_0$
		中间排	构件受压力	$12d_0$ 或 $18t$	
			构件受压力	$16d_0$ 或 $24t$	
中心至构件 边缘距离	垂直内 力方向	顺内力方向		$4d_0$ 或 $8t$	$2d_0$
		切　割　边			$1.5d_0$
		轧制边	高强度螺栓		
			普通螺栓		$1.2d_0$

　　注:1. d_0 为螺栓的孔径,t 为外层较薄板件的厚度。
　　　　2. 钢板边缘与刚性构件(如角钢、槽钢等)相连的螺栓的最大间距,可按中间排的数值采用。

　　安装永久螺栓时,应首先检查建筑物各部分的位置是否正确,精度是否满足规范要求,尺寸有误差时应予调整,但不得采用气割扩孔。

　　安装高强度螺栓时,应先试验摩擦面的抗滑移系数,是否符合设计要求及规范的规定;高

255

强度螺栓连接的板叠接触面应平整,摩擦面应保持干燥,整洁,不得在雨中作业;高强度螺栓的安装应按一定顺序施拧,由螺柱群中央顺序向外拧紧,高强度大六角头螺栓扭矩检查应在终拧1h以后,24h内完成,误差控制在10%以内,扭剪型高强度螺栓应以尾部梅花头拧掉为合格。

（三）成品矫正、制孔、端部加工

由于安装误差和焊接变形的存在,构件成品必须进行矫正,矫正分冷矫正,热矫正和混合矫正。冷矫正使用翼缘矫平机、撑直机、油压机、千斤顶等机械力进行矫正,热矫正方法是将需矫正部位局部烤红,冷却后应力降低而平整,达到矫正的目的。

一般焊接结构的安装孔,大部分为成品钻孔,其方法和要求同零件钻孔。

构件的端部铣平在端面铣床上进行。

四、成品表面处理

（一）高强度螺栓摩擦面处理

摩擦面的加工是指使用高强度螺栓作连接节点处的钢材表面加工,摩擦面处理后的抗滑移系数必须符合设计文件的要求。

摩擦面的处理一般有喷砂(丸)、酸洗、砂轮打磨等几种方法。

1) 喷砂(丸) 它是利用压缩空气的压力连续不断地用石英砂或钢丸喷射冲击钢构件的表面,把钢材表面的铁锈,油污等杂物清理干净,加工处理后钢材表面呈现灰白色为最佳。这种方法效率高,除锈彻底,是比较先进的除锈工艺。

2) 酸洗 把钢构件浸放在酸池内,用酸除去构件表面的油污和铁锈,然后用石灰水中和处理,再用清水清洗。

3) 砂轮打磨 用手提式电动砂轮进行打磨,打磨范围不小于螺栓孔径的4倍,打磨方向应与构件受力方向垂直。砂轮打磨时不应在钢材表面露出明显的凹坑。

处理好的摩擦面严禁有飞边,毛刺,焊疤和污损等,不得涂油漆,在运输过程中应采取保护措施,不得损伤摩擦面。

在上述几种方法中,以喷砂(丸)处理过的摩擦面的抗滑移系数高,离散性小。

（二）钢构件表面处理

钢构件表面处理包括除锈和油漆涂层及防火涂层。

1. 除锈

除锈方法与摩擦面的处理方法相同,其区别在于摩擦面处理是钢材表面的局部处理,而除锈是整个构件表面的处理。钢材除锈方法的不同,产生不同的除锈质量等级。

钢结构除锈质量等级 表8-15

等　　　级	质　量　标　准	除　锈　方　法
1	钢材表面露出金属色泽	喷砂、抛丸、酸洗
2	钢材表面允许存留干净的轧制表皮	一般工具(钢丝刷、砂布等)清除

2. 油漆涂层

涂层的质量决定着钢结构的耐久性,因此:

1) 涂料、涂装遍数和涂层厚度应符合设计文件的规定,设计文件无要求时,宜涂装4～5遍,涂层干漆膜总厚度应达到:室外构件150μm,室内构件125μm。

2) 高强度螺栓连接节点处钢材表面,以及施工图中注明不涂漆的部位不得涂装,安装焊缝处应留出 30~50mm 暂不涂装。这些部位在涂装时应采取保护措施。

3）涂料的配置应严格按说明书的规定执行，配好的涂料不宜存放过久，涂料应在使用的当天配置。

油漆涂层的涂装方法有两种：

1）刷涂法。刷涂法适宜油性基料和形状复杂部位的涂装，工艺简单方便。涂装时应按设计规定的漆膜厚度，多次涂刷，直至达到规定厚度为止。

2）喷涂法。喷涂法适宜大面积施工，其缺点是涂层漆膜较薄，为了达到设计规定的厚度，须多次喷涂。

涂层作业一般分为两次，一次在工厂涂装，一次在现场涂装。为了保证涂层的施工质量，涂层施工环境温度应在 5~38℃ 之间，相对湿度不应大于 85%，雨天或构件表面有结露时，不宜涂层作业。

3．防火涂层

钢结构在高温条件下，结构强度显著降低，因此，规范规定，高层钢结构工程应进行防火涂层保护。

防火涂层的材料性能必须符合《建筑设计防火规范》的要求，并经现场防火性能试验，试验性能满足公安消防部门的要求，才能正式进行涂层作业。试验包括耐火试验和粘结强度试验。

防火涂层的施工包括基层处理和喷涂工艺两部分。

（1）基层处理

基层处理有两种方法：

1）不带钢丝网的基层处理适宜薄型防火涂层的使用。当采用薄型防火涂层时基层面只需一般清理即可喷涂，或者在防火层面每间隔 300mm 焊一扁铁，扁铁方向可以是斜形也可以水平方向，以提高涂层的附着力。

2）带钢丝网的基层面适宜厚型防火涂层的使用。基层面的处理应在刷完防锈漆，经质量验收后才能固定钢丝网。钢丝网和钢构件之间应留有 5~10mm 的间隙。钢丝网在钢柱的拐角处，应用钢筋压住钢丝网，钢筋焊在钢构件上。

（2）喷涂工艺

1）喷涂方法。厚涂层的喷涂应分层次喷涂，喷涂厚度根据周围环境温度决定。一般首层由于有钢丝网固定，可以喷得厚些，达 10mm 左右，待喷涂层凉干至七八成时，再喷下一层，直至所需厚度为止。

2）配合比。防火涂料为粉料，需要在现场随用随配，现场配合比是工艺试验确定的参数，是保证喷涂成型牢固的关键。参考配合比见表 8-16。

防火涂料配合比　　　　　　　　　　　　　　　　表 8-16

层　　数	防火涂料配合比（重量比）	每平方米用量
第一层	防火涂料:高强粘结剂:钢防胶:水	17~20kg
	1:0.05:0.17:0.8	17~20kg
第2~3层	防火涂料:钢防胶:水	17~20kg
	1:0.17:0.85	17~20kg

3）其他工艺参数如喷涂气压，喷枪与钢构件的距离等也是保证涂层质量的关键。为确

保高层钢结构的防火能力,还应对防火涂层的外观、内部缺陷以及涂层的厚度进行检查,不满足要求时应返工。

第三节　钢结构吊装

钢结构的建筑体系主要有钢结构单层厂房、钢结构高层建筑、钢网架、门式钢架、塔桅结构等。本节主要介绍钢结构高层建筑和钢网架的吊装。

一、钢结构高层建筑的吊装

用于高层建筑的钢结构体系有:框架体系,框架剪力墙体系,框筒体系,组合筒体系,交错钢桁架体系等。近年来,发展出了一种钢-混凝土的组合结构。我国已建成的钢结构如北京京广中心,地面以上57层,高208m;钢-混凝土组合结构如深圳地王大厦,地面以上81层,高325m。

钢结构高层建筑的吊装施工主要包括以下内容。

(一)吊装前的准备工作

1.钢构件预检和配套

预检钢结构构件的计量工具和计量标准应事先统一。质量标准也应统一。

结构吊装单位对钢构件预检的项目,主要是与施工安装质量和工效直接有关的数据,如:外形几何尺寸、螺孔大小和间距、预埋件位置、焊缝剖口、节点磨擦面、构件数量规格等。构件的内在制作质量以制造厂质量报告为准。至于构件预检的数量,一般是关键构件全部检查,其他构件抽查10%~20%,预检时应记录一切预检的数据。

现场吊装应根据预检数据采取相应措施,以保证吊装顺利地进行。

高层钢结构安装是根据规定的安装流水顺序进行的,钢构件必须按照安装流水顺序的需要配套供应。但是制造厂的钢构件供货往往是分批进行的,同结构安装流水顺序不一致,因此,高层钢结构施工有时要设置钢构件中转堆场用以起调节作用。中转堆场的主要作用是:

(1)储存制造厂的钢构件(工地现场没有条件储存大量构件);

(2)根据安装施工流水顺序进行构件配套,组织供应;

(3)对钢构件质量进行检查和修复,保证将合格的构件送到现场。

中转堆场应尽量靠近工程现场,符合运输车辆的运输要求,要有电源、水源和排水管道,场地平整。堆场的规模,应根据钢构件储存量、堆放措施、起重机行走路线、汽车道路、辅助材料堆场、构件配套用地、生活用地等情况确定。

构件配套按安装流水顺序进行,以一个结构安装流水段(一般高层钢结构工程的安装流水段是以一节钢柱框架为一个安装流水段)为单元,将所有钢构件分别由堆场整理出来,集中到配套场地,在数量和规格齐全之后进行构件预检和处理修复,然后根据安装顺序,分批将合格的构件由运输车辆供应到工地现场。配套中应特别注意附件(如连接板等)的配套,否则小小的零件将会影响到整个安装进度,一般对零星附件是采用螺栓或钢丝直接临时捆扎在安装节点上。

2.钢柱基础检查

第一节钢柱直接安装在钢筋混凝土桩基底板上。钢结构的安装质量和工效同桩基的定位轴线、基准标高直接有关。安装单位对柱基的预检重点是:定位轴线间距、柱基面标高和地脚螺栓预埋位置。

3．标高块设置及柱底灌浆

为了精确控制钢结构上部结构的标高,在钢柱吊装之前,要根据钢柱预检(实际长度、牛腿间距离、钢柱底板平整度等)结果,在柱子基础表面浇筑标高块。标高块用无收缩砂浆,立模浇筑,其强度不宜小于 $30N/mm^2$,标高块顶面须埋设厚度为 $16\sim20mm$ 的钢面板。浇筑标高块之前应凿毛基础表面,以增强粘结。

第一节钢柱吊装、校正和锚固螺栓固定后,进行底层钢柱的柱底灌浆。灌浆前应在钢柱底板四周立模板,用水清洗基础表面,排除多余积水后灌浆。灌浆用砂浆基本上保持自由流动,灌浆从一边进行,连续灌注,灌浆后用湿草包或麻袋等遮盖养护。

4．钢构件现场堆放

按照安装流水顺序由中转堆场配套运入现场的钢构件,利用现场的装卸机械尽量将其就位到安装机械的回转半径内。由运输造成的构件变形,在施工现场要加以矫正。

5．安装机械的选择

高层钢结构安装皆用塔式起重机,要求塔式起重机的臂杆长度具有足够的覆盖面;有足够的起重能力,满足不同部位构件起吊要求;钢丝绳容量要满足起吊高度要求;起吊速度要有足够档次,满足安装需要;多机作业时,臂杆要有足够的高差,能不碰撞的安全运转。各塔式起重机之间应有足够的安全距离,确保臂杆不与塔身相碰。

如用附着式塔式起重机,锚固点应选择钢结构便于加固、有利于形成框架整体结构和有利于玻璃幕墙安装的部位。对锚固点应进行计算。

如用内爬式塔式起重机,爬升位置应满足塔身自由高度和每节柱单元安装高度的要求。塔式起重机所在位置的钢结构,在爬升前应焊接完毕,形成整体。

6．安装流水段的划分

高层钢结构安装需按照建筑物平面形状、结构型式、安装机械数量和位置等划分流水段。

平面流水段划分应考虑钢结构安装过程中的整体稳定性和对称性,安装顺序一般由中央向四周扩展,以减少焊接误差。

立面流水段划分,以一节钢柱高度内所有构件作为一个流水段。一个立面流水段内的安装顺序如图8-14所示。

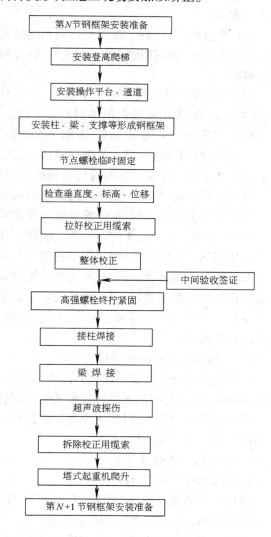

图 8-14　一个立面安装流水段内的安装顺序

259

（二）钢结构构件安装与校正

钢结构高层建筑的柱子，多为 3～4 层一节，节与节之间用坡口焊连接。

钢柱的吊点在吊耳处（柱子在制作时于吊点部位焊有吊耳，吊装完毕再割去）。根据钢柱的重量和起重机的起重量，钢柱的吊装可用双机抬吊或单机吊装。单机吊装时需在柱根部加垫木，以回转法起吊，严禁柱根拖地。双机抬吊时，钢柱吊离地面后在空中进行回直。

钢柱就位后，先调整标高，再调整位移，最后调整垂直度。柱子要按规范规定的数值进行校正，标准柱子的垂直偏差应校正到零。当上柱与下柱发生扭转错位时，可在连接上下柱的耳板处加垫板进行调整。

为了控制安装误差，对高层钢结构先确定标准柱，所谓标准柱即能控制框架平面轮廓的少数柱子，一般是选择平面角柱为标准柱。正方形框架取 4 根转角柱；长方形框架当长边与短边之比大于 2 时取 6 根柱；多边形框架则取转角柱为标准柱。

一般取标准柱的柱基中心线为基准点，用激光经纬仪以基准点为依据对标准柱的垂直度进行观测。

除标准柱外，其他柱子的误差量测不用激光经纬仪，通常用丈量法，即以标准柱为依据，在角柱上沿柱子外侧拉设钢丝绳组成平面封闭状方格，用钢尺丈量距离，超过允许偏差者则进行调整。

钢柱标高的调整，每安装一节钢柱后，对柱顶进行一次标高实测，标高误差超过 6mm 时，需进行调整，多用低碳钢板垫到规定要求。如误差过大（大于 20mm）不宜一次调整，可先调整一部分，待下一次再调整，否则一次调整过大会影响支撑的安装和钢梁表面标高。

钢柱轴线位移校正，以下节钢柱顶部的实际柱中心线为准，安装钢柱的底部对准下节钢柱的中心线即可。校正位移时应注意钢柱的扭转，钢柱扭转对框架安装很不利。

钢梁在吊装前，应于柱子牛腿处检查标高和柱子间距。

安装框架主梁时，要根据焊缝收缩量预留焊缝变形量。安装主梁时对柱子垂直度的监测，除监测安放主梁的柱子的两端垂直度变化外，还要监测相邻与主梁连接的各根柱子的垂直度变化情况，保证柱子除预留焊缝收缩值外，各项偏差均符合规范规定。

安装楼层压型钢板时，先在梁上画出压型钢板铺放的位置线。铺放时要对正相邻两排压型钢板的端头波形槽口，以便使现浇层中的钢筋能顺利通过。

在每一节柱子的全部构件安装、焊接、栓接完成并验收合格后，才能从地面引测上一节柱子的定位轴线。

（三）钢结构构件的连接施工

钢构件的现场连接是钢结构施工中的重要问题。对连接的基本要求是：提供设计要求的约束条件，应有足够的强度和规定的延性，制作和施工简便。

目前钢结构的现场连接，主要是用高强度螺栓和电焊连接。钢柱多为坡口焊，梁和柱、梁与梁的连接视约束条件而定。

1. 钢结构构件焊接工艺

（1）高层钢结构焊接顺序

焊接顺序的正确确定，能减少焊接变形，保证焊接质量。一般情况下应从中心向四周扩展，采用结构对称、节点对称的焊接顺序。

至于立面一个流水段（一节钢柱高度内所有构件）的焊接顺序，一般是①上层主梁→压型钢板;②下层主梁→压型钢板;③中层主梁→压型钢板;④上、下柱焊接。

（2）焊接的工艺流程

柱与柱、柱与梁之间的焊接多为坡口焊,其工艺流程如图 8-15 所示。

（3）焊接的准备工作

钢结构焊接要正确选择焊条,这取决于结构所用钢材的种类。焊条和粉芯焊丝使用前必须按质量要求进行烘焙。焊条烘焙的温度和时间,取决于焊条的种类。

焊接前要检测气象条件,当电焊直接受雨雪影响时,原则上应停止作业。在雨雪后要根据焊接区水分情况决定是否进行电焊。当焊接部位附近的风速超过 10m/s 时,原则上不进行焊接,但在有防风措施,确认对焊接作业无妨碍时亦可进行焊接。

1）坡口检查

柱与柱、柱与梁上下翼缘的坡口焊接,电焊前应对坡口组装的质量进行检查,如误差超过图 8-16 所示允许误差,则应返修后再进行焊接。同时,焊接前对坡口进行清理,去除对焊接有妨碍的水分、垃圾、油污和锈等。

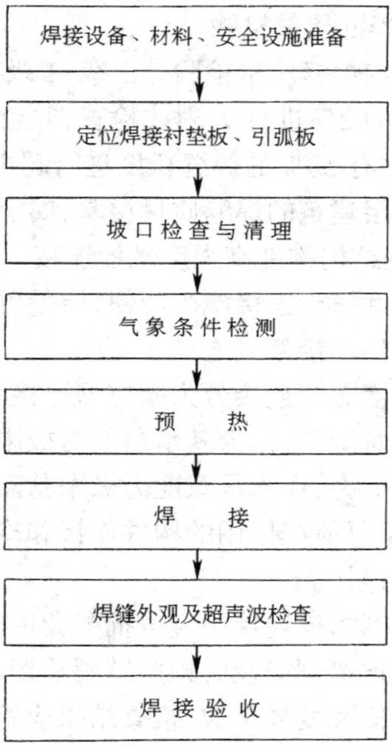

图 8-15　电焊的工艺流程

（流程图）
焊接设备、材料、安全设施准备
定位焊接衬垫板、引弧板
坡口检查与清理
气象条件检测
预　热
焊　接
焊缝外观及超声波检查
焊接验收

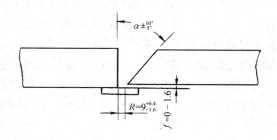

图 8-16　坡口允许误差

α—坡口角度;f—底面间隙;R—坡口根部间隙

2）垫板和引弧板

坡口焊均用垫板和引弧板,目的是使底层焊接质量有保证。引弧板可保证正式焊缝的质量,避免起弧和收弧时使焊接件增加初应力和产生缺陷。垫板和引弧板均用低碳钢板制作,间隙过大的焊缝宜用紫铜板。垫板尺寸一般厚 6 ～ 8mm、宽 50mm,长度应考虑引弧板的长度。引弧板长 50mm 左右,引弧长 30mm。

（4）焊接工艺

根据《钢结构工程施工及验收规范》(GB 50205—95)的规定。厚度大于 50mm 的碳素结构钢和厚度大于 36mm 的低合金结构钢,施焊前应进行预热,焊后应进行后热。

由于焊接时局部的激热速冷在焊接区可能产生裂纹,预热可以减缓焊接区激热和速冷,避免产生裂纹。对约束力大的接头,预热后可以减小收缩应力。预热还可排除焊接区的水分和湿气,这样就排除了产生氢气的根源。

柱与柱的对接焊,应由两名焊工在两相对面等温、等速对称焊接。加引弧板时,先焊第一个两相对面,焊层不宜超过 4 层,然后切除引弧板。清理焊缝表面,再焊第二个两相对面,焊层可达 8 层,再换焊第一个两相对面,如此循环直到焊满整个焊缝。

梁和柱接头的焊缝,一般先焊 H 型钢的下翼缘板,再焊上翼缘板。梁板两端先焊一端,待其冷却至常温后再焊加一端。

柱与柱、梁与柱的焊缝接头,应试验测出焊缝收缩值,反馈到钢结构制作单位,作为加工的参考。焊缝收缩值受到周围已安装柱、梁的影响,约束程度不同收缩亦异。

(5) 焊缝质量检验

钢结构焊缝质量检验分三级:1 级检验的要求是全部焊缝进行外观检查和超声波检查,焊缝长度的 2% 进行 X 射线检查,并至少应有一张底片;2 级检验的要求是全部焊缝进行外观检查,并有 50% 的焊缝长度进行超声波检查;3 级检验的要求是全部焊缝进行外观检查。钢结构高层建筑的焊缝质量检验,属于 2 级检验。

2. 钢结构构件高强度螺栓连接

高强度螺栓连接施工简便,质量可靠,近年来在钢结构高层建筑施工中应用愈来愈多,成为主要的连接型式之一。

高强度螺栓连接分为摩擦型连接和承压型连接两种,前者在荷载设计值下,以连接件之间产生相对滑移,作为其承载能力极限状态;后者在荷载设计值下,则以螺栓或连接件达到最大承载能力,作为承载能力极限状态。承压型连接不得用于直接承受动力荷载的构件连接、承受反复荷载作用的构件连接和冷弯薄壁型钢构件连接。所以在高层钢结构中都是采用摩擦型连接。

高强度螺栓连接副应按批配套供应,并必须有出厂质量保证书。运至工地的扭剪型高强度螺栓连接副应及时检验其螺栓楔负载、螺母保证载荷、螺母及垫圈硬度、连接副的紧固轴力平均值和变异系数,检查结果应符合有关的规定。

连接处板上所有的螺栓孔,均用量规检查,其通过率为:用比孔的公称直径小 1.0mm 的量规检查,每组至少通过 85%;用比螺栓公称直径大 0.2~0.3mm 的量规检查,应全部通过。凡量规不能通过的孔,须经施工图编制单位同意后进行扩孔或补焊后重新钻孔。

若两个被连接构件的板厚不同,为保证构件与连接板间紧密结合,对由于板厚差值而引起的间隙要做如下处理:间隙 $d \leqslant 1.0$mm,可不作处理;$d = 1.0 \sim 3.0$mm,将厚板一侧磨成 1:10 的缓坡,使间隙小于 1.0mm;$d > 3.0$mm,应加放垫板,垫板上下摩擦面的处理与构件相同。

安装高强度螺栓时,应用尖头撬棒及冲钉对正上下或前后连接板的螺孔,将螺栓自由投入。安装用临时螺栓,可用普通标准螺栓或冲钉。临时螺栓穿入数量应由计算确定,并应符合下述规定:

1) 不得少于安装孔总数的 1/3;

2) 至少应穿两个临时螺栓;

3) 如穿入部分冲钉,则其数量不得多于临时螺栓的 30%。

高强度螺栓施工时,先在余下的螺孔中投满高强度螺栓,并用扳手扳紧,然后将临时螺栓逐一换成高强度螺栓,并用扳手扳紧。在同一连接面上,高强度螺栓应按同一方向投入,应顺畅穿入孔内,不得强行敲打。如不能自由穿入,该孔应用铰刀修整,修整后孔的最大直径应小于 1.2 倍螺栓直径。

高强度螺栓长度 l 应符合下述要求:

$$l = l' + \Delta l \tag{8-1}$$

262

式中　l'——连接板层总厚度;

Δl——附加长度

$$\Delta l = m + ns + 3p$$

m——高强度螺母公称厚度;

n——垫圈个数。扭剪型高强螺栓为1;大六角头高强螺栓为2;

s——高强度垫圈公称厚度;

p——螺纹的螺距。

安装高强度螺栓时,构件的摩擦面应保持干净,不得在雨中安装。摩擦面如用生锈处理方法时,安装前应以细钢丝刷除去摩擦面上的浮锈。

大六角头高强度螺栓施工所用的扭矩扳手,班前必须校正,其扭矩误差不得大于±5%。校正用的扭矩扳手,其扭矩误差不得大于±3。

大六角头高强度螺栓的拧紧应分为初拧、终拧。大型节点应分为初拧、复拧、终拧。初拧扭矩为施工扭矩的50%左右,复拧扭矩等于初拧扭矩。终拧扭矩等于施工扭矩。

扭剪型高强度螺栓的拧紧亦分为初拧、终拧。大型节点亦分为初拧、复拧、终拧。其初拧扭矩为 $0.065P_c \cdot d_0$(P_c 为螺栓预拉力,d_0 为螺栓直径)。

高强度螺栓的初拧、复拧、终拧在同一天内完成。螺栓拧紧按一定顺序进行,一般应由螺栓群中央顺序向外拧紧。

高强度螺栓连接副的施工质量检查与验收,应按下述方法进行:

对于大六角头高强度螺栓,先用小锤(0.3kg)敲击法进行普查,以防漏拧。然后对每个节点螺栓数的10%(不少于1个)进行扭矩检查。检查时先在螺杆端面和螺母上画一直线,然后将螺母拧松约60°,再用扭矩扳手重新拧紧,使两线重合,测得此时的扭矩应在(0.9～1.1)T_{ch} 范围内。T_{ch} 按下式计算:

$$T_{ch} = K \cdot P \cdot d \tag{8-2}$$

式中　T_{ch}——检查扭矩(N·m);

P——高强度螺栓预拉力设计值(kN)。

如有不符合规定的,应再扩大检查10%,如仍有不合格者,则整个节点的高强度螺栓应重新拧紧。扭矩检查应在螺栓终拧1h以后、24h之前完成。

扭剪型高强度螺栓终拧检查,以目测尾部梅花头拧断为合格。对于不能用专用扳手拧紧的,则按上述大六角头高强度螺栓检查方法办理。

(四)安全施工措施

钢结构高层和超高建筑施工,安全问题十分突出,应该采用有力措施保证安全施工:

1)在柱、梁安装后而未设置浇筑楼板用的压型钢板时,为便于柱子螺栓等施工的方便,需在钢梁上铺设适当数量的走道板。

2)在钢结构吊装时,为防止人员、物料和工具坠落或飞出造成安全事故,需铺设安全网。安全网分平网和竖网。

安全平网设置在梁面以上2m处,当楼层高度小于4.5m时,安全平网可隔层设置。安全平网要求在建筑平面范围内满铺。

安全竖网铺设在建筑物外围,防止人和物飞出造成安全事故。竖网铺设的高度一般为两节柱的高度。

3）为便于接柱施工，在接柱处要设操作平台。平台固定在下节柱的顶部。

4）钢结构施工需要许多设备，如电焊机、空压机、氧气瓶、乙炔瓶等，这些设备需随着结构安装而逐渐升高。为此，需在刚安装的钢梁上设置存放设备用的平台。设置平台的钢梁，不能只投入少量临时螺栓，而需将紧固螺栓全部投入并加以拧紧。

5）为便于施工登高，吊装柱子前要先将登高钢梯固定在钢柱上。为便于进行柱梁节点紧固高强度螺栓和焊接，需在柱梁节点下方安装挂篮脚手。

6）施工用的电动机械和设备均须接地，绝对不允许使用破损的电线和电缆，严防设备漏电。施工用电器和机械的电缆，须集中在一起，并随楼层的施工而逐节升高，每层楼面须分别设置配电箱，供每层楼面施工用电需要。

7）高空施工，当风速为 10m/s 时，如未采取措施吊装工作应该停止，当风速达到 15m/s 时，所有工作均须停止。

8）由于现场焊接为明火作业，因此，施工时还应该注意防火，提供必要的灭火设备和消防人员。

二、钢网架吊装

钢网架根据其结构型式和施工条件的不同，可选用高空拼装法，整体安装法或高空滑移法进行安装。

（一）高空拼装法

钢网架用高空拼装法进行安装，是先在设计位置处搭设拼装支架，然后用起重机把网架构件分件（或分块）上吊至空中的设计位置，在支架上进行拼装。此法有时不需大型起重设备，但拼装支架用量大，高空作业多。因此，对高强度螺栓连接的、用型钢制作的钢网架或螺栓球节点的钢管网架较适宜，目前仍有一些钢网架用此法施工。

（二）整体安装法

整体安装法就是先将网架在地面上拼装成整体，然后用超重设备将其整体提升到设计位置上加以固定。这种施工方法不需高大的拼装支架，高空作业少，易保证焊接质量，但需要的起重量大的起重设备，技术较复杂。因此，此法对球节点的钢网架（尤其是三向网架等杆件较多的网架）较适宜。根据所用设备的不同，整体安装法又分为多机抬吊法、拔杆提升法、千斤顶提升法及千斤顶顶升法等。

1．多机抬吊法

此法适用于高度和重量都不大的中、小型网架结构。安装前先在地面上对网架进行错位拼装（即拼装位置与安装轴线错开一定距离，以避开柱子的位置）。然后用多台起重机（多为履带式起重机或汽车式起重机）将拼装好的网架整体提升到柱顶以上，在空中移位后落下就位固定。

（1）网架拼装

为防止网架整体提升时与柱子相碰，错开的距离取决于网架提升过程中网架与柱子或柱子牛腿之间的净距，一般不得小于 10~15cm，同时要考虑网架拼装的方便和空中移位时起重机工作的方便。需要时可与设计单位协商，将网架的部分边缘杆件留待网架提升后再焊接，或变更部分影响网架提升的柱子牛腿。

钢网架在金属结构厂加工之后，将单件拼成小单元的平面桁架或立体桁架运到工地，工地拼装即在拼装位置将小单元桁架拼成整个网架。网架拼装的关键，是控制好网架框架轴线支座的尺寸(要预放焊接收缩量)和起拱要求。

网架焊接主要是球体与钢管的焊接。一般采用等强度对接焊,为安全起见,在对焊处增焊6~8mm的贴角焊缝。管壁厚度大于4mm的焊件,接口宜作成坡口。为使对接焊缝均匀和钢管长度稍可调整,可加用套管。拼装时先装上、下弦杆,后装斜腹杆,待两榀桁架间的钢管全部放入并矫正后,再逐根焊接钢管。

(2)网架吊装

这类中、小型网架多用四台履带式起重机(或汽车式、轮胎式起重机)抬吊,亦有用两台履带式起重机或一根拔杆吊装的。

如网架重量较小,或四台起重机的起重量都满足要求时,宜将四台起重机布置在网架两侧,这样只要四台起重机同时回转即完成网架空中移位的要求。

多机抬吊的关键是各台起重机的起吊速度一致,否则有的起重机会超负荷,网架受扭,焊缝开裂。为此,起吊前要测量各台起重机的起吊速度,以便起吊时掌握。或每两台起重机的吊索用滑轮穿通。

当网架抬吊到比柱顶标高高出30cm左右时,进行空中移位,将网架移至柱顶以上。网架落位时,为使网架支座中线准确地与柱顶中线吻合,事先在网架四角各拴一根钢丝绳,利用倒链进行对线就位。

2.拔杆提升法

球节点的大型钢管网架的安装,我国目前多用拔杆提升法。用此法施工时,网架先在地面上错位拼装,然后用多根独脚拔杆将网架整体提升到柱顶以上,空中移位,落位安装。

(1)空中移位原理

空中移位是此法的关键。空中移位是利用每根拔杆两侧起重滑轮组中的水平力不等而使网架水平移动。

网架提升时(图8-17a),每根拔杆两侧滑轮组夹角相等,上升速度一致,两侧滑轮受力相等 $T_1 = T_2$,其水平分力亦相等 $H_1 = H_2$,此时网架以水平状态垂直上升。滑轮组内拉力及其水平力按下式求得:

$$T_1 = T_2 = \frac{G}{2\sin\alpha} \tag{8-3a}$$

$$H_1 = H_2 = T_1\sin\alpha \tag{8-3b}$$

式中　G——每根拔杆所负担的网架重量;

　　　α——起重滑轮组与网架间的夹角(此时 $\alpha_1 = \alpha$, $\alpha_2 = \alpha$)。

网架空中移位时(图8-17b)每根拔杆同一侧的滑轮组钢丝绳徐徐放松,而另一侧则不动。放松的钢丝绳因松弛而使拉力 T_2 变小,这样形成钢丝绳内力不平衡($T_1 > T_2$),因而 $H_1 > H_2$,也就使网架失去平衡,使网架向 H_1 所指方向移动,直到滑轮组钢丝绳不再放松又重新拉紧时为止,即此时又恢复了水平力相等($H_1 = H_2$),网架也就又恢复了平衡状态(图8-17c)。

网架空中移位时,拔杆两侧起重滑轮组受力不等,可按下式计算:

$$T_1\sin\alpha_1 + T_2\sin\alpha_2 = G \tag{8-4a}$$

$$T_1\cos\alpha_1 = T_2\cos\alpha_2 \tag{8-4b}$$

由于 $\alpha_1 > \alpha_2$,所以 $T_1 > T_2$

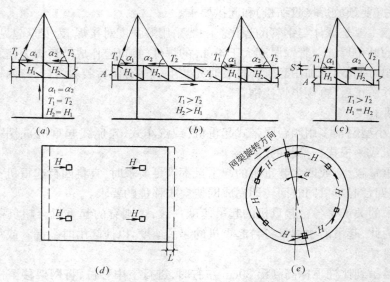

图 8-17　拔杆提升法空中移位原理

(a)网架提升时平衡状态；(b)网架移位时不平衡状态；(c)网架移位后恢复平衡状态；

(d)矩形网架平移；(e)圆形网架旋转

S—网架移位时下降距离；L—网架水平移位距离；α—网架旋转角度

网架在空中移位时，要求至少有两根以上的拔杆吊住网架，且其同一侧的起重滑轮组不动，因此在网架空中移位时只平移而不倾斜。由于同一侧滑轮组不动，所以网架除平移外，还产生以 O 点为圆心，OA 为半径的圆周运动，而使网架产生少许的下降。

网架空中移位的方向，与拔杆的布置有关。图 8-17(d)所示为矩形网架，4 根拔杆对称布置，拔杆的起重平面的方向一致，都平等于网架一边。因此，使网架产生位移的水平分力 H 亦平等于网架的一边，因而网架便产生平移运动。图 8-17(e)所示为圆形网架，用 6 根均布在圆周上的拔杆提升，拔杆的起重平面垂直于网架半径，因此，水平分力 H 是作用在圆周上的切向力，使网架产生绕圆心的旋转运动。

(2) 起重设备的选择与布置

起重设备的选择与布置是网架拔杆提升施工中的一个重要问题。内容包括：拔杆选择与吊点布置、缆风绳与地锚布置、起重滑轮组与吊点索具的穿法、卷扬机布置等。图 8-18 所示为某直径 124.6m 的钢网架用 6 根拔杆整体提升时的起重设备布置情况。

拔杆的选择取决于其所承受的荷载和吊点布置。网架安装时的计算荷载为：

$$Q = (K_1 Q_1 + Q_2 + Q_3) \cdot K \quad (\text{kN}) \tag{8-5}$$

式中　Q_1——网架自重(kN)；

　　K_1——荷载系数 1.1(如网架重量经过精确计算可取为 1.0)；

　　Q_2——附加设备(包括桁条、通风管、脚手架等)的自重(kN)；

　　Q_3——吊具自重(kN)；

　　K——由提升差异引起的受力不均匀系数，如网架重量基本均匀，各点提升差异控制在 10cm 以下时，此系数取值 1.30。

网架吊点的布置不仅与吊装方案有关，还与提升时网架的受力性能有关。在网架提升

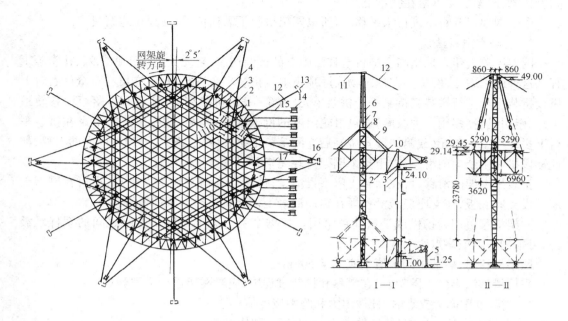

图 8-18　直径 124.6m 钢网架用拔杆提升时的设备布置

1—柱子；2—钢网架；3—网架支座；4—提升以后再焊的杆件；5—拼装用钢支柱；6—独脚拔杆；7—滑轮组；8—铁扁
担；9—吊索；10—网架的吊点；11—平缆风绳；12—斜缆风绳；13—地锚；14—起重卷扬机；15—起重钢丝绳(从网架边
缘到拔杆底座一段未画出)；16—校正用卷扬机；17—校正用钢丝绳

过程中，不但某些杆件的内力可能会超过设计时的计算内力，而且对某些杆件还可能引起内力符号改变而使杆件失稳。因此，应经过网架吊装验算来确定吊点的数量和位置。不过，在起重能力、吊装应力和网架刚度满足的前提下，应尽量减少拔杆和吊点的数量。

缆风绳的布置，应使多根拔杆相互连成整体，以增加整体稳定性。每根拔杆至少要有6根缆风绳，缆风绳要根据风荷载、吊重、拔杆偏斜、缆风绳初应力等荷载，按最不利情况组合后计算选择。地锚亦需计算确定。

起重滑轮组的受力计算可参照式(8-3)、式(8-4)进行，根据计算结果选择滑轮的规格。

卷扬机的规格，要根据起重钢丝绳的内力大小确定。为减少提升差异，尽量采用相同规格的卷扬机。

(3) 轴线控制

网架拼装支柱的位置，应根据已安装好的柱子的轴线精确量出，以消除基础制作与柱子安装时轴线误差的积累。

(4) 拔杆拆除

网架吊装后，拔杆被围在网架中，宜用倒拆法拆除。此法即在网架上弦节点处挂两副起重滑轮组吊住拔杆，然后由最下一节开始一节节拆除拔杆。

3. 电动螺杆提升法

电动螺杆提升法与升板法相似，它是利用升板工程施工使用的电动螺杆提升机，将在地面上拼装好的钢网架整体提升至设计标高。此法的优点是不需大型吊装设备，施工简便。用电动螺杆提升机提升钢网架，只能垂直提升不能水平移动。为此，设计时要考虑在两柱之

267

间设托梁,网架的支点落在托梁上。

由于网架提升时不进行水平移动,所以网架拼装不需错位,可在原位进行拼装。

(三) 高空滑移法

网架屋盖近年来采用高空平行滑移法施工的逐渐增多,它尤其适用于影剧院、礼堂等工程。这种施工方法,网架多在建筑物前厅顶板上设拼装平台进行拼装(亦可在观众厅看台上搭设拼装平台进行拼装),待第一个拼装单元(或第一段)拼装完毕,即将其下落至滑移轨道上,用牵引设备(多用人力绞磨)通过滑轮组好的网架向前滑移一定距离。接下来在拼装平台上拼装第二个单元(或第二段),拼好后连同第一个拼装单元(或第一段)一同向前滑移,如此逐段拼装不断向前滑移,直至整个网架拼装完毕并滑移至就位位置。

拼装好网架的滑移,可在网架支座下设滚轮,使滚轮在滑动轨道上滑动;亦可在网架支座下设支座底板,使支座底板沿预埋在钢筋混凝土框架梁上的预埋钢板滑动。

网架滑移可用卷扬机或手扳葫芦牵引。根据牵引力大小及网架支座之间的系杆承载力,可采用一点或多点牵引。

网架滑移时,两端不同步值不应大于 50mm。

采用滑移法多施工网架时,在滑移和拼装过程中,应对网架进行下列验算:

1) 当跨度中间无支点时,杆件内力和跨中挠度值;

2) 当跨度中间有支座时,杆件内力、支点反力和挠度值。

当网架滑移单元由于增设中间滑轨引起杆件内力变号时,应采取临时加固措施以防失稳。

用高空滑移法施工网架结构,由于网架拼装是在前厅顶板平台上进行,减少了高空作业的危险;与高空拼装法比较,拼装平台小,可节约材料,并能保证网架的拼装质量;由于网架拼装和滑移施工可以与土建施工平行流水和立体交叉,因而可以缩短整个工程的工期;高空滑移法施工设备简单,一般不需大型起重安装设备,所以施工费用亦可降低。

第四节 轻型钢结构和冷弯薄壁型钢结构

一、轻型钢结构

轻型钢结构是指采用圆钢筋、小角钢(小于∟ 45×4 的等肢角钢或小于∟ 56×36×4 的不等肢角钢)和薄钢板(其厚度一般不大于 4mm)等材料组成的轻型钢结构。《钢结构设计规范》(GBJ17—88)第十一章对轻型钢结构的设计和计算有专门规定。轻型钢结构的优点是:取材方便、结构轻巧、制作和安装可用较简单的设备。其应用范围一般是:轻型屋盖的屋架、檩条、支柱和施工用的托架等。

1. 结构型式和构造要求

(1) 结构型式

1) 轻型钢屋架,适用于陡坡轻型屋面的有芬克式屋架和三铰拱式屋架,适用于平坡屋面的有棱形屋架,见图 8-19。

2) 轻型檩条和托架的,杆件截面型式,对压杆尽可能用角钢,拉杆或压力很小的杆件用圆钢筋,这样经济效果较好,见图 8-20。

(2) 节点构造

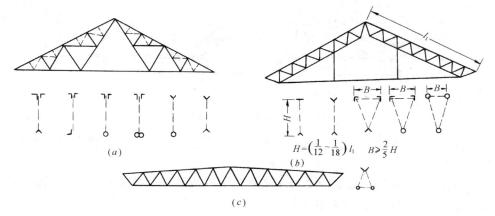

图 8-19 轻型钢屋架

(a)芬克式屋架;(b)三铰拱屋架;(c)梭形屋架

轻型钢结构的桁架,应使杆件重心线在节点处会交于一点,否则计算时应考虑偏心影响。轻型钢结构的杆件比较柔细,节点构造偏心对结构承载力影响较大,制作时应注意。

常用的节点构造,可参考图 8-21、8-22、8-23。

(3)焊缝要求

圆钢与圆钢、圆钢与钢板(或型钢)之间的焊缝有效厚度,不应小于 0.2 倍圆钢的直径(当焊接的两圆

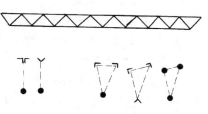

图 8-20 轻型檩条和托架

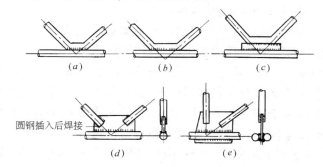

图 8-21 圆钢和圆钢的连接构造

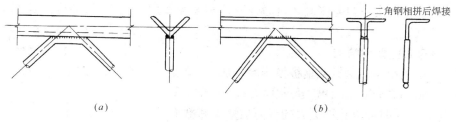

图 8-22 圆钢与角钢的连接构造

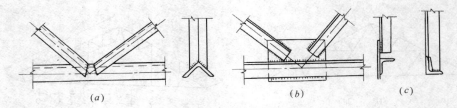

图 8-23　单肢角钢的连接构造

钢直径不同时,取平均直径)或 3mm,并不大于 1.2 倍钢板厚度,计算长度不应小于 20mm。

(4) 构件最小尺寸

钢板厚度不宜小于 4mm,圆钢直径不宜小于下列数值:屋架构件为 12mm,檩条构件和檩条间拉条为 8mm;支撑杆件为 16mm。

2. 制作和安装要点

(1) 构件平整,小角钢和圆钢在运输、堆放过程中易发生弯曲和翘曲等变形,备料时应平直整理,使达到合格要求。

(2) 结构放样,要求具有较高的精度,减少节点偏心。

(3) 杆件切割,宜用机械切割。特殊形式的节点板和单角钢端头非平面切割通常用气割。气割端头要求打磨清洁。

(4) 圆钢筋弯曲,宜用热弯加工,圆钢筋的弯曲部分应在炉中加热至 900~1000℃,从炉中取出锻打成型。也可用烘枪(氧炔焰)烘烤至上述温度后锻打成型。弯曲的钢筋腹杆(蛇形钢筋)通常以两节以上为一个加工单件,但也不宜太长,太长弯成的构件不易平整,太短会增加节点焊缝,小直径圆钢有时也用冷弯加工;较大直径的圆钢若用冷弯加工,曲率半径不能过小,否则会影响结构精度,并增加结构偏心。

(5) 结构装配,宜用胎模以保证结构精度,杆件截面有三根杆件的空间结构(如梭形桁架),可先装配成单片平面结构,然后用装配点焊进行组合。

(6) 结构焊接,宜用小直径焊条(2.5~3.5mm)和较小电流进行。为防止发生未焊透和咬肉等缺陷,对用相同电流强度焊接的焊缝可同时焊完,然后调整电流强度焊另一种焊缝。对焊缝不多的节点,应一次施焊完毕,中途停熄后再焊易发生缺陷,焊接次序宜由中央向两侧对称施焊。对于檩条等小构件可用固定夹具以保证结构的几何尺寸。

(7) 安装要求。屋盖系统的安装顺序一般是屋架、屋架间垂直支撑、檩条、檩条拉条、屋架间水平支撑。檩条的拉条可增加屋面刚度,并传递部分屋面荷载,应先予以张紧,但不能张拉过紧而使檩条侧向变形。屋架上弦水平支撑通常用圆钢筋,应在屋架与檩条安装完毕后拉紧。这类柔性支撑只有张紧才对增强屋盖刚度起作用。施工时,还应注意施工荷载不要超过设计规定。

二、冷弯薄壁型钢结构

薄壁型钢大都是由带钢或钢板模压冷弯成型,厚度一般在 2~6mm 之间。由于壁薄,截面开展,和普通型材相比,用材相同时可以获得更大的截面惯性矩和截面回转半径。因而用作受压和受弯构件时,可以取很大的经济效果。图 8-24 示几种常用的截面型式。其截面形

图 8-24　冷弯薄壁型钢

状分开口和闭口两类。在钢厂生产的闭口截面目前是圆管和矩形管,这些管材都是冷弯的开口截面用高频焊焊接而成。

冷弯薄壁型钢具有下列特点:①几何形状开展,壁薄,因而节省钢材。用钢量可接近甚至可能低于相同条件下的钢筋混凝土结构。②重量轻;约为普通钢结构的 $1/3 \sim 1/2$,而只有钢筋混凝土结构的 $\frac{1}{10} \sim \frac{3}{10}$。③造价比普通钢结构低约 40%。④制造和安装方便,建造速度快。⑤使用功能多。不但可用于各种承重结构,而且还可兼有围护、保温、隔热及隔声等功能,例如双层压型钢板构成的板材,中填保温、隔热或隔声等材料。

1. 冷弯薄壁型钢的成型

薄壁型钢的材质采用普碳钢时,应满足《碳素结构钢》规定的 Q235 钢的要求;采用 16 锰钢时,应满足《低合金高强度结构钢》规定的 Q345 钢的要求。

钢结构制造厂进行薄壁型钢成型时,钢板或带钢等一般用剪切机下料,辊压机整平,用边缘刨床刨平边缘。薄壁型钢的成型多用冷压成型,厚度为 1~2mm 的薄钢板也可用弯板机冷弯成型。简易的冷压成型机械可用各类压力机改装,配置上下冲模即可(图 8-25)。

薄壁型钢冷加工成型的过程,如图 8-26 所示。

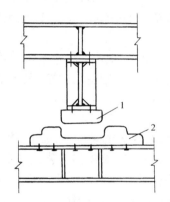

图 8-25 压力机改装的冷压成型机
1—上冲模;2—下冲模

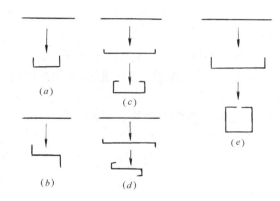

图 8-26 薄壁型钢的冷加工成型

目前钢结构制造厂生产矩形截面薄壁管时,大多用槽形截面拼合,用手工焊焊成。这种生产方式应注意装配质量和合理的焊接工艺,只有这样才不致使构件焊成后产生过大的弯曲或翘曲变形。装配点焊后,应先在构件的两端焊长约 10cm 的焊缝,然后焊纵长缝,否则会引起端部焊点崩裂。纵长焊缝一般只焊一道,两条纵长焊缝可采用同一方向施焊(图 8-27)。

2. 冷弯薄壁型钢的放样、号料和切割

薄壁型钢结构的放样与一般钢结构相同。常用的薄壁型钢屋架,不论用圆钢管或方钢管,其节点多不用节点板,构造都比普通钢结构要求高,因此放样和号料应具有足够的精度。常用的节点构造如图 8-28 所示。

矩形和圆形管端部的划线,可先制成

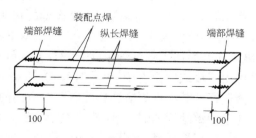

图 8-27

271

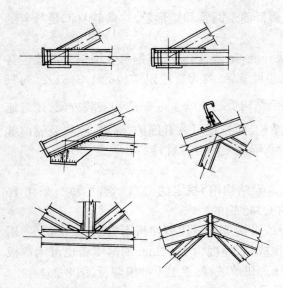

斜切的样板(图 8-29),直接覆盖在杆件上进行划线。圆钢管端部有弧形断口时,最好用展开的方法放样制成样板。小圆管也可用硬纸板按管径和角度逐步凑出近似的弧线,然后覆于圆管上划线。

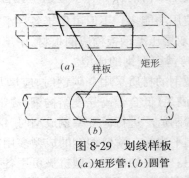

图 8-29 划线样板
(a)矩形管;(b)圆管

图 8-28 薄壁型钢屋架常用节点构造

薄壁型钢号料时,规范规定不容许在非切割构件表面打凿子印和钢印,以免削弱截面。

切割薄壁型钢最好用摩擦锯,效率高,锯口平整。用一般锯床切割极容易损坏锯片,一般不宜采用。如无摩擦锯,可用氧气、乙炔焰切割,用小口径喷嘴,切割后用砂轮、风铲整修,清除毛刺、熔渣等。

3. 冷弯薄壁型钢结构的装配和焊接

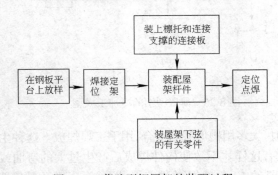

图 8-30 薄壁型钢屋架的装配过程

薄壁型钢屋架的装配一般用一次装配法,其装配过程,见图 8-30。装配平台必须稳固,使构件重心线在同一水平面上,高差不大于 3mm。装配时一般先拼弦杆,保证其位置正确,使弦杆与檩条、支撑连接处的位置正确。腹杆在节点上可略有偏差,但在构件表面的中心线不宜超过 3mm。

为减少薄壁型钢焊接接头的焊接变形,杆端顶接缝隙控制在 1mm 左右。薄壁型钢的工厂接头,开口截面可采用双面焊的对接接头;用两个槽形截面拼合的矩形管,横缝可用双面焊,纵缝用单面焊,并使横缝错开 2 倍截面高度(图 8-31a、b)。一般管子的接头,受拉杆最好用有衬垫的单面焊,对接缝接头,衬垫可用厚度大于 1.5~2mm 左右的薄钢板或薄钢管。圆管也可用于同直径的圆管接头,纵向切开后镶入圆钢管中(图 8-31c)。受压杆允许用隔板连接(图 8-31d)。杆件的工地连接可用焊接或螺栓连接(图 8-31e、f),应确保受拉杆件的焊接质量。

薄壁杆件装配点焊应严格控制壁厚方向的错位,不得超过板厚的 1/4 或 0.5mm。

薄壁型钢结构的焊接,应严格控制质量。焊前应熟悉焊接工艺、焊接程序和技术措施。

为保证焊接质量,对薄壁截面焊接处附近的铁锈、污垢和积水要清除干净,焊条应烘干,

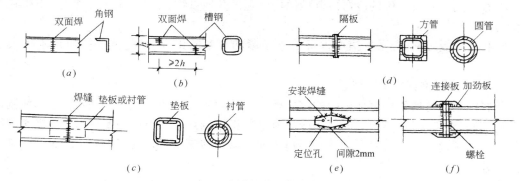

图 8-31 冷弯薄壁型钢的焊接接头

并不得在非焊缝处的构件表面起弧或灭弧。

薄壁型钢屋架节点的焊接,常因装配间隙不均匀而使一次焊成的焊缝质量较差,故可采用两层焊,尤其对冷弯型钢,因弯角附近的冷加工变形较大,焊后热影响区的塑性较差,对主要受力节点宜用两层焊,先焊第一层,待冷却后再焊第二层,以提高焊缝质量。

4. 冷弯薄壁型钢构件矫正

薄壁型钢和其结构在运输和堆放时应轻吊轻放,尽减少局部变形。规范规定薄壁方管的 $\delta/b \leqslant 0.01$,b 为局部变形的量测标距,取变形所在的截面宽度,δ 为纵向量测的变形值(图 8-32)。如超过此值,对杆件的承载力会有明显影响,且局部变形的矫正也困难。

采用撑直机或锤击调直型钢或成品整理时,也要防止局部变形。整理时应逐步顶撑调直,接触处应设衬垫,最好在型钢弯角处加力。成品的调直可用自制的手动简便顶撑工具(图 8-33)。成品用火焰矫正时,不宜浇水冷却。

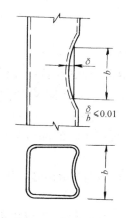

图 8-32 局部变形

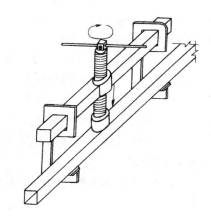

图 8-33 简便顶撑工具

5. 冷弯薄壁型钢结构安装

冷弯薄壁型钢结构安装前要检查和校正构件相互之间的关系尺寸、标高和构件本身安装孔的关系尺寸。检查构件的局部变形,如发现问题在地面预先矫正或妥善解决。

吊装时要采取适当措施防止产生过大的弯扭变形,应垫好吊索与构件的接角部位,以免损伤构件。

不宜利用已安装就位的冷弯薄壁型钢构件起吊其他重物,以免引起局部变形,不得在主要受力部位加焊其他物件。

安装屋面板之前,应采取措施保证拉条拉紧和檩条的正确位置,檩条的扭角不得大于3°。

6. 冷弯薄壁型钢结构防腐蚀

防腐蚀是冷弯薄壁型钢加工中的重要环节,它影响维修和使用年限。事实证明,如制造时除锈彻底、底漆质量好,一般的厂房冷弯薄壁型钢结构可 8~10 年维修一次,与普通钢结构相同。否则,容易腐蚀,并影响结构的耐久性。闭口截面构件经焊接封闭后,其内壁可不作防腐处理。

冷弯薄壁型钢结构必须进行表面处理,要求彻底清除铁锈、污垢及其他附着物。

喷砂、喷丸除锈,应除至露出金属灰白色为止,酸洗除锈,应除至钢材表面全部呈铁灰色为止,并应清除干净,保证钢材表面无残余酸液存在,酸洗后宜作磷化处理或涂磷化底漆。

手工或半机械化除锈,应除去露出钢材表面为止。

冷弯薄壁型钢结构,应根据具体情况先用相适应的防护措施:

1. 金属保护层

表面合金化镀锌、镀锌等。

2. 防腐涂料

无侵蚀性或弱侵蚀性条件下,可采用油性漆、酚醛漆或醇酸漆。中等侵蚀性条件下,宜采用环氧漆、环氧酯漆、过氯乙烯漆、氯化橡胶漆或氯醋漆。防腐涂料的底漆和面漆应相互配套。

3. 复合保护

用镀锌钢板制作的构件,涂漆前就进行除油、磷化、钝化处理(或除油后涂磷化底漆)。表面合金化镀锌钢板(如压型钢板、瓦楞铁等)的表面不宜涂红丹防锈漆,宜涂 H06-2 锌黄环氧酯底漆(或其他专用涂料)进行维护。

冷弯薄壁型钢结构的防腐处理应符合下列要求:

1)钢材表面处理后应及时涂刷防腐涂料,以免再度生锈;

2)当防腐涂料采用红丹防锈漆和环氧底漆时,安装焊缝部位两侧附近不涂;

3)冷弯薄壁型钢结构安装就位后,应对在运输、吊装过程中漆腊脱落部位以及安装焊缝两侧未涂油漆的部位补涂油漆,使之不低于相邻部位的防护等级;

4)冷弯薄壁型钢结构与钢筋混凝土或钢丝网水泥构件直接接触的部位,应采取适当措施,不使油漆变质;

5)可能淋雨或积水的构件中的节点板类缝等不易再次油漆维护的部位,均应采取适当措施密封。

冷弯薄壁型钢结构在使用期间,应定期进行检查与维护,冷弯薄壁型钢结构的维护,应符合下述要求:

1)当涂层表面开始出现锈斑或局部脱漆时,即应重新涂装,不应到漆膜大面积劣化、返锈时才进行维护;

2)重新涂装前应进行表面处理,彻底清除结构表面的积灰、污垢、铁锈及其他附着物,除锈后应立即涂漆维护;

3)重新涂装时亦应采用相应的配套涂料;

4）重新涂装的涂层质量应符合国家现行的《钢结构施工及验收规范》的规定。

三、新型轻钢结构

20 世纪 60 年代以来，在现代科学技术的推动下，国外建筑钢材的发展有很大的突破。色彩丰富耐久的彩色压型钢板、新型高效能冷弯薄壁型钢和第三代热轧型钢-H 型钢的问世，多规格、多品种的连续化、高速度、自动化生产，极大地推动了轻型钢结构建筑的发展，并促成以彩色压型钢板—冷弯型钢—H 型钢系列的新型轻钢结构建筑在国外的大流行。

（1）新型轻钢结构建筑是以轻型高效能钢材和高效能隔热材料及少量轻质内装饰材料组装的轻型钢结构建筑，是一种美观、居住舒适、洁净而适用性很强的轻型全装配钢结构建筑。新型轻钢结构的主要材料是：

承重结构：薄钢板、冷弯薄壁型钢、热轧 H 型钢及压型钢板；

楼层板：压型钢板组合楼板及其他楼板；

围护结构：彩色压型钢板、压型铝板或压型钢板复合板；

隔热材料：聚苯乙烯、聚氨酯泡沫塑料、岩棉、矿棉等；

连接材料：各种装配式连接件、零配件及密封、嵌缝材料。

（2）新型轻钢结构建筑的特点

新型轻钢结构采用最先进的设计理论，如塑性设计，利用屈曲后强度，蒙皮理论以及优化设计，并以计算机辅助设计控制构配件的自动化生产，其主要特点是：

1）压型钢板、冷弯壁型钢等构配件均为自动化生产，构配件质量好，生产效率高。构配件的规格、品种多，售价低；

2）全部采用薄壁轻质材料，建筑构配件的重量很轻，约为普通钢结构配件重量的 1/5～1/3，是普通混凝土结构的 1/10～1/5，因而可以大大减轻建筑物重量，降低运输和安装费用、降低基础费用；

3）轻型钢结构建筑的构件轻巧，又因连接材料及便携式安装工具的改进，建设速度大在加快。1000m² 的蛇口家具厂的全部安装只用了 600 工日。长春百事可乐 1000m² 厂房的安装只用了三个半月；

4）新型轻钢结构的造型多样化，屋面和外墙面可采用彩色压型钢板或压型铝板，色彩丰富，不需外装饰，平面布置灵活，还可以创造洁净、恒温的工艺条件和优美舒适的生活环境；

5）新型轻钢结构由于用钢量少，体轻，节省基础费用，且安装省工，故造价较低。

第五节　钢与混凝土组合结构施工

广义上讲，组合结构是指两种或多种不同的材料组成一个结构或构件而共同工作的结构。组合结构的种类繁多，这里只介绍钢管混凝土和型钢混凝土两种。

一、钢管混凝土结构

1．钢管混凝土的特点

钢管混凝土结构是指在钢管中浇灌混凝土的构件，是在劲性钢筋混凝土结构、螺旋箍筋钢筋混凝土结构及钢管结构的基础上演变和发展起来的。

钢管混凝土构件从截面形状的不同，有圆形、方形和多边形等三种（图 8-34）。圆形受力合理，承载力高，但柱和梁的连接比较复杂；方形虽和梁的连接简便，但受力不太合理，因而承载力较低;八角形介乎二者之间。这三种形式在国外都有采用。在国内,为了能充分利用材料的性能,获得更大的经济效果起见,到目前为止,主要只采用圆形截面。

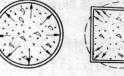

图 8-34 钢管混凝土的截面形式

钢管混凝土可藉助内填混凝土增强钢管壁的稳定性;又可藉助钢管对核芯混凝土的套箍(约束)作用,使核芯混凝土处于三向受压状态,从而使核芯混凝土具有更高的抗压强度和变形能力。

钢管混凝土本质上属于套箍混凝土,它具有强度高、重量轻、塑性好、耐疲劳、耐冲击等优点。在施工工艺方面亦具有一定的优点:钢管本身即为耐侧压的模板,浇筑混凝土时可省去支模和拆模工作;钢管兼有纵向钢筋(受拉和受压)和箍筋的作用,制作钢管比制作钢筋骨架省工,便于浇筑混凝土;钢管即劲性承重骨架,可省去支撑,能缩短工期,施工不受季节的限制。

钢管混凝土与钢结构相比,在自重相近和承载能力相同的条件下,可节省钢材约 50%,且焊接工作量大幅度减少;与普通钢筋混凝土结构相比,在保持钢材用量相近和承载能力相同的条件下,构件的截面面积可减小约一半,材料用量和构件自重相应减少约 50%。

2. 钢管混凝土的工作机理

承受轴向压力的混凝土,如果同时还受有侧压力,则顺纵轴的微裂缝有重新闭合的趋势。为此,混凝土微细裂缝的发生和发展,只有在较高的压应力下才会产生,而微柱(微细裂缝将混凝土分割成的与轴向压力方向平行的微细柱体)的失稳就只有在更高的压应力下才能发生,其结果就提高了混凝土的抗压强度和抗变形能力。如果侧压力很高,沿骨料与水泥砂浆结合面形成的微柱始终不失稳,则混凝土的破坏即为粗骨料的破坏,混凝土的粗骨料将如同处于三轴压力的岩石一样,在更高的轴压力下,在平行于最大主压应力的平面形成第二层次的微柱,最后因这些第二次的微柱失稳而导致混凝土破坏。因此,钢管混凝土的工作机理完全具有三向受压混凝土的特点。

3. 钢管混凝土的构造要求

钢管混凝土,最适合于大跨、高层、重载和抗震抗爆结构的受压杆件。

钢管直径不得小于 100mm,壁厚不宜小于 4mm。钢管外径与壁厚之比 D/t 宜限制在 $85\sqrt{\dfrac{235}{f_y}}$ 到 20 之间,此处 f_y 为钢材屈服强度。对于承重柱,为使其用钢量与一般混凝土相近,可取 $D/t = 70$ 左右;对于桁架,为使其自重与钢结构相近,可取 $D/t = 25$ 左右。

钢材的选用,应符合现行《钢结构设计规范》的有关规定。

从减小变形和经济考虑,钢管混凝土结构的混凝土强度等级不宜低于 C30。

钢管混凝土的套箍指标 $\phi = A_s f_s / A_c f_c$ 宜限制在 $0.3 \sim 0.5$ 之间,杆件长细比 l_0/D 不应超过 50 或 λ 不应超过 200。

为了便于浇灌管内混凝土,柱头或柱和梁的连接都宜采用加强环的形式,外力通过加强环等部件传给钢管,再由钢管通过与混凝土的粘剪力传给整个截面。如图 8-35 所示。对于柱脚则采用插入式,如图 8-36 所示,构造特别简单。

4. 钢管混凝土施工

钢管混凝土结构施工兼有钢结构施工和混凝土结构施工的内容和优缺点。

276

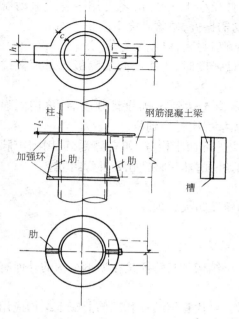

图 8-35　多层框架柱节点构造

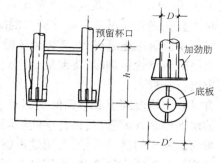

图 8-36　柱脚构造

（1）钢管制作

钢管可采用无缝钢管,也可用卷制焊接钢管,焊接时长直缝和螺旋焊缝均可,但优先采用螺旋焊缝。钢材应有出厂合格证。

焊接钢管使用的焊条型号,应与主体金属强度相适应,焊缝应达到与母材等强。焊缝质量应满足《钢结构工程施工及验收规范》(GB 50205—95)二级焊缝的要求。

钢管内壁不得有油渍等污物。

（2）钢管柱拼装组装

根据运输条件,柱段长度一般以 10m 左右为宜。在现场组装的钢管柱的长度,根据施工要求和吊装条件确定。

钢管对接应严格保持焊后管肢平直,应特别注意焊接变形对肢管的影响,一般宜用分段反向焊接顺序,分段施焊应尽量保持对称。肢管对接间隙应适当放大 0.5～2.0mm,以抵消收缩变形,具体数据可根据试焊结果确定。

焊接前,小直径钢管采用点焊定位;大直径钢管可另用附加钢筋焊于钢管外壁作临时固定,固定点的间距以 300mm 为宜,且不少于 3 点。

为确保连接处的焊缝质量,可在管内接缝处设置附加衬管,长度为 20mm,厚度为 3mm,与管内壁保持 0.5mm 的膨胀间隙,以确保焊缝根部的质量。

钢管构件必须在所有焊缝检查后方能按设计要求进行防腐处理。吊点位置应有明显标记。

（3）钢管柱吊装

吊装时应注意减少吊装荷载作用下的变形,吊点位置应根据钢管本身的强度和稳定性验算后确定。

吊装钢管柱时,上口应包封,防止异物落入管内。

钢管柱吊装就位后,应立即进行校正并加以临时固定,以保证构件的稳定性。

（4）管内混凝土浇筑

钢管混凝土的特点是它的钢管即模板,有很好的强度和密闭性。在一般情况下,钢管内部无钢筋骨架,混凝土浇筑十分方便。

混凝土自钢管上口浇入,用振动器振捣。管径大于 350mm 者用内部振动器,每次振动时间不少于 30s,一次浇筑高度不宜超过 2m。当管径小于 350mm 者可用附着式振动器捣实。对大直径钢管还可高空抛落振实混凝土,而勿需振捣,抛落高度不应小于 4m。

混凝土浇筑宜连续进行,需留施工缝时,应将管口封闭,以免杂物落入。

当浇筑至钢管顶端时,待混凝土达到 50% 设计强度时,再将层间横隔板或封顶板按设计要求进行补焊。

有时也可将混凝土浇至稍低于钢管顶端,待混凝土达到 50% 设计强度后,再用同强度等级的水泥砂浆补填管口,再将层间横隔板或封顶板一次封焊到位。

管内混凝土的浇筑质量,可用敲击钢管的方法进行初步检查,如有异常,可用超声脉冲技术检测。对不密实的部位,可用钻孔压浆法进行补强,然后将钻孔处补焊封固。

(5) 表面处理

钢管混凝土的钢管表面应按有关规定进行防锈及防火处理。

二、型钢混凝土结构

1. 型钢混凝土的特点

由混凝土包裹型钢做成的结构称为型钢混凝土结构。其特征是在型钢结构的外面有一层混凝土外壳。

型钢混凝土可做成多种构件,能组成各种结构,可代替钢结构和钢筋混凝土结构应用于工业和民用建筑中。型钢混凝土梁和柱是最基本的构件。

型钢分为实腹式和空腹式两类。实腹式型钢可由型钢或钢板焊成,常用截面形式为矩形及圆形。空腹式构件的型钢由缀板或缀条连接角钢或槽钢组成。实腹式型钢制作简便,承载能力大,空腹式型钢较节省材料,但其制作费用较多。图 8-37 所示为实腹式和空腹式钢混凝土柱和梁的横截面图。

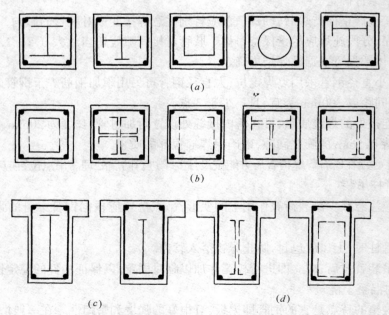

图 8-37 型钢混凝土柱、梁截面

(a)实腹式型钢混凝土柱截面;(b)空腹式型钢混凝土柱截面;(c)实腹式型钢混凝土梁截面;(d)空腹式型钢混凝土梁截面

型钢混凝土结构具有下述优点：

1）型钢混凝土中型钢不受含钢率的限制，型钢混凝土构件的承载能力可以高于同样外形的钢筋混凝土承载能力一倍以上，因而可以减小构件截面。对于高层建筑，构件截面减小，可以增加使用面积和层高，经济效益很大。

2）型钢在混凝土浇筑之前已形成钢结构，具有较大的承载能力，能承受构件自重和施工荷载，可将模板悬挂在型钢上，模板不需设支撑，简化支模，加快施工速度。在高层建筑中型钢混凝土不必等待混凝土达到一定强度就可继续施工上层，可缩短工期。由于无临时立柱，为进行设备安装提供了可能。

3）型钢混凝土结构的延性比钢筋混凝土结构明显提高，尤其是实腹式型钢，因而此种结构有良好的抗震性能。

4）型钢混凝土结构较钢结构在耐久性、耐火性等方面均胜一筹。最初人们把钢结构用混凝土包起来，目的是为了防火和防腐蚀，后来经过试验研究才确认混凝土外壳能与钢结构共同受力。型钢混凝土框架较钢框架可节省钢材 50% 或者更多。

2．型钢混凝土结构的构造

（1）型钢混凝土梁

型钢混凝土梁的实腹式型钢一般为工字形，可用轧制工字钢和 H 型钢，但多用的是钢板焊制的，焊成的截面可根据需要设计，上下翼缘不必相等，沿梁全长也不必强求一律，以充分发挥材料的效能，节约钢材。有时用两根槽钢做成实腹式截面，便于穿过管道或剪力墙的钢筋。

钢板焊成的实腹式型钢截面，应遵守下列规定：

δ_w（腹板厚度）≥6mm 且 δ_w≥h_w（腹板高度）/100；

δ_f（翼缘板厚度）≥6mm 且 δ_f≥b_f（翼缘板宽度）/40。

型钢混凝土梁中的纵向钢筋直径不宜小于 12mm，纵向钢筋最多两排，其上面一排只能在型钢两侧布置钢筋。纵向钢筋与型钢的净距离不应小于 25～30mm，箍筋间距在节点附近不宜大于 100mm，其余处不宜大于 200mm。

框架梁的型钢，应与柱子的型钢形成刚性连接。梁的自由端要设置专门的锚固件，将钢筋焊在型钢上，或用角钢、钢板做成刚性支座。

（2）型钢混凝土柱

实腹式型钢混凝土柱中型钢多用钢板焊接而成。实腹式型钢截面的腹板和翼缘的厚度应遵守表 8-17 的规定。

型钢截面与板厚比的限制 表 8-17

钢 类 别	b/δ_f	h/δ_w	D/δ
Ⅰ 级 钢	23	72	150
Ⅱ 级 钢	20	60	108
型钢截面			

空腹式型钢柱一般由角钢或 T 型钢作为纵向受力杆件,以圆钢或角钢作腹杆形成桁架钢柱,也可用钢板作成缀板型钢柱。缀板型型钢混凝土柱的抗震性能类似于钢筋混凝土柱,不如有斜腹杆的桁架型柱的抗震性能好。

空腹式型钢柱,对其长细比有一定的限制,由于有钢筋混凝土包在型钢外侧,对型钢有约束作用,因此其长细比的限制比纯钢结构柱增加 50%。

型钢混凝土柱中的纵向钢筋的直径不宜小于 12mm,一般设于柱角,每个角上不多于 3 根,纵向钢筋的配筋率不应超过 3%,柱子的纵向钢筋及型钢的总配钢率不应超过 15%,但核心配筋柱的配筋率允许到 25%。箍筋直径不宜小于 8mm,采用封闭式,末端弯钩用 135°,在节点附近箍筋间距不宜大于 10mm,柱的中间部位箍筋间距可达 200mm。

型钢混凝土柱的长细比不宜小于 30。

(3) 梁柱节点

梁柱节点设计和施工都应重视。设计节点时,要求达到内力传递简单明了,不产生局部应力集中现象,主筋布置不妨碍浇筑混凝土,型钢焊接方便。图 8-38 所示为实腹式型钢截面常用的几种梁柱节点形式。

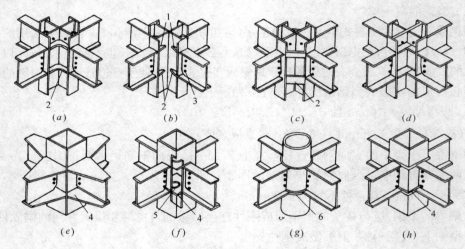

图 8-38　实腹式型钢梁柱节点

(a)水平加劲板式;(b)水平三角加劲板式;(c)垂直加劲板式;(d)梁翼缘贯通式;(e)外隔板式;(f)内隔板式;(g)加劲环式;(h)贯通隔板式
1—主筋贯通孔;2—加劲板;3—箍筋贯通孔;4—隔板;5—留孔;6—加劲环

在梁柱节点处除型钢外还有钢筋和箍筋。柱的主筋一般在柱角上,可以避免穿过型钢梁的翼缘。但柱的箍筋要穿过型钢梁的腹杆,也可将柱的箍筋焊在型钢梁上。

梁的主筋一般要穿过型钢柱的腹板,如果穿孔削弱了型钢柱的强度,应采取补强措施,梁主筋的锚固长度,按《混凝土结构设计规范》规定。

(4) 柱脚

柱脚有埋入式和非埋入式两种。非埋入式柱脚如图 8-39 所示。型钢不埋入基础内部,型钢柱下部有钢底板,利用地脚螺栓将钢底板锚固,柱内的纵向钢筋仍与由基础内伸出的插筋相连接。

埋入式柱脚如图 8-40 所示。型钢伸入基础内部,只要型钢埋入的深度足够,地脚螺栓及底板均无需计算。

（5）保护层

混凝土保护层厚度,取决于耐火度、钢筋锈蚀、型钢压曲及钢筋与混凝土的粘结力等因

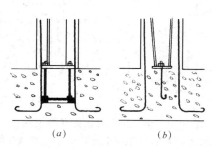

图 8-39　非埋入式柱脚示意

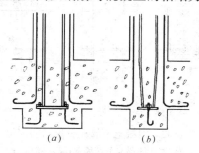

图 8-40　埋入式柱脚示意

素。从耐火度方面看,梁和柱中的型钢要求 2h 耐火度时,保护层厚度应为 5cm;要求 3h 耐火度时,保护层厚度应为 6cm;墙壁中的型钢要求 2h 耐火度时,保护层厚度应为 3cm;梁和柱中的钢筋,要求 2h 耐火度时,保护层厚度应为 3cm;要求 3h 耐火度时,保护层厚度为 4cm。

型钢的保护层厚度不小于 5cm,一般均大于此值。确定保护层厚度时,这要考虑施工的可能性及便于浇筑混凝土。

（6）剪力连接件

型钢与混凝土之间的粘结应力只有圆钢与混凝土粘结应力的二分之一,为保证混凝土与型钢共同工作,或为了混凝土与型钢之间的应力传递,有时要设置剪力连接件,常用的为圆柱头焊钉。一般只是在型钢截面有重大变化处才需要设置剪力连接件。

3. 型钢混凝土结构的施工

型钢混凝土结构是钢结构与混凝土结构的组合体,这二者的施工方法都可以应用到型钢混凝土结构中来。但由于二者同时并存,因此也有一些特点,充分利用这些特点就能使施工效率提高。

（1）型钢和钢筋施工

型钢骨架施工应遵守钢结构的有关规范和规程。

安装柱的型钢骨架时,先在上下型钢骨架连接处进行临时连接,纠正垂直偏差后再进行焊接或高强螺栓固定,然后在梁的型钢骨架安装后,要再次观测和纠正因荷载增加、焊接收缩或螺栓松紧不一而产生的垂直偏差。

为使梁柱接头处的交叉钢筋贯通且互不干扰,加工柱的型钢骨架时,在型钢腹板上预留穿钢筋的孔洞,而且要相互错开（图 8-41）。预留孔洞的孔径,既要便于穿钢筋,又不要过多削弱型钢腹板,一般预留孔洞的孔径较钢筋直径大 4～6mm 为宜。

在梁柱接头处和梁的型钢翼缘下部,由于浇筑混凝土时有部分空气不易排出,或因梁的型钢翼缘过宽妨碍浇筑混凝土

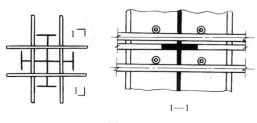

1—1

图 8-41

（图 8-42），为此要在一些部位预留排除空气的孔洞和混凝土浇筑孔（图 8-43）。

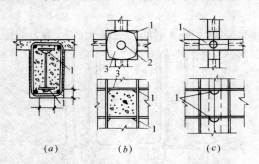 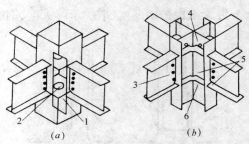

图 8-42　混凝土不易充分填满的部位
1—混凝土不易充分填满部位；2—混凝土
浇筑孔；3—柱内加劲肋板

图 8-43　梁柱接头处预留孔洞位置
1—柱内加劲肋板；2—混凝土浇筑孔；3—箍筋通过孔；
4—梁主筋通过孔；5—排气孔；6—柱腹板加劲肋

型钢混凝土结构的钢筋绑扎，与钢筋混凝土结构中的钢筋绑扎基本相同。由于柱的纵向钢筋不能穿过梁的翼缘，因此柱的纵向钢筋只能设在柱截面的四角或无梁的部位。

在梁柱节点部位，柱的箍筋要在型钢梁腹板上已留好的孔中穿过，由于整根箍筋无法穿过，只好将箍筋分段，再用电弧焊焊接。不宜将箍筋焊在梁的腹板上，因为节点处受力较复杂。

如腹板上开孔的大小和位置不合适时，征得设计者的同意后，再用电钻补孔或和铰刀扩孔，不得用气割开孔。

（2）模板与混凝土浇筑

型钢混凝土结构与普通钢筋混凝土结构的区别，在于型钢混凝土结构中型钢骨架，在混凝土未硬化之前，型钢骨架可作为钢结构来承受荷载，为此，施工中可利用型钢骨架来承受混凝土的重量和施工荷载，为降低模板费用和加快施工创造了条件。

可将梁底模用螺栓固定在型钢梁或角钢桁架的下弦上，完全省去梁下的支撑。楼盖模板可用钢框木模板和快拆体系支撑，达到加速模板周转的目的。

施工时有关型钢骨架的安装，应遵守钢结构有关的规范和规程。

型钢混凝土结构的混凝土浇筑，应遵守有关混凝土施工的规范和规程，在梁柱接头处和梁型钢翼缘下部等混凝土不易充分填满处，要仔细进行浇筑和捣实。型钢混凝土结构外包的混凝土外壳，要满足受力和耐火的双重要求，浇筑时要保证其密实度和防止开裂。

第九章 防 水 工 程

本章主要介绍屋面工程和地下防水工程。

第一节 屋面防水施工

屋面工程包括屋面防水工程和屋面保温隔热工程,是房屋建筑的一项重要的分部工程。其施工质量的优劣,直接影响到建筑物的使用寿命。

本节主要介绍一般工业与民用建筑各种屋面防水层及保温隔热层的施工方法及注意事项。

一、卷材防水屋面

卷材防水屋面是指利用胶结材料采用各种形式粘贴卷材进行防水的屋面。其典型构造层次如图 9-1 所示,具体施工有哪些层次,需根据设计要求而定。

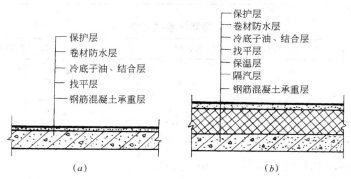

图 9-1 卷材屋面构造层次示意图
(a)不保温卷材屋面;(b)保温卷材屋面

(一) 材料组成

1.基层处理剂

基层处理剂是为了增强防水材料与基层之间的粘结力,在防水层施工前,预先涂刷在基层上的涂料。常用的基层处理剂有冷底子油及与各种高聚物改性沥青卷材和合成高分子卷材配套的底胶如氯丁胶 BX—12 胶粘剂、3 号胶、稀释剂、氯丁胶沥青乳液等,其选择应与卷材的材性相容,以免将卷材腐蚀或粘结不良。

2.沥青胶结材料(玛琋脂)

用一种或两种标号的沥青按一定配合量熔合,经熬制脱水后,可作为胶结材料。为了提高沥青的耐热度、韧性、粘结力和抗老化性能,可在熔融后的沥青中掺入适当品种和数量的填充材料,配制成沥青胶结材料。

3.胶粘剂

用于粘贴卷材的胶粘剂可分为基层与卷材粘贴的胶粘剂及卷材与卷材搭接的胶粘剂两种。按其组成材料又可分为改性沥青胶粘剂和合成高分子胶粘剂。

改性沥青胶粘剂的粘结剥离强度不应小于 8N/cm；合成高分子胶粘剂的粘结剥离强度不应小于 15N/cm，浸水后粘结剥离强度保持率不应小于 70%。

4. 沥青卷材

用原纸、纤维织物、纤维毡等胎体材料浸涂沥青，表面撒布粉状、粒状或片状材料制成的可卷曲的片状防水材料称之为沥青卷材，常用的有纸胎沥青油毡、玻纤胎沥青油毡和麻布胎沥青油毡。

沥青防水卷材的外观质量和规格应符合表 9-1 和表 9-2 的要求。

沥青防水卷材的外观质量要求　　　　　　　　表 9-1

项　目	外　观　质　量　要　求
孔洞、硌伤	不允许
露胎、涂盖不匀	不允许
折纹、折皱	距卷芯 1000mm 以外，长度不应大于 100mm
裂　纹	距卷芯 1000mm 以外，长度不应大于 10mm
裂口、缺边	边缘裂口小于 20mm，缺边长度小于 50mm，深度小于 20mm，每卷不应超过 4 处
接　头	每卷不应超过 1 处

沥青防水卷材规格　　　　　　　　表 9-2

标　号	宽　度　（mm）	每卷面积(m²)	卷　重　（kg）	
350 号	915	20±0.3	粉　毡	≥28.5
	1000		片　毡	≥31.5
500 号	915	20±0.3	粉　毡	≥39.5
	1000		片　毡	≥42.5

沥青防水卷材的物理性能应符合表 9-3 的要求。

沥青防水卷材物理性能　　　　　　　　表 9-3

项　　目		性　能　要　求	
		350 号	500 号
纵向拉力(25±2℃时)，(N)		≥340	≥440
耐热度(85±2℃，2h)		不流淌，无集中性气泡	
柔性(18±2℃)		绕 φ20mm 圆棒无裂纹	绕 φ25mm 圆棒无裂纹
不透水性	压力(MPa)	≥0.10	≥0.15
	保持时间(min)	≥30	≥30

5. 高聚物改性沥青卷材

以合成高分子聚合物改性沥青为涂盖层，纤维织物或纤维毡为胎体，粉状、粒状、片状或薄膜材料为覆面材料制成的可卷曲片状防水材料称为高聚物改性沥青卷材。

高聚物改性沥青卷材克服了沥青卷材温度敏感性大，延伸率小的缺点，具有高温不流

284

淌、低温不脆裂、抗拉强度高、延伸率大的特点,能够较好地适应基层开裂及伸缩变形的要求,常用几种高聚物改性沥青卷材有:SBS改性沥青卷材、APP改性沥青卷材、PVC改性沥青卷材、再生胶改性沥青卷材等。

6.合成高分子卷材

以合成橡胶、合成树脂或它们两者的共混体为基料,加入适量的化学助剂和填充料等,经不同工序加工而成的可卷曲片状防水材料;或将上述材料与合成纤维等复合形成两层或两层以上可卷曲的片状防水材料称为合成高分子防水卷材。

目前使用的合成高分子卷材主要有三元乙丙、聚氯乙烯、氯化聚乙烯、氯磺化聚乙烯防水卷材等。

7.常用防水卷材的主要品种

由于沥青防水卷材是一类传统产品,因而表9-4仅介绍高聚物改性沥青卷材、合成高分子卷材的主要品种、性能。

防水卷材的主要品种 表9-4

名　称		主　要　性　能
高聚物改性沥青防水卷材	塑性体沥青防水卷材(APP改性沥青防水卷材)	玻纤毡胎: 拉力(N):纵≥300;横≥200 耐热度(℃):110 柔度(℃):-5 不透水性:30min,0.15MPa 聚酯毡胎: 拉力(N):≥400 耐热度(℃):110 柔度(℃):-5 断裂伸长率(%):≥20 不透水性:30min,0.3MPa
	弹性体沥青防水卷材(SBS改性沥青防水卷材)	玻纤毡胎: 拉力(N):纵≥300;横≥200 耐热度(℃):90 柔度(℃):-15 不透水性:30min,0.15MPa 聚酯毡胎: 拉力(N):≥400 断裂伸长率(%):≥20 耐热度(℃):90 柔度(℃):-15 不透水性:30min,0.3MPa 黄麻胎: 拉力(N):≥500 断裂伸长率(%):≥5 耐热度(℃):90 柔度(℃):-10 不透水性:1h,0.2MPa

续表

	名　称	主 要 性 能
合成高分子防水卷材	聚氯乙烯改性煤沥青油毡	拉力强度(N):纵≥250 耐热度(℃):80 柔度(℃):-5 不透水性:30min,0.1MPa
	三元乙丙—丁基橡胶防水卷材	拉伸强度(MPa):≥7 断裂伸长率(%):≥450 脆性温度(℃):≤-40 不透水性:30min,0.3MPa 热老化保持率(%):拉伸强度:≥80 断裂伸长率:≥70
	氯化聚乙烯防水卷材	非增强型: 拉伸强度(MPa):≥5.0 断裂伸长率(%):≥100 低温弯折性(℃):-20 抗渗透性:不透水 热老化保持率(%):拉伸强度:≥80 断裂伸长率:≥70 增强型:(LYX603) 断裂伸长率(%):≥10 其他性能同非增强型
	氯丁橡胶防水卷材	拉伸强度(MPa):≥3.2 断裂伸长率(%):≥250 低温柔度(℃):-20 不透水性:30min,0.1MPa
	丁基橡胶防水卷材	拉伸强度(MPa):≥3.0 断裂伸长率(%):≥250 耐热度(℃):150 低温柔度(℃):-50 不透水性:30min,0.25MPa
	氯磺化聚乙烯防水卷材	拉伸强度(MPa):≥3.5 断裂伸长率(%):≥140 耐热度(℃):120 低温柔度(℃):-25 不透水性:30min,0.3MPa
	丁基再生胶防水卷材	扯断强度(MPa):≥4.0 扯断伸长率(%):≥150 脆性温度(℃):-20 不透水性:30min,0.1MPa
	三元乙丁、丁基氯丁橡胶防水卷材	抗拉强度(MPa):1.5～7.5 延伸率(%):200～600 耐热度(℃):80～150 脆性温度:-10

（二）找平层施工

找平层是铺贴卷材防水层的基层,可采用水泥砂浆、细石混凝土或沥青砂浆。沥青砂浆找平层适合于冬季、雨季施工水泥砂浆有困难和抢工期时采用。水泥砂浆找平层中宜掺膨胀剂,以提高找平层密实性,避免或减小因其裂缝而拉裂防水层。细石混凝土找平层尤其适用于松散保温层上,以增强找平层的刚度和强度。

为了避免或减少找平层开裂,找平层宜留设分格缝,缝宽为20mm,并嵌填密封材料或空铺卷材条。分格缝兼作排汽屋面的排汽道时,可适当加宽,并应与保温层连通。分格缝应留设在板端缝处,其纵横缝的最大间距为:找平层采用水泥砂浆或细石混凝土时,不宜大于6m,找平层采用沥青砂浆时,不宜大于4m。

找平层坡度应符合设计要求,一般天沟、檐构纵向坡度不应小于1%;水落口周围直径500mm范围内坡度不应小于5%。

找平层主要包括:水泥砂浆找平层、细石混凝土找平层和沥青砂浆找平层,其施工质量要求见表9-5。

找平层施工质量要求 表9-5

项　　　目	施　工　质　量　要　求
材　　　料	找平层所使用的原材料、配合比必须符合设计或上述有关的规定和要求
平　整　度	找平层应粘结牢固,没有松动、起壳、起砂等现象。表面平整,用2mm长的直尺检查,找平层与直尺间的空隙不应超过5mm,空隙仅允许平缓变化,每米长度内不得多于一处
强　　　度	采用全粘法铺贴卷材时,找平层必须具备较高的强度和抗裂性;采用空铺或压埋法铺贴时,可适当降低对找平层强度的要求
坡　　　度	找平层的坡度必须准确,符合设计要求
转　　　角	两个面的相接处,如墙壁、天窗壁、伸缩缝、女儿墙、沉降缝、烟囱、管道泛水处以及檐口、天沟、斜沟、水落口、屋脊等,均应做成圆弧(其半径采用沥青卷材时,为100~150mm;采用高聚物改性沥青卷材时,为50mm,采用合成高分子卷材时,为20mm)
分　　　格	分格缝留设位置应准确,其宽度及纵横间距应符合上述要求。分格缝应与板端缝对齐,均匀顺直,并嵌填密封材料
水　落　口	内部排水的水落口杯应牢固地固定在承重结构上,水落口所有零件上的铁锈均应预先清除干净,并涂上防锈漆。水落口周围的坡度应准确,水落口杯与基层接触处应留宽20mm、深20mm凹槽,嵌填密封材料

（三）卷材防水层施工

1. 基层处理剂的涂刷

喷、涂基层处理剂前要首先检查找平层的质量和干燥程度并加以清扫,符合要求后才可进行,在大面积喷、涂前,应用毛刷对屋面节点、周边、拐角等部位先行处理。

2. 卷材铺贴一般方法及要求

卷材防水层施工的一般工艺流程见图9-2。

（1）铺设方向

卷材的铺设方向应根据屋面坡度和屋面是否有振动来确定。当屋面坡度小于3%时，卷材宜平行于屋脊铺贴;屋面坡度在3%～15%时,卷材可平行或垂直于屋脊铺贴;屋面坡度大于15%或受振动时,沥青卷材应垂直于屋脊铺贴,高聚物改性沥青卷材和合成高分子卷材可根据屋面坡度、屋面是否受振动、防水层的粘结方式、粘结强度、是否机械固定等因素综合考虑采用平行或垂直屋脊铺贴。上下层卷材不得相互垂直铺贴。

（2）搭接方法及宽度要求

铺贴油毡应采用搭接方法,上下两层及相邻两幅油毡的搭接缝均应错开。

各层油毡的搭接宽度,长边不应小于70mm,短边不应小于100mm,当第一层油毡采用条铺、花铺或空铺时其搭接宽度,长边不应小于100mm,短边不应小于150mm。平行于屋脊搭接缝,应顺流水方向搭接;垂直于屋脊的搭缝应顺主导风向搭接。

铺贴油毡时,应将油毡展平压实,各层油毡的搭接缝必须用沥青胶结材料仔细封严。

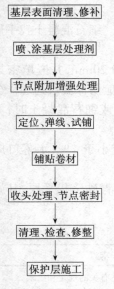

图9-2 卷材防水施工工艺流程图

各种卷材的搭接宽度应符合表9-6的要求。

表 9-6

卷材搭接宽度

搭接方向 铺贴方法 卷材种类		短边搭接宽度(mm)		长边搭接宽度(mm)	
		满粘法	空铺法 点粘法 条粘法	满粘法	空铺法 点粘法 条粘法
沥青防水卷材		100	150	70	100
高聚物改性沥青防水卷材		80	100	80	100
合成高分子 防水卷材	粘结法	80	100	80	100
	焊接法	50			

（3）卷材与基层的粘贴方法

卷材与基层的粘贴方法可分为满粘法、点粘法和空铺法等形式。通常都采用满粘法,而条粘、点粘和空铺法更适合于防水层上有重物覆盖或基层变形较大的场合,是一种克服基层变形拉裂卷材防水层的有效措施,设计中应明确规定、选择适用的工艺方法。

空铺法:铺贴卷材防水层时,卷材与基层仅在四周一定宽度内粘结,其余部分不粘结的施工方法;条粘法:铺贴卷材时,卷材与基层粘结面不少于两条,每条宽度不小于150mm;点粘法:铺贴防水卷材时,卷材或打孔卷材与基层采用点状粘结的施工方法。每平方米粘结不少于5点,每点面积为100mm×100mm。

无论采用空铺、条粘还是点粘法,施工时都必须注意:距屋面周边800mm内的防水层应满粘,保证防水层四周与基层粘结牢固;卷材与卷材之间应满粘,保证搭接严密。

（4）屋面特殊部位的铺贴要求

1）檐口

将铺贴到檐口端头的卷材裁齐后压入凹槽内,然后将凹槽用密封材料嵌填密实。如用压条(20mm 宽薄钢板等)或用带垫片钉子固定时,钉子应敲入凹槽内,钉帽及卷材端头用密封材料封严。

2）天沟、檐沟及水落口

天沟、檐沟卷材铺设前,应先对水落口进行密封处理。在水落口杯埋设时,水落口杯与竖管承插口的连接处应用密封材料嵌填密实,防止该部位在暴雨时产生倒水现象。水落口周围直径 500mm 范围内用防水涂料或密封材料涂封作为附加层,厚度不少于 2mm,涂刷时应根据防水材料的种类采用不同的涂刷遍数来满足涂层的厚度要求。水落口杯与基层接触处应留宽 20mm、深 20mm 的凹槽,嵌填密封材料。

由于天沟、檐沟部位水流量较大,防水层经常受雨水冲刷或浸泡,因此在天沟或檐沟转角处应先用密封材料涂封,每边宽度不少于 30mm,干燥后再增铺一层卷材或涂刷涂料作为附加层。

3）变形缝

屋面变形缝处,附加墙与屋面交接处的泛水部位,应作好附加层;接缝两侧的卷材防水层铺贴至缝边;然后在缝中填嵌直径略大于缝宽的背衬材料,如聚乙烯泡沫塑料棒等,也可以在缝中填以沥青麻丝作为背衬材料,为了使沥青麻丝不掉落,在附加墙砌筑前,缝口用伸缩片覆盖。附加墙砌好后,将沥青麻丝填入缝内。嵌填完背衬材料后,再在变形缝上铺贴盖缝卷材,并延伸至附加墙立面。卷材在立面上应采用满粘法,铺贴宽度不小于 100mm。为提高卷材适应变形的能力,卷材与附加墙顶面不宜粘结。

高低跨变形缝处,低跨的卷材防水层应铺至附加墙顶面缝边。然后将金属或合成高分子卷材盖板上、下两端用带垫片的钉子分别固定在高跨外墙面和低跨的附加墙立面上,盖板两端及钉帽用密封材料封严。

4）排气洞与伸出屋面管道

排气洞与屋面交角处卷材的铺贴方法和立墙与屋面转角处相似,所不同的是流水方向不应有逆槎,排气洞阴角处卷材增加附加层,上部剪口交叉贴实。

伸出屋面管道卷材铺贴与排气洞相似,但应加铺两层附加层。防水层铺贴后,上端用沥青麻丝或细铁丝扎紧,最后用密封材料密封,或焊上薄钢板泛水。

3. 热沥青胶结料(热玛琋脂)粘贴油毡施工

（1）配制玛琋脂

玛琋脂的标号,应视使用条件、屋面坡度和当地历年极端最高气温选定,其性能应符合要求。

现场配制玛琋脂的配合比及其软化点和耐热度的关系数据,应由试验根据所用原材料试配后确定,在施工中按确定的配合比严格配料。每工作班均应检查与玛琋脂耐热度相应的软化点和柔韧性。

热玛琋脂的加热温度和使用温度要加以控制。熬制好的玛琋脂尽可能在本工作班内用完,当不能用完时应与新熬制的分批混合使用。必要时做性能检验。

（2）浇涂玛琋脂

浇油法是采用有嘴油壶将玛琋脂左右来回在油毡前浇油,其宽度比油毡每边少约 10～20mm,速度不宜太快。浇洒量以油毡铺贴后,中间满粘玛琋脂,并使两边稍有挤出为宜。

涂刷法一般用长柄棕刷(或滚刷等)将玛琋脂均匀涂刷,宽度比油毡稍宽,不宜在同一地方反复多次涂刷,以免玛琋脂很快冷却而影响粘结质量。

还可在油壶浇油后采用长柄胶皮刮板进行刮油法涂布玛琋脂。

无论是采用何种方法,每层玛琋脂的厚度宜控制在 1～1.5mm,面层玛琋脂厚度宜为 2～3mm。施工过程中还应注意玛琋脂的保温,并有专人进行搅拌,以防在油桶、油壶内发生胶凝、沉淀。

(3) 铺贴油毡

铺贴时两手按住油毡,均匀地用力将油毡向前推滚,使油毡与下层紧密粘结,避免铺斜、扭曲和出现未粘结玛琋脂处(如铺贴油毡经验较少,为避免铺斜等情况,可以在基层或下层油毡上预先弹出统长灰线,按灰线边推铺油毡)。

(4) 收边滚压

在推铺油毡时,操作的其他人员应将毡边挤出的玛琋脂及时刮去,并将毡边压紧粘住,刮平、赶出气泡。如出现粘结不良的地方,可用小刀将油毡划破,再用玛琋脂贴紧、封死、赶平,最后在上面加贴一块油毡将缝盖住。

4. 冷沥青胶结料(冷玛琋脂)粘贴油毡施工

冷玛琋脂贴油毡施工方法和要求与热玛琋脂粘贴油毡基本相同,不同之处在于:

1) 冷玛琋脂使用时应搅拌均匀。当稠度太大时可加入少量溶剂稀释并拌匀。

2) 涂布冷玛琋脂时,每层玛琋脂厚度宜控制在 0.5～1mm,面层玛琋脂厚度宜为 1～1.5mm。

5. 高聚物改性沥青卷材热熔法施工

热熔法施工是指高聚物改性沥青热熔卷材的铺贴方法。热熔卷材是一种在工厂生产过程中底面即涂有一层软化点较高的改性沥青热熔胶的卷材。其铺贴时不需涂刷胶粘剂,而用火焰烘烤后直接与基层粘贴。

6. 高聚物改性沥青卷材及合成高分子卷材冷粘贴施工

(1) 胶粘剂的调配与搅拌

胶粘剂一般由厂家配套供应,对单组分胶粘剂只需开桶搅拌均匀后即可使用;而双组分胶粘剂则必须严格按厂家提供的配合比和配制方法进行计量、掺合、搅拌均匀后才能使用。同时有些卷材在与基层粘贴时采用的基层胶粘剂和卷材粘贴时采用的接缝胶粘剂为不同品种,使用时不得混用,以免影响粘贴效果。

(2) 涂刷胶粘剂

1) 卷材表面的涂刷

某些卷材要求底面和基层表面均涂胶粘剂。卷材表面涂刷基层胶粘剂时,先将卷材展开摊铺在旁边平整干净的基层上,用长柄滚刷蘸胶粘剂,均匀涂刷在卷材的背面,不得涂刷得太薄而露底,也不得涂刷过多而产生聚胶。还应注意在搭接缝部位不得涂刷胶粘剂,此部位留作涂刷接缝胶粘剂,留置宽度即卷材搭接宽度。

2) 基层表面的涂刷

涂刷基层胶粘剂的重点和难点与基层处理剂相同,即阴阳角、平立面转角处,卷材收头处、排水口、伸出屋面管道根部等节点部位。这些部位有增强层时应用接缝胶粘剂,涂刷工具宜用油漆刷。涂刷时,切忌在一处来回涂滚,以免将底胶"咬起",形成凝胶而影响质量。条粘法、点粘法应按规定的位置和面积涂刷胶粘剂。

(3) 卷材的铺贴

各种胶粘剂的性能和施工环境不同,有的可以在涂刷后立即粘贴卷材,有的得待溶剂挥发一部分后才能粘贴卷材,尤以后者居多,因此要控制好胶粘剂涂刷与卷材铺贴的间隔时间。一般要求基层及卷材上涂刷的胶粘剂达到表干程度,其间隔时间与胶粘剂性能及气温、湿度、风力等因素有关,通常为 10~30min,施工时可凭经验确定:用指触不粘手时即可开始粘贴卷材。间隔时间的控制是冷粘贴施工的难点,这对粘结力和粘结的可靠性影响甚大。

(4) 搭接缝的粘贴

卷材铺好压粘后,应将搭接部位的结合面清除干净,可用棉纱沾少量汽油擦洗。然后采用油漆刷均匀涂刷,不得出现露底、堆积现象。涂胶量可按产品说明控制,待胶粘剂表面干燥后(指触不粘)即可进行粘合。粘合时应从一端开始,边压合边驱除空气,不许有气泡和皱折现象,然后用手持压辊顺边认真仔细辊压一遍,使其粘结牢固。三层重叠处最不易压严,要用密封材料预先加以填封,否则将会成为渗水通道。高聚物改性沥青卷材也可用热熔法接缝。

搭接缝全部粘贴后,缝口要用密封材料封严,密封时用刮刀沿缝刮涂,不能留有缺口,密封宽度不应小于 10mm。

7. 卷材屋面施工注意事项

1) 雨天、雪天严禁进行卷材施工。五级风及其以上时不得施工,气温低于 0℃ 时不宜施工,如必须在负温下施工时,应采取相应措施,以保证工程质量。热熔法施工时的气温不宜低于 −10℃。施工中途下雨、雪,应做好已铺卷材四周的防护工作。

2) 夏季施工时,屋面如有露水潮湿,应待其干燥后方可铺贴卷材,并避免在高温烈日下施工。

3) 应采取措施保证沥青胶结材料的使用温度和各种胶粘剂配料称量的准确性。

4) 卷材防水层的找平层应符合质量要求,达到规定的干燥程度。

5) 在屋面拐角、天沟、水落口、屋脊、卷材搭接、收头等节点部位,必须仔细铺平、贴紧、压实、收头牢靠,符合设计要求和屋面工程技术规范等有关规定;在屋面拐角、天沟、水落口、屋脊等部位应加铺卷材附加层;水落口加雨水罩后,必须是天沟的最低部位,避免水落口周围存水。

6) 卷材铺贴时应避免过分拉紧和皱折,基层与卷材间排气要充分,向横向两侧排气后方可用辊子压平粘实。不允许有翘边、脱层现象。

7) 由于卷材和粘结剂种类多,使用范围不同,盛装粘结剂的桶应用明显标志,以免错用。

8) 为保证卷材搭接宽度和铺贴顺直,应严格按照基层所弹标线进行。

(四) 卷材保护层施工

卷材铺设完毕,经检查合格后,应立即进行保护层的施工,及时保护防水层免受损伤。保护层的施工质量对延长防水层使用年限有很大影响,必须认真施工。常用的方式分:

1．浅色、反射涂料保护层

浅色、反射涂料目前常用的有铝基沥青悬浊液、丙烯酸浅色涂料或在涂料中掺入铝料的反射涂料,反射涂料可在现场就地配制。

2．绿豆砂保护层

绿豆砂保护层主要是在沥青卷材防水屋面中采用。绿豆砂材料价格低廉,对沥青卷材有一定的保护和降低辐射热的作用,因此在非上人沥青卷材屋面中应用广泛。

用绿豆砂做保护层时,应在卷材表面涂刷最后一道沥青玛瑞脂时,趁热撒铺一层粒径为3～5mm的绿豆砂(或人工砂),绿豆砂应铺撒均匀,全部嵌入沥青玛瑞脂中。绿豆砂应事先经过筛选,颗粒均匀,并用水冲洗干净。使用时应在铁板上预先加热干燥(温度130～150℃),以便与沥青玛瑞脂牢固地结合在一起。

铺绿豆砂时,一人涂刷玛瑞脂,另一人趁热撒砂子,第三人用扫帚扫平或用刮板刮平。撒时要均匀,扫时要铺平,不能有重叠现象,扫过后马上用软辊轻轻滚一遍,使砂粒一半嵌入玛瑞脂内。滚压时不得用力过猛,以免刺破油毡。铺绿豆砂应沿屋脊方向,顺卷材的接缝全面向前推进。

由于绿豆砂颗粒较小,在大雨时容易被水冲刷掉,同时还易堵塞水落口,因此,在降雨量较大的地区宜采用粒径为6～10mm的小豆石,效果较好。

3．细砂、云母及蛭石保护层

细砂、云母或蛭石主要用于非上人屋面的涂膜防水层的保护层,使用前应先筛去粉料。

4．预制板块保护层

预制板块保护层的结合层以采用砂或水泥砂浆。板块铺砌前应根据排水坡度要求挂线,以满足排水要求,保护层铺砌的块体应横平竖直。

5．水泥砂浆保护层

水泥砂浆保护层与防水层之间也应设置隔离层。保护层用的水泥砂浆配合比一般为水泥:砂＝1:2.5～3(体积比)。

保护层施工前,应根据结构情况每隔4～6m用木模设置纵横分格缝。铺设水泥砂浆时,应随铺随拍实,并用刮尺找平,随即用直径为8～10mm的钢筋或麻绳压出表面分格缝,间距不大于1m。终凝前用铁抹子压光保护层。

保护层表面应平整,不能出现抹子抹压的痕迹和凹凸不平的现象,排水坡度应符合设计要求。

6．细石混凝土保护层

细石混凝土整浇保护层施工前,也应在防水层上铺设一层隔离层,并按设计要求支设好分格缝木模,设计无要求时,每格面积不大于36m^2,分格缝宽度为20mm。一个分格内的混凝土应尽可能连续浇筑,不留施工缝。

(五)质量要求

1．质量要求

1)屋面不得有渗漏和积水现象。

2)所使用的材料(包括防水材料、找平层、保温层、保护层、隔气层及外加剂、配件等)必须符合质量标准和设计要求。

3）防水层的厚度和层数、层次应符合设计规定。

4）结构基层应稳固，平整度符合规定，预制构件嵌缝密实。

5）屋面坡度（含天沟、檐沟、水落口、地漏）必须准确，排水系统应通畅，找平层表面平整度不超过 5mm，表面不得有疏松、起砂、起皮现象。

6）卷材的铺贴方法、搭接顺序应符合规定，搭接宽度准确，接缝严密，不得有皱折、鼓泡和翘边，收头应固定、密封严密。

7）粒料、涂料、薄膜保护层应覆盖均匀严密，不露底，粘结牢固，刚性整体保护层不得松动，分格缝留置应准确，与防水层之间应有隔离层。板块保护层应铺砌平整，勾缝严密，其分格缝的留设也应正确。

8）节点做法必须符合设计要求，搭接正确，封固严密，不得翘边开缝。

9）空铺、条粘、点粘法施工时，卷材粘贴面积、位置应符合要求。

2．质量检验

1）屋面工程施工中应做分项工程的交接检查；未经检查验收，不得进行后续施工。

2）防水层施工中，每一道防水层完成后，应由专人进行检查，合格后方可进行下一道防水层的施工。

3）找平层平整度的检验可用 2m 直尺检查；面层与直尺间最大空隙不应大于 5mm，空隙应平缓变化，每米长度内不应多于一处。

4）检验屋面有无渗漏和积水、排水系统是否通畅，可在雨后或持续淋水 2h 以后进行。有可能作蓄水检验的屋面宜作蓄水检验，其蓄水时间不宜小于 24h。

5）卷材防水屋面的节点处理、接缝、保护层等应进行外观检验。

6）所使用的原材料应按材料要求，进行抽样复查。

二、涂膜防水屋面

涂膜防水屋面是在屋面基层上涂刷防水涂料，经固化后形成一层有一定厚度和弹性的整体涂膜从而达到防水目的的一种防水屋面形式。涂料按其稠度有厚质涂料和薄质涂料之分，施工时有加胎体增强材料和不加胎体增强材料之别，具体作法视屋面构造和涂料本身性能要求而定。其典型的构造层次如图 9-3 所示，具体施工有哪些层次，应根据设计要求确定。

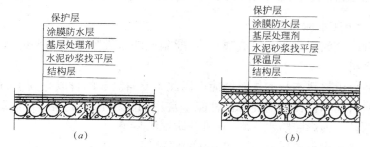

图 9-3　涂膜防水屋面构造图

(a)无保温层涂膜屋面；(b)有保温层涂膜屋面

（一）材料组成

1．沥青基涂料

以沥青为基料配制成的水乳型或溶剂型防水涂料称之为沥青基防水涂料。常见的有石灰乳化沥青涂料、膨润土乳化沥青涂料和石棉乳化沥青涂料。

沥青基防水涂料的质量应符合表 9-7 的要求。

沥青基防水涂料质量要求 表 9-7

项 目		质 量 要 求
固体含量(%)		≥50
耐热度(80℃,5h)		无流淌、起泡和滑动
柔性(10±1℃)		4mm 厚,绕 φ2mm 圆棒,无裂纹、断裂
不 透 水 性	压力(MPa)	≥0.1
	保持时间(min)	≥30 不渗透
延伸(20±2℃拉伸)(mm)		≥4.0

2．高聚物改性沥青防水涂料

以沥青为基料,用合成高分子聚合物进行改性,配制成的水乳型或溶剂型防水涂料称之为高聚物改性沥青防水材料。

与沥青基涂料相比,高聚物改性沥青防水涂料在柔韧性、抗裂性、强度、耐高低温性能、使用寿命等方面都有了较大的改善,常用的品种有氯丁橡胶改性沥青涂料、SBS 改性沥青涂料及 APP 改性沥青涂料等。

高聚物改性沥青防水涂料的质量应符合表 9-8 要求。

高聚物改性沥青防水涂料质量要求 表 9-8

项 目		质 量 要 求
固体含量(%)		≥43
耐热度(80℃,5h)		无流淌、起泡和滑动
柔性(-10℃)		3mm 厚,绕 φ20mm 圆棒,无裂纹、断裂
不 透 水 性	压力(MPa)	≥0.1
	保持时间(min)	≥30 不渗透
延伸(20±2℃拉伸)(mm)		≥4.5

3．合成高分子防水涂料

以合成橡胶或合成树脂为主要成膜物质,配制成的水乳型或溶剂型防水涂料称之为合成高分子防水涂料。

由于合成高分子材料本身的优异性能。以此为原料制成的合成高分子防水涂料具有高弹性、防水性、耐久性和优良的耐高低温性能。常用的品种有聚氨酯防水涂料(可分为焦油型和无焦油型两种)、丙烯胶防水涂料、有机硅防水涂料等。

合成高分子防水涂料的质量符合表 9-9 的要求。

(二) 涂料屋面节点作法

涂料屋面节点作法主要包括:

1) 檐口构造如图 9-4;

2) 天沟、檐沟构造如图 9-5;

合成高分子防水涂料的质量要求 **表 9-9**

项目		质量要求	
		Ⅰ	Ⅱ
固体含量(%)		≥94	≥65
拉伸强度(MPa)		≥1.65	≥0.5
断裂延伸率(%)		≥300	≥400
柔性(℃)		-30 弯折无裂纹	-20 弯折无裂纹
不透水性	压力(MPa)	≥0.3	≥0.3
	保持时间(min)	≥30 不渗透	≥30 不渗透

注：Ⅰ类为反应固化型，Ⅱ类为挥发固化型。

3）泛水构造如图 9-6；

4）变形缝构造如图 9-7。

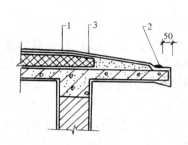

图 9-4 檐口构造

1—涂膜防水层；2—密封材料；3—保温层

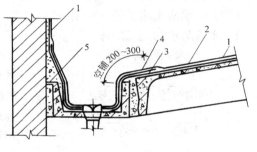

图 9-5 天沟、檐沟构造

1—涂膜防水层；2—找平层；3—有胎体增强材料的附加层；4—空铺附加层；5—密封材料

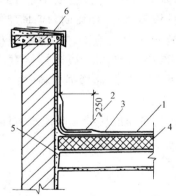

图 9-6 泛水构造

1—涂膜防水层；2—有胎体增强材料的附加层；3—找平层；4—保温层；5—密封材料；6—防水处理

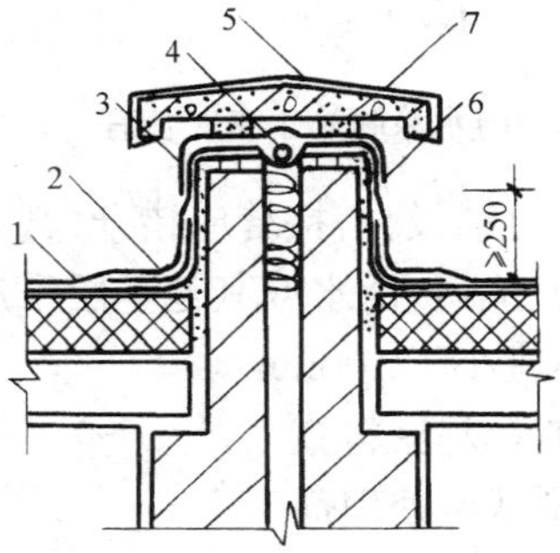

图 9-7 变形缝构造

1—涂膜防水层；2—有胎体增强材料的附加层；3—卷材封盖；4—衬垫材料；5—混凝土盖板；6—沥青麻丝；7—水泥砂浆

（三）基层要求

1. 找平层质量要求

找平层应设分格缝，缝宽宜为 20mm，并应留在板的支承处，其间距不宜大于 6m。分格

缝应嵌填密封材料。基层转角处应抹成圆弧形,其半径不小于 50mm。

特别需要指出的是,对于涂膜防水层,它是紧密地依附于基层(找平层)形成具有一定厚度和弹性的整体防水膜而起到防水作用的。

2. 分格缝及节点处理

1) 分格缝应在浇筑找平层时预留,要求分格符合设计要求,并应与板端缝对齐,均匀顺直,对其清扫后嵌填密封材料。分格缝处应铺设带胎体增强材料的空铺附加层,其宽度为 200～300mm。

2) 天沟、檐沟、檐口等部位,均应加铺有胎体增强材料的附加层,宽度不小于 200mm。

3) 水落口周围与屋面交接处,应作密封处理,并加铺两层有胎体增强材料的附加层。涂膜伸入水落口的深度不得小于 50mm。

4) 泛水处应加铺有胎体增强材料的附加层,此处的涂膜防水层宜直接涂刷至女儿墙压顶下,压顶应采用铺贴卷材或涂刷涂料等作防水处理。

5) 涂膜防水层的收头应用防水涂料多遍涂刷或用密封材料封固严密。

(四)涂膜防水施工的一般要求

1. 涂膜防水的施工顺序

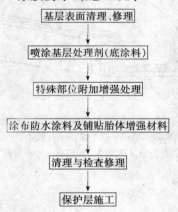

基层表面清理、修理

↓

喷涂基层处理剂(底涂料)

↓

特殊部位附加增强处理

↓

涂布防水涂料及铺贴胎体增强材料

↓

清理与检查修理

↓

保护层施工

图 9-8　防水涂膜施工工艺流程

涂膜防水的施工顺序也应按"先高后低,先远后近"的原则进行。遇高低跨屋面时,一般先涂布高跨屋面,后涂布低跨屋面;相同高度屋面上,要合理安排施工段,先涂布距上料点远的部位,后涂布近处;同一屋面上先涂布排水较集中的水落口、天沟、檐口等节点部位,再进行大面积涂布。

2. 胎体增强材料的铺设

需铺设胎体增强材料,且坡度小于 15% 时可平行屋脊铺设;坡度大于 15% 时,应垂直屋脊铺设,并由屋面最低处向上施工。胎体增强材料长边搭接宽度不得小于 50mm,短边搭接宽度不得小于 70mm。采用二层胎体增强材料时,上下层不得互相垂直铺设,搭接缝应错开,其间距不应小于幅宽的 1/3。

在天沟、檐口、泛水或其他基层采用卷材防水时,卷材与涂膜的接缝应顺流水方向搭接,搭接宽度不应小于 100mm。

(五)沥青基涂料施工

1. 涂刷基层处理剂

基层处理剂一般采用冷底子油,涂刷时应做到均匀一致,覆盖完全。石灰乳化沥青防水涂料,夏季可采用石灰乳化沥青稀释后作为冷底子油涂刷一道;春秋季宜采用汽油沥青冷底子油涂刷一道。膨润土、石棉乳化沥青防水涂料涂布前可不涂刷基层处理剂。

2. 涂布

涂布时,一般先将涂料直接分散倒在屋面基层上,用胶皮刮板来回刮涂,使它厚薄均匀一致,不露底、不存在气泡、表面平整,然后待其干燥。

3. 胎体增强材料的铺设

296

一般采用湿铺法，即在头遍涂层表面刮平后，立即铺贴胎体增强材料，铺贴应平整、不起波，但也不能拉伸过紧。铺贴后用刮板或抹子轻轻刮压或抹压，使布网眼中充满涂料，待干燥后继续进行二遍涂料施工。

（六）高聚物改性沥青涂料及合成高分子涂料的施工

高聚物改性沥青防水涂料和合成高分子防水涂料在涂膜防水屋面使用时其设计涂膜总厚度在 3mm 以下，一般称之为薄质涂料，其施工方法基本相同。

1．涂刷基层处理剂

基层处理剂的种类有以下三种：

1）若使用水乳型防水涂料，可用掺 0.2%～0.5% 乳化剂的水溶液或软化水将涂料稀释，其用量比例一般为：防水涂料/乳化剂水溶液（或软水）＝1/0.5～1。

2）若使用溶剂型防水涂料，由于其渗透能力比水乳型防水涂料强，可直接用涂料薄涂作基层处理，如溶剂型氯丁胶沥青防水涂料或溶剂型再生胶沥青防水涂料等。若涂料较稠，可用相应的溶剂稀释后使用。

3）高聚物改性沥青防水涂料也可用沥青溶液（即冷底子油）作为基层处理剂，或在现场以煤油/30 号石油沥青＝60/40 的比例配制而成的溶液作为基层处理剂。

基层处理剂涂刷时，应用刷子用力薄涂，使涂料尽量刷进基层表面的毛细孔中，并将基层可能留下来的少量灰尘等无机杂质，像填充料一样混入基层处理剂中，使之与基层牢固结合。

2．涂刷防水涂料

涂料涂刷可采用棕刷、长柄刷、胶皮板、圆滚刷等进行人工涂布，也可采用机械喷涂。

涂料涂布时，涂刷致密是保证质量的关键。刷基层处理剂时要用力薄涂，涂刷后续涂料时则应按规定的涂层厚度（控制材料用量）均匀、仔细地涂刷。各道涂层之间的涂刷方向相互垂直，以提高防水层的整体性和均匀性。涂层间的接槎，在每遍涂刷时应退槎 50～100mm，接槎时也应超过 50～100mm，避免在搭接处发生渗漏。

3．铺设胎体增强材料

在涂料第二遍涂刷时，或第三遍涂刷前，即可加铺胎体增强材料。

由于涂料与基层粘结力较强，涂层又较薄，胎体增强材料不容易滑移，因此，胎体增强材料应尽量顺屋脊方向铺贴，以方便施工、提高劳动效率。

（七）涂膜保护层施工

1）采用细砂等粒料作保护层时，应在刮涂最后一遍涂料时，边涂边撒布粒料，使细砂等粒料与防水层粘结牢固，并要求撒布均匀、不露底、不堆积。但是尽管精心施工，还会有与防水层粘结不牢或多余的细砂等粒料，因此要待涂膜干燥后，将多余的细砂等粒料及时清除掉，避免因雨水冲刷将多余的细砂等粒料堆积到排水口处，堵塞排水口而影响排水通畅或使屋面产生局部积水而影响防水效果。

2）在水乳型防水涂料防水层上用细砂等粒料做保护层时，撒布后应进行辊压，因为在水乳型涂膜上撒布不同于在溶剂型涂膜上撒布，粘结不易牢固，所以要通过辊压使其与涂膜牢固粘结。多余粒料也应在涂膜固化后扫净。

3）采用浅色涂料做保护层时，也应在涂膜固化后才能进行保护层涂刷，使得保护层与防水层粘结牢固，又不损伤防水层，充分发挥保护层对防水层的保护作用。

4）保护层材料的选择应根据设计要求及所用防水涂料的特性(通常涂料说明书中对保护层材料有规定要求)而确定。一般薄质涂料可用浅色涂料或粒料作保护层,厚质涂料可用粉料或粒料作保护层。水泥砂浆、细石混凝土或板块保护层对这两类涂料均适用。

（八）涂膜施工注意事项

1）防水涂膜严禁在雨天、雪天施工;五级风及其以上时不得施工;预计涂膜固化前有雨时不得施工,施工中遇雨应采取遮盖保护。

沥青基防水涂膜在气温低于5℃或高于35℃时不宜施工;高聚物改性沥青防水涂膜和合成高分子防水涂膜,当为溶剂型时,施工环境温度宜为 -5~35℃;当为水乳型时,施工环境温度宜为 5~35℃。

2）涂膜防水层的基层应符合规定要求,对由于强度不足引起的裂缝应进行认真修补,凹凸处也应修理平整。基层干燥程度应符合所用防水涂料的要求。

3）防水涂料配料时计量要准确,搅拌要充分、均匀。尤其是双组分防水涂料操作时更要精心,而且不同组份的容器、搅拌棒,取料勺等不得混用,以免产生凝胶。

4）节点的密封处理、附加增强层的施工要满足要求。

5）胎体增强材料铺设的时机、位置要加以控制;铺设时要做到平整、无皱折、无翘边,搭接准确;胎体增强材料上面涂刷涂料时,应使涂料浸透胎体,覆盖完全,不得有胎体外露现象。

6）严格控制防水涂膜层的厚度和分遍涂刷厚度及间隔时间。涂刷应厚薄均匀、表面平整。

7）防水涂膜施工完成后,应有自然养护时间,一般不少于7d,在养护期间不得上人行走或在其上操作。

8）配料及施工现场应有安全及防水措施,遵守安全操作要求。由于防水涂料,尤其是其中的某些溶剂有毒,因此操作时要严加注意,防止中毒,有些沥青基涂料需现场熬制,应注意避免高温烫伤。

（九）质量要求

1）涂膜防水屋面不得有渗漏和积水现象。

2）所用的防水涂料、胎体增强材料、配套进行密封处理的密封材料及复合使用的卷材和其他材料均必须符合质量标准和设计要求。现场应按规定进行抽样复验。

3）屋面坡度必须准确,找平层平整度不得超过 5mm,不得有酥松、起砂、起皮等现象,出现裂缝应作修补。找平层的水泥砂浆配合比,细石混凝土的强度等级及厚度应符合设计要求。

4）水落口杯和伸出屋面的管道应与基层固定牢固,密封严实。各节点做法应符合设计要求,附加层设置正确,节点封固严密,不得开缝翘边。

5）防水层不得有裂纹、脱皮、流淌、鼓泡、露胎体和皱皮等现象,厚度应符合设计要求。

三、刚性防水屋面

刚性屋面防水层,一般是在屋面板上面灌筑一层约40mm,强度为C20 的细石混凝土。为了使其受力均匀,有良好的抗裂和抗渗能力,在混凝土中尚应配置 ϕ4mm,间距为200mm双向温度钢筋;当屋面面积较大时,还应留设伸缩缝,在伸缩缝中用油膏填嵌,其上再覆盖一毡二油。

图 9-9 所示,即为刚性屋面防水层及防水的构造。施工时先用 C20 细石混凝土进行灌缝处理,经洒水养护 2~3 天后,即可灌筑面层混凝土。为了能使面层混凝土与基层结合良好,应先将屋面板清扫干净,适当润湿,并在其上刷一遍薄水泥浆。面层混凝土灌筑,要滚压密实,在混凝土初凝以前,还需进行二次压浆抹光;灌筑后加强养护,以免发生干缩裂纹现象。最后再在上面抹一遍防水砂浆。

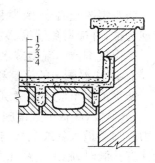

图 9-9　刚性屋面防水构造
1—防水砂浆;2—细石混凝土配双向钢筋网;3—水泥浆;4—空心板

四、屋面接缝密封防水

屋盖系统的各种节点部位及各种接缝(以下统称为接缝)是屋面渗漏水的主要通道,密封处理质量的好坏直接影响屋面防水层的连续性和整体性,影响屋面的保温隔热功能。

屋面接缝密封防水主要用于屋面构件与构件、各种防水材料的接缝及收头的密封防水处理和卷材防水屋面、涂膜防水屋面、刚性防水屋面及保温隔热屋面等配套使用。虽然屋面接缝密封防水不构成一道独立的防水层次,但它是各种形式的防水屋面的重要组成部分,对保证屋面防水功能的可靠性起着重要作用。

屋面的节点部位是最易造成渗漏的,因此对接缝、节点部位的密封防水施工则至关重要,其施工质量的优劣关系到整个防水工程的成败,关系到保温隔热效果的高低。

1.密封防水施工工艺流程

基层的检查与修补→填塞背衬材料→涂刷基层处理剂→嵌填密封材料→抹平压光、修整→固化、养护→检查→保护层施工

2.密封防水施工的质量要求

1)密封防水处理部位不得有渗漏现象。

2)密封防水所使用密封材料及基层处理剂必须符合质量标准和设计要求。现场应按规定进行抽样复验,合格后才能使用。

3)密封防水处理部位的密封材料与基层必须粘结牢固,密封部位应光滑、平直、无气泡、龟裂、脱壳、凹陷等现象。接缝的宽度和深度应符合设计要求。

4)保护层应粘结牢固、覆盖严密,并应盖过密封材料,宽度不小于 100mm。

5)密封防水处理部位的质量经检查合格后才能隐蔽或进行下一道工序的施工。

第二节　地下室防水施工

一、钢筋混凝土结构自防水

钢筋混凝土结构自防水是一种在工程结构本身采用防水混凝土,使结构承重和防水合为一体的施工方法,主要包括减水剂防水混凝土的施工。

防水混凝土的抗渗能力,不应小于 0.6MPa,其配合比应通过试验确定。其抗渗等级应比设计要求提高 0.2MPa。配合比的设计、防水混凝土的搅拌、运输和浇筑必须符合规范规定。

防水混凝土的浇筑振捣和施工缝的留置。

1.防水混凝土的振捣

防水混凝土必须采用机械振捣密实,振捣时间宜为 $10\sim30s$,以混凝土开始泛浆和不冒气泡为准,并应避免漏振、欠振和超振。

掺引气剂或引气型减水剂时,应采用高频插入式振捣器振捣。

2.防水混凝土的浇筑和施工缝留置

防水混凝土应连续浇筑,宜少留施工缝。当留设施工缝时,应遵守下列规定:

1)顶板、底板不宜留施工缝,顶拱、底拱不宜留纵向施工缝,墙体水平施工缝不应留在剪力与弯矩最大处或底板与侧墙的交接处,应留在高出底板表面不小于 200mm 的墙体上。墙体有孔洞时,施工缝距孔洞边缘不宜小于 300mm。拱墙结合的水平施工缝,宜留在起拱线以下 $150\sim300mm$ 处,先拱后墙的施工缝可留在起拱线处,但必须加强防水措施。施工缝的形式可按图 9-10 选用。

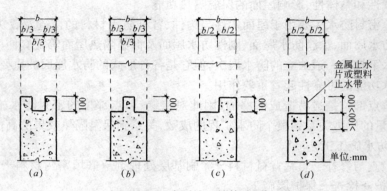

图 9-10 水平施工缝构造图
(a)凹缝;(b)凸缝;(c)阶梯缝;(d)平直缝

2)垂直施工缝应避开地下水和裂隙水较多的地段,并宜与变形缝相结合。

3.施工缝的处理

在施工缝上浇灌混凝土前,应将施工缝处的混凝土表面凿毛,清除浮粒和杂物,用水冲洗干净,保持湿润,再铺一层 $20\sim25mm$ 厚的 1:1 水泥砂浆。

4.防水混凝土的质量检查

防水混凝土的质量检查,应在施工过程中按以下规定检查:

1)防水混凝土的原材料,必须进行检查,如有变化时,应及时调整混凝土的配合比;

2)每班检查原材料称量不应少于两次;

3)在拌制和浇筑地点测定混凝土坍落度,每班不应少于两次;

4)掺引气剂的防水混凝土含气量测定,每班不应少于一次。

二、附加防水层施工

附加防水层有水泥砂浆防水层,卷材防水层,涂料防水层,金属防水层等,它适用于增强其防水能力,受侵蚀介质作用或受振动作用的地下室。

(一)水泥砂浆防水层施工

1.基层及厚度要求

基层表面应平整、坚实、粗糙、清洁并充分湿润、无积水。水泥砂浆防水层的厚度,宜为 $15\sim20mm$,施工时须分层铺抹或喷射,水泥浆每层厚度宜为 2mm,水泥砂浆每层厚度宜为

5～10mm。铺抹时应压实，表面应提浆压光。

2．水泥砂浆防水层的施工

水泥砂浆防水层各层应紧密贴合，每层宜连续施工，如必须留施工缝时，留槎应符合下列规定：

（1）平面留槎采用阶梯坡形槎，接槎要依层次顺序操作，层层搭接紧密，见图9-11。接槎位置一般宜在地面上，亦可在墙面上，但须离开阴阳角处200mm；

（2）基础面与墙面防水层转角留槎见图9-12。

（3）施工水泥砂浆防水层时，气温不应低于

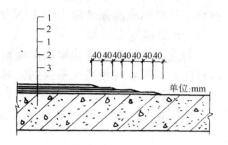

图9-11　平面留槎示意图
1—砂浆层；2—水泥浆层；3—围护结构

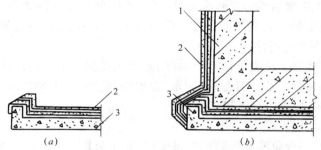

图9-12　转角留槎示意图
(a)第一步；(b)第二步
1—围护结构；2—水泥砂浆防水层；3—混凝土垫层

5℃，且基层表面温度保持0℃以上。掺氯化物金属盐类防水剂及膨胀剂的防水砂浆，不应在35℃以上或烈日照射下施工。

（二）合成高分子卷材防水层施工

合成高分子防水卷材是以合成橡胶、合成树脂或树脂与橡胶共混材料为主要原料，掺入适量的稳定剂、硫化剂和改性剂等化学助剂以及填充材料，采用橡胶或塑料加工工艺制成的弹性或弹塑性防水材料，主要包括三元乙丙橡胶防水卷材等。

1．合成高分子防水卷材施工用的辅助材料

（1）基层处理剂

一般以聚氨酯——煤焦油系的二甲苯溶液或氯丁橡胶乳液等组成。它的主要作用是隔绝底层渗透来的水分和提高卷材与基层之间的粘附能力，相当于传统石油沥青油毡施工用的冷底子油，因此又称为底胶，其用量为0.2～0.3kg/m²。

（2）基层胶粘剂

主要用于卷材与基层表面的粘结，一般可选用以氯丁橡胶和叔丁基酚醛树脂为主要成分制成的胶粘剂（如404胶等）或以氯丁橡胶乳液制成的胶粘剂。其粘结剥离强度应大于50N/25mm。其用量为0.4～0.5kg/m²。

（3）卷材接缝胶粘剂

这是卷材与卷材接缝粘结的专用胶粘剂。它是以丁基橡胶、氯化丁基橡胶、氯化乙丙橡胶或氯丁橡胶与硫化剂、促进剂、填充剂、溶剂等配制而成的双组分或单组分的常温硫化型胶粘剂。其粘结剥离强度应大于 50N/25mm,它的用量为 0.5~0.6kg/m²。

(4) 卷材接缝密封剂

一般选用单组分氯磺化聚乙烯密封膏或双组分聚氨酯密封膏、双组分聚硫密封膏等作为卷材接缝以及卷材收头的密封剂。其用量为 0.05kg/m² 左右。

(5) 二甲苯

二甲苯是基层处理剂的稀释剂和施工机具的清洗剂,其总用量为 0.25~0.3kg/m² 左右。

2. 施工操作工艺介绍

涂刷聚氨酯底胶前,先将尘土、杂物清扫干净。

(1) 涂刷聚氨酯底胶

1) 配制底胶:先将聚氨酯涂膜防水材料按甲:乙组分以 1:3 的比例(重量比)配合搅拌均匀;或将聚氨酯涂膜防水材料按甲:乙:二甲苯为 1:1.5:1.5 的比例(重量比)配合搅拌均匀;配制成底胶后,即可进行涂刷。

2) 涂刷底胶:(相当于冷底子油)将配好的底胶用长把滚刷均匀涂刷在大面积基层上,厚薄应一致,不得有漏刷和白底现象;阴阳角,管根等部位可用毛刷涂刷;常温情况下,干燥4h 以上,手感不粘时,即可进行下道工序。

(2) 复杂部位增补处理

1) 增补剂配制:将聚氨酯涂膜防水材料按甲:乙组分以 1:1.5 的比例(重量比)配合搅拌均匀,即可进行涂刷;配制量视需要确定,不宜过多,防止其固化。

2) 按上述要求配制好以后,用毛刷在突出地面、墙面的管根、地漏、伸缩缝等处,均匀涂刷防水增补剂,做为附加层,厚度以 2mm 为宜,待其固化后,即可进行下道工序。

(3) 铺贴卷材防水层

1) 铺贴前在未涂胶的基层表面排好尺寸,弹出标准线、为铺好卷材创造条件。

2) 铺贴卷材时,先将卷材摊开在干净、平整的基层上清扫干净,用长把滚刷蘸 CX—404 胶均匀涂刷在卷材表面,但卷材接头部位应空出 10cm 不涂胶,刷胶厚度要均匀,不得有漏底或凝聚胶块存在,当 CX—404 胶基本干燥后手感不粘时,用原来卷卷材用的纸筒再卷起来,卷时要求端头平整,不得卷成竹笋状,并要防止带入砂粒、尘土和杂物。

3) 当基层底胶干燥后,在其表面涂刷 CX—404 胶,涂刷时要用力适当,不要在一处反复涂刷,防止粘起底胶,形成凝聚块,影响铺贴质量;复杂部位可用毛刷均匀涂刷,用力要均匀;涂胶后手感不粘时,开始铺贴卷材。

4) 铺贴时将已涂刷好 CX—404 胶(胶粘剂)预先卷好的卷材,穿入 φ30mm,长 1.5m 的锹把或铁管,由二人抬起,将卷材一端粘结固定,然后沿弹好的标准线向另一端铺贴;操作时卷材不要拉得太紧,每隔 1m 左右向标准线靠近一下,依次顺序边对线边铺贴;或将已涂好胶的卷材,按上述方法推着向后铺贴。无论采用哪种方法均不得拉伸卷材,防止出现皱折。

铺贴卷材时要减少阴阳角和大面积的接头。

铺贴平面与立面相连接的卷材,应由下向上进行,使卷材紧贴阴角,不得有空鼓或粘贴不牢等现象。

5) 排除空气,每铺完一张卷材,应立即用干净的长把滚刷从卷材的一端开始在卷材的横方向顺序用力滚压一遍,以便将空气彻底排出。

6) 滚压,为使卷材粘贴牢固,在排除空气后,用 30kg 重、30cm 长外包橡皮的铁辊滚压一遍。

(4) 接头处理

1) 在未刷 CX—404 胶的长、短边 10cm 处,每隔 1m 左右用 CX—404 胶涂一下,在其基本干燥后,将接头翻开临时固定。

2) 卷材接头用丁基粘结剂粘结,先将 A、B 两组份材料,按 1:1(重量比)配合搅拌均匀,用毛刷均匀涂刷在翻开的接头表面,待其干燥 30min 后(常温 15min 左右),即可进行粘合,从一端开始用手一边压合一边挤出空气,粘贴好的搭接处,不允许有皱折、气泡等缺陷,然后用铁辊滚压一遍;凡遇有卷材重叠三层的部位,必须用聚氨酯嵌缝膏填密封严。

(5) 卷材末端收头

为使卷材收头粘结牢固。防止翘边和渗漏,用聚氨酯嵌缝膏等密封材料封闭严密后,再涂刷一层聚氨酯涂膜防水材料。

(6) 地下防水层做法

地下防水层采用外防水外贴法施工时,应先铺贴平面,后铺贴立面,平立面交接处,应交叉搭接;铺贴完成后的外侧应按设计要求,砌筑保护墙,并及时进行回填土。

如采用外防水内贴施工时,应先铺贴立面,后铺贴平面。铺贴立面时,应先贴转角,后贴大面,贴完后应按规定做好保护层,做保护层前,应在卷材层上涂刷一层聚氨酯防水涂料,在其未固化前,撒上一些砂粒,以保护水泥砂浆保护层与立面卷材的粘结。

防水层铺贴不得在雨天,大风天施工;严冬季节施工的环境温度,应不低于 5℃。

3. 地下室卷材防水工程质量的检查及验收

1) 合成高分子防水卷材的技术性能指标应符合标准规定或设计要求,并应附有现场取样进行复核验证的质量检验报告或其他有关质量的证明文件。

2) 卷材与卷材的搭接缝以及和附加补强胶条之间,必须粘结牢固,封闭严密。不允许有皱折、孔洞、翘边、脱层、滑移或影响渗漏水的外观缺陷存在。

3) 卷材与穿墙套管之间应粘结牢固,卷材收头部位必须封闭严密。

4) 卷材的搭接宽度和附加补强胶条的宽度应符合设计要求或规范的规定。一般搭接宽度不宜小于 10mm,附加补强胶条的宽度不宜小于 120mm。

5) 卷材防水层不允许有渗漏水的现象存在。

6) 施工单位要提供防水施工隐蔽工程的验收记录资料。

4. 施工注意事项

1) 施工用的材料和辅助材料多属易燃物质,存放材料的仓库以及施工现场必须通风良好并严禁烟火。

2) 在进行立体交叉施工作业时,施工人员必须戴安全帽。

3) 每次用完的施工机具,必须及时用二甲苯等有机溶剂清洗干净,以便重复使用。

4) 在浇筑细石混凝土保护层以前的整个施工过程中,不允许穿钉子鞋的人员进入施工现场,以免损坏防水层。

5) 在浇筑细石混凝土时,运送混凝土小车的铁脚根部必须用橡胶垫好,并要捆绑牢固,避免小车铁脚损坏卷材防水层。如发现防水层被损坏,必须粘补卷材修复后,才能浇筑细石混凝土保护层。

（三）聚氨酯涂膜防水层施工

聚氨酯涂膜防水材料是双组分化学反应固化型的高弹性防水涂料,其中甲组分是以聚醚酯和二异氰酸酯等原料,经过氢转移加上聚合反应制成的含有端异氰酸酯基(—NCO)的聚氨基甲酸酯预聚物;乙组分是由交联剂(或称固化剂)、促进剂(或称催化剂)、增韧剂、增粘剂、防霉剂、填充剂和稀释剂等材料,经过脱水、混合和研磨等工序加工制成。

1. 施工操作步骤

1）清扫基层 凡要做防水施工的基层表面,必须把尘土杂物等彻底清扫干净。

2）涂布底胶 将聚氨酯甲组分、乙组分和二甲苯按 1:1.5:2 的比例(重量比)配合搅拌均匀,再用长把滚刷蘸满这种混合材料,均匀涂布在基层表面上,涂布量一般以 $0.3kg/m^2$ 左右为宜。涂布底胶后应干燥 4h 以上,才能进行下一工序的施工。

3）涂膜防水材料的配制 涂膜防水材料应随用随配,配制好的混合料最好在 2h 内用完。配制方法是将聚氨酯甲组分、乙组分和二甲苯按 1:1.5:0.3 的比例配合,用电动搅拌器强力搅拌均匀备用。

4）涂膜防水层的施工 用滚刷蘸满已配制好的涂膜防水混合材料,均匀涂布在涂过底胶和干净的基层表面上,涂布时要求厚度均匀一致,对平面基层以涂刷 3~4 遍为宜,每遍涂布量为 $0.6\sim0.8kg/m^2$;对立面基层以涂刷 4~5 遍为宜,每遍涂布量为 $0.5\sim0.6kg/m^2$。涂膜的总厚度以不小于 1.5mm 为合格。

涂完第一遍涂膜后,一般需固化 6h 以上至基本不粘手时,方可按上述方法涂布第二、三、四、五遍涂膜。但对平面的涂布方向。凡遇底板下部水平的阴角,均需铺设涤纶纤维无纺布进行增强性处理,详见图 9-13,具体做法是在涂布第二遍涂膜后,立即铺贴涤纶纤维无纺布,铺设时使无纺布均匀平坦地粘接在涂膜上,并滚压密实,不能有空鼓和皱折现象存在。经过 6h 以上的固化后,方可涂布第三遍涂膜,这样做的目的是防止增强后的涂膜有空鼓等

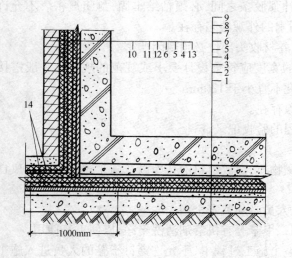

1—夯实素土;
2—素混凝土垫层;
3—无机铝盐防水砂浆找平层;
4—聚氨酯底胶;
5—第一、二遍聚氨酯涂膜;
6—第三遍聚氨酯涂膜;
7—虚铺沥青油毡保护隔离层;
8—细石混凝土保护层;
9—钢筋混凝土底板;
10—聚乙烯泡沫塑料软保护层;
11—第五遍聚氨酯涂膜;
12—第四遍聚氨酯涂膜;
13—钢筋混凝土立墙;
14—涤纶纤维无纺布增强层

图 9-13 地下室聚氨酯涂膜防水构造示意图

缺陷出现。

5）平面铺设油毡保护隔离层　当平面的最后一遍聚氨酯涂膜完全固化,经过检查验收合格后,即可虚铺一层纸胎石油沥青油毡作保护隔离层,铺设时可用少许聚氨酯混合料花粘固定,以防止在浇筑细石混凝土时发生位移。

6）浇筑细石混凝土保护层　对平面部位可在石油沥青油毡保护隔离层上浇筑 40～50mm 厚的细石混凝土保护层,施工时切勿损坏油毡和涂膜防水层,如有损坏,必须立即涂刷聚氨酯的混合材料修复,再浇筑细石混凝土,以免留下渗漏水的隐患。

7）绑扎钢筋　在完成细石混凝土保护层的施工和养护固化后,即可根据设计要求和施工规范绑扎钢筋并进行结构混凝土的施工。

8）粘贴聚乙烯泡沫塑料保护层　对立墙部位,可在聚氨酯涂膜防水层的外侧直接粘贴5～6mm 厚的聚乙烯泡沫塑料片材保护层。施工方法是在涂完第四遍防水涂膜,完全固化和经过认真的检查验收合格后,再均匀涂布第五遍涂膜,在该遍涂膜未固化前,应立即粘贴聚乙烯泡沫塑料片材作保护层,粘贴时要求片材拼缝严密。以防止在回填灰土时损坏防水涂膜。

9）回填二八灰土　完成聚乙烯泡沫塑料保护层的施工后,即可按照设计要求或施工规范的规定,分步回填二八灰土并分步夯实。

2．地下室涂膜防水工程的质量检查与验收

1）聚氨酯涂膜防水材料的技术性能指标应符合标准规定或设计要求,并应附有现场取样进行物理检验的报告或其他有关材料质量的证明文件。

2）聚氨酯涂膜防水层的厚度应均匀一致,其总厚度不应小于1.5mm 为合格,必要时可选点割开进行实际测量(割开部位可用聚氨酯混合材料修复)。

3）防水涂膜应成为一个封闭严密的整体,不允许有开裂、翘边、滑移、脱落和封闭不严密的缺陷存在。

4）聚氨酯涂膜防水层必须均匀固化,不得有明显的凹坑、气泡和渗漏水的现象存在。

第十章 装 饰 工 程

装饰工程的内容,包括一般民用建筑的室内外抹灰工程、门窗工程、玻璃工程、吊顶工程、隔断工程、饰面板(砖)工程,涂料工程、裱糊工程、花饰工程、刷浆工程等。

第一节 抹 灰 工 程

一、抹灰工程的分类及组成

(一) 抹灰工程分类

抹灰工程分为一般抹灰和装饰抹灰。

一般抹灰——石灰砂浆、水泥混合砂浆、水泥砂浆、聚合物水泥砂浆、膨胀珍珠岩水泥砂浆和麻刀灰、纸筋石灰、石膏灰等。

装饰抹灰——水刷石、水磨石、斩假石、干粘石、假面砖、拉条灰、拉毛灰、甩毛灰、扒拉石、喷毛灰以及喷砂、喷涂、滚涂、弹涂等。

一般抹灰又按建筑物的标准可分为三级,见表10-1。

一般抹灰的分类 表 10-1

级 别	适 用 范 围	做 法 要 求
高级抹灰	适用于大型公共建筑物,纪念性建筑物(如剧院、礼堂、宾馆、展览馆等)和高级住宅以及有特殊要求的高级建筑物等	一层底灰、数层中灰和一层面层。阴阳角找方,设置标筋,分层赶平,修整,表面压光。要求表面应光滑、洁净、颜色均匀,线角平直,清晰美观无抹纹
中级抹灰	适用于一般居住、公用和工业建筑(如住宅、宿舍、教学楼、办公楼)以及高标准建筑物中的附属用房	一层底灰,一层中层和一层面层(或一层底层,一层面层)。阳角找方,设置标筋,分层赶平、修整、表面压光。要求表面洁净、线角顺直,清晰,接槎平整
普通抹灰	适用于简单住宅、大型设施和非居住性的房屋(如汽车库、仓库、锅炉房)以及建筑物中的地下室、储藏室等	一层底层和一层面层(或不分层一遍成活)。赶平、修整、压光。表面接槎平整

(二) 抹灰的组成

1. 通常抹灰分为底层、中层及面层,各层厚度和使用砂浆品种应视基层材料、部位、质量标准以及各地气候情况决定,见表10-2。

2. 抹灰层的平均总厚度,按规范要求应小于下列数值:

1) 顶棚 板条、现浇混凝土和空心砖为15mm;预制混凝土为18mm;金属网为20mm;

2) 内墙 普通抹灰为18mm;中级抹灰为20mm;高级抹灰为25mm;

3) 外墙 外墙为20mm;勒脚及突出墙面部分为25mm;

4）石墙　石墙为 35mm。

抹灰的组成　　　　　　　　　　　　　　　　　　　　　表 10-2

层次	作　用	基层材料	一　　般　　做　　法
底层	主要起与基层粘结作用,兼起初步找平作用。砂浆稠度 10～20cm	砖墙基层	1. 室内墙面一般采用石灰砂浆、石灰炉渣浆打底 2. 室外墙面、门窗洞口外侧壁、屋檐、勒脚、压檐墙等及湿度较大的房间和车间宜采用水泥砂浆或水泥混合砂浆
		混凝土基层	1. 宜先刷素水泥浆一道,采用水泥砂浆或混合砂浆打底 2. 高级装修顶板宜用乳胶水泥砂浆打底
		加气混凝土基层	宜用水泥混合砂浆或聚合物水泥砂浆打底。打底前先刷一遍聚乙烯醇缩甲醛胶水溶液
		硅酸盐砌块基层	宜用水泥混合砂浆打底
		木板条、苇箔、金属网基层	宜用麻刀灰、纸筋灰或玻璃丝灰打底,并将灰浆挤入基层缝隙内,以加强拉结
		平整光滑的混凝土基层,如大板、大模墙体基层	可不抹灰。采用刮腻子处理
中层	主要起找平作用。砂浆稠度 7～8cm		1. 基本与底层相同。砖墙则采用麻刀灰或纸筋灰 2. 根据施工质量要求可以一次抹成,亦可分遍进行
面层	主要起装饰作用。砂浆稠度 10cm		1. 要求平整、无裂纹、颜色均匀 2. 室内一般采用麻刀灰、纸筋灰、玻璃丝灰、高级墙面用石膏灰。装饰抹灰有用拉毛灰、拉条灰、扫毛灰等。保温、隔热墙面用膨胀珍珠岩灰 3. 室外常用水泥砂浆、水刷石、干粘石等

3. 抹灰工程一般应分遍进行,以使粘结牢固,并能起到找平和保证质量的作用,如果一次抹得太厚,由于内外收水快慢不同,易产生开裂,甚至起鼓脱落,每遍抹灰厚度一般控制如下:

1）抹水泥砂浆每遍厚度为 5～7mm;

2）抹石灰砂浆或混合砂浆每遍厚度为 7～9mm;

3）抹灰面层用麻刀灰、纸筋灰、石膏灰等罩面时,经赶平、压实后,其厚度麻刀灰不大于 3mm;纸筋灰、石膏灰不大于 2mm;

4）混凝土大板和大模板建筑内墙面和楼板底面,采用腻子刮平时,宜分遍刮平,总厚度为 2～3mm;

5）如用聚合物水泥砂浆、水泥混合砂浆喷毛打底,纸筋灰罩面,以及用膨胀珍珠岩水泥砂浆抹面,总厚度为 3～5mm;

6）板条,金属网用麻刀灰、纸筋灰抹灰的每遍厚度为 3～6mm。

水泥砂浆和水泥混合砂浆的抹灰层,应待前一层抹灰层凝结后,方可涂抹后一层;石灰砂浆抹灰层,应待前一层7~8成干后,方可涂抹后一层。

二、抹灰基层表面处理

为使抹灰砂浆与基层表面粘结牢固,防止抹灰层产生空鼓现象,抹灰前,应对砖石、混凝土等基层表面上的灰尘、污垢、油渍、沥青渍和碱膜等进行清除,对以下部位处理如下:

1)砖石、混凝土和加气混凝土基层表面凹凸太多的部位,事先要进行剔平或用1:3水泥砂浆补齐;表面太光的要剔毛,或用1:1水泥浆掺10%107胶薄薄抹一层。表面的砂浆污垢、油漆等事先均应清除干净(油污严重时,应用浓度为10%的碱水洗刷),并洒水湿润。

2)门窗口与立墙交接处应用水泥砂浆或水泥混合砂浆(加少量麻刀)嵌填密实。

3)墙面的脚手孔洞应堵塞严密,水暖、通风管道通过的墙洞和楼板洞,凿剔墙后安装的管道必须用1:3水泥砂浆堵严。

4)不同基层材料(如砖石与木、混凝土结构)相接处应铺设金属网,搭缝宽度从缝边起每边不得小于10cm。

5)预制混凝土楼板顶棚在抹灰前需用1:0.3:3水泥石灰砂浆将板缝勾实。

三、一般抹灰施工要点

(一)一般要求

1．一般抹灰分等级做法

1)普通抹灰——分层赶平、修整,表面压光。

2)中级抹灰——阳角找方,设置标筋,分层赶平、修整,表面压光。

3)高级抹灰——阴阳角找方,设置标筋,分层赶平、修整,表面压光。

2．抹灰层平均总厚度

1)顶棚——板条、现浇混凝土顶棚抹灰,不得大于15mm;预制混凝土顶棚抹灰,不得大于18mm;金属网顶棚抹灰,不得大于20mm。

2)内墙——普通抹灰不得大于18mm;中级抹灰不得大于20mm;高级抹灰不得大于25mm。

3)外墙——墙面不得大于20mm;勒脚及突出墙面部分,不得大于25mm。

4)石墙——墙面不得大于35mm。

涂抹水泥砂浆,每遍厚度宜为5~7mm;涂抹水泥混合砂浆和石灰砂浆,每遍厚度宜为7~9mm。水泥砂浆和水泥混合砂浆的抹灰层,应待前一层抹灰层凝结后,方可涂抹后一层;石灰砂浆的抹灰层,应待前一层7~8成干后,方可涂抹后一层。

面层抹灰经过赶平压实后的厚度:麻刀石灰不得大于3mm;纸筋石灰、石灰膏不得大于2mm。

(二)墙面抹灰要点

(1)抹灰前必须先找好规矩,即四角规方、横线找平、立线吊直、弹出准线和墙裙、踢脚板线。

1)中级和普通抹灰　先用托线板检查墙面平整垂直程度,大致决定抹灰厚度(最薄处一般不小于7mm),再在墙的上角各做一个标准灰饼(用打底砂浆或1:3水泥砂浆,也可用水泥:石灰膏:砂＝1:3:9混合砂浆,遇门有窗口垛角处要补做灰饼),大小5cm见方,厚度以墙面平整垂直决定,然后根据这两个灰饼用托线板或线锤挂垂直做墙面下角两个标准灰饼

(高低位置一般在踢脚线上口),厚度以垂直为准,再用钉子钉在左右灰饼附近墙缝里,拴上小线挂好通线,并根据小线位置每隔1.2~1.5m上下加做若干标准灰饼(图10-1),待灰饼稍干后,在上下灰饼之间抹上宽约10cm的砂浆冲筋,用木杠刮平,厚度与灰饼相平,待稍干后可进行底层抹灰。

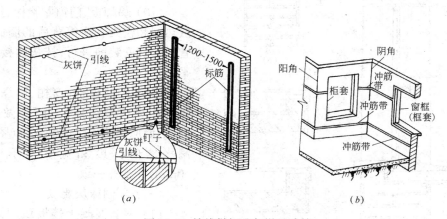

图 10-1　挂线做标准灰饼及冲筋
(a)灰饼、标筋位置示意;(b)水平横向标筋示意

2)高级抹灰　先将房间规方,小房间可以一面墙做基线,用方尺规方即可,如房间面积较大,要在地面上先弹出十字线,以作为墙角抹灰准线,在离墙角约10cm左右,用线锤吊直,在墙上弹一立线,再按房间规方地线(十字线)及墙面平整程度向里反线,弹出墙角抹灰准线,并在准线上下两端排好通线后做标准灰饼及冲筋。

(2)室内墙面、柱面的阳角和门洞口的阳角,如设计对护角线无规定时,一般可用1:2水泥砂浆抹出护角,护角高度不应低于2m,每侧宽度不小于50mm。其做法是:根据灰饼厚度抹灰,然后粘好八字靠尺,并找方吊直,用1:2水泥砂浆分层抹平,待砂浆稍干后,再用捋角器和水泥浆捋出小圆角。

(3)基层为混凝土时,抹灰前应先刮素水泥浆一道;在加气混凝土或粉煤灰砌块基层抹石灰砂浆时,应先刷107胶:水=1:5溶液一道,抹混合砂浆时,应先刷107胶(掺量为水泥重量的10%~15%)水泥浆一道。

(4)在加气混凝土基层上抹底灰的强度宜与加气混凝土强度接近,中层灰的配合比亦宜与底灰基本相同。底灰宜用粗砂,中层灰和面层宜用中砂。

(5)采用水泥砂浆面层时,须将底子灰表面扫毛或划出纹道,面层应注意接搓,表面压光不得少于两遍,罩面后次日进行洒水养护。

(6)纸筋灰或麻刀灰罩面,宜在底子灰5~6成干时进行,底子灰如过于干燥应先浇水润湿,罩面分两遍压实赶光。

(7)板条或钢丝网墙抹底层和中层灰时,宜用麻刀石灰砂浆或纸筋石灰砂浆,砂浆要挤入板条或钢丝网的缝隙中,各层分遍成活,每遍厚3~6mm,待底灰7~8成干再抹第二遍灰。钢丝网抹灰砂浆中掺用水泥时,其掺量应通过试验确定。

(8)墙面阳角抹灰时,先将靠尺在墙角的一面用线锤找直,然后在墙角的另一面顺靠尺抹上砂浆。

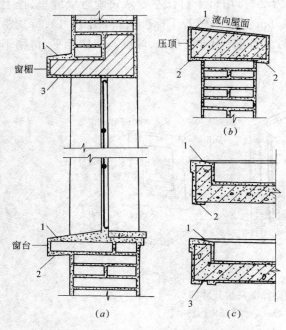

图 10-2 流水坡度、滴水线(槽)示意图
(a)窗洞;(b)女儿墙;(c)雨篷、阳台、檐口
1—流水坡度;2—滴水线;3—滴水槽

(9)室内墙裙、踢脚板一般要比罩面灰墙面凸出 3～5mm,根据高度尺寸弹上线,把八字靠尺靠在线上用铁抹子切齐,修边清理。

(10)踢脚板、门窗贴脸板、挂镜线、散热器和密集管道等背后的墙面抹灰。宜在它们安装前进行,抹灰面接槎应顺平。

(11)外墙窗台、窗楣、雨篷、阳台、压顶和突出腰线等,上面应做流水坡度,下面应做滴水线或滴水槽(图10-2)。滴水槽的深度和宽度均不应小于10mm,并整齐一致。

(三)顶棚抹灰要点

(1)钢筋混凝土楼板顶棚抹灰前,应用清水润湿并刷素水泥浆一道。

(2)抹灰前应在四周墙上弹出水平线,以墙上水平线为依据,先抹顶棚四周,圈边找平。

(3)抹板条顶棚底子灰时,抹子运行方向应与板条长向垂直;抹苇箔顶棚底子灰时,抹子运行方向应顺向苇杆,并都应将灰挤入板条、苇箔缝隙中。待底子灰 6～7 成干时进行罩面,罩面分三遍压实赶光。

其他板条、钢丝网顶棚抹灰要求,与墙面抹灰相同。

顶棚的高级抹灰,应加钉长 350～450mm 的麻束,间距为 400mm,并交错布置,分遍按放射状梳理抹进中层砂浆内。

(4)灰线抹灰应符合下列规定:

1)抹灰线用的模子,其线型、棱角等应符合设计要求,并按墙面、柱面找平后的水平线确定灰线位置;

2)简单的灰线抹灰,应待墙面、柱面、顶棚的中层砂浆抹完后进行。多线条的灰线抹灰,应在墙面、柱面的中层砂浆抹完后、顶棚抹灰前进行;

3)灰线抹灰应分遍成活,底层、中层砂浆中宜掺入少量麻刀。罩面灰应分遍连续涂抹,表面应赶平、修整、压光。

(5)顶棚表面应顺平,并压光压实,不应有抹纹和气泡、接槎不平等现象,顶棚与墙面相交的阴角,应成一条直线。

(6)罩面石膏灰应掺入缓凝剂,其掺量应由试验确定,一般控制在 15～20min 内凝结。涂抹应分两遍连续进行,第一遍应涂抹在干燥的中层上,但不得涂抹在水泥砂浆层上。

(四)冬期抹灰注意事项

(1)冬期抹灰应采取保温措施。涂抹时,砂浆的温度不宜低于 5℃。

(2)砂浆抹灰层硬化初期不得受冻。

310

气温低于5℃时,室外抹灰所用的砂浆可掺入能降低冻结温度的外加剂,其掺量经试验确定。做油漆墙面的抹灰层,不得掺入食盐和氯化钙。

(3)用冻结法砌筑的墙体,室外抹灰应待其完全解冻后施工;室内抹灰应待内墙面解冻深度不小于墙厚的一半时,方可施工。

不得用热水冲刷冻结的墙面或用热水消除墙面的冰霜。

(五)机械喷涂抹灰施工

1．机械喷涂底子灰抹灰

把搅拌好的砂浆,经振动筛后倾入灰浆输送泵,通过管道,再借助于空气压缩机的压力,把灰浆连续均匀地喷涂于墙面和顶棚上,再经过找平抹实,完成底子灰抹灰。

机械喷涂抹灰可用于内外墙和顶棚石灰砂浆、混合砂浆和水泥砂浆等抹灰,个别工程也用于喷涂水泥拉毛。其主要设备有组装车、管道、喷枪以及与手工抹灰不同的一些木制工具。

2．机械喷涂施工要点

(1)严格掌握砂浆的配合比和稠度,充分保证搅拌时间,应尽量使用中砂或在砂浆中加适量的塑化剂来增加砂浆的和易性。墙面一般喷涂砂浆稠度:当为混凝土基层时,为9～10cm;砖墙面时,为8～12cm,喷1:3水泥砂浆,要加适量的塑化剂。顶棚喷涂,第一遍使用1:1:6水泥石灰砂浆,稠度10～12cm,为了改善砂浆和易性,可掺灰膏重量1/10000的加气剂,第二遍用1:3石灰砂浆,使砂浆在压力管道中顺利输送。

(2)内墙机喷抹灰的工艺流程可分两种形式

先做墙裙、踢脚线和门窗护角,后喷灰。其优点是可保证墙裙、踢脚线和门窗护角的粘结质量,但厚度要求必须与墙面灰饼厚度一致,技术上要求较高,且要做好成品保护;

后做墙裙、踢脚线和门窗护角,先喷灰。其优点是容易掌握规矩,但增加清理用工,且不易保证墙裙、踢脚线和门窗护角水泥砂浆与基层粘结。

(3)内墙面冲筋可分二种形式:一种为横冲筋,在层高3m左右的墙面上冲二道横筋,筋距2m左右,下道筋可沿踢脚板上皮;另一种为立筋,间距1.2～1.5m左右。

(4)内墙面喷灰方法可按由下往上和由上往下S形巡回进行,见图10-3。

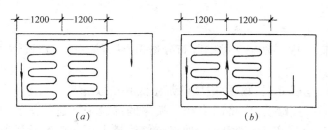

图 10-3　机喷抹灰路线示意图
(a)由下往上S组巡回喷法;(b)由上往下S形巡回喷法

由上往下喷射时表面较平整,灰层均匀,容易掌握厚度无鱼鳞状,但操作不熟练时容易掉灰。由下往上喷射时,在喷涂过程中由于已喷在墙上的灰浆对连续喷涂在上部灰浆能起截挡作用,因而减少了掉灰现象,所以最好采用这种喷法。上述两种喷法都要重复喷射两次以上才能达到厚度,待第一遍稍干后再喷第二遍。

（六）装饰抹灰施工

装饰性抹灰和一般抹灰施工中是在面层作法上有所不同，其他各层作法均相同，其特点是艺术效果鲜明、民族色彩强烈。它包括水磨石、水刷石、干粘石、仿石、假面砖、拉灰条、喷砂、喷涂、滚涂、弹涂等各种作法。也就是在面层上精加工，采用不同的涂抹方法，使面层取得既经济又美观的装饰效果。由于水磨石、水刷石、干粘石的施工已经很普及，本书不再详述，仅将几种较为特殊的装饰抹灰施工工艺分别介绍如下。

1. 剁斧石（斩假石）

先用 1:2～1:2.5 水泥砂浆抹 12mm 厚的中层，待硬化后，在其表面上洒水润湿，然后刮水泥素浆一遍，刮完后随即抹上 11mm 厚的罩面层，罩面层配合比为 1:1.25（水泥:石子，再掺 30% 石屑），罩面时一般分两层进行，先薄薄地抹一层水泥石子浆，稍收水后再抹一层水泥石子浆，使与分格齐平，并用刮尺赶平，待收水后再用木抹子打磨压实，并从上往下竖向顺势溜直。此时要注意防止日晒或冰冻。待罩面层的强度达 60%～70%（试剁时石子不脱落）则可进行剁斧操作，剁斧石两层剁纹应深浅均匀一致，右墙角、柱子的边棱处，宜横剁出边条或留 15～20mm 的小边不剁。一般剁两遍，即可做出似用石料砌成的墙面。

剁斧石的革新做法称"拉假石"，即在罩面层达到一定的强度（在水泥石子浆终凝后。但不太硬）时，用锯齿形拉耙依着靠尺按同一方向由上往下（或不按同一方向），进行拉耙，经拉耙处理后的墙面拉纹效果可与剁斧石相似，其工效较剁斧石高。

2. 拉假石

拉假石的做法除面层外，其余均同斩假石。

（1）拉假石成层操作方法

1）面层水泥石屑配比　常用的配比为水泥:石英砂（或白云石屑）= 1:1.25。

2）操作工具　木靠尺、抓耙及常用工具。

3）面层操作　先在中层上刷素水泥浆一道，紧跟着抹水泥石屑浆，其厚度为 8mm 左右。待水泥石屑浆面收水后，用靠尺检查其平整度，然后用抹子搓平，再用铁抹子压实、压光。水泥终凝后，用抓耙依着靠尺按同一方向抓刮去表面水泥浆，露出石渣。成活后表面呈条纹状，纹理清晰，24h 后浇水养护。

3. 喷涂

（1）工艺流程

基层处理→抹底、中层砂浆→粘贴胶布分格条→喷涂→喷有机硅憎水剂罩面。

（2）操作方法

1）喷涂抹灰的基层处理、底层、中层砂浆做法和一般抹灰相同。

2）贴分格布条　喷涂前，应将门窗和不喷涂的部位采取遮挡措施，以防止污染。然后根据设计要求分格，分格作法有两种：一种在分格线槽上用 107 胶溶液粘贴胶布条；另一种是喷涂后在分格线位置上压紧靠尺，用铁皮刮子沿靠尺刮去喷上去的砂浆，露出基层。分格缝一般宽度 20mm 左右。

3）砂浆搅拌　将石灰膏用少量水搅开，加入已拌好过筛的带色水泥和 107 胶进行搅拌，拌到颜色均匀后再加砂子继续搅拌约 1min 左右，最后加入稀释 20 倍水的六偏磷酸钠溶液和适量的水，搅至颜色均匀，稠度满足要求为止。

波面喷涂砂浆的稠度为 13cm 为宜，粒状喷涂砂浆稠度为 10cm 为宜。

4）喷涂

A. 波面喷涂　一般三遍成活。头遍使基层变色,第二遍喷至出浆不流为度,第三遍喷至全部出浆,表面呈均匀波纹状,不挂流,颜色一致。喷涂时喷枪应垂直墙面,距墙面约50cm,空压机工作压力约 $0.3\sim0.5$ MPa。

B. 粒状喷涂　采用喷斗进行喷浆,按三遍成活。头遍满喷盖住基层,稍干收水后开足气门喷布碎点,并快速移动喷,勿使出浆。第二、第三遍应有适当间隔,以表面布满细碎颗粒,颜色均匀不出浆为准。

喷粗、疏、大点时,砂浆要稠、气压要小;喷细、密、小点时,砂浆要稀,气压要大。如空压机工作气压保持不变时,通过喷斗气阀开关调节。喷斗应与墙面垂直,相距约40cm左右。

C. 花点喷涂　花点喷涂是在波面喷涂层上再喷花点。根据设计要求先在纤维板或胶合板上喷涂样板,施工时应随时对照样板调整花点,以保持整个墙面花点均匀一致。

喷花点时应先控制气量,再控制花点。

成活24h后喷甲基硅醇钠(有机硅)溶液罩面。喷量以表面均匀湿润为准。

4. 滚涂

（1）工艺流程

工艺流程除滚涂外,其余均和喷涂相同。

（2）操作方法

1）砂浆搅拌　按配合比将水泥、砂子干拌后,再按量加入107胶水溶液,边加边拌,拌成糊状,稠度为 $10\sim12$ cm。拌好后的聚合砂浆拉出毛来不流、不坠为宜,并要求再过筛一次使用。

2）滚涂:滚涂的面层厚度一般为 $2\sim3$ mm,滚涂前将干燥的基层洒水湿润。

滚涂操作时需两个人合作,一个人在前用色浆罩面,另一人紧跟滚涂,滚子运行要轻缓平稳,直上直下,以保持花纹的均匀一致。滚涂成活时的最后一道滚涂应由上往下拉,使滚出的花纹有自然向下的流水坡度。

滚涂方法分干滚和湿滚两种。干滚法滚子上下一个来回,再向下走一遍,表面均匀拉毛即可。滚涂遍数过多,易产生翻砂现象。湿滚法要求滚涂时滚子蘸水上墙,一般不会有翻砂现象。滚涂时一定要注意保持整个滚涂面水量一致,避免造成表面色泽不一致。干滚法施工工效较高,花纹较粗;湿滚法较费工,花纹较细。

在施工过程中如出现翻砂现象时应重新抹一层薄砂浆后滚涂,不得事后修补。施工时应按分格线或分段进行,不得任意甩岔留茬,24h后喷有机硅溶液(憎水剂)一遍。

5. 弹涂

（1）工艺流程

基层处理→刷底色一道→弹分格线、粘贴分格条→弹浆两道,修弹一道→罩面。

（2）操作方法

1）刷底色浆　先将干燥的基层洒水湿润,无明水后,即可刷色浆一道。刷浆应均匀,不流淌、不漏刷,使基层的吸水率达到一致。

2）分色弹点　待底层色浆稍干后,将调好的弹点色浆按分别装入弹涂器内,先弹比例多的一种色浆,再弹另一种色浆。弹涂时应与墙面垂直,并控制好距离,使弹点大小均匀,呈圆粒状,粒径约 $2\sim5$ mm。一次弹点20%左右,第一道弹点分多次弹匀,并应避免重叠。待第一道弹点稍干后即可进行第二道弹涂,把第一道弹点不匀及露底处覆盖,最后进行个别修弹。二道弹点的时间间隔不能太近,否则会出现混色现象。

如需压花的弹涂饰面,弹点不宜过密,弹完后用胶辊蘸水将凸起的色浆轻轻压平。

整个面层的厚度约为2~3mm。完工后取下分格条,分格缝处用线抹子勾上色浆抹顺直。

3) 罩面　弹涂层干透后(一般约2~3d),将1:16二聚乙烯醇缩丁醛:酒精(重量比)溶液喷涂罩面。涂层要求均匀,不宜过厚。

6.装饰线条抹灰

(1) 工艺流程

涂粘结层→垫灰层→出灰层→罩面。

各层砂浆配比:粘结层配比为水泥:砂:细纸筋石灰膏＝1:1:1。垫灰层配比水泥:砂:细纸筋石灰膏＝1:4:1。出线灰配比为水泥:砂:细纸筋石灰膏＝1:2:0.5。罩面灰用窗纱过滤的细纸筋石灰膏。

(2) 操作方法

1) 抹灰线的工艺流程　通常是先抹墙面底子灰,靠近顶棚处留出灰线尺寸不抹,以便在墙面底子灰上粘贴抹灰线的靠尺板,这样可以避免后抹墙面底子灰时碰坏灰线。

2) 顶棚抹灰　常在灰线抹完后进行。

3) 死模施工方法　先薄抹一层1:1:1水泥石灰砂浆与混凝土基层牢固粘结,接着用垫层灰一层一层抹,模子要随时推拉找标准,抹到离模子边缘约5mm处。第二天先用出线灰抹一遍,再用普通纸筋灰,一人在前用喂灰板按在模子口处喂灰,一人在后将模子推向前进,等基本推出棱角并有三四成干后再用细纸筋灰推到使棱角整齐光滑为止。

如果抹石灰膏线,在形成出线棱角用1:2石灰砂浆(砂子过3mm筛)推出棱角,6~7min内推抹至棱角整齐光滑。

4) 活模施工方法　采用一边粘尺一边冲筋,模子一边靠在靠尺上一边紧贴筋上捋出线条,其他同死模施工方法。

5) 圆形灰线活模施工方法　应先找出圆中心,钉上钉子,将活模尺板顶端孔套在钉子上,围着中心捋出圆形灰线。罩面时,要一次面活。

6) 灰线接头的施工方法

A. 接阴角做法　当房屋四周灰线抹完后,弹线切留甩茬,先用抹子抹灰线的各层灰,当抹上出线灰及罩面灰后,分别用灰线接角尺一边轻挨已面活的灰线作为基准,一边刮接角的灰使之面形。接头阴角的交线与立墙阴角的交线要在一个平面内。

B. 接阳角做法　首先要找出垛、柱阳角距离来确定灰线位置,施工时先将两边靠阴角处与垛柱结合好,再接阳角。

第二节　外墙贴面类装饰施工

外墙贴面装饰是为改善建筑立面形象、色彩和追求某种风格、气氛所采用的一种手段,如贴面砖、大理石等。

一、一般规定

1) 贴面类饰面装饰包括天然石材饰面板、人造石材饰面板、陶瓷类饰面砖(如釉面砖、墙地砖)等。

2）贴面类装饰的基层为砖墙、混凝土墙、砌块墙体、外抹水泥砂浆找平层。

3）粘面饰面的基体应具有足够的强度、刚度和稳定性，其表面质量应符合《砖石工程施工及验收规范》、《混凝土结构工程施工及验收规范》、《砌块建筑工程施工及验收规范》等有关规定。

4）基体或基层表面应粗糙、平整，基体上残留的砂浆尘土、油渍应清除干净。

5）饰面板材、饰面砖应粘贴平整，接缝应符合设计要求，并填贴密实以防渗水。

6）粘贴室外突出的檐口、腰线、窗口、雨篷等部位，必须设泛水坡度和滴水槽（线）。

7）装配式墙面上粘贴饰面砖（锦砖）等，宜在预制阶段完成一次吊装就位。在运输、堆放、安装时应加强饰面层的保护，防止损坏面层。现场用水泥砂浆粘贴面砖时，应作到面层与基层粘贴牢固、密实、无空鼓。

8）在外墙各部分交接处，墙面凹凸变换处，饰面砖、饰面石材应留有适当缝隙。

9）夏季施工应防止曝晒，要采用遮蔽措施。

10）冬期施工，砂浆使用温度不得低于5℃，水泥砂浆终凝前应采取防冻措施。

11）粘贴饰面施工后应采取保护措施，直至其硬化粘贴牢固为止。

二、材料与质量要求

1）饰面板、饰面砖应具有产品合格证，各种技术指标应符合有关标准规定。

2）天然石材表面不得有隐伤、风化等缺陷，不宜采用易褪色的材料包装，安装用的锚固连接件应采用铜或不锈钢制连接件。

3）人造石材表面应平整，几何尺寸准确，面层颜色一致。

4）水磨石板面层石粒均匀，颜色协调，尺寸准确。

5）面砖、墙面砖表面光洁，质地坚固，尺寸色泽一致。不得有暗痕和裂缝，其性能指标应符合现行国家标准，吸水率小于10%。

6）陶瓷锦砖、玻璃锦砖应质地坚硬，边棱整齐，尺寸精确。锦砖脱纸时间不得大于40min。

7）施工时所用的胶结材料的品种、配合比、性能均应符合设计要求，并具有产品合格证书。

8）拌制砂浆应用不含有害物质的洁净水。

三、外墙贴面装饰的施工

基层处理→选材预排→弹线分格→粘贴（挂贴）面砖→勾缝→擦洗→养护。

（一）基层处理

饰面砖应镶贴在湿润、干净的基层，并应根据不同的基体进行下述处理。

1．纸面石膏板基体

将板缝用板腻子嵌填密实，并在其上粘贴玻璃丝网格布（或穿孔纸带），使之形成整体。

2．砖墙基体

将基体用水湿透后，用1:3水泥砂浆打底，木抹子搓平，隔天浇水养护。

3．混凝土基体

可从以下三种方法中选择一种：

1）将混凝土表面凿毛后，用水湿润，刷一道聚合物水泥浆，抹1:3水泥砂浆打底。

2）将1:1水泥细砂浆（内渗20%107胶）喷或甩到混凝土基体上，作"毛化处理"，待其凝固后,用1:3水泥砂浆打底,木抹子搓平,隔天浇水养护。

3)用界面处理剂处理基体墙面,待表面干燥后,用1:3水泥砂浆打底,木抹子搓平,隔天浇水养护。

4.加气混凝土基体

可从以下两种方法中选择一种:

1)用水湿润加气混凝土表面,修补缺棱掉角处。修补前先刷一道聚合物水泥浆,然后用1:3:9混合砂浆分层补平,隔天刷聚合物水泥浆,1:1:6混合砂浆打底,木抹子搓平,隔天浇水养护。

2)用水湿润加气混凝土表面,在缺棱掉角处刷聚合物水泥浆道,用1:3:9混合砂浆分层补平,待干燥后,钉金属网一层并绷紧。在金属网上分层抹1:1:6混合砂浆打底,砂浆与金属网应结合牢固,最后用抹子搓平,隔天浇水养护。

(二)粘贴饰面施工工艺

操作方法:不同的饰面材料有不同的操作方法。

1.粘贴陶瓷面砖,小规格石材

基层处理后,待砂浆抹灰层达到一定强度(一般2d)即可贴面砖。

1)选材 根据设计要求,对面砖进行分选,按颜色分选一遍,再用自制套模对面砖大小、厚薄进行分选、归选。

2)预排 外墙面砖预排,主要是确定排列方法和砖缝大小,外墙面砖排列方法有水平、竖向、交错排列,砖缝有窄缝宽缝之分。在同一立面上应取一种排列方式,预排中应注意阳角处必须是整砖,而且是正面压侧面。柱面转角处面砖要对角粘贴,正面砖尽量不裁砖。在预排中对突出的窗台、腰线等台面砖,要做些坡度,并且台面砖盖立面砖。要核实墙面尺寸,窗间墙正立面尽量排整砖。

3)弹线分格条 根据预排作出大样,按缝的宽窄大小作分格条,作为贴面时掌握砖缝的标准。弹线的步骤是先从外墙定出基准线,然后拉一水平钢网弹出顶端水平线。在水平线上每隔1m弹出垂直线,在层高范围内按面砖的实际尺寸和块数弹出水平分缝分层皮数。

4)贴面砖 先作标志贴块,同时将面砖用水浸透取出阴干,粘贴面砖从上至下分层分段进行。每段也要从上至下粘贴,当一行贴完后,用靠尺验平将挤出的灰浆刮净,先贴突出的窗台、腰线,再贴大面积墙面,水平方向从阳角粘贴。粘贴砂浆要饱满,不得空鼓,一面墙粘贴完经验查合格后再用1:1水泥砂浆勾缝,勾缝砂浆颜色要一致。

5)擦洗 勾缝后马上用棉丝擦净砖面,必要时用稀盐酸擦洗后用水冲洗干净。

(三)挂贴饰面施工工艺

挂贴饰面是挂贴大理石、花岗石等。

1.工艺流程

基层处理→实测绘分块图编号→选板预排→弹线绑扎钢丝→网→饰面板打挂丝→安装挂贴临时固定→分层灌浆→清理嵌缝→擦洗打蜡

(1)花岗石饰面安装

花岗石饰面安装因其耐风化、强度高,多用于室外饰面工程。

钢斩面花岗石板的安装:钢斩面花岗石有斩斧面与粗磨两种。板厚多为50mm、75mm、100mm。50mm厚板常用于墙面,而75mm、100mm板多用于勒脚。板材与基体均用锚固件连接。由于锚固件分为线形、圆杆形、扁形,故板材作锚接口形状亦有不同。

用镀锌或不锈钢锚固件将板与基层锚固,然后向缝中分层灌入 1:3 水泥砂浆(体积比)。常用的扁形锚件厚度为 3mm、5mm、6mm,宽 25mm、30mm,圆杆形锚件用 $\phi6mm$、$\phi8mm$,线形件多用 $\phi3\sim5mm$ 钢丝。

湿挂法首先应在板材上钻斜孔,打眼并装金属夹片。具体作法是:在花岗石板(厚度≥20mm)上下各钻两个以 $\phi5mm$、深≤20mm 固定锚件的直孔。板材背面再钻 135°斜孔两个(钻孔时可先用合金钢錾在背面剔毛,再用木架将板材固定在 135°位置上钻孔),斜孔深约 5~8mm,孔尖距磨光面约 9~10mm,孔径 $\phi8mm$。钻孔后将金属夹卡安装于斜孔内,然后用 JGNm 建筑结构胶封嵌牢固,并挂牢在已焊固的基层金属网上。安装方法与传统绑扎方法一样。就位后用石膏水泥饼固定,检查确认无变形,然后向板与基层空隙灌入细石混凝土(注意不得碰动板材与木楔),每层板材 3 次浇灌,每次间隔约 1h,即初凝后再灌次层。第三次浇灌上口应留 50mm,以便与上层混凝土按牢。饰面板安装后,清除石膏水泥饼,用棉纱擦洗干净,并调制色浆擦缝,最后上蜡抛光。

干挂法的安装是以钢筋细石混凝土为衬板,抛光。火爆花岗石薄板与衬板加工成复合板,然后用锚固件与基层结构锚接,仅在锚接部位处复合板与基层结构间留出一个挂接空隙。也可以不用复合板,而采用 15~20mm 厚天然石板材打孔与锚固件直接安装。

干挂法安装工艺:安装时应先在基层上按板材尺寸弹线(基层要作找平层抹灰)竖向板缝为 4~10mm,横向板缝为 10mm,隔一定距离竖向板缝要留温度缝,缝宽为 10mm(一般每4~5 块板设温度缝)。板缝用密封胶填作防水处理。弹线要从外墙饰面的中心向两侧及上下分格,误差要匀开。墙面上应标出每块板的钻孔位置,然后钻孔。用胀管螺栓作锚固件,一端插入钻好的孔中,另一端与饰面板材连接好。饰面的平整度用锚固件来调节,待就位后将板材上锚固件用特种胶填堵固定。详见图 10-4。

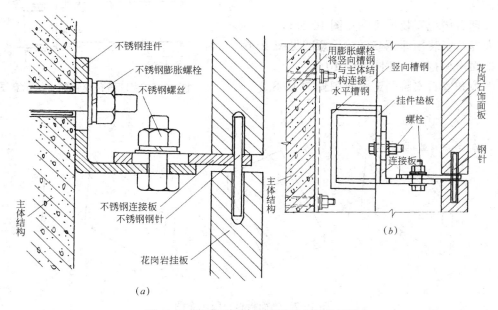

图 10-4　花岗石外饰面干挂工艺构造示意

(a)直接干挂;(b)间接干挂

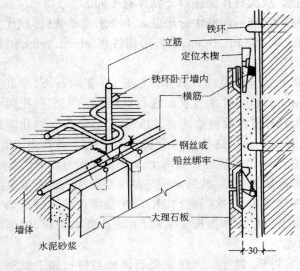

图 10-5　大理石传统安装示意图

（2）大理石饰面板安装

1）基层处理　先清扫基层，并用水湿润，抹 1:1 水泥砂浆（体积比），砂子应为中砂或粗砂。大理石板背面应清去浮灰，用清水刷净，以提高粘结性。

2）石板钻孔　用固定林架夹具，配合手电钻距板端 1/4 处，板厚中心钻孔。孔径 $\phi 6mm$，孔深 $35\sim40mm$。一般板宽≤500mm 钻两个孔，大板酌加 $1\sim2$ 孔。然后在板两侧各打直孔，孔距板下端约 100mm，孔径 $\phi 6mm$，孔深 $35\sim40mm$，上孔与下侧孔均用金属錾剔槽，槽深 $7\sim8mm$，以便安钉卡。

3）基层钻斜孔　用冲击钻按分块弹线位置，对应于板材上下直孔位置打 45°斜孔，孔径 $\phi 6mm$，孔深 $40\sim50mm$。

4）板安装就位固定　板钻孔后将大理石安放就位，依板与基层相距的孔距，用加工好的 $\phi 5mm$ 不锈钢钉卡钩进大理石板的直孔内，另一端钩入斜孔内，并用硬木小楔楔紧钉卡锚具。校准平整度，并检查各拼缝是否紧密，最后敲紧小木楔，用大木楔固定板材基体间孔隙，作临时固定。

以上步骤完成后，即可分层灌注粘结砂浆，随后清理，擦缝。

大理石传统安装示意图见图 10-5。

大理石安装预埋钢筋做法示意图见图 10-6。

饰面板材打眼示意图见图 10-7。

碹脸和墙石安装固定示意图见图 10-8。

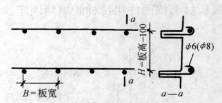

图 10-6　大理石预埋钢筋做法示意图

图 10-7　饰面板材打眼示意图

318

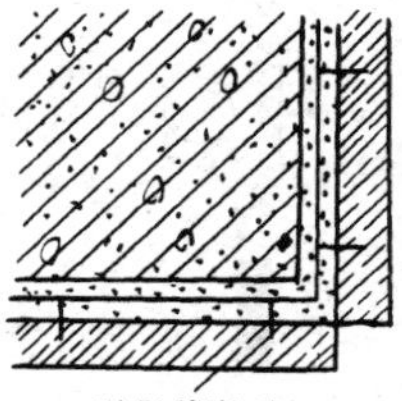

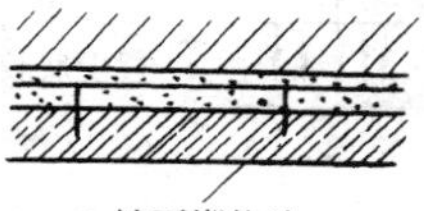

图 10-8　碹脸和墙石安装固定示意图

第三节　裱　糊　工　程

裱糊工程分壁纸裱糊和墙布裱糊，利用裱糊的方法，将塑料壁纸、墙布、织物锦缎、其他装饰纸等粘贴在内墙上进行装饰，是一种中、高档装饰工程，适用于旅馆客房、餐厅、公共活动用房、居室、客厅等房间。装饰效果或庄重典雅、或富丽堂皇、或淡雅宁静。目前已普及到居住建筑中。

（一）一般规定

1）裱糊工程基体或基层表面的质量要符合现行规范的有关规定。裱糊的基层表面应平整颜色一致。对于遮盖率低的壁纸、墙布，基层表面颜色应与壁纸、墙布一致。

2）裱糊工程基体或基层的含水率，混凝土和抹灰不得大于 8%，木材制品不得大于 12%。

3）湿度较大房间或经常潮湿的墙体表面，如需裱糊时，应采用有防水性能的壁纸和胶粘剂等材料。

4）裱糊前，应将突出基层表面的设备或附件卸下。钉帽应卧进基层表面，并涂防锈涂料，钉眼用油性腻子填平。裱糊干燥后，再安装设备。

5）裱糊工程基层涂抹的腻子，应牢固坚实，不得粉化、起皮和裂缝。

6）裱糊过程中和干燥前，应防止穿堂风劲吹和温度急剧变化。

（二）常用材料简介

1．壁纸

1）普通壁纸　包括印花涂塑壁纸和压花涂塑壁纸。

2）发泡壁纸　又称浮雕壁纸。

3）麻草壁纸

4）特种壁纸

2．墙布

1）玻璃纤维墙布

2）纯棉装饰墙布

3）化纤装饰墙布

4）无纺墙布

壁纸和墙布的性能国际通用标志见图 10-9。

3．胶粘剂

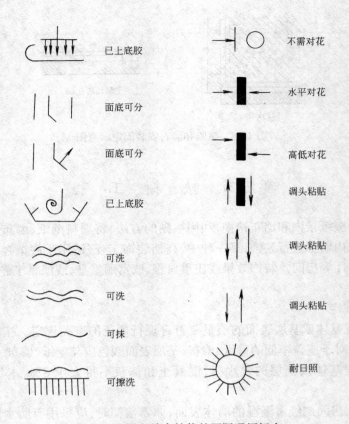

图 10-9 壁纸、墙布性能的国际通用标志

1）自配胶粘剂 包括墙纸胶粘剂、墙布胶粘剂和普通胶粘剂。

2）专用胶粘剂 包括 SG8104 壁纸粘剂，BJ8505 粉末壁纸胶，腾飞牌壁纸专用胶粉，BA-1 型壁纸胶粘剂和 BA-2 型粉状壁纸胶粘剂。

4．腻子与底层涂料

（三）施工操作方法

1．裱糊主要工序见表 10-3。

裱 糊 主 要 工 序   表 10-3

项次	工 序 名 称	抹灰面混凝土				石 膏 板 面				木 料 面			
		复合壁纸	PVC壁纸	墙布	带背胶壁纸	复合壁纸	PVC壁纸	墙布	带背胶壁纸	复合壁纸	PVC壁纸	墙布	带背胶壁纸
1	清扫基层、填补缝隙磨砂纸	+	+	+	+	+	+	+	+	+	+	+	+
2	接缝处糊条					+	+	+	+	+	+	+	+
3	找补腻子、磨砂纸					+	+	+	+	+	+	+	+
4	满刮腻子、磨平	+	+	+	+								
5	涂刷底料一遍									+	+	+	+
6	涂刷底胶一遍	+	+	+	+	+	+	+	+				

320

项次	工序名称	抹灰面混凝土				石膏板面				木料面			
		复合壁纸	PVC壁纸	墙布	带背胶壁纸	复合壁纸	PVC壁纸	墙布	带背胶壁纸	复合壁纸	PVC壁纸	墙布	带背胶壁纸
7	墙面划准线	+	+	+	+	+	+	+	+	+	+	+	+
8	壁纸浸水润湿		+		+		+		+		+		+
9	壁纸涂刷胶粘剂	+				+				+			
10	基层涂刷胶粘剂	+	+	+	+	+	+	+	+	+	+	+	+
11	纸上墙、裱糊	+	+	+	+	+	+	+	+	+	+	+	+
12	拼缝、搭接、对花	+	+	+	+	+	+	+	+	+	+	+	+
13	赶压胶粘剂、气泡	+	+	+	+	+	+	+	+	+	+	+	+
14	裁边		+								+		
15	擦净挤出的胶液	+		+	+	+	+	+	+	+	+	+	+
16	清理修整	+		+	+	+	+	+	+	+	+	+	+

注：1. 表中"+"号表示应进行的工序。

2. 不同材料的基层相接处应糊条。

3. 混凝土表面和抹灰表面必要时可增加满刮腻子遍数。

4. "裁边"工序，在使用宽为 920mm，1000mm，1100mm 等需重叠对花的 PVC 压延壁纸时进行。

2．基层处理

1）在砖和混凝土墙体打底及罩面，应采用水泥石灰膏砂浆。

2）木料面的基层，裱糊层应先涂刷一次涂料，使其颜色与周围墙颜色一致。

3）在纸面石膏板上作裱糊，板面应先用油性石膏腻子局部找平。在无纸面石膏板上作裱糊，板面应先满刮一遍石膏腻子。

4）裱糊前，应将基体或基层表面的污垢、尘土清除干净。泛碱部位，宜使用 9% 的稀醋酸中和、清洗，不得有飞刺、麻点、砂粒和裂缝。阴阳角应顺直。

5）附着牢固、表面平整的旧溶剂型涂料墙面，裱糊前应打毛处理，再刮腻子找平。

6）裱糊前，应用 1:1 的 107 胶水溶液等作底胶涂刷基层，做封闭处理，干燥后再作裱糊。

7）不同基层接缝处，如石膏板和木基层连接处，应先贴一层纱布，再刮腻子修补，以防裱糊后壁纸面层被拉裂撕开。

3．弹线

弹线要横平竖直、图案端正。对窗口墙面要窗口处弹中线；窗间墙处也应弹中线，以便保证阳角花纹对正。壁纸的上部应以挂镜线为准，无挂镜线用压条收边弹水平线控制裱壁纸的水平高度。

4．裁纸

裁纸时，应统筹规划进行编号，以便按顺序粘贴，裁纸最好由专人负责，在工作台上进行。下料长度应比粘贴部位略大 10～30mm。如果壁纸、墙布带花纹图案时，应先将上口的花纹全部对好，特别小心的裁割，不得错位。如果室内净空较高，墙面宜分段进行，一次裱贴的高度宜在 3m 左右。

5．润纸

润纸的目的是先使其伸缩，纸胎的塑料壁纸必须进行润纸，玻璃纤维基材、无纺贴墙布不需要润纸。塑料壁纸的膨胀率为 0.5%，收缩率 0.2%～0.8%，一般用水润湿 2～3min 即可。复合优质壁纸，裱糊前应进行闷水处理，以使壁纸软化。纺织纤维壁纸，一般应用湿布稍擦一下再粘贴，不能在水中浸泡。

6．刷胶粘剂

1）PVC 壁纸应在基层涂刷胶粘剂，仅在裱糊顶棚时，基层和壁纸背面均应涂刷胶粘剂。刷胶时，基层表面涂胶宽度要比壁纸宽约 30mm，一般抹灰面用胶量为 0.15kg/m² 左右，气温较高时用量相对增加。塑料壁纸背面刷胶的方法是：背面刷胶后，胶面与胶面反复对叠，可避免胶干得太快，也便于上墙。

2）对于较厚的壁纸、墙纸，如植物纤维壁纸、化纤贴墙布，为了增加粘结效果，应对基层与背面双面刷胶。

3）玻璃纤维墙布、无纺贴墙布无需在背面刷胶，可直接将胶粘剂涂于基层上。因为这些墙布有细小孔隙，本身吸水很少，如果背面刷胶，则胶粘剂会印透表面，出现胶痕而影响美观。基层刷胶时，玻璃纤维墙布用胶量 0.12kg/m²（抹灰墙面），无纺贴墙布用胶量为 0.15kg/m²（抹灰墙面）。

4）由于锦缎柔软，极易变形，裱糊前，应先在锦缎背面衬糊一层宣纸，使锦缎挺括易于操作。最后再在基层上涂刷胶粘剂。

7．裱糊

裱糊的原则是先垂直（先上后下、先长墙后短墙）后水平（先高后低），先细部后大面，保证垂直后对花拼缝。

1）从墙面所弹垂线开始至阴角处收口。一般顺序是挑一处近窗台角落向背光处依次裱糊，这样在接缝处不致出现阴影，影响操作。

2）无图案的壁纸，裱糊时可采用搭接法裱贴。其方法是：相邻两幅在拼缝处，后贴的一幅压前一幅 30mm 左右，然后用钢尺与活动剪纸刀在搭接范围内的中间，将双层壁纸切透，再将切掉的两小条壁纸撕下，将壁纸对缝粘好。最后用刮板从上向下均匀地赶胶，排出气泡，并及时用湿布擦掉多余胶液。一般需擦拭两遍，以保持壁纸面干净。较厚的壁纸须用胶滚进行滚压赶平。发泡壁纸及复合纸质壁纸则严禁使用刮板赶压，只可用毛巾、海绵或毛刷赶压，以免赶平花型或出现死褶。

3）对于有图案的壁纸，为了保证图案的完整性和连续性，裱贴时可采取拼接法，拼贴时先对图案，后拼缝。从上至下图案吻合后，再用刮板斜向刮胶，将拼缝处赶密实，然后从拼缝处刮出多余胶液，并用湿毛巾擦干净。对于需要重叠对花的壁纸，应先裱贴对花，待胶粘剂干到一定程度后，用钢尺对齐裁下余边，再刮压密实，用刀时力要匀，一次直落，避免出现刀痕或搭接起丝现象。

4）裱糊拼贴时，阴角处接缝应搭接，阳角处不得有接缝，应包角压实。

5）普通壁纸可用其他纸衬托进行裱糊，以保证壁纸的挺括及防止纸面污染。

6）墙面明显处应用整幅壁纸，不足一幅的应裱糊在较暗或不明显的部位。上下与挂镜线、踢脚板和贴脸等部位的连续应紧密，不得有缝隙。

7) 修整:如纸面出现皱纹、列褶时,应趁壁纸未干,用湿毛巾抹拭纸面,使壁纸润湿后慢慢将壁纸舒平,待无皱折时,再用橡胶滚或胶皮刮板赶平。若壁纸已干结,则要撕下壁纸,把基层清理干净后,再重新裱。

第四节 玻 璃 幕 墙

玻璃幕墙是由玻璃板片作墙面板材,与金属构件组成的悬挂在建筑物主体结构上的非承重连续外围护墙体。根据建筑造型和建筑结构等方面的要求,它应具有防水、隔热保温、气密、防水、抗震和避雷等性能。

（一）玻璃幕墙简介

1. 全隐框玻璃幕墙

全隐框玻璃幕墙的构造是在铝合金构件组成的框格上固定玻璃框,玻璃框的上框在铝合金整个框格体系的横梁上,其余三边分别用不同方法固定在竖杆及横梁上。玻璃用结构胶预先粘贴在玻璃框上。玻璃框之间用结构密封胶密封。玻璃为各种颜色镀膜镜面反射玻璃,玻璃框及铝合金框格体系均隐在玻璃后面,从外侧看不到铝合金框,形成一个大面积的有颜色的镜面反射屏幕幕墙(图10-10)。这种幕墙的全部荷载均由玻璃通过胶传给铝合金框架。

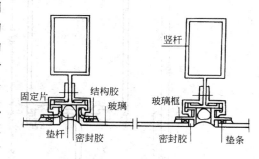

图 10-10 全隐框玻璃幕墙示意图

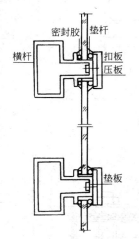

图 10-11 竖隐横不隐
玻璃幕墙示意图

2. 半隐框玻璃幕墙

（1）竖隐横不隐玻璃幕墙

这种玻璃幕墙只有竖杆隐在玻璃后面,玻璃安放在横杆的玻璃镶嵌槽内,镶嵌横杆外加盖铝合金压板,盖在玻璃外面(图10-11)。这种体系一般在车间将玻璃粘贴在两竖边有安装沟槽的铝合金玻璃框上,而玻璃竖边则固定在铝合金框格体系横梁的镶嵌槽中。由于玻璃与玻璃框的胶缝在车间内加工完成,材料粘贴表面洁净有保证,况且玻璃框是在结构胶完全固化后才运往现场安装,所以胶缝强度得到保证。

（2）横隐竖不隐玻璃幕墙

这种玻璃幕墙横向采用结构胶粘贴式结构性玻璃装配方法,在专门车间内制作,结构胶固化后运往施工现场;竖向利用玻璃嵌槽内固定。竖边用铝合金压板固定在竖杆的玻璃镶嵌槽内,形成从上到下整片玻璃由竖杆压板分隔成长条形画面,见横隐竖不隐玻璃幕墙示意图(图10-12)。

3. 明框玻璃幕墙

（1）型钢骨架

型钢做玻璃幕墙的骨架,玻璃镶嵌在铝合金的框内,然后再将铝合金框与骨架固定。

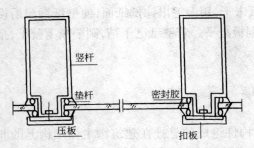

图 10-12 横隐竖不隐玻璃幕墙示意图

型钢组合的框架,其网格尺寸可适当加大,但对主要受弯构件,截面不能太小,挠度最大处宜控制在 5mm 以内。否则将影响铝窗的玻璃安装,也影响幕墙的外观。

(2) 铝合金型材骨架

用特殊断面的铝合金型材作为玻璃幕墙的骨架,玻璃镶嵌在骨架的凹槽内,见铝合金骨架(图 10-13)。

玻璃幕墙的竖杆与主体结构之间,用连接

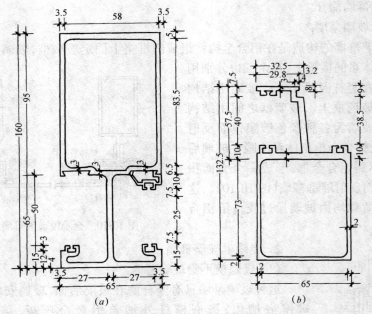

图 10-13 铝合金骨架
(a)竖杆断面;(b)横杆断面

板固定,见图 10-14。

安装幕墙时,先在竖杆的内侧上安铝合金压条,然后将玻璃放入凹槽内,再用密封材料密封。支承玻璃杆略有倾斜,目的是排除因密封不严而流入凹槽内的雨水。外侧用一条盖板封住。

4. 挂架式玻璃幕墙

采用四爪式不锈钢挂件与立柱相焊接,每块玻璃四角在厂家加工钻 4 个 φ20 孔,挂件的每个爪与一块玻璃一个孔相连接,即一个挂件同时与四块玻璃相连接,或一块玻璃固定于四个挂件上(图 10-15)。

5. 无骨架玻璃幕墙

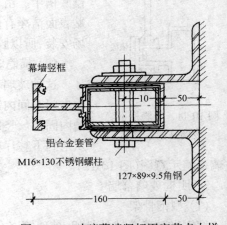

图 10-14 玻璃幕墙竖杆固定节点大样

324

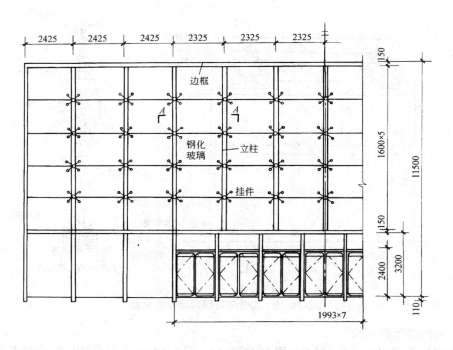

玻璃幕墙立面图

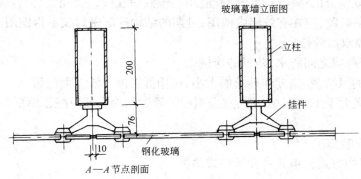

A—A节点剖面

图 10-15 挂架式玻璃幕墙做法示意

无骨架玻璃幕墙与前四种的不同点是:玻璃本身即是饰面材料,又是承受自重及风荷载的结构件。

为了增强玻璃结构的刚度,保证在风荷载下安全稳定,除玻璃应有足够的厚度外,还应设置与面部玻璃呈垂直的玻璃肋(图 10-16)。

(二)玻璃幕墙材料的选用一般规定

1)幕墙材料应符合现行国家标准和行业标准,并应有出厂合格证。

2)幕墙材料应选用耐气候性的材料。金属材料和零件除不锈钢外,钢材应进行表面热浸镀锌处理;铝合金材料应进行表面阳极氧化处理。

3)幕墙材料应采用不燃性材料或难燃性材料。

4)隐框和半隐框幕墙使用的结构硅酮密封胶应有与接触材料相容性试验报告,并应有物理耐用年限和保险年限的质量证书。

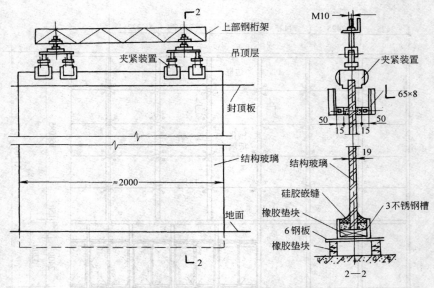

图 10-16　无骨架玻璃幕墙构造示意

5）结构硅酮密封胶

A．单组分和双组分的结构硅酮密封胶应用高模数中性胶，其性能应符合规范规定。

B．结构硅酮密封胶，应在有效期内使用，过期的结构硅酮密封胶不得使用。

6）低发泡间隔双面胶带

该种胶带用于幕墙之间防水、防风的连接。

A．根据幕墙的风荷载、高度和玻璃的大小，选用低发泡间隔双面胶带。

B．幕墙风荷载大于 $1.8kN/m^2$ 时，宜选用中等硬度的聚胺基甲酸乙酯低发泡间隔双面胶带。

（三）幕墙的安装施工

幕墙安装施工的方式分单元式和元件式两种。

1．单元式幕墙的安装

单元式是将铝合金框架、玻璃、垫块、保温材料、减振和防水材料等，由工厂制成分格窗，用专用运输车运往施工现场，在现场吊装装配与建筑物主体结构连接。

单元式幕墙的现场安装工艺流程如下：

测量放线 → 检查预埋 T 形槽位置 → 穿入螺钉 → 固定牛腿 → 牛腿找正 → 牛腿精确找正 → 焊接牛腿 → 将 V 形和 W 形胶带大致挂好 → 起吊幕墙并垫减振胶垫 → 紧固螺丝 → 调整幕墙平直 → 塞入和热压接防风带 → 安设室内窗台板、内加板 → 填塞与梁、柱间的防火、保温材料

2．元件式幕墙的安装

元件式是将必须在工厂制作的单件材料及其他运至施工现场，直接在建筑结构上逐件进行安装。这种幕墙是通过竖向骨架（竖杆）与楼板或梁连接，并在水平方向设置横杆，以增加横向刚度和便于安装。其分块规格可以不受层高和柱网尺寸的限制。

（1）明框玻璃幕墙安装工艺

工艺流程

检验、分类堆放幕墙部件 → 测量放线 → 主次龙骨装配 → 楼层紧固件安装 →

安装主龙骨(竖杆)并抄平、调整 → 安装次龙骨(横杆) → 安装保温镀锌钢板 →

在镀锌钢板上焊铆螺钉 → 安装层间保温矿棉 → 安装楼层封闭镀锌板 → 安装单层玻璃窗密封条、卡 →

安装单层玻璃 → 安装双层中空玻璃密封条、卡 → 安装双层中空玻璃 → 安装侧压力板 → 镶嵌密封条 →

安装玻璃幕墙铝盖条 → 清扫 → 验收、交工

（2）隐框玻璃墙安装工艺

施工顺序

测量放线 → 固定支座的安装 → 立柱、横杆的安装 → 外围护结构组件的安装 →

外围护结构组件的密封及周边收口处理 → 防火隔层的处理 → 清洁及其他

第十一章 路桥施工简介

第一节 中线恢复测量

施工测量是展开现场施工的前提和保证,一般包括导线的复测与加密,中线的复测及边线的放样,水准点的复测及加密,桥涵及其他构筑物的详细放样等等,限于篇幅这里只介绍施工时道路中线的恢复测量。

一、概述

路基施工开工前,必须要进行详细的中线恢复工作,通过测设直线和曲线将公路中线的平面位置准确地标定在地面上。

汽车行驶在弯道上时,存在一条曲率连续的轨迹线,无论车速高低,这条轨迹线都是客观存在的。为了适应行车的需要,符合汽车的行驶轨迹,一般应在直线和圆曲线之间插入一种半径变化的曲线,其半径的变化范围是从无限大逐渐减至圆曲线半径,我们把这种曲线称为"缓和曲线"。如图 11-1 所示,即为曲线组合的一种基本形式:直线—缓和曲线—圆曲线—缓和曲线—直线。

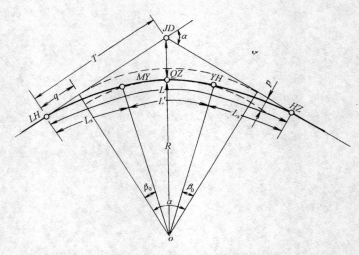

图 11-1 道路基本型平曲线

我国公路设计中多采用回旋线做缓和曲线

$$RL_s = A^2$$

式中 R——缓和曲线某一点相应的半径值;

      L_s——缓和曲线某一点至起点的长度;

      A——缓和曲线参数。

引入缓和曲线后,道路平曲线的几何要素都要发生一定的变化:

(一) 各元素的计算公式(图 11-2 上 P 点的几何元素)

P 点的曲率半径:

$$R = \frac{A^2}{l}$$

P 点的缓和曲线角:

$$\beta = \frac{l}{2A^2} = \frac{l^2}{2Rl} = \frac{l}{2R}$$

P 点的长切线:

$$T_L = X - \frac{y}{\text{tg}\beta}$$

P 点的短切线:

$$T_K = \frac{y}{\sin(\beta)}$$

P 点的弦线长:

$$a = \frac{y}{\sin(\delta)}$$

P 点的弦偏角:

$$\delta = \text{tg}^{-1}\left(\frac{y}{x}\right) \approx \frac{\beta}{3}$$

(二) 有缓和曲线的道路平曲线要素。(如图 11-2 所示)

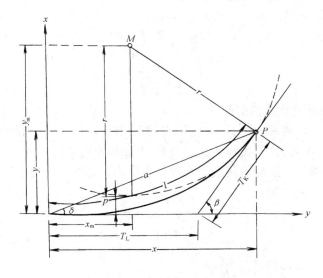

图 11-2　缓和曲线几何元素

圆曲线内移值:

$$p = \frac{L_s^2}{24R} - \frac{L_s^4}{2384R^3}$$

切线增长值:

$$q = \frac{L_s}{2} - \frac{L_s^3}{240R^2}$$

平曲线的切线总长:

$$T = (R + p)\text{tg}\left(\frac{\alpha}{2}\right) + q$$

曲线总长:

$$L = (\alpha - 2\beta)\frac{\pi R}{180} + 2L_s$$

外距:

$$E = (R + p)\sec\left(\frac{\alpha}{2}\right) - R$$

(三) 有缓和曲线的道路平曲线的 5 个主点的桩号

直缓点(ZH)里程 = 交点(JD)里程 $- T$

缓圆点(HY)里程＝直缓点(ZH)里程＋L_s

缓直点(HZ)里程＝直缓点(ZH)里程＋L

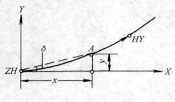

图 11-3　切线支距法

圆缓点(YH)里程＝缓直点(HZ)里程－L_s

曲中点(QZ)里程＝缓直点(HZ)里程－$L/2$

二、中线放线方法

（一）切线支距法

切线支距法是一种比较传统的放线方法，它以 ZH 点为坐标原点，以曲线的切线方向为 X 轴，如图 11-3 所示，

1. 缓和曲线段的敷设（如图 11-3 上 A 点）

$$X = l - \frac{l^5}{40R^2L_s^2}$$

$$Y = \frac{l^3}{6RL_s}$$

式中　l——为原点至某点 A 的缓和曲线长度。

当 $l = L_s$ 时（即：HY 点或 YH 点）

$$X = l - \frac{L_s^3}{40R^2}$$

$$Y = \frac{L_s^2}{6R}$$

2. 带缓和曲线的圆曲线段的敷设

圆曲线段的敷设有两种方法，一是将原点移至 HY 点或 YH 点，按照圆曲线的方法来敷设；二是不变原点位置，计算缓和曲线的影响，下面来介绍第二种方法。

平曲线在插入缓和曲线后圆曲线的位置要发生内移，此时用切线支距法敷设带缓和曲线的圆曲线段的坐标公式为：

$$X = q + R\sin\varphi_m$$

$$y = p + R(1 - \cos\varphi_m)$$

式中　$\varphi_m = \alpha_m + \beta = 28.6479\left(\dfrac{2l_m + L_s}{R}\right)$；

l_m——圆曲线上任意点 M 至缓和曲线终点的弧长；

α_m——l_m 所对应的圆心角。

（二）偏角法（图 11-2）

利用缓和曲线上某点的弦偏角以及弦长来敷设该点

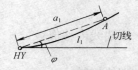

图 11-4　偏角法测设曲线

弦偏角 $\delta = \text{tg}^{-1}\left(\dfrac{y}{x}\right) \approx \dfrac{\beta}{3} = \dfrac{L_s^2}{6RL_s} \times \dfrac{180°}{\pi}$

弦长：$a = \dfrac{y}{\sin\delta}$

当 $l = L_s$ 时，则 $\delta = \dfrac{180°L_s}{6\pi R}$

当敷设圆曲线上的桩位时，可使原点移至原曲线上（如图 11-4），此时

330

$$\varphi = \frac{l_1}{2R} \times \frac{180°}{\pi}, a_1 = l_1 - \frac{l^3}{24R^2}$$

式中　φ——圆曲线上弦长与切线的夹角；

　　　a_1——圆曲线上任意点至起点的弦长；

　　　l_1——圆曲线上任意点至起点的弧长。

偏角法能在圆曲线上任一点安置仪器进行测设,使用起来比较灵活,精确度较高,特别适用于较高等级道路。

（三）坐标法

随着高等级公路建设的发展,放线的精度要求也越来越高。中桩位置以坐标表示,从而为使用坐标法进行中线测量提供了条件。坐标法计算理论严密,无测量误差的积累,具有快速、精确、方便的特点。一般使用光电测距仪测量。

1. 原理

坐标法放线就是置仪器于导线点上或其他已知坐标的点上,用极坐标法测设中线。如图 11-5 所示,设仪器于导线点 A 上,以导线点 B 为定向点来标定中线上 C 点,只要知道 θ 角和距离 L 即可。测设时已知 A、B、C 三点的坐标,根据三点之间的几何关系计算出放线所需的数据资料。

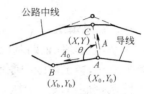

图 11-5　坐标法放线原理

后视方位角：
$$A_0 = tg^{-1} \frac{Y_h - Y_0}{X_h - X_0}$$

前视方位角：
$$A = tg^{-1} \frac{Y - Y_0}{X - X_0}$$

夹角：
$$\theta = A - A_0$$

前视距离：
$$L = \sqrt{(X - X_0)^2 + (Y - Y_0)^2}$$

2. 计算方法

下面用一个具体的算例来说明坐标法的计算过程。如图 11-6 所示,已知起点大地坐标

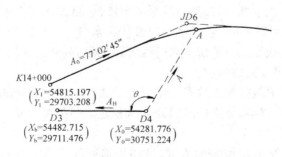

图 11-6　坐标法放线算例

为 $X_1 = 54815.197$m, $Y_1 = 29703.208$m;经过计算中线上 A 的大地坐标为 $X_A = 55057.290$m, $Y_A = 30755.725$m,此时敷设 A 点的过程如下:设仪器于导线点 D_4 上,后视导线点 D_3,则后视方位角：

$$A_0 = tg^{-1} \frac{29711.467 - 30751.224}{54482.715 - 54281.776} = 280°56'16''$$

放设 A 点的中桩位置,则前视方位角:

$$A = \text{tg}^{-1}\frac{30755.725 - 30751.224}{55057.290 - 54281.776} = 0°19'57''$$

夹角:

$$\theta = A - A_0 = 360°19'57'' - 280°56'16'' = 79°23'41''$$

测点距离:

$$L = \sqrt{(55057.290 - 54281.776)^2 + (30755.725 - 30751.224)^2} = 775.527\text{m}$$

随着计算机的普及,一般是先编制好程序,计算出所放测点的坐标、夹角及距离,使用光电测距仪会很方便地敷设出中桩位置来。

第二节　路 基 工 程 施 工

一、路基填筑

路基填筑是保证路基稳定的前提之一,在填筑前应将路基范围内的树根全部挖除,并将坑塘填平夯实,填土范围内原地表的种植土、草皮等应予清除。清除深度一般不小于 15cm。

路基基底清表后应压实,必要时可先将土翻松、打碎,再整平、压实。如经过水田、池塘、洼地等时,可根据实际情况先将水排干,换填水稳性好的材料或抛石挤淤等处理措施,保证路堤的基底具有足够的稳定性。

当原地面横坡较陡时,应对路面做妥善处理。一般地面横坡为 $1:5 \sim 1:2.5$ 时,原地面应挖成台阶,台阶宽度不小于 1m;当地面坡度陡于 $1:2.5$ 时,应做特殊处理措施,防止路堤沿基底滑动。

路基填筑材料比较广泛,一般的土和石都可以用作路堤的填料,填筑压实时,应严格控制含水量,在最佳含水量情况下可分层填筑与压实。当用卵石、碎石、砾石等透水性良好的材料填筑时可不控制含水量。

淤泥、沼泽土、含残余树根和易于腐烂物质的土,不能用做填筑材料。液限大于 50% 及塑限指数大于 26 的土,透水性不好,具有较强的可塑性、粘结性和膨胀性,承载力不足,故一般不用做填土材料;如非用不可,应严格控制最佳含水量,充分压实,并设置完善的排水设施。另外强盐渍土和过盐渍土不能做为高等级公路的填料;膨胀土除非表层用非膨胀土封闭,一般也不用做高等级公路的填料。

工业废渣是较好的填筑材料。放置一年以上的废钢渣,可破碎成适当的粒径来填筑路基;粉煤灰属于轻质筑路材料,能更好的保证路基稳定。另外粒径适当的废钢渣、粉煤灰还可做为基层材料来使用。

路基填筑应采用水平分层填筑的方式,按路堤横断面全宽分成水平层次,逐层向上填筑,每层都要经过压实度检验,合格后方可填筑上一层次。不同性质的填料要分层填筑,不得混填,以免内部形成水囊或薄弱层,影响路堤的稳定。对于水稳性、冻稳性好的材料应填筑在路堤的上部;如路堤下部可能受水浸蚀时,也宜采用水稳性好的材料来填筑。

桥台台背、涵洞两侧、挡土墙墙背一般是路基填筑的薄弱环节。由于是在构筑物完成后进行,场地狭窄,又不能破坏构筑物,因此填筑压实较为困难。如填筑不良,就会沉陷,而发生跳车,影响行车速度、舒适与安全,所以必须选择好填料并认真施工。为保证填筑压实质量,在比较宽阔部位应尽量选用大型压实机械,在临近构筑物时,可使用小型夯实机械分薄层认真夯实密实。适用于构筑物填筑的小型机械有蛙式打夯机、内燃打夯机、手扶式振动压路机等。

二、路基压实

填土必须经过压实才能使土颗粒彼此挤密,孔隙减小,形成密实体,增加粗颗粒土之间的摩擦咬合以及细颗粒土之间的分子引力,从而提高土的强度和稳定性。

土中的含水量对压实效果的影响比较显著。当含水量较小时,由于颗粒间引力使土保持着松散的状态和凝聚结构,在一定的外部压实功的作用下,虽然可以压实到一定的程度,但由于水膜润滑作用不明显以及外部功能不足以克服颗粒间的引力,土颗粒相对移动不容易,压实效果比较差;含水量逐渐增大时,水膜变厚,引力缩小,水膜又起着润滑作用,外部压实功能比较容易使土粒移动,压实效果渐佳;土中含水量过大时,孔隙中出了自由水,压实功能不能使气体排出,压实功能的一部分被自由水所抵消,减小了有效压力,压实效果反而降低。由击实试验所得的击实曲线(图11-7),可以看出压实效果的变化趋势。曲线有一峰值,此处的干表观密度为最大,称为最大干表观密度,与之对应的含水量则称为最佳含水量。这就得出一个结论:只有在最佳含水量的情况下压实效果才能最好。

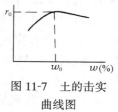

图 11-7　土的击实曲线图

衡量路基的压实程度是工地实际达到的干表观密度与室内标准击实试验所得的最大干表观密度的比值,即为压实度或称为压实系数。

路基受到的荷载应力,随深度而迅速减小,所以路上部的压实度应该高一些;另外,公路等级高,其路面等级亦高,对路基强度的要求相应提高,所以对路基压实度的要求也应该高一些。因此,规范对各等级公路不同层次都作了相应的压实度要求(重型击实试验),特别是高等级公路。

在平均年降雨量少于150mm且地下水位低的特殊干旱地区(相当于潮湿系数≤0.25地区)的压实度标准可降低2%～3%。因为这些地区雨量稀少,地下水位低,天然土的含水量大大低于最佳含水量,要加水到最佳含水量情况下进行压实对施工确有很大困难,而压实度标准稍予降低也不致影响路基的强度和稳定性。在平均年降雨量超过2000mm,潮湿系数>2的过湿地区和不能晾晒的多雨地区,天然土的含水量超过最佳含水量5%时,要达到上述的要求极为困难,应进行稳定处理后再压实。

所谓重型击实试验法,是与原来的击实试验法(现称轻型击实试验法)相比较而言。重型击实法增大了击实功能,从而提高了路基的压实标准。

压实土层的密实度随深度递减,表面5cm的密实度最高。填土分层的压实厚度和压实遍数、压实机械类型、土的种类和压实度要求有关,应通过试验路来确定。同样质量的振动压路机要比光轮静碾压路机的压实有效深度大1.5～2.5倍。如果压实遍数超过10遍仍达不到压实度要求,则继续增加遍数的效果很小,不如减小压实层厚。

碾压时,横向接头的轮迹应有一部分重叠,对于振动压路机一般重叠40～50cm,对三轮压路机一般重叠1/2后轮宽;前后相邻两区段亦宜纵向重叠1～1.5m。应做到无漏压、无死角和确保碾压均匀。

压路机行驶速度过慢则影响生产效率,行驶过快则对土的接触时间过短,压实效果较差。一般配光轮静碾压路机的最佳速度为 2～5km/h,振动压路机为 3～6km/h,各种压路机械的最大速度不宜超过 5～6km/h。当压实度要求高,以及铺土层较厚时,行驶速度更要慢些。碾压开始宜用慢速,随土层的逐步密实,速度逐渐提高。压实时的单位压力不应超过土的强度极限,否则土体将遭到破坏。开始时土体较疏松,强度低,故宜先轻压,随着土体密度的增加,再逐步提高压强。所以,推运摊铺土料时,应力求机械车辆均匀分布行驶在整个路堤宽度内,以便填土得到均匀预压。否则要采用轻型光轮压路机(6～8t)或履带式推土机进行预压。正式碾压时,若为振动压路机,第一遍应静压,然后由弱振至强振。

碾压时,在直线路段和大半径曲线路段,应先压路缘,后压中间;小半径曲线地段因有较大的超高,碾压顺序宜先低(内侧)后高(外侧)。

路堤边缘往往压实不到,仍处于松散状态,雨后容易滑塌,故两侧可采取多填宽 40～50cm,压实工作完成后再按设计宽度和坡度予以刷齐整平。也可以采用卷扬机牵引的小型振动压路机从坡脚向上碾压,或采用人工拍实。坡度不陡于 1:1.75 时,可用履带式推土机从下向上压实。

不同的填料和场地条件要选择不同的压实机械。一般来说轻型光轮压路机(6～8t)适用于各种填料的预压整平;重型光轮压路机(12～15t)适用于细粒土、砂粒土和砾石土;重型轮胎压路机(30t 以上)适用于各种填料,尤其是细粒土。其气胎压力应根据填料种类进行调整,一般颗粒越细气压越高;羊足碾(包括格式的和条式的)最适用于细粒土,亦适用于压实粉土质与粘土质砂,羊足碾需有光轮压路机配合对被翻松的表层进行补压;振动压路机具有滚压和振动的双重作用,使用于砂类土、砾石土和巨粒土,其效果远远优于其它压实机械,但对细粒土的压实效果不理想。

牵引式碾压机械质量大,爬坡能力强,生产率高,适合于工作场地广阔,可以采用螺旋形运行路线;自行式碾压机械结构质量较小,灵活机动,适合于一般工作场地,宜采用穿梭式直线运行,在尽头回转;夯实机械在路基压实中不是主要设备,仅用于狭窄工作场地的作业。

压实质量要求高的路基,宜选用压实效果较高的碾压机械,如重型轮胎压路机和振动压路机。

路基施工中还有路堑的形式,在原状土(或石)的情况下,进行路基开挖,其路基的稳定性较之路堤形式要好得多,但各层次的压实也应满足规范的各种规定。特别是当原状土的承载力不足时,一般要进行基础处理,确保承载力满足要求,最大限度地减少路基的工后沉降。

三、其他

(一) 软基处理

软基在我国滨海平原、河口三角洲、湖盆地周围及山涧谷地均有广泛分布。在软土地基上修筑路基,若不加处理,往往会发生路基失稳或过量沉陷,导致公路破坏或不能正常使用。我国各地不同成因的软土都具有近于相同的共性主要表现在:

1) 天然含水量高,孔隙比大　含水量在 34%～72% 之间,孔隙比在 1.0～1.9 之间,饱和度一般大于 95%,液限一般为 35%～60%,塑性指数为 13～30,天然表观密度约为 15～19kN/m³。

2) 透水性差　大部分软土的渗透系数为 $10^{-8}～10^{-7}$cm/s。

3) 压缩性高　压缩系数为 0.005～0.02,属于高压缩性土。

4）抗剪强度低　其快剪粘聚力在10kPa左右,快剪内摩擦角在0°～5°之间。

5）具有触变性　一旦受到扰动,土的强度明显下降,甚至成流动状态。

6）流变性显著　其长期抗剪强度只有一般抗剪强度的0.4～0.8倍。

在天然的软土地基上采用快速施工修筑一般断面的路堤所能填筑的最大高度,称为极限高度。

常用的软土地基的加固措施有如下几种:

(1) 塑料排水板

塑料排水板是带有孔道的板状物体,插入土中形成竖向排水通道。按塑料排水板的材料可分多孔单一结构型和复合结构型两种两大类。

施工方法:塑料排水板要用插板机插入土中。从插设方法讲,一类是套管式插板机,另一类是无套管式插板机。前者施工步骤如下:

将塑料排水板由后边的卷筒通过井架上方的滑轮,插入套管内排水板被套管的输送滚轴夹住,一起压入土中达到预定深度后输送滚轴反转松开排水板,上拔套管,塑料排水板便被留在土中在地面以上20cm左右将排水板切断。

无套管式插板机是用钻杆直接将塑料排水板压入土中。这种插板机较轻便,操作简单,速度快但塑料排水板容易被损伤或随钻杆拔起,地基强度较大时更不宜使用。

(2) 砂井

砂井是利用各种打桩机具击入钢管,或用高压射水、爆破等方法在地基中获得一定规律排列的孔眼并灌入中、粗砂形成砂柱。由于这种砂井在饱和软粘土中起排水通道的作用,又称排水砂井。砂井顶面应铺设砂垫层,以构成完整的地基排水系统。

砂井适用于路堤高度大于极限高度,软土层厚度大于5m时。各种施工方法都相应有其专用设备,这里限于篇幅不作专门介绍。

砂井的间距、深度要根据软土的地层情况、允许的施工期,由计算确定。砂井直径一般为20～30cm,视施工机械而定。

(3) 袋装砂井

国内外曾广泛采用网状织物袋装砂井,其直径仅8cm左右,比一般的砂井要省料的多,造价比一般砂井低廉,且不会因施工操作上的误差或地基发生水平和垂直变形而丧失其连续性。袋装砂井的打孔一般采用钢管打入式和射水式,以打入式为例,施工步骤如下:

将内径约12cm的套管打入土中预深度将预先准备好的长度比砂井长2cm左右的、用聚氯烯纤维织成的袋,在底部装入大约一满锹重的砂,并将底口扎紧,然后放入孔内将袋的上端固定在装砂漏斗上,从漏斗口将干砂边振动边灌入砂袋,装实装满为止徐徐拔出套管。

(4) 排水砂垫层

排水砂垫层是在路堤底部地面上铺设一层较薄的砂层。其作用是在软土顶面增加一个排水面。在填土过程中,荷载逐渐增加,促使软土地基排水固结,渗出的水就可从砂垫层中排走。

砂垫层适用于施工期限不紧,路堤高度为极限高度的二倍以内、砂源丰富、软土地基表面无隔水层的情况,当软土层较薄、或底层又有透水层时,效果更好。前述塑料排水板、袋装砂井、砂井等加固措施都要配合设置砂垫层。

(5) 预压

在软土地基上修筑路堤,如果工期不紧,可以先填筑一部分或全部,使地基经过一段时间固结沉降,然后再填足和铺筑路面;这种预压或超载预压的方法,简单易行,但需要较长的固结时间。需配合采用砂垫层、砂井等排水措施方能满足工期要求。

(6)挤实砂(碎石)桩

挤石砂桩是以冲击或振动的方法强力将砂、石等材料挤入软土地基中,形成直径较大的密实柱体,提高软土地基的整体抗剪强度,减少沉降。挤实砂桩以增大土体的密实度为主要目的,它与排水砂井的作用不同。砂桩直径约 0.6～0.8m。

挤实砂桩另一种施工方法是利用振动来制成砂桩(称为振实砂桩)。其施工步骤如下:将上面安有垂直振动器的套管就位振动下沉将砂灌入套管中边振动边使套管上下运动套管逐步上提最后形成密实的砂柱。

(7)旋喷桩

利用工程钻机,将旋喷注浆管轩入预定的地基加固深度,通过钻杆旋转,徐徐上升,将预先配制好的浆,用一定的压力从喷嘴喷出,冲击土体,使土和浆液搅拌成混合体,形成具有一定强度的人工地基。

旋喷桩的施工程序:钻机就位和检查钻进,至预定深度旋喷并提升钻杆。灌入材料以水泥浆为主,当土的渗透性较大或地下水流速过大时,为了防止浆液流失,可在浆液中掺加三醇铵和氯化钙等速凝剂。

(8)抛石挤淤、换土

采用人工或机械挖除路堤下人武部软土,换填强度较高的粘性土或砂、砾、卵石、片石等渗水性材料。换土根本改善了地基,不留后患,效果好。抛石挤淤是强迫换土的一种形式,它不必抽水挖淤,施工简便。这种方法用于湖塘或河流等积水洼地,常年积水且不易抽干,表层无硬壳,软土液性指数大,厚度薄,片石能沉至卧硬层的情况。一般用于软土厚度为3～4m。有时软土层不厚时也可采用。

(二)路基排水措施

1.路基地面排水措施

路基地面排水设施的作用是将可能停滞在路基范围内的地面水迅速排除,并防止路基范围外的地面水流入路基内。

(1)边沟

挖方路段和填土高度小于边沟深度的填方地段均应设置边沟,用以汇集和排除路基范围内或流向路基的少量地面水。边沟的断面形式,一般土质边沟宜采用梯形,矮路堤或机械化施工时可用三角形,在场地宽度受到限制时,可用石砌矩形。石质路堑边沟可作成矩形,积雪、积砂路段宜作成流线形。梯形边沟的内侧边坡一般为1:1～1:1.5,外侧边坡与路堑边坡相同,有碎落台时外侧边坡与内侧相同;三角形边沟内侧边坡一般为1:2～1:3,外侧边坡通常与挖方边坡一致。边坡的深度与底宽一般不应小于0.4m,干旱地区及分水点可采用。高速公路和一级公路的边沟断面大一些,其深度和底宽可至0.8～1.0m。

边沟沟底纵坡通常与路线纵坡一致。但路线纵坡小于0.3%时,应采用变化边沟深度的办法以保证其纵坡不小于0.3%;当纵坡大于3%时,应考虑加固,以免发生冲刷。边沟长度一般不宜超过300m,三角形边沟不宜超过200m。

一般不允许将截水沟的水排入边沟内,如特殊情况需排入时,则应加大边沟断面,并予以加固。

（2）截水沟

设在路堑坡顶外或山坡路堤上方,用以截拦上方流来的地面水。其断面形式一般为梯形,在地面横坡较陡时,可作成石砌矩形。截水沟底宽不小于0.5m,深度按流量确定,但亦不应小于0.5m。土质截水沟的边坡一般为1:1~1:1.5。沟底纵坡通常不得小于0.5%;特殊困难时,亦不得小于0.3%。沟底纵坡较大或有防渗要求时,应予加固。截水沟的长度不宜超过500m。

堑顶外截水沟,有弃土堆时,设在弃土堆外;无弃土堆时,距堑顶边缘至少5m;山坡路堤上方截水沟离开路堤坡脚至少2m。

（3）排水沟

其作用是将边沟、截水沟、取土坑或路基附近的积水引入就近桥涵或沟谷中去。排水沟的断面和纵坡要求与截水沟基本相同。紧靠路堤护坡道外侧的取土坑,若条件适宜可用以排水,这时取土坑底部宜作成自两侧向中部倾斜2%~4%的横坡。出入口应与所连接的排水沟平顺衔接;当出口部分为天然沟谷时,不要使水形成漫流。

2.路基地下排水设施

（1）明沟与槽沟

明沟与槽沟都是用于兼排地面水和浅层地下水主设施。当设置在路基旁侧时宜顺路线方向布置;当设置在山坡上的低洼地带或天然沟上时宜顺山坡沟谷走向布置。

沟底宜埋入不透水导层内。沟壁上最下一排渗水孔(或缝隙)的底部高出沟底不小于0.2m,并宜略高于沟中设计流量的水流表面。

明沟和槽沟不宜在严寒地区或冻结期较长的地区使用。

（2）边坡渗沟

边坡渗沟用于疏干潮湿的边坡和引排边坡上局部出露的上层滞水或泉水,并起加固边坡的作用。适用于坡度不陡于1:1的土质路堑边坡,也常用于加固潮湿的容易发生表土坍滑的土质路堤边坡。

边坡渗沟应垂直堑入边坡。对于较小范围的局部湿土,宜采用条带状布置,对于较大范围的局部湿土,宜用分岔形布置。当边坡表土普遍潮湿时,宜用拱形与条带形布置相结合。

边坡渗沟基底埋置在边坡潮湿土层以下较干燥而稳定的土层内。可按潮湿带的厚度做成具有泄水坡(2%~4%)的阶梯形,最后一个台阶的长度宜大一些。

边坡渗沟断面通常采用矩形。由于边坡渗沟集引的地下水流量较小,故可只在其底部用大粒径石料填充作为排水通道,其外周设置适当的反滤层。

边坡渗沟下部的出水口一般采用干砌片垛,其作用是支挡渗沟内部的填充材料并将渗沟中集引的水排入边沟内,其位置一般放在边沟的外面。

边坡渗沟应从下游向上游开挖,而且各条边坡渗沟要间隔开挖,还要及时回填。

（三）挡土墙

挡土墙是用于支挡路基填土或山坡土体的构造物。挡土墙在公路工程中广泛使用,种类很多,但最常见的是普通重力式挡土墙和加筋土挡土墙。

1.普通重力式挡土墙

普通重力式挡土墙依靠墙身自重支撑土压力。一般多用片石砌筑,在缺乏石料的地区有时也用混凝土修建。这种挡土墙圬工量较大，但其断面型式简单(墙背为一直线)、施工方便，可就地取材，适应性强，故在我国公路上使用最为广泛。

挡土墙施工尚须注意以下几点：

1) 施工前应作好地面排水系统，施工中对土质基坑要防止泡水。

2) 松散堆积层地段，宜分段跳槽开挖，挖成一段砌筑一段。

3) 墙身砌出地面后，即将基坑回填夯实，并作成不小于地面的向外流水坡，以免积水下渗，影响墙体稳定。

4) 随着墙身砌筑，俟圬工强度达到后即可进行墙身回填。

5) 墙后填料选择和填筑方法，必须符合要求。

6) 浸水挡土墙宜在枯水季节施工。

7) 墙背反滤层的料径应符合级配要求。

2. 加筋土挡土墙

加筋土挡土墙是由面板、筋带和加筋体填料三部分组成的复合结构，依靠填料与筋带的摩擦力来平衡面板所受的水平土压力(即加筋挡土墙的内部稳定)，并以这一复合结构去抵抗筋带尾部所产生的土压力(即加筋挡土墙的外部稳定)。

另外还有锚杆式挡土墙、锚定式挡土墙、悬臂式挡土墙、扶臂式挡土墙等。

第三节 路面工程施工

一、路面基层的施工

路面基层(底基层)可分为无机结合料稳定类和粒料类。无机结合料稳定类又称为半刚性型或整体型，包括水泥稳定类、石灰稳定类和综合稳定类；粒料类常分为嵌锁型和级配型。

(一)半刚性基层的施工

半刚性基层材料的显著特点是：整体性强、承载力高、刚度大、水稳性好，而且较为经济。国内外高等级公路上越来越多地采用半刚性基层或底基层。

1. 石灰稳定类材料强度形成原理

石灰稳定类包括石灰土、石灰砂砾土、石灰碎石土等。其强度形成主要指石灰与细粒土的相互作用。

土中掺入石灰，石灰与土发生强烈的相互作用，从而使土的工程性质发生变化。初期表现为土的结团、塑性降低、最佳含水量增大和最大密实度减小等；后期变化主要表现在结晶结构的形成，从而提高土的强度与稳定性。

影响石灰土强度与稳定性的主要因素有：土质、石灰的质量与剂量、养生条件与龄期等。

各种成因的亚砂土、亚粘土、粉土类土和粘土类土都可以用石灰来稳定。一般来说，石灰土的强度随土的塑性指数增加而增大。但土质过粘时不易粉碎和拌和，反而影响稳定效果，且易形成缩裂。因此，用做石灰土的土的塑性指数一般控制在 15～20 之间。

石灰土施工时必须遵守下列规定：

1) 细粒土应尽可能粉碎，土块最大尺寸不应大于 15mm；

2) 配料必须准确；

3) 石灰必须摊铺均匀；

4）撒水拌合必须均匀；

5）应严格掌握摊铺厚度和高程；

6）严格控制碾压时达到最佳含水量横坡应与面层一致；

7）石灰结构层应采用12t以上的压路机碾压，用三轮压路机碾压时，每一层的压实厚度不得超过15～18cm，如采用振动式压路机或是振动式羊足碾与三轮压路机配合碾压时，每层的压实厚度可根据实验情况适当增加。

2. 水泥稳定类材料强度形成原理

水泥稳定类材料包括水泥稳定砂砾、砂砾土、碎石土、土等，其强度形成主要是水泥与细粒土的相互作用。

水泥矿物与土中的水分发生强烈的水解和水化反应，同时从溶液中分解出 $C_a(OH)_2$ 并形成其他水化物。水泥的各种水化物生成后，有的自行继续硬化形成水泥石骨架，有的则与土相互作用，其作用形式有：离子交换及团粒化作用、硬凝反应、碳酸化作用。

水泥稳定土是水泥石的骨架作用与 $C_a(OH)_2$ 物理化学作用的结果，后者使粘土微粒和微团粒形成稳定的团粒结构，而水泥石则把这些团粒包裹和连接成坚强的整体。

水泥稳定土结构层首先在春末和气温较高季节组织施工，施工期的最低气温应在 5℃ 以上。

水泥稳定土结构层施工时必须遵守下列规定：

1）细粒土应尽可能粉碎，土块最大尺寸不应大于 15mm；

2）配料必须准确；

3）石灰必须摊铺均匀；

4）撒水拌合必须均匀；

5）应严格掌握摊铺厚度和高程；

6）严格控制碾压时达到最佳含水量横坡应与面层一致；

7）必须保湿养生，不使稳定土层表面干燥，也不应忽干忽湿；

8）水泥稳定土基层上未铺封层或面层时，除施工车辆外，禁止一切机动车通行。

随着筑路技术的提高，有时为达到某一目的而使用多种结合料，我们把这种稳定类材料称为综合稳定类材料。综合稳定类是指以水泥或石灰为主要结合剂，外掺少量活性物质或其他材料，以提高和改善土的技术性质。常见的有石灰、粉煤灰（简称二灰）稳定类和水泥、石灰综合稳定类。二灰稳定类包括二灰、二灰土、二灰砂、二灰砂砾、二灰碎石等，特性是后期强度高，早期强度低。水泥、石灰综合稳定类扩大了水泥稳定类的使用范围，特别是稳定过湿土取得了良好的效果。

3. 半刚性基层施工

半刚性基层的混合料拌合方式有路拌法和厂拌法，其摊铺方式有人工和机械两种。施工程序一般是先通过修筑试验路段，确定标准施工方法后，再进行大面积施工。

在我国高等级公路基层修筑实践中，许多施工单位都是通过修筑试验路段，进行施工优化组合，把主要问题找出来，并加以解决，由此得出标准施工方法用以指导大面积施工，从而使整个工程施工质量高、进度快，经济效益显著。

一般半刚性基层的施工必须遵循以下原则：

1）检验拌合、运输、摊铺、碾压、养生等计划投入使用设备的可靠性；

2）检验混合料的组成设计是否符合质量要求以及各道工序的质量控制措施是否合理；

3）提出用于大面积的材料配合比及松铺系数；

4）确定每一作业段的合适长度和一次铺筑的合理厚度；

5）提出标准施工方法。标准施工方法主要内容包括：集料与结合料数量的控制，摊铺方法，合适的拌和方法、拌和速度、拌和深度与拌和遍数，混合料的最佳含水量的控制方法，整平和整型的合适机具与方法，压实机械的组合，压实的顺序、速度和遍数，压实度的检查方法及每一作业段的最小检查数量。

（1）路拌法施工

准备下承层施工测量备料摊铺拌和整平与碾压成型初期养护。施工前对下承层按质量验收标准进行验收，并精心加工。

所用材料应符合质量要求，并根据各路段基层（底基层）的宽度、厚度及预定的干密度，计算各路段需要的干燥集料数量。根据混合料的配合比、材料的含水量以及所用车辆的吨位，计算各种材料每车料的堆放距离，对于水泥、石灰等结合料，常以袋（或小翻斗车）为计量单位，故应计算出每袋结合料的堆放距离。也可根据各种集料所占的比例及其松干密度，计算每种集料松铺厚度，以控制集料施工配合比，而对结合料（水泥、石灰等）仍以每袋的摊铺面积来控制剂量。

用平地机、推土机或人工按试验路段所求得的松铺系数进行摊铺，摊铺力求均匀。摊铺工作就绪后，就可使用稳定土路拌机进行拌合作业。

拌合好的混合料以平地机整平，并整出路拱，然后进行压实作业。

碾压过程中，如有"弹簧"、"松散"、"起皮"等现象，应及时翻开重新拌合，或用其他方法处理，使其达到质量要求。在碾压结束之前，用平地机再终平一次，使其纵向顺适，路拱的超高符合设计要求。

重视保湿养生，养生时间应不小于 7d。水泥稳定类混合料碾压完成后，即刻开始养生，二灰稳定类混合料是在碾压完成后的第二或第三天开始养生。

（2）厂拌法施工

在拌合厂应对混合料进行抽验。将拌合对的混合料送到现场，如运距过远，车上混合料应覆盖，以防水分损失过多。用平地机、摊铺机、摊铺箱或人工按松铺厚度摊铺均匀，如有粗细颗粒离析现象，应以机械或人工补充拌和，如果采用摊铺机施工，厂拌设备的生产率、运输车辆及摊铺机的生产率应尽可能配套，以保证施工的连续性。其他工序同路拌法。

基层施工应尽可能采用集中厂拌和摊铺机摊铺的施工方法。当条件不具备时底基层施工可采用路拌和人工摊铺。

（二）粒料类基层（底基层）施工

粒料类基层按强度构成原理可分为嵌锁型与级配型。嵌锁型包括泥结碎石、泥灰结碎石、填隙碎石等；级配型包括级配碎石、级配砾石、符合级配的天然砂砾、部分砾石经轧制掺配而成的级配砾、碎石等。下面主要介绍继配碎石基层的施工。

级配碎石基层施工力求做到：集料级配要满足要求，配料必须准确，特别是细料的塑性指数必须符合规定，掌握好虚铺厚度，路拱横坡符合规定，拌合均匀，避免粗细颗粒离析。

级配碎石用做基层时，碎石的最大粒径不应超过 30cm。规范对石料的针片状含量、压碎值等都有明确的规定。

340

级配碎石应在最佳含水量时采用 12t 以上的压路机压实至要求的密实度,压实度以重型击实标准计。采用 12t 以上三轮压路机的每层压实厚度以不超过 15～18cm 为宜,采用重型振动压路机或轮胎压路机时每层压实厚度可为 20～23cm。

基层未洒透层沥青或未铺封层时,不应开放交通,以免表层破坏。

二、沥青路面的施工

沥青路面具有表面平整、无接缝、行车舒适、耐磨、噪声低、施工期短、养护维修简便,且适宜于分期修建等优点,因此得到了广泛的使用。在我国使用最广泛的沥青路面是沥青混凝土路面和沥青碎石路面。通常,我们把沥青混凝土混合料和沥青碎石混合料统称为沥青混合料。

(一)沥青混合料的材料及质量检验

目前,我国高等级公路路面所用的沥青大部分从国外进口,如京津塘高速公路、广佛高速公路、西三一级公路、济青一级公路等。对于沥青材料,在全面了解各种沥青料源、质量及价格的基础上,无论是进口沥青还是国产沥青,均应从质量和经济两个方面综合考虑选用。对进场的沥青,每批到货均应检验生产厂家所附的试验报告单,检查装运数量、装运日期、定货数量、试验结果等。

沥青材料的试验项目有:针入度、延度、软化点、薄膜加热、蜡含量、密度等。有时根据合同要求,可增加其他非常规测试项目。

确定石料料场,主要是检查石料的技术标准能否满足要求,如石料等级、饱水抗压强度、磨耗值、压碎值、磨光值及石料与沥青的粘结力,这些都是料场取舍的关键条件。

砂的质量是确定砂料场的主要条件。进场的砂、石屑、矿粉应满足规范规定的质量要求。

(二)拌和设备的选型及场地布置

根据工程量和工期选择拌和设备的生产能力和移动方式(固定式、半固定式和移动式)。

沥青混合料拌和设备是一种由若干个能独立工作的装置所组成的综合性设备。其各个组成部分的总体布置,都应满足紧凑、相互密切配合又互不干扰各自工作的原则。

目前,沥青混合料的拌和设备种类比较繁多,按照矿粉和沥青的供料形式的不同,可分为间歇式和连续式拌和设备。拌和产量一般从每小时几吨、十几吨、几百吨不等,应根据摊铺机械的生产能力来选择配套的拌合机械。目前使用最广泛的是生产率在 300t/h 以下的拌和设备。

沥青混合料在生产过程中要随时进行取样和测试,这是沥青混合料拌和厂进行质量控制最重要的两项工作,规范中明确规定了抽样频率、规格和位置。

(三)沥青混合料的铺筑与压实

1. 修筑试验段

沥青路面大面积施工前,采用计划使用的机械设备和混合料配合比铺筑试验段。通过试验段的修筑,主要研究合适的拌和时间与温度(拌和前进行流量测定,建立料仓开度与流量的关系);摊铺温度与速度;压实机械的合理组合,压实温度及压实方法;松铺系数;合适的作业段长度。在试验段中,抽样检测每种沥青混合料的沥青含量、矿料级配、稳定度、流值、空隙率、饱和度、密实度等。沥青混合料压实后,按标准方法进行密实度、厚度的抽验。

通过试验段修筑,优化拌和、运输、摊铺、碾压等施工机械设备的组合和工序卸接;提出混合料生产配合比;明确人员的岗位职责。最后提出标准施工方法,用以指导沥青混合料的大面积施工。

2.大面积沥青路面的施工

在试验段取得相关数据之后,即可展开大面积的施工。按照摊铺机的摊铺速度来控制拌和设备的生产能力,并配备相关技术人员进行相关工序的控制。

沥青混合料由拌和厂运送到摊铺现场,进行摊铺作业。沥青混合料摊铺作业常包括下承层准备、施工放样、摊铺机各种参数的调整与选择、摊铺机作业等主要内容。

在铺筑沥青混合料时应对它的下承层进行全面的质量检查,对有缺陷的应及时修补。

施工放样包括标高测定与平面控制两项内容。标高测定的目的是确定下承层表面高程与原设计高程相差的确切数值,以便在挂线时纠正到设计值或保证施工层厚度。

摊铺机在每日施工前,必须对工作装置及其调节机构进行专门检查,以使摊铺机在良好状态下工作。在摊铺前,根据施工要求对摊铺机以下结构参数和运行参数进行调整:熨平板宽度和拱度、摊铺厚度、熨平板的初始工作角、摊铺速度等。

在每次摊铺前,首先对熨平板进行加热,即使夏季也应如此。在摊铺过程中摊铺机的刮板输送器和螺旋摊铺器的工作要密切配合,工作速度要相互匹配。另外,要尽量保持其工作的均匀性,这是决定路面平整度的一项重要因素。

摊铺后,当温度降低一定程度后即可进行碾压。压实程序分为初压、复压和终压三道工序。

1)初压的目的是整平和稳定混合料。一般用光轮压路机先稳压两遍,初压温度一般控制在110～140℃。

2)复压是使混合料密实、稳定、成型,混合料的密实程度取决于这一道工序。一般用10～12t三轮压路机、10t以上的振动压路机或轮胎压路机碾压4～6遍至稳定和无明显轮迹,复压温度为90～120℃。

3)终压的目的是消除轮迹,形成平整的压实面。一般用光轮压路机碾压2～4遍,终压温度为65～80℃。

碾压完成以后,可以进行压实质量的检验,主要的检测项目有压实度、厚度、平整度、粗糙度。

第四节 桥梁工程施工

一、桥梁的基本组成

桥梁按其结构可分为下部结构和上部结构。通常我们把支承桥跨结构并将恒载和车辆等活载传至地基的桥墩、桥台及基础称为下部结构;把在线路中断时跨越障碍的主要承载结构称为上部结构;把处于桥跨结构与桥墩或桥台的支承处所设置的传力装置称为支座。如图11-8所示为梁式桥的基本构造。

二、桥梁的主要类型

目前所建设的桥梁种类繁多,但按其结构型式分为梁式桥、拱式桥、刚架桥、吊桥等几种型式,下面简要介绍这几种桥梁的结构特点。

(1)梁式桥

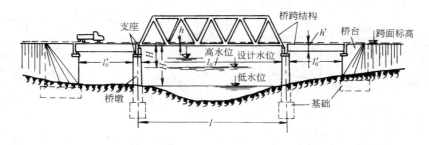

图 11-8　梁式桥的基本构造

梁式桥是一种在竖向荷载作用下无水平反力的结构,外力的作用方向与承重结构的轴线接近垂直,梁内产生的弯距很大。梁式桥按其结构型式又可分为简支梁桥,悬臂式或连续式梁桥以及钢架桥等等。

（2）拱式桥

拱式桥的主要承重结构是拱圈或拱肋,这种结构在竖向荷载作用下,桥墩或桥台将承受水平推力。水平推力的存在将显著抵削由荷载所引起的拱圈内的弯距作用。拱桥的承重结构以受压为主,通常就可选用抗压能力强的材料来建造。

（3）刚架桥

刚架桥的主要承重结构是梁式板和立柱或竖墙整体结合在一起的刚架结构,梁和柱的联结处具有很大刚性。在竖向荷载作用下,梁内主要受弯,而在柱脚处也具有水平反力,其受力状态介于梁桥与拱桥之间。

（4）吊桥

传统的吊桥均用悬挂在两边塔架上的强大缆索作为主要承重结构,在竖向荷载作用下,通过吊杆使缆索承受很大的拉力,通常就需要在两岸桥台的后方修筑非常巨大的锚碇结构。现代的吊桥由于采用了高强度的钢丝编制的钢缆,结构自重较轻,增大了跨径。吊桥也是具有水平反力的结构。

除了上述按受力特点分成不同的结构体系外,人们还习惯地按桥梁的用途、大小规模和建桥材料等进行分类:

1）按用途来划分为公路桥、铁路桥、公路铁路两用桥、农桥、人行桥、运水桥（渡槽）、及其他专用桥等。

2）按桥梁全长和跨径的不同分为特大桥、大桥、中桥和小桥。

3）按主要承重结构所用的材料划分为圬工桥、钢筋混凝土桥、预应力混凝土桥、钢桥和木桥。

4）按跨越障碍的性质划分跨河桥、跨线桥、高架桥和栈桥。

5）按上部结构的行车道位置分上承式桥、中承式桥和下承式桥。

三、桥梁的施工

桥梁施工是一项复杂而涉及面很广的工作,一般包括选择施工方法,进行必要的施工验算,选择或设计制作施工机具设备,选择与运输建筑材料,安排水、点、动力、生活设施以及施工计划,组织与管理等几个方面的内容。施工涉及到多个领域,需要多行业的技术人员和工人协力完成。

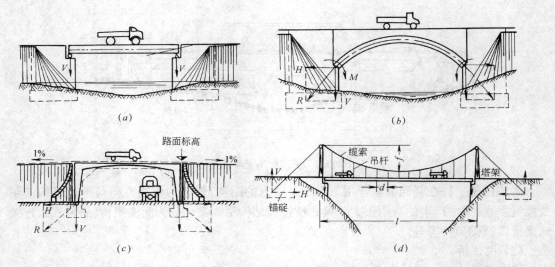

图 11-9　各种桥梁的形式及受力示意图
(a)梁式桥；(b)拱式桥；(c)刚架桥；(d)吊桥

(一)下部结构的施工

下部结构包括桥墩、台和基础等几部分,桥墩、台承受上部结构传来的荷载,并通过基础将此荷载及本身自重传递到地基上。因此,下部结构是确保桥梁能安全使用的关键。其中,特别是基础往往深埋土层中,并且需在水下施工,故也是桥梁建筑中比较困难的一个部分。

1. 基础工程的施工

基础施工前必须进行严格的测量放线工作,以保证桥梁各部分尺寸符合设计要求。基础工程按照其型式和受力特点的不同大致分为扩大基础、桩基础、沉井基础、组合式基础等几种形式。

(1)扩大基础

扩大基础的施工一般采用明挖的方法进行的。如果地基土质较为坚实,开挖后能保持坑壁稳定,可不必设置支撑,采取放坡开挖。但实际上由于土质关系、开挖深度、放坡等受到用地或施工条件的限制,需要进行各种坑壁支撑。在基坑开挖过程中如有渗水时,则需要在基坑四周挖边沟和集水井以便排除积水。在水中开挖基坑时,通常要在基坑周围预先修筑临时性的挡水结构物(称为围堰),而后将堰内水排干,再开挖基坑。基坑开挖至设计标高后,应及时进行坑底土质鉴定、清理及整平工作,然后砌筑基础结构物。故此可归纳为扩大基础施工的主要内容包括基础的定位放样、基坑开挖、基坑排水、基底处理与圬工砌筑等等。

扩大基础是直接靠基底土壤来承担荷载的,基底土壤的好坏,承载力的大小,对基础、墩台以及上部结构的影响极大。扩大基础在砌筑前必须对其基底承载力进行检测,有时还要进行有效的基底处理工作,保证其满足承载力要求。

(2)桩基础

桩基础是常用的桥梁基础类型之一。当地基浅层土质较差,持力土层埋藏较深,需要采用深基础才能满足结构物对地基强度、变形和稳定性要求时,可采用桩基础。桩基础按材料分木桩、钢筋混凝土桩、预应力混凝土桩、钢桩等。按制作方法分为预制桩与钻挖孔灌注桩。

按施工方法分沉入桩(锤击沉桩,振动沉桩,射水沉桩,静力沉桩)、钻孔灌注桩与钻孔埋置桩。一般就桩基础的种类、长度和桩径,设计人员根据荷载及设计意图给出明确要求,施工时则根据地质条件,工期要求及施工现场条件来确定施工设备,选择施工方法。

下面以钻孔灌注桩为例,简要谈一下桩基础的施工工艺:

钻孔灌注桩系指采用不同的钻(挖)孔方法,在土中形成一定直径的井孔,达到设计标高后,将钢筋骨架(笼)吊入井孔中,灌注混凝土形成为桩基础。钻孔灌注桩的发展很快,目前,在桥梁的建设中已广泛使用,钻孔直径从25cm发展到200cm以上,桩长也从十余米发展到百米以上。

在施工前,要安排好施工计划,编制具体的工艺流程图,作为安排各工序施工操作和进度的依据。钻孔灌注桩施工因成孔方法的不同和现场情况各异,施工工艺流程不会完全相同,但总的来说大同小异。下图是钻孔灌注桩的一般工艺流程图。参照各地的实践经验,钻孔灌注桩施工的主要工序为:埋设护筒,制备泥浆,钻孔,清底,钢筋笼制作与吊装以及灌注水下混凝土等等。

(3) 沉井基础

当表层地基土的容许承载力不足,地面深处有较好的持力层;或山区河流中冲刷较大;或河中有较大卵石不便于桩基础施工;或岩层表面较平坦,覆盖层不厚,但河水较深等条件下,根据经济比较分析,可考虑采用沉井基础。沉井基础的特点是埋置深度可以很大,整体性强,稳定性好,刚度大,能承受较大的荷载作用。沉井基础在桥梁工程中得到较广泛的应用。但沉井基础也有其不足之处,如施工工期较长;结粉砂类土在井内抽水易发生流砂现象,造成沉井倾斜;下沉时如遇到大孤石、沉船、落梁、大树根或井底岩层表面倾斜过大,均会给施工带来很大困难。因此,要求在施工前,应事先详细钻探,探明地层情况及有关资料,以利于制定沉井下沉方案。

沉井一般用钢筋混凝土制造,少数也有混凝土制和钢制的。施工时,沉井可在墩位筑岛制造,井内取土靠自重下沉,并可采取辅助下沉措施;也可采用泥浆润滑套,空气幕等方法,以减小下沉时的井壁摩阻力,减小井壁厚度。在水深流急、筑岛与设置围堰困难的情况下,可采用浮式沉井。

(4) 组合式基础

处于特大水流上的桥梁基础工程,墩位处往往水深流急,地质条件极为复杂,河床土质覆盖层较厚,施工时水流冲刷较深,施工工期较长,采用普通的单一形式的基础已难以适应。为了确保基础工程安全可靠,同时又能维持航道交通,宜采用由两种以上形式组成的组合式基础。其功能应满足既是施工围堰和挡水结构物,又是施工作业平台,能承担所有施工机具与用料的荷载作用等;同时还应成为整体基础结构物的一部分,在桥梁运营阶段亦有所作为。

组合基础的形式很多,常用的有双壁围堰钻孔桩基础,钢沉井加管柱(钻孔桩)基础,浮运承台与管柱,钻孔桩基础等等。可根据设计使用要求,桥址处的地质水文条件,施工机具设备状况,施工安全及通航要求等因素,通过综合技术经济分析与比较,因地制宜,合理选用。

2. 桥墩台的施工

墩台施工是桥梁建筑中的一个重要部分,建造好的墩台在位置、尺寸、强度和耐久性等方面都要符合设计要求。为此,施工时首先应精确地测定墩台位置,正确地进行模板制造和安装,同时采用经过试验的合格建筑材料,严格执行施工规则的规定,以确保工程质量。

桥梁墩台施工的方法主要有两类:一类是就地浇筑与石砌;一类是拼装预制混凝土砌块,钢筋混凝土与预应力混凝土构件。大多数的施工现场是采用前者,但其缺点是施工期限较长,且要耗费较多的劳力与物力。近年来,随着起重机械,运输机械的发展,采用拼装预制构件,建造实心、空心墩台的施工方法有所进步,其优点是不但可保证施工质量,减轻劳动强度,而且可以加快工程进度,提高施工效益,尤其对缺少砂石地区,对沙漠缺水地区建造墩台更有着重要意义。

(1) 混凝土墩台、石砌墩台的施工

就地浇筑的混凝土墩台施工有两个主要工序,一是制作与安装墩台模板,二是混凝土浇注,根据公路桥涵施工技术规范的规定,模板的设计与施工应符合如下要求:

1) 具有必须的强度,刚度和稳定性,能可靠地承受施工过程中可能产生的各项荷载,保证结构物各部形状,尺寸准确;

2) 尽可能采用组合钢模板或大模板,以节约木材,提高模板的适应性和周转率;

3) 模板板面平整,接缝严密不漏浆;

4) 拆装容易,施工时操作方便,保证安全。

模板一般用木材或钢材制成。木模重量轻,便于加工成结构物所需的尺寸和形状,但装拆时易损坏,重复使用少。对于大量哉定型的混凝土结构物,则多采用钢模板,钢模板造价较高,但可重复多次使用,且拼装拆卸方便。

在墩台混凝土的施工中,要严格控制工程的各项技术标准,切实保证混凝土的配合比、水灰比以及坍落度等指标要求。

(2) 注意事项

一般墩台混凝土的施工主要应注意以下两个方面:

1) 混凝土的运送 应根据水平或垂直距离选择合适的运送工具,以及运送方式,在运输过程中要防止由于颠簸而造成的混凝土离析。

2) 混凝土的浇注 墩台是大面积的坏工,在浇注过程中采取措施防止水化热过高,导致混凝土内外温差引起的裂缝。如果不能在前层混凝土初凝前浇筑完成次层混凝土时,为保证结构的整体性,宜分块浇注。另外,墩台身钢筋的绑扎应和混凝土的灌注配合进行,钢筋的绑扎和焊接应符合施工规范的规定。

石砌墩台具有就地取材和经久耐用等优点,在石料丰富的地区建造墩台时,在施工期限和荷载许可的条件下,应优先考虑石砌墩台方案。

(二) 上部结构

上部结构直接承受车辆等活载的作用,在施工中应首先通过对全桥的工程技术状况、水文条件、机械设备能力、劳动力等条件做出全面的规划安排,包括拟定切实可行的施工方法,施工进度计划,施工现场布置等。使上部结构的工作与下部结构能有序的安排进行。一般上部结构的施工可分为就地灌筑(现浇)和预制安装两大类。

预制安装法施工的优点是:上、下部结构可平行施工,工期较短,并且也能控制;混凝土收缩徐变的影响小,质量易于控制;有利于组织文明生产。但是这种方法需要设置预制场地和拥有必要的运输和吊装设备,而且在预制块件之间和受力钢筋中断处需要作接缝处理。

现浇法施工无需预制场地,并且不需要大型吊运设备,梁体的主筋也不间断。其缺点是工期较长,施工质量不如预制容易控制,而且对于预应力混凝土梁由于收缩和徐变引起的应力损失也较大等等。

下面按照工序介绍一下梁体预制的施工内容:

1. 模板和支架的制作与安装

模板按制作材料可分为木模板,钢模板,钢木结合模板,有时也可因地制宜地利用土模或砖模来制梁。

模板和支架不仅控制着梁体尺寸的精度,直接影响施工进度和混凝土灌注质量,有时还会影响到施工安全,因此模板和支架应符合下列要求:

1)具有足够的强度,刚度和稳定性,能可靠地承受施工过程中可能产生的各项荷载。

2)构件的连接应尽量紧密,以减小支架变形,使沉降量符合预计数值。

3)模板的接缝必须密合,如有缝隙,须塞堵严密,以防跑浆。

4)构筑物外露面的模板应保持平、光,并涂以石灰乳浆、肥皂水或废机油等作隔离剂。

5)模板应用内撑支撑,用螺栓栓紧。使用木内撑时,应在浇注到该部位时及时将支撑撤出。

因为模板和支架决定了工程构造物的设计形状,尺寸及各部分相互之间位置的正确性,因此在使用前必须进行检验,以确保各部位坚固、稳定,其位置和尺寸符合设计要求。

2. 钢筋的加工与安装

钢筋工作的特点是加工工序多,包括钢筋整直、切断、除锈、弯割、焊接或绑扎成型等,而且钢筋的规格和型号尺寸也是比较多。首先应对进场的钢筋通过抽样试验进行质量鉴定,合格的钢筋方可使用。在使用前进行钢筋整直和除锈工作,以保证钢筋的使用质量,且为了使成型的钢筋比较精确地符合设计要求,在下料时应根据规范正确计算各部位钢筋的下料尺寸。随后即可进行钢筋弯制前的最后一道工序——下料(截断钢筋)。

下料后的钢筋可在工作平台上用手工或电动弯筋器按规定的弯曲半径弯制成型,钢筋的两端亦应按图纸弯成所需的标准弯钩。钢筋的接头应采用电焊,并以闪光接触对焊为宜,这种接头的传力性能好,且省钢料。在不能进行闪光接触对焊时,可采用电弧焊(如搭接焊、帮条焊、坡口焊、熔槽焊等)。焊接接头在构件内应尽量错开布置,且受拉钢筋的接头截面积不得超过受力钢筋总截面积的 50%。装配式构件连接处受力钢筋的焊接接头可不受此限制。

钢筋弯制后即可焊接钢筋骨架,骨架的焊接一般采用电弧焊,先焊成单片平面骨架,再将它组拼成立体骨架。拼装后的骨架必须具有足够的刚性,焊接有足够的强度,以便在搬运、安装和灌筑混凝土的过程中不致变形和松散。

为使钢筋在安装过程中保证达到设计及构造要求,应注意以下几点:

1)钢筋的接头应按规定要求错开布置;

2)钢筋的交叉点应用铁丝绑扎结实,必要时亦可用电焊焊接;

3)除设计有特殊规定者外,梁中箍筋应与主筋垂直,箍筋弯钩的迭合处,在梁中应沿纵向置于上面并交错布置;

4)为保证混凝土保护层的必须厚度,应在钢筋与模板间设置垫块,垫块应错开布置,不应贯通截面全长;

5）为保证及固定钢筋相互间的横向净距，两排钢筋之间可使用混凝土块隔离，或用短钢筋扎结固定；

6）为保证钢筋骨架有足够的刚度，必要时可以增加装配钢筋。

如梁体采用预应力钢筋混凝土时，还应按照设计图纸准确布置预应力钢筋或钢丝的孔道位置。

3. 混凝土的浇筑

混凝土工作包括拌制、运输、灌注和振捣、养护以及拆模等工序。

（1）混凝土的拌制

混凝土一般应采用机械搅拌，上料的顺序一般是先石子，次水泥，后砂子。人工搅拌只许使用于少量混凝土工程的塑性混凝土或半干硬性混凝土。如需掺附加剂，应先将附加剂调制成溶液（指可溶性附加剂），再加入拌合水中，与其他材料拌匀。在整个施工过程中，要注意随时检查和校正混凝土的流动性或工作度（又叫坍落度），严格控制水灰比，不得任意增加用水量。保证混凝土拌合均匀的重要条件是有足够拌和时间，但要注意拌合时间也不能过长，否则会造成混凝土混合物的分离现象。

（2）混凝土的运输

混凝土应以最少的转运次数，最短的距离迅速从搅拌地点运往灌筑位置。运输道路要平整，防止混凝土因颠簸振动而发生离析、泌水和灰浆流失现象。一经发现，必须在灌筑前进行再次搅拌。

（3）混凝土的灌注

灌注混凝土前一定要仔细检查模板和钢筋的尺寸，预埋件的位置等是否正确。并要查看模板的清洁、润滑和紧密程度。混凝土的灌筑方法直接影响到混凝土的密实度和整体性，这对混凝土的质量关系很大。因此，必须根据混凝土的拌制能力、运距与灌筑速度、气温及振捣能力等因素，认真制定混凝土的灌注工艺。当构件的高度（或厚度）较大时，为了保证混凝土能振捣密实，就应采用分层浇筑法。

（4）混凝土的振捣

混凝土拌合料具有在受振时产生暂时流动的特性，此时其中的粗骨料靠重力向下沉落并互相滑动挤紧，骨料间的空隙被流动性大的水泥砂浆所充满，而空气则形成小气泡浮到混凝土表面被排出。这样会增加混凝土的密实度，从而大大提高混凝土的强度和耐久性，并使之达到内实外光的要求。

混凝土的振捣可分人工（用铁钎）振捣和机械振捣两种。人工振捣适用于坍落度大，混凝土数量少或钢筋过密部位的场合。大规模的混凝土灌注，必须使用机械振捣。混凝土振捣设备有插入式振捣器，附着式振捣器，平板式振捣和振动台等。混凝土每次振捣的时间要很好掌握，振捣时间过短或过长均有弊端，一般以振捣至振捣至混凝土不再下沉，无显著气泡上升，混凝土表面出现薄层水泥浆，表面达到平整为适度。

（5）混凝土的养护及模板拆除

混凝土中水泥的水化作用过程，就是混凝土凝固，硬化和强度发育的过程。它与周围环境的温度、湿度有着密切的关系。混凝土浇筑后即需进行适当的养护，以保持混凝土硬化发育所需要的温度和湿度。

目前，在桥梁施工中采用最多的是在自然气温条件下的自然养护方法。此法是在混凝土终凝后,在构件上覆盖草袋、麻袋、稻草或砂子,经常洒水,以保持构件经常处于湿润状态。自然养护法的养护时间与水泥品种和是否掺用塑化剂有关。自然养护法比较经济,但混凝土强度增长较慢,模板占用时间也长,特别是在低温下不能采用。为了加速模板周转和施工进度,可采用蒸气法养护混凝土。混凝土经过养护,当强度达到设计强度的 25% ~ 50% 时,即可拆除梁的侧模;达到设计吊装强度并不低于设计标号的 70% 时,就可起吊主梁。

随着桥梁跨径的增大,水泥标号的提高,预应力钢筋混凝土的使用越来越广泛。预应力钢筋混凝土的制作分为先张法和后张法两种。关于两种工艺的原理、方法等前面已有所介绍,这里不做赘述。

(6) 梁体的吊装及其他

梁体的混凝土强度达到设计对吊装所要求的强度时,并不低于设计标号的 70%,即可进行梁体的吊装,吊装前先进行支座的安装,并用仪器校核支承结构和预埋件的标高及平面位置,使支承结构的尺寸标高及平面位置均符合设计要求。

预制梁的安装是装配式桥梁施工中的关键工序,应根据施工现场条件,设备能力等选择适当的吊装方式。

梁体的吊装不外乎起吊,纵移,横移,落梁等工序。从吊装的工艺类别可分为陆地架设,浮吊架设和利用安装导梁或塔梁,缆索的高空架设等。

吊梁方法 { 陆地架设法——自行式吊车架梁、跨墩门式吊车架梁、摆动排架架梁、移动排架架梁;

浮吊架设法——浮吊船架梁、固定式悬臂浮吊架梁;

高空架设法——联合架桥机架梁、闸门式架桥机架梁、宽穿巷式架桥机架梁、自行式吊车桥上架梁、钓鱼法架梁、木扒杆架梁。

(三) 桥面铺装

钢筋混凝土和预应力混凝土桥的桥面部分通常包括桥面铺装、防水和排水设备、伸缩缝、人行道(或安全带)、缘石、栏杆和灯柱等构造。由于桥面部分天然敞露而受大气影响十分敏感,车辆行人来往对美观也至为重要,根据以往的实践,建桥时因对桥面重视不足而导致日后修补和维护的弊病是不少的,因此,如何合理改进桥面的构造和施工,已愈来愈引起人们的注意。

桥面铺装也称行车道铺装,其作用是保护属于主梁整体部分的行车道板不受车辆轮胎(或履带)的直接磨耗,防止主梁遭受水的侵蚀,并能对车辆轮重的集中荷载起一定的分布作用。

桥面铺装在桥梁恒载中占有相当的比重,特别对于小跨径桥梁尤为显著,故应尽量设法减轻铺装的重量。如果桥面铺装采用水泥混凝土,标号不能低于桥面板混凝土的标号,并在施工中能确保铺装层于桥面板紧密结合成整体。

第十二章　水工及港工结构施工简介

第一节　水工结构施工简介

水利水电枢纽工程常由许多单项工程所组成,布置比较集中,工程量大、工种多,施工强度高,再加上地形条件方面的限制,容易发生施工干扰。因此需要统筹规划,重视现场施工的组织和管理,运用系统工程学的原理,因时因地选择最优的施工方案。

水利工程施工过程中爆破作业、地下作业、水上水下作业和高空作业等,常常平行交叉进行,对施工安全非常不利。因此,必须十分注意安全施工,采取有效的措施,防止事故的发生。

一、施工导流

在河流上修建水工建筑物,施工期间往往与通航、筏运、渔业、灌溉或水电站运行等水资源综合利用的要求发生矛盾。

水利水电工程整个施工过程中的施工导流,广义上说可以概括为采取"导、截、拦、蓄、泄"等工程措施来解决施工和水流蓄泄之间的矛盾,避免水流对水工建筑物施工的不利影响,把河水流量全部或部分地导向下游或拦蓄起来,以保证干地施工和施工期不受影响或尽可能少影响水资源的综合利用。

(一)施工导流的基本方法

河流上修建水利水电工程时,为了使水工建筑物能在干地上进行施工,需要用围堰围护基坑,并将河水引向预定的泄水通道往下游宣泄。这就是施工导流。

施工导流的基本方法,大体上可分为两类:一类是分段围堰法导流,水流通过被束窄的河床、坝体底孔、缺口或明槽等往下游宣泄;另一类是全段围堰法导流,水流通过河床外的临时或永久的隧洞、明渠或河床内的涵管等往下游宣泄。

1. 分段围堰法导流

分段围堰法亦称分期围堰法,就是用围堰将水工建筑物分段分期围护起来进行施工的方法,一般适用于河床宽、流量大、施工期较长的工程,尤其在通航河流和冰凌严重的河流上。这种导流方法的导流费用较低,国内外一些大、中型水利水电工程采用较广。例如,我国湖北省葛洲坝、江西省万安、辽宁省桓仁、浙江省富春江等枢纽施工中,都采用过这种导流方法。分段围堰法导流,前期都利用束窄的原河道导流,后期要通过事先修建的泄水道导流,常见的有3种:①底孔导流;②坝体缺口导流;③明槽导流。图12-1所示为两段两期导流的例子。首先在右岸进行第一期工程的施工,河水由左岸的束窄河床宣泄。一般情况下,在修建第一期工程时,为使水电站、船闸,并在建筑物内预留底孔或缺口。到第二期工程施工时,河水即经由这些底孔或缺口等下泄。对于临时底孔,在工程接近完工或需要蓄水时要加以封堵。

所谓分段,就是在空间上用围堰将建筑物分成若干施工段进行施工。所谓分期,就是在时间上将导流分为若干时期。图 12-2 所示为导流分期和围堰分段的几种情况,从图中可以看出,导流的分期数和围堰的分段数并不一定相同。因为在同一导流分期中,建筑物可以在一段围堰内施工,也可以同时在两段围堰中施工。必须指出,段数分得愈多,围堰工程量愈大,施工也愈复杂;同样,期数分得愈多,工期有可能拖得愈长。因此,在工程实践中,二段二期导流采用得最多。只有在比较宽阔的通航河道上施工,不允许断航或其他特殊情况下,才采用多段多期导流方法。

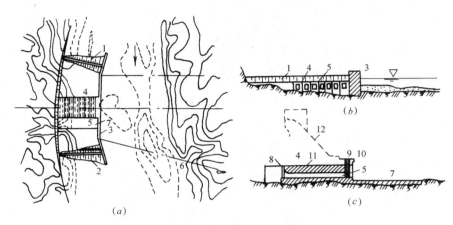

图 12-1　分段围堰法导流
(a)平面图;(b)下游立示图;(c)导流底孔纵断面图
1——期上游横向围堰;2——期下游横向围堰;3——一、二期纵向围堰;4—预留缺口;5—导流
底孔;6—二期上下游围堰轴线;7—护坦;8—封堵闸门槽;9—工作闸门槽;10—事故闸
门槽;11—已浇筑的混凝土坝体;12—未浇筑的混凝土坝体

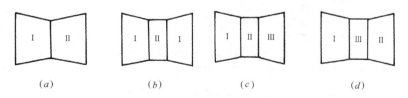

图 12-2　导流分期与围堰分段示意图
(a)两段两期;(b)三段两期;(c)三段三期;(d)三段三期

2．全段围堰法导流

全段围堰法导流,就是在河床主体工程的上下游各建一道拦河围堰,使河水经河床以外的临时泄水道或永久泄水建筑物下泄。主体工程建成或接近建成时,再将临时泄水道封堵。采用这种导流方式,当在大湖泊出口处修建闸坝时,有可能只筑上游围堰,将施工期间的全部来水拦蓄于湖泊中;另外,在坡降很陡的山区河道上,若泄水道出口的水位低于基坑处河床高程时,也无需修建下游围堰。

全段围堰法导流,其泄水道类型有以下几种:
①隧洞导流;②明渠导流;③涵管导流。

(二)围堰工程

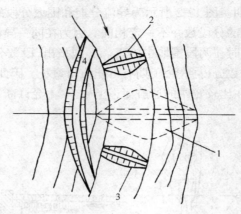

图 12-3　明渠导流

1—坝体；2—上游围堰；3—下游围堰；4—导流明渠

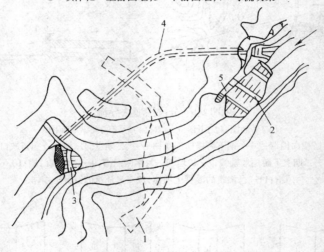

图 12-4　青海省龙羊峡水电站隧洞导流

1—混凝土坝；2—上游围堰；3—下游围堰；4—导流隧洞；5—临时溢洪道

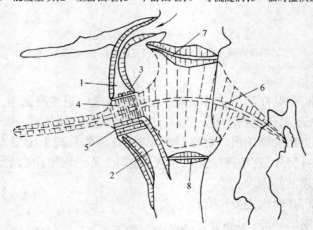

图 12-5　埃及阿斯旺坝利用水电站引水渠和尾水渠导流

1—电站引水渠；2—电站引水渠；3—电站进水渠；4—电站引水隧洞；5—电站厂房；6—坝体；7—上游围堰；8—下游围堰

围堰是导流工程中的临时挡水建筑物,用来围扩施工基坑,保证水工建筑物能在干地施工。在导流任务完成以后,如果围堰对永久建筑物的运行有妨碍或没有考虑作为永久建筑物的一部分时,应予拆除。

水利水电工程施工中经常采用的围堰,按其所使用的材料,可以分为:①土石围堰;②草土围堰;③钢板桩格型围堰;④混凝土围堰等。

按围堰与水流方向的相对位置,可以分为:横向围堰和纵向围堰。

按导流期间基坑淹没条件,可以分为:过水围堰和不过水围堰。过水围堰除需要满足一般围堰的基本要求外,还要满足堰顶过水的专门要求。

围堰的基本型式及构造

（1）土石围堰

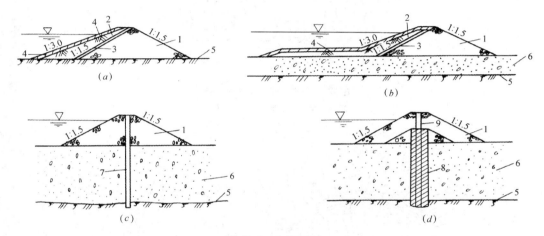

图 12-6　土石围堰

(a)斜墙式;(b)携枪带水平铺盖式;(c)垂直防渗墙式;(d)灌浆帷幕式

1—堆石体;2—粘土携墙、铺盖;3—反滤层;4—护面;5—隔水层;6—覆盖层;
7—垂直防渗层;8—灌浆帷幕;9—粘土心墙

（2）草土围堰

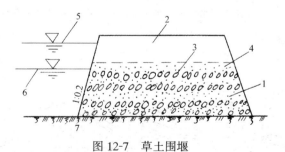

图 12-7　草土围堰

1—水下堰体;2—水上加高部分;3—草捆;4—散草铺土层;
5—设计挡水位;6—施工水位;7—河床

（3）钢板桩格型围堰

（4）混凝土围堰

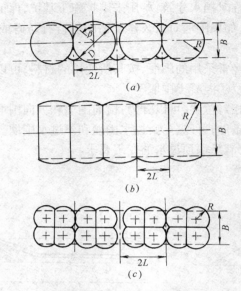

图 12-8　钢板桩格型平面形式

(a)圆筒形格体;(b)扇形格体;(c)花瓣形格体

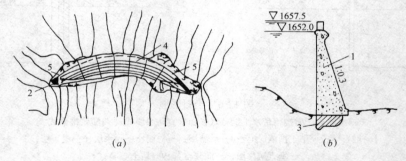

图 12-9　甘肃省刘家峡水电站上游混凝土拱坝围堰

(a)平面图;(b)横段面图

1—拱身;2—拱座;3—灌浆加固;4—溢流段;5—非溢流段

(5) 过水土石围堰

(三) 截流工程

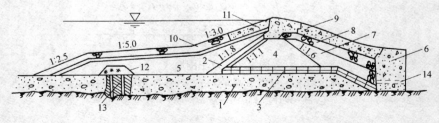

图 12-10　上犹江水电站混凝土板护面过水土石围堰

1—砂砾石地基;2—反滤层;3—柴排护底;4—堆石体;5—粘土防渗斜墙;6—毛石混凝土挡墙;7—回填块石;8—干砌
块石;9—混凝土护面板;10—块石护面;11—混凝土护面板;12—粘土定盖;13—水泥灌浆;14—排水孔

在施工导流中,截断原河床水流,才能最终把河水引向导流泄水建筑物下泄,在河床中全面开展主体建筑物的施工,这就是截流。截流实际上是在河床中修筑横向围堰工作的一部分(见图 12-11)。在大江大河中截流是一项难度比较大的工作。

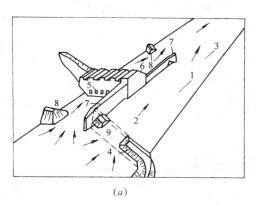 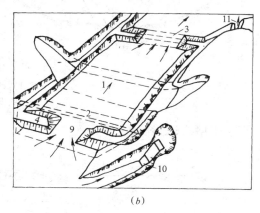

(a) (b)

图 12-11　截流布置示意图

(a)采用分段围堰底孔导流时的布置;(b)采用全段围堰隧洞导流时的布置

1—大坝基坑;2—上游围堰;3—下游围堰;4—截堤;5—底孔;6—已浇混凝土坝体;7—二期纵向围堰;

8——期围堰的残留部分;9—龙口;10—道流隧洞进口;11—道流隧洞出口

一般说来截流施工的过程为:先在河床的一侧或两侧向河床中填筑截流戗堤,这种向水中筑堤的工作叫做进占。戗堤填筑到一定程度,把河床束窄,形成了流速较大的龙口。封堵龙口的工作称为合龙。在合龙开始以前,为了防止龙口河床或戗堤端部被冲毁,须采取防冲措施对龙口加固。合龙以后,龙口部位的戗堤虽已高出水面,但其本身依然漏水,因此须在其迎水面设置防渗设施。在戗堤全线上设置防渗设施的工作叫闭气。所以,整个截流过程包括戗堤的进占、龙口范围的加固、合龙和闭气等工作。截流以后,再在这个基础上,对戗堤进行加高培厚,修成围堰。

截流在施工导流中占有重要的地位,如果截流不能按时完成,就会延误整个河床部分建筑物的开工日期;如果截流失败,失去了以水文年计算的良好截流时机,则可能拖延工期达一年。所以在施工导流中,常把截流看作一个关键性问题,它是影响施工进度的一个控制项目。

截流之所以被重视,还因为截流本身无论在技术上和施工组织上都具有相当的艰巨性和复杂性。为了胜利截流,必须充分掌握河流的水文特性和河床的地形、地质条件,掌握在截流过程中水流的变化规律及其对截流的影响。为了顺利地进行截流,必须在非常狭小的工作面上以相当大的施工强度在较短的时间内进行截流的各项工作,为此必须严密组织实施。对于大河流的截流工程,事先必须进行慎密的设计和水工模型试验,对截流工作作出充分的论证。此外,在截流开始之前,还必须切实做好器材、设备和组织上的充分准备。

长江葛洲坝工程于 1981 年元月仅用 35.6h 时间,在 4720m^3/s 流量下胜利截流,为在大江大河上进行截流,积累了丰富的经验,标志着我国截流工程的实践跨入了一个新的水平。

1. 截流的基本方法

截流的基本方法有立堵法和平堵法两种。

(1) 立堵法截流（见图 12-12）

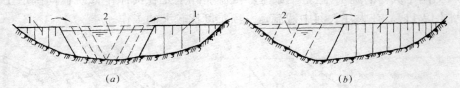

图 12-12　立堵法截流
(a)双向进展；(b)单向进展
1—截流戗堤；2—龙口

(2) 平堵法（见图 12-13）

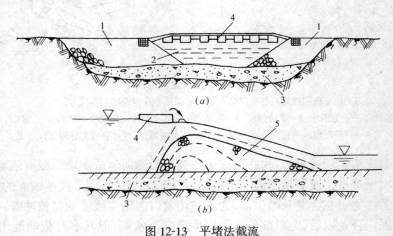

图 12-13　平堵法截流
(a)立面图；(b)横段面图
1—截流戗堤；2—龙口；3—覆盖层；4—浮桥；5—截流体

2. 截流日期和截流设计流量

截流日期的选择，应该是既要把握截流时机，选择在最枯流量时段进行；又要为后续的基坑工作和主体建筑物施工留有余地，不致影响整个工程的施工进度。

在确定截流日期时，应考虑以下要求。

1) 截流以后，需要继续加高围堰，完成排水、清基、基础处理等大量基坑工作，并应把围堰或永久建筑物在汛期前抢修到一定高程以上。为了保证这些工作的完成，截流日期应尽量提前。

2) 在通航的河流上进行截流，截流日期最好选择在对航运影响较小的时段内，因为截流过程中，航运必须停止，即使船闸已经修好，但因截流时水位变化较大，亦须停航。

3) 在北方有冰凌的河流上，截流不应在流冰期进行。因为冰凌很容易堵塞河道或导流泄水建筑物，壅高上游水位，给截流带来极大困难。

此外，在截流开始前，应修好导流泄水建筑物，并做好过水准备。如清除影响泄水建筑物运用的围堰或其他设施，开挖引水渠，完成截流所需的一切材料、设备、交通道路的准备等。

据上所述，截流日期一般多选在枯水期初，流量已有明显下降的时候，而不一定选在流

356

量最小的时刻。但是,在截流设计时,根据历史水文资料确定的枯水期和截流流量与截流时的实际水文条件往往有一定出入。因此,在实际施工中,还须根据当时的水文气象预报及实际水情分析进行修正,最后确定截流日期。

龙口合龙所需的时间往往是很短的,一般从数小时到几天。为了估计在此时段内可能发生的水情,作好截流的准备,须选择合理的截流设计流量。一般可按工程的重要程度选用截流时期内 10%～20% 频率的旬或月平均流量。如水文资料不足,可用短期的水文观测资料或根据条件类似的工程来选择截流设计流量。无论用什么方法确定截流设计流量,都必须根据当时实际情况和水文气象预报加以修正,按修正后的流量进行各项截流的准备工作,作为指导截流施工的依据。

3. 龙口位置和宽度

龙口位置的选择,对截流工作顺利与否有密切关系。

1) 一般说来,龙口应设置在河床主流部位,方向力求与主流顺直,使截流前河水能较顺畅地经由龙口下泄。但有时也可以将龙口设置在河滩上,此时,为了使截流时的水流平顺,应在龙口上、下游顺河流流势按流量大小开挖引河。龙口设在河滩上时,一些准备工作就不必在深水中进行,这对确保施工进度和施工质量均较有利。

2) 龙口应选择在耐冲河床上,以免截流时因流速增大,引起过分冲刷。如果龙口段河床覆盖层较薄,则应清除;否则,应进行护底防冲。

3) 龙口附近应有较宽阔的场地,以便布置截流运输路线和制作、堆放截流材料。

原则上龙口宽度应尽可能窄些,这样合龙的工程量就小些,截流的延续时间也短些,但以不引起龙口及其下游河床的冲刷为限。为了提高龙口的抗冲能力,减少合龙的工程量,须对龙口加保护。龙口的保护包括护底和裹头。护底一般采用抛石、沉排、竹笼、柴石枕等。裹头就是用石块、钢筋石笼、粘土麻袋包或草包、竹笼、柴石枕等把戗堤的端部保护起来,以防被水流冲坍。裹头多用于平堵戗堤两端或立堵进占端对面的戗堤。龙口宽度及其防护措施,可根据相应的流量及龙口的抗冲流速来确定。在通航河道上,当截流准备期通航设施尚未投入运用时,船只仍需在截流前由龙口通过。这时龙口宽度便不能太窄,流速也不能太大,以免影响航运。如葛洲坝工程的龙口,由于考虑通航流速不能大于 3.0m/s,所以龙口宽度达 220m。

4. 截流材料和备料量

截流材料的选择,主要取决于截流时可能发生的流速及工地开挖、起重、运输设备的能力,一般应尽可能就地取材。在黄河上,长期以来用梢料、麻袋、草包、石料、土料等作为堤防溃口的截流堵口材料。在南方,如四川都江堰,则常用卵石竹笼、砾石和杩槎等,作为截流堵河分流的主要材料。国内外大江大河截流的实践证明,块石是截流的最基本材料。此外,当截流水力条件较差时,还须使用人工块体,如混凝土六面体、四面体、四脚体及钢筋混凝土构架等(图 12-14)。

为确保截流既安全顺利,又经济合理,正确计算截流材料的备料量是十分必要的。备料量通常按设计的戗堤体积再增加一定富余,主要是考虑到堆放、运输中的损失,水流冲失,戗堤沉陷以及可能发生比设计更坏的水力条件而预留的备用量等。但是据不完全统计,国内外许多工程的截流材料备料量均超过实际用量,少者多余 50%,多则达 400%,尤其是人工块体大量多余。

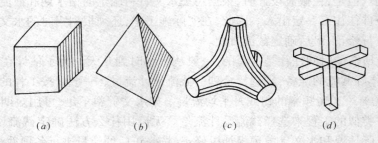

图 12-14　截流材料

（a）混凝土六面体；（b）混凝土四面体；（c）混凝土四角体；（d）混凝土构架

造成截流材料备料量过大的原因，主要是：①截流模型试验的推荐值本身就包含了一定安全裕度，截流设计提出的备料量又增加了一定富余，而施工单位在备料时往往在此基础上又留有余地。②水下地形不太准确，在计算戗堤体积时，常从安全角度考虑取偏大值。③设计截流流量通常大于实际出现的流量等。如此层层加码，处处考虑安全富余，所以即使像青铜峡工程的截流流量，实际大于设计，仍然出现备料量比实际用量多 78.6% 的情况。因此，如何正确估计截流材料的备用量，是一个很重要的课题。当然，备料恰如其分，不大可能，需留有余地。但对剩余材料，应预作筹划，安排好用处，特别像四面体等人工材料，大量弃置，既浪费，又影响环境，可考虑用于护岸或其他河道整治工程。

二、土石坝工程

土石坝是一种充分利用当地材料的坝型。随着大型高效施工机械的广泛采用，施工人数大量减小，施工工期不断缩短，施工费用显著降低，施工条件日益改善，土石坝工程的应用比任何其他坝型都更加广泛。在雨量 4000～6000mm 的哥伦比亚，仅用 34 个月建成了高 237m，体积 1100 万 m^3 的契伏心墙坝，不仅反映了高效施工，而且改变了过去多雨地区不宜建土石坝的观念。至 1980 年，世界上已建和在建 100m 以上高坝 441 座，土石坝占 52%。坝高 100m 以下，所占比重更大。解放后，我国建成的坝近 9 万座，土石坝占 95% 以上。在已建成的高坝中，土石坝坝高已超过混凝土坝，最高达 325m。

根据施工方法的不同，土石坝分为干填碾压、水中填土、水力冲填（包括水坠坝）和定向爆破修筑等类型。国内外均以碾压式土石坝采用最多。

碾石式土石坝的施工，包括准备作业、基本作业、辅助作业和附加作业。

准备作业包括："一平三通"即平整场地、通车、通水、通电，架设通讯线路，修建生产、生活福利、行政办公用房以及排水清基等项工作。

基本作业包括：料场土石料开采，挖、装、运、卸以及坝面铺平、压实、质检等项作业。

辅助作业是保证准备及基本作业顺利进行，创造良好工作条件的作业，包括清除施工场地及料场的覆盖，从上坝土料中剔除超径石块、杂物，坝面排水、层间刨毛和加水等。

附加作业是保证坝体长期安全运行的防护及修整工作，包括坝坡修整、铺砌护面块石及铺植草皮等。

（一）面板堆石坝施工

面板堆石坝是一种近期发展起来的新坝型。它具有工期短，投资省，施工简便，运行安全等突出的优点；也是一种工程量最小，投资最省的当地材料坝。近 30 年来，由于设计理论和施工机具、施工方法的发展,更显示出它在各种坝型中具有极大的竞争力,在坝工建设中具有特殊重要的地位。据统计,国外已建高 50m 以上的面板堆石坝 70 余座,其中 28 座是 80 年代修建的,目前已建成坝高百米以上的 15 座,其中有 4 座高达 150～160m,还有多座在规划设计中,其中高度有超过 200m 者。国内辽宁省关门山水库,采用本坝型,1990 年完工,1991 年已开始运行,面板完整,未有显著沉陷。现就其施工中的主要问题介绍于下。

1. 堆石材料质量要求和坝体材料分区

面板堆石坝上游面有薄层面板,面板可以是刚性钢筋混凝土的,也可以是柔性沥青混凝土的。坝身主要是堆石结构。良好的堆石材料,尽量减少堆石体的变形,为面板正常工作创造条件,是坝体安全运行的基础。

(1) 堆石材料的质量要求

1) 为保证堆石体坚固、稳定,主要部分石料的抗压强度不应低于 78MPa,当抗压强度只有 49～59MPa 时,只能布置在坝体的次要部位。

2) 石料硬度不应低于莫氏硬度表中的第三级,其韧性不应低于 $2kg \cdot m/cm^2$。

3) 石料的天然表观密度不应低于 $2.2t/m^3$,石料的表观密度越大,堆石体的稳定性越好。

4) 石料应具有抗风化能力,其软化系数水上不低于 0.8,水下不应低于 0.85。

5) 堆石体碾压后应有较大的密实度和内摩擦角,且具有一定渗透能力。

堆石体的边坡取决于填筑石料的特性与荷载大小,对于优质石料,坝坡一般在 1:1.3 左右。

(2) 面板堆石坝的坝体分区

坝体部位不同,受力状态不同,对填筑材料的要求也不同,所以应对坝体进行分区。现以坝高 58.5m 关门山水库混凝土面板堆石坝坝体分区为例,说明不同区的不同作用和材料要求,参见图 12-15。

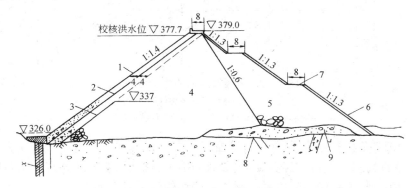

图 12-15 大坝标准剖面图(高程、尺寸:m)

1—混凝土面板;2—垫层区;3—过渡区;4—主堆石区;5—下游堆石区;

6—干砌石护坡;7—上坝公路;8—灌浆帷幕;9—砂砾石

1) 垫层区 垫层区的主要作用在于为面板提供平整、密实的基础,将面板承受的水压力均匀传递给主堆石体。为防止因面板裂缝、接缝漏水在寒冷季节产生冻涨现象,故采用最大粒径 150mm、级配良好、石质新鲜的碎石,要求颗粒粒径小于 0.1mm 的含水量大于 5%,

渗透系数不小于 10^{-3}cm/s，压实后的平均孔隙率小于 21%，垫层区的水平宽度为 4m。

2）过渡区　过渡区位于垫层区和主堆石区之间，其主要作用是保护垫层区在高水头作用下不产生破坏。其粒径、级配要求符合垫层料与主堆石料间的反滤要求。其水平宽度 4m，最大粒径小于 350mm，平均孔隙率小于 23%。当坝体填筑到 337m 高程以上的，由于上坝主堆石料偏细，它的粒径和级配与垫层料有良好的层间关系，故在 337m 高程以上将过渡区取消。

3）主堆石区　主堆石区是坝体维持稳定的主体，其石质好坏、密度、沉降量小，直接影响面板的安危。该区最大粒径 600mm，要求石质坚硬，级配良好，允许存在少许分散的风化料，压实后的平均孔隙率小于 25%。

4）下游堆石区　该区起保护主堆石体及下游边坡稳定作用。要求采用较大石料填筑，允许有少量分散的风化岩。由于该区的沉陷变形对面板已影响甚微，故对石质及密度要求有所放宽，要求平均孔隙率小于 28%。下游坝坡面用干砌石护面。

为了使填筑坝体颗粒大小分布适度，关门山面板堆石坝的垫层区及主堆石区的石料颗分曲线如图 12-16 所示。

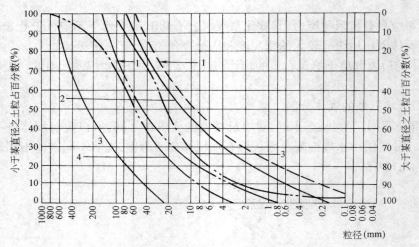

图 12-16　垫层及主堆石料颗分曲线

1—垫层区设计外包线；2—垫层区填筑平均线；
3—主堆石区设计外包线；4—主堆石区填筑平均线

2．堆石坝填筑工艺、压实参数和质量控制

堆石坝填筑的施工设备、工艺和压实参数的确定，就其主要方面和常规土石坝非粘性料施工没有本质区别，这是仅就与质量控制关系密切的问题简介如下。

（1）填筑工艺问题

堆石体填筑可采用自卸汽车后退法或进占法卸料，推土机摊平。后退法的优点是汽车可在压平的坝面上行驶，减轻轮胎磨损；缺点是推土机推平工作量大，且影响施工进度。进占法卸料，虽料物稍有分离，但对坝料质量无明显影响，并且显著减轻了推土机的摊平工作量，使堆石填筑速度加快。

垫层料的摊铺多用后退法，以减轻物料的分离。当压实层厚度大时，可采用混合法卸

360

料,即先用后退法卸料呈分散堆状,再用进占法卸料铺平,以减轻物料的分离。

垫层料粒径较粗,又处于倾斜部位,通常采用斜坡震动碾压实,如图 12-17 所示。压实过程中,有时表层块石有失稳现象。为改善碾压质量,采用了斜坡碾压与砂浆固坡相结合的施工方法。

斜坡碾压与水泥砂浆固坡的优点是施工工艺和施工机械设备简单,既解决了斜坡碾压中垫层表层块石震动失稳下滚,又在垫层上游面形成一坚固稳定的表面,可满足临时挡水防渗要求。碾压砂浆在垫层

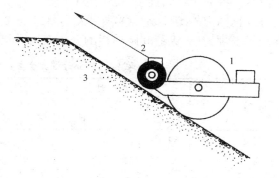

图 12-17　斜坡碾压示意图
1—斜坡震动碾;2—绞车拉索

表面形成坚固的"结石层",具有较小而均匀的压缩性和吸水性,对克服面板混凝土的塑性缩和裂缝发生有积极作用。这种方法使固坡速度大为加快,防洪渡汛、争取工期效果明显。

(2) 堆石体的压实参数和质量控制

1) 堆石体的压实参数　堆石体最大粒径一般为 $600\sim700$mm,用震动碾压实,压实层厚为 $60\sim100$cm,少数也有达到 $130\sim160$cm 者。

压实遍数一般为 $4\sim6$ 遍,个别达 8 遍。据统计,在 23 个坝中压实干表观密度平均值 γ_d 为 2.18g/cm³。垫层料的最大粒径为 $150\sim300$cm,用震动碾压实,层厚 $25\sim45$cm,碾压遍数通常为 4 遍,个别 $6\sim8$ 遍。据统计,9 个坝的压实干表观密度平均值 γ_d 为 2.19g/cm³。

堆石坝壳最大粒径 $1000\sim1500$mm,压实层厚一般为 100cm 左右,最大达 200cm,压实遍数 $2\sim4$ 遍,有些坝采用 $6\sim8$ 遍。据统计 16 个坝压实干表观密度平均值 γ_d 为 2.09g/cm³。

总的看来,压实干表观密度以垫层料及内部堆石较大,坝壳堆石次之,三者的 γ_d 大部分在 $2.10\sim2.30$g/cm³ 范围内。和土石坝一样,面板堆石坝堆石体的压实参数、碾重、铺层厚和碾压遍数仍应通过碾压试验确定,其取值大小与设计压实干表观密度、石质、填料形状、尺寸和级配等因素有关,应在不同料场取料试验,以优化参数作为质控的依据。

2) 堆石体施工质量控制　通常堆石压实的质量指标,用压实表观密度换算的孔隙率 n 来表示,现场堆石密度的检测主要采取试坑法。为提高检验质量,应注意如下事项。

A. 取样深度应等于填筑层厚度;

B. 试坑应呈圆柱形;

C. 坑壁若有大的凹陷和空隙,应用粘土砂浆堵塞,以消除因塑料薄膜架空而使密实度加大的误差;

D. 试坑直径与材料的最大粒径比应符合有关试验规程的规定。

(二) 钢筋混凝土面板的分块和浇筑

钢筋混凝土面板是刚性面板堆石坝的主要防渗结构,厚度薄、面积大,在满足抗渗性和耐久性条件下,要求具有一定柔性,以适应堆石体的变形。

1. 钢筋混凝土面板的分块

面板纵缝的间距决定了面板的宽度,由于面板通常采用滑模连续浇筑,因此,面板的宽

度决定了混凝土浇筑能力,也决定了钢模的尺寸及其提升设备的能力。面板通常有宽窄块之分。据国内外统计,通常宽块纵缝间距 12～14m,窄块 6～7m。表 12-1 是国内已建部分面板堆石坝,其中纵缝间距一栏的分子表示宽块,分母表示窄块。

我国已建部分混凝土面板堆石坝(或砂砾石坝) 表 12-1

| 坝 名 | 省区 | 坝 高 (m) | 坝 坡 | | 坝 料 | 面 板 | | | 建成年份 |
			上 游	下 游		厚 度 (m)	纵缝间距 (m)	含钢率 (‰)	
关门山	辽 宁	58.5	1:1.4	1:1.3	安山岩	0.3～0.5	12/6	4	1998 年
柯柯亚	新 疆	41.5	1:2.0～2.75	1:1.75～2.0	砂卵石				1988 年
成屏一级	浙 江	74.6	1:1.3	1:1.3	凝灰岩	0.3	12/6	3～5	1989 年
沟后	青 海	70	1:1.6	1:1.5	砂卵石	0.3～0.6	14/7	4～5	1989 年
株树桥	湖 南	78	1:1.4	1:1.7	灰岩,板岩	0.3～0.54			
龙溪	浙 江	56	1:1.3	1:1.3		0.4	12/6	4	1988 年
小干沟	青 海	55	1:1.55	1:1.6	砂卵石	0.3	12/6	4	1990 年
罗村	浙 江	57.6	1:1.2	1:1.2～1.4		0.3	12/6		1990 年
西北口	湖 北	95	1:1.4	1:1.4	白云质灰岩	0.3～0.6	12/6	4～5	1990 年

2. 面板混凝土浇筑

面板堆石坝的钢筋混凝土面板施工程序如图 12-18 所示。通常面板混凝土采用滑模浇筑。

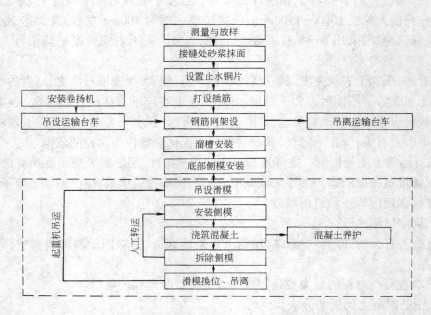

图 12-18 钢筋混凝土面板施工程序框图

湖北西北口面板堆石坝的面板浇筑时,采用两台 ZX-50 型、两台 ZPZ-30 型软插入式震动器振捣。每浇筑一次,滑模滑升 20～30cm。滑模由坝顶卷场机牵引,在滑升过程中,对出模的混凝土表面随时进行抹光处理。在滑模尾部约10m位置拖带一根水管,随时进行洒水养护。浇后及时用塑料薄膜覆盖混凝土表面,以防雨水冲刷。滑模的设计重量主要应克服混凝土的浮托力,滑模采用空腹板梁钢结构,为简化结构,西北口所用滑模取消了滑行轨道。

(三)沥青混凝土面板施工

自1935年阿尔及利亚修建世界上第一座沥青混凝土面板堆石坝以来,国内外用沥青混凝土作土石坝的防渗体迄今已有数百座之多。

沥青混凝土施工过程中温度控制十分严格。必须根据材料的性质、配比、不同地区、不同季节,通过试验确定不同温度的控制标准。沥青混凝土防渗体施工过程中,各道工序的温度控制范围如图12-19所示。

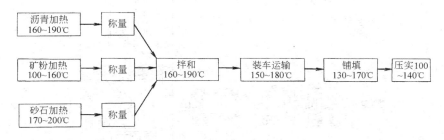

图12-19 沥青混凝土施工过程温度控制范围图

沥青在泵送、拌和、喷射、浇筑和压实过程中对其运动粘度值 ν 应加以控制。表12-2是德国沃尔弗冈、豪克等人的建议值。

施工过程中沥青的运动粘度值　　　　　　　　　　表 12-2

施工环节	泵 送	拌 和	喷 射	浇筑和压实
运动粘度值 $\nu(\text{mm}^2/\text{s})$	1000～1500	100～300	30～50	300～2000

沥青的运动粘度值 ν 与温度存在一定关系,因此,控制沥青的运动粘度 ν 的过程,也是控制温度的过程,二者应协调一致。

沥青混凝土面板的施工特点在于铺填及压实层薄,通常板厚10～30cm,施工压实层厚仅5～10cm,且铺填及压实均在坡面上进行。沥青混凝土的铺填和压实多采用机械化流水作业施工,如图12-20所示。沥青混凝土热料由汽车或装有料罐的平车经堆石体上的工作平台运至坝顶门式绞车前,由门式绞车的工作臂杆吊运料罐卸料入给料车的料斗内。给料车供给铺料宽度一般为3～4m。特制的斜坡震动碾压机械,在门式绞车的牵引下,尾随铺料车将铺好的沥青混凝土压实。采用这些机械施工的最大坡长达150m。当坡长超过范围时,须将堆石体分成两期或多期进行,每期堆石体顶部均须留出20～30cm的工作平台宽度,如图12-20(c)所示。机械化施工,每天可铺填压实300～500t沥青混凝土。

三、混凝土坝工程

至今,混凝土坝在高坝中占的比重较大,特别是重力坝、拱坝应用最普遍。此外,通航、发电以及当地材料坝枢纽工程中的导流、泄洪、排砂、放空、分流、输水建筑物大多数也采用混凝土建造。由于水利水电建设中混凝土工程量大,消耗水泥、木材、钢材多,施工各个环节质量要求高,投资消耗大,因此,认真研究混凝土坝工程施工,对加快施工进度,节约"三材",提高质

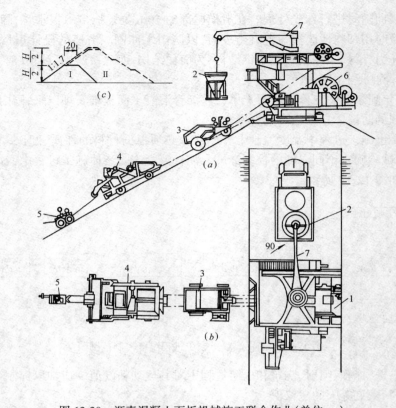

图 12-20 沥青混凝土面板机械施工联合作业（单位：m）

(a)侧视图；(b)顶视图；(c)坝体分期施工图

1—履带门式绞车；2—料罐；3—给料车；4—铺料车；5—震动碾；6—绞车；7—回转支杆

量，降低工程成本具有重要意义。

混凝土坝的施工方法有现场浇筑和预制装配两大类。现场分仓浇筑又可分为传统的分层分块浇筑和薄层碾压浇筑。到目前为止，前者应用最普遍，后者是一种高效、低成本、具有发展前途的施工方法。

混凝土坝中以重力坝和拱坝最普遍，这里仅对新兴的碾压混凝土施工技术加以介绍。

在混凝土坝施工中，大量砂石骨料的采集、加工，水泥和各种掺和料、外加剂的供应是基础，混凝土制备、运输和浇筑是施工的主体，模板、钢筋作业是必要的辅助。混凝土坝的施工工艺流程如图 12-21 所示。

（一）碾压混凝土施工

1. 概述

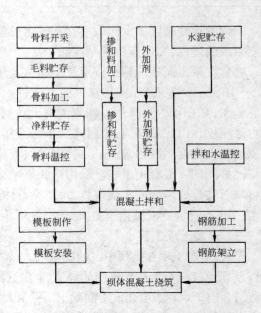

图 12-21 混凝土坝的施工工艺流程图

364

采用碾压土坝的施工方法修建混凝土坝,是混凝土坝施工技术的重大变革。1974 年,巴基斯坦塔贝拉首先用碾压混凝土进行消力池的修复工程,共浇筑了 34.4 万 m³。1978 年,日本岛地川应用碾压混凝土开始修建高 89m 的拦河坝,在总方量 32 万 m³ 中,碾压混凝土量占 50％。美国柳溪坝坝高 58m,混凝土总量 30.7 万 m³,从 1982 年 5 月开始浇筑,用 5 个月完成了大坝混凝土的碾压工作。我国是推广采用碾压混凝土较快的国家之一。开展碾压混凝土研究始于 1979 年,相继在四川铜街子、福建沙溪口和坑口、广西天生桥二级和岩滩、贵州普定以及辽宁观音阁等工程中得到应用和推广。这些工程浇筑的碾压混凝土总量已在百万立方米以上。

根据铜街子工程的试验,碾压混凝土的物理力学性质具有如下特点:自身体变形比流态混凝土小约 50％;弹性模量比流态混凝土高约 25％;抗冲耐磨性能比同标号流态混凝土高 30％～50％。

用碾压混凝土筑坝,通常在上游面设置常态混凝土防渗层以防止内部碾压混凝土的层间渗透;有防冻要求的坝,下游面亦用常态混凝土;为提高溢流面的抗冲耐磨性能,一般也采用标号较高的抗冲耐磨常态混凝土,这样就使断面形成所谓"金包银"的结构形式,如图 12-22 所示。此外,为了增大施工场面,避免施工干扰,增加碾压混凝土在整个混凝土坝体方量中的比重,应尽量减少坝内孔洞,少设廊道。在日本,对于中等高度的坝只设基础灌浆廊道,百米高的玉川坝也只设了两层纵向廊道。国内坑口坝坝高 56.8m,也只设一条灌浆排水廊道。

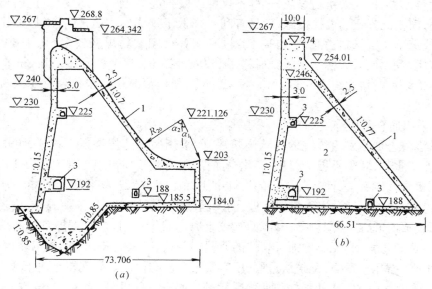

图 12-22 "金包银"断面形式(高程、尺寸:m)

(a)溢流坝;(b)挡水坝

1—常态混凝土;2—碾压混凝土;3—廊道

2. 碾压混凝土的施工特点

碾压混凝土坝通常的施工程序是先在下层块铺砂浆,汽车运输入仓,平仓机平仓,振动压实机压实,在拟切缝位置拉线,机械对位,在振动切缝机的刀片上装铁皮并切缝至设计深度,拔出刀片,铁皮则留在混凝土中,切完缝再沿缝无振压两遍。这种施工工艺在国内具有普遍性,其主要过程如图 12-23 所示。

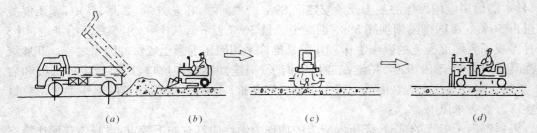

图 12-23　碾压混凝土坝施工工艺流程图
(a)自卸汽车拱料;(b)平仓机平仓;(c)震动碾压实;(d)切缝机装刀片并切缝

碾压混凝土施工的主要特点如下所述:

(1) 采用 VC 值为 10~30s 的干贫混凝土

振动压实指标 VC 值是指试验规程,在规定的振动台上将碾压混凝土振动达到合乎标准的时间(以 s 计)。试验证明,当 VC 值小于 40s 时,碾压混凝土的强度随 VC 值的增大而提高;当 VC 值大于 40s 时,混凝土强度则随 VC 值增大而降低。

(2) 大量掺加粉煤灰、减少水泥用量

由于碾压混凝土是干贫混凝土,要求掺水量少,水泥用量也很小。为保持混凝土有必要的胶凝材料,必须掺入大量粉煤灰,这样不仅可以减少混凝土的初期发热量,增加混凝土的后期强度,简化混凝土的温控措施,而且有利于降低工程成本。通常,日本掺加粉煤灰量较少,少于或等于胶凝材料总量的 30%。我国和有些国家掺粉煤灰较多,高达 60%~80%。美国则多用贫混凝土,如柳溪坝胶凝材料用量为 66kg/m^3,其中水泥为 47kg/m^3。我国岩滩和天生桥二级水电站均约为 55kg/m^3。实践表明,碾压混凝土的单价较常态混凝土可降低 15%~30%。

(3) 采用通仓薄层浇筑

碾压混凝土坝不采用传统的柱状浇筑法,而采用通仓薄层浇筑。这样,可增加散热效果,取消冷却水管,减少模板工程量,简化仓面作业,有利于加快施工进度。碾压层的厚度不仅与碾压机械性能有关,而且与采用的设计准则和施工方法密切相关。日本碾压层厚通常为 70cm,切缝,间歇上升,层面需作处理;而美国则采用层厚 30cm,不切缝,严格控制层间间歇不超过初凝时间,故层间可不作处理,连续上升。我国坑口水库,层厚 50cm,层间间歇为 16~24h。浇筑层太薄,无异增加了坝体的薄弱环节;但间歇上升,层面处理,不仅增加工期,而且增加施工费用。反之,浇筑层过厚,压实质量又没有保证。故现在趋向于适当增加层厚的连续上升方法。压实前的平仓作业多采用分层平仓,平仓层厚多为 25cm 左右,以避免混凝土分离。从温控的角度来看,层薄散热效果好,坝体温度分布均匀,层间约束小;但由于层薄,坝内温度受外界温度影响大。当气温高于浇筑温度时,吸热后导致温升值高于厚层混凝土的内温,故应根据季节调整层厚。

通仓浇筑要求尽量减少坝内孔洞,不设纵缝,坝段间的横缝用切缝机切割,以尽量增大仓面面积,减少仓面作业的干扰。铜街子水电站最大仓面面积达 7000m^2。为了防止坝体横向开裂或因地形变化引起开裂,通常在顺水流方向设置伸缩横缝,用振动切缝机成缝。图 12-24 是铜街子水电站采用的 HZQ-65 型振动切缝机。当切深达 90cm 时，切缝速度为24.3cm/min。

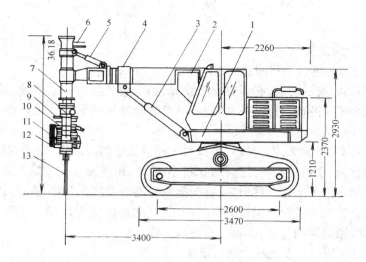

图 12-24　HZQ-65 型切缝机结构图（单位：mm）

1—底盘；2—动臂支架；3—动臂升降油缸；4—动臂；5—倾斜油缸；
6—液压管路系统；7—刀片升降机构；8—回转机构；9—内外弹簧组；
10—油马达组；11—减振弹簧；12—振动器；13—刀片装置

（4）碾压混凝土的温控措施和表面防裂

由于碾压混凝土坝不设纵缝，采用通仓薄层浇筑，大面积振动压实，不仅要求坝体结构尽可能简单，且在仓内不采用冷却水管通水降温方式。又因加水量少，除采用低热大坝水泥，多掺粉煤灰外，还可用冷水拌和及骨料预冷的方式降低浇筑温度，同时利用层面散热降温，并尽可能安排在低温季节浇筑基础层。有时为了加强散热效果，采用冷水喷雾的表面降温措施，日本玉川坝采用这种方式降温，可使浇筑层温度比气温低 2.5℃，保持良好的散热效果。

碾压混凝土坝的上下游面直接与水或大气接触，表面防裂仍不容忽视。若表面为常态混凝土，其保护措施与常态混凝土无异；若为碾压混凝土，虽然由于水化热温升低，内外温差小，但因碾压混凝土早期强度低，仍有导致表面裂缝出现的可能。对于浇筑顶面防裂，通常采用尽量缩短层间间歇的方法，在下层顶面未出现拉应力前就及时覆盖新浇混凝土。

3. 碾压混凝土的养护和防护

和常态混凝土一样，碾压混凝土浇筑后必须养护，并采用恰当的防护措施，保证混凝土强度迅速增长，达到设计强度。在施工中应尽量避免不利的早期干缩缝和其他有害影响。浇筑混凝土时，当降雨强度达 4mm/h 并持续 1h，则应停止浇筑。对于无模板靠近表层未能碾压的混凝土，应防止撞击脱落，影响表面的平整度。对有抗冲耐磨要求的混凝土，应采取措施使表面密实。

从施工组织安排上应尽量避免夏季和高温时刻施工。由于碾压混凝土主要采取薄层浇筑，靠自然散热冷却，加之采用干硬性混凝土，本身用水量就少，夏季高温施工，表面水分极易蒸发，一方面容易干燥开裂，另一方面危害更大的是难以充分压实，造成表层疏松，形成漏水通道。显然，碾压混凝土受气候条件的限制较常态混凝土更加严格。在夏季作业中，施工组织安排和施工技术要求上，应制订更周密的措施。

第二节　港工结构施工简介

一、港口工程的定义

(一) 港口设施和港口工程的种类

港口要发挥其本身的功能,必须要有防波堤、码头、小船码头、锚泊地、航道等各种各样的设施。此外,为了对港口进行维护管理,或谋求防止环境的恶化并予以改善,也都必须要有各种各样的设施。

港口工程一词用于狭义的含义时,系指对上述设施中的防波堤、码头、航道等(所谓港外防护设施、系船设施、水域设施等)进行诸如新建、改建、维护修复之类的工程。另一方面,用于广义含义时,则不限于上述三种设施,有的把所有港口设施的新建、改建、维护修复所需进行的工程,再加上其他为了保全港口而进行的工程(如排除成为环境恶化原因的堆积污泥,进行污水的净化,漂流物的清除)都称之为港口工程。

通常将表 12-3 所示的设施视为港口设施

港 口 设 施 的 种 类　　　　　　　　　　　　　　　　　表 12-3

编号	设 施 名 称	内　　　　　　　　容
1	水 域 设 施	航道,锚泊地和小船港池
2	港外防护设施	防波堤,防砂堤,防潮堤,导流堤,闸门,船闸,护岸,堤防,丁坝和护墙
3	系 船 设 施	码头,系船浮筒,系船簇桩,栈桥,浮码头,小船码头和滑道
4	港口交通设施	道路,停车场,桥梁,铁路,有轨电车,运河和直升飞机空港
5	导 航 设 施	航标和为船舶进出港服务的信号设施,照明设施和港务通讯设施
6	货物装卸设施	固定式装卸机械,轨道行走式装卸机械,货物装卸场地和货棚
7	客 运 设 施	上下旅客用固定设施,行李房,候船室和旅馆
8	仓 储 设 施	仓库,堆场,贮木场,煤堆场,危险品堆场和贮油设施
9	船舶服务设施	船舶用供水设施,供油设施和供煤设施,船舶修理设施以及船舶存储设施
10	港口公害防止设施	用于污水净化的引水设施,防止公害用的缓冲地带和其他防止港口公害用的设施
11	废弃物处理设施	用废弃物进行填筑所需挡土结构,容纳废弃物的设施,废弃物烧毁设施,废弃物破碎设施,废油处理设施,其他为了处理废弃物所需的设施
12	港口环境改善设施	海滨,草地,广场,绿化,休息处,其他为了改善港口环境所需的设施
13	港口卫生福利设施	海员及港口工人休息寄宿处,医务所,其他卫生福利设施
14	港口管理设施	港口办公楼,港口管理所需器材仓库,其他为港口管理所需的设施
15	港口设施用地	以上各项设施的用地
16	移动式设施	移动式装卸机械和移动式上下旅客用的设施
17	可移动的港口设施	协助船舶靠离码头用的船舶,为船舶供水、供油、供煤所需的船舶和车辆,以及用于废弃物处理所需的船舶和车辆
18	港口管理用移动式设施	清扫船,交通船,其他港口管理所需的移动式设施

(二) 港口工程的特点

1. 海上作业

使港口工程具有特色的最根本之处,在于港口工程是以水下和海上作为工程现场。可是也有采用挖入式港池等,利用干施工的方法进行大规模港口工程施工的例子,混凝土沉箱和方块等的制作,通常在岸上进行,但大部分港口工程的施工现场是在海上。港口工程有各种各样的特点,但任一特点都是由这一以海上为施工现场的特点所派生出来的。

2．工程船舶

由于港口工程是以海上作业为主,工程船舶是不可缺少的。

3．利用浮力

另一方面,海上作业也有可以利用浮力的特点。在港口工程中,多采用 1000～2000 吨的沉箱,而这些沉箱通常是利用浮力,使它在海上漂浮起来,拖运至安放现场的。

4．预制装配化

在海上建造结构物,容易受到气象、海洋水文情况等的影响,特别是在水下浇筑混凝土是困难的,因此混凝土结构采用预制的情况较多。沉箱、空心方块等就是其典型的情况。此外,在最近,不仅限于混凝土结构物,钢板桩格形结构也是在施工基地装配成一整体,吊放下来,进行打入;这样的方法也正在开创之中。

5．潜水作业

在港口工作方面,需要潜水作业的情况较多。目前潜水作业系依靠潜水员进行,但由于大部分系手工操作,同时潜水员的数目本身也有限制,因此要大幅度地提高潜水作业的能力是有困难的,所以需要大量潜水作业的港口工程,其进度受到潜水作业进度的影响较大。

6．波浪

在港口工程方面,受到波浪的影响特别大。波浪大,则工程船舶的摆动就剧烈,施工即成为不可能,同时成为沉箱的填充材料和回填料流失、混凝土模板冲走等返工事故产生的原因。

在某一季节,有时即使上半天海面平稳,而下午出现风浪,造成正常施工无法进行,因此必须事先充分掌握好当地的气象和海洋水文情况的特点。

7．潮位、潮流

海面随着潮位的涨落而时时刻刻在变化,港口工程的施工也受其影响。譬如,乘落潮的机会现浇混凝土,反之乘涨潮的机会把吃水较大的沉箱拖运走等,因而这些作业也可称之为"候潮施工作业"。潮流也限制港口工程的进行。另外,工程船的系泊本身也变得困难。依靠潜水员进行的潜水作业等也是受潮流影响较大的一种作业。

二、不同种类挖泥船的疏浚方法

疏浚工程的施工方法可大致区分为以下三种:

（一）一般疏浚

使用吸扬式挖泥船、铲斗式挖泥船、链斗式挖泥船、抓斗式挖泥船等直接疏浚海底土的方法,不伴有破碎和爆破作业。由于这种施工方法是直接疏浚法,所以与其他方法相比较,其施工费用较低廉。近年来,因机械的大型化,其他疏浚方法也趋向于采用一般疏浚方法,可以一道工序施工完毕,因此宜尽可能利用按一般疏浚方法进行施工来编制计划。

（二）碎石疏浚

把硬土地基和岩基等用重锤式碎石船或冲击式碎石船破碎以后,再依靠一般疏浚方法进行疏浚,这样的二道工序疏浚方法就是碎石疏浚。因此,这种方法的施工费用比一般疏浚方法昂贵。

（三）爆破疏浚

利用钻孔船在岩基等之上钻孔,装填火药之后引爆,然后采用一般疏浚方法进行疏浚,这样的二道工序施工方法就是爆破疏浚。

三、工程船舶和机械设备的种类

（一）工程船舶的种类

在港口工程水上或水下施工中所用的工程船舶,按照其用途可大致区分为:疏浚、填筑用船,结构物施工用船,测量、调查、监督用船,改善海洋环境用船,以及其他用船等。

近年来,随着经济发展所引起的海上贸易量增大和运输船舶的大型化,港口设施的巨型化日益显著,而与之相适应,各种工程船舶性能的提高和大型化迅速发展起来。特别是为建成临海工业地区所进行的填筑工程,其规模增大,与此有关的大型船舶的活动十分显目。

为改善海洋环境而采用的油回收船、海面清扫船、海底污泥处理船、为探测出海底爆发物而采用的磁性探测船、为海洋开发提供方便的自升降式施工平台等新型工程船舶的出现十分引人注目。

上述工程船舶按照其用途可分类如下:

1．疏浚、填筑用船

自航式吸扬式挖泥船、吸扬式挖泥船、链斗式挖泥船、铲斗式挖泥船、抓斗式挖泥船、碎石船、钻岩船、辅助船舶(拖轮、顶推船、泥驳、发电机船、起锚船等)。

2．结构物施工用船

打桩船、起重船、砂井打设船、混凝土搅拌船、运输船、监督船、测量船、钻探船、磁性探测船等。

3．改善海洋环境用船

海面清扫船(回收垃圾之类)、油回收船(回收油)等。

（二）其他机械设备

港口工程在海上施工的情况较多;在一般情况下,工程船舶成为工程的主体。但是近来在各地正进行着大规模填筑工程的施工;大量地在陆上挖掘优质的填筑用砂土;为此,已研制出除工程船舶以外用于输送砂土的多种施工机构等。

利用陆上砂土进行填筑的工程,可大致分成以下几部分:取土工程、陆上和海上运土、卸土和填筑工程等。为了高效率地进行上述工程的施工,可以把它作为一系统而抓住其整体;在考虑了工期和运输土方量之后,采用与各环节相适应的施工工艺,选定所用机械的种类、规模和施工能力,以免在施工途中发生砂土供应迟误。

取土方式有二种:一种是把推土机、轮胎式堆土机、自卸式卡车等重型机械组织起来的断续取土方式;一种是把斗轮挖掘机和皮带输送机组织起来的连续取土方式。在大量取土工程的情况下,向来是采用断续的取土方式,但最近随着工程的大规模化,正在向采用连续取土方式发展。

取土机械有挖掘装卸机械、集土机械等,但挖掘和装载可以同时进行施工的情况较多。这些机械是根据下列因素而决定:针对取土场的地形,可资利用的作业面积,与取土计划相应的运输路径,由海边滩地至砂土投入口的距离等。

挖掘、装载机械有以下几种:推土机、轮胎式推土机、电动刮土机、电动推土机等刮板式挖掘机械;铲土机、反向铲、汽车挖掘机等铲式挖掘机械;斗轮挖掘机、斗架挖掘机、坑道挖掘机等连续式挖掘机;耙式推土机、推土翻土机、松土机等耙式挖掘机等。

集土方法多采用自卸式卡车和皮带输送机,也有使用刮土机等的。

砂土的运输方法可分成间断式和连续式两种:

① 间断式运输方法:利用自卸式卡车、货车、泥驳等进行运输。

② 连续式运输方法:利用皮带输送机、管道等进行运输。

在陆上运输砂土,多使用自卸式卡车和皮带输送机;在海上运输砂土,多使用顶推式泥驳。此外,也有采用依靠抽砂泵进行水力输送者。采用皮带输送机的方法与自卸式卡车方法相比较,其运输量增大;随着距离的加长,变为经济的;另外,作为防止噪音、振动等公害的措施也是有利的。

作为砂土的运输方式,可考虑以下 3 种类型:

① 由采砂场的挖掘机至装载机或撒料机为止,进行直接运输。

② 作为海上装船的设备,设置料斗。

③ 在采砂场和海边之间,在陆上部分的某一处或数处设置集聚设备。

装船的设备有水上料斗方式和装船机方式,利用滑槽或移动式装船机装入泥驳。在填筑地点卸土和进行填筑的设备有卸土机械、小量运输机械、投料机械等。依靠自卸式卡车和皮带输送机经过陆上运来的填筑用砂土直接投入填筑地点或通过小量运输机械投入。依靠顶推式泥驳经过海上运来的砂土,在水深较深的情况下,由泥驳上直接投入,但水深变浅而泥驳不能进入时,则利用卸土机械和挖泥船卸到岸上之后,再投入填筑地点。

因为泥驳运来的砂土需要卸到岸上,所以卸土机械设置在码头和平底船上。泥驳各自采用专用船的情况较多。此外,也有的采用吸扬式挖泥船和抓斗式挖泥船等。

用来作为小量运输机械的有下列几种:可称动的皮带输送机、履带式皮带输送机、拖挂车式皮带输送机;用来作为填土机械的有:撒料机、推土机等。

四、港口工程

(一) 海中基础工程

防波堤、岸壁、护岸等港式结构物可视之为由基础和结构物本身所组成。在这种情况下,基础的功能相当一媒介物,用它来把结构物本身稳定地设置在海底地基上。从力学的观点来看,基础的功能有二点:(一)把加于基础之上的结构物本身所产生的垂直荷载分散地传递给海底地基;(二)防止防波堤在波压力作用下(岸壁和护岸在土压力作用下)产生圆弧滑动等所引起的破坏。如海底为承载力高的优质砂土地基,则一般采用抛石基础,但如海底由软弱粘土和厚淤泥层所组成,无足够的承载力时,则采用换砂法、砂井法等软基加固法预先改善海底地基的强度,然后在其上面进行抛石基础的施工,或利用桩基、沉井、沉箱等把结构物的垂直荷载直接传递给海底地基深处的持力层。

不论采用何种基础型式,海中基础的设计必须有很好的地基条件,因此在工程进行之前,有必要利用钻孔等预先详细调查好海底地基的情况。基础地基的强度因土质的不同而不同,正确的途径是必须依靠钻探等土质调查。

(二) 混凝土工程

港口工程、海岸工程等凡是在海水影响下施工的混凝土总称之为海工混凝土。也就是说港口结构物、海岸结构物、海中结构物且不用说,即使是离开岸边线而位于岸上的结构物,但受到风浪引起的海水飞沫等影响的混凝土，从广义上来看也称之为海工混凝土。

海工混凝土本质上与陆上混凝土并无不同之处，但由于受到海水和浮游生物的物理、化学作用，受到波浪的冲击等，促使海水中有害盐类与水泥浆起化学反应，而引起混凝土的剥离等，因为具有这样的特点，所以在海工混凝土施工时必须注意，使它成为耐久性好，水密性、强度高的混凝土。

另外，象防波堤那样，海工混凝土多在地理位置不方便的地方进行施工；有时不能利用岸上机械和预拌混凝土，而需要借助于混凝土搅拌船等工程船舶进行施工，因此不但需要注意确保施工精度和混凝土质量等，同时在制订施工计划时，要研究气象和海洋水文情况，不要忘记留有充分余地。

还有在浇筑混凝土时，要细心注意不要使海水污染并必须努力防止扩散。

如上所述，海工混凝土存在施工条件恶劣、质量的不稳定性和不能准确地施工的问题，因此预先在岸上制作方块、沉箱等，利用工程船舶将其搬运至现场，进行安放的方法较安全、可靠。这种方法是目前采用最多的一种施工方法。

（三）外堤工程

防波堤工程的特点

一般在港口工程中，防波堤工程多在极为严酷的限制条件下进行施工。下面试将该条件稍加以列举。

1．海洋水文条件

防波堤被称为"外廓设施"，顾名思义它是用来形成港口的外廓的，也就是说用来阻挡波浪的，因此它多在开敞水面上直接受到波浪袭击的外海（或虽有掩护但并不充分，易于产生风浪的地方）进行施工。

2．与结构有关的条件

它视防波堤结构型式的不同而有所差别，但多数防波堤在初步建成之前的中途阶段，存在某一期间，在该期间内堤身对波浪的抵抗能力处于极弱的状态之下。例如，沉箱式和空心方块式防波堤（见图12-25）由安放堤身开始，经过内部填充，然后浇筑顶盖混凝土，直到其强度达到某数值为止，这一段期间就相当于上述情况。此外，利用压浆混凝土直接建造堤身时，立模、填充骨料和注入砂浆之后，直到其强度达到某数值为止，这一段期间也属于上述情况。

在防波堤工程中出现的返工事故多数是由于在上述期间内受到波浪袭击的缘故。

3．与施工方法有关的条件

虽然也因结构型式和工程规模而有所不同，但多数防波堤工程不但需要各种施工机械和工程船舶，同时需要各种工种和工作有机地有组织地进行联合协同作业。因此，如果不在施工方法上集中精力思考，使整个工程有计划地进行，则将产生待工，进而拖长工期并招致施工经费上的较大损失。

（四）码头工程

所谓码头系指供船舶停靠系泊用的设施，如岸壁、栈桥之类；从结构型式上来看，它可以分成以下几类：

重力式：①重力式；②格形结构

板桩式：①板桩式；②高桩台板桩岸壁

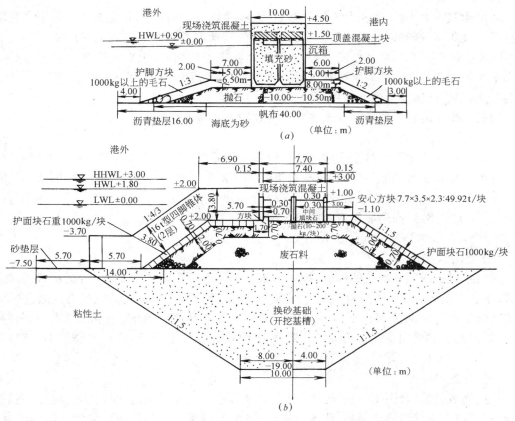

图 12-25　混合堤的两例

(a)沉箱式混合堤;(b)空心方块式混合堤

墩柱或桩基式:①顺岸栈桥及栈桥;②岛式桩基码头;③靠船墩

浮式:①浮码头;②系船浮筒

一般来说,码头工程与其他港口工程相同,多成为海上工程,因此在施工方面受到种种条件的限制。现将其中的几个条件列举如下:

(1)海洋水文条件

由于码头一方面供船舶停靠系泊之用,同时在码头上还要进行货物的装卸和旅客的上下,所以码头多设于河口附近和港内,或设于以防波堤等外堤围住,水面比较平稳的水域内,但是在外堤的掩护不充分的地方或防波堤尚未建成的情况下,码头工程当受到除了潮汐、潮流之外,还有波浪的影响。此外,如沉箱、方块和其他材料等的拖运和运输系经过外海而进行,则受海洋水文条件的影响特别大。

(2)土质条件

水面比较平稳的河口附近和港内的海底多属于经过长年堆积而形成的软弱地基。码头也有的是设置在这样坏的土质条件的地方;在这种情况下,在施工阶段忽视了软弱地基的特性而进行施工,或过于快速地施工而引起滑动破坏,或未预料到沉降而未能建成为预定的结构物,类似这样的例子并非少见。

（3）结构条件

从结构型式上来看,码头有不同的型式,但通常它们在墙体基本建成之前的中途阶段,多存在一段期间,这时即使是对于较小波浪而言,其抵抗力也处于软弱的状态之下。例如,L形块体式码头在L形块体已安放好,但尚未回填之前的期间;板桩式码头在板桩已打好,但尚未回填之前的期间即属于这种情况。此外,栈桥式码头在上部结构的模板架设好,浇筑了混凝土,但其强度未达到某种程序的数值之前也属于这种情况。

码头工程中的返工事故因在上述期间受到波浪的袭击所致。

（4）施工方法

码头工程虽然也因结构型式和工程规模的大小而所不同,但其工程多,各种各样的作业是与各种机械和工程船舶一齐,有机地有组织地联系起来而进行联合作业的。因此,必须在施工方法方面,千方百计想办法,使整个工程有计划地进行下去。不然的话,会产生闲置和待时,进而工期不足,而造成经济上的较大损失。

下面介绍几种常见的码头形式:

（1）重力式码头

重力式码头按照其本身的构造、型式或施工方法等可以分成以下几类:沉箱式、L形块体式、空心方块式、方块式、现浇混凝土式等。以上各种型式中,除现浇混凝土式之外,其他型式的码头本身全部采用预制构件。沉箱式和L形块体式,特别是沉箱式多用于大型码头;方块式码头如果用于大型码头,则必须把方块重叠堆放多层,因此它主要用于小型码头等。

（2）板桩式码头

最近钢板桩结构（图12-26）充当码头使用的最多。还有采用下列板桩结构:钢筋混凝土板桩、预应力钢筋混凝土板桩、或木板桩等,但由于钢板桩的普及和防腐蚀方法的研究成功,在港口方面,除特殊例子外,使用上述材料者,其实例极少。因此,本节内仅就钢板桩和钢管板桩结构进行叙述。

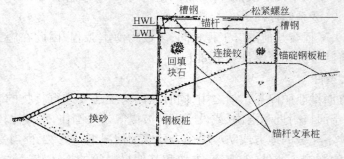

图 12-26　钢板桩码头

1）板桩式码头在施工方面的特点如下:

① 施工设备比较简单;

② 海上施工时,在无墙背回填的状态下,抗波浪的能力差;

③ 海上施工时,打板桩受到基础换砂和回填的顺序限制;

④ 由于板桩背后有锚碇结构,施工现场涉及的范围较广;

⑤ 前板桩会发生腹部凸出、前倾等变形;它是比较容易变形的结构;

⑥ 在地基比较硬的地方,特别是在陆上打板桩等情况下,在板桩的锁口处易于产生故障。

2) 钢板桩和钢管板桩的种类(图 12-27)

① 槽形钢板桩;

② Z 形钢板桩;

③ H 形(箱形)钢板桩;

④ 平板形钢板桩;

⑤ 组合截面钢板桩;

⑥ 钢管板桩;

⑦ 轻型钢板桩。

3) 钢管板桩的锁口

钢管板桩的锁口有图 12-28 所示的各种型式,由于钢管板桩的锁口系按照定货要求进行制作,所以其型式和形状尺寸可以选择。

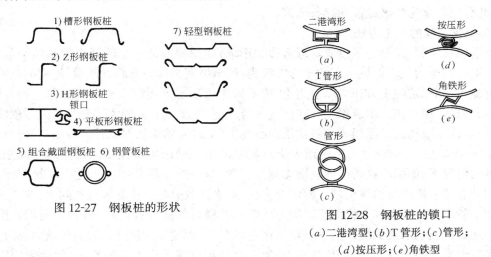

图 12-27　钢板桩的形状

图 12-28　钢板桩的锁口

(*a*)二港湾型;(*b*)T 管形;(*c*)管形;
(*d*)按压形;(*e*)角铁型

(3) 格形钢板桩码头

格形钢板桩码头的构造一般如图 12-29 所示,它是依靠打下平板形钢板桩构成圆形空

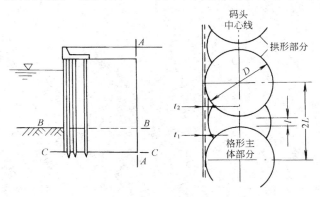

图 12-29　格形码头

格,内部填充砂土而成;利用自重和内部填充材料的抗剪强度,以及板桩锁口的摩擦阻力等抵抗背后的土压力等外力。格形码头中除由平板形钢板桩构成的格形结构之外,还有重力式混凝土空心块体构成的格形结构和使用钢板(光面钢板和波纹钢板)制成的钢板格形结构三种。混凝土空心块体格形结构用于水深较浅的码头和护岸,其施工方法与重力式码头相同。采用钢板格形结构的原因是由于要缩短海上施工的天数(它是钢板桩格形结构在施工方面的弱点)。把格形结构的外壳在造船厂等陆上地点进行制作,用起重船运输和安放,所以不需要导向围令架,省去了吊立板桩和打桩的工序,因此施工简单,施工速度快。

（五）疏浚和填筑工程

1. 疏浚工程的施工方法

疏浚工程包括:为了修复和维护港口而挖掘和清除航道、泊地海底的砂土和基岩;在建造港口建筑物时,由于原有地基软弱,为了用优质材料置换之而挖掘清除海底土;为了把基础不平之处整平等而将地基的一部分挖掉等。疏浚工程的施工方法,根据所使用的挖泥船的种类可分成:吸扬疏浚、抓扬疏浚、耙吸疏浚、铲扬疏浚、链斗疏浚法等。另外,对于岩基和硬土地基,多在挖掘之前先进行爆破或利用碎石船进行破碎之后,再用上述挖泥船进行疏浚,因此分别称之为爆破疏浚和碎石疏浚。

2. 填筑工程的施工方法

所谓填筑工程,就是为了造成靠近海边的用地,利用围堰把一定区域内的水域围起来,用砂土进行填筑的工程。填筑用的土方来源为:使该填筑工程与其附近航道、泊地的疏浚工程同时施工,利用疏浚土方作为填筑用土,或不依靠疏浚土方而将山土由陆上取土地点,经过陆运和海运,用来作为填筑用土。在前者的情况下,使填筑工程的大部分与疏浚工程结合起来,一般依靠吸扬式挖泥船或耙吸式挖泥船排土(最好采用除软泥以外的砂土)进行填筑。特别是如填筑土的土质不好,则仅地表土再用从陆上等处采取的优质土覆盖而形成土地。在后者的情况下,如拟填筑的区域周围无疏浚工程,从一开始就要用山土充当填筑用土,则可利用开底驳直接进行填筑至某一深水处为止;对于比驳船吃水浅的区域和陆上,则依靠停泊在卸土驳岸旁并装有卸土机的船和陆上皮带机的联合作业,或从卸土机船上利用长度长的输出皮带机或吃水浅的撒砂船进行填筑作业。有时,因驳船无法进入填筑区域内,而把利用开底驳运来的砂土(此时也可用疏浚土)暂时投放到填筑区周围的海底上,然后再用吸扬式挖泥船把它吸扬上来,往填筑区域内排土。

第十三章 建筑施工组织概论

建筑施工的最终产品是各种类型的建筑物或构筑物。施工项目管理的主要内容包括进度控制、质量控制及成本控制，如何有机地将各种生产要素加以组织协调，以达到工期短、质量好、造价低、效益高的理想目标，成为建筑施工组织与管理的根本任务。

第一节 我国基本建设程序

为了实现建筑施工组织与管理的根本任务，必须坚持基本建设程序。基本建设是国民经济各部门、各单位购置和建造新的固定资产的过程，具体是指利用政府投资、自筹资金、银行贷款以及其他专项资金进行的，以扩大生产能力、提高综合效益或改变生产力布局为主要目的的新建、扩建、迁建工程及其他有关建设工作。

基本建设是国民经济的重要组成部分，是社会扩大再生产，提高人民物质文化生活和加强国防实力的重要手段。有计划、有步骤地进行基本建设，对于大力加强国民经济的物质基础，合理协调各个产业的生产能力，不断提高人民物质文化生活水平，具有十分重要的意义。

基本建设过程建设周期长、涉及范围广、协作环节多、投资数额高、决策风险大，是一项复杂的系统工程。基本建设程序，是指基本建设全过程中各项工作必须遵循的先后顺序。基本建设程序不是人为随意安排的，而是由固定资产和生产能力形成过程的内在规律所决定的。为了实现投资省、进度快、质量好、效益高的建设目标，必须根据基本建设的特点和规律，确保项目建设过程中各阶段和各环节工作的合理衔接和有序运作。

随着改革开放的进行，基本建设领域发生了重大变革，通过借鉴发达国家成功的建设管理经验，我国加强了建设前期的投资决策研究，目前一般将基本建设程序概括为六个主要阶段(图 13-1)：项目建议书阶段、可行性研究阶段、设计文件阶段、建设准备阶段、建筑施工阶段和竣工验收阶段。每一阶段又包含着若干环节，各有不同的工作内容。这些工作按照自身的规律，有机地联系成为一个整体，共同服务于基本建设的客观需要。

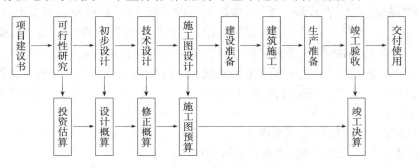

图 13-1 我国基本建设程序简图

一、项目建议书阶段

项目建议书是业主单位向国家提出的要求建设某一具体项目的建议文件,是投资决策前对拟建项目的轮廓设想,是从拟建项目总体的可能性和必要性上加以初步分析,体现了基本建设程序中最初阶段的工作。客观上,拟建项目应符合国民经济的长远规划,符合部门、行业和地区规划的要求。

在计划经济体制下,国家规定基本建设程序的第一步是编制计划任务书或称设计任务书。计划任务书一经批准,即表示该建设项目已经成立。为了进一步加强建设前期的工作,对项目实施的可行性进行充分论证,在吸取发达国家成功建设经验的基础上,国家从80年代初期规定了在程序中增加项目建议书这一步骤。项目建议书经批准后,还要进行可行性研究。因此项目建议书通过仍不能表明建设项目非上不可,项目建议书还不是建设项目的最终决策。为了进一步搞好建设项目的前期工作,从国家"八五"计划开始,在项目建议书前又增加了探讨项目阶段,凡是重要的大中型建设项目都要进行项目探讨,经探讨研究初步可行后,再按项目隶属关系编制项目建议书。

项目建议书的内容一般包括以下几个方面:

1)建设项目提出的必要性和依据;

2)产品方案,拟建规模和建设地点的初步设想;

3)资源情况、建设条件、协作关系等的初步分析;

4)投资估算和资金筹措设想;

5)经济效益和社会效益的总体估计。

项目建议书根据要求编制完成后,按照建设项目的总体规模和限额档次划分审批权限,报批项目建议书。

二、可行性研究阶段

项目建议书经过批准,即可着手进行可行性研究,对该建设项目在市场上是否需要、技术上是否可行、经济上是否合理进行调查研究、科学预测和分析论证,可行性研究事关建设项目的总体质量,必须从全局的角度认真加以把握,为项目投资决策提供必要的依据,以保证建设项目以最小的消耗获得最大的经济效益和社会效益。

我国已将可行性研究正式纳入基本建设程序和建设前期工作计划。通过对于建设项目需求可行性、技术可行性和经济可行性进行全面分析论证和多种方案比较,提出评价意见,推荐最佳方案,编写可行性评估报告。凡是可行性研究未经通过的项目,不得进行下面步骤的工作。

世界各国普遍认为,在投资决策前,做好可行性研究,找出最佳建设方案,是成功投资的重要保证。可行性研究是战略上不可逾越的阶段,是必须途经的程序。可行性研究包括投资机会研究、初步可行性研究、详细可行性研究和可行性评估报告四个主要环节。在这四个环节中,研究内容由浅到深,精确程度由粗到细,工作范围由小到大,所需时间由短到长。充分做好可行性研究,对于排除错误决策、避免盲目建设、减少投资风险、有效利用资金提供了必要的科学保证。

可行性研究一般包括以下主要内容:

1)项目提出的背景和依据、投资必要性说明;

2)建设规模、产品方案、市场预测和确定依据;

3）技术工艺、设备选型、建设标准、技术经济指标；

4）资源、原材料、燃料、电力、供水、运输、公用设施条件；

5）建厂条件、厂址方案、废物处理、劳动力及物资供应情况；

6）项目设计方案、协作配套工程；

7）环境保护、城市规划、抗震防洪措施等要求；

8）企业组织机构设置、劳动定员和人员培训；

9）项目的建设工期和进度实施计划；

10）投资估算和资金筹措方式；

11）经济效益和社会效益评价。

可行性研究评估报告将成为投资决策的依据；筹集资金、向银行贷款的依据；编制设计任务书的依据；工程设计、设备材料订货和施工准备的依据；与有关单位签订合同的依据；科研试验、机构设置、职工培训和生产组织的依据；申请建设许可的依据；建设项目竣工验收的依据。

国务院颁布的投资管理体制的改革方案，对可行性研究评估报告的审批权限作了具体规定。其中，属中央投资、中央和地方合资的大中型和限额以上项目的可行性研究评估报告要报送国家计委审批，国家计委审批是根据行业归口主管部门和国家专业投资公司的意见以及有资格的工程咨询公司的评估意见进行的；总投资 2 亿元以上的项目，不论是中央项目还是地方项目，都要经国家计委审查后报国务院审批；中央各部门所属小型和限额以下项目由各部门审批；地方投资 2 亿元以下项目，由地方计委审批。

可行性研究报告经批准后，不得随意修改和变更。按照现行规定，大中型和限额以上项目可行性研究报告经批准之后，项目可根据实际需要组成筹建机构，即组织建设单位。但是一般改扩建项目不单独设置筹建机构，仍由原有企业负责筹建。建设单位的形式很多，可以是董事会或管委会、工程指挥部、企业基建部门、业主代表等。有的建设单位到竣工投产交付使用后即自行解散，有的建设单位待项目建成后转入生产管理职能，不仅负责建设过程，而且负责生产管理。

三、设计文件阶段

可行性研究报告经过批准，标志着该建设项目已确定立项，建设单位应通过招标投标择优选择设计单位，按照可行性研究报告的内容和要求进行设计，编制设计文件。承担项目设计的设计单位资质等级必须符合项目规模和复杂程度的要求。我国将设计过程一般分为两个阶段，即初步设计阶段和施工图设计阶段，对于技术复杂而又缺乏设计经验的项目，可根据不同行业的特点和需要，在初步设计和施工图设计之间，增加技术设计阶段。

初步设计是根据批准的可行性研究报告和可靠的设计基础资料，经过调研分析和综合设想后，作出设计方案图、设计说明书和项目总概算。初步设计的目的是为了阐明在指定的地点、预期的时间和投资之内，建设项目在技术上的可能性和经济上的合理性。并通过对于建设项目所作出的基本技术经济规定，编制项目总概算。

初步设计不得随意改变经批准的可行性研究报告所确定的建设规模、产品方案、工程标准、建设地址和总投资限额等控制指标。如果初步设计提出的总概算超过可行性研究报告总投资限额的 10% 以上，或者其他主要控制指标需要变更时，设计单位应说明原因和计算依据，并报可行性研究报告原审批单位同意。初步设计文件经过批准后，其主要的技术经济指标不得随意修改、变更。

技术设计是根据初步设计和更详细的调查研究资料编制的,进一步解决初步设计中的重大技术问题,如工艺流程、设备选型、建筑结构及有关数量确定等,以使建设项目的设计更具体、更完善,技术经济指标更优化。技术设计应该进一步提供修正概算。

初步设计、技术设计完成后,施工图设计通过详细计算和细部技术考虑作出全部施工图表、工程数量、施工图预算和施工说明书等文件,最后交付施工。施工图设计完整地表现建筑物外部造型、内部空间、结构体系及建筑环境,施工图设计具体规定构造细部和构造尺寸,并且包括各种运输、通讯、管道系统的详细设计,具体确定各种设备设施的型号和规格。在施工图设计中应该编制施工图预算。

四、建设准备阶段

工程项目在开工建设前,要切实做好各项准备工作,其中包括:征地、拆迁和场地平整;完成施工用水、电、路等工程;组织设备、材料订货;准备必要的施工图纸;组织施工招标投标,择优选定施工单位;委托建设工程监理单位;办理质量监督申报手续等。

按规定进行了建设准备并具备了各项开工条件后,建设单位应向政府建设主管部门提出开工申请,由建设主管部门审批颁发施工许可证。对于大中型和限额以上建设项目的开工申请,须经国家计委编制年度大中型和限额以上建设项目新开工计划,并报国务院审批,经国务院批准后,由国家计委下达项目计划。对于大中型和限额以上的建设项目,部门和地方政府无权自行审批其开工报告。

审计机关对项目的有关内容进行审计证明时,应对项目的资金来源是否正当、是否落实,项目开工前的各项支出是否符合国家的有关规定,资金是否存入规定的专业银行进行严格审计。国家规定新开工的项目按照施工顺序需要,必须至少已有三个月以上的工程施工图纸,否则不能开工建设。

五、建筑施工阶段

建设项目经批准新开工建设,项目便进入建筑安装施工阶段。建筑安装是基本建设程序中的关键阶段,对于项目决策的具体实施,建成投产发挥效益起着重要作用。施工单位在这一阶段应全面完成施工任务,实现对工程进度、质量、成本的管理和控制。

新开工项目的建筑施工,是以建设项目设计文件中规定的任何一项永久性工程第一次破土开槽的时间作为开工时间。不需要开槽的,正式开始打桩日期即为开工日期。建筑安装施工活动应该按照设计要求、合同条款、预算投资、施工顺序、施工组织设计,在保证工期、质量、成本等预期目标的前提下进行,达到竣工标准的要求,经过验收合格后,移交给建设单位,最后交付投产使用。

施工生产准备是施工项目实施之前所要进行的一项重要工作,施工生产准备工作一般主要包括下列内容:

1)劳动组织准备 包括建立项目施工领导机构;组织精干的施工队伍;组织劳动力进场;做好职工培训教育。

2)技术准备 包括做好技术设计方案的审查;熟悉和审查施工图纸;原始资料的调查分析;编制施工图预算和施工预算;编制施工组织设计。

3)物资准备 包括建筑材料准备;构配件和制品加工准备;建筑施工机具准备;生产工艺准备。

4）现场准备　包括施工现场控制网测量;做好三通一平;建造临时设施;组织施工机具进场;组织建筑材料进场;拟定有关试验计划;做好季节性施工准备。

5）场外准备　包括材料加工和订货;施工机具租赁或采购;签订分包或劳务合同等。

六、竣工验收阶段

建设项目按照设计文件的规定内容全部施工完成后,即可组织竣工验收。竣工验收是基本建设过程的最后阶段,是项目投资转入生产使用的标志,是全面考核基本建设成果、检验工程设计和施工质量的重要步骤,是建设单位、设计单位和施工单位汇报建设项目的生产能力、经济效益、质量水平等全面情况,交付新增固定资产的过程。竣工验收对于促进建设项目及时投产、发挥投资效益、总结建设经验,都具有重要作用。作为工程项目财务和投资效益的总结,竣工决算成为工程项目竣工验收报告的重要组成部分。

竣工验收的工作程序如下:

1）施工单位自验并提交验收申请报告,对工业项目先行组织联动试车;

2）监理单位根据施工单位申请报告进行现场初验;

3）监理单位组织以建设单位为主,有设计、施工单位参加的正式验收;

4）列为国家重点工程的大型建设项目,由政府主管部门邀请有关方面组成工程验收委员会,进行最后的验收;

5）建设单位在竣工验收合格后应将竣工验收报告等报送建设行政主管部门备案;

6）办理工程项目移交手续。

第二节　建筑施工组织的性质、对象和任务

建筑施工组织是研究工程建设统筹安排与系统管理客观规律的一门学科,研究如何计划、组织一项建筑施工的整个过程,寻求最为合理的组织方法。具体来说,施工组织的任务是实现基本建设计划和设计要求,提供各阶段的施工准备工作内容,对于人力、资金、材料、机械和施工方法等进行科学安排,协调施工中各单位、各工种之间、资源与时间之间、各项资源之间的合理关系。在整个施工过程中,按照经济规律、技术规律的客观要求,做出科学合理的安排,使得整个施工过程取得最优效果。

现阶段建筑施工组织学科的发展特点,是广泛利用数学方法、网络技术和计算技术的理论基础及计算机等各种有效手段,对施工过程进行进度、质量、成本控制,力争达到工期短、质量好、造价低、效益高。

组织管理者必须充分认识施工过程的特点,在所有环节中精心组织,严格管理,全面协调好施工过程中的各种关系,面对特殊、复杂的施工过程,需要科学地加以分析,弄清主次矛盾,找出关键工作,有的放矢地采取措施,合理组织人财物的投入顺序、数量和比例,科学进行工程排队,合理组织流水作业,提高对于时间、空间的有效利用,这样才能取得全面的经济效益和社会效益。

施工组织管理的对象千差万别,施工过程中内部工作与外部联系错综复杂,没有一种固定不变的组织管理方法可以运用于一切工程。因此,在不同的条件下,针对不同的施工对象,需要灵活采用不同的管理方法。

第三节　施工组织设计的分类和内容

施工组织设计,按编制对象范围的不同,可分为施工组织总设计、单位工程施工组织设计和分部分项工程施工组织设计,施工组织设计层次划分示意如图 13-2 所示,工程项目结构分解示意如图 13-3 所示。

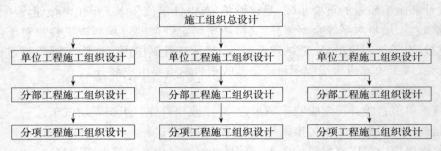

图 13-2　施工组织设计层次划分示意图

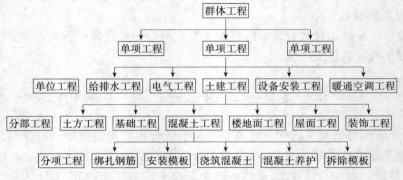

图 13-3　工程项目结构分解示意图

一、施工组织总设计

施工组织总设计是以一个建设项目或群体工程为编制对象,用以指导整个建设项目或群体工程施工全过程各项施工活动的技术、经济和组织的全局性、综合性指导文件。初步设计或技术设计经批准后,由工程施工总承包单位主持,建设、设计和分包单位参加,结合建设准备和计划安排工作进行施工组织总设计的编制工作。

施工组织总设计的主要作用是确定施工方案,综合分析施工的技术合理性和经济合理性,为建设单位编制基本建设计划,为施工单位编制建筑安装工程施工计划,为组织物资材料供应提供必要的依据。以保证及时进行施工准备工作,解决有关建筑生产和生活基地的合理规划。施工组织总设计是施工企业编制年度计划的依据。施工组织总设计的主要内容包括:

1)建设项目的工程概况;

2)施工部署及主要建(构)筑物的施工方案;

3)全场性施工准备工作计划;

4)施工总进度计划;

5) 各项资源需要量计划;

6) 施工总平面图设计;

7) 技术经济指标分析。

施工组织总设计的编制依据是:建筑设计任务书、工程项目一览表及概算造价、建筑总平面图、建筑区域平面图、建(构)筑物平、立、剖面示意图、建筑场地竖向设计、建筑场地及地区条件勘察资料、现行施工定额、技术规范、对建筑安装工程施工组织分期施工与交工时间的要求、工期参考数据等。

二、单位工程施工组织设计

单位工程施工组织设计是以一个单位工程或一个交工系统工程为编制对象,用以指导单位工程施工全过程的各项施工活动的技术、经济和组织的综合性指导文件。在施工图设计完成后,拟建工程开工前,由直接组织施工的基层单位编制单位工程施工组织设计。单位工程施工组织设计是施工企业编制季度、月度计划的依据。

对于重点建设项目,以及规模较大、技术复杂或采用新技术的建设项目,单位工程施工组织设计的内容应该比较全面。对于一般简单的建设项目,通常只编制施工方案并附以施工进度表和施工平面图,即"一案一图一表"。单位工程施工组织设计的内容主要包括:

1) 单位工程概况及其施工特点的分析;

2) 施工方案和施工方法的选择;

3) 单位工程施工准备工作计划;

4) 单位工程施工进度计划;

5) 各项资源需要量计划;

6) 单位工程施工平面图设计;

7) 质量、安全、节约及冬雨季施工的技术组织保证措施;

8) 技术经济指标分析。

单位工程施工组织设计编制的依据是:施工组织总设计及建筑安装企业年度施工技术财务计划、建筑总平面图、建(构)筑物施工图、工艺设备布置图及设备基础施工图、预算文件、补充勘察资料、现行施工定额、技术规范和上级有关指示等。

三、分部分项工程施工组织设计

对于施工难度较大、技术复杂的大型工业厂房或公共建筑,在完成单位工程施工组织设计编制工作之后,还需编制主要的分部分项工程施工组织设计,用以具体指导各个分部分项工程的施工过程。分部分项工程施工组织设计是直接指导现场施工和编制月度、句度作业计划的依据。分部分项工程施工组织设计的主要内容包括:

1) 分部分项工程概况及其施工特点的分析;

2) 施工方法及施工机械的选择;

3) 分部分项工程施工准备工作计划;

4) 分部分项工程施工进度计划;

5) 劳动力、材料和机具等需要量计划;

6) 作业区施工平面布置图设计;

7) 质量、安全和节约等技术组织保证措施。

无论何种施工组织设计,其内容都相当广泛,编制任务量都很大。为了保证施工组织设计编制合理适用,必须突出"组织"重点,对于施工过程中的人力、物力与财力、计划与方法、时间与空间、需要与可能、局部与整体、各阶段与全过程、前方和后方等给予统筹周密的安排。因此,施工组织设计既不是单纯的技术性文件,也不是单纯的经济性文件,而应该成为技术与经济有机结合的综合指导文件,编制施工组织设计的最终目的是科学规划施工进程,有效提高经济效益。

第四节 施工组织设计参考资料简介

一、建设地区原始资料调查分析

1. 气象、地质情况调查分析

建设地区气象情况调查内容包括:气温、降雨、降雪、风。

建设地区地质情况调查内容包括:地形、地质、地震、地下水、地面水。

这些调查资料的来源可由当地气象台、勘察、设计单位提供。

2. 地方建筑生产企业情况调查分析

地方建筑生产企业包括当地的构件厂、木工厂、金属结构厂、硅酸盐制品厂、建筑设备厂,以及砖、石、瓦、石灰厂等。

调查分析地方建筑生产企业的具体内容包括有关地方建筑生产企业的企业名称、产品名称、单位规格、产品质量、生产能力、生产方式、出厂价格、运输距离、运输方式、单位运价等。

这些调查资料的来源可由当地的计划、经济以及建设主管部门提供。

3. 材料设备情况调查分析

建设地区材料设备情况调查内容包括:三大建筑材料、特殊材料以及主要设备情况的供应情况。

4. 地方资源条件调查分析

地方材料主要包括块石、碎石、砾石、砂以及工业废料等。

调查分析地方资源情况的具体内容包括有关地方材料名称、产地、储藏量、质量、开采量、出厂价、开发费、运输距离、单位运价等。

5. 交通运输条件调查分析

建设地区的交通运输条件主要包括铁路、公路、航运的情况,调查分析资料来源可由当地铁路、公路、航运业务管理部门提供。

6. 水、电、汽等条件调查分析

有关建设地区的供水、排水、供电、供蒸汽情况可从当地城建、电力、建设单位等处调查掌握。

7. 参加施工各单位情况调查分析

参加施工各个单位(包括分包单位)的调查内容包括这些施工单位中工人、管理人员、施工机械的有关情况,以及这些施工单位的施工经验和主要指标。

8. 社会劳动力和生活设施情况调查分析

建设地区社会劳动力和生活设施调查内容包括:社会劳动力的水平和数量、为施工服务的房屋设施安排以及施工现场周围生活用品供应、文化教育、医疗诊治、公共交通、电讯服务、消防治安、环境保护的情况。

这些情况可从当地的劳动、商业、卫生、教育、邮电、交通主管部门调查了解掌握。

二、施工机械参考资料调查分析

关于施工机械的参考资料包括常用主要建筑机械设备年工作台班及年产量定额、土方机械台班产量参考指标、钢筋混凝土机械台班产量参考指标、起重机械台班产量参考指标、装修机械产量参考指标、常用主要机械完好率与利用率等有关数据。

除此之外,施工组织设计参考资料还包括建筑施工现场临时房屋、临时供水、临时供电、临时供热、临时供汽设施的参考数据,不同用途、不同结构工程建设项目及单位工程施工工期的参考指标,建筑工地运输参考资料,施工平面图布置方案参考标准等。

第五节　施工组织设计的编制原则

为了达到优化施工组织设计的目的,施工组织设计的编制过程应该由粗到细,由表及里,反复协调地进行。除了坚持正确合理的编制方法,还必须全面考虑以下因素:

1) 认真贯彻国家对于基本建设的各项方针政策,严格执行基本建设程序;
2) 遵循建筑施工工艺及其技术规律,坚持合理的施工工艺和施工顺序;
3) 采用流水施工原理、网络计划技术及线性规划方法组织有节奏、有衔接的施工;
4) 科学地安排冬季、雨季施工项目,保证全年生产的均衡性和连续性;
5) 认真执行工厂预制和现场预制相结合的方针,提高建筑工业化水平;
6) 充分利用机械设备,扩大机械化施工范围,改善施工劳动条件,提高劳动生产率;
7) 积极学习采用国内外先进施工技术,科学地制定施工方案;
8) 提高施工质量,确保安全施工,缩短施工工期,降低工程成本;
9) 合理储存各种物资,尽量减少临时设施,科学布置施工现场,尽量减少施工用地。

第六节　施工组织设计的贯彻落实

制定好的施工组织设计方案,在实际施工过程经过检验,方案的经济效果将得以充分展示。为了确保施工组织设计的顺利实施,加强施工组织设计的贯彻落实,应该切实做好以下几个方面的工作:

一、做好施工组织设计交底

经过审批的施工组织设计,为保证其顺利贯彻落实,在开工前应召开各级生产、技术会议,逐级进行交底,详细讲解其内容要求、施工关键和保证措施,组织相关人员广泛讨论,拟定完成任务的技术组织措施,然后作出相应的决策。同时,责成生产计划部门,编制具体的实施计划;责成技术部门,拟定实施的技术细则。

二、制定贯彻施工组织设计的管理制度

工程实践经验证明,施工企业只有建立健全各项管理制度,企业正常生产秩序才能得以维持,施工组织设计才能顺利实施,工程施工质量才会得到确保,企业本身才能在激烈的市场竞争中生存发展。因此,完善各项管理制度成为施工过程顺利完成的重要保障。

三、推行技术经济承包制

运用经济手段,明确承包责任,是技术经济承包的关键。采用技术经济承包制度,把技术经济责任同职工的物质利益紧密结合起来,便于互相监督和激励,是贯彻施工组织设计的重要手段。广泛开展节约材料奖、技术进步奖和优良工程综合奖等项竞赛,对于全面贯彻落实施工组织设计具有积极的推动作用。

四、统筹安排、综合平衡

施工过程中,努力做好人力、物力和财力的统筹安排,保持合理的施工规模,这样既能保证施工顺利进行,又能获得良好的经济效果。通过月、旬作业计划,及时分析各种不均衡因素,积极协调各种施工条件,不断进行各专业工种之间的综合平衡,完善施工组织设计,真正保证施工过程的节奏性、均衡性和连续性。

第七节 施工组织设计的检查调整

经过施工组织总设计、单位工程施工组织设计、分部分项工程施工组织设计三大步骤,施工组织设计成为一个可行的方案,但是绝对不能将它做为一个静态方案,必须根据施工过程的进展情况,适时地进行必要的检查调整,形成有效的动态管理机制。

一、主要指标完成情况检查

一般通常采用比较法,将各项指标完成情况同规定指标进行对比,检查工程进度、工程质量、材料消耗、劳动消耗、机械使用和成本费用等方面的情况。

二、施工平面图合理性检查

施工开始后,必须加强施工平面图的管理制度。每个阶段都要有相应的施工总平面图,应及时检查施工平面图的合理性,及时制订改进方案,不断满足施工进程的具体需要。

三、施工组织设计的调整

对施工组织设计进行检查时,如果发现问题要具体分析产生原因,并合理拟定改进措施,针对相关部分及其指标逐项进行调整。对施工平面图中不合理部分,要进行相应的修改,使其适应变化需要,不断达到新的平衡。

伴随施工过程的不断进行,施工组织设计的贯彻、落实、检查和调整成为一项经常性的工作,必须加强反馈,及时检验改进,自始至终贯穿于项目施工的整个过程。

第十四章 流水施工方法

第一节 流水施工基本概念

流水作业方法最早起源于工业生产领域,它是建立在分工协作的基础上,合理组织产品生产的有效手段。流水作业原理同样适用于建筑安装工程的施工过程,流水施工成为建筑安装工程理想的组织方法。

建筑安装工程的流水施工与一般工业生产流水作业既相同又不同。相同之处在于,它们都是建立在大批量生产和分工协作的基础之上,实质都是连续作业,均衡生产。区别之处在于,在一般工业生产过程中,专业生产者的位置是不动的,各种产品在流水线上由前一个工序流向后一个工序;而在建筑流水施工过程中,由于建筑产品及其生产过程的特殊性,各个施工段的位置是固定的,专业队组则由前一个施工段流向后一个施工段连续地施工。

一、施工组织的三种形式

任何一个建筑安装工程均由许多施工过程组成,分别可以采取依次施工、平行施工和流水施工三种形式组织施工。这三种形式组织方法不同、适用范围各异、工作效率有别。通过下面的分析比较,我们可以清楚发现三种施工组织形式之间的区别及其各自的特点。

【例14-1】 某桥两跨等待施工(如图14-1所示),A、B、C轴线处工程完全相同,都是由土方、基础、桥墩三个施工过程组成,此外还有 A—B、B—C 之间桥面的施工过程。每个施工过程持续时间均为 5 天,由一个专业施工队组完成作业。土方施工队组由 6 人组成,基础施工队组由 8 人组成,桥墩施工队组由 10 人组成,桥面施工队组由 8 人组成。下面分别按照依次施工、平行施工以及流水施工三种形式进行施工组织。

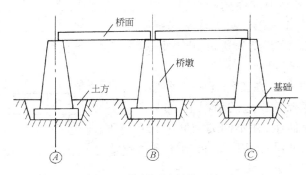

图 14-1 某桥两跨结构示意图

依次施工组织方式是将若干个相关的施工过程,按照一定的先后次序,前一个施工过程完成以后,后一个施工过程开始施工;或者前一个工程完成以后,后一个工程才开始施工。依次施工是一种最基本的,同时也是最原始的施工组织方式。依次施工举例分析如表 14-1

所示。

依次施工组织方式示例　　　　　　　　　　表 14-1

轴线	施工过程	人数	施工进度（d）										
			5	10	15	20	25	30	35	40	45	50	55
A	土方	6	▬										
	基础	8		▬									
	桥墩	10			▬								
B	土方	6				▬							
	基础	8					▬						
	桥墩	10						▬					
C	土方	6							▬				
	基础	8								▬			
	桥墩	10									▬		
A-B	桥面	8										▬	
B-C	桥面	8											▬
劳动力动态图			6	8	10	6	8	10	6	8	10	8	8

从表 14-1 可以观察到，采用依次施工组织方式，其优点表现为：投入的劳动力较少，材料供应量也不大，因此单位时间内投入的资源量较少，有利于劳动力和材料等资源的组织供应；施工现场的组织管理比较简单。其缺点表现为：各个专业队组和专业工人的工作出现间歇，不能连续生产作业；劳动力的使用和材料的供应无法保持连续均衡，工人形成窝工现象；不利于劳动生产率的提高；没有充分利用工作面去争取时间，因此工期拖得很长。

平行施工组织方式是在工程任务十分紧迫、工作面允许、资源保证供应的情况下，可以组织几个相同的专业队组，在不同的空间上同时进行某个专业施工过程的施工活动。平行施工举例分析如表 14-2 所示。

从表 14-2 可以观察到，采用平行施工组织方式，几个工程同时开工，又同时竣工。其优点表现为：充分利用了工作面，争取了时间，缩短

平行施工组织方式示例　　　　表 14-2

轴线	施工过程	人数	施工进度（d）			
			5	10	15	20
A	土方	6	▬			
	基础	8		▬		
	桥墩	10			▬	
B	土方	6	▬			
	基础	8		▬		
	桥墩	10			▬	
C	土方	6	▬			
	基础	8		▬		
	桥墩	10			▬	
A-B	桥面	8				▬
B-C	桥面	8				▬
劳动力动态图			18	24	30	16

了工期。其缺点表现为：单位时间内投入的专业队组数目成倍增加，材料供应随之集中，现场临时设施也相应增长；施工现场组织管理复杂；专业队组以及工人不能实现连续作业，而代之以齐头并进；不利于劳动生产率的提高，带来了不良的经济效果。

流水施工是将施工活动分解为若干个工作性质相同的分部分项工程或专业工序(称为专业施工过程)；在施工空间上，平面方向划分成若干个劳动量大致相等的施工段，垂直方向划分为若干个施工层；建立若干个专业队组完成相应的专业施工过程，各个专业队组依次投入施工，完成了前一个施工段的专业施工作业之后，转入下一个施工段进行专业施工作业，直至所有施工段、所有专业施工过程的施工作业均告圆满结束。流水施工举例分析如表14-3所示。

流水施工组织方式示例　　　　　　　　表 14-3

轴线	施工过程	人数	施工进度 (d)					
			5	10	15	20	25	30
A	土方	6						
	基础	8						
	桥墩	10						
B	土方	6						
	基础	8						
	桥墩	10						
A-B	桥面	8						
C	土方	6						
	基础	8						
	桥墩	10						
B-C	桥面	8						
劳动力动态图			6	14	24	18	18	8

从表14-3可以观察到，流水施工综合了依次施工和平行施工各自的优点，并且避免了它们的缺点。流水施工最主要的特点反映在生产组织的连续性和均衡性。采用流水施工组织方式，与依次施工相比，流水施工工期缩短；与平行施工相比，流水施工需要投入的劳动力和材料供应均衡；流水施工科学地利用了工作面，消除了专业队组施工间歇，争取了宝贵时间，工期比较理想；单位时间内投入的劳动力和材料等资源较为均衡，有利于资源供应的组织工作；为实现施工现场的科学管理创造了必要条件；专业队组及其工人能够连续作业，相邻的专业队组之间最大限度地实现了合理搭接；专业队组及其工人实现了专业化施工，使得工人专业技术熟练，工程质量得以保证，劳动生产率提高(一般能够提高 30%～50%)；流水施工还能有效降低工程成本(一般可以降低 6%～12%)，取得了很好的技术经济效益。

二、流水施工的分类方法

根据流水施工的不同特征，可将流水施工进行如下分类。

（一）按照流水施工的组织范围进行分类

1．分项工程流水施工

分项工程流水也称细部流水，是指组织分项工程或专业工种内部的流水施工。例如，在浇筑混凝土这一分项工程（专业工种）内部组织的流水施工。分项工程流水施工是范围最小的流水施工。

2．分部工程流水施工

分部工程流水也称专业流水，是指组织分部工程中各分项工程之间的流水施工。例如，现浇混凝土工程中由绑扎钢筋、安装模板、浇筑混凝土、混凝土养护、拆除模板等分项工程（专业工种）组成的流水施工。

3．单位工程流水施工

单位工程流水也称综合流水，是指组织单位工程中各分部工程之间的流水施工。例如，土建工程中由土方工程、基础工程、主体结构工程、屋面工程、装饰工程等分部工程组成的流水施工。

4．群体工程流水施工

群体工程流水也称大流水，是指组织群体工程中各单项工程或单位工程之间的流水施工。例如，一个工程项目中由土建工程、设备安装工程、电气工程、暖通空调工程、给排水工程等单位工程组成的流水施工。

（二）按照施工过程的分解程度进行分类

根据组织施工过程分解深入程度，流水施工可划分为彻底分解流水和局部分解流水。

1．彻底分解流水

彻底分解流水是将工程对象的某一分部工程分解为若干个施工过程，每一施工过程均由单一工种独立完成，施工队组由单一工种的工人以及机具设备组成。例如，大型现浇钢筋混凝土工程主要分解为绑扎钢筋、安装模板、浇筑混凝土等三个施工过程，分别由钢筋工、木工、混凝土工三个专业施工队组独立完成。采用彻底施工，其优点是：各施工队组任务明确，工作单一，专业性强，便于熟练施工，能够保证质量，提高工作效率；其缺点是：对于各个施工队组的协调配合要求较高，分工明确较细，施工管理较为困难。

2．局部分解流水

局部分解流水是将工程对象的某一分部工程，视专业工种的合理配合或施工队组的具体情况，在划分施工过程时，部分施工过程彻底分解，部分施工过程则不彻底分解，不彻底分解的施工过程将由多工种协调组成的混合队组完成作业。例如，小型现浇钢筋混凝土工程的绑扎钢筋、安装模板和浇筑混凝土的三道工序，可由一个包括钢筋工、木工和混凝土工的混合队组来完成施工。

（三）按流水施工的节奏特征进行分类

根据组织流水施工的节奏特征，流水施工可划分为有节拍流水和无节拍流水，有节拍流水又可分为等节拍流水和成倍节拍流水两种形式，这些内容将在本章第三节具体介绍。

三、流水施工的表示方式

流水施工的表达方法主要包括水平进度图表、垂直进度图表及网络图进度计划三种形式。

（一）水平进度图表

流水施工水平进度图表，又称横道图。其中，横坐标表示施工持续时间，纵坐标表示施工过程，水平线段表示流水施工的开展情况，水平线段上的标号表示施工段编号。例如，现浇钢筋混凝土工程中包括绑扎钢筋、安装模板、浇筑混凝土三个专业施工过程，平面上划分为四个施工段。采用流水施工水平进度图表，如表14-4所示。

流水施工水平进度图表　　　　　　　　表14-4

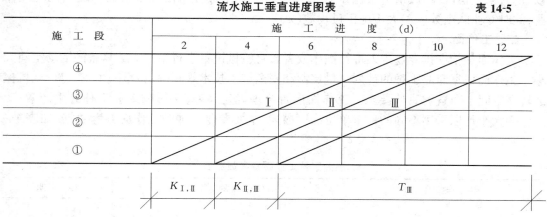

（二）垂直进度图表

流水施工垂直进度图表，又称斜线图。其中，横坐标表示施工持续时间，纵坐标表示施工段，斜向线段表示流水施工的开展情况，斜向线段上的标号表示施工过程编号。继续利用水平进度图表的范例，采用流水施工垂直进度图表，则如表14-5所示。

流水施工垂直进度图表　　　　　　　　表14-5

施 工 段	施 工 进 度 (d)					
	2	4	6	8	10	12
④						
③			I	II	III	
②						
①						

$K_{I,II}$　$K_{II,III}$　　　T_{III}

注：I 表示绑扎钢筋专业施工过程
　　II 表示安装模板专业施工过程
　　III 表示浇筑混凝土专业施工过程

（三）网络图进度计划

流水施工网络图进度计划包括单代号、双代号网络图两种表达方式，详细内容见第十五章。

第二节 流水施工组织主要参数

描述流水施工的参数主要包括工艺参数、空间参数及时间参数。施工过程属于工艺参数，工作面、施工段、施工层属于空间参数，流水节拍、流水步距等其他参数则属于时间参数。

一、施工过程

组织流水施工时，首先应将工程对象划分为若干个施工过程。施工过程所指的工作范围，既可以是分项工程或者分部工程，也可以是单位工程，还可以是单项工程。施工过程数通常以 n 表示。

一个建筑物施工过程数的确定，与建筑物的复杂程度、施工方法等有关，一般可取 $20\sim 30$ 个，对于工业建筑，施工过程数往往要多一些。施工过程数应合理取值，施工过程数过多，将给计算增添麻烦，并且容易导致主次不分；施工过程数过少，又会使得组织设计过于笼统，失去指导施工进程的作用。

根据工艺性质不同，施工过程可以分为三类：一类是以制造建筑产品为目的的制备类施工过程，如砂浆、混凝土、钢筋成型、构配件等建筑产品的制备过程；另一类是以运输材料制品为目的的运输类施工过程，如将建筑材料、机械设备、建筑制品等物资运到工地仓库或施工现场的运输过程；还有一类是在施工中占主要地位的建造类施工过程，如基础工程、主体结构工程、屋面工程及装饰工程的安装、砌筑、浇筑过程。

在组织流水施工时，必须考虑建造类施工过程，而对制备类、运输类施工过程，一般不必列入，只有当它们与建造类施工过程之间发生直接联系，如需占用工期或需占用工作面而影响工期时，才要列入流水施工组织设计之中。

通常一个施工过程由一个专业队组独立完成作业，此时施工过程数(n)等于专业队组数(n')；某些情况（如成倍节拍流水施工）下，一个施工过程将由几个专业队组共同完成作业，此时专业队组数(n')大于施工过程数(n)。

二、工作面

工作面是指安排专业工人进行操作或者布置机械设备进行施工必须具备的活动空间大小。工作面根据专业工种的计划产量定额和安全施工技术规程确定，反映了工人操作、机械运转在空间上布置的具体要求。工作面能否合理确定，将直接影响专业工种的生产效率。工作面大小可以采用不同的计量单位加以描述，主要专业工种的工作面参考数据，如表 14-6 所示。

主要工种工作面参考数据表　　　　　　　　　　　　表 14-6

工 作 项 目	每个技工的工作面		说　　明
砖　基　础	7.6	m/人	以 $1\frac{1}{2}$ 砖计 2 砖乘以 0.8 3 砖乘以 0.55
砌　砖　墙	8.5	m/人	以 1 砖计 $1\frac{1}{2}$ 砖乘以 0.71 2 砖乘以 0.57

工 作 项 目	每个技工的工作面		说 明
混凝土柱、墙基础	8	m³/人	机拌、机捣
混凝土设备基础	7	m³/人	机拌、机捣
现浇钢筋混凝土柱	2.45	m³/人	机拌、机捣
现浇钢筋混凝土梁	3.20	m³/人	机拌、机捣
现浇钢筋混凝土墙	5	m³/人	机拌、机捣
现浇钢筋混凝土楼板	5.3	m³/人	机拌、机捣
预制钢筋混凝土柱	3.6	m³/人	机拌、机捣
预制钢筋混凝土梁	3.6	m³/人	机拌、机捣
预制钢筋混凝土屋架	2.7	m³/人	机拌、机捣
预制钢筋混凝土平板、空心板	1.91	m³/人	机拌、机捣
预制钢筋混凝土大型屋面板	2.62	m³/人	机拌、机捣
混凝土地坪及面层	40	m²/人	机拌、机捣
外 墙 抹 灰	16	m²/人	
内 墙 抹 灰	18.5	m²/人	
卷 材 屋 面	18.5	m²/人	
防水水泥砂浆屋面	16	m²/人	

三、施工段

在流水施工中,通常将拟建工程在平面上划分成若干个劳动量大致相等的施工区段,称为施工段,施工段数一般用 m 来表示。

划分施工段是组织流水施工的基础。流水施工的目的,是为了适应流水施工的组织要求。由于建筑工程产品具有单件性,并不像工业产品那样适于组织流水生产,但是建筑工程产品具备体积庞大的特点,可以在空间上划分成多个部分,形成"假想批量产品",以满足流水施工的组织要求,保证不同的专业队组能在不同的施工段上同时进行施工,一个专业队组能按一定的时间顺序从一个施工段转移到另一个施工段依次连续地进行施工。划分施工段应该考虑如下几个原则要求:

1) 划分施工段应当尽量使得各段工程量大致相等(相差宜控制在15%之内),以保证施工在均衡、连续的条件下进行。

2) 为了充分发挥机械设备和专业工人的生产效率,不仅应该满足专业工种对于工作面的空间要求,而且还要考虑施工段对于劳动力、机械台班的容量大小,尽量做到劳动资源的优化组合。

3) 施工段数目的多少应与主要施工过程相协调,宜以主导施工过程为主形成工艺组合,工艺组合数应等于或小于施工段数。施工段划分要合理,施工段过多,会增加施工持续时间,致使工作面狭窄,因而不能充分利用;施工段过少,则会造成劳动力、机械、材料供应的过分集中,因而无法组织流水。

4) 为了保证结构的整体性,应该尽量利用伸缩缝、沉降缝、平面上有变化的地方、以及留槎而又不影响工程质量的地方作为施工段的分界线。住宅可按平面单元划分;厂房可按跨、生产线划分;一些建筑也可按区、栋分段。结构上不允许留施工缝的部位不能作为划分施工段的分界线。

四、施工层

组织多层建筑流水施工时,各个施工过程的工作面将随着施工的进展逐段逐层形成,为了适应竖向流水施工的需要,在建筑物垂直方向上划分为若干区段,称为施工层。施工层的划分将视工程对象的具体情况加以确定,划分施工层时,一般以建筑物的结构层作为施工层的分界线,并用 s 表示施工层数。在多层建筑流水施工中,总的施工段数 $= m \times s$。

当存在施工层关系时,为了保证各个专业队组能够连续作业,即专业队组在某个施工段完成作业后能立即转入下一个施工段继续作业,尤其在某层最后一个施工段完成作业后,能立即转入下一层第一个施工段继续作业,必须满足施工段数(m)大于或等于施工过程数(n)的条件,表示为

$$m \geqslant n \tag{14-1}$$

当一个施工过程是由几个专业队组共同完成,专业队组数(n')大于施工过程数(n)时,为了保证各个专业队组能够连续作业,应该满足条件

$$m \geqslant n' \tag{14-2}$$

【例 14-2】 某二层现浇钢筋混凝土工程,结构主体施工分为绑扎钢筋、安装模板及浇筑混凝土三个施工过程($n=3$),每个施工过程在各施工段上的持续时间均为 2d,试分别讨论划分为四、三、二个施工段时流水施工的组织情况。

1. 取施工段数 $m=4$,此时 $m>n$,其施工组织情况如表 14-7 所示。

施工段数大于施工过程数的组织情况　　　　　　表 14-7

施工层	施工过程	施工进度 (d)									
		2	4	6	8	10	12	14	16	18	20
一	绑钢筋	①	② ①	③	② ④						
	支模板		①	② ①	③	② ④					
	浇混凝土			①	② ①	③	② ④				
二	绑钢筋					①	② ①	③	② ④		
	支模板						①	② ①	③	② ④	
	浇混凝土							①	② ①	③	② ④

在这种情况下,各专业队组能够保持连续作业。各专业队组要在完成第一层第四施工段作业之后,才能转到第二层第一施工段进行作业,第一层第一段完成所有 3 个施工过程只需 6d,而第二层第一段第 9d 才能开始作业,因此工作面空闲了 2d,同样其他施工段也会发生空闲情况,这种空闲可用于技术间歇与组织间歇时间。

2. 取施工段数 $m=3$,此时 $m=n$,其施工组织情况如表 14-8 所示。

394

施工段数等于施工过程数的组织情况　　　　　　表 14-8

施工层	施工过程	\	施工进度（d）						
		2	4	6	8	10	12	14	16
一	绑钢筋	①	②	③					
	支模板		①	②	③				
	浇混凝土			①	②	③			
二	绑钢筋				①	②	③		
	支模板					①	②	③	
	浇混凝土						①	②	③

　　在这种情况下，既能保证专业队组连续作业，又不会造成施工段出现工作面空闲，显然是最为理想的流水施工组织方式。采用这种组织方式，必须提高管理水平，不能允许任何时间拖延。

　　3．取施工段数 $m=2$，此时 $m<n$，其施工组织情况如表 14-9 所示。

施工段数小于施工过程数的组织情况　　　　　　表 14-9

施工层	施工过程	\	施工进度（d）					
		2	4	6	8	10	12	14
一	绑钢筋	①	②					
	支模板		①	②				
	浇混凝土			①	②			
二	绑钢筋				①	②		
	支模板					①	②	
	浇混凝土						①	②

　　在这种情况下，各施工段不会出现空闲现象，工作面得以充分利用。以绑钢筋专业队组为例，其在完成了第一层两个施工段的作业后，不能及时转到第二层进行工作，因为这时第一层第一段的混凝土尚未浇筑，要等到第一层第一段的混凝土浇筑完毕，才能转到第二层第

一段去绑扎钢筋,同样其他专业队组都会出现窝工现象。由于一个施工段只能给一个专业队组提供工作面,所以在施工段数小于施工过程数的情况下,超出施工段数的专业队组就会因为没有工作面而停工。施工段数小于施工过程数的情况,在流水施工组织中是不合理的,也是不可取的,应当加以避免。

五、流水节拍

流水节拍是指一个专业队组在一个施工段上完成一个施工过程的持续时间,是描述流水施工的基本时间参数。某专业队组在施工段 i 上完成施工过程 j 的流水节拍用 t_i^j 来表示。

影响流水节拍的主要因素包括:所采用的施工方法,投入的劳动力、材料、机械以及工作班次的多少。流水节拍的大小决定着流水速度的快慢、施工节奏的紧缓、资源供应量的大小。根据流水节拍的基本规律,可将流水施工分为等节拍流水、成倍节拍流水、无节拍流水等形式。

一般情况下,根据某专业队组在施工段 i 上完成施工过程 j 的工程量大小,能够投入的工人数、机械台数、材料数量等资源供应情况,可以利用定额计算法确定流水节拍 t_i^j 的数值大小:

$$t_i^j = \frac{P_i^j}{R_i^j N_i^j} = \frac{Q_i^j H_i^j}{R_i^j N_i^j} = \frac{Q_i^j}{S_i^j R_i^j N_i^j} \tag{14-3}$$

式中　t_i^j——某专业队组在施工段 i 上完成施工过程 j 的流水节拍;

　　　P_i^j——该专业队组在施工段 i 上完成施工过程 j 所需的劳动量(工日数)或机械台班量(台班数);

　　　R_i^j——该专业队组的工人数或机械台数;

　　　N_i^j——该专业队组每天工作班次;

　　　Q_i^j——该专业队组在施工段 i 上完成施工过程 j 的工程量;

　　　H_i^j——该专业队组的时间定额;

　　　S_i^j——该专业队组每工日或每台班的产量定额。

如果工期事先确定,也可以据此计算流水节拍,然后利用上述公式倒推出所需专业队组的工人数或机械台数。很显然,在施工段上工程量不变的情况下,流水节拍越小,所需专业队组的工人数或机械台数就越多。确定流水节拍应该考虑下列要求:

1) 专业队组工人数目应该符合施工过程对于劳动组合的最少人数要求。如果工人太少,将无法正常组织施工。还要考虑工作面的大小以及其他条件的限制,如果工人太多,将不能发挥施工效率,且不利于安全生产。

2) 要考虑各种机械台班的工作效率或机械台班的产量大小。

3) 要考虑各种建筑材料、构件制品在现场堆放量、供应能力及其他有关方面的因素制约。

4) 要满足施工技术的具体要求。例如,对于必须连续浇筑而不能留施工缝的混凝土工程,有时要按三班制工作条件决定流水节拍,以确保工程质量。

5) 确定一个分部工程各施工过程的流水节拍时,首先应考虑起主导作用或工程量较大的施工过程的流水节拍,然后再确定其他施工过程的流水节拍。

6）流水节拍最好取为整数，为了避免工时浪费，流水节拍可取为半个工作班次的整数倍。

六、流水步距

流水步距是指先后开始相邻两个施工过程之间的时间间隔。相邻的第 j 个和第 $j+1$ 个施工过程之间的流水步距用 $K_{j,j+1}$ 来表示。

流水步距是主要的流水时间参数之一。在施工段不变的情况下，流水步距越大，工期越长；流水步距越小，工期越短；流水步距随流水节拍的增大而增大，随流水节拍的减小而减小。流水步距还与流水施工的组织方式，是否存在搭接时间与间歇时间，以及施工段数等因素有关。

确定流水步距时，应该遵循下列原则：

1）流水步距要满足相邻两个专业队组在施工顺序上的制约关系；

2）流水步距要保证相邻两个专业队组在各施工段上能够连续作业；

3）流水步距要保证相邻两个专业队组在开工时间上实现最大限度和最为合理的搭接；

4）流水步距的确定要保证工程质量，满足安全施工。

流水步距在流水施工水平进度图表、垂直进度图表中的意义分别如表 14-4 和表 14-5 所示。流水步距在等节拍流水施工、成倍节拍流水施工、无节拍流水施工中将呈现出不同的规律特征，详见本章第三节。

确定流水步距一般包括图上分析法、分析计算法以及潘特考夫斯基法等。在此主要介绍利用潘特考夫斯基法计算流水步距，详细步骤请见本章第三节无节拍流水施工组织方式。

七、搭接时间

组织流水施工时，在某些情况下，如果工作面允许，为了缩短工期，前一个专业队组完成部分作业后，空出一定的工作面，使得后一个专业队组能够提前进入前一个施工段，并在前一个专业队组空出的工作面上进行作业，形成了两个专业队组在同一个施工段的不同空间上同时搭接施工。后一个专业队组提前进入前一个施工段的时间间隔称为搭接时间，以 $C_{j,j+1}$ 来表示。

八、间歇时间

组织流水施工时，由于施工过程之间工艺上的需要或组织上的需要，相邻两个施工过程在时间上不能衔接施工而必须留出的时间间隔称为间歇时间。根据间歇时间出现的原因不同，间歇时间可以分为工艺间歇时间和组织间歇时间，第 j 个施工过程和第 $j+1$ 个施工过程之间的工艺间歇时间和组织间歇时间分别用 $G_{j,j+1}$ 和 $Z_{j,j+1}$ 来表示。

九、施工过程的持续时间

某个施工过程在各施工段上连续工作时间之和称为该施工过程的持续时间，第 j 个施工过程的持续时间用 T_j 来表示。

$$T_j = \sum_{i=1}^{m} t_i^j \quad (i = 1, 2, \cdots, n) \tag{14-4}$$

十、流水施工总工期

从第一个施工过程在第一个施工段上进入施工作业，到最后一个施工过程在最后一个施工段上结束作业退出，整个时间期限作为流水施工的总工期，并用 T 来表示。根据流水施工水平进度图表 14-4 可知

$$T = \sum_{j=1}^{n-1} K_{j,j+1} + \sum_{i=1}^{m} t_i^{n} = \sum_{j=1}^{n-1} K_{j,j+1} + T_n \tag{14-5}$$

其中，

$$T_n = \sum_{i=1}^{m} t_i^{n} \tag{14-6}$$

表示最后一个施工过程的持续时间。

第三节 流水施工组织方式

一、等节拍流水施工

等节拍流水施工是指各个施工过程在各个施工段上的流水节拍彼此相等的流水施工组织方式。等节拍流水施工也称等节奏流水施工或固定节拍流水施工。

等节拍流水施工的组织特点如下：

(1) 各个施工过程在各个施工段上的流水节拍彼此相等，表示为 $t_i^{j} = t$；

(2) 在没有搭接时间 ($C_{j,j+1} = 0$)、工艺间歇时间 ($G_{j,j+1} = 0$)、组织间歇时间 ($Z_{j,j+1} = 0$) 的条件下，所有施工过程之间的流水步距也彼此相等，且等于流水节拍，即 $K_{j,j+1} = K = t$；在具有搭接时间、工艺间歇时间、组织间歇时间其中部分或全部的条件下，$K_{j,j+1} = t + G_{j,j+1} + Z_{j,j+1} - C_{j,j+1}$；

(3) 每个施工过程在每个施工段上均由一个专业队组独立完成作业，专业队组数等于施工过程数 ($n' = n$)，各专业队组能够连续作业；

(4) 各个施工过程的持续时间相等，即 $T_j = mt$；

(5) 流水施工总工期为

$$T = \sum_{j=1}^{n-1} K_{j,j+1} + T_n = (n-1)K + \sum_{j=1}^{n-1} G_{j,j+1} + \sum_{j=1}^{n-1} Z_{j,j+1} - \sum_{j=1}^{n-1} C_{j,j+1} + mt$$

$$= (m+n-1)t + \sum_{j=1}^{n-1} G_{j,j+1} + \sum_{j=1}^{n-1} Z_{j,j+1} - \sum_{j=1}^{n-1} C_{j,j+1} \tag{14-7}$$

在没有任何搭接时间 ($C_{j,j+1} = 0$)、工艺间歇时间 ($G_{j,j+1} = 0$)、组织间歇时间 ($Z_{j,j+1} = 0$) 的条件下，流水施工总工期 $T = (m+n-1)t$；在具有搭接时间、工艺间歇时间、组织间歇时间其中部分或全部的条件下，流水施工总工期 T 如式 (14-7) 所示。

【例 14-3】 某一地基基础工程包括挖土方、做垫层、砌基础、回填土四个专业分项工程，划分为五个施工段，采取等节拍流水施工，流水节拍均为 3d，试组织专业流水施工并绘制水平进度图表。

【解】 该工程包括挖土方、做垫层、砌基础、回填土 4 个施工过程，$n = 4$

施工段数 $m = 5$

采取等节拍流水施工，流水节拍 $t = 3d$

由于没有搭接时间、工艺间歇时间、组织间歇时间

所以 $C_{j,j+1} = 0$，$G_{j,j+1} = 0$，$Z_{j,j+1} = 0$

流水施工总工期 $T = (m+n-1)t = (5+4-1) \times 3 = 24d$

最后绘制水平进度图表，如表 14-10 所示。

没有搭接时间、间歇时间的等节拍流水施工水平进度图表　　　　表 14-10

编号	施工过程	施工进度 (d)							
		3	6	9	12	15	18	21	24
1	挖土方	①	②	③	④	⑤			
2	做垫层		①	②	③	④	⑤		
3	砌基础			①	②	③	④	⑤	
4	回填土				①	②	③	④	⑤

$$T = (m+n-1)t$$

上例中,如果其他条件不变,第 1,2 施工过程之间的搭接时间 $C_{1,2}=1\mathrm{d}$,第 3,4 施工过程之间的工艺间歇时间 $G_{3,4}=1\mathrm{d}$,这时

$$K_{1,2}=t-C_{1,2}=3-1=2\mathrm{d}$$

$$K_{2,3}=t=3\mathrm{d}$$

$$K_{3,4}=t+G_{3,4}=3+1=4\mathrm{d}$$

$$流水施工总工期\ T=(m+n-1)t+G_{3,4}-C_{1,2}$$
$$=(5+4-1)\times3+1-1$$
$$=24\mathrm{d}$$

$$或\ T=(K_{1,2}+K_{2,3}+K_{3,4})+T_4$$
$$=(2+3+4)+5\times3$$
$$=24\mathrm{d}$$

可见,由于第 1,2 施工过程之间出现 1d 的搭接时间,第 3,4 施工过程之间出现 1d 的工艺间歇时间,原来的等节拍专业流水相应地会产生一些变化。具有搭接时间、间歇时间的等节拍流水施工水平进度图表,如表 14-11 所示。

具有搭接时间、间歇时间的等节拍流水施工水平进度图表　　　　表 14-11

编号	施工过程	施工进度 (d)							
		3	6	9	12	15	18	21	24
1	挖土方	①	②	③	④	⑤			
2	做垫层	$C_{1,2}$	①	②	③	④	⑤		

编号	施工过程	施 工 进 度 (d)							
		3	6	9	12	15	18	21	24
3	砌基础			①	②	③	④	⑤	
4	回填土		$G_{3,4}$		①	②	③	④	⑤

$$T = (K_{1,2} + K_{2,3} + K_{3,4}) + mt$$

（其中 $K_{1,2}$、$K_{2,3}$、$K_{3,4}$、mt）

二、成倍节拍流水施工

成倍节拍流水施工是指同一个施工过程在各施工段上的流水节拍彼此相等,不同施工过程的流水节拍为它们之间最大公约数的不同整数倍的流水施工组织方式,成倍节拍流水施工也称异节拍流水施工。

成倍节拍流水施工的组织特点如下:

(1) 同一个施工过程在各施工段上的流水节拍彼此相等,不同施工过程的流水节拍之间存在着一个最大公约数,不同施工过程的流水节拍等于该最大公约数的不同整数倍。

$$t_b = 最大公约数\{t^1, t^2, \cdots, t^n\} \tag{14-8}$$

(2) 为了充分利用工作面,加快施工进度,流水节拍大的施工过程应相应地增加专业队组,第 j 个施工过程的专业队组数 b_j 根据下式确定:

$$b_j = t^j/t_b \quad (j = 1, 2, \cdots, n) \tag{14-9}$$

专业队组总数 n' 为

$$n' = \sum_{j=1}^{n} b_j \tag{14-10}$$

(3) 所有相邻专业队组开始施工作业的时间间隔 K_b 彼此相等,且等于最大公约数 t_b,即

$$K_b = t_b \tag{14-11}$$

第 j 个和第 $j+1$ 个施工过程之间的流水步距等于

$$K_{j,j+1} = b_j K_b = b_j t_b \tag{14-12}$$

(4) 一个施工过程可由几个专业队组共同完成作业,专业队组总数将大于施工过程数 ($n' > n$),各专业队组能够连续作业。

(5) 各个施工过程持续时间之间亦有公约数 t_b。

(6) 当没有搭接时间、间歇时间时,成倍节拍流水施工的总工期为

$$T = (n' - 1)K_b + mt_b$$
$$= (m + n' - 1)t_b \tag{14-13}$$

当具有搭接时间、间歇时间时,成倍节拍流水施工的总工期为

$$T = (m + n' - 1)t_b + \Sigma G + \Sigma Z - \Sigma C \tag{14-14}$$

【例 14-4】　某工程包括三个施工过程,三个施工过程的流水节拍分别为 $t^{I}=2d$, $t^{II}=1d$, $t^{III}=3d$,试组织成倍节拍流水施工。

【解】　该工程包括三个施工过程,因此 $n=3$

不同施工过程的流水节拍的最大公约数

$t_b=$ 最大公约数 $\{t^{I}, t^{II}, t^{III}\}=$ 最大公约数 $\{2,1,3\}=1d$

相邻专业队组开始施工作业的时间间隔 $K_b=t_b=1d$

第 I 个施工过程的专业队组数 $b_{I}=t^{I}/t_b=2/1=2$ 个

第 II 个施工过程的专业队组数 $b_{II}=t^{II}/t_b=1/1=1$ 个

第 III 个施工过程的专业队组数 $b_{III}=t^{III}/t_b=3/1=3$ 个

专业队组总数 $n'=b_{I}+b_{II}+b_{III}=2+1+3=6$ 个

为使各专业队组连续作业,各施工段没有空闲,取施工段数 $m=n'=6$

该工程流水施工的总工期为

$$T=(m+n'-1)t_b=(6+6-1)\times 1=11d$$

最后绘制成倍节拍流水施工水平进度图表,如表 14-12 所示。

成倍节拍流水施工水平进度图表　　　　　　　　　表 14-12

施工过程	专业队组编号	\multicolumn{11}{c}{施 工 进 度 (d)}										
		1	2	3	4	5	6	7	8	9	10	11
I	I_a	①		③		⑤						
	I_b		②		④		⑥					
II	II			①		③		⑤				
					②		④		⑥			
III	III_a					①			④			
	III_b						②			⑤		
	III_c							③			⑥	

$(n'-1)K_b$ 　　　　mt_b

$$T=(m+n'-1)t_b$$

成倍节拍流水施工适用情况包括:某些施工过程要求尽快完成工作,需要加快流水施工速度,只要施工段工作面允许,可以安排几个专业队组共同完成作业;某些施工过程的工程量相对较少,其流水节拍只是其他施工过程的几分之一;某些施工过程所需人数与机械台数,在施工段上受到工作面的限制,只能按照施工段所能容纳的人数或机械台数来确定流水节拍,从而成为其他施工过程流水节拍的倍数。在上述情况下,无法按照等节拍专业流水组织施工,因此就形成了成倍节拍专业流水施工。

三、无节拍流水施工

无节拍流水施工是指各施工过程在各施工段上的流水节拍无特定规律的流水施工组织方式。无节拍流水施工也称无节奏流水施工或分别流水施工,是最为普遍的流水施工组织形式。

无节拍流水施工的组织特点如下:

(1) 各个施工过程在各个施工段上的流水节拍彼此不等;

(2) 所有施工过程之间的流水步距也彼此不等,流水步距与流水节拍之间存在着一定的关系;

(3) 每个施工过程在每个施工段上均由一个专业队组独立完成作业,专业队组数等于施工过程数($n' = n$),各专业队组能够连续作业;

(4) 各个施工过程的持续时间彼此不等;

(5) 流水施工的总工期按式(14-5)计算。

【例 14-5】 某一分部工程划分为五个施工段组织流水施工,包括Ⅰ、Ⅱ、Ⅲ、Ⅳ四个施工过程,分别由四个专业队组负责施工,各个施工过程在各个施工段上的流水节拍如表 14-13 所示,各专业队组连续作业,试求各个施工过程之间的流水步距,并绘制流水施工进度图表。

流水节拍表　　　　　　　(单位:d)　　表 14-13

施工过程 \ 施工段	①	②	③	④	⑤
Ⅰ	2	2	3	2	2
Ⅱ	1	3	2	2	2
Ⅲ	2	2	3	1	4
Ⅳ	3	2	2	3	2

【解】 根据已知的流水节拍,确定采取无节拍流水施工组织方式。

首先利用潘特考夫斯基方法计算流水步距,计算步骤如下:

第一步 计算各个施工过程流水节拍的累加数列

$$Ⅰ：2, 4, 7, 9, 11$$
$$Ⅱ：1, 4, 6, 8, 10$$
$$Ⅲ：2, 4, 7, 8, 12$$
$$Ⅳ：3, 5, 7, 10, 12$$

第二步 将上述相邻的累加数列错位相减

Ⅰ与Ⅱ：
$$
\begin{array}{r}
2, 4, 7, 9, 11 \\
-)\quad 1, 4, 6, 8, \ 10 \\
\hline
2, 3, 3, 3, \ 3, -10
\end{array}
$$

Ⅱ与Ⅲ：
$$
\begin{array}{r}
1, 4, 6, 8, 10 \\
-)\quad 2, 4, 7, 8, \ 12 \\
\hline
1, 2, 2, 1, \ 2, -12
\end{array}
$$

402

$$\text{Ⅲ与Ⅳ:}\quad 2,\ 4,\ 7,\ 8,\ 12$$
$$-)\quad 3,\ 5,\ 7,\ 10,\quad 12$$
$$\overline{\qquad\qquad 2,\ 1,\ 2,\ 1,\quad 2,\ -12}$$

第三步　流水步距等于相邻的累加数列错位相减所得数列中的最大值

$$K_{\text{Ⅰ,Ⅱ}} = \max\{2,3,3,3,3,-10\} = 3d$$

$$K_{\text{Ⅱ,Ⅲ}} = \max\{1,2,2,1,2,-12\} = 2d$$

$$K_{\text{Ⅲ,Ⅳ}} = \max\{2,1,2,1,2,-12\} = 2d$$

然后根据流水节拍、流水步距的具体数值,绘制无节拍流水施工水平进度图表与垂直进度图表,如表14-14及表14-15所示。

无节拍流水施工水平进度图表　　　　表 14-14

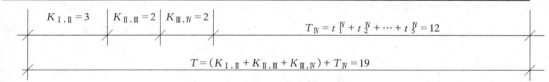

无节拍流水施工垂直进度图表　　　　表 14-15

在等节拍、成倍节拍、无节拍流水施工三者当中，等节拍与成倍节拍流水施工一般适用于分部分项工程，因为在分部分项工程中容易组织等节拍或成倍节拍流水施工。但是对于单位工程，特别对于大型的群体工程，若按相同的或成倍的流水时间参数，采用等节拍或成倍节拍流水施工，组织起来往往非常困难，因此通常采用无节拍流水施工组织方式。无节拍流水不受一定时间约束，进度安排上比较灵活，适用于不同类型、不同规模工程的施工组织，具有更为广泛的实用范围。

第十五章 网络计划技术

第一节 网络计划简介

一、网络计划的起源与发展

在 20 世纪 50 年代中后期,西方一些国家曾运用一些数学的理论和方法来解决工程中及生产实践中出现的一些具体问题。对于一些错综复杂的工程技术问题用尽可能接近于实际的数学模型来描述,对各种工程问题进行综合定量分析。运筹学正是研究各种工程问题进行定量分析的有力工具。

本章介绍的网络技术就是运筹学中图解理论应用的一个分支。

20 世纪 50 年代以来,随着工业生产的发展和计算机的使用,希望出现一种适应这种发展需要的新的生产组织和管理的科学方法,原来的施工进度计划横道图已经不能适应复杂的组织管理工作的需要。于是 20 世纪 50 年代中后期在美国发展起来两种进度计划管理方法,即关键线路方法(CPM)和计划评审方法(PERT)。这是编制大型工程进度计划的有效方法,目前这种方法的应用已普及世界各国的工业部门,历史虽短,却十分引人注意。随着网络计划方法应用的不断扩大,技术不断提高、发展,经济效果是显著的。网络技术的应用必须与计算机的使用结合起来,否则难以推广和应用。

我国使用网络计划方法是在 1965 年,由华罗庚教授将网络技术介绍引进我国。近些年来,随着微机使用的普及,网络计划方法在我国不断发展、推广和完善,应用效果显著。

二、网络计划方法的特点

华罗庚教授在《统筹法平话》一书中举了一个浅显易懂的喝茶例子。列举了若干种从烧水到沏茶的方案,其中一种是所用时间最短的最优方案。简单的问题是比较容易分析得出结论的,而在现代生产实际中,任务是复杂的,也是千头万绪的,往往会由于其中某一个环节考虑不周或某几道工序没有抓紧,而耽误了整个工程工期,使工程窝工。也可能会出现工作中抓不住主要矛盾,盲目赶工的现象,这样不仅浪费了人力、物力、资金,而且工期也不能提前,比如盲目地搞建筑工地大会战就会出现这种现象。

如何最合理地组织好生产,管理好生产,做到全面筹划,统一安排,使生产中的各个环节能够作到一环扣一环,互相密切配合和大力协同,使工作完成得快、好、省,这就不是单凭经验和稍加思索就可以解决的问题,而是需要一个对各项工作进行统筹安排的科学方法。

长期以来,在工程技术界,对于生产的组织和管理,特别是在施工的进度安排方面,一直用"横道图"的计划方法,它的特点是在列出每项工作后,画出一条横道线,以表明进度的起止时间。对于施工现场的人来说,使用"横道图"做施工进度计划是相当熟悉的了。下面我们将用分析"横道图",和"网络计划图"的不同之处以及各自的优缺点来说明为什么我们要用"网络图"取代"横道图"安排进度计划。

图 15-1 所示为用横道图表示的进度计划,图 15-2 所示为用网络图表示的进度计划。两者内容完全相同,表示方法却完全不同。

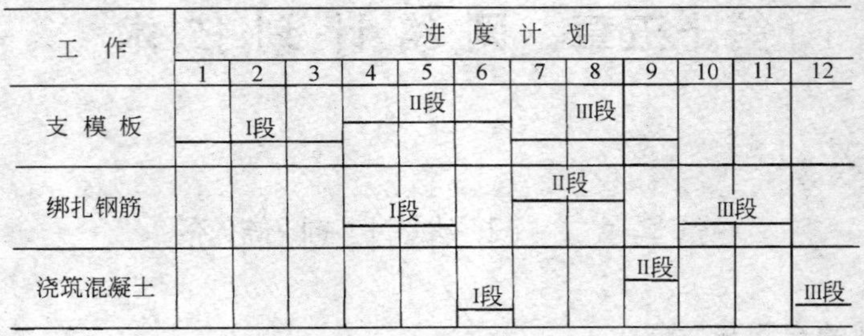

工 作
进 度 计 划
1
2
3
4
5
6
7
8
9
10
11
12
支 模 板
绑扎钢筋
浇筑混凝土
Ⅰ段
Ⅱ段
Ⅲ段
Ⅰ段
Ⅱ段
Ⅲ段
Ⅰ段
Ⅱ段
Ⅲ段

图 15-1 横道图表示的进度计划

支模1
3
支模 2
3
支模 3
3
筋 1
2
筋 2
2
筋 3
2
浇混凝土1
1
浇混凝土2
1
浇混凝土 3
1
1
2
3
4
5
6
7
8
9
10

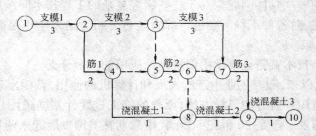

图 15-2 网络图表示的进度计划

横道图是以横向线条结合时间坐标表示各项工作施工的起始点和先后顺序的,整个计划是由一系列的横道组成。

网络计划是以加注作业时间的箭杆和节点组成的网络图形式来表示工程施工进度的。

横道计划与网络计划的比较:

(一) 横道图

横道图也称甘特图,是美国人甘特在第一次世界大战前研究的,第一次世界大战以后流行。其优点是:

1) 比较容易编制,简单、明了、直观、易懂。

2) 结合时间坐标,各项工作的起止时间、作业延续时间、工作进度、总工期都一目了然。

3) 流水情况表示得清楚。

其缺点是:

1) 方法虽然简单也较直观,但是它只能表明已有的静态状况,不能反映出各项工作之间错综复杂、相互联系,相互制约的生产和协作关系,比如图 15-2 中混凝土 1 只与钢筋 1 有关而与其他工作无关。

2) 反映不出哪些工作是主要的,哪些生产联系是关键性的。当然也就无法反映出工程的全局性的关键所在和工程的全貌。也就是说不能明确反映关键线路,看不出可以灵活机动使用的时间,因而也就抓不住工作的重点。看不到潜力所在,无法进行最合理的组织安排和指挥生产,不知道如何去缩短工期,降低成本及如何调整劳动力。

3) 不能使用电子计算机进行电算。

由于横道图存在着一些不足之处,所以对改进和加强施工管理工作是非常不利的,即使

编制计划的人员开始也仔细地分析和考虑了一些问题,但是图面上反映不出来,文字也表达不清,特别是项目多,关系复杂,横道图就很难充分暴露矛盾。在计划执行的过程中,某个项目完成的时间,由于某种原因提前或拖后,将对别的项目发生多大的影响,从横道图上则很难分清,不利于全面指挥生产。

(二) 网络计划方法

1. 优点

1) 施工过程中的各个有关工作组成了一个整体,能全面而明确地反映出各项工作之间相互依赖、相互制约的关系。比如图中混凝土 1 必须在钢筋 1 之后进行,而与其他工作无关,而混凝土 2 又必须在钢筋 2 和混凝土 1 之后进行等等。

2) 网络图通过时间参数的计算,可以反映出整个工程和任务的全貌,指出对全局性有影响的关键工作和关键线路,便于我们在施工中抓住主要矛盾,确保竣工工期,避免盲目施工。

3) 显示了机动时间,让我们知道从哪里入手去缩短工期,怎样更好地使用人力和设备,处于主动的地位。在计划执行的过程中,当某一项工作因故提前或拖后时,能从网络计划中预见到它对其他后续工作及总工期的影响程度,便于采取措施。

4) 能够利用电子计算机,可以编程序上机。建筑工地的情况是多变的,只有使用电算才能跟上不断变化的要求。

5) 便于优化和调整。加强管理,取得好、快、省的全面效果。应用网络计划绝不是单纯的追求进度,而是要与经济效益结合起来。

2. 缺点

流水作业的情况很难在计划上反映出来,不象横道图那么直观明了。但是网络计划也在不断地发展和完善,比如采用带时间坐标的网络图等足以弥补这些不足。

三、网络图的基本概念和表示方法

网络图是以网状图形表示某项计划或工程开展顺序的工作流程图。通常有双代号和单代号两种表示方法。

图 15-3 及图 15-4 所示是一简单的三项工作分两段流水施工的小网络图,分别用单代号及双代号不同表示方法表示。图中表达了三个基本内容:

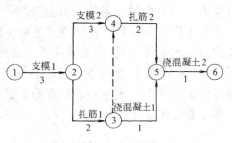

图 15-3 双代号网络图

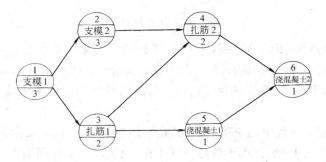

图 15-4 单代号网络图

1）本工程是由哪些工作或项目组成的；

2）各项工作之间的顺序关系及连接关系；

3）完成每一项工作所需要的持续时间。

不难看出，网络图就是把一项工程任务的每一道施工过程，按照施工顺序和相互之间的逻辑关系，用若干箭杆和节点从左向右连接起来形成的网状图形。

网络图也称为统筹图、工序流线图或箭头图。

（一）组成网络图的两个基本符号

网络图是由节点和箭杆两个基本符号组成的。单代号网络图和双代号网络图中节点和箭杆的含义是完全不相同的。

双代号网络图是用两个节点（圆圈）和一道箭杆（带一个箭头的实线）来表示一项工作，或者说表示一道工序，每个节点都有编码，箭线前后两个节点的号码即代表该箭线所表示的工作，因此称为"双代号"。

单代号网络图是用一个节点（圆圈）表示一项工作，节点有编码，因此称为"单代号"。

1. 箭杆

在双代号网络图中，箭杆也叫做箭线、工作、工序、活动或施工过程。它表达的内容有以下几个方面：

工作名称
持续时间 ——→　　　　　　浇混凝土
　　　　　　　　　　　　　　3天 ——→

（1）一道箭杆表示一项工作或者说表示一道施工工序。箭杆上写工作名称，箭杆下写完成该项工作所需要的持续时间。如图 15-5 所示。

图 15-5　工作名称及持续时间标注方法

（2）箭头的方向表示工作进行的方向和前进的路线。箭尾表示工作的开始，箭头表示工作的结束。

（3）每项工作或者说每道工序都要占用一定的时间，一般地讲也要消耗一定的资源（如劳动力、材料、机械设备等），并且花费一定的成本。图 15-5 中浇混凝土这项工作就要占用三天的工作时间并且要使用完成这项工作需要的工人以及浇捣混凝土所需要机械设备，消耗砂、石、水泥等材料，当然要花费一定的费用。

这里要提醒注意的是在施工中占用一定的时间的过程，都应作为一项工作来对待。有时某些工作并不一定需要消耗资源花费成本，但是要占用一定的时间。例如图 15-6 所示项目都应看做是一项工作。

混凝土自然养护　　　　　　　　　　　等待设备或材料到达
7天　　　　　　　　　　　　　　　　　　5天

图 15-6　工作项目

（4）在无时标的网络图中，箭杆不是矢量，箭杆的长短并不反映该项工作作用时间的长短，而工作作用时间的多少是由箭杆下注的数字来表示的。因此箭杆的长度不需要按比例绘制，箭线可以是水平线、垂直线、折线或斜线，为图面的整洁尽量避免曲线，箭线绝不可中断。

（5）工作是指施工过程中的一项活动，因此它的范围可大可小，根据具体情况和需要来定。例如挖土、垫层、砖基础、回填土各是一项工作，也可以把上述四项工作综合为一项工作叫做砖基础工程，如何确定一项工作的范围取决于所绘制的网络图的详细程度。

在单代号网络图中,箭杆不是一项工作,它不消耗资源、成本和时间,只是个逻辑上的连接关系。单代号网络图中没有虚箭线,也不存在虚工作。如一项工作与紧后的多项工作有逻辑联系时,应从这项工作到有联系的每一项工作都用一个单独的箭号来连接,不能共用一个箭号。如图15-7所示。A工作的紧后工作为B、C、D工作。

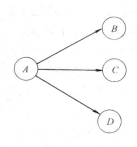

图15-7　一项工作与其他工作都联系,要分别引出箭线

2．节点

在双代号网络图中节点也就是圆圈。它的含义有以下几个方面:

(1)每一道箭杆的箭头和箭尾都有一个圆圈称为节点。位于箭尾的节点称为箭尾节点,也是该项工作的开始节点。位于箭头的节点称为箭头节点,也是该项工作的结束节点。见图15-8所示。

(2)节点是网络图中前后两项工作的交接之点,是工作开始或完成的"瞬间",它既不消耗时间也不消耗资源。

(3)节点必须编号,任何一项工作都可以用它的前后两个节点的编码来表示。如图15-9所示。编号必须注在节点内,其数码可间断,但严禁重复。

图15-8　箭尾节点和箭头节点　　　　　　　图15-9　挖土也称工作②—③

(4)当两道箭杆连接时,它们当中的节点既表示前面工作的结束节点,也表示后面工作的开始节点。如图15-10所示。

(5)在网络图中,对一个节点来讲,可以有许多箭线通向该节点,这些箭线称为"内向箭线"或"内向工作";同样也可以有许多箭线从同一节点出发,这些箭线称为"外向箭线"或"外向工作"。如图15-11所示。

图15-10　开始节点和结束节点　　　　　　图15-11　内向箭线和外向箭线

(6)节点的完成,取决于通向它的一项或若干项工作的全部完成。

我们仍以图15-3为例。在图15-3中④节点的完成,也就是可以开始做④—⑤这项工作,不仅取决于②—③工作的完成,而且也取决于②—④工作的完成,因此④节点的完成是在6d以后而不是在5d以后。

(7)网络图中的第一个节点,即没有内向箭线的节点叫做起点节点,它意味着一项工程的开工,我们所谈到的网络图中要求只有一个起点节点。网络图中最后一个节点,即没有外向箭线的节点叫做终点节点,它意味着一项工程的完工,我们所谈到的网络图中要求只有一个终点节点。网络图中除起点节点和终点节点外,其余节点都称做中间节点,中间节点既有内向箭线也有外向箭线。图 15-3 中①节点为起始节点,⑥节点为终点节点,其余节点皆为中间节点。

在单代号网络中,节点的含义有以下几个方面:

1)节点是用一个圆圈或一个方框来表示某项工作的。如图 15-12 所示。

2)节点消耗时间、资源和成本。

3)一项工作即一个节点也可以引一个编码来表示,节点编号就是工作的编号。所以称做"单代号"。如图 15-13 所示。

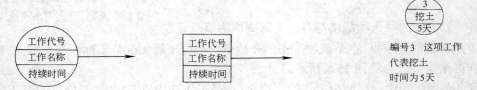

图 15-12　单代号网络图节点表示方法　　　　图 15-13　单代号网络图节点表示方法

4)一个节点前可以有许多节点,表示一项工作前有若干项紧前工作。一个节点后也可以有许多节点,表示一项工作后有若干项紧后工作。如图 15-14 所示。

5)为了便于计算,若干工作同时开始要引入始节点,若干工作同时完成要引入终节点。如图 15-15 所示。

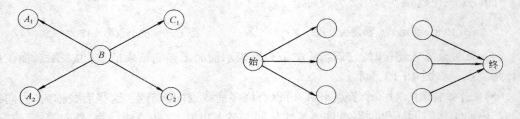

图 15-14　单代号网络图多进多出表示法　　　　图 15-15　始点节点和终点节点画法

(二)虚工作

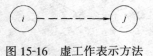

图 15-16　虚工作表示方法

虚工作也称虚工序或虚箭杆,是双代号间网络图中特有的,用来正确表达含混不清的逻辑关系,在双代号网络图中正确运用虚工作是一个十分重要的环节。在单代号网络图中不存在虚工作。

虚工作的表示方法如图 15-16 所示。

虚工作并非表示某一项具体的工作,而是虚设的工作,工程中并不存在,因此它没有工作名称也不占用时间,不耗资源和费用。

在双代号网络图中,虚工作决不是可有可无的,引入虚箭杆的目的,是为了确切地表示网络图中工作之间的相互依存和相互制约的逻辑关系。

虚工作在双代号网络图中表示某一项工作必须在另一项工作结束之后才能开始,图15-17(a)(b)中两个图在形式上基本相同,只是虚箭线加的位置不同,所表达的含义是完全不同的。

410

（a）图中虚箭线②---→⑤表示⑤节点有两条内向箭线；②---→⑤和③→⑤，意味着⑤节点必须在①→②工作和③→⑤工作都完成以后才可进行。

（b）图中虚箭线④---→⑤表示⑤节点有两条内向箭线④---→⑤和③→⑤，意味着⑤节点必须在②→④工作和③→⑤工作都完成以后才可进行。

（三）紧前工作和紧后工作

几项相互衔接的工作中就某一项工作而言，紧挨在它前面的工作称为该项工作的紧前工作，紧挨在某项工作后面的工作称为该项工作的紧后工作，如用双代号表示的图 15-18 中 $h→i$ 是 $i→j$ 的紧前工作，$j→k$ 是 $i→j$ 的紧后工作。

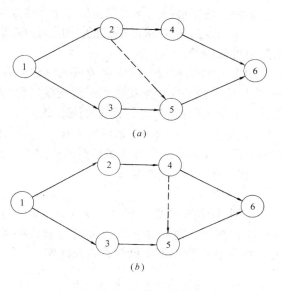

图 15-17　双代号网络图中虚箭线的作用

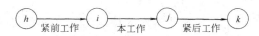

图 15-18　双代号网络图中紧前工作、紧后工作与本工作的关系

紧前紧后工作是相对于某一项工作而言，是相对的。如图 15-18 中 $i→j$ 工作是 $h→i$ 工作的紧后工作，同时又是 $j→k$ 工作的紧前工作。

在双代号网络图中，前项工作的结束节点也就是后项工作的开始节点，如图 15-18 中节点 i 是 $h→i$ 工作的结束节点也是 $i→j$ 工作的开始节点，这样的前后相连的两项工作 $h→i$ 和 $i→j$ 称为互为紧前紧后的关系，即 $h→i$ 是 $i→j$ 紧前工作，$i→j$ 是 $h→i$ 的紧后工作。

有虚箭杆的情况除外。两项工作中间无论间隔多少虚工作，此两项工作都是紧前紧后的关系。图 15-19 中虚箭线和节点合起来仍可视做"瞬间"，所以 A、B 两项工作仍然是紧前紧后的关系。

图 15-19　A、B 紧前紧后关系

而在图 15-20 中，C 工作的紧前工作只能是 B 而不是 A 和 B，因为 A 工作与 C 工作之间还隔有一道占用时间的工作 B，所以 A、C 工作不能看做互为紧前紧后的关系。

单代号网络图紧前工作与紧后工作的关系见图 15-21 所示。B 工作的紧前工作是 A 工作，B 工作的紧后工作是 C 工作。

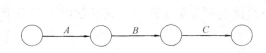

图 15-20　A、C 非紧前紧后关系

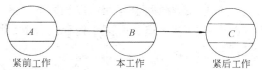

图 15-21　单代号网络图中紧前工作与紧后工作

411

这种紧前紧后的工作关系在施工生产中是由以下几种情况来决定的：

1）由工艺上的要求而决定的。比如先砌墙，后吊楼板。先做基础，后做主体。这种关系是不可颠倒的。

2）由劳动力或设备的流水造成的。比如在支模、扎筋、浇混凝土三项工作分两段流水施工时，第二段的支模紧接在第一段支模之后，第三段支模紧接在第二段支模之后，三项工作前后是紧密衔接的，这是劳动力流水要求的。

3）关系是灵活的。比如做地面和墙面抹灰的关系，是可前可后的，但是一经决定下来，在编制网络计划时就只能按照已有的决定来安排紧前紧后的关系。

（四）线路和关键线路

1. 线路

在网络图中，顺箭线方向从起点节点到终点节点的一系列节点和箭线组成的可通路称为线路。在一个网络图中，一般都存在着许多条线路，也有只有一条线路的网络图。双代号表示的图 15-3 网络图中就包含三条线路。

$$1—2—3—4—5—6$$
$$1—2—3—5—6$$
$$1—2—4—5—6$$

每条线路都包含若干项工作。这些工作的持续时间之和就是这条线路的长度，即线路的总持续时间。图 15-3 网络图中三条线路的长度分别为 8、7、9。

单代号表示的图 15-4 网络图中三条线路为

$$1—2—4—6$$
$$1—3—4—6$$
$$1—3—5—6$$

2. 关键线路

任何一个网络计划中至少有一条最长的线路。这条线路的总持续时间决定了此网络计划的总工期。这种线路是如期完成工程计划的关键所在，回此称为关键线路。关键线路也称主要矛盾线或临界线路。

在关键线路上，没有任何机动的余地，线路上的任何工作拖延时间都会导致总工期的后延。

关键线路一般习惯用黑粗线、双线或红线来表示。

关键线路上的各项工作称为关键工作。

在网络计划图中，关键工作的比重往往不易过大。愈复杂的网络图，工作节点就愈多，而关键工作的比重则越小。这样有助于工地指挥者集中力量抓好主要矛盾。

3. 非关键线路

网络计划中除关键线路之外的线路都称为非关键线路。非关键线路的长度比关键线路要短。在非关键线路上存在可以利用的时差。非关键线路并非全由非关键工作组成。在一条线路上只要有一道非关键工作存在，那么此条线路就是非关键线路。其长度就一定小于关键线路长度。

第二节 肯定型网络计划的绘制方法

网络图是运用图解理论的方法来表示各项工作之间相互依赖和相互制约的关系,也就是施工中常遇到的各项工作之间的衔接关系。因此着手画图时,首先要在已制定的工程施工方案的基础上,根据工程的工艺流程和组织衔接关系确定各项工作的施工顺序。此外还要掌握网络图的正确画法,否则各项工作之间的逻辑关系出现画法的错误,就不可能正确找出关键线路所在,也就无法计算出确切的计划工期及其他时间参数。

一、网络图绘制规则

无论是双代号网络图还是单代号网络图都要符合以下绘图规则。

1. 在一个网络图中只允许有一个起点节点和一个终点节点

在每个网络图中只能出现惟一的起点节点和惟一的终点节点,即除了网络的起点和终点之外,不得再出现没有外向工作的节点,也不得再出现没有内向工作的节点(多目标网络除外)。如果一个网络图中出现多个起点或多个终点,如双代号表示的图 15-22(a)所示,节点①、④皆为没有内向箭线的起点节点,节点⑤、⑧皆为没有外向箭线的终点节点。其解决方法就是将没有紧前工作的节点全部并为一个点,把没有外向箭线的节点全部并为一个点。如图 15-22(b)所示。

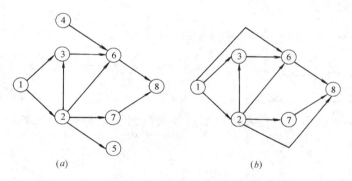

图 15-22 双代号起点—终点表示方法

在单代号网络图中,一个起点节点,一个终点节点的表示方法见图 15-23。

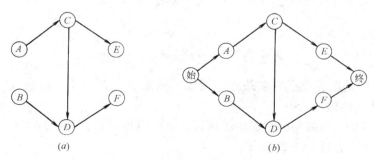

图 15-23 单代号起点—终点表示方法

2. 网络图中不允许出现循环线路

在网络图中从某一节点出发,沿某条线路前进,最后又回到此节点,出现循环现象,就是循环线路。如图 15-24 中③→④→②→③和⑤→⑦→⑥→⑤都是循环线路。

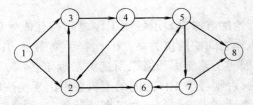

图 15-24　网络图中出现循环线路

循环线路表示的工艺关系是错误的,比如支模—扎筋—浇混凝土—支模,循环往复,无穷无尽,使计算无法进行。

但也有特殊情况除外,如图 15-25 所示。

一旦条件满足即产品合格,即可跳出循环,这些不是我们这章研究的范围。

3．网络图中不允许出现双向箭头或无箭头的"连线"

在图解理论中是允许图 15-26 情况出现的。它的含义是人流、车辆流可以有来有往等等。而在我们的网络计划中则是不允许的。我们使用的施工进度计划图是一种与时间有关的有向图,是沿箭头方向进行施工的,因此只能用两个节点一道箭杆来表示一项工作,否则会使逻辑关系含混不清。

图 15-25　允许循环情况　　　　图 15-26　不允许出现无头箭或双头箭

4．严禁在网络图中出现没有箭尾节点的箭线和没有箭头节点的箭线(如图 15-27 所示)

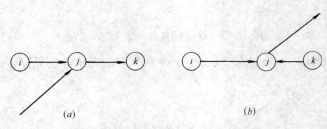

(a)　　　　　　　　　　(b)

图 15-27　没有箭尾和箭头节点的箭线

5．当网络图的起点节点有多条外向箭线或终点节点有多条内向箭线时,为使图形简洁,可应用母线法绘图

使多条箭线经一条共用的母线线段从起点节点引出,或使多条箭线经一条共用的母线线段引入终点节点,如图 15-28 所示。

6．绘制网络图时,应避免箭线交叉

当交叉不可避免时,可采用图 15-29 所示的几种方法表示。

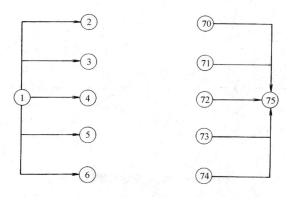

图 15-28　母线法绘制

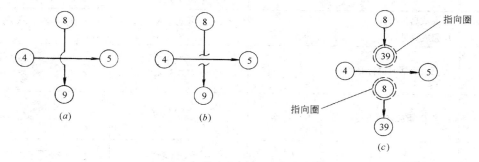

图 15-29　箭线交叉的表示方法

(a)过桥法;(b)断线法;(c)指向法

二、网络图中各种逻辑关系的表示方法

逻辑关系是指工作进行时,客观存在的一种先后顺序关系,如果在画图时出现了顺序关系的错误,那么网络图也就失去了它的使用价值。因此正确绘制反映工程实际情况的网络图是很重要的。

为了能够正确地表达多项工作之间的逻辑关系,在画图之前,首先要弄清各项工作之间的顺序,具体到每项工作:

1）该项工作必须在哪些工作之前进行;

2）该项工作必须在哪些工作之后进行;

3）该项工作可以与哪些工作平行进行。

然后列出工作顺序表,根据工作顺序表来绘制各项工作的逻辑关系图或整体网络图。

例:吊板后做支板缝,铺电线管,铺上下水管道,而这三项平行作业的工作都完成以后才做叠合层。在画这些工作之间的逻辑关系之前,首先要列出工作顺序表。

本　工　作	紧　后　工　作	本　工　作	紧　后　工　作
吊　板	支板缝、铺设电线管、铺上下水管	铺上下水管	叠合层
支板缝	叠合层	叠合层	—
铺线管	叠合层		

然后根据工作顺序表绘图,图 15-30(a)所示为双代号表示,图 15-30(b)所示为单代号

表示。

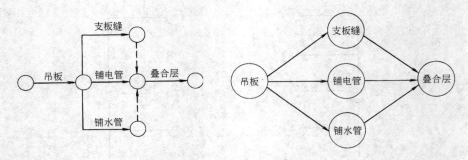

图 15-30 双、单表示的逻辑关系

几种逻辑关系的表示方法见图 15-31。

序　号	逻　辑　关　系	双代号表示方法	单代号表示方法
1	A 完成后进行 B B 完成后进行 C	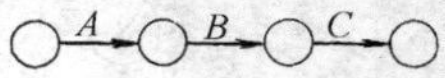	
2	A 完成后同时进行 B 和 C	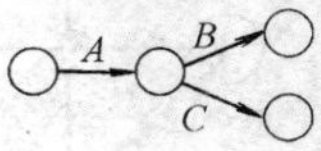	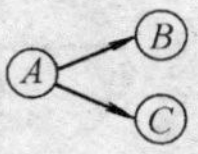
3	A 和 B 都完成后进行 C	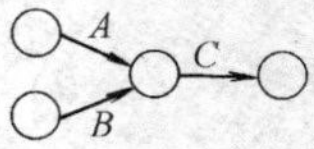	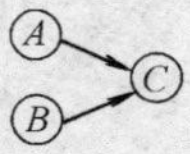
4	A 和 B 都完成后同时进行 C 和 D	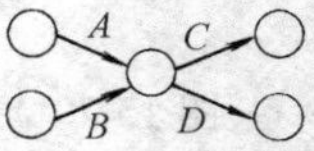	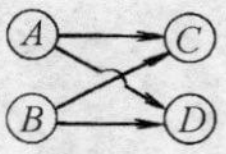
5	A 完成后进行 C A 和 B 都完成进行 D	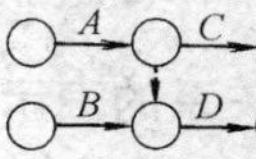	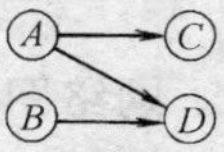
6	A 和 B 都完成进行 D A、B、C 都完成进行 E D 和 E 都完成进行 F	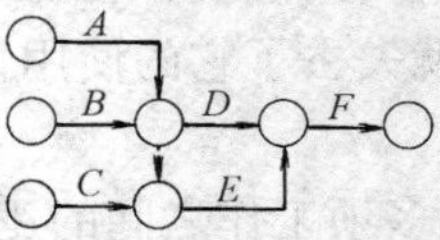	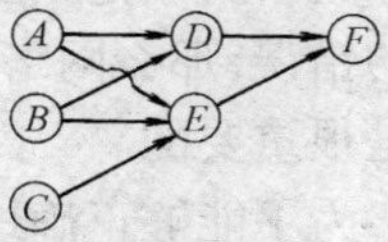
7	A 和 B 都完成进行 C B 和 D 都完成进行 E	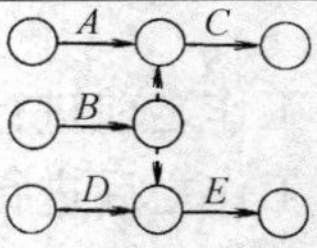	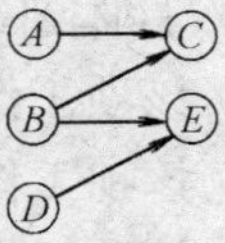
8	A 完成进行 C A 和 B 都完成进行 D B 完成进行 E	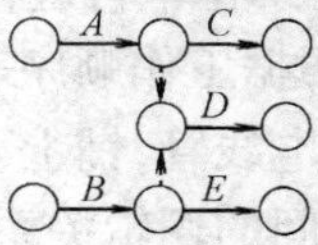	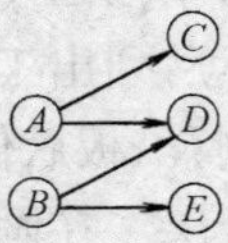
9	A、B 两项先后进行的工作各分为三段进行。A_1 完成后进行 A_2、B_1，A_2 完成后进行 A_3、B_2，B_1 完成后进行 B_2、A_3，B_2 完成进行 B_3。	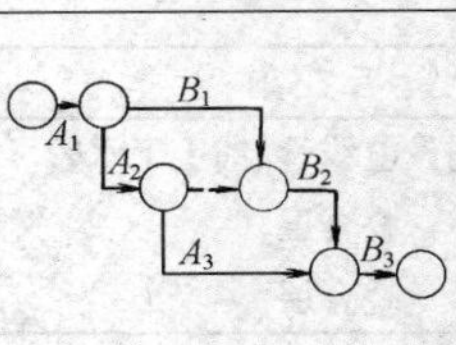	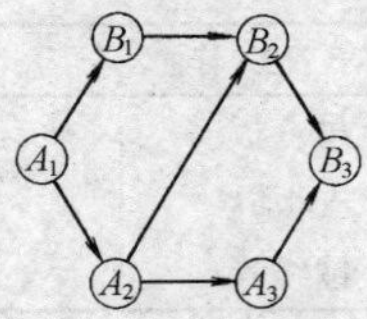

图 15-31 逻辑关系表示方法

三、网络图的构图方式

根据工艺上和组织上的顺序关系,绘制出网络草图,这仅仅是第一步。还必须对逻辑关系正确而图面杂乱无章的网络图进行图面整理,使之清晰整齐,这也是网络图能否在工地上推广使用的重要环节。

网络图应条理清楚,布局合理。图 15-32(a)是一张绘制的网络草图,十分零乱,不易看清楚。经加工整理后成图 15-32(b),图中各项工作之间的顺序关系一目了然。

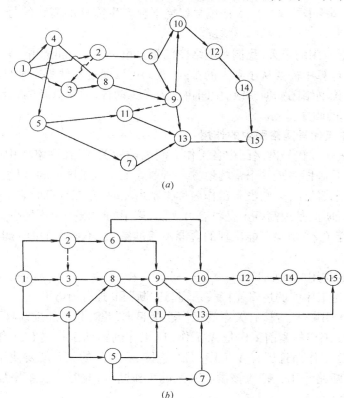

(a)

(b)

图 15-32　网络构图

四、网络图的节点编号

为了便于进行网络图时间参数计算以及应用电子计算机解题,在画好网络图以后还应对节点进行编号,即在圆圈(节点)内填入数字,也叫做标号。按画图要求来说,只要在同一网络图中节点编码不重复,节点编号是可以任意进行的。但是在实际使用中,为了使用方便及图面清楚,我们大多采用所有工作的箭头编号大于箭尾编号,即由小到大顺序编号的方法。也可以在编号时,预先留出备用的节点号,采用不连续的编号方法,如 1、3、5…或 2、4、6…,如果中间增加箭杆,编号不必全部改动。

由小到大的顺序编号可以避免计算上的错误或画图时产生回路。

编号时,为了不至于遗漏和重复节点编号,也防止出现箭头号小于箭尾号的情况,箭头节点编号必须在其前面的所有箭尾节点都已编号后进行。以图 15-33 为例,编号按下述规则进行。

首先给没有内向箭线的①节点编号,然后①节点的外向箭线就可以假想没有了。剩下

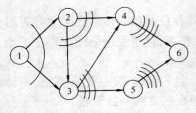

图 15-33　编号技巧

没有编号的节点中,唯有②节点是没有内向箭线的节点,则给此节点编号,再假想去掉②节点的所有的外向箭线。此时没有内向箭线的节点唯有③节点,给③节点编号后,再假想去掉③节点的所有外向箭线,这时产生两个没有内向箭线的节点,我们可以任选一个先编号,再给另一个编号,最后给终点节点编号。采用这样的方法编号就绝不会产生箭杆的箭头编号小于箭尾编号的情况。

在计算机广泛应用的今天,我们对网络图的标号也可不必如此严格,只要节点没有重号的就可以了,至于计算中需要从小到大的排列,我们可以通过软件程序来自动调整为从小到大的排列方式,无论网络图如何修改,中间再加入多少箭杆,只要重新输入计算机,机器就会自动编号成 $1—n$ 的顺序排列。

五、虚箭线在双代号网络图中的作用

为了确切地表达双代号网络图中各工作之间的顺序关系,在网络图中引入虚工作是一个重要的方法,也是画图中最易出错的地方。所谓虚工作就是虚设的,仅表示逻辑上的连接顺序而不是一项正式的工作,它没有工作名称也不占用时间,在计算时它的持续时间为零。

这里要强调说明的是虚箭杆不是可有可无的,该用的时候一定不能少,以用来确切地表达工作之间的相互关系,消除可能出现的含混不清的错误,不该用的时候也不要用,以免增加计算工作量。

现将虚工作的作用归纳如下:

1. 正确地表达工序间的逻辑连接关系,起到"断"和"连"的作用

1) 逻辑连接作用　把应该有关系的工作连接起来,此时只增加虚箭杆不增加节点。

图 15-34 中 C 工作的紧前工作是 A 工作,D 工作的紧前工作是 B 工作。若 D 工作的紧前工作不仅有 B 工作而且还有 A 工作,那么连接 A 与 D 的关系就要使用虚箭杆。

2) 逻辑上的断路作用　把应该没有关系的工作断开,此时不仅要增加虚箭杆,还要增加节点。

图 15-35(a)所示的 A、B 工作的紧后工作为 C、D 工作,如果要去掉 A 工作与 D 工作的关系,那么就要增加虚箭线,增加节点。如图 15-35(b)所示。

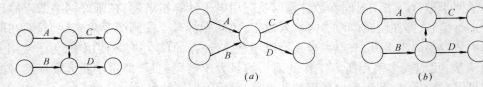

图 15-34　虚箭线用途之一　　　　　　　　图 15-35　虚箭线用途之二

2. 两项工作同时开始并且同时完成,必须引入虚工作,以符合画法规则

图 15-36(a)中的两个节点,一道箭杆代表 A、B 两项工作,这不符合双代号定义,而只能用增加虚箭杆增加节点的方法来解决,正确画法如图 15-36(b)所示。

同理,多工作同时开始并且同时结束(平行作业)时,也要引入虚工作,如图 15-37 所示。

418

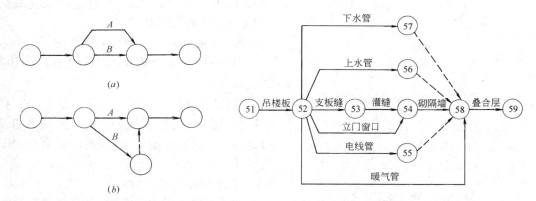

图 15-36　虚箭线用途之三　　　　　　　　图 15-37　虚箭线用途之四

3. 分段流水作业,立体交叉作业要用虚工作断路,以正确地表示段与段之间和楼层与楼层之间的工作顺序关系

图 15-38(a)是一个楼层流水的网络图中的一部分。显然,关系表达的不确切,许多没有关系的工作之间建立了多余的联系。正确的画法如图 15-38(b)所示。

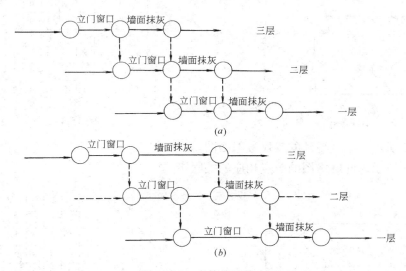

图 15-38　虚箭线用途之五

4. 群体工程同时施工时,不同栋号之间,有些工作之间相互关系时,要用虚工作

比如乙栋号要在某项工作开始之前使用甲栋号某项工作完成之后撤下来的机械,或甲栋号某项工作需要乙栋号某项工作完成后下来的工人去做,此时这种联系就要靠虚工作去建立。如图 15-39 所示。

六、网络图中回路的检查与处理

在网络图中不能出现循环回路,这一点是极为重要的,但在较大型的网络图中一旦发生了这种错误,是很难直观去寻找的。下面介绍一种检查网络图中是否存在回路的算法。

(一)网络图的数学描述

网络图最通常的数学描述形式是节点的关联矩阵。在关联矩阵中,节点之间有连线的

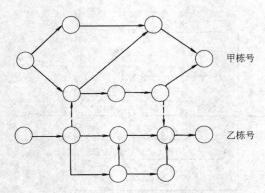

图 15-39　虚箭线用途之六

甲栋号

乙栋号

（即有此项工作）均填"1"，节点之间无连线的（即无此项工作）均填"0"。

图 15-40 所示为一双代号网络图。

图 15-41 所示为此双代号网络图节点相应的关联矩阵。

在关联矩阵中，如果上三角形是"0"和"1"的组合，而下三角形都是"0"，说明此网络的编号是由小到大顺序编号，并且图中不会存在闭合回路。

（二）回路的检查方法

如果网络图中编号混乱，不是按箭头号大于箭尾号排列的，可按下列规则检查回路。

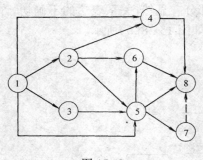

图 15-40

	①	②	③	④	⑤	⑥	⑦	⑧
①	0	1	1	1	1	0	0	0
②	0	0	0	1	1	1	0	0
③	0	0	0	0	1	0	0	0
④	0	0	0	0	0	0	0	1
⑤	0	0	0	0	0	1	1	1
⑥	0	0	0	0	0	0	0	1
⑦	0	0	0	0	0	0	0	0
⑧	0	0	0	0	0	0	0	0

图 15-41

图 15-42 所示为编号混乱的双代号网络图。

图 15-43 所示为此网络图的节点相应的关联矩阵。

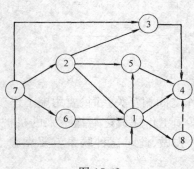

图 15-42

	①	②	③	④	⑤	⑥	⑦	⑧
①	0	0	0	1	1	0	0	1
②	1	0	1	0	1	0	0	0
③	0	0	0	1	0	0	0	0
④	0	0	0	0	0	0	0	0
⑤	0	0	0	1	0	0	0	0
⑥	1	0	0	0	0	0	0	0
⑦	1	1	1	0	0	1	0	1
⑧	0	0	0	1	0	0	0	0

图 15-43

在关联矩阵中，均为"0"的一列对应的节点为开始节点，均为"0"的一行对应的节点为终点节点。图中第⑦列均为"0"，所以网络图开始节点是⑦节点，第④行均为"0"，所以网络图终点节点是④节点。

检查回路的方法：

420

1）除去关联矩阵表中均为"0"的一列所对应的节点行与列。重新编号时,此节点则定为始节点。

2）在剩余的关联矩阵中,若还有均为"0"的列,则再除去其对应的节点的行与列。重新编号时,此节点则定为②节点。

3）依次类推,如果可以进行到最后一个节点,则此网络图无循环回路,并可根据消去节点的顺序给网络图重新编号。

计算步骤见图15-44、图15-45和图15-46。

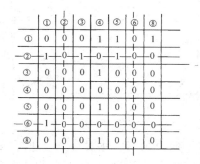

图 15-44

图 15-45

图 15-44 中,第⑦列为"0"列,所以⑦节点是始点,应改为①节点。

图 15-45 中,②列、⑥列均为"0"列,故其节点顺序哪一个在前均可,可定②节点不动,⑥节点改为③节点。

图 15-46 中,①列、③列均为"0"列,可以定①节点为④节点,③节点为⑤节点。

在剩余的关联矩阵中,第⑤列及第⑧列均为"0"列,改⑤节点为⑥节点,改⑧节点为⑦节点。剩余④节点为终点节点定为⑧节点。

到此为止,可以断定图15-42中无循环回路。重新编号后网络图如图15-47所示。

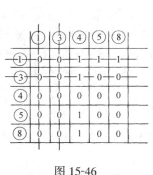

图 15-46

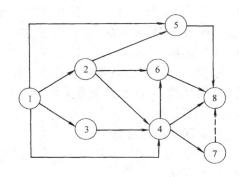

图 15-47

4）如果在剩余的关联矩阵中,已没有全列均为"0"的情况,而编号修改又没有进行到终点,说明此网络图有循环回路存在。

查找循环回路的方法,可以任选一列中的任一个"1"元素,并找到该元素所对应的行节点编号,然后在此编号的列中至少找到一个"1"元素,用箭杆将两个"1"元素连接起来,重复上述步骤,直至找到一个已经到达过的节点为止,在关联矩阵中形成的箭杆圈,所对应的各节点则是在网络图中发生闭合回路的节点。

图 15-48 是一个有闭合回路的网络图,我们可用以上方法进行判断。

图 15-49 是该网络图的节点关联矩阵。

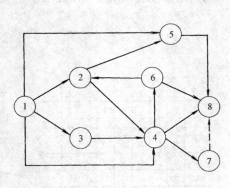

图 15-48

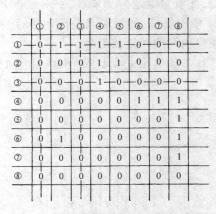

图 15-49

第①列为"0"列,去掉①节点所在的行和列。在剩余的关联矩阵中,第③列为"0"列,再去掉③节点所在的行与列。

剩余的关联矩阵中再没有均为"0"的列。可以肯定图中存在闭合回路。

检查回路过程见图 15-50。

选⑧列中任一"1"元素,其对应的行节点为⑤,在⑤列中找到"1"元素与⑧列中的"1"元素连线。这是第一条连线。⑤列中的"1"元素对应的行节点为②,在②列中找到"1"元素与⑤列中的"1"元素连线,这是第二条连线。②列

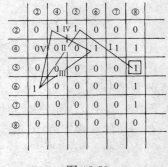

图 15-50

中的"1"元素对应的行节点为⑥,在⑥列中找到"1"元素与②列中的"1"元素连线,这是第三条连线。⑥列中的"1"元素对应的行节点为④,在④列中找到"1"元素与⑥列中的"1"元素连线,这是第四条连线。④列中的"1"元素对应的行节点为②,在②列中找到"1"元素与④列中的"1"元素连线,这是第五条连线。②列中的"1"元素已经在连线过程中到达过了,因此这个网络图有循环回路存在,回路就是关联矩阵中Ⅲ、Ⅳ及Ⅴ线组成的闭合圈,即由②、④、⑥节点组成循环回路。

七、网络图的绘图实例

某地下室工程,如图 15-51 所示。从地下室砌墙开始到工程完工,其施工顺序及持续时间如图 15-52 所示。

现有瓦工、混凝土工、钢筋工、抹灰工、电工、木工各一组,要求分两段进行施工,绘制网络图。

在搞实际工程网络图时,首先要根据拟定的施工方案及施工先后工艺顺序及组织顺序关系列成一个工作顺序表,然后根据顺序表画图,这样就避免了绘图中许多容易出现的错误。实践证明,这种方法是较好的一种绘图方法。

422

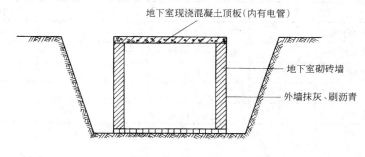

图 15-51　地下室工程

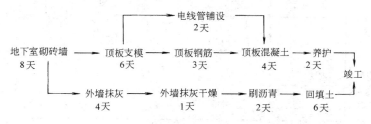

图 15-52　工艺流程

　　本例题工作顺序见表 15-1,按此表绘制双代号网络图,如图 15-53 所示,绘制单代号网络图,如图 15-54 所示。

工 作 顺 序 表　　　　　　　　表 15-1

序 号	本 工 作	紧 后 工 作	持续时间(d)
1	地下室砌墙 1	地下室砌墙 2,顶板支模 1,外墙抹灰 1	4
2	地下室砌墙 2	顶板支模 2,外墙抹灰 2	4
3	顶板支模 1	顶板支模 2,电管铺设 1,顶板钢筋 1	3
4	顶板支模 2	电管铺设 2,顶板钢筋 2	3
5	外墙抹灰 1	外墙抹灰 2,外墙干燥 2	2
6	外墙抹灰 2	外墙干燥 2	2
7	电管铺设 1	电管铺设 2,顶板混凝土 1	1
8	电管铺设 2	顶板混凝土 2	1
9	顶板钢筋 1	顶板钢筋 2,顶板混凝土 1	1.5
10	顶板钢筋 2	顶板混凝土 2	1.5
11	顶板混凝土 1	顶板混凝土 2,顶板混凝土养护 1	2
12	顶板混凝土 2	顶板混凝土养护 2	2
13	顶板混凝土养护 1	—	2
14	顶板混凝土养护 2	—	2
15	外墙抹灰干燥 1	刷沥青 1	1

序 号	本 工 作	紧 后 工 作	持续时间(d)
16	外墙抹灰干燥2	刷沥青2	1
17	外墙刷沥青1	刷沥青2,回填土1	1
18	外墙刷沥青2	回填土2	1
19	回填土1	回填土2	3
20	回填土2	—	3

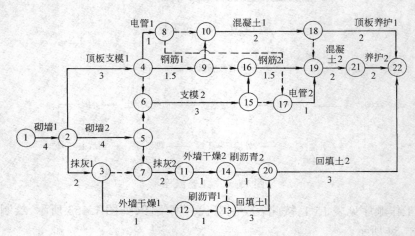

图 15-53　双代号网络图表示

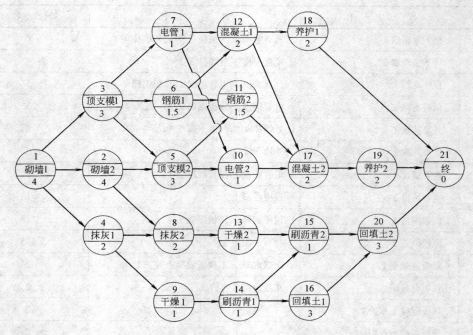

图 15-54　单代号网络图表示

第三节　肯定型网络计划工作时间参数计算

掌握了网络图的正确画图方法,就能够根据实际工程的需要做出施工进度计划的网络安排。然而正确地绘制网络图,只能说明我们已把工作之间的逻辑关系,用网络的形式表达出来,但是这个计划安排的是好是坏,是否符合有关部门对这项工程的具体要求,比如工期、劳力、材料指标等各方面的要求,计划的安排是否符合经济的原则,这些都是画图所解决不了的。我们知道,网络计划并不单纯是为了抢进度,而是在一定条件下,通过调整计划,节约人力、物力,降低工程成本并使工期合理,如果要使工期提前则力求增加的成本最低。因此画图并不是我们的最终目的,还要通过时间参数计算并根据需要做进一步调整优化,用以指导施工。

一、网络时间参数计算的目的

1. 确定关键线路

关键线路的概念前面已介绍过。一个网络图中,从起点至终点节点间有许多条线路可通,其中所用时间最长的一条或若干条线路,称为关键线路。在整个施工过程中关键线路上的工作是我们要抓的主要矛盾,称为关键工作,我们可以向关键线路去要时间,这是一般横道图所无法做到的。

2. 计算非关键线路上的富余时间

在关键线路上时间安排得满,没有任何余地,而在非关键线路上,却有时差,就是说工作有等待时间。通过计算时差可以看出非关键工作到底有多少可以灵活运用的机动时间,在非关键线路上有多大的潜力可挖,可以向非关键线路去要劳动力、要资源,这一点也是一般横道图做不到的。

3. 确定整个工程的计划总工期即竣工日期,做到工程进度心中有数

二、要求计算的时间参数概念和符号

在整个网络计划执行的过程中,网络图中的每项工作,可能进行工作的时间范围是在允许的最早开始时间到允许的最迟完成时间。

图 15-55 所示的小网络图中有两条线路①→②→③→④,完成时间为 6d,①→③→④完成时间为 4d,关键线路为①→②→③→④,不难看出①→③工作是个非关键工作,有一定的可以灵活运用的时间,就是说运砖这项工作可以与挖土同时开始,也可以等两天再开始,其最早开始时间为零,最迟

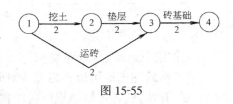

图 15-55

完成时间不能影响砖基础这项工作的开始时间,因此运砖工作可以进行的时间范围是 0~4d,它可以在 0~2d 内完成,也可以在 2~4d 内完成,当然也可以在 1~3d 内完成,有 2d 的机动时间。

由此可以看出,在网络计划工作时间参数的计算中,我们要计算的有以下几项内容:

1. 工作持续时间,用符号 D 表示

在网络计划中工作持续时间就是某一施工团体完成某一项工作所需要的时间。

通常完成某项工作所需要的天数,是根据预算工程量和工时定额以及小组定员人数来

确定的。

$$工作持续时间 = \frac{工作量}{工时定额 \times 定员人数}$$

2．工作最早可能开始时间，用符号 ES 表示

一项工作必须等它的所有的紧前工作都完成之后才能开始，在此之前是不具备开工条件的。这个时刻就叫做工作的最早可能开工时间，最早可能开工时间是受紧前工作影响的。

例如在图 15-3 中，工作④→⑤扎筋 2 受工作②→④支模 2(创造工作面)和工作②→③扎筋 1(劳动力转移)的影响。工作②→④和工作②→③受①→②支模 1 的影响。意思是紧前工作干不完，后项工作则不能开始，因而最早可能开始时间是反映它与紧前工作的时间关系，是受起点节点开始时间限制的，因而计算应从起点节点开始进行。

3．工作最早可能完成时间，用符号 EF 表示

工作的最早可能完成时间就是其最早可能开工工期与工作持续时间之和。见图 15-56。

4．最迟必须完成时间，用符号 LF 表示

为了不影响总工期及紧后工作的最迟开工时间，每项工作应有一个最迟必须完工的时刻，这个时刻就叫做工作的最迟必须完工时间。

例如在图 15-3 中，工作④→⑤扎筋 2 及工作③→⑤混凝土 1 的完成时间受混凝土 2 开始时间的控制，而混凝土 2 的完成时间受工期的控制。最迟必须完成时间是与紧后工作的时间有关的，因此计算时应从终点节点逆向计算。

5．最迟必须开始时间，用符号 LS 表示

工作的最迟必须开始时间就是其最迟必须完成时间与工作持续时间之差。见图 15-57。

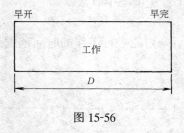

图 15-56　　　　　　　　　　　　　　　　图 15-57

6．工作的总时差、自由时差

一项工作的完工期可以推迟多少时间而不致影响整个工程的完工期。或者说不影响下一项工作的开始，这种可以推迟的时间称做工作的时差。

时差是表明工作有多大的机动时间可以利用。时差越大，工作的时间潜力也越大。

1）总时差用符号 TF 表示。工作的完工期可以推迟多长时间不影响整个工程的总工期。利用工作总时差可以影响下一道工作的最早开工时间，但不影响下一项工作的最迟开工时间。

2）自由时差用符号 FF 表示。在不影响下项工作最早开工期的前提下，工作的完工期可有多大的机动时间。

7．计算总工期，用符号 T_c 表示

426

在整个网络图中,有一条用时间最长的路线,此路线上最后一道工作的最早可能完成时间就是整个工程的计算总工期。

三、网络计划时间参数标注规定

(一)双代号网络计划时间参数标注形式

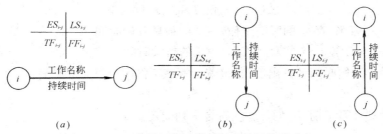

图 15-58　双代号网络计划时间参数标注形式之一

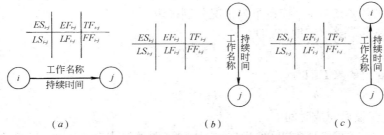

图 15-59　双代号网络计划时间参数标注形式之二

(二)单代号网络计划时间参数标注形式

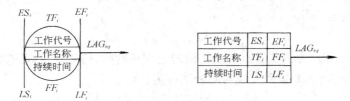

图 15-60　单代号网络计划时间参数标注形式之一

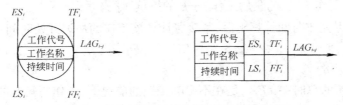

图 15-61　单代号网络计划时间参数标注形式之二

四、双代号网络计划时间参数计算

(一)计算公式

1. 先计算工作最早开始时间

(1)工作 $i-j$ 的最早开始时间 ES_{i-j} 天应从网络图的起点节点开始,顺着箭线方向依次逐项计算。

427

（2）以起点节点 i 为箭尾节点的工作 $i-j$，如未规定其最早开始时间 ES_{i-j} 时，其值等于零，即：

$$ES_{i-j} = 0 \qquad (15\text{-}1)$$

（3）其他工作 $i-j$ 的最早开始时间 ES_{i-j} 应为：

$$ES_{i-j} = \max\{ES_{h-i} + D_{h-i}\} \qquad (15\text{-}2)$$

式中　ES_{h-i}——工作 $i-j$ 的紧前工作 $h-i$ 的最早开始时间；

　　　D_{h-i}——工作 $i-j$ 的紧前工作 $h-i$ 的持续时间。

2．工作最早开始时间计算出后，紧接着计算该工作的最早完成时间：

$$EF_{i-j} = ES_{i-j} + D_{i-j} \qquad (15\text{-}3)$$

3．网络计划计算工期 T_c 的计算应符合下列规定：

$$T_c = \max\{EF_{i-n}\} \qquad (15\text{-}4)$$

式中　EF_{i-n}——以终点节点$(j=n)$为箭头节点的工作 $i-n$ 的最早完成时间。

网络计划的计划工期 T_p 应按下列情况分别确定：

（1）当已规定了要求工期 T_r 时

$$T_p \leqslant T_r \qquad (15\text{-}5)$$

（2）当未规定要求工期时

$$T_p = T_c \qquad (15\text{-}6)$$

4．计算工作最迟完成时间

（1）工作 $i-j$ 的最迟完成时间 LF_{i-j} 应从网络图的终点节点开始，逆着箭线方向依次逐项计算。当部分工作分期完成时，有关工作必须从分期完成的节点开始逆向逐项计算。

（2）以终点节点$(j=n)$为箭头节点的工作的最迟完成时间 $LF_{i-n} = T_p$，应按网络计划的计划工期 T_p 确定。即：

$$LF_{i-n} = T_p \qquad (15\text{-}7)$$

以分期完成的节点为箭头节点的工作的最迟完成时间，应等于分期完成的时刻。

（3）其他工作 $i-j$ 的最迟完成时间公式应为：

$$LS_{i-j} = \min\{LF_{j-k} - D_{j-k}\} \qquad (15\text{-}8)$$

式中　LF_{j-k}——工作 $i-j$ 的紧后工作 $j-k$ 的最迟完成时间；

　　　D_{j-k}——工作 $i-j$ 的紧后工作 $j-k$ 的持续时间。

5．工作的最迟完成时间计算出后，紧接着计算该工作的最迟开始时间：

$$LS_{i-j} = LF_{i-j} - D_{i-j} \qquad (15\text{-}9)$$

6．计算工作时差

（1）工作 $i-j$ 的总时差 TF_{i-j} 是在不影响工期的前提下，工作所具有的机动时间，计算公式为：

$$TF_{i-j} = LS_{i-j} - ES_{i-j} \qquad (15\text{-}10)$$

$$\text{或 } TF_{i-j} = LF_{i-j} - EF_{i-j} \qquad (15\text{-}11)$$

（2）工作 $i-j$ 的自由时差是在不影响其紧后工作最早开始的前提下，工作所具有的机动时间，计算公式为：

$$FF_{i-j} = ES_{j-k} - ES_{i-j} - D_{i-j} \qquad (15\text{-}12)$$

$$或\ FF_{i-j} = ES_{j-k} - EF_{i-j} \tag{15-13}$$

式中　ES_{i-k}——工作 $i-j$ 的紧后工作 $j-k$ 的最早开始时间。

7. 确定关键工作及关键线路

根据工程网络计划技术规程：

确定关键工作应符合该工作总时差为最小值的规定。

确定关键线路应符合该线路从起点节点开始直到终点节点为关键工作的规定。

(二) 计算例题

1. 图上计算法

(1) 计算工作最早时间。

凡与起点相联的工作，即由网络计划起点节点出发的工作，其最早开始时间都为零。图 15-62 中与起点节点相连的工作有三项①→②,①→③及①→④。

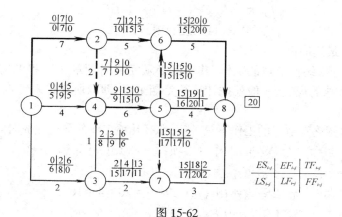

图 15-62

$$ES_{1-2} = ES_{1-3} = ES_{1-4} = 0$$

$$EF_{1-2} = ES_{1-2} + D_{1-2} = 0 + 7 = 7$$

$$EF_{1-3} = ES_{1-3} + D_{1-3} = 0 + 2 = 2$$

$$EF_{1-4} = ES_{1-4} + D_{1-4} = 0 + 4 = 4$$

数字分别填入图 15-62 中。

图 15-62 中工作②→④及工作②→⑥紧前工作都只有一项即工作①→②。

$$ES_{2-4} = ES_{2-6} = EF_{1-2} = 7$$

$$EF_{2-4} = ES_{2-4} + D_{2-4} = 7 + 2 = 9$$

$$EF_{2-6} = ES_{2-6} + D_{2-6} = 7 + 5 = 12$$

工作③→④及工作③→⑦紧前也都只有一项工作①→③。

$$ES_{3-4} = ES_{3-7} = EF_{1-3} = 2$$

$$EF_{3-4} = ES_{3-4} + D_{3-4} = 2 + 1 = 3$$

$$EF_{3-7} = ES_{3-7} + D_{3-7} = 2 + 2 = 4$$

数字分别填入图 15-62 中。

图 15-62 中④→⑤工作有三项紧前工作①→④,②→④和③→④。

$$ES_{4-5} = \max\{EF_{1-4}, EF_{2-4}, EF_{3-4}\}$$
$$= \max\{4, 9, 3\}$$
$$= 9$$
$$EF_{4-5} = ES_{4-5} + D_{4-5}$$
$$= 9 + 6 = 15$$

数字分别填入图 15-62 中。

按公式可以把图中所有工作的 ES、EF 时间参数计算完毕,数字分别填入图 15-62 中。

(2) 确定总工期。

在与终点节点相连的各项工作中,它们最早可能完成时间的最大值,就是整个工程的完成时间即总工期。

在图 15-62 中与终点节点⑧相连的工作有⑤→⑧,⑥→⑧和⑦→⑧。
$$T_P = \max\{EF_{5-8}, EF_{6-8}, EF_{7-8}\}$$
$$= \max\{19, 20, 18\} = 20$$

(3) 计算工作最迟时间。

网络计划中,进入终点节点的工作,其最迟必须完成时间等于工程的完工时间,如果工程的总工期没有特殊的规定,一般就按计算总工期来算,即取所有进入终点节点工作的最早完成时间的最大值。

如果进入网络图终点节点的工作不只一项,那么几项工作的最迟完成时间都等于总工期。本例题中进入最后一个节点的工作有三项:⑤→⑧,⑥→⑧和⑦→⑧。
$$LF_{5-8} = LF_{6-8} = LF_{7-8} = 20$$
$$LS_{5-8} = LF_{5-8} - D_{5-8} = 20 - 4 = 16$$
$$LS_{6-8} = LF_{6-8} - D_{6-8} = 20 - 5 = 15$$
$$LS_{7-8} = LF_{7-8} - D_{7-8} = 20 - 3 = 17$$

数字填入图 15-62 中。

本例题中②→⑥和⑤→⑥工作都只有一项紧后工作⑥→⑧。所以
$$LF_{2-6} = LF_{5-6} = LS_{6-8} = 15$$
$$LS_{2-6} = LF_{2-6} - D_{2-6} = 15 - 5 = 10$$
$$LS_{5-6} = LF_{5-6} - D_{5-6} = 15 - 0 = 15$$

工作③→⑦和⑤→⑦的紧后工作也只有一项即工作⑦→⑧。所以
$$LF_{3-7} = LF_{5-7} = LS_{7-8} = 17$$
$$LS_{3-7} = LF_{3-7} - D_{3-7} = 17 - 2 = 15$$
$$LS_{5-7} = LF_{5-7} - D_{5-7} = 17 - 0 = 17$$

数字分别填入图 15-62 中。

本例题中④→⑤工作的紧后工作有三项,即⑤→⑥,⑤→⑦和⑤→⑧工作。
$$LF_{4-5} = \min\{LS_{5-6}, LS_{5-7}, LS_{5-8}\}$$
$$= \min\{15, 17, 16\} = 15$$
$$LS_{4-5} = LF_{4-5} - D_{4-5} = 15 - 6 = 9$$

按公式可把图中所有工作的 LF、LS 时间参数计算完毕,数字填入图 15-62 中。

（4）计算工作总时差和自由时差。

利用公式把各工作总时差和自由时差计算出分别填入图 15-62 中。

（5）标出关键线路。

本例题关键线路为：1—2—4—5—6—8

2．表上计算法

表上计算法的计算顺序、计算方法完全同图上计算法，只是形式不同。

图上计算法比较直观易懂，对于简单的图来说，线路可以一目了然，但是工作数目多了，线路复杂，会搞不清哪些已算过了，哪些还没算，为了避免错误和漏算，我们可以借助于表格的形式来进行计算。

（1）表上计算法步骤。

1）如表 15-2 的形式绘制表格；

2）将网络图中各项工作编号按由小到大的顺序填在第②栏内；

3）各工作的持续时间依次填写到第③栏；

4）计算出各项工作的紧前工作和紧后工作数目并填写在第①栏内；

5）计算工作的最早可能开始时间和最早可能完成时间；

进行计算的顺序也是按网络图自起点节点（最小编号）开始逐项进行，是个从上到下的计算过程。

6）总工期；

7）计算工作的最迟必须开始和最迟必须完成时间；

进行计算的顺序是自网络图终点节点（最大编号）逆箭杆方向进行的，是个从下到上的计算过程。

8）计算工作总时差和工作自由时差。

（2）仍以图 15-62 为例，做表上计算，计算结果见表 15-2。

表上计算法示例　　　　　　　　　　　　　　表 15-2

紧前工作数／紧后工作数	工作编号	D_{i-j}	最早开始 ES_{i-j}	最早完成 EF_{i-j}	最迟开始 LS_{i-j}	最迟完成 LF_{i-j}	工作总时差 TF_{i-j}	自由时差 FF_{i-j}	关键工作
①	②	③	④	⑤=③+④	⑥=⑦-③	⑦	⑧=⑥-④	⑨	⑩
0/2	1—2	7	0	7	0	7	0	0	✓
0/2	1—3	2	0	2	6	8	6	0	
0/1	1—4	4	0	4	5	9	5	5	
1/1	2—4	2	7	9 - max	min-7	9	0	0	✓
1/1	2—6	5	7	12	10	15	3	3	
1/1	3—4	1	2	3 max	min-8	9	6	6	
1/1	3—7	2	2	4	15	17	13	11	
3/3	4—5	6	9	15 max	9	15	0	0	✓
1/1	5—6	0	15	15	15	15	0	0	✓
1/1	5—7	0	15	15	min-17	17	2	0	
1/0	5—8	4	15	19	16	20	1	1	
2/0	6—8	5	15	20	15	20	0	0	✓
2/0	7—8	3	15	18	17	20	2	2	

五、单代号网络计划时间参数计算

（一）计算公式

1. 先计算工作最早开始时间

（1）工作 i 的最早开始时间 ES_i 应从网络图的起点节点开始，顺着箭线方向依次逐个计算。

（2）起点节点的最早开始时间 ES_1 如无规定时，其值等于零，即：

$$ES_1 = 0 \tag{15-14}$$

（3）其他工作的最早时间 ES_i 应为：

$$ES_i = \max\{ES_h + D_h\} \tag{15-15}$$

式中　ES_h——工作 i 的紧前工作 h 的最早开始时间；

　　　　D_h——工作 i 的紧前工作 h 的持续时间。

2. 计算工作最早完成时间

$$EF_i = ES_i + D_i \tag{15-16}$$

3. 计算网络计划计算工期 T_c

$$T_c = EF_n \tag{15-17}$$

式中　EF_n——终点节点 n 的最早完成时间。

4. 计算相邻两项工作 i 和 j 之间的时间间隔 LAG_{i-j}

$$LAG_{i-j} = ES_j - EF_i \tag{15-18}$$

式中　ES_j——工作 j 的最早开始时间。

5. 计算工作总时差

（1）工作 i 的总时差 TF 应从网络图的终点节点开始，逆着箭线方向依次逐项计算。当部分工作分期完成时，有关工作的总时差必须从分期完成的节点开始逆向逐项计算。

（2）终点节点所代表的工作 n 的总时差 TF_n 值为零，即：

$$TF_n = 0 \tag{15-19}$$

分期完成的工作的总时差值为零：

（3）其他工作的总时差 TF_i 的计算：

$$TF_i = \min\{LAG_{i-j} + TF_j\} \tag{15-20}$$

式中　TF_j——工作 i 的紧后工作 j 的总时差。

当已知各项工作的最迟完成时间 LF_i 或最迟开始时间 LS_i 时，工作的总时差 TF_i 也可用下式计算：

$$TF_i = LS_i - ES_i \tag{15-21}$$

$$TF_i = LF_i - EF_i \tag{15-22}$$

6. 计算工作 i 的自由时差 FF_i

$$FF_i = \min\{LAG_{i-j}\} \tag{15-23}$$

$$或 \quad FF_i = \min\{ES_j - EF_i\} \tag{15-24}$$

$$或 \quad FF_i = \min\{ES_j - ES_i - D_j\} \tag{15-25}$$

7. 计算工作最迟完成时间

（1）工作 i 的最迟完成时间 LF_i 应从网络图的终点节点开始，逆着箭线方向依次逐项计算。当部分工作分期完成时,有关工作的最迟完成时间应从分期完成的节点开始逆向逐项计算。

（2）终点节点所代表的工作 n 的最迟完成时间 LF_i 应按网络计划的计划工期 T_p 确定,即:

$$LF_n = T_p \tag{15-26}$$

分期完成那项工作的最迟完成时间应等于分期完成的时刻。

（3）其他工作 i 的最迟完成时间应为 LF_i:

$$LF_i = \min\{LF_j - D_j\} \tag{15-27}$$

式中　LF_j——工作 i 的紧后工作 j 的最迟完成时间;

　　　　D_j——工作 i 的紧后工作 j 的持续时间。

8. 计算工作 i 的最迟开始时间 LS_i

$$LS_i = LF_i - D_i \tag{15-28}$$

9. 寻求关键线路

寻找方法有以下几种:

1）凡是 ES_i 与 LS_i 相等（或 EF_i 与 LF_i 相等）的工作都是关键工作,把这些关键工作连接起来形成自始至终的线路就是关键线路。

2）$LAG=0$ 并且由始点至终点能连通的线路,就是关键线路。由终点向始点找比较方便,因为非关键线路上也有 $LAG=0$ 的情况。

3）工作总时差为零的关键工作连成的自始至终的线路,就是关键线路。

（二）计算例题

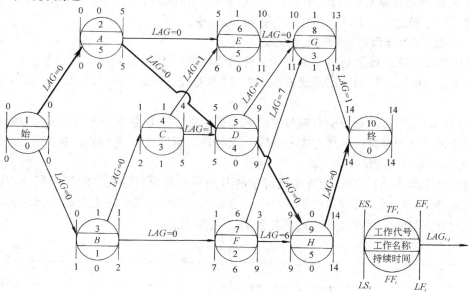

图 15-63　单代号网络图工作时间参数计算

第四节　时间坐标网络计划

一、时间坐标网络的概念及特点

时间坐标网络图是网络计划的一种表示形式。

433

前面讲到的是非时标网络,在非时标网络图中,工作持续时间由箭杆下方标注的数字表明,而与箭杆的长短无关。使用这种网络图如果作业顺序、相互关系及时间要求等有变动时,改动网络图是相当方便的,但是因为没有时标,在工地上使用是不方便的,看起来不太直观,不能一目了然地在图上直接看出各项工作的开工和结束时间。

为了克服非时标网络计划的不足,产生了时标网络计划。时标网络计划中,箭杆的长短和所在位置即表示工作的时间进程,因此它能够表达工程各项工作之间恰当的时间关系。

时标网络计划的特点:

1) 时标网络计划即是一个网络计划,又是一个水平进度计划,能够清楚地标明计划的时间进程,便于使用。

2) 时标网络计划能在图上直接显示出各项工作的开始与完成时间,工作的自由时差及关键线路。在使用过程中,可以随时确定哪些工作应该已经完成,哪些工作正在进行以及哪些工作就要开始。

3) 由于网络图能清楚地表示出哪些工作需要同时进行,因此可以确定同一时间对材料、机械、设备以及人力的需要量。

4) 当情况发生变化时,比如资源的变动或工期的拖延,就需要对按时间坐标绘制的网络计划进行修改,如这时使用时标网络,就比较麻烦,因为改变工作持续时间就需要改变箭杆长度和位置,这样就会引起整个网络图的变动。

5) 时标网络计划必须以时间坐标为尺度表示工作时间。时标的时间单位应根据需要在编制网络计划之前确定,可为时、天、周、旬、月或季。

二、双代号时标网络计划的绘制方法

双代号时标网络计划是目前常用的一种网络计划形式,宜按最早时间绘制。

双代号时标网络计划以实箭线表示工作,以虚箭线表示虚工作,以波形线表示工作的自由时差。

双代号时标网络计划中所有符号在时间坐标上的水平位置及其水平投影,都必须与其所代表的时间值相对应。节点的中心必须对准时标的刻度线。虚工作必须以垂直虚箭线表示,有自由时差时加波形线表示。

编制时标网络计划之前,应先按已确定的时间单位绘出时标表。时标可标注在时标表的顶部或底部。时标的长度单位必须注明。必要时,可在顶部时标之上或底部时标之下加注日历的对应时间。时标表格式宜符合表 15-3 的规定。

时　标　表　　　　　　　　　　表 15-3

日　历																	
(时间单位)	1	2	3	4	5	6	7	8	9	10	11	12	13	14	15	16	17
网络计划																	
(时间单位)																	

时标表中部的刻度线宜为细线。为使图面清晰,此线也可不画或少画。

434

时标网络计划的编制应先绘制无时标网络计划草图,并可按以下两种方法之一进行。

1. 先计算网络计划的时间参数,再根据时间参数按草图在时标表上进行绘制

用先计算后绘制的方法时,应先按每项工作的最早开始时间将其箭尾节点定位在时标表上,再用规定线型绘出工作及其自由时差,形成时标网络计划图。

2. 不计算网络计划的时间参数,直接按草图在时标表上绘制

不计算而直接绘制时标图,可按下列步骤进行:

1)将起点节点定位于时标表的起始刻度线上;

2)按工作持续时间在时标表上绘制起点节点的外向箭线;

3)工作的箭头节点必须在其所有内向箭线绘出以后,定位在这些内向箭线中最晚完成的实箭线箭头处。某些内向实箭线长度不足以到达该箭头节点时,可用波形线补足;

4)用上述方法自左至右依次确定其他节点位置,直至终点节点定位绘完。

三、双代号时标网络计划关键线路和时间参数的判定

判定双代号时标网络计划的关键线路方法是自终点节点逆箭线方向朝起点节点观察,自终至始不出现波形线的线路。

计算时标网络计划的工期,应是其终点节点与起点节点所在位置的时标值之差。

时标网络计划每条箭线左端节点中心所对应的时标值代表工作的最早开始时间,箭线实线部分右端或箭线右端节点中心所对应的时标值代表工作的最早完成时间。

时标网络计划中工作的自由时差值应为其波形线在坐标轴上水平投影长度。

时标网络计划中工作的总时差应自右向左,在其诸紧后工作的总时差都被判定后才能判定。其值等于其诸紧后工作总时差的最小值与本工作自由时差之和。其计算应符合下列规定:

$$TF_{i-j} = \min\{TF_{j-k}\} + FF_{i-j} \tag{15-29}$$

必要时,可将工作总时差标注在相应的波形线或实箭线上。

四、双代号时标网络实例

将图 15-53 工程实例画成双代号时标网络的形式,如图 15-64 所示。

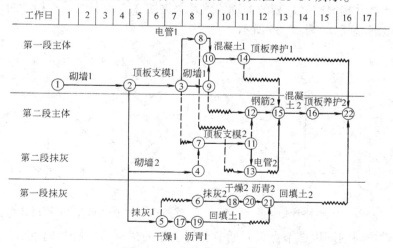

图 15-64　双代号时标网络

435

第五节　网络计划的优化

网络计划的优化,是在满足既定约束条件下,按某一目标,通过不断改进网络计划寻求满意方案。

网络计划的优化目标,应按计划任务的需要和条件选定。包括工期目标、费用目标、资源目标。

一、工期优化

当计算工期大于要求工期时,可通过压缩关键工作的持续时间满足工期要求。

(一)工期优化计算步骤

(1)计算并找出网络计划中的关键线路及关键工作;

(2)按要求工期计算应缩短的时间;

(3)确定各关键工作能缩短的持续时间;

(4)选择关键工作,调整其持续时间,并重新计算网络计划的计算工期。

选择应缩短持续时间的关键工作宜考虑下列因素:

1)缩短持续时间对质量和安全影响不大的工作;

2)有充足备用资源的工作;

3)缩短持续时间所需增加的费用最少的工作。

(5)若计算工期仍超过要求工期,则重复以上步骤,直到满足工期要求或工期已不能再短为止;

(6)当所有关键工作的持续时间都已达到其能缩短的极限而工期仍不满足要求时,应对计划的原技术、组织方案进行调整或对要求工期重新审定。

(二)工期优化示例

某网络计划如图 15-65 所示。图中箭杆上数据为工作正常持续时间,括号内数据为工作最短持续时间,假定上级指令性工期为 100d。

第一步计算并找出网络计划的关键线路及关键工作。用工作正常持续时间计算节点的最早时间和最迟时间,如图 15-66 所示。

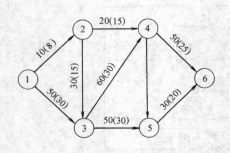

图 15-65　某网络计划

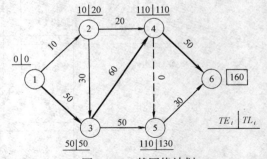

图 15-66　某网络计划

节点的最早时间即以该节点为开始节点的工作的最早可能开始时间,节点的最迟时间即以该节点为结束节点的工作的最迟必须完成时间,分别用符号 TE 和 TL 表示。

其中关键线路用双线表示,为 $1-3-4-6$,关键工作为 $1-3,3-4,4-6$。

436

第二步计算:需缩短工期。根据图 15-66 所计算的工期需要缩短时间 60d,根据图 15-65 中数据,关键工作 1-3 可缩短 20d,3-4 可缩短 30d,4-6 要缩短 25d,共计可缩短 75d,考虑选择因素,缩短工作 4-6,增加劳动力较多,故仅缩短 10d,重新计算网络计划工期,如图 15-67 所示。其中关键线路为 1-2-3-5-6,关键工作为 1-2、2-3、3-5、5-6。

与上级下达指令性工期比尚需压缩 20d,考虑选择因素,选择工作 2-3、3-5 较宜,用最短工作持续时间换置工作 2-3 和工作 3-5 正常持续时间,重新计算网络计划,如图 15-68 所示。

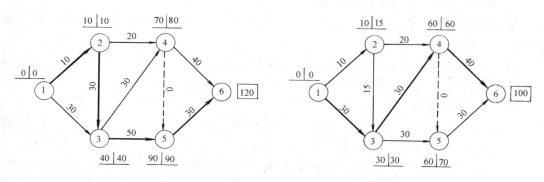

图 15-67　某网络计划　　　　　图 15-68　某网络计划

工期为 100d,满足规定工期要求,图 15-68 便是满足规定工期要求的网络计划。如果 3-5 工作用 40d 工作持续时间,同样可满足规定工期要求。

二、资源优化

在实际工程中,必须考虑实现网络计划的客观的物质条件,一项好的工程计划的安排,一定要合理地使用现有的资源,这里所说的资源包括人力、材料、动力、设备、机具、资金等。资源供应情况,常常是影响工程进度的主要因素,资源有保证,网络计划就能够实现,资源无保证,网络计划就会被打乱而失去了指导施工的作用。因此在编制网络计划时一定要以现有的资源条件为基础,更好地利用这些资源。网络计划资源调整的目的就是要合理安排资源的分配计划,使网络计划既满足各项工作对资源的需求量,又要使工期合理。

网络计划的资源优化,是在以下前提下进行的:

1)绘制出整个施工进度计划网络图。

2)图中的逻辑关系不再改动。

3)已知各项工作所需要的各项资源量。

4)尽量利用非关键线路上的时差。

资源调整及优化问题是比较复杂的,是管理科学中的一个难题,因为实用价值很大,所以也是一个非常引人注目和很有发展前途的课题。

(一)网络计划资源有限工期最短问题

制定一项工程计划,必须充分考虑到各种资源供应的可能性,如果一项工程的某种资源因供应能力限制,不能满足需要时,就要对工程计划中某些工作加以调整,设法满足给定的限制条件。

对所缺资源来说有两种情况:

437

1) 所缺资源仅限于某一项工作使目。

2) 所缺资源是为同时施工的多项工作所需要。

对第一种情况来说，调整比较容易，只需根据现在资源重新计算该项工作的持续时间，然后重新计算网络计划的时间参数，即可得到调整后的工期，如果该项工作延长的时间在时差范围之内，则总工期不改变，若该项工作为关键工作，则总工期就要延长。

第二种情况要复杂一些，需要将同时施工中的某一项或几项工作适当后移，以减少同时需要的资源量。这里要说明的是要设法使因工作后移而延长的工期为最短。

1. 资源有限—工期最短优化步骤

资源有限—工期最短的优化，宜逐日作资源检查，当出现第 t 天资源需用量 Q_t，大于资源限量 Q 时，应进行计划调整。

调整计划时，应对资源冲突的诸工作做新的顺序安排。顺序安排的选择标准是工期延长时间最短，其值的计算应符合下列规定：

双代号网络计划：

$$\Delta D_{m'-n', i'-j'} = \min\{\Delta D_{m-n, i-j}\} \tag{15-30}$$

$$\Delta D_{m-n, i-j} = EF_{m-n} - LS_{i-j} \tag{15-31}$$

式中　　$\Delta D_{m'-n', i'-j'}$——在各种顺序安排中，最佳顺序安排所对应的工期延长时间的最小值，它要求将 $LS_{i'-j'}$ 最大的工作 $i'-j'$ 安排在 $ES_{m'-n'}$ 最小的工作 $m'-n'$ 之后进行；

　　　　$\Delta D_{m-n, i-j}$——在资源冲突的诸工作中，工作 $i-j$ 安排在工作 $m-n$ 之后进行，对工期的影响值。该值为负或零，对工期无影响；该值为正，则为工期所延长的时间。

单代号网络计划：

$$\Delta D_{m', i'} = \min\{\Delta D_{m, i}\} \tag{15-32}$$

$$= EF_m - LS_i \tag{15-33}$$

式中　　$\Delta D_{m', i'}$——在各种顺序安排中，最佳顺序安排所对应的工期延长的时间的最小值。它要求将 LS_i 最大的工作 i' 安排在 EF_m 最小的工作 m' 之后进行；

　　　　$\Delta D_{m, i}$——在资源冲突的诸工作中，工作 i 安排在工作 m 之后进行，对工期的影响值。该值小于或等于零，对工期无影响；该值大于零，为工期所延长的时间。

资源有限——工期最短优化的计划调整，应按下述规定步骤调整工作的最早开始时间：

(1) 计算网络计划每天资源需用量；

(2) 从计划开始日期起，逐日检查每天资源需用量是否超过资源限量，如果在整个工期内每天均能满足资源限量的要求，可行优化方案就编制完成。否则必须进行计划调整；

(3) 分析超过资源限量的时段（每天资源需用量相同的时间区段），按公式计算 $\Delta D_{m'-n', i'-j'}$ 或计算 $\Delta D_{m', i'}$ 值，依据它确定新的安排顺序；

(4) 若最早完成时间 $EF_{m'-n}$ 或 EF_m 最小值和最迟完成时间，$LF_{i'-j}$ 或 LF_i 最大值同属一个工作，应找出最早完成时间 $EF_{m'-n'}$，或 EF_m 值为次小。最迟完成时间 $LF_{i'-j}$ 或 LF_i 值为次大的工作，分别组成两个顺序方案，再从中选取较小者进行调整；

438

(5) 绘制调整后的网络计划,重复(1)到(4),步骤直到满足要求。

2．计算例题

某网络计划如图 15-69 所示,图中箭杆下的数为工作持续时间,箭线上括号内的数为工作资源强度,假如每天只有 10 个工人可供使用,如何安排各工作最早开始时间使工期达到最短?

第一步,计算时间参数,见表 15-4。

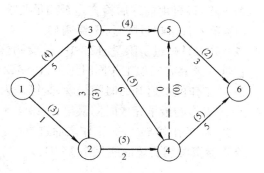

图 15-69　某网络计划

表 15-4

工　作		持续时间	每次资源需要量	ES	EF	LS	LF	TF	FF	关键
i	j	$D(ij)$	（一种）	(ij)	(ij)	(ij)	(ij)	(ij)	(ij)	工作
1	2	1	3	0	1	1	2	1	0	
1	3	5	4	0	5	0	5	0	0	√
2	3	3	3	1	4	2	5	1	1	
2	4	2	5	1	3	9	11	8	8	
3	4	6	5	5	11	5	11	0	0	√
3	5	5	4	5	10	8	13	3	1	
4	5	0	0	11	11	13	13	2	0	
4	6	5	5	11	16	11	16	0	0	√
5	6	3	2	11	14	13	16	2	2	

第二步:绘制时标网络图,计算每日需要资源量并绘出资源需要量曲线,见图 15-70。

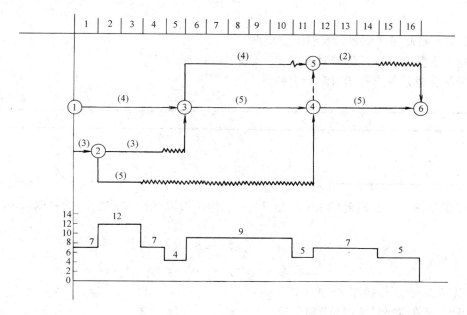

图 15-70

439

第三步:逐日由前往后检查是否满足要求。

(1) 第一日未超过限量,不要调整。

(2) 第二日超过了限量,12>10,需要调整。

在这一天共有三项工作同时施工:1-3、2-3、2-4。查时间参数计算表:

2-4 工作的最迟开始时间最晚,是第 9 天后。

2-3 工作的最早完成时间最早,是第 4 天后。

将 2-4 工作移至 2-3 工作之后进行。

修正后资源需要量曲线见图 15-71。

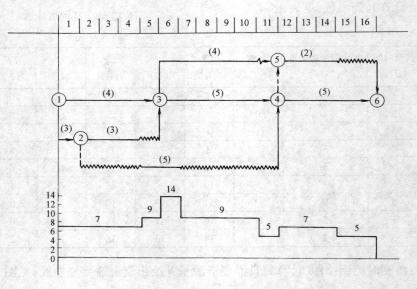

图 15-71

(3) 第六日超过了限量,14>10,需要调整。

在这一天共有三项工作同时施工:2-4、3-4、3-5。

其最早完成及最迟开始时间列表如下:

表 15-5

	EF	LS
2-4	6	9
3-4	11	5
3-5	10	8

这里最早的 EF 和最晚的 LS 都是 2-4 工作。可以选两对数字。然后取:$\min EF_i - LS_j$

$$\min \begin{cases} EF_{2-4} - LS_{3-5} = 6 - 8 = -2 \\ EF_{3-5} - LS_{2-4} = 10 - 9 = 1 \end{cases}$$

所以选 3-5 工作接在 2-4 工作后进行。

修正后资源需要量曲线见图 15-72。

到这步为止资源已满足供应要求,此题调整结果是比较好的,没有影响紧后工作的最早

440

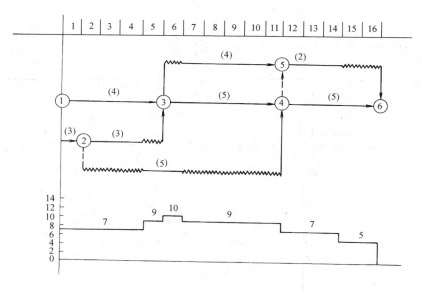

图 15-72

开始时间,总工期没拖延。

当 $EF_i - LS_j$ 出现正值时,工期才有可能拖延。

这里要注意的是:

计划经过这样的调整之后,各项工作的开始和完成时间一般就不宜再变,否则资源的需要量又可能超出限量,所以各项工作虽然还有部分时差,一般也不再利用。

(二)网络计划工期固定资源均衡问题

制定一项工程计划。总是希望对各种资源的使用能够尽量保持均衡,以使整个计划每天的资源使用量不出现过多的高峰低谷。否则资源安排不均衡,会影响劳动生产率的提高,造成资源供应复杂,从而导致施工费用的增加,这样势必影响企业管理的经济效果。例如一项工程计划的人工资源消费量,若能基本上保持均衡,则可以避免工人大量窝工或忙闲不均等现象,这在经济上是合理的;再如混凝土及砂浆这些现场搅拌现场使用的材料,如果每天使用量大致均匀,就可以提高搅拌设备及运输设备的利用率。否则高峰使用时,设备要扩大,低谷使用时又会使设备利用率降低造成浪费。

图 15-73(a)、(b)、(c)所示的某种资源总需要量的强度最大值是相同的,但均衡程度是不同的。我们希望最理想的进度安排将是一个矩形图,但是由于各项工作的固定顺序及施工班组的安排等因素,这种理想的计划是不可能的,但是我们可以利用时差对网络计划做一些调整,使资源需要量尽可能趋近平均水平,不要波动太大。

1.优化步骤

工期固定——资源均衡优化可用削高峰法(利用时差降低资源高峰值),获得资源消耗量尽可能均衡的优化方案。

削高峰法应按下述规定步骤进行:

(1)计算网络计划每天资源需用量;

(2)确定削峰目标,其值等于每天资源需用量的最大值减一个单位量;

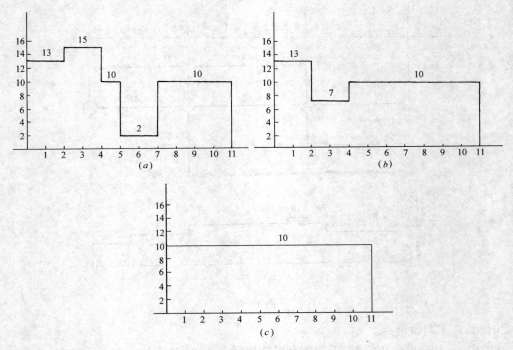

图 15-73　资源需要量曲线图

（3）找出高峰时段的最后时间 T_h，及有关工作的最早开始时间 ES_{i-j}（或 ES_i）和总时差 $TF_{i-j}(TF_i)$；

（4）按下式计算有关工作的时间差值 ΔT_{i-j} 或 ΔT_i；

双代号网络计划：

$$\Delta T_{i-j} = TF_{i-j} - (T_h - ES_{i-j}) \tag{15-34}$$

单代号网络计划：

$$\Delta T_i = TF_i - (T_h - ES_i) \tag{15-35}$$

优先以时间差值最大的工作 $i'-j'$ 或工作 i' 作调整对象，令 $ES_{i'-j'} = T_h$ 或 $ES_{i'} = T_h$；

（5）若峰值不能再减少，即求得资源均衡优化方案。否则，重复以上步骤。

2. 计算举例

某时标网络计划如图 15-74 所示。箭线上的数字表示工作持续时间，箭线下的数字则

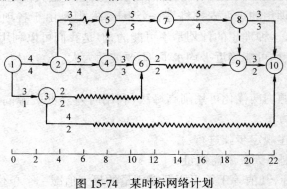

图 15-74　某时标网络计划

442

表示工作资源强度。

第一步计算每日所需资源数量。如表15-6。

每日资源数量表　　　　　　　　　　　　表 15-6

工作日	1	2	3	4	5	6	7	8	9	10	11	12	13	14	15	16	17	18	19	20	21	22
资源数量	5	5	5	9	11	8	8	4	4	8	8	8	7	7	4	4	4	4	4	5	5	5

第二步确定削峰目标。

削峰目标就是表15-6中最大值减去它的一个单位量。削峰目标定为 $10(11-1)$。

第三步找出下界时间点 T_h 及有关工作 $i-j$ 的 ES_{i-j}，TF_{i-j}。

$$T_h = 5$$

在第 5d 有 $2-5$、$2-4$、$3-6$、$3-10$ 四个工作，相应的 TF_{i-j} 和 ES_{i-j} 分别为 2、4、0、4、12、3、15、3。

第四步计算 ΔT_{i-j}

$$\Delta T_{2-5} = 2 - (5-4) = 1$$
$$\Delta T_{2-4} = 0 - (5-4) = -1$$
$$\Delta T_{3-6} = 12 - (5-3) = 10$$
$$\Delta T_{3-10} = 15 - (5-3) = 13$$

其中工作 $3-10$ 的 ΔT_{3-10} 值最大，故优先将该工作向左移动2d(即5d以后开始)，然后计算每日资源数量,看峰值是否小于或等于削峰目标(=10)。如果由于工作 $3-10$ 最早开始时间改变,在其他时段中出现超过削峰目标的情况时,则重复 3～5 步骤,指导不超过削峰目标为止。本例工作 $3-10$ 调整后,其他时间没有再出现超过削峰目标,见表15-7及图15-75。

每日资源数量表　　　　　　　　　　　　表 15-7

工作日	1	2	3	4	5	6	7	8	9	10	11	12	13	14	15	16	17	18	19	20	21	22
资源数量	5	5	5	7	9	8	6	6	8	8	8	7	7	4	4	4	4	4	5	5	5

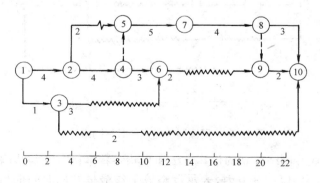

图 15-75　第一次调整后的时标网络计划

从表15-7得知,经第一次调整后,资源数量最大值为9,故削峰目标定为8。逐日检查至第5天,资源数量超过削峰目标值,在第5天中有工作 $2-4$、$3-6$、$2-5$,计算各 ΔT_{i-j} 值:

$$\Delta T_{2-4} = 0 - (5-4) = -1$$
$$\Delta T_{3-6} = 12 - (5-3) = 10$$
$$\Delta T_{2-5} = 2 - (5-4) = 1$$

其中工作 ΔT_{3-6} 值为最大,故优先调整工作 3-6,将其向右移动 2d,资源数量变化见表 15-8。

每日资源数量表   表 15-8

工作日	1	2	3	4	5	6	7	8	9	10	11	12	13	14	15	16	17	18	19	20	21	22
资源数量	5	5	5	4	6	11	11	6	6	8	8	8	7	7	4	4	4	4	4	5	5	5

由表可知在第 6、7 两天资源数量又超过 8。在这一时段中有工作 2-5、2-4、3-6、3-10,再计算各 ΔT_{i-j} 值:

$$\Delta T_{2-5} = 2 - (7-4) = -1$$
$$\Delta T_{2-4} = 0 - (7-4) = -3$$
$$\Delta T_{3-6} = 10 - (7-5) = 8$$
$$\Delta T_{3-10} = 12 - (7-5) = 10$$

按理应选择 ΔT_{i-j} 最大的工作 3-10,但因为它的资源强度力 2,调整它仍然不能达到削峰目标,故选择工作 3-6(它的资源强度为 3),满足削峰目标,将使其向右移动 2d。

通过重复上述计算步骤,最后削峰定为 7,不能再减少了,优化计算结果见表 15-9 及图 15-76。

调整完的每日资源数量表   表 15-9

工作日	1	2	3	4	5	6	7	8	9	10	11	12	13	14	15	16	17	18	19	20	21	22
资源数量	5	5	5	4	6	6	6	7	7	5	7	7	7	7	7	7	7	6	5	5	5

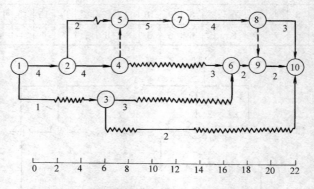

图 15-76 资源调整完成的时标网络计划

削高峰法的单代号网络计划的计算方法和步骤参看本例方法与步骤。ΔT_{i-j} 值的含意相当于工作总时差,当 $\Delta T_{i-j} < 0$ 时,表示调整该工作最早开始时间向后延长工期,因此只能选择 $\Delta T_{i-j} > 0$ 的工作中进行最早开始时间调整。

三、费用优化

进行费用优化,应首先求出不同工期下最低直接费用,然后考虑相应的间接费用的影响和工期变化带来的其他损益,最后再通过迭加求最低工程总成本。

（一）费用优化步骤

费用优化按下述规定步骤进行:

（1）简化网络计划

1）按工作正常持续时间找出关键工作及关键线路;

2）令各关键工作都采用其最短持续时间,并进行时间参数计算,找出新的关键工作及关键线路。重复此步骤直至不能增加新的关键线路为止;

3）删去不能成为关键工作的那些工作,将余下的工作的持续时间恢复为正常持续时间组成新的简化网络计划。

（2）计算各项工作的费用率

双代号网络计划:

$$\Delta C_{i-j} = \frac{CC_{i-j} - CN_{i-j}}{D_{i-j}^{N} - D_{i-j}^{C}} \qquad (15\text{-}36)$$

式中　ΔC_{i-j}——缩短工作 $i-j$ 一个单位时间所增加的直接费用;

　　　CC_{i-j}——将工作 $i-j$ 持续时间缩短为最短持续时间后,完成该工作所需直接费用;

　　　CN_{i-j}——在正常条件下完成工作 $i-j$ 所需的直接费用;

　　　D_{i-j}^{N}——工作 $i-j$ 的正常持续时间;

　　　D_{i-j}^{C}——工作 $i-j$ 的最短持续时间。

单代号网络计划:

$$\Delta C_i = \frac{CC_i - CN_i}{D_i^{N} - D_i^{C}} \qquad (15\text{-}37)$$

式中　ΔC_i——缩短工作 $i-j$ 一个单位时间所增的直接费用;

　　　CC_i——将工作 $i-j$ 持续时间缩短为最短持续时间后,完成该工作所需直接费用;

　　　CN_i——在正常条件下完成工作 $i-j$ 所需的直接费用;

　　　D_i^{N}——工作 i 的正常持续时间;

　　　D_i^{C}——工作 i 的最短持续时间。

（3）在简化网络计划中找出费用率(或组合费用率)最低的一项关键工作或一组关键工作,作为缩短持续时间的对象。

（4）缩短找出的工作或一组工作的持续时间,其缩短值必须符合所在关键线路不能变成非关键线路和缩短后其持续时间不小于最短持续时间的原则。

（5）计算相应的直接费用增加值。

（6）考虑工期变化带来的间接费用及其他损益,在此基础上计算总费用。

（7）重复本条 3、4、5、6 步骤直到总费用不再降低或已满足要求工期为止。

（二）费用优化举例

已知网络图如图 15-77 所示。试求出费用最少的工期。图中箭线上方为工作的正常直接费用和最短时间的直接费用(千元),箭线下方为工作的正常持续时间和最短的持续时间(d),已知间接费率为 120 元/d。

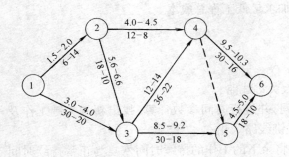

图 15-77　已知网络图

简化网络图的目的是在缩短工期过程中,删去那些不能变成关键工作的非关键工作,使网络简化,减少计算工作量。

先按正常持续时间计算,找出关键线路及关键工作,如图 15-78 所示。

从图 15-78 中看,关键线路为 $1-3-4-6$,关键工作为 $1-3$、$3-4$、$4-6$。用最短的持续时间置换那些关键工作的正常持续时间,重新计算,找出关键线路及关键工作。

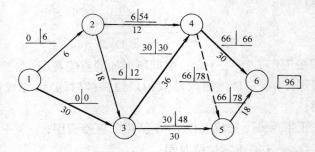

图 15-78　按正常持续时间计算的网络计划

重复本步骤,直至不能增加新的关键线路为止。

经计算,图 15-78 的工作 2-4 不能转变为关键工作,故删去它,重新整理成新的网络计划,如图 15-79 所示。

第二步:计算各工作直接费用增率。

工作 1-2 的直接费用增率 ΔC_{1-2} 为:

$$\Delta C_{1-2} = \frac{CC_{1-2} - CN_{1-2}}{D_{1-2}^N - D_{1-2}^C} = \frac{2000 - 1500}{6 - 4} = 250 \text{ 元/d}$$

其他工作直接费用增率均按公式计算出,分别将它们标注在图 15-79 中的箭线上方。

第三步:找出关键线路上工作直接费用增率最低的关键工作。在图 15-80 中,关键线路为 $1-3-4-6$,工作直接费用增率最低的关键工作是 $4-6$。

第四步:确定缩短时间大小的原则是原关键线路不能变为非关键线路。

已知关键工作 $4-6$ 的持续时间可缩短 14d,由于工作 $5-6$ 的总时差只有 12d $(96-18-66=12)$,因此,第一次缩短只能是 12d,工作 $4-6$ 的持续时间应改为 18d,见图 15-81。计算第一次缩短工期后增加直接费用 ΔC_1 为

$$\Delta C_1 = 57 \times 12 = 684 \text{ 元}$$

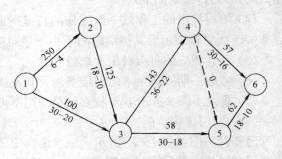

图 15-79　新的网络计划

446

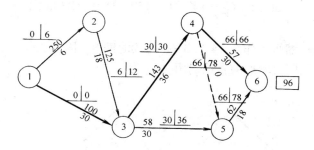

图 15-80　按新的网络计划确定关键线路

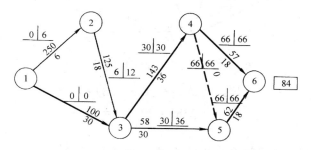

图 15-81　第一次工期缩短的网络计划

通过第一次缩短后,在图 15-81 中关键线路变成两条,即 1-3-4-6 和 1-3-4-5-6。如果使该图的工期再缩短,必须同时缩短两条关键线路上的时间。为了减少计算次数,关键工作 1-3、4-6 及 5-6 都缩短时间,工作 4-6 持续时间只能允许再缩短 2d,故该工作及 5-6 工作的持续时间同时缩短 2d。工作的 1-3 持续时间可允许缩短 10d,但考虑工作 1-2 和 2-3 的总时差有 6d(30-18-6=6),因此工作 1-3 持续时间缩短 6d,共计缩短 8d,计算第 2d 缩短工期后增加的直接费用 ΔC_2 为:

$$\Delta C_2 = \Delta C_1 + 100 \times 6 + (57 + 62) \times 2$$
$$= 684 + 600 + 238 = 1522 \ 元$$

第三次缩短:

从图 15-82 上看,工作 4-6 不能再缩,工作费用率用 ∞ 表示,关键工作 3-4 的持续时间缩短 6d,因工作 3-5 的总时差为 6d(60-30-24=6),计算第三次缩短工期后,增加的直接费用 C_3 为:

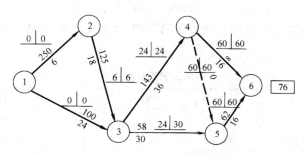

图 15-82　第二次工期缩短的网络计划

$$\Delta C_3 = \Delta C_2 + 143 \times 6 = 1522 + 858 = 2380 \text{ 元}$$

第四次缩短：

从图 15-83 上看,缩短工作 3-4 和 3-5 持续时间 8d,因为工作 3-4 最短的持续时间为 22d,第四次缩短工期后增加的直接费用 ΔC_3 为:

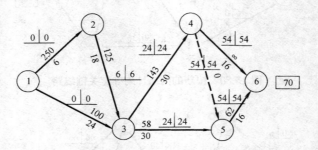

图 15-83　第三次工期缩短的网络计划

$$\Delta C_4 = \Delta C_3 + (143 + 58) \times 8$$
$$= 2380 + 201 \times 8 = 3988 \text{ 元}$$

第五次缩短：

从图 15-84 上看,关键线路有 6 条,只能在关键工作 1-2、1-3、2-3 中选择,只有缩短

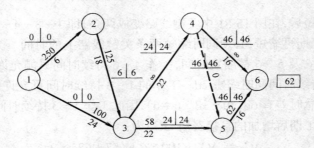

图 15-84　第四次工期缩短的网络计划

工作 1-3 和 2-3(工作费用增率为 125+100)持续时间 4d。工作 1-3 的持续时间已达到最短。不能再缩短,经过五次缩短工期,不能再减少了,不同工期增加直接费用计算结束,第五次缩短工期后共增加直接费用 ΔC_5 为:

$$\Delta C_5 = \Delta C_4 + (125 + 100) \times 4$$
$$= 3988 + 900 = 4888 \text{ 元}$$

考虑不同工期增加直接费用及间接费用影响,见表 15-10,选择其中组合费叫最低的工期作为最佳方案。

不同工期组合费用表　　　　　　　　　表 15-10

不 同 工 期	96	84	76	70	62	58
增加直接费用	0	684	1522	2380	3988	4888
间 接 费 用	11520	10080	9120	8400	7440	6960
合 计 费 用	11520	10764	10642	10780	11428	11848

从表 15-10 中看,工期 76d,所花费用最少,费用最低方案如图 15-86 所示。

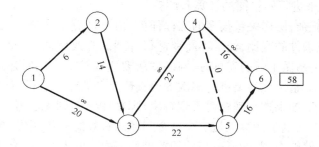

图 15-85　第五次工期缩短的网络计划

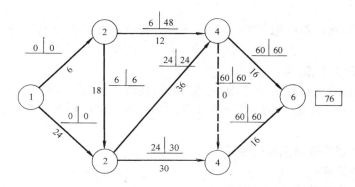

图 15-86　费用最低网络计划

单代号网络计划进行费用优化计算时,其步骤与双代号网络计划一样。

第六节　网络计划的实施与控制

一、网络计划的贯彻

将正式网络计划报请有关部门审批后,即可组织实施,并建立相应的组织保证体系。

1.网络计划执行中需要有上级领导和管理部门的支持

多年来,国内外使用网络计划方法成功的经验证明,上级管理部门对这项工作的支持与否,至关重要。

网络计划方法在时间安排上是紧凑的,这就需要参加施工的不同部门协调地进行工作,使整个工程任务成为一个不可分割的系统,这也需要上级管理部门来组织。

应用网络计划必须加强领导,统一指挥,建立健全严格的岗位责任制,在实施的过程中不断补充和调整。

2.积极培训大批掌握网络技术的工程管理人员

只有当管理人员掌握了网络技术这门管理科学的方法,并且能够在工程实际中运用时,这些技术才能成为有效的方法。

3.责任落实

将网络计划中的每一项工作落实到责任单位,作业性网络计划必须落实到责任人,并制定相应的保证计划实施的具体措施。

4．使用计算机来进行网络图的计算和调整

对于一些内容复杂、协作关系很多的工程任务，由于计算工作量很大，在计划执行过程中，还要根据主客观条件的变比，经常不断地进行计划的修改和调整，每当工作的作业时间有变化或工作间的关系做了新的安排时，网络图就要重新计算。同时还需要定时定期检查网络图的实施情况，对整个计划要进行多次的检查修改和调整。这样，计算量大的问题就是一个很突出的问题了，如果这一问题得不到解决，那么网络图则无法推广应用，网络计划方法也就没有了生命力。电子计算机是解决这个问题的有效的途径，电子计算机除了快速、准确外，还有很大的存储能力，并能形成高效的数据库，我们可以把定额数据和经验数据等存放于计算机内，让计算机来算每项工作的工程量并确定其作业时间，这样就可以大大节约计划编制的时间。

目前微型计算机已在各施工单位普及，网络计划也有许多相应的程序可用微机来解决计算问题。

二、网络计划的检查

为了对计划执行进行控制，必须建立相应的检查制度和执行数据采集报告制度，建立有关数据库，定期、不定期或应急地对网络计划的执行情况进行检查和收集处理有关信息数据。

（一）网络计划检查的主要内容有

1）关键工作进度；

2）非关键工作的进度及时差利用；

3）工作逻辑关系的变化情况；

4）资源状况；

5）成本状况；

6）存在的其他问题。

（二）检查时可采用下列方式记录实施进度

1．采用时标网络计划时，可用"实际进度前锋线"记录计划执行情况

实际进度前锋线简称为前锋线，它是在网络计划的某一时刻已在进行的各工作的实际进度前锋的连线，在时标图上标画前锋线的关键是标定工作的实际进度前锋位置，其标定方法有两种：

1）按已完成的工作实物量比例来标定。时标图上箭线的长度与相应工作的持续时间对应，也与其工程实物量的多少成正比。检查计划是某工作的工程实物量完成了几分之几，其前锋就从表示该工作的箭线起点自左至右标在箭线长度几分之几的位置。

2）按尚需时间来标定。有些工作的持续时间是难于按工程实物量来计算的，只能根据经验用其他办法估算出来。要标定检查计划时的实际进度前峰位置，可采用原来的估算办法，估算出从该时刻起到该工作全部完成尚需要的时间，从表示该工作箭线末端反过来自右至左标出前锋位置。

图 15-87 是一份时标网络计划用前锋线进行检查记录的实例。该图有 4 条前锋线，分别记录了 6 月 25 日、6 月 30 日、7 月 5 日和 7 月 10 日 4 次检查的结果。

2．采用无时标网络计划时，可直接在图上用文字或适当符号表示，也可列表记录。分

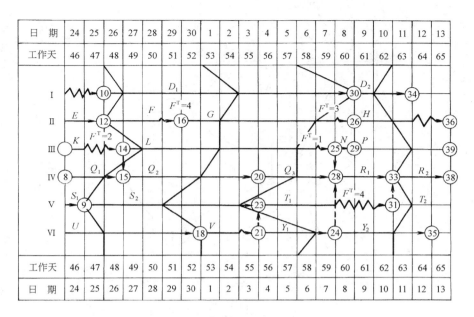

图 15-87 双代号时标网络计划实际进度前锋线绘制示例

析表的格式参考表 15-11。

网络计划检查结果分析表　　　　　　　　　　　　表 15-11

工作编号	工作名称	检查计划时尚需作业时间	到计划最迟完成时尚有时间	原有总时差	尚有总时差	情况判断

　　图 15-88 是双代号网络计划的检查实例,检查第 5 天的计划的执行情况,点划线代表其实际进度;图 15-89 是以单代号表示的该网络计划,亦检查其第 5 天的计划执行情况,点划线表示其实际进度。

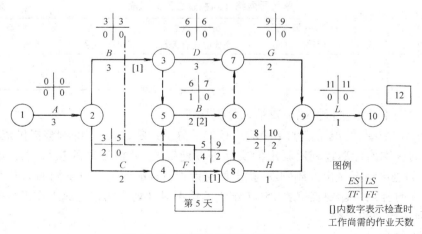

图 15-88　双代号网络计划的检查

451

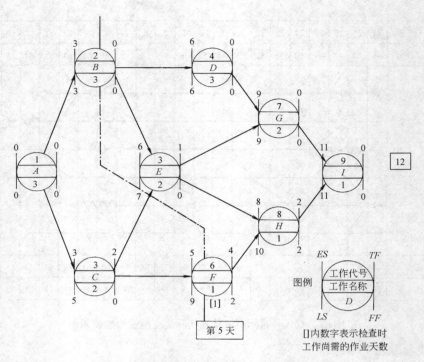

图 15-89　单代号网络计划的检查

对图 15-88、图 15-89 检查结果的分析见表 15-12 及表 15-13。

双代号网络计划检查结果分析表　　　　　　　　　　　　　　　表 15-12

工 作 编 号	工 作 名 称	检查时(第5天) 尚需作业天数	按计划最迟 完成前尚有天数	目前尚有 总时差天数	原有总时差 天数	情 况 分 析
2-3	B	1	6-5=1	1-1=0	0	正 常
4-8	F	1	10-5=5	5-1=4	4	正 常

单代号网络计划检查结果分析表　　　　　　　　　　　　　　　表 15-13

工 作 编 号	工 作 名 称	检查时(第5天) 尚需作业天数	到计划最迟 完成前尚有天数	目前尚有 总时差天数	原有总时差 天数	情 况 分 析
2	B	1	6-5=1	1-1=0	0	正 常
3	F	1	10-5=5	5-1=4	4	正 常

（三）对网络计划执行情况检查结果分析判断

对网络计划执行情况检查的结果应进行如下分析判断,为计划的调整提供依据:

1)对时标网络计划宜利用画出的实际进度前锋线,分析计划的执行情况及其发展趋势,对未来的进度情况做出预测判断,找出偏离计划目标的原因及可供挖掘的潜力所在。

2)对无时标网络计划宜按表 15-11 纪录的情况对计划中的未完成工作进行分析判断。

三、网络计划的调整

1.调整的内容

1)调整关键线路的长度;

452

2）调整非关键工作的时差；

3）增、减工作项目；

4）调整逻辑关系；

5）重新估计某些工作的持续时间；

6）对资源的投入作局部调整。

2．调整关键线路的方法

1）当关键线路的实际进度比计划进度提前时,首先要确定是否对原计划工期予以缩短。如果不拟缩短,则可利用这个机会降低资源强度或费用,方法是选择后续关键工作中资源占用量大的或直接费用高的予以适当延长,延长的时间不应超过已完成的关键工作提前的时间量;如果要使提前完成的关键线路的效果变成整个计划工期的提前完成,则应将计划未完成部分作为一个新计划,重新进行计算与调整,按新的计划执行,并保证新的关键工作按新计算的时间完成。

2）当关键线路的实际进度比计划进度落后时,计划调整的任务是采取措施把落后的时间抢回来。于是应在未完成的关键线路中选择资源强度小的予以缩短,重新计算未完成部分的时间参数,按新参数执行。这样做有利于减少赶工费用。

3．调整非关键工作的时差

非关键工作时差的调整,应在时差的范围内进行。以便更充分地利用资源、降低成本或满足施工的需要。每次调整均必须重新计算时间参数,观察调整对计划全局的影响。调整方法可包括下面几种：

1）将工作在其最早开始时间与最迟完成时间范围内移动；

2）延长工作持续时间；

3）缩短工作持续时间。

4．增、减工作项目

增、减工作项目时,应符合下列规定：

1）不打乱原网络计划总的逻辑关系,只对局部逻辑关系进行调整；

2）重新计算时间参数,分析对原网络计划的影响。必要时采取措施以保证计划工期不变。

5．调整逻辑关系

逻辑关系的调整只有当实际情况要求改变施工方法或组织方法时才可进行。调整时应避免影响原定计划工期和其他工作的顺利进行。一般说来,只能调整组织关系,而工艺关系不宜进行调整。

6．调整工作持续时间

当发现某些工作的原计划持续时间有误或实现条件不充分时,应重新估算其持续时间,并重新计算时间参数。

7．调整资源的投入

当资源供应发生异常时,应采用资源优化方法对计划进行调整或采取应急措施,使其对工期的影响最小。资源调整的前提是保证工期或使工期适当,故应采用工期规定资源有限或采用资源强度降低工期适当的优化方法,从而使调整取得好的效果。

8．网络计划的调整,可定期或根据计划检查结果在必要时进行。

第十六章 施工组织总设计

施工组织总设计是以整个建设项目或群体建筑为对象编制的,用以指导建设项目全局、全过程各项施工活动的技术经济文件,是指导现场施工的规范。施工组织总设计一般由总承包单位组织编制,其主要内容包括:施工部署、施工总进度计划、资源需要量计划、施工总平面图和技术经济指标等。

第一节 施工组织总设计的编制依据及程序

一、施工组织总设计的编制依据

施工组织总设计是对建设项目或建筑群施工作出全局性的战略部署,为了充分发挥其作用,在编制施工组织总设计时应具备下列各项编制依据:

1)计划文件 包括可行性研究报告,国家批准的固定资产投资计划,单位工程项目一览表,分期分批投入使用的项目和工期,投资指标和设备材料订货指标,建设地点所在地区主管部门的批件,施工单位主管上级下达的施工任务等;

2)设计文件 包括批准的初步设计或技术设计,设计说明书,总概算或修正总概算和已批准的计划任务书;

3)合同文件 即施工单位与建设单位签订的工程承包合同;

4)建设地区原始调查资料 包括气象、水文地质和地形,交通运输能力,建筑材料、配构件和半成品供应状况,供水、供电、电讯能力等;

5)工程建设政策、法规和规范资料,工程造价管理有关规定、工程项目实行建设监理有关规定等;

6)上级对施工企业的要求、企业的施工能力、技术装备水平、管理水平和完成各项经济指标的情况及类似工程项目建设的经验资料等。

二、施工组织总设计的编制程序

施工组织总设计的编制程序是根据上述资料及各项内容的内在联系确定的,如图 16-1 所示。

第二节 施 工 部 署

施工部署是对整个建设项目进行的统筹规划、全面安排,并对工程施工中的重大战略问题进行决策,其内容根据建设项目的性质、规模和客观条件的不同而有所区别。一般情况下,施工部署的主要内容包括确定工程开展程序、拟定主要工程项目的施工方案、明确施工任务划分与组织安排、编制施工准备工作计划等内容。

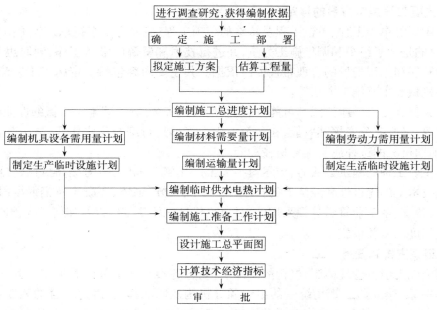

图 16-1　施工组织总设计编制程序框图

一、确定工程开展程序

根据建设项目总目标的要求,确定合理的各项工程总开展程序,是关系到整个建设项目能否迅速建成的重大问题,也是施工部署中组织施工全局生产活动的战略目标,在确定施工开展程序时,主要应考虑以下几点:

1）在保证工期的前提下,分期分批施工。建设工期是施工的时间总目标,在满足工期要求这个大前提下,科学地划分独立交工系统,对建设项目中相对独立的投产或交付使用的子系统实行分期分批建设并进行合理的搭接,既可在全局上实现施工的连续性、均衡性,减少临时设施、降低工程成本,又可使各子系统迅速建成、尽早投入使用、发挥投资效益。例如,施工期长的、技术复杂的、施工困难多的工程,应提前安排施工;急需的和关键的工程应先期施工和交工;可供施工使用的永久性工程和公用设施工程应提前施工和交工(包括:供水设施、排水干线、输电线路、配电变电所、交通道路等);按生产工艺要求起主导作用或须先期投入生产的工程应优先安排;生产上需先期使用的机修车间、车库、办公楼及家属宿舍等应提前施工和交工等等。

2）一般应按先地下、后地上,先深后浅,先干线后支线的原则进行安排。如路下的管线先施工,然后修筑道路。

3）应注意已完工程的生产或使用和在建工程的施工互不妨碍,使生产、施工两方便。

4）施工程序应当与各类物资及技术条件供应之间的平衡以及合理利用这些资源相协调,促进均衡施工。

5）应考虑季节对施工的影响,在冬季施工时,必须考虑冬季施工的特点和正确地确定冬季施工的工程项目,既要保证施工的连续性和全年性,又要考虑其经济性,而且不致造成施工的复杂性。例如大规模土方工程和深基础土方施工一般要避开雨季;寒冷地区的房屋施工尽量在入冬前封闭,使冬季可进行室内作业和设备安装。

二、主要工程施工方案的拟定

对于主要的单项工程、单位工程及特殊的分项工程,应在施工组织总设计中拟定其施工方案,其目的是为了组织和调集施工力量,并进行技术和资源的准备工作,同时也为施工进程的顺利开展和工程现场的合理布置提供依据。其主要内容包括确定施工工艺流程、选择大型施工机械和主要施工方法等。

选择大型施工机械应注意其可能性、适用性及经济合理性,即施工机械的性能既能满足工程的需要,又能充分发挥其效能,在各个工程上能够进行综合流水作业,减少其拆、装、运的次数;辅助机械的选择应与主导机械配套。

选择主要工种的施工方法时,应尽量扩大工厂化施工范围,努力提高机械化施工程度,并要兼顾技术上的先进性和经济上的合理性。如土石方、砌体、混凝土及钢筋混凝土结构、钢结构、设备安装、工业管道等拟采用的工厂化、机械化施工方法以及如何扩大预制装配、提高机械化程度的有关措施等。

三、组织安排和任务分工

在明确施工项目管理体制、机构的条件下,划分各参与施工单位的工作任务,明确总包与分包的关系,建立施工现场统一的组织领导机构及职能部门,确定综合的和专业化的队伍,明确各单位之间的分工协作关系及施工要求,划分施工阶段,确定各单位分期分批的主攻项目及穿插项目。

四、全场性施工准备工作计划

全现场的准备工作,包括思想准备、组织准备、技术准备、物资准备。应根据施工开展程序和主要工程项目施工方案,编制项目全场性的施工准备工作计划,其主要内容有:

1) 做好土地征用、居民拆迁和现场障碍物拆除工作;

2) 安排好场内外运输、施工用主干道、水电气主要来源及其引入方案;

3) 安排好场地平整方案和全场性排水、防洪;

4) 安排好生产、生活基地建设。包括商品混凝土搅拌站、预制构件厂、钢筋、木材加工厂、机修厂及职工生活设施等;

5) 安排建筑材料、成品、半成品的货源和运输、储存方式;

6) 按照建筑总平面图要求,做好现场控制网测量工作;

7) 组织项目采用的新结构、新材料、新技术试制和实验工作;

8) 做好工人上岗前的技术培训工作及冬雨季施工所需的特殊准备工作。

第三节 施工总进度计划

施工总进度计划是以拟建项目交付使用时间为目标确定的控制性施工进度计划,是施工现场各项施工活动在时间上的体现。它根据施工部署的要求,合理确定每个交工系统及其单项工程的控制工期、它们之间的施工顺序和搭接关系,从而确定施工现场上劳动力、材料、施工机械、成品、半成品的需要量和调配情况;现场临时设施的数量、供水、供电和其他动力的需要数量等。

一、施工总进度计划的编制方法和步骤

编制施工总进度计划应根据施工部署中建设工程分期分批投产顺序,将每个交工系统

的各项工程分别列出,在控制的期限内进行各项工程的具体安排。如建设项目的规模不大,各交工系统工程项目不多时,亦可不按分期分批投产顺序安排,而直接安排总进度计划。编制施工总进度计划的方法和步骤,可视具体单位和编制人员的经验多少而有所不同,一般可按下述方法进行编制:

1. 列出工程项目一览表并计算工程量

首先根据建设项目的特点划分项目。施工总进度计划主要起控制总工期的作用,因此项目划分不宜过细,通常按照分期分批投产顺序和工程开展顺序列出,并应突出主要工程项目,一些附属项目、辅助工程、临时设施可以合并列出;然后估算主要项目的实物工程量。可以按初步(或扩大初步)设计图纸并根据定额手册或有关资料计算工程量,常用的定额资料有以下几种:

1) 万元、十万元投资工程量、劳动力及材料消耗扩大指标。在这种定额中,规定了某一结构类型建筑,每万元或十万元投资中劳动力、主要材料等消耗数量。对照图纸中的结构类型,即可估算出拟建工程各分项需要的劳动力和主要材料的消耗数量。

2) 概算指标或扩大结构定额。这两种定额都是在预算定额基础上的进一步扩大。概算指标是以建筑物每 $100m^3$ 体积为单位;扩大结构定额则以每 $100m^2$ 建筑面积为单位。查定额时,首先查找与本建筑物结构类型、跨度、高度相类似的部分,然后查出这种建筑物按定额单位所需的劳动力和各项主要材料消耗量,从而推算出拟计算项目所需的劳动力和材料的消耗量。

3) 标准设计或已建房屋、构筑物的资料。在缺乏上述几种定额的情况下,可采用标准设计或已建成的类似建筑物实际所消耗的劳动力及材料加以类推,按比例估算。但是,和拟建工程完全相同的已建工程是比较少见的,因此在利用已建成工程资料时,可根据设计图纸与预算定额予以折算、调整。

4) 除房屋外,还必须确定主要的全工地性的工程的工程量,如场地平整、铁路、道路和地下管线的长度等,这些可以根据建筑总平面图来计算。

按上述方法计算出的工程量,应填入统一的工程量汇总表中,见表 16-1。

工 程 项 目 一 览 表　　　　　　　表 16-1

工程分类	工程项目名称	结构类型	建筑面积	幢(跨)数	概算投资	主要实物工程量							
						场地平整	土方工程	铁路铺设	…	砖石工程	钢筋混凝土工程	…	装饰工程	…
			$1000m^2$	个	万元	$1000m^2$	$1000m^3$	km		$1000m^3$	$1000m^3$		$1000m^2$	
A 全工地性工程														
B 主体项目														

工程分类	工程项目名称	结构类型	建筑面积 1000m²	幢(跨)数 个	概算投资 万元	主要实物工程量							
						场地平整 1000m²	土方工程 1000m³	铁路铺设 km	…	砖石工程 1000m³	钢筋混凝土工程 1000m³	…	装饰工程 1000m²	…
C辅助项目														
D永久住宅														
E临时建筑														
	合计													

2．确定各单位工程(或单个构筑物)的施工期限

影响单位工程施工期限的因素很多,如建筑类型、结构特征、施工方法、施工技术、施工管理水平、机械化程度以及施工现场的地形和地质条件等。因此,各单位工程的工期应根据现场具体条件,综合考虑上述影响因素后予以确定。此外,也可参考有关的工期定额(或指标)来确定各单位工程的施工期限。

3．确定各单位工程的开竣工时间和相互搭接关系

在确定了各主要单位工程的施工期限之后,就可以对每一个单位工程的开竣工时间进行具体确定,并可以进一步安排各单位工程搭接施工的时间,尽量使主要工种的工人能连续、均衡地施工。在具体安排时应着重考虑以下几点:

1）同一时期开工的项目不宜过多,以避免分散有限的人力、物力;

2）力求使主要工种、施工机械及土建中的主要分部分项工程连续施工;

3）尽量使劳动力、技术物资在全工程上均衡消耗,避免出现短时高峰和长时低谷的现象,以利于劳动力的调度和原材料的供应;

4）满足生产工艺要求。根据工艺所确定的分期分批建设方案,合理安排各个建筑物的施工顺序和衔接关系,做到土建施工、设备安装和试生产在时间上、量的比例上均衡、合理,实现生产一条龙;

5）确定一些后备工程,调节主要项目的施工进度。如宿舍、办公楼、附属和辅助设施等作为调剂项目,穿插在主要项目的流水中,以便在保证重点工程项目的前提下实现均衡施工。

4．施工总进度计划的编制

以上各项工作完成后,即可着手编制施工总进度计划。可以采用横道图或网络图表达

施工总进度计划,由于其主要在总体上起控制作用,不宜搞得过细;否则不利于调整和实施过程中的动态控制。

1)当采用横道图表达施工总进度计划时,可以按照施工总体方案所确定的工程展开程序编制项目初步总进度计划;并在此基础上绘制出建设项目的资源动态曲线;评估其均衡性,如果曲线上存在着较大的高峰或低谷,按照综合平衡的要求进行调整,使各个时期的工作量和物资消耗尽量达到均衡,再编制正式施工总进度计划。用横道图表示施工总进度计划和主要分部工程进度计划的表格形式如表16-2、表16-3所示。

施工总进度计划表　　　　　　　　　　　　　　　　表 16-2

序号	单项工程名称	建安指标		设备安装指标(t)	造价(千元)			施 工 进 度						
		单位	数量		合 计	建筑工程	设备安装	第一年				第二年	第三年	
								Ⅰ	Ⅱ	Ⅲ	Ⅳ			

主要分部工程施工进度计划表　　　　　　　　　　　　表 16-3

序号	单项工程 单位工程 分部工程名称	工程量		机 械			劳 动 力			施工天数	施工进度(月)							
		单位	数量	机械名称	台班数量	机械台数	工种名称	总工日数	工人数		20××年							
											1	2	3	4	5	6	7	…

2)采用网络图编制施工总进度计划时,首先可依据各项目的施工期限和它们之间的逻辑关系编制网络计划草图;然后根据进度目标、成本目标、资源目标进行优化;得到正式施工总进度计划网络图,并可确定计划中的关键线路和关键工作,作为项目实施过程中的重点控制对象。

二、施工准备工作计划的编制

施工总进度计划能否按期实现,很大程度取决于相应的施工准备工作能否及时开始、按时完成,因此按照施工部署中的施工准备工作规划的项目、施工方案的要求和施工总进度计划的安排等,编制全工地性的施工准备工作计划,将施工准备期内的准备工程和其他准备工作进行具体安排和逐一落实,是施工总进度计划中准备工程项目的进一步具体化,也是实施施工总进度计划的要求。

主要施工准备工作计划通常以表格形式表示,如表16-4所示。

主要施工准备工作计划表　　　　　　　　　　　　　　表 16-4

序　号	准备工作名称	准备工作内容	主办单位	协办单位	完成日期	负责人

第四节　资源需要量计划

编制好施工总进度计划以后，就可据以编制出各种主要资源的需要量计划。

一、劳动力需要量计划

施工劳动力需要量计划是编制施工设施和组织工人进场的主要依据。它是根据工程量汇总表、施工准备工作计划、施工总进度计划、概(预)算定额和有关经验资料，分别确定出每个单项工程专业工种的劳动量工日数、工人数和进场时间，然后逐项汇总，直至确定出整个建设项目劳动力需要量计划，如表 16-5 所示。

劳动力需要量计划　　　　　　　　　　　　　　　　表 16-5

施工阶段(期)	工程类别	单项工程		劳动量(工日)	专业工种		需要量计划								
							20××年(月)					20××年(季)			
		编码	名称		编码	名称	1	2	3	4	…	Ⅰ	Ⅱ	Ⅲ	Ⅳ
Ⅰ	……	…	……	…	…	……	…	…	…	…					
	……	…	……	…	…	……	…	…	…	…					
Ⅱ	⋮	⋮													
⋮	⋮														

二、主要材料和预制品需要量计划

主要材料和预制品需要量计划是组织材料和预制品加工、订货、运输、确定堆场和仓库的依据。它是根据施工图纸、施工部署和施工总进度计划而编制的。

根据拟建的不同结构类型的工程项目和工程量汇总表，参照本地区概算定额或已建类似工程资料，便可以计算出建筑物所需的各种材料和预制品的需要量，然后依据总进度计划，大致估算出某些建筑材料和预制品在某季度的需要量，从而编制出主要材料和预制品需要量计划，如表 16-6 所示。

主要材料和预制品需要量计划　　　　　　　　　　　表 16-6

施工阶段(期)	工程类别	单项工程		工程材料/预制品				需要量计划							
								20××年(月)				20××年(季)			
		编码	名称	编码	名称	种类	规格	1	2	3	…	Ⅰ	Ⅱ	Ⅲ	Ⅳ
Ⅰ	……	…	……	…	……	…	…								
	……	…	……	…	……	…	…								
	⋮	⋮													
⋮	⋮														

三、施工机具和设备需要量计划

施工机具和设备需要量计划是确定施工机具、设备进场、施工用电量和选择变压器的依据。它根据施工部署、施工方案、施工总进度计划、主要工种工程量和机械台班产量定额而确定;辅助机械可以根据安装工程每 10 万元扩大概算指标求得;运输机具的需要量根据运输量计算。上述汇总结果可参照表 16-7。

施工机具和设备需要量计划　　　　表 16-7

施工阶段(期)	工程类别	单项工程		施工机具和设备				需要量计划						
		编码	名称	编码	名称	型号	电功率	20××年(月)				20××年(季)			
								1	2	3	…	Ⅰ	Ⅱ	Ⅲ	Ⅳ
Ⅰ	……	…	……	…	……	…	…								
		…	……	…	……	…	…								
	⋮														
⋮	⋮														

第五节　施工总平面图

施工总平面图是拟建项目施工现场的总体布置图,它是一个具体指导施工部署的行动方案,对于指导现场进行有组织、有计划的文明施工具有重大的意义。施工总平面图按照施工部署、施工方案和施工总进度计划的要求,对施工现场的交通道路、材料仓库、附属生产企业、临时房屋建筑和临时水、电管线等作出合理的规划布置,从而正确处理全工地施工期间所需各项设施和永久性建筑物以及拟建工程之间的空间关系。施工总平面图按照规定的图例进行绘制,一般比例为 1:1000 或 1:2000。

一、施工总平面图的设计原则

1) 在满足施工需要的前提下,尽量减少施工用地,不占或少占农田,施工现场布置要紧凑、合理;

2) 合理布置起重机械和各项施工设施,科学规划施工道路,尽量降低运输费用,保证运输方便,减少二次搬运;

3) 科学确定施工区域和场地面积,尽量减少专业工种之间交叉作业;

4) 尽量利用永久性建筑物、构筑物或现有设施为施工服务,降低施工设施建造费用,尽量利用装配式施工设施,提高其安装速度;

5) 各项施工设施的布置都要满足:有利生产、方便生活、安全防火和环境保护要求。

二、施工总平面图的设计依据

1) 各种设计资料,包括:建筑总平面图、竖向布置图、地形地貌图、区域规划图、建设项目范围内有关的一切已有和拟建的地下管网位置图等;

2) 建设项目施工部署、主要建筑物施工方案和施工总进度计划;

3) 建设地区的自然条件和技术经济条件;

4) 建设项目施工总资源计划和施工设施计划;

5）建设项目施工用地范围和水源、电源位置，以及项目安全施工和防火标准。

三、施工总平面图的内容

（1）建设项目施工用地范围内地形和等高线；建设项目施工总平面图上一切地上、地下已有的和拟建的建筑物、构筑物及其他设施位置和尺寸。

（2）一切为全工地施工服务的临时性设施的布置，包括：

1）工地上各种运输业务用的建筑物和运输道路；

2）各种加工厂、半成品制备站及机械化装置等；

3）各种建筑材料、半成品、构件的仓库和主要堆场；

4）取土及弃土的位置；

5）水源、电源、临时给排水管线和供电动力线路及设施；

6）行政管理用办公室、施工人员的临时宿舍及文化生活福利建筑等；

7）机械站、车库、大型机械的位置；

8）建设项目施工必备的安全、防火和环境保护设施；

9）特殊图例、方向标志、比例尺等。

（3）永久性测量放线标桩位置。

对于规模庞大的建设项目，由于其建设工期往往很长，随着工程的进展，施工现场的面貌将不断发生变化，此时，应按不同阶段分别绘制若干张施工总平面图，或者根据工地的变化情况，及时对施工总平面图进行调整和修正，以便适应不同时期的需要。

四、施工总平面图的设计步骤

施工总平面图的设计，首先从研究大宗材料、成品、半成品和生产工艺设备的供应情况及运入施工现场的运输方式开始，其设计可按下列步骤进行：

1．场外交通道路的引入与场内布置

一般大型工业企业厂区内部都有永久性道路，可以提前修建为工程服务，但应恰当确定起点和进场位置，有利于施工场地的利用。

（1）当大宗施工物资由铁路运来工地时，必须解决如何引入铁路专用线问题，并考虑其转弯半径和坡度限制，铁路的布置最好沿着工地周围或各个独立施工区的周围铺设，以免与工地内部运输线交叉，妨碍工地内部运输；

（2）当大量物资采用公路运输时，公路应与加工厂、仓库的位置结合布置，使其尽可能布置在最经济合理的地方，并与场外道路连接，符合标准要求；

（3）当采用水路运输时，应充分利用原有码头的吞吐能力。当需增设码头时，卸货码头不应少于两个，其宽度应大于 2.5m，并可考虑在码头附近布置主要加工厂和转运仓库。

2．确定仓库和材料堆场的位置

仓库和材料堆场应设置在运输方便、位置适中、运距较短并且安全防火的地方，并应区别不同材料、设备和运输方式来设置。

1）当采用铁路运输大宗施工物资时，中心仓库尽可能沿铁路专用线布置，并且在仓库前留有足够的装卸前线，否则要在铁路线附近设置转运仓库，且该仓库应设置在工地同侧，以免内部运输跨越铁路。同时还应注意，在斜坡与管道经过处不宜设置仓库或堆场；

2）当采用公路运输时，中心仓库可以布置在工地中心区或靠近使用的地方，也可以布置在工地入口处。大宗材料的堆场和仓库，可布置在相应的搅拌站、预制场或加工场附近。

如砂、石、水泥、石灰、木材等仓库或堆场宜布置在搅拌站、预制场和木材加工厂附近,以减少二次搬运;砖、瓦和预制构件等应布置在垂直运输机械工作范围内,靠近用料地点;

3）当采用水路运输时,应在码头附近设置转运仓库,以减少船只在码头上的停留时间;

4）工业项目的重型工艺设备,尽可能运至车间附近的设备组装场停放,普通工艺设备可放在车间外围或其他空地上。

3．搅拌站和加工场的布置

工地混凝土搅拌站的布置有集中、分散、集中与分散相结合三种方式。

1）当现场有足够的混凝土输送设备时,混凝土搅拌站宜集中布置,其位置可采用线性规划方法确定;或现场不设搅拌站,而使用商品混凝土;

2）当运输条件较差时,混凝土搅拌站宜分散布置在使用地点附近或垂直运输设备旁;除此以外,还可以采用集中和分散相结合的方式;

3）临时混凝土预制构件加工场尽量利用建设单位的空地设置,一般宜布置在工地边缘,材料堆场专用线转弯的扇形地带或场外临近处;

4）钢筋加工场若采用集中方式,宜布置在混凝土预制构件加工场或主要施工对象附近。木材加工厂的原木、锯材堆场应靠近铁路、公路或水路沿线;锯木、成材、粗细木加工间和成品堆场应按工艺流程布置,并应设在施工区的下风向边缘;

5）金属结构、锻工、电焊和机修等车间由于其在生产上联系密切,应尽可能布置在一起;

6）产生有害气体和污染环境的加工场,如沥青熬制、生石灰熟化、石棉加工场等,应位于现场的下风向,且不危害当地居民;

7）各种加工场的布置均应以方便生产、安全防火、环境保护和运输费用少为原则进行布置。

4．场内运输道路的布置

1）首先根据施工项目及其与堆场、仓库或加工场相应位置,认真研究它们之间物资转运路径和转运量的大小,区分场内运输道路的主次关系,然后进行规划;优化确定场内运输道路主次和相互位置,应考虑车辆行驶安全、运输方便和道路修筑费用低;

2）临时道路要把仓库、加工场、堆场和施工点贯穿起来,要尽可能利用原有道路或充分利用拟建的永久性道路,提前修建永久性道路或先修其路基和简单路面,为施工服务,以达到节约投资的目的;

3）合理安排施工道路与场内地下管网间的施工顺序,保证场内运输道路时刻畅通,尽量避免临时道路与铁轨、塔轨交叉;

4）场内主要道路应采用双车道环行布置,宽度不小于6m;次要道路宜采用单车道,宽度不小于3.5m;道路应有两个以上进出口,道路末端要设置回车场;

5）合理选择运输道路的路面结构,应根据运输情况和运输工具的不同类型选择临时道路的路面结构,一般场外与省、市公路相连的干线,因其以后会成为永久性道路,因此一开始就建成混凝土路面;场区内的干线和施工机械行驶路线,最好采用碎石级配路面,以利修补;场内支线一般为土路或砂石路,以利修补;道路做法应查阅施工手册。

5．临时生活设施的布置

工地临时生活设施包括:办公室、汽车库、职工休息室、开水房、食堂和浴室等,其所需面积应根据工地施工人数进行计算；

1）应尽量利用现有的或拟建的永久性房屋为施工服务，数量不足时再临时修建，临时房屋应尽量利用活动房屋；

2）全工地行政管理用房宜设在全工地入口处，以便对外联系；亦可设在工地中间，便于全工地管理；现场办公室应靠近施工地点；

3）职工用的生活福利设施，如小卖部、俱乐部等，宜设在工人较集中的地方或工人出入必经之处；职工宿舍一般设在场外，距工地 500～1000m 为宜，并应避免设在低洼潮湿及有烟尘不利于健康的地方；食堂可布置在生活区，也可视条件设在工地与生活区之间。

6．临时水电管网及其它动力设施的布置

临时水电管网的布置可能有两种情况：

1）当有可以利用的水源、电源时，可以将水电从外面接入工地，沿主要干道布置干管、主线，然后与各用户接通。临时总变电站应设置在高压电引入处，不应设在工地中心，以免高压电线经过工地内部招致危险；临时水池应放在地势较高处。

2）当无法利用现有的水电时，为了解决电源，可在工地中心或靠近中心处设置临时发电站，由此把线路接出，沿干道布置主线；为了获得水源可以利用地上水或地下水，并设置抽水设备和加压设备（简易水塔或加压泵），以便储水和提高水压。然后把水管接出，布置管网。施工现场供水管网有环状、枝状和混合式三种形式，如图 16-2 所示。

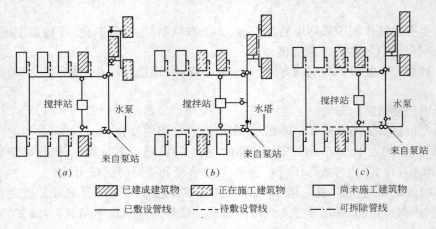

图 16-2　给水管网布置图
（a）环状；（b）枝状；（c）混合式

3）根据工程防火规定，应设置消防栓、消防站。消防站应设置在易燃建筑物（木材、仓库等）附近，并有通畅的出口和消防车道，其宽度不宜小于 6m，与拟建房屋的距离不得大于 25m，也不得小于 5m。沿道路布置消防栓时，其间距不得大于 10m，消防栓到路边的距离不得大于 2m。

4）对于重要工程应在工地四周围设立围墙并在出入口设立门岗。

7．绘制正式施工总平面图

必须指出，以上各设计步骤，并不是截然分割各自孤立地解决，施工现场平面布置是一个系统工程，应全面考虑、统筹安排，正确处理各项内容的相互联系和相互制约的关系，精心设计，反复修改；当有几种方案时，尚应进行方案比较、择优，然后绘制正式施工总平面图。

该图应使用标准图例进行绘制,并按照建筑制图规则的要求绘制完善。

五、施工现场业务量计算

（一）工地暂设建筑物

1. 生产性临时设施

生产性临时设施包括:混凝土搅拌站、临时混凝土预制场、半永久性混凝土预制厂、木材加工厂、钢筋加工厂、金属结构加工厂、石灰消化厂等;木工作业棚、电锯房、钢筋作业棚、立式锅炉房、发电机房、水泵房、空压机房等现场作业棚房;各种机械存放场所。所有这些设施的建筑面积主要取决于设备尺寸、工艺过程、设计和安全防火等要求,通常可参考有关经验指标等资料确定。

对于钢筋混凝土构件预制厂、锯木车间、模板、细木加工车间、钢筋加工棚等,其建筑面积可按下式计算:

$$F = \frac{K \cdot Q}{T \cdot S \cdot \alpha}$$

式中　F——所需建筑面积(m^2);

K——不均衡系数,取 1.3～1.5;

Q——加工总量;

T——加工总时间(月);

S——每平方米场地月平均加工量定额;

α——场地或建筑面积利用系数,取 0.6～0.7。

常用各临时加工厂的面积参考指标,如表 16-8、表 16-9 所示。

临时加工厂所需面积参考指标　　　　　　　　　　　表 16-8

序号	加 工 厂 名 称	年产量		单位产量所需建筑面积	占地总面积（m^2）	备　　注
		单位	数量			
1	混凝土搅拌站	m^3	3200	0.022(m^2/m^3)	按砂石堆场考虑	400L 搅拌机 2 台
		m^3	4800	0.021(m^2/m^3)		400L 搅拌机 3 台
		m^3	6400	0.020(m^2/m^3)		400L 搅拌机 4 台
2	临时性混凝土预制厂	m^3	1000	0.25(m^2/m^3)	2000	生产屋面板和中小型梁柱板等,配有蒸养设施
		m^3	2000	0.20(m^2/m^3)	3000	
		m^3	3000	0.15(m^2/m^3)	4000	
		m^3	5000	0.125(m^2/m^3)	小于 6000	
3	半永久性混凝土预制厂	m^3	3000	0.6(m^2/m^3)	9000～12000	
		m^3	5000	0.4(m^2/m^3)	12000～15000	
		m^3	10000	0.3(m^2/m^3)	15000～20000	
4	木材加工厂	m^3	15000	0.0244(m^2/m^3)	1800～3600	进行原木、木方加工
		m^3	24000	0.0199(m^2/m^3)	2200～4800	
		m^3	30000	0.0181(m^2/m^3)	3000～5500	

序号	加工厂名称	年产量 单位	年产量 数量	单位产量所需建筑面积	占地总面积（m²）	备注
4	综合木工加工厂	m³	200	0.30(m²/m³)	100	加工门窗、模板、地板、屋架等
		m³	500	0.25(m²/m³)	200	
		m³	1000	0.20(m²/m³)	300	
		m³	2000	0.15(m²/m³)	420	
	粗木加工厂	m³	5000	0.12(m²/m³)	1350	加工屋架、模板
		m³	10000	0.10(m²/m³)	2500	
		m³	15000	0.09(m²/m³)	3750	
		m³	20000	0.08(m²/m³)	4800	
	细木加工厂	万m³	5	0.0140(m²/m³)	7000	加工门窗地板
		万m³	10	0.0114(m²/m³)	10000	
		万m³	15	0.0106(m²/m³)	14000	
	钢筋加工厂	t	200	0.35(m²/t)	280～560	加工、成型、焊接
		t	500	0.25(m²/t)	380～750	
		t	1000	0.20(m²/t)	400～800	
		t	2000	0.15(m²/t)	450～900	
5	现场钢筋调直、冷拉直场 卷扬机棚 冷拉场 时效场			所需场地(长×宽) 70～80(m)×3～4(m) 15～20(m²) 40～60(m)×3～4(m) 30～40(m)×6～8(m)		包括材料和成品堆放
	钢筋对焊 对焊场地 对焊棚			所需场地(长×宽) 30～40(m)×4～5(m) 15～24(m²)		包括材料和成品堆放
	钢筋冷加工 冷拔冷轧机 剪断机 弯曲机 φ12 以下 弯曲机 φ40 以下			所需场地(m²/台) 40～50 30～40 50～60 60～70		按一批加工数量计算
6	金属结构加工(包括一般铁件)			所需场地(m²/t) 年产 500t 为 10 年产 1000t 为 8 年产 2000t 为 6 年产 3000t 为 5		按一批加工数量计算
7	石灰消化 ⎰贮灰池 ⎱淋灰池 淋灰槽			5×3=15m² 4×3=12m² 3×2=6m²		每二个贮灰池配一个淋灰池
8	沥青锅场地			20～24m²		台班产量 1～1.5t/台

466

序 号	名　　称	单　　位	面积（m²）	备　　注
1	木工作业棚	m²/人	2	占地为面积 2～3 倍
2	电 锯 房	m²	80	86～92cm 圆锯 1 台
3	电 锯 房	m²	40	小圆锯 1 台
4	钢筋作业棚	m²/人	3	占地为建筑面积 3～4 倍
5	搅 拌 棚	m²/台	10～18	
6	卷 扬 机 棚	m²/台	6～12	
7	烘 炉 房	m²	30～40	
8	焊 工 房	m²	20～40	
9	电 工 房	m²	15	
10	白 铁 工 房	m²	20	
11	油 漆 工 房	m²	20	
12	机、钳工修理房	m²	20	
13	立式锅炉房	m²/台	5～10	
14	发 电 机 房	m²/kW	0.2～0.3	
15	水 泵 房	m²/台	3～8	
16	空压机房（移动式）	m²/台	18～30	
	空压机房（固定式）	m² 台	9～15	

2．物资储存临时设施

仓库有各种类型："转运仓库"是设置在火车站、码头和专用线卸货场的仓库；"中心仓库"（或称总仓库）是储存整个工地（或区域型建筑企业）所需物资的仓库，通常设在现场附近或区域中心；"现场仓库"就近设置；"加工厂仓库"是专供本厂储存物资的仓库。我们在这里主要说中心仓库及现场仓库。

建筑群的材料储备量按下式计算：

$$q_1 = K_1 Q_1$$

式中　q_1——总储备量；

　　K_1——储备系数，型钢、木材、用量小或不常使用的材料取 0.3～0.4，用量多的材料取 0.2～0.3；

　　Q_1——该项材料的最高年、季需要量。

单位工程材料储存量按下式计算：

$$q_2 = \frac{nQ_2}{T}$$

式中　q_2——单位工程材料储备量；

　　n——储备天数；

　　Q_2——计划期间内需用的材料数量；

　　T——需用该材料的施工天数（大于 n）。

仓库面积按下式进行计算：

$$F = \frac{q}{P}(\text{按材料储备期计算时}) \quad \text{或} \quad F = \phi \cdot m (\text{按系数计算时})$$

式中　F——仓库面积(m^2)；

　　　P——每 $1m^2$ 仓库面积上存放的材料数量,见表 16-10；

仓库面积计算所需数据参考指标

表 16-10

序　号	材 料 名 称	单位	储备天数 (n)	每/m^2 储存量 (P)	堆置高度 (m)	仓 库 类 型
1	钢　　材	t	40~50	1.5	1.0	
	工槽钢	t	40~50	0.8~0.9	0.5	露　天
2	生　铁	t	40~50	5	1.4	露　天
3	铸铁管	t	20~30	0.6~0.8	1.2	露　天
4	暖气片	t	40~50	0.5	1.5	露天或棚
5	水暖零件	t	20~30	0.7	1.4	库或棚
6	五　金	t	20~30	1.0	2.2	库
7	钢丝绳	t	40~50	0.7	1.0	库
8	电线电缆	t	40~50	0.3	2.0	库或棚
9	木　材	m^3	40~50	0.8	2.0	露　天
	原　木	m^3	40~50	0.9	2.0	露　天
	成　材	m^3	30~40	0.7	3.0	露　天
	枕　木	m^3	20~30	1.0	2.0	露　天
	灰板条	千根	20~30	5	3.0	棚
10	水　泥	t	30~40	1.4	1.5	库
11	生石灰(块)	t	20~30	1~1.5	1.5	棚
	生石灰(袋装)	t	10~20	1~1.3	1.5	棚
	石　膏	t	10~20	1.2~1.7	2.0	棚
12	砂、石子(人工堆置)	m^3	10~30	1.2	1.5	露　天
	砂、石子(机械堆置)	m^3	10~30	2.4	3.0	露　天
13	块　石	m^3	10~20	1.0	1.2	露　天
14	红　砖	千块	10~30	0.5	1.5	露　天
15	耐火砖	t	20~30	2.5	1.8	棚
16	粘土瓦、水泥瓦	千块	10~30	0.25	1.5	露　天
17	石棉瓦	张	10~30	25	1.0	露　天
18	水泥管、陶土管	t	20~30	0.5	1.5	露　天
19	玻　璃	箱	20~30	6~10	0.8	棚 或 库
20	卷　材	卷	20~30	15~24	2.0	库
21	沥　青	t	20~30	0.8	1.2	露　天
22	液体燃料润滑油	t	20~30	0.3	0.9	库
23	电　石	t	20~30	0.3	1.2	库

序 号	材料名称	单位	储备天数（n）	每/m^2储存量（P）	堆置高度（m）	仓库类型
24	炸 药	t	10～30	0.7	1.0	库
25	雷 管	t	10～30	0.7	1.0	库
26	煤	t	10～30	1.4	1.5	露 天
27	炉 渣	m^3	10～30	1.2	1.5	露 天
28	钢筋混凝土构件	m^3				
	板	m^3	3～7	0.14～0.24	2.0	露 天
	梁、柱	m	3～7	0.12～0.18	1.2	露 天
29	钢筋骨架	t	3～7	0.12～0.18	—	露 天
30	金属结构	t	3～7	0.16～0.24	—	露 天
31	钢 件	t	10～20	0.9～1.5	1.5	露天或棚
32	钢门窗	t	10～20	0.65	2	棚
33	木门窗	m^2	3～7	30	2	棚
34	木屋架	m^3	3～7	0.3	—	露 天
35	模 板	m^3	3～7	0.7	—	露 天
36	大型砌块	m^3	3～7	0.9	1.5	露 天
37	轻质混凝土制品	m^3	3～7	1.1	2	露 天
38	水、电及卫生设备	t	20～30	0.35	1	棚、库各约占1/4
39	工艺设备	t	30～40	0.6～0.8	—	露天约占1/2
40	多种劳保用品	件		250	2	库

q——材料储备量（q_1 或 q_2）；

ϕ——系数，见表16-11；

m——计算基数，见表16-11。

按系数计算仓库面积表　　　　　　　　　表 16-11

序 号	名 称	计算基础数 m	单 位	系 数 ϕ
1	仓库（综合）	按全员（工地）	m^2/人	0.7～0.8
2	水 泥 库	按当年水泥用量的40%～50%	m^2/t	0.7
3	其他仓库	按当年工作量	m^2/万元	2～3
4	五金杂品库	按年建安工作量计算 按在建建筑面积计算	m^2/万元 m^2/100m^2	0.2～0.3 0.5～1
5	土建工具库	按高峰期（季）平均人数	m^2/人	0.1～0.20
6	水暖器材库	按年在建建筑面积	m^2/100m^2	0.2～0.4
7	电器器材库	按年在建建筑面积	m^2/100m^2	0.3～0.5
8	化工油漆危险品库	按年建安工作量	m^2/万元	0.1～0.15
9	三大工具库 （脚手、跳板、模板）	按年建筑面积 按年建安工作量	m^2/100m^2 m^2/万元	1～2 0.5～1

注：$F = \phi \cdot m$

3. 行政、生活、福利临时设施

行政、生活、福利临时设施包括：行政管理和生产用房、居住生活用房、文化生活用房等。可先确定建筑施工工地人数，然后按实际参加人数确定各类临时用房的建筑面积。

$$S = N \cdot P$$

式中　S——建筑面积(m^2)；

　　　N——人数；

　　　P——建筑面积指标，见表 16-12。

行政、生活福利临时建筑面积参考指标(m^2/人)　　　　表 16-12

序号	临时房屋名称	指标使用方法	参考指标	序号	临时房屋名称	指标使用方法	参考指标
一	办公室	按使用人数	3~4	3	理发室	按高峰年平均人数	0.01~0.03
二	宿舍			4	俱乐部	按高峰年平均人数	0.1
1	单层通铺	按高峰年(季)平均人数	2.5~3.0	5	小卖部	按高峰年平均人数	0.03
2	双层床	(扣除不在工地住人数)	2.0~2.5	6	招待所	按高峰年平均人数	0.06
3	单层床	(扣除不在工地住人数)	3.5~4.0	7	托儿所	按高峰年平均人数	0.03~0.06
三	家属宿舍		16~25m^2/户	8	子弟校	按高峰年平均人数	0.06~0.08
四	食堂	按高峰年平均人数	0.5~0.8	9	其他公用	按高峰年平均人数	0.05~0.10
	食堂兼礼堂	按高峰年平均人数	0.6~0.9	六	小型	按高峰年平均人数	
五	其他合计	按高峰年平均人数	0.5~0.6	1	开水房		10~40
1	医务所	按高峰年平均人数	0.05~0.07	2	厕所	按工地平均人数	0.02~0.07
2	浴室	按高峰年平均人数	0.07~0.1	3	工人休息室	按工地平均人数	0.15

(二) 工地临时供水

临时供水设施设计的主要内容有：确定用水量；选择水源；设计配水管网。

1. 用水量计算

(1) 现场施工用水量，可按下式计算：

$$q_1 = k_1 \Sigma \frac{Q_1 \cdot N_1}{T_1 \cdot t} \cdot \frac{k_2}{8 \times 3600}$$

式中　q_1——施工用水量(L/s)；

　　　k_1——未预计的施工用水系数(1.05~1.15)；

　　　k_2——用水不均衡系数，见表 16-13；

施工用水不均衡系数　　　　表 16-13

编　号	用　水　名　称	系　　数
k_2	现场施工用水　附属生产企业用水	1.5、1.25
k_3	施工机械　运输机械　动力设备	2.00、1.05~1.10
k_4	施工现场生活用水	1.30~1.50
k_5	生活区生活用水	2.00~2.50

　　　Q_1——年(季)度工程量(以实物计量单位表示)；

N_1——施工用水定额,见表 16-14;

施工用水(N_1)参考定额

表 16-14

序　号	用　水　对　象	单　位	耗水量(N_1)	备　注
1	浇注混凝土全部用水	L/m³	1700~2400	
2	搅拌普通混凝土	L/m³	250	
3	搅拌轻质混凝土	L/m³	300~350	
4	搅拌泡沫混凝土	L/m³	300~400	
5	搅拌热混凝土	L/m³	300~350	
6	混凝土养护(自然养护)	L/m³	200~400	
7	混凝土养护(蒸汽养护)	L/m³	500~700	
8	冲洗模板	L/m²	5	
9	搅拌机清洗	L/台班	600	
10	人工冲洗石子	L/m³	1000	
11	机械冲洗石子	L/m³	600	
12	洗砂	L/m³	1000	
13	砌砖工程全部用水	L/m³	150~250	
14	砌石工程全部用水	L/m³	50~80	
15	抹灰工程全部用水	L/m²	30	
16	耐火砖砌体工程	L/m³	100~150	包括砂浆搅拌
17	浇砖	L/千块	200~250	
18	浇硅酸盐砌块	L/m³	300~350	
19	抹面	L/m²	4~6	不包括调制用水
20	楼地面	L/m²	190	
21	搅拌砂浆	L/m³	300	
22	石灰消化	L/t	3000	
23	上水管道工程	L/m	98	
24	下水管道工程	L/m	1130	
25	工业管道工程	L/m	35	

T_1——年(季)度有效作业日(d);

t——每天工作班数(班)。

(2)施工机械用水量,可按下式计算:

$$q_2 = k_1 \Sigma Q_2 N_2 \frac{k_3}{8 \times 3600}$$

式中　q_2——机械用水量(L/s);

k_1——未预计施工用水系数(1.05~1.15);

Q_2——同一种机械台数(台);

N_2——施工机械台班用水定额,见表16-15;

施工机械(N_2)用水参考定额

表 16-15

序　号	用 水 名 称	单　位	耗 水 量	备　注
1	内燃挖土机	L/台班·m³	200~300	以斗容量立方米计
2	内燃起重机	L/台班·t	15~18	以起重吨数计
3	蒸汽起重机	L/台班·t	300~400	以起重吨数计
4	蒸汽打桩机	L/台班·t	1000~1200	以锤重吨数计
5	蒸汽压路机	L/台班·t	100~150	以压路机吨数计
6	内燃压路机	L/台班·t	12~15	以压路机吨数计
7	拖拉机	L/昼夜·台	200~300	
8	汽车	L/昼夜·台	400~700	
9	标准轨蒸汽机车	L/昼夜·台	10000~20000	
10	窄轨蒸汽机车	L/昼夜·台	4000~7000	
11	空气压缩机	L/台班·(m³/min)	40~80	以空压机排气量 m³/min 计
12	内燃机动力装置	L/台班·马力	120~300	直 流 水
13	内燃机动力装置	L/台班·马力	25~40	循 环 水
14	锅驼机	L/台班·马力	80~160	不利用凝结水
15	锅炉	L/h·t	1000	以小时蒸发量计
16	锅炉	L/h·m²	15~30	以受热面积计

k_3——施工机械用水不均衡系数,见表16-13。

(3) 施工现场生活用水量,可按下式计算:

$$q_3 = \frac{P_1 \cdot N_3 \cdot k_4}{t \times 8 \times 3600}$$

式中　q_3——施工现场生活用水量(L/s);

P_1——施工现场高峰昼夜人数(人);

N_3——施工现场生活用水定额;(一般为 20~60L/人·班,主要需视当地气候而定);

k_4——施工现场用水不均衡系数,见表16-13;

t——每天工作班数(班)。

(4) 生活区生活用水量,可按下式计算:

$$q_4 = \frac{P_2 \cdot N_4 \cdot k_5}{24 \times 3600}$$

式中　q_4——生活区生活用水(L/s);

P_2——生活区居民人数(人);

N_4——生活区昼夜全部生活用水定额,每一居民每昼夜为 100~120L,随地区和有无

室内卫生设备而变化,各分项用水参考定额,见表16-16;

生活用水量(N_4)参考定额 表16-16

序　号	用 水 对 象	单　位	耗水量 N_4	备　注
1	工地全部生活用水	L/人·日	100~120	
2	生活用水(盥洗生活饮用)	L/人·日	25~30	
3	食堂	L/人·日	15~20	
4	浴室(淋浴)	L/人·次	50	
5	淋浴带大池	L/人·次	30~50	
6	洗衣	L/人	30~35	
7	理发室	L/人·次	15	
8	小学校	L/人·日	12~15	
9	幼儿园托儿所	L/人·日	75~90	
10	病院	L/床·日	100~150	

k_5——生活区用水不均衡系数,见表16-13。

(5)消防用水(q_5)见表16-17。

消 防 用 水 量 表16-17

序　号	用 水 名 称	火灾同时发生次数	单　位	用 水 量
1	居民区消防用水 5000人以内 10000人以内 25000人以内	 1 2 3	 L/s L/s L/s	 10 10~15 15~20
2	施工现场消防用水 施工现场在25公顷以内 每增加25公顷递增	 1	 L/s	 10~15 5

(6)总用水量(Q)计算:

1)当$(q_1+q_2+q_3+q_4) \leqslant q_5$时,

则取:$Q = 1/2(q_1+q_2+q_3+q_4)+q_5$

2)当$(q_1+q_2+q_3+q_4) > q_5$时,

则取:$Q = q_1+q_2+q_3+q_4$

3)当工地面积小于5公顷,且$(q_1+q_2+q_3+q_4) < q_5$时,

则取:$Q = q_5$

2. 管径的选择计算公式:$D = \sqrt{\dfrac{4Q \times 1000}{\pi V}}$

式中　D——供水管管径(直径:mm);

Q——用水量(L/s);

V——管网中水流量(m/s)。

临时水管经济流速可参见表16-18。

管　　　径	流　速　（m/s）	
	正 常 时 间	消 防 时 间
1. 支管 $D<0.10$m	2	
2. 生产消防管道 $D=0.1\sim0.3$m	1.3	>3.0
3. 生产消防管道 $D>0.3$m	$1.5\sim1.7$	2.5
4. 生产用水管道 $D>0.3$m	$1.5\sim2.5$	3.0

（三）工地临时供电

建筑工地临时供电组织一般包括：选择用电量；选择电源；确定变压器；布置配电线路和决定导线断面。

1. 用电量的计算

建筑工地临时供电，包括动力用电与照明用电两种，在计算用电量时，从下列各点考虑：

1）全工地所使用的机械动力设备，其他电气工具及照明用电的数量；

2）施工总进度计划中施工高峰阶段同时用电的机械设备最高数量；

3）各种机械设备在工作中需要的情况。

总用电量可按以下公式计算：

$$P=(1.05\sim1.10)\left(K_1\frac{\Sigma P_1}{\cos\varphi}+K_2\Sigma P_2+K_3\Sigma P_3+K_4\Sigma P_4\right)$$

式中　P——供电设备总需要容量（kVA）；

P_1——电动机额定功率（kW）；

P_2——电焊机额定容量（kVA）；

P_3——室内照明容量（kW）；

P_4——室外照明容量（kW）；

$\cos\varphi$——电动机的平均功率因数（在施工现场最高为 $0.75\sim0.78$，一般为 $0.65\sim$
　　　　0.75）；

K_1、K_2、K_3、K_4——需要系数，参见表 16-19。

需要系数 K 值　　　　　　　　　表 16-19

用电名称	数　　量	需 要 系 数		备　　注
		K	数　值	
电 动 机	$3\sim10$ 台		0.7	
	$11\sim30$ 台	K_1	0.6	
	30 台以上		0.5	如施工中需用电热时，应将其用电量计算进去。为使计算接近实际，式中各项用电根据不同性质分别计算
加工厂动力设备			0.5	
电 焊 机	$3\sim10$ 台	K_2	0.6	
	10 台以上		0.5	
室内照明		K_3	0.8	
室外照明		K_4	1.0	

单班施工时，最大用电负荷量以动力用电量为准，不考虑照明用电。

各种机械设备以及室内外照明用电定额可查《建筑施工手册》相应表格。

由于照明用电量所占的比重较动力用电量要少的多,所以在估算总用电量时可以简化,只要在动力用电量之外再加 10％作为照明用电量即可。

2．电源选择

（1）选择建筑工地临时供电电源时须考虑的因素:

1）建筑工程及设备安装工程的工程量和施工进度;

2）各个施工阶段的电力需要量;

3）施工现场的大小;

4）用电设备在建筑工地上的分布情况和距离电源的远近情况;

5）现有电气设备的容量情况。

（2）临时供电电源的几种方案:

1）完全由工地附近的电力系统供电,包括在全面开工前把永久性供电外线工程做好,设置变电站(所);

2）工地附近的电力系统只能供给一部分,尚须自行扩大原有电源或增设临时供电系统以补充其不足;

3）利用附近高压电力网,申请临时配电变压器;

4）工地位于边远地区,没有电力系统时,电力完全由临时电站供给。

（3）临时电站一般有内燃机发电站,火力发电站,列车发电站,水力发电站。

3．电力系统选择

当工地由附近高压电力网输电时,则在工地上设降压变电所把电能从 110kV 或 35kV 降到 10kV 或 6kV,再由工地若干分变电所把电能从 10kV 或 6kV 降到 380/220V。变电所的有效供电半径为 400～500m。

常用变压器的性能可查《建筑施工手册》。

工地变电所的网络电压应尽量与永久企业的电压相同,主要为 380/220V。对于 3kV、6kV、10kV 的高压线路,可用架空裸线,其电杆距离为 40～60m,或用地下电缆。户外 380/220V 的低压线路亦采用裸线,只有与建筑物或脚手架等不能保持必要安全距离的地方才宜采用绝缘导线,其电杆间距为 25～40m。分支线及引入线均应由电杆处接出,不得由两杆之间接出。

配电线路应尽量设在道路一侧,不得妨碍交通和施工机械的装、拆及运转,并要避开堆料、挖槽、修建临时工棚用地。

室内低压动力线路及照明线路,皆用绝缘导线。

4．配电导线的选择

导线截面应满足机械强度、允许电流强度、允许电压降三方面的要求,故先分别按一种要求计算截面积,再从三者中选出最大截面作为选定导线截面积,根据截面积选定导线。一般在道路和给排水施工工地中,由于作业线比较长,导线截面可按电压降选定;在建筑工地上因配电线路较短,可按容许电流强度选定;在小负荷的架空线路中,往往以机械强度选定。

六、技术经济指标的计算公式

为了考核施工组织总设计的编制及执行效果,应计算下列技术经济指标:

1．施工周期

施工周期是指建设项目从正式工程开工到全部投产使用为止的持续时间。应计算的相关指标有：

1）施工准备期　从施工准备开始到主要项目开工的全部时间；

2）部分投产期　从主要项目开工到第一批项目投产使用的全部时间；

3）单位工程期　指建筑群中各单位工程从开工到竣工的全部时间。

2．劳动生产率

应计算的相关指标有：

1）全员劳动生产率（元／人·年）；

2）单位用工（工日／m² 竣工面积）；

3）劳动力不均衡系数：

$$劳动力不均衡系数 = \frac{施工期高峰人数}{施工期平均人数}$$

3．工程质量

说明工程质量达到的等级：合格、优良、省优、鲁班奖。

4．降低成本

1）降低成本额：

$$降低成本额 = 承包成本 - 计划成本$$

2）降低成本率：　　$$降低成本率 = \frac{降低成本额}{承包成本额}$$

5．安全指标

以工伤事故频率控制数表示。

6．机械指标

1）机械化程度：

$$机械化程度 = \frac{机械化施工完成工作量}{总工作量}$$

2）施工机械完好率；

3）施工机械利用率。

7．预制化施工水平

$$预制化施工程度 = \frac{在工厂及现场预制的工作量}{总工作量}$$

8．临时工程

1）临时工程投资比例：$$临时工程投资比例 = \frac{全部临时工程投资}{建筑安装工程总值}$$

2）临时工程费用比例：

$$临时工程费用比例 = \frac{临时工程投资 - 回收费 + 租用费}{建筑安装工程总值}$$

9．节约三大材料百分比

1）节约钢材百分比；

2）节约木材百分比；

3）节约水泥百分比。

476

第十七章 单位工程施工组织设计

第一节 概 述

单位工程施工组织设计是以一个单位工程(一个建筑物、构筑物或一个交工系统)为对象编制的、用以指导其施工全过程的各项施工活动的技术、经济和组织的综合性文件。它是施工前的一项重要准备工作,也是施工生产科学管理的重要手段。它既要体现拟建工程的设计和使用要求,又要符合建筑施工的客观规律,对施工的全过程起着战略部署或战术安排的作用。单位工程施工组织设计一般在施工图设计完成后,在拟建工程开工以前编制。

单位工程施工组织设计的主要任务是根据施工组织设计编制的基本原则、施工组织总设计和有关的资料,结合实际施工条件,从整个建筑物或构筑物的施工全局出发,进行施工方案设计,确定科学合理的分部分项工程之间的搭接与配合关系,设计符合施工现场情况的施工平面布置图,从而达到工期较短、质量较好、成本较低的效果。

一、单位工程施工组织设计的内容

单位工程施工组织设计的内容,依工程的性质、规模、结构特点、技术复杂程度和施工条件的不同而有所不同,对其内容及深度和广度要求也不同,但其内容必须简明扼要,使其真正能起到指导现场施工的作用。单位工程施工组织设计的内容通常包括:

(1) 工程概况

主要包括工程特点、建设地点特征和施工条件等内容。

(2) 施工方案设计

主要包括施工程序及施工流程、施工顺序的确定,施工机械与施工方法的选择,技术组织措施的制定等。

(3) 施工进度计划

主要包括各分部(分项)工程的工程量、劳动量或机械台班量的计算,施工班组人数、每天工作班数、工作持续时间的确定及施工进度的安排。

(4) 施工准备工作及各项资源需要量计划

主要包括施工准备工作计划及劳动力、施工机具、主要材料、构件和半成品需要量计划。

(5) 施工平面图

主要包括起重运输机械位置的确定、搅拌站、加工棚、仓库及材料堆放场地的布置、运输道路的布置、临时设施及供水、供电管线的布置等。

(6) 主要技术组织措施

(7) 主要技术经济指标

主要包括工期指标、质量及安全指标、实物量消耗指标、成本指标和投资额指标等。对于一般常见的建筑结构类型或规模不大的单位工程,其施工组织设计可以编制得简单一些,其内容一般以施工方案、施工进度计划、施工平面图为主,并辅以简要的文字说明。

二、单位工程施工组织设计的编制依据

单位工程施工组织设计的编制依据主要有:

(1) 工程承包合同

包括工程范围和内容、工程开工、竣工日期,工程造价,工程质量等级,工程价款的支付、结算及交工验收办法,合同双方相互协作事项,材料和设备的供应和进场期限,违约责任等。

(2) 经会审的施工图及设计单位对施工的要求

包括单位工程的全部施工图纸、会审记录和标准图等资料以及设计单位对施工的特殊要求。对于较复杂的工业项目,还需有设备图纸,并需充分了解设备安装对土建施工的要求及设计单位对新结构、新材料、新技术和新工艺的要求。

(3) 施工组织总设计

包括施工组织总设计中的总体施工部署及对本工程施工的有关规定和要求。

(4) 工程预算或报价文件及有关定额

包括详细的分部、分项工程量,必要时应有分层、分段或分部位的工程量及预算定额和施工定额。

(5) 建设单位可提供的条件

包括建设单位可能提供的临时房屋、水、电供应量,水压、电压能否满足施工要求等。

(6) 资源配备情况

包括施工中需要的劳动力情况,材料、构件和加工部品的来源及其供应情况,施工机具和设备的配备情况及其生产能力等。

(7) 施工现场的勘察资料

包括施工现场的地形、地貌,地上与地下障碍物,工程地质和水文地质,气象资料,交通运输道路及场地面积等。

(8) 国家有关规定和标准

包括施工及验收规范、质量评定标准及安全操作规程等。

(9) 施工企业年度生产计划对本工程的安排和规定的有关指标。

三、主要技术组织措施

技术组织措施主要是指在技术、组织方面对保证质量、安全、节约和季节施工所采用的方法。根据工程特点和施工条件,主要制定以下技术组织措施:

1. 保证工程质量措施

保证质量的关键是对工程施工中经常发生的质量通病制定防治措施。例如:对采用新工艺、新材料、新技术和新结构制定有针对性的技术措施,确保基础质量的措施,保证主体结构中关键部位质量的措施,以及复杂特殊工程的施工技术组织措施等。

2. 保证施工安全措施

保证安全的关键是贯彻安全操作规程,对施工中可能发生的安全问题提出预防措施并加以落实。保证安全的措施主要包括以下几个方面:

(1) 新工艺、新材料、新技术和新结构的安全技术措施;

（2）预防自然灾害,如防雷击、防滑等措施;

（3）高空作业的防护和保护措施;

（4）安全用电和机电设备的保护措施;

（5）防火防爆措施。

3．冬雨季施工措施

雨季施工措施要根据工程所在地的雨量、雨期和工程特点和部位,在防淋、防潮、防泡、防淹或防拖延工期等方面,采取改变施工顺序、排水、加固、遮盖等措施。

冬季施工措施要根据所在地的气温、降雪量、工程内容和特点、施工单位条件等因素,在保温、防冻、改善操作环境等方面,采取一定的冬期施工措施。如暖棚法,先进行门窗封闭,再进行装饰工程的方法,以及混凝土中加入抗冻剂的方法等。

4．降低成本措施

降低成本措施包括提高劳动生产率、节约劳动力、节约材料、节约机械设备费用、节约临时设施费用等方面的措施,它是根据施工预算和技术组织措施计划进行编制的。

四、单位工程施工组织设计的编制程序

单位工程施工组织设计的编制程序如图 17-1 所示,它表明了其各个组成部分形成的先后次序及相互之间的制约关系。

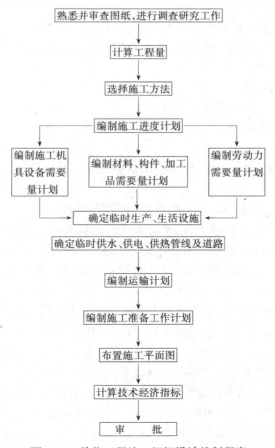

图 17-1　单位工程施工组织设计编制程序

第二节 工程概况及特点分析

单位工程施工组织设计中的工程概况,是对拟建工程的工程特点、地点特征和施工条件等作一个简要、明了的文字介绍。工程概况的内容主要包括:

一、工程特点

主要针对工程特点,结合调查资料进行分析研究,找出关键性问题加以说明,其中应对新材料、新结构、新工艺和施工难点重点说明。

(1)工程建设概况

工程建设概况主要说明拟建工程的建设单位,工程的名称、性质、用途、作用,资金来源及工程投资额,开、竣工日期,设计单位,施工单位,施工图纸情况,施工合同,主管部门的有关文件和要求以及组织施工的指导思想等。

(2)建筑设计特点

建筑设计特点主要说明拟建工程的建筑面积、平面形状和平面组合情况,层数、层高、总高度、总长度和总宽度等尺寸以及室内外装饰的情况,并附有拟建工程的平面、立面、剖面简图。

(3)结构设计特点

结构设计特点主要说明基础构造特点及埋置深度,设备基础的形式,主体结构的类型,特殊结构部位,抗震设防,墙、梁、柱、板的材料及截面尺寸,预制构件的类型、重量及安装位置等。

(4)设备安装设计特点

设备安装设计特点主要说明建筑采暖卫生与煤气工程、建筑电气安装工程、通风与空调工程、电梯安装工程的设计要求。

(5)工程施工特点

主要说明工程施工的重点所在,以便突出重点,抓住关键,使施工顺利进行,提高项目的经济效益和管理水平。

不同类型的建筑、不同条件下的工程施工,有着不同的施工特点。如砖混结构住宅建筑施工的特点是:砌砖和抹灰工程量大,水平与垂直运输量大等。现浇钢筋混凝土高层建筑施工的特点主要有:结构和施工机具设备的稳定性要求高,钢材加工量大,混凝土浇筑难度大,脚手架搭设要进行计算、安全问题突出,要有高效的垂直运输设备等。

二、建设地点特征

包括拟建工程的位置、地形、工程地质和水文地质条件、不同深度土壤的分析、冻结期间的冻结厚度、地下水位、水质、气温、冬雨季施工起止时间、主导风向、风力和地震烈度等。

三、施工条件

施工条件主要说明水、电、气、道路、通讯及场地平整的"五通一平"情况,施工现场及周围环境情况,当地的交通运输条件,预制构件生产及供应情况,施工单位的机械、设备、劳动力落实情况,内部承包方式,劳动组织形式及施工技术和管理水平,现场临时设施、供水、供电问题的解决等。通过分析找出本工程施工中的主要矛盾,并提出解决矛盾的对策。

对于规模不大、较简单的工程,可以采用表格的形式对工程概况进行说明,如表17-1所示。

工 程 概 况　　　　　　　　　　　　　　　　表 17-1

建设单位	工程名称	设计单位	建筑面积			性　质	结　构	层　次
			地下	地上	合计			

地质资料	钻探单位	技术经济指标	总造价(万元)	
	持力层土质		单方造价(元/m²)	
	地耐力		钢材用量(kg/m²)	
	地下水位		水泥用量(kg/m²)	
			木材用量(m³/m²)	

第三节　施 工 方 案 设 计

施工方案设计是单位工程施工组织设计的核心问题。其所确定的施工方案合理与否，不仅影响施工进度的安排和施工平面图的布置，而且直接关系到工程的施工效率、质量、工期和技术经济效果，因此必须引起足够重视。为了防止施工方案的片面性，必须对拟订的几个施工方案进行技术经济分析比较，使选定的施工方案在技术上可行，经济上合理，而且符合施工现场的实际情况。

施工方案设计工作一般包括：确定施工程序和施工流程、施工起点流向、主要分部分项工程的施工方法和施工机械。

一、确定施工程序

施工程序是指在建筑安装工程施工，不同阶段的不同工作内容按照其固有的、不可违背的先后次序，循序渐进向前开展的客观规律。工程施工受到自然条件和物质条件的制约，在不同施工阶段的不同工作内容它们之间有着不可分割的联系，既不能互相替代，也不许颠倒和跨越。

单位工程的施工程序一般为：接受任务阶段—开工前的准备阶段—全面施工阶段—交工验收阶段，每一阶段都必须完成规定的工作内容，并为下阶段工作创造条件。

（一）接受任务阶段

在这个阶段，施工单位应首先检查该项工程是否有经上级批准的正式文件，投资是否落实。如两项条件均具备，则应与建设单位签订工程承包合同，明确双方责任和奖惩条款。对需分包的工程还需确定分包单位，签订分包合同。

（二）开工前准备阶段

单位工程开工前必须具备如下条件：施工执照已办理；施工图纸已经过会审；施工预算、施工组织设计已经过批准并已交底；场地土石方平整、障碍物的清除和场内外交通道路已经基本完成；施工用水、电均可满足施工需要；永久性或半永久性坐标和水准点已经设置；附属加工企业各种设施的建设基本能满足开工后生产和生活的需要；材料、成品和半成品以及必要的工业设备有适当的储备，并能陆续进入现场，保证连续施工；施工机械设备已进入现场，并能保证正常运转；劳动力计划已落实，随时可以调动进场，并已经过必要的技术安全防火教育。在此基础上，写出开工报告，并经上级主管部门审查批准后方可开工。

（三）全面施工阶段

施工方案中主要应确定这个阶段的施工程序。施工中通常遵循的程序主要有：

1．先地下、后地上

施工时通常应首先完成管道、管线等地下设施、土方工程和基础工程，然后开始地上工程施工。对地下工程也应按先浅后深的程序进行，以免造成施工返工或对上部工程的干扰，使施工不便，影响质量，造成浪费，但采用逆作法施工时除外。

2．先主体、后围护

施工时应先进行框架主体结构施工，然后进行围护结构施工。一般而言，多层建筑，主体结构与围护结构以少搭接为宜，而高层建筑则应尽量搭接施工，以便有效节约时间。

3．先结构、后装饰

施工时先进行主体结构施工，然后进行装饰工程施工。但是，随着新建筑体系的不断涌现和建筑工业化水平的提高，某些装饰与结构构件均在工厂完成。

4．先土建、后设备

先土建、后设备是指一般的土建与水暖电卫等工程的总体施工程序，施工时某些工序可能要穿插在土建的某一工序之前进行，这是施工顺序问题，并不影响总体施工程序。至于工业建筑中土建与设备安装工程之间的程序取决于工业建筑的类型，如精密仪器厂房，一般要求土建、装饰工程完成后安装工艺设备，而重型工业厂房，一般要求先安装工艺设备后建设厂房或设备安装与土建工程同时进行。

（四）竣工验收阶段

单位工程完工后，施工单位应首先进行内部预验收，然后，经建设单位验收合格，双方方可办理交工验收手续及有关事宜。

在施工方案设计时，应按照所确定的施工程序，结合工程的具体情况，明确各施工阶段的主要工作内容和顺序。

二、确定施工流程

施工流程是指单位工程在平面或竖向上施工开始的部位和展开的方向。对单层建筑物，如厂房按其车间、工段或跨间，分区分段地确定出在平面上的施工流向。对于多层建筑物，除了确定每层平面上的流向外，还必须确定某层或单元在竖向上的施工流向。

确定单位工程施工流程，一般应考虑如下因素：

（1）施工方法是决定施工流程的关键因素，如一栋建筑物要用逆作法施工地下两层结构，它的工作流程可作如下表达：测量定位放线——→进行地下连续墙施工——→进行钻孔灌注桩施工——→±0.000 标高结构层施工——→地下两层结构施工，同时进行地上一层结构施工——→底板施工并做各层柱，完成地下室施工——→完成上部结构。

若采用顺作法施工地下两层结构，其施工流程为：测量定位放线——→底板施工——→换拆第二道支撑——→地下两层施工——→换拆第一道支撑——→±0.000 顶板施工——→上部结构施工（先做主楼以保证工期，后做裙房）。

（2）车间的生产工艺流程也是确定施工流程的主要因素。因此，从生产工艺上考虑，影响其他工程试车投产的工段应该先施工。例如，B 车间生产的产品需受 A 车间生产的产品影响，A 车间又划分为三个施工段（1、2、3 段），且 2、3 段的生产要受 1 段的约束，故其施工应从 A 车间的 1 段开始，待 A 车间施工完毕后，再进行 B 车间施工。

（3）建设单位对生产和使用的需要。一般应考虑建设单位对生产或使用的要求，急于使用的工段或部位应先施工。

（4）单位工程各部分的繁简程度。一般对技术复杂、施工进度较慢、工期较长的工段或部位应先施工。例如，高层现浇钢筋混凝土结构房屋，主楼部分应先施工，裙房部分后施工。

（5）当有高低层或高低跨并列时，应从高低层或高低跨并列处开始。例如，在高低跨并列的单层工业厂房结构安装中，应先从高低跨并列处开始吊装；在高低层并列的多层建筑物中，层数多的区段常先施工；基础有深浅之分时，应按先深后浅的顺序施工。

（6）工程现场条件和施工方案。施工场地大小、道路布置和施工方案所采用的施工方法和机械也是确定施工流程的主要因素。例如，土方工程施工中，边开挖边进行余土外运，则施工起点应确定在远离道路的部位，由远及近地展开施工。又如，根据工程条件，挖土机械可选用正铲、反铲、拉铲等，吊装机械可选用履带吊、汽车吊或塔吊，这些机械的开行路线或布置位置便决定了基础挖土及结构吊装的施工流程。

（7）施工组织的分层分段。划分施工层、施工段的部位，如伸缩缝、沉降缝、施工缝，也是决定其施工流程应考虑的因素。

（8）分部分项工程的特点及其相互关系。

下面以多层建筑物的装饰工程为例加以说明。根据装饰工程的特点施工流程一般有如下几种情况：

1）室内装饰工程自上而下的施工起点流向，通常是指主体结构工程封顶、屋面防水层完成后，从顶层开始逐层向下进行，如图 17-2 所示，有水平向下和垂直向下两种情况。其优点是，主体结构完成后有一定的沉降时间，且防水层已做好，容易保证装饰工程质量不

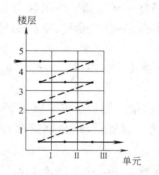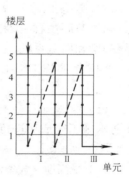

图 17-2　自上而下的施工

受沉降和雨水渗漏等情况的影响，而且自上而下的流水施工，工序之间交叉少，便于施工和成品保护，垃圾清理也方便。不过，其缺点是不能与主体工程搭接施工，工期较长。因此当工期不紧时，应选择此种施工起点流向。

2）室内装饰工程自下而上的施工起点流向，通常是指主体结构工程施工到三层以上时，装饰工程从一层开始，逐层向上进行。如图 17-3 所示。优点是主体与装饰交叉施工，工期短。缺点是工序交叉多，成品保护难，质量和安全不易保证。因此如采用此种施工起点流向，必须采取一定的技术组织措施，来保证质量和安全；如上下两相邻楼层中，首先应抹好上层地面，再做下层顶棚抹灰。当工期紧时可采用此种施工起点流向。

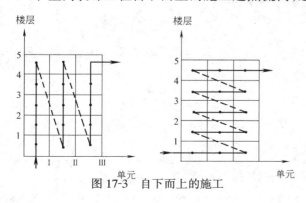

图 17-3　自下而上的施工

3）自中而下再自上而中的起点流

向,综合了上述两者的优缺点,适用于中高层建筑的装饰工程。

室外装饰工程一般总是采取自上而下的起点流向。

需要注意的是,在流水施工中,施工流程决定了各施工段的施工顺序,因此确定施工起点流程的同时,应当确定施工段的划分和顺序编号。

三、确定施工顺序

施工顺序是指分部分项工程施工的先后次序,合理地确定施工顺序是编制施工进度计划,组织分部分项工程的需要。同时,也是解决工种之间的搭接问题,以期做到保证质量和安全施工,充分利用空间,争取时间,实现缩短工期的目的。

(1)遵循施工程序。施工程序确定了施工阶段或分部工程之间的先后次序,确定施工顺序时必须遵循施工程序:例如先地下后地上的程序。

(2)必须符合施工工艺的要求。这种要求反映出施工工艺上存在的客观规律和相互间的制约关系,一般是不可违背的。如预制钢筋混凝土柱的施工顺序为:支模板——绑钢筋——浇混凝土——养护——拆模。而现浇钢筋混凝土柱的施工顺序为:绑钢筋——支模板——浇混凝土——养护——拆模。

(3)与施工方法协调一致。如单层工业厂房结构吊装工程的施工顺序,当采用分件吊装法时,则施工顺序为:吊柱——吊梁——吊屋盖系统;当采用综合吊装法时,则施工顺序为:第一节间吊柱、梁和屋盖系统——第二节间吊柱、梁和屋盖系统——……——最后节间吊柱、梁和屋盖系统。

(4)按照施工组织的要求。如安排室内外装饰工程施工顺序时,可按施工组织规定的先后顺序。

(5)考虑施工安全和质量。如为了安全施工,屋面采用卷材防水时,外墙装饰安排在屋面防水施工完成后进行;为了保证质量,楼梯抹面在全部墙面、地面和顶棚抹灰完成之后自上而下一次完成。

(6)受当地气候条件影响。如冬季室内装饰施工时,应先安门窗扇和玻璃,后做其他装饰。

多层混合结构居住房屋的施工,一般可划分为基础工程、主体结构工程、屋面及装饰工程三个阶段,如图 17-4 所示:

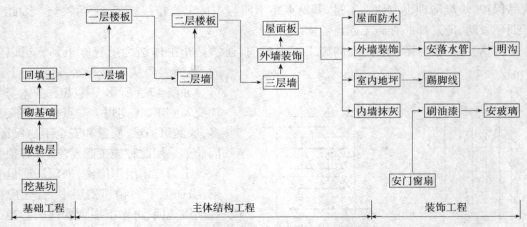

图 17-4　多层混合结构居住房屋的施工顺序

1. 基础工程的施工顺序

基础工程阶段是指室内地坪±0.000以下的所有工程的施工阶段。其施工顺序一般是:挖土——→做垫层——→砌基础——→铺设防潮层——→回填土。如果有地下障碍物、坟穴、防空洞、软弱地基等,需要事先进行处理;如有地下室则在基础砌筑完或砌筑一部分后,砌地下室墙,做完防潮层后,浇筑地下室楼板,最后回填土。

需要注意,挖土与垫层之间搭接应紧凑,以防积水浸泡或曝晒地基、影响其承载能力,垫层施工后留有适当的技术间歇时间,使其具有一定强度后,再进行下一道工序的施工。各种管沟的挖土及管道铺设等应尽可能与基础施工配合,平行搭接进行。基础施工时应注意预留孔洞,一般回填土在基础完工后一次分层夯填,为后续施工创造条件。对零标高以下室内回填土,最好与基槽回填土同时进行,如不能也可留在装饰工程之前,与主体结构施工交叉进行。

2. 主体结构工程的施工顺序

主体结构工程阶段的工作,通常包括:搭脚手架、砌筑墙体、安装门窗框、安装预制过梁、安装预制楼板、现浇卫生间楼板、现浇雨篷和圈梁、安装楼梯或现浇楼梯、安装屋面板等分项工程。其中砌筑墙体和安装楼板是主导工程。现浇卫生间楼板,各层预制楼梯段的安装必须与砌筑墙体和安装楼板紧密配合,一般应在砌墙、安装楼板的同时或相继完成。当采用现浇楼梯时,更应与楼层施工紧密配合,否则由于养护时间的影响,会使工期延长。

3. 屋面和装饰工程的施工顺序

该阶段具有施工内容多,劳动消耗量大,手工操作多和需要的时间长等特点。

屋面工程主要是卷材防水屋面和刚性防水屋面。卷材防水屋面一般按找平层——→隔气层——→保温层——→找平层——→防水层——→保护层的顺序施工。刚性防水屋面主要是现浇钢筋混凝土防水层应在主体完成后或部分完成时,尽快开始分段施工,以便为室内装饰工程创造条件。一般情况屋面工程和室内装饰工程可以搭接或平行施工。

装饰工程分为室外装饰工程和室内装饰工程。室外和室内装饰工程的施工顺序通常可分为先内后外、先外后内和内外同时进行三种顺序。具体选用哪种顺序可根据施工条件和气候条件等确定。通常室外装饰应避开冬季和雨季。当室内窗台板为水磨石时,为防止打磨时脏水污染外墙面,应在水磨石施工完成后进行外墙面装饰。有时为了加速外脚手架材料的周转也采取先外后内的顺序。

室外装饰施工顺序:一般按外墙抹灰(或其他饰面)——→勒脚——→散水——→台阶——→明沟。外墙装饰一般是自上而下,同时安装落水斗、落水管并拆除外脚手架。室内装饰的内容主要有:顶棚、地面和墙面抹灰;门窗扇安装和油漆;门窗安装玻璃、油漆墙裙、做踢脚线和楼梯抹灰等,其中抹灰是主导工程。同一层的室内抹灰的施工顺序有两种:一是地面——→顶棚——→墙面;二是顶棚——→墙面——→地面。前一种施工顺序的优点是:地面质量容易保证,便于收集落地灰、节省材料。缺点是地面需要养护时间和采取保护措施,影响工期。后一种施工顺序的优点是:墙面抹灰与地面抹灰之间不需养护时间,工期可以缩短。缺点是落地灰不易收集,地面的质量不易保证,容易产生地面起壳。

其他的室内装饰工程之间也有通常采用的施工顺序:底层地面一般多是在各层顶棚、墙面和楼地面做好后进行;楼梯间和楼梯抹面通常在整个抹灰工程完成之后自上而下统一施工,以免施工期间使其损坏;门窗扇的安装一般是在抹灰之前或之后进行,视气候和施工条件而定,若室内装饰工程是在冬季施工,为防止抹灰冻结和加速干燥,门窗扇和玻璃应在抹灰之前安装好。钢门窗一般采用框和扇在加工厂拼装完,运至现场在抹灰前或后进行安装;为了防止油漆弄脏玻璃,采用先油漆门窗框和扇,后安装玻璃的施工顺序。

4．水暖电卫等工程的施工顺序

水暖电卫工程不像土建工程,分成几个明显的施工阶段,它一般是与土建工程中有关分部分项工程紧密配合,穿插进行的。其顺序如下:

(1) 在基础工程施工时,在回填土之前,应完成上下水管沟和暖气管沟垫层和墙壁的施工。

(2) 在主体结构施工时,应在砌砖墙或现浇钢筋混凝土楼板时,预留上下水和暖气管孔、电线孔槽、预埋木砖或其他预埋件。但抗震房屋除外,应按有关规范进行。

(3) 在装饰工程施工前,安装相应的各种管道和电气照明用的附墙暗管、接线盒等。水暖电卫其他设备安装均穿插在地面或墙面抹灰前后进行。但采用明线的电线则应在室内粉刷之后进行。

室外管网工程的施工可以安排在土建工程施工之前或与土建工程施工同时进行。

单层工业厂房由于生产工艺的需要,在建筑平面、造型或结构构造上都与民用建筑有很大差别,有设备基础和各种管网,因此,单层工业厂房的施工要比民用建筑复杂。装配式钢筋混凝土单层工业厂房的施工可分为:地下工程、预制工程、结构安装工程、围护工程和装饰工程五个主要分部工程,其施工顺序如图 17-5 所示。

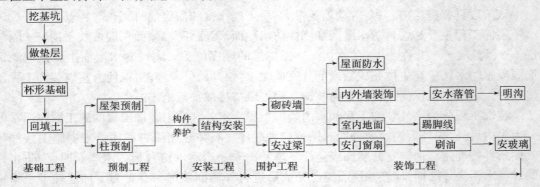

图 17-5 装配式钢筋混凝土单层工业厂房的施工顺序

1．地下工程的施工顺序

地下工程的施工顺序一般为:基坑挖土——做垫层——安装基础模板——绑钢筋——浇混凝土——养护——拆基础模板——回填土等分项工程。

当中型或重型工业厂房建设在土质较差的地区时,通常采用桩基础。此时,为了缩短工期,常将打桩工程安排在施工准备阶段进行。

在地下工程开始前,同民用房屋一样,应首先处理好地下的洞穴等,然后,确定施工起点流向,划分施工段,以便组织流水施工。并应确定钢筋混凝土基础或垫层与挖基坑之间的搭接程度及所需技术间歇时间,在保证质量的条件下,尽早拆模和回填,以免曝晒和水浸地基,并提供就地预制场地。

在确定施工顺序时,必须确定厂房柱基础与设备基础的施工顺序,它常常影响到主体结

构和设备安装的方法与开始时间,通常有两种方案可选择:

(1)当厂房柱基础的埋置深度大于设备基础埋置深度时,一般采用厂房柱基础先施工,设备基础后施工的"封闭式"施工顺序。

通常,当厂房施工处于冬雨季时,或设备基础不大,或采用沉井等特殊施工方法施工的较大较深的设备基础,均可采用"封闭式"施工顺序。

"封闭式"施工的优点主要有:

1)厂房施工时,工作面大,构件现场预制,拼装和安装方便,选择起重机械和确定开行路线灵活性大,主体结构施工进度快。

2)设备基础后施工,在室内进行,不受气候影响,可以减少防寒防雨费用。

3)设备基础施工可以利用厂房内的吊车。

"封闭式"施工顺序的缺点有:

1)施工中出现了某些重复性的工作,如挖填土和临时运输道路的铺设。

2)设备基础施工受到限制,条件差,甚至造成基坑挖土不便使用机械。

3)如果厂房地基土质不好,两种基础又连成一片时,易造成地基不稳定,施工中需要增加措施费用。

4)不能为设备基础施工提前提供工作面,施工期较长。

(2)当设备基础埋置深度大于厂房柱基础的埋置深度时,一般采用厂房柱基础与设备基础同时施工的"开敞式"施工顺序。

当厂房的设备基础较大较深,基坑的挖土范围连成一片,或深于厂房柱基础,以及地基的土质不准时,才采用设备基础先施工的顺序。当设备基础与柱基础埋置深度相同或接近时,可以任意选择一种施工顺序。

2.预制工程的施工顺序

单层工业厂房构件的预制,通常采用加工厂预制和现场预制相结合的方法进行,一般重量较大或运输不便的大型构件,可在拟建车间现场就地预制,如柱、托架梁、屋架和吊车梁等。中小型构件可在加工厂预制,如大型屋面板等标准构件和木制品等宜在专门的生产厂家预制。对于种类及规格繁多的异型构件,可在拟建厂房外部集中预制,如门窗过梁等。在具体确定预制方案时,应结合构件技术要求、工期规定、当地加工能力、现场施工和运输条件等因素进行技术经济分析后确定。

钢筋混凝土构件预制工程的施工顺序为:场地平整夯实——预制构件的支模——绑钢筋——埋铁件——浇混凝土——养护——预应力钢筋的张拉——拆模——锚固——灌浆等分项工程。

预制构件开始制作的日期、制作的位置、起点流向和顺序,在很大程度上取决于工作面准备工作完成的情况和后续工程的要求,如结构安装的顺序等。通常,只要基础回填土、场地平整完成一部分之后,并且,结构安装方案已定,构件平面布置图已绘出,就可以进行制作。制作的起点流向应与基础工程的施工起点流向相一致,这样既能使构件早日开始制作,又能及早让出工作面,为结构安装工程及早开始创造条件。

当采用分件安装方法时,预制构件的预制有三种方案:

(1)当场地狭窄而工期允许时,构件预制可分别进行。首先预制柱和梁,待柱和梁安装完再预制屋架。

（2）当场地宽敞时，可在柱、梁制作完就进行屋架预制。

（3）当场地狭窄且工期要求紧迫时，可首先将柱和梁等构件在拟建车间内就地预制，同时在拟建车间外进行屋架预制。另外，为满足吊装强度要求，有时先开始预制屋架。

当采用综合吊装法吊装时，构件需一次制作。这时应视场地具体情况确定：构件是全部在拟建车间内部就地预制，还是有一部分在拟建车间外预制。

3．结构安装工程的施工顺序

结构安装工程是单层工业厂房施工中的主导工程。其施工顺序取决于安装方法。其施工内容为：柱、吊车梁、连系梁、地基梁、托架、屋架、天窗架、大型屋面板等构件的吊装、校正和固定。

构件开始吊装日期取决于吊装前准备工作完成的情况。当柱基杯口弹线和杯底标高抄平、构件的检查和弹线、构件的吊装验算和加固、起重机械的安装等准备工作完成后，构件混凝土强度已达到规定的吊装强度，就可以开始吊装。

一般钢筋混凝土柱和屋架的强度应分别达到 70% 和 100% 设计强度后进行吊装；预应力钢筋混凝土屋架、托架梁等构件在混凝土强度达到 100% 设计强度时，才能张拉预应力钢筋，而灌浆后的砂浆强度要达到 $15N/mm^2$ 时才可以进行就位和吊装。吊装的顺序取决于吊装方法：分件吊装法还是综合吊装法。若采用分件吊装法时，其吊装顺序一般是：第一次开行吊装柱，随后校正与固定；待接头混凝土强度达到设计强度 70% 后，第二次开行吊装吊车梁、托架梁与连系梁；第三次开行吊装屋盖系统的构件。有时也可将第二次、第三次开行合并为一次开行。若采用综合吊装法时，其吊装顺序一般是：先吊装 4～6 根柱并迅速校正和灌浆固定，再吊装各类梁及屋盖系统的全部构件，如此依次逐个节间吊装，直至整个厂房吊装完毕。

抗风柱的安装顺序一般有两种：

（1）在吊装柱的同时先安装该跨一端的抗风柱；另一端则在屋盖系统安装以后进行；

（2）全部抗风柱的安装均待屋盖系统安装完毕后进行。

结构安装工程是装配式单层工业厂房的主导施工阶段，应单独编制结构安装工程的施工作业设计。其中，结构吊装的流向通常应与预制构件制作的流向一致。当厂房为多跨且有高低跨时，构件安装应从高低跨柱列开始，先安装高跨，后安装低跨，以适应安装工艺的要求。

4．围护工程的施工顺序

围护工程施工阶段包括墙体砌筑、安装门窗框和屋面工程。墙体工程包括搭脚手架和内外墙砌筑等分项工程。在厂房结构安装工程结束之后，或安装完一部分区段后即可开始内外墙砌筑工程的分段分层流水施工。不同的分项工程之间可组织立体交叉平行流水施工。墙体工程、屋面工程和地面工程应紧密配合。如墙体施工完毕，应考虑屋面工程和地面工程施工。

脚手架工程应配合砌筑搭设，在室外装饰后、做散水坡前拆除，内隔墙的砌筑应根据内隔墙的基础形式而定，有的需要在地面工程完成后进行，有的则可在地面工程前与外墙同时进行。

屋面防水工程的施工顺序，基本与混合结构居住房屋的屋面防水施工顺序相同。

5．装饰工程的施工顺序

装饰工程的施工又可分为室内和室外装饰。室内装饰工程包括勾缝、地面(整平、垫层、面层)、门窗扇安装、油漆和刷白等分项工程。室外装饰工程包括勾缝、抹灰、勒脚、散水坡等分项工程。

一般单层厂房的装饰工程,通常不占用总工期,而与其他施工过程穿插进行。地面工程应在设备基础、墙体砌筑工程完成了一部分和埋入地下的管道电缆或管道沟完成后随即进行,或视具体情况穿插进行;钢门窗安装一般与砌筑工程穿插进行,也可以在砌筑工程完成后开始安装,视具体条件而定;门窗油漆可以在内墙刷白以后进行,也可以和设备安装同时进行;刷白应在墙面干燥和大型屋面板灌缝之后进行,并在油漆开始前结束。

四、施工方法和施工机械选择

施工方法和施工机械选择是施工方案中的关键问题。它直接影响施工进度、施工质量和安全,以及工程成本。编制施工组织设计时,必须根据工程的建筑结构、抗震要求、工程量大小、工期长短、资源供应情况、施工现场条件和周围环境,制定出可行方案,并进行技术经济比较,确定最优方案。

(一)施工方法与施工机械选择的内容

选择施工方法时应着重考虑影响整个单位工程施工的分部分项工程的施工方法,如在单位工程中占重要地位的分部分项工程、施工技术复杂或采用新技术、新工艺对工程质量起关键作用的分部分项工程、不熟悉的特殊结构工程或由专业施工单位施工的特殊专业工程的施工方法,要求详细而且具体,必要时应编制单独的施工作业设计,提出质量要求及达到这些质量要求的技术措施,指出可能发生的问题并提出预防措施和必要的安全措施。而对于按照常规做法和工人熟悉的分项工程,只要提出应注意的特殊问题,即可不必详细拟定施工方法。

施工方法与机械选择一般包括下列内容:

1. 土石方工程

(1)计算土石方工程的工程量,确定土石方开挖或爆破方法,选择土石方施工机械。

(2)确定土壁放边坡的坡度系数或土壁支撑形式以及板桩打设方法。

(3)选择排除地面、地下水的方法,确定排水沟、集水井或井点布置方案及所需设备。

(4)确定土石方平衡调配方案。

2. 基础工程

(1)浅基础的垫层、混凝土基础和钢筋混凝土基础施工的技术要求;以及地下室施工的技术要求。

(2)桩基础施工的施工方法和施工机械选择。

3. 砌筑工程

(1)墙体的组砌方法和质量要求。

(2)弹线及皮数杆的控制要求。

(3)确定脚手架搭设方法及安全网的挂设方法。

(4)选择垂直和水平运输机械。

4. 钢筋混凝土工程

(1)确定混凝土工程施工方案:滑模法、升板法或其他方法。

(2)确定模板类型及支模方法,对于复杂工程还需进行模板设计和绘制模板放样图。

（3）选择钢筋的加工、绑扎和焊接方法。

（4）选择混凝土的制备方案，如采用商品混凝土，还是现场拌制混凝土。确定搅拌、运输及浇筑顺序和方法以及泵送混凝土和混凝土普通垂直运输机械的选择。

（5）选择混凝土搅拌、振捣设备的类型和规格，确定施工缝的留设位置。

（6）确定预应力混凝土的施工方法、控制应力和张拉设备。

5．结构安装工程

（1）确定起重机械类型、型号和数量；

（2）确定结构安装方法（分件吊装法还是综合吊装法），安排吊装顺序、机械位置和开行路线及构件的制作、拼装场地；

（3）确定构件运输、装卸、堆放方法和所需机具设备的型号、数量和运输道路要求。

6．屋面工程

（1）屋面工程各个分项工程的施工操作要求。

（2）确定屋面材料的运输方式。

7．装饰工程

（1）各种装饰工程的操作方法及质量要求。

（2）确定材料运输方式及储存要求。

（3）确定所需机具设备。

（二）选择施工机械时应注意的问题

施工机械选择应主要考虑以下几个方面：

（1）应首先根据工程特点选择适宜的主导工程施工机械。如在选择装配式单层工业厂房结构安装用的起重机械类型时，若工程量大而集中，可以采用生产率较高的塔式起重机或桅杆式起重机；若工程量较小或虽大却较分散时，则采用无轨自行式起重机械；在选择起重机型号时，应使起重机性能满足起重量、安装高度、起重半径和臂长的要求。

（2）各种辅助机械应与直接配套的主导机械的生产能力协调一致。为了充分发挥主导机械的效率，在选择与主导机械直接配套的各辅助机械和运输工具时，应使其互相协调一致。如土方工程中自卸汽车的选择，应考虑使挖土机的效率充分发挥出来。

（3）在同一建筑工地上的建筑机械的种类和型号应尽可能少。在一个建筑工地上，如果拥有大量同类而不同型号的机械，会给机械管理带来困难，同时增加了机械转移的工时消耗。因此，对于工程量大的工程应采用专用机械；对于工程量小而分散的情况，应尽量采用多用途的机械。

（4）尽量用施工单位的现有机械，以减少施工的投资额，提高现有机械的利用率，降低工程成本。若现有机械满足不了工程需要，则可以考虑购置或租赁。

（5）确定各个分部工程垂直运输方案时应进行综合分析，统一考虑。

五、施工方案的技术经济分析

为提高施工的经济效益，降低成本和提高工程质量，对施工方案进行技术经济分析十分重要。例如：主要施工机械的选择，施工方法的选用，施工组织的安排以及缩短施工工期等方面的技术经济比较。以下通过示例来加以说明。

（一）主要施工机械选择的经济分析

选择主要施工机械要从机械的多用性、耐久性、经济性及生产率等因素来考虑。如果有若干种可供选择的机械,其使用性能和生产率相类似,那么各种机械的经济性则体现在其各自的寿命周期费用的高低。这里所说的寿命周期费用由机械的购置费、维护保养费、使用费、使用年限及机械使用期满后的残余价值等所决定。

【例 17-1】

某大型建设项目施工中需要购置一台施工机械,现有甲、乙两种性能相似的机械可以选择,其有关费用和使用年限等参数如表 17-2 所示。试对方案进行选择。

例 17-1　附表 表 17-2

费 用 名 称	A 机械	B 机械	费 用 名 称	A 机械	B 机械
购置费(元)	20000	18000	使用年限(年)	20	15
年度维护保养费(元)	1000	1200	期满后的残余价值(元)	3000	5000
年度使用费(元)	6000	6800	年复利率(%)	8	8

【解】

为客观准确地对方案进行评价选择,且注意到两种机械的使用寿命不相等,故采用考虑资金时间价值的费用年值法,将方案整个寿命期间的各项费用折算为等值的年度费用来加以比较。计算公式为:

$$AC = P^{(A/P\,i,n)} + D + G - R^{(A/F\,i,n)}$$

式中　AC——折算的年度费用(元/年);

　　　P——购置费(元);

　　　D——年度维护保养费(元);

　　　G——年度使用费(元);

　　　R——期满后的残余价值(元);

　　　n——使用年限(年);

　　　i——年复利率;

$^{(A/P\,i,n)}$——资金回收系数,即将初始投入的资金按复利率 i,使用年限 n 摊销到寿命期各年时所用的系数,可查表得到,也可按下式计算:

$$^{(A/P\,i,n)} = \frac{(1+i)^n - 1}{i(1+i)^n}$$

$^{(A/F\,i,n)}$——资金存储系数,即将未来发生的资金按复利率 i,使用年限 n 摊销到寿命期各年时所用的系数,可查表得到,也可按下式计算:

$$^{(A/F\,i,n)} = \frac{(1+i)^n - 1}{i}$$

将表中所列的参数分别代入上式,算得:

机械 A 的年度费用 $AC_A = 20000^{(A/P\,8\%,20)} + 1000 + 6000 - 3000^{(A/F\,8\%,20)}$

$\qquad = 20000 * 0.10185 + 1000 + 6000 - 3000 * 0.02185$

$\qquad = 8971.45$(元)

机械 B 的年度费用 $AC_B = 18000^{(A/P\,8\%,15)} + 1200 + 6800 - 5000^{(A/F\,8\%,15)}$

$\qquad = 18000 * 0.11683 + 1200 + 6800 - 5000 * 0.03683$

$\qquad = 9918.79$(元)

因为 $AC_A < AC_B$,故选购机械 A 较为经济。

(二) 施工方案的技术经济比较

在单位工程施工组织设计中对施工方案既要考虑技术上的可行性,更要考虑其经济上的合理性,通过经济性的比较来选择适宜的方案。在各方案均能满足施工技术要求的情况下,则最经济的方案即为最优方案。由于各施工方案均能发挥相同的功效,因此只需要比较其费用即可说明方案之间的经济性高低。

注意到方案不同,费用发生的情况也不同。有的方案一次性投资高,但经常性的使用维修费低,有的方案则相反,一次性投资少,经常性费用却高。我们需要在这两者之间进行权衡,选择综合费用最低的方案。为了客观准确地体现方案之间的经济性,在计算费用时,如果属于固定资产的一次性投资,则应考虑资金的时间价值,若仅仅是在施工阶段的临时性一次投资,由于时间短,可不考虑资金的时间价值。

【例 17-2】

某工程土方开挖有两个施工方案,一个是人工挖土,单价为 3 元/m³,另一个是机械挖土,单价为 2 元/m³,但需机械购置费 10000 元,问这两个施工方案适用情况如何?

【解】 设这两个方案所需完成的挖土工程量为 Q,则

人工挖土费用 $TC_1 = 3Q$

机械挖土费用 $TC_2 = 2Q + 10000$

令 $TC_1 = TC_2$

即 $3Q = 2Q + 10000$

解得 $Q = 10000 (\text{m}^3)$

这说明当土方工程量大于 10000m³ 时,用机械挖土较为经济;当土方工程量小于10000m³ 时,人工挖土较为经济。

第四节　单位工程施工进度计划和资源需要量计划

一、单位工程施工进度计划

单位工程施工进度计划是在选定施工方案的基础上,根据规定工期和各种资源供应条件,按照施工过程的合理施工顺序及组织施工的原则,用横道图或网络图,对单位工程从开始施工到工程竣工,全部施工过程在时间上和空间上的合理安排。

单位工程施工进度计划根据施工项目划分的粗细程度,可分为控制性与指导性施工进度计划两类。控制性施工进度计划按分部工程来划分施工项目,控制各分部工程的时间及其互相搭接配合关系。指导性施工进度计划按分项工程或施工过程来划分施工项目,具体确定各分项工程或施工过程的施工时间及其相互搭接配合关系。

(一) 施工进度计划的作用

单位工程施工进度计划的作用主要有

(1) 安排单位工程的施工进度,保证在规定工期内完成符合质量要求的工程任务;

(2) 确定单位工程的各个施工过程的施工顺序、持续时间以及相互衔接和合理配合关系;

(3) 为编制季度、月、旬生产作业计划提供依据;

（4）为编制各种资源需要量计划和施工准备工作计划提供依据。

（二）编制依据

编制单位工程施工进度计划，主要依据下列资料：

（1）经过审批的建筑总平面图、地形图、单位工程施工图、工艺设计图、设备基础图、采用的标准图集以及技术资料；

（2）施工组织总设计对本单位工程的有关规定；

（3）施工工期要求及开竣工日期；

（4）施工条件：劳动力、材料、构件及机械的供应条件，分包单位的情况等；

（5）主要分部分项工程的施工方案；

（6）施工预算，劳动定额及机械台班定额；

（7）其他有关要求和资料。

（三）施工进度计划的表示方法

施工进度计划一般用图表表示，经常采用的有两种形式：横道图和网络图。横道图的形式如表17-3所示。

单位工程施工进度横道图表

表 17-3

序号	分部分项工程名称	工程量		定额	劳动量		需要的机械		每天工作班	每班工人数	工作日数	进度日程		
		单位	数量		工种	工日数量	机械名称	台班数				月		月

从表中可看出，它由左右两部分组成。左边部分列出各种计算数据，如分项工程名称、相应的工程量、采用的定额、需要的劳动量或机械台班数以及参加施工的工人数和施工机械等。右边上部是从规定的开工之日起到竣工之日止的时间表。下边是按左边表格的计算数据设计的进度指示图表，用线条形象地表示出各个分部分项工程的施工进度和总工期；反映出各分部分项工程相互关系和各个施工队在时间和空间上开展工作的相互配合关系。有时在其下面汇总单位工程在计划工期内的资源需要量的动态曲线。

（四）编制内容和步骤

此处仅以横道图为例作出介绍。

1. 划分施工过程

编制进度计划时，首先应按照施工图纸和施工顺序，将拟建单位工程的各个施工过程列出，并结合施工方法、施工条件和劳动组织等因素，加以适当调整，确定在本施工进度计划中划分的施工过程。

通常施工进度计划表中只列出直接在建筑物或构筑物上进行施工的砌筑安装类施工过程以及占有施工对象空间、影响工期的制备类和运输类施工过程。

在确定施工过程时，应注意以下几个问题：

（1）施工过程划分的粗细程度，主要根据单位工程施工进度计划的客观作用而定。对于控制性施工进度计划，项目划分得粗一些，通常只列出分部工程名称。如混合结构居住房屋的控制性施工进度计划，只列出基础工程、主体工程、屋面工程和装修工程四个施工过程。而对于实施性的施工进度计划，项目划分得要细一些，如上面所说的屋面工程应进一步划分为找平层、隔气层、保温层、防水层等分项工程。

（2）施工过程的划分要结合所选择的施工方案。如单层工业厂房结构安装工程，若采用分件吊装法，则施工过程的名称、数量和内容及安装顺序应按照构件来确定；若采用综合吊装法，则施工过程应按照施工单元(节间、区段)来确定。

（3）要适当简化施工进度计划内容，避免工程项目划分过细，重点不突出。可将某些穿插性分项工程合并到主导分项工程中，或对在同一时间内，由同一专业工作队施工的过程，合并为一个施工过程。而对于次要的零星分项工程，可合并为其他工程一项。如门油漆、窗油漆合并为门窗油漆一项。

（4）水暖电卫工程和设备安装工程通常由专业工作队负责施工。因此，在一般土建工程施工进度计划中，只要反映出这些工程与土建工程相互配合即可。

（5）所有施工过程应基本按施工顺序先后排列，编排序号，避免遗漏或重复，所采用的施工项目名称可参考现行定额手册上的项目名称。

2．计算工程量

工程量计算是一项十分繁琐的工作，应根据施工图纸、有关计算规则及相应的施工方法进行，往往是重复劳动，由于进度计划中的工程量仅是用以计算各种资源用量，不作为计算工资或工程结算的依据，所以不必精确计算。通常，可直接采用施工图预算所计算的工程量数据，但应注意有些项目的工程量应按实际情况作适当调整。如土方工程施工中挖土工程量，应根据土壤的类别和采用的施工方法等进行调整。计算时应注意以下几个问题：

（1）各分部分项工程的工程量计算单位应与现行定额手册中所规定的单位一致，以避免计算劳动力、材料和机械数量时进行换算，产生错误。

（2）结合选定的施工方法和安全技术要求，计算工程量。

（3）结合施工组织要求，分区、分段和分层计算工程量。

（4）计算工程量时，尽量考虑编制其他计划时使用工程量数据的方便，做到一次计算，多次使用。

3．计算劳动量和机械台班数量

劳动量和机械台班数量应根据各分部分项工程的工程量、施工方法和现行的施工定额，结合施工单位的实际情况，计算确定。人工作业时，计算所需的工日数量；机械作业时，计算所需的台班数量。其值可以直接由现行施工定额手册查出，也可以在考虑本单位实际生产水平的基础上对其进行必要的调整，以使单位工程施工进度计划更切合实际。计算公式如下：

$$P = \frac{Q}{S} \text{或} P = Q \cdot H$$

式中　P——完成某分部分项工程所需的劳动量(工日或台班)；

　　　Q——某分部分项工程的工程量；

　　　S——某分部分项工程人工或机械的产量定额；

H——某分部分项工程人工或机械的时间定额。

在使用定额时，可能会出现以下几种情况：

（1）计划中的一个项目包括了定额中的同一性质的不同类型的几个分项工程。这时可用其所包括的各分项工程的工程量与其产量定额（或时间定额）算出各自的劳动量，然后求和，即为计划中项目的劳动量，其计算公式如下：

$$P = \frac{Q_1}{S_1} + \frac{Q_2}{S_2} + \cdots\cdots + \frac{Q_n}{S_n} = \sum_{i=1}^{n} \frac{Q_i}{S_i}$$

式中　　P——计划中某一工程项目的劳动量；

Q_1、$Q_2 \cdots Q_n$——同一性质各个不同类型分项工程的工程量；

S_1、$S_2 \cdots S_n$——同一性质各个不同类型分项工程的产量定额；

　　　　n——计划中的一个工程项目所包括定额中同一性质不同类型分项工程阶个数。

或者，首先计算平均定额，再用平均定额计算劳动量。当同一性质不同类型分项工程的工程量相等时，平均定额可用其绝对平均值，如下式所示：

$$H = \frac{H_1 + H_2 + \cdots\cdots + H_n}{n}$$

式中　H——同一性质不同类型分项工程的平均时间定额。

其他符号同前。

当同一性质不同类型分项工程的工程量不相等时，平均定额应用加权平均值，如下式所示：

$$S = \frac{Q_1 + Q_2 + \cdots\cdots + Q_n}{\dfrac{Q_1}{S_1} + \dfrac{Q_2}{S_2} + \cdots\cdots + \dfrac{Q_n}{S_n}}$$

式中　S——同一性质不同类型分项工程的平均产量定额。

其他符号同前。

（2）施工计划中的新技术或特殊施工方法的工程项目尚未列入定额手册。在实际施工中，会遇到采用新技术或特殊施工方法的分部分项工程，由于缺乏足够的经验和可靠资料等，暂时未列入定额，计算时可参考类似项目的定额或经过实际测算，确定临时定额。

（3）施工计划中"其他工程"项目所需的劳动量。可根据其内容和工地具体情况，以总劳动量的一定百分比计算，一般取 10%～20%。

（4）水暖电卫、设备安装等工程项目，由专业工程队组织施工，在编制一般土建单位工程施工进度计划时，不予考虑其具体进度，仅表示出与一般土建工程进度相配合的进度。

4. 确定各施工过程的施工天数

计算各分部分项工程施工持续天数的方法有两种：

（1）根据配备人数或机械台数计算天数

该方法是根据施工项目需要的劳动量或机械台班量和配备在该分部分项工程施工的工人人数或机械台数，计算施工持续天数，公式如下：

$$t = \frac{P}{R \cdot N}$$

式中　t——完成某分部分项工程施工天数；

　　　R——每班配备在该分部分项工程施工机械台数或人数；

N——每天工作班次；

P——该分部分项工程所需要的劳动量。

在安排每班工人数和机械台数时，应综合考虑以下问题，首先要保证各个工作项目上的工人班组中的每一个工人拥有足够的工作面(不能小于最小工作面)，以发挥高效率并保证施工安全。另外要使各个工作项目上的工人数量不低于正常施工所必须的最低限度(不能小于最小劳动组合)，以达到最高的劳动生产率。由此可见最小工作面限定了每班安排人数的上限，而最小劳动组合限定了每班安排人数的下限。对于机械台数的安排也是如此。

(2) 根据工期要求倒排进度

首先根据总工期和施工经验，确定各分部分项工程的施工时间，然后再按各分部分项工程需要的劳动量或机械台班数量，确定每一分部分项工程所需要的机械台数或工人数，计算如下：

$$R = \frac{P}{t \cdot N}$$

计算时首先按一班制，若算得的机械台数或工人数超过施工单位能供应的数量或超过工作面所能容纳的数量时，可增加工作班次或采取其他措施，使每班投入的机械台数或人数减少到可以达到与合理的范围。

5. 编制施工进度计划的初始方案

在编制施工进度计划时，应首先确定主要分部分项工程，组织分项工程流水，使主导的分项工程能够连续施工。具体方法如下：

(1) 确定主要分部工程并组织其流水施工

首先应确定主要分部工程，组织其中主导分项工程的施工，使主导分项工程连续施工，然后将其他穿插分项工程和次要项目尽可能与主导施工过程相配合穿插、搭接或平行作业。例如砖混结构中的主体结构工程，其主导施工过程为砖墙砌筑和现浇钢筋混凝土楼板。

(2) 安排其他各分部工程，并组织其流水施工

其他各分部工程施工应与主要分部工程相配合，并用与主要分部工程相类似的方法，组织其内部的分项工程，使其尽可能流水施工。

(3) 按各分部工程的施工顺序编排初始方案

各分部工程之间按照施工工艺顺序或施工组织的要求，将相邻分部工程的相邻分项工程，按流水施工要求或配合关系搭接起来，组成单位工程进度计划的初始方案。

6. 检查与调整施工进度计划的初始方案，绘制正式进度计划

检查与调整的目的在于使初始方案满足规定的计划目标，确定理想的施工进度计划。其内容如下：

(1) 检查各施工过程的施工顺序以及平行、搭接和技术间歇等是否合理；

(2) 初始方案的总工期是否满足规定工期；

(3) 主要工种工人是否连续施工，施工机械是否充分发挥作用；

(4) 各种资源需要量是否均衡。

为了反映劳动力消耗的均衡情况，通常采用劳动力消耗动态图表示。劳动力的消耗在整个单位工程施工期间应力求均衡，使每天出勤的工人人数不发生大的变化。

劳动力消耗的均衡性指标可以采用劳动力均衡系数 K 来评估。

$$K = \frac{高峰出勤人数}{平均出勤人数}$$

式中的平均出勤人数为单位工程施工期间每天出勤人数总和除以总工期。

经过检查,对不符合要求的部分进行调整。其方法一般有:增加或缩短某些分项工程的施工时间;在施工顺序允许的情况下,将某些分项工程的施工时间前后移动;必要时还可以改变施工方法或施工组织措施,最后,绘制正式进度计划。

此外还应指出,由于建筑施工是一个复杂的生产过程,影响计划执行的因素非常多,劳动力以及机械和材料等物资的供应往往不能满足要求,自然条件如气候也常常造成工期拖延。因此即使有了最周密的进度计划,还必须在组织施工中善于使主观的计划随时适应客观情况和条件的变化,故一方面在编制进度计划时要注意留有充分的余地,不致当施工过程稍有变化,就陷于被动的状态,另一方面在实施过程中要不断修改和调整进度计划。这种调整和改变是正常的,目的是使进度计划永远处于最佳状态。

二、资源需要量计划

各项资源需要量计划可用来确定建筑工地的临时设施,并按计划供应材料、构件、调配劳动力和机械,以保证施工顺利进行。在编制单位工程施工进度计划后,根据施工图纸、工程量计算资料、施工方案、施工进度计划等有关资料,就可以着手编制各项资源需要量计划。

(一) 劳动力需要量计划

它主要是作为安排劳动力、调配和衡量劳动力消耗指标、安排生活福利设施的依据。其编制方法是将施工进度计划表中所列各施工过程每天(或旬、月)劳动量、人数按工种汇总,填入劳动力需要量计划表。其格式如表 17-4 所示。

劳动力需要量计划表　　　　　　　　　　　　　　表 17-4

序　号	工种名称	劳动量(工日)	月　　　份							
			1	2	3	4	5	6	7	8

(二) 主要材料需要量计划

它主要作为备料、供料和确定仓库、堆场面积及组织运输的依据。其编制方法是,根据施工预算中工料分析表、施工进度计划表,材料的贮备和消耗定额,将施工中需要的材料,按品种、规格、数量、使用时间计算汇总,填入主要材料需要量计划表,其格式如表 17-5 所示。

主要材料需要量计划表　　　　　　　　　　　表 17-5

序　号	材料名称	规　格	需　要　量		供应时间	备　注
			单　位	数　量		

(三) 构件和半成品需要计划

它主要用于落实加工订货单位,并按照所需规格、数量、时间,组织加工、运输和确定仓库或堆场,可根据施工图和施工进度计划编制,其格式如表 17-6 所示。

序　号	品　名	规　格	图　号	需　要　量		使用部位	加工单位	供应日期	备　注
				单　位	数　量				

（四）施工机械需要量计划

它主要用于确定施工机具类型、数量、进场时间，据此落实施工机具来源，组织进场。其编制方法是，将单位工程施工进度计划中的每一个施工过程，每天所需的机械类型、数量和施工日期进行汇总，即得施工机械需要量计划。其格式如表 17-7 所示。

施工机械需要量表　　　　　　　　　　　表 17-7

序　号	机械名称	类型编号	需　要　量		货　源	使用起止时间	备　注
			单　位	数　量			

第五节　单位工程施工平面图设计

单位工程施工平面图设计是对一个建筑物或构筑物的施工现场的平面规划和空间布置图。它是根据工程规模、特点和施工现场的条件，按照一定的设计原则，来正确地解决施工期间所需的各种暂设工程和其他业务设施等同永久性建筑物和拟建工程之间的合理位置关系。它是进行现场布置的依据，也是实现施工现场有组织有计划地进行文明施工的先决条件。编制和贯彻合理的施工平面图，施工现场井然有序，施工进行顺利；反之，导致施工现场混乱，直接影响施工进度，造成工程成本增加等不良后果。

单位工程施工平面图的绘制比例一般为 1∶500～1∶2000。

一、单位工程施工平面图的设计内容

（1）建筑总平面图上已建和拟建的地上地下的一切房屋、构筑物以及其他设施（道路和各种管线等）的位置和尺寸。

（2）测量放线标桩位置、地形等高线和土方取弃场地。

（3）自行式起重机械开行路线、轨道式起重机的轨道布置和固定式垂直运输设备位置。

（4）各种加工厂、搅拌站、材料，加工半成品、构件、机具的仓库或堆场。

（5）生产和生活性临时设施的布置。

（6）场内道路的布置和引入的铁路、公路和航道位置。

（7）临时给排水管线、供电线路、蒸汽及压缩空气管道等布置。

（8）一切安全及防火设施的位置。

二、单位工程施工平面图的设计依据

在进行施工平面图设计前，应认真研究施工方案，并对施工现场作深入细致的调查研究，并对原始资料进行周密分析，使设计与施工现场的实际情况相符，从而使其确实起到指

导施工现场空间布置的作用。设计所依据的资料主要有:

1. 建筑、结构设计和施工组织设计时所依据的有关拟建工程的当地原始资料

(1)自然条件调查资料:气象、地形、水文及工程地质资料。主要用于布置地表水和地下水的排水沟,确定易燃、易爆及有碍人体健康的设施的布置,安排冬雨季施工期间所需设施的地点。

(2)技术经济调查资料:交通运输、水源、电源、物资资源、生产和生活基地情况。它对布置水、电管线和道路等具有重要作用。

2. 建筑设计资料

(1)建筑总平面图:包括一切地上地下拟建和已建的房屋和构筑物。它是正确确定临时房屋和其他设施位置,以及修建工地运输道路和解决排水等所需的资料。

(2)一切已有和拟建的地下、地上管道位置。在设计施工平面图时,可考虑利用这些管道或需考虑提前拆除或迁移,并需注意不得在拟建的管道位置上面建临时建筑物。

(3)建筑区域的竖向设计和土方平衡图。它们在布置水电管线和安排土方的挖填、取土或弃土地点时需要用到。

3. 施工资料

(1)单位工程施工进度计划,从中可了解各个施工阶段的情况,以便分阶段布置施工现场。

(2)施工方案。据此可确定垂直运输机械和其他施工机具的位置、数量和规划场地。

(3)各种材料、构件、半成品等需要量计划,以便确定仓库和堆场的面积、形式和位置。

三、单位工程施工平面图的设计原则

(1)在保证施工顺利进行的前提下,现场布置尽量紧凑,以节约土地。

(2)合理布置施工现场的运输道路及各种材料堆场、加工厂、仓库、各种机具的位置,尽量使得运距最短,从而减少或避免二次搬运。各种材料按计划分期分批进场,充分利用场地。

(3)尽量减少临时设施的数量,降低临时设施费用。尽可能利用施工现场附近原有建筑物作为施工临时用房,并利用永久性道路供施工使用。

(4)临时设施的布置,应便于施工管理,尽量便利工人的生产和生活,使工人至施工区的距离最近,往返时间最少。

(5)符合环保、安全和防火要求。

四、单位工程施工平面图的设计步骤

(一)垂直运输机械的布置

垂直运输机械的位置直接影响搅拌站、加工厂及各种材料和构件等的位置及道路和水电线路的布置,因此,它是施工现场布置的核心,必须首先确定。

由于各种起重机械的性能不同,其布置方式也不同。

1. 塔式起重机是集起重、垂直提升、水平运输三种功能为一身的机械设备。按其在工地上使用架设的要求不同可分为固定式、轨行式、附着式、内爬式四种。

轨行式塔式起重机可沿轨道两侧全幅作业范围内进行吊装,但占用施工场地大,路基工作量大,且使用高度受一定限制,通常只用于高度不大的高层建筑。一般沿建筑物长向布置,其位置、尺寸取决于建筑物的平面形状、尺寸、构件重量、起重机的性能及四周的施工场

地的条件等。通常,轨道布置方式有以下四种布置,如图 17-6 所示。

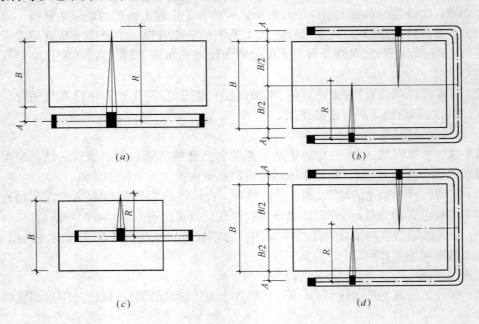

图 17-6　轨道布置方式

（1）单侧布置,如图 17-6(a)所示。当建筑物宽度较小,构件重量不大,选择起重力矩在 450kN·m 以下时,可采用单侧布置方案。其优点是轨道长度较短,且有较为宽敞的场地堆放构件和材料。此时起重半径应满足下式要求:

$$R \geqslant B + A$$

式中　R——塔式起重机的最大回转半径(m);

　　　B——建筑物平面的最大宽度;

　　　A——建筑外墙面至塔轨中心线的距离。一般当无阳台时,A = 安全网宽度 + 安全网外侧至轨道中心线距离;当有阳台时,A = 阳台宽度 + 安全网宽度 + 安全网外侧至轨道中心线距离。

（2）双侧布置或环形布置,如图 17-6(b)所示。当建筑物宽度较大,构件重量较重时,应采用双侧布置或环形布置,此时,起重半径应满足下式要求:

$$R \geqslant B/2 + A$$

式中符号意义同前。

（3）跨内单行布置,如图 17-6(c)所示。由于建筑物周围场地狭窄,不能在建筑物外侧布置轨道,或由于建筑物较宽、构件较重时,塔式起重机只有采用跨内单行布置,才能满足技术要求,此时最大起重半径应满足下式:

$$R \geqslant B/2$$

式中符号意义同前。

（4）跨内环行布置,如图 17-6(d)所示。当建筑物较宽,构件较重,塔式起重机跨内单行布置不能满足构件吊装要求,且塔吊不可能在跨外布置时,则选择这种布置方案。

塔式起重机的位置及尺寸确定之后,应当复核起重量、回转半径、起重高度三项工作参数是否能够满足建筑物吊装技术要求。若复核不能满足要求,则调整上述各公式中 A 的距离。若 A 已是最小安全距离时,则必须采取其他的技术措施,最后,绘制出塔式起重机服务范围。它是以塔轨两端有效端点的轨道中点为圆心,以最大回转半径为半径画出两个半圆,连接两个半圆,即为塔式起重机服务范围。

固定式塔式起重机不需铺设轨道,但其作业范围较小,附着式塔式起重机占地面积小,且起重高度大,可自升高,但对建筑物作用有附着力,而内爬式塔式起重机布置在建筑物中间,且作用的有效范围大,均适用于高层建筑施工,并且可与轨行式相类似的方法绘制出作用范围。

在确定塔式起重机服务范围时,最好将建筑物平面尺寸包括在塔式起重机服务范围内,以保证各种构件与材料直接吊运到建筑物的设计部位上,尽可能不出现死角;若实在无法避免,则要求死角越小越好,同时在死角上应不出现吊装最重、最高的预制构件,且在确定吊装方案时,提出具体的技术和安全措施,以保证这部分死角的构件顺利安装。例如,将塔式起重机和龙门架同时使用,以解决这个问题。但要确保塔吊回转时不能有碰撞的可能,确保施工安全。

此外,在确定塔式起重机服务范围时应考虑有较宽的施工用地,以便安排构件堆放以及使搅拌设备出料斗能直接挂钩起吊。同时也应将主要道路安排在塔吊服务范围之内。

2．自行无轨式起重机械

自行无轨起重机械分履带式、轮胎式和汽车式三种起重机。它一般不作垂直提升和水平运输之用。适用于装配式单层工业厂房主体结构的吊装,也可用于混合结构如大梁等较重构件的吊装方案等。

3．固定式垂直运输机械

固定式垂直运输工具(井架、龙门架)的布置,主要根据机械性能、建筑物的平面形状和尺寸、施工段的划分、材料来向和已有运输道路情况而定。布置的原则是,充分发挥起重机械的能力,并使地面和楼面的水平运距最小。

(1)当建筑物各部位的高度相同时,应布置在施工段的分界线附近;

(2)当建筑物各部位的高度不同时,应布置在高低分界线较高部位一侧;

(3)井架、龙门架的位置应布置在窗口处为宜,以避免砌墙留槎和减少井架拆除后的修补工作;

(4)井架、龙门架的数量要根据施工进度、垂直提升的构件和材料数量、台班工作效率等因素计算确定,其服务范围一般为 50～60mm;

(5)卷扬机的位置不应距离起重机太近,以便司机的视线能够看到整个升降过程,一般要求此距离在大于或等于建筑物的高度,水平距离外脚手架 3m 以上;

(6)井架应立在外脚手架之外,并有一定距离为宜,一般 5～6m。

(二)确定搅拌站、仓库、材料和构件堆场以及加工厂的位置

搅拌站、仓库和材料、构件的布置应尽量靠近使用地点或在起重机服务范围以内,并考虑到运输和装卸料方便。

根据起重机械的类型、材料、构件堆场位置的布置有以下几种情况:

(1)当采用固定式垂直运输机械时,首层、基础和地下室所有的砖、石等材料宜沿建筑

物四周布置,并距坑、槽边不小于 0.5m,以免造成槽、坑土壁的塌方事故。二层以上的材料、构件布置时,对大宗的重量大的和先期使用的材料,应尽可能靠近使用地点或起重机附近布置,而少量的、轻的和后期使用的材料,则可布置稍远一点。混凝土、砂浆搅拌站、仓库应尽量靠近垂直运输机械。

(2) 当采用塔式起重机时,材料和构件堆场位置以及搅拌站出料口的位置,应布置在塔式起重机有效服务范围内。

(3) 当采用自行无轨式起重机械时,材料、构件的堆场和仓库及搅拌站的位置,应沿着起重机开行路线布置,且其位置应在起重臂的最大起重半径范围内。

(4) 任何情况下,搅拌机应有后台上料的场地,所有搅拌站所用材料:水泥、砂、石子以及水泥罐等都应布置在搅拌机后台附近。当混凝土基础的体积较大时,混凝土搅拌站可以直接布置在基坑边缘附近,待混凝土浇筑完后再转移,以减少混凝土的运输距离。

(三) 临时设施的布置

临时设施分为生产性临时设施,如钢筋加工棚和水泵房、木工加工房等,非生产性临时设施如办公室、工人休息室、开水房、食堂、厕所等,布置的原则就是有利生产,方便生活,安全防火。通常做法如下:

(1) 生产性设施如木工加工棚和钢筋加工棚的位置,宜布置在建筑物四周稍远位置,且有一定的材料、成品的堆放场地;

(2) 石灰仓库、淋灰池的位置应靠近搅拌站,并设在下风向;

(3) 沥青堆放场及熬制锅的位置应离开易燃品仓库或堆放场,并宜布置在下风向;

(4) 办公室应靠近施工现场,设在工地入口处;工人休息室应设在工人作业区;宿舍应布置在安全的上风向一侧;收发室宜布置在入口处等。

(四) 水电管网布置

1. 施工水网布置

(1) 施工用的临时给水管。一般由建设单位的干管或自行布置的干管接到用水地点,布置时应力求管网总长度短,管径的大小和水龙头的数目需视工程规模计算而定。管道可埋置于地下,也可以铺设在地面上,视当时的气温条件和使用期限而定,其布置形式有环形、枝形、混合式三种。

(2) 供水管网应按防火要求布置室外消防栓。消防栓应沿道路设置,距道路应不大于 2m;距建筑物外墙不应小于 5m,也不应大于 25m;消防栓的间距不应超过长 20m,并应设有明显的标志;且周围 3m 以内不准堆放建筑材料。高层建筑的施工用水应加设高压泵或设蓄水池以满足高空用水的需要。

(3) 为了排除地面水和地下水,应及时修通下水道,最好与永久性排水系统相结合并结合现场地形在建筑物周围设置地面水和地下水的沟渠。

2. 施工供电布置

(1) 为了维修方便,施工现场一般采用架空配电线路,且要求现场架空线与施工建筑物水平距离不小于 10m,与地面距离不小于 6m,跨越建筑物或临时设施时,垂直距离不小于 2.5m。

(2) 现场线路应尽量架设在道路的一侧,且尽量保持线路水平,以免电杆受力不均,在低压线路中,电杆间距应为 25～40m,分支线及引入线均应由电杆处接出,不得由两杆之间接线。

（3）单位工程施工用电应在全工地性施工总平面图中一并考虑。一般情况下,计算出施工期间的用电总数,提供给建设单位解决,不另设变压器。只有独立的单位工程施工时,才根据计算的现场用电量选用变压器,其位置应远离交通要道口处,布置在现场边缘高压线接入处,四周用铁丝网围住。

建筑施工是一个复杂多变的生产过程,各种施工机械、材料、构件等随着工程的进展而逐渐变动和消耗。因此,在整个施工过程中,它们在工地上的实际布置情况是随时在改变着的。为此,对于大型建筑工程,施工期限较长或建筑工地较为狭小的工程,就需要按施工阶段来布置几个施工平面图,以便能把不同施工阶段内,工地上的合理布置具体地反映出来。对较小的建筑物,一般按主要施工阶段的要求布置施工平面图,但同时考虑其他施工阶段对场地如何周转使用。在布置重型工业厂房的施工平面图时,应考虑到一般土建工程同其他专业工程配合问题,应先以一般土建施工单位为主,会同各专业施工单位,通过协商制定综合施工平面图。在综合施工平面图上,则根据各个专业工程在各个施工阶段中的要求,将现场平面合理划分,使各个专业工程各得其所,具备良好的施工条件,以便各个单位根据综合平面图布置现场。

第六节　单位工程施工组织设计的优化

一、单位工程施工组织设计的优化

单位工程施工组织设计应考虑全局,抓住主要矛盾,预见薄弱环节,实事求是地做好施工全过程的合理安排。实际编制的过程中,应注意从以下几个方面对施工组织设计进行优化。

1）重视施工准备工作,不打无准备之仗。工程开工以前必须完成的一系列准备工作可以采用不同的方法来进行,不论在技术方面或在组织方面,通常都有许多可行的方案供人们选择,但不同的方案其经济效果是不一样的。应该结合工程项目的性质、规模、工期长短、工人的数量、机械装备程度、材料供应情况、构件生产情况、运输条件、地质条件、气候条件等各项具体的技术经济条件,对施工组织设计、施工方案、施工进度计划进行优化,使之趋于合理。

2）建设进度安排上的均衡原则。要按照工程项目合理的建设程序排列施工的先后顺序,根据实际情况安排各项施工工作内容,避免过分集中,有效地削减高峰工作量,减少临时设施,避免劳动力、机械、材料的大进大出,保证施工按计划、有节奏地进行。

3）作业的高效性。应广泛推行流水作业,如组织专业队或多工种的混合作业队,按照规定顺序不间断地在若干个工作性质相同的工作面上流动施工。专业队组由于操作专业化,有利于保证工作质量、提高工作效率、提高机械设备的利用率,同时可保证工作面不空闲,工序作业不间断,实现均衡连续作业,有利于缩短工期、降低工程成本。

4）充分利用现有机械设备,内部合理调度,力求提高主要机械的利用率。主要施工机械利用率的高低直接影响工程成本,有时还可能影响施工进度。所以应当充分利用现有的机械设备,使大型机械和中小型机械结合起来,使机械化和半机械化结合起来,在不影响总进度的前提下对进度计划作出适当的调整,以提高主要机械的利用率,从而达到降低成本的目的。

5) 施工技术以提高经济效益、简化工序为原则。应以"从技术入手,以经济结束"作为技术管理的核心内容。

二、单位工程施工组织设计的技术经济分析

为提高施工的技术经济效益,降低成本和提高工程质量,在单位工程施工组织设计中进行技术经济分析十分必要。技术经济分析的目的是分析施工组织设计在技术上是否可行,经济上是否合理,通过科学的计算和分析比较,选择技术经济效果最佳的方案,为不断改进和提高施工组织设计水平提供依据。

(一) 单位施工组织设计技术经济分析的指标体系。

1. 总工期指标

它是指从破土动工至竣工的全部天数,通常与相应工期定额比较。

2. 劳动生产率指标

通常用单方用工指标来反映劳动力的使用和消耗水平。

$$单方用工 = \frac{总用工数(工日)}{建筑面积(m^2)}$$

3. 质量优良品率指标

主要通过保证质量措施实现,通常按照分部工程确定优良品率的控制目标。

4. 降低成本率指标

$$降低成本率 = \frac{降低成本额(元)}{预算成本(元)} \times 100\%$$

式中　降低成本额 = 预算成本 - 施工组织的计划成本

5. 主要材料节约指标

主要材料(钢材、水泥、木材)节约指标有主要材料节约量、节约额和节约率三个指标:

$$主要材料节约量 = 预算用量 - 施工组织设计计划用量$$

$$主要材料节约率 = \frac{主要材料计划节约额(元)}{主要材料预算金额(元)} \times 100\%$$

6. 机械化程度指标

机械化程度指标有大型机械耗用台班数和费用两个指标:

$$大型机械单方耗用台班数 = \frac{耗用总台班(台班)}{建筑面积(m^2)}$$

$$单方大型机械费 = \frac{计划大型机械台班费(元)}{建筑面积(m^2)}$$

(二) 技术经济分析方法

技术经济分析方法主要包括定性分析和定量分析两种。

1. 定性分析

定性分析评价是结合工程施工实际经验,对几个方案的优缺点进行分析和比较。通常主要从以下几个指标来评价:

(1) 工人在施工操作上的难易程度和安全可靠性;

(2) 为后续工作能否创造有利施工条件;

(3) 选择的施工机械设备是否易于取得;

（4）采用该方案是否有利于冬雨期施工；

（5）能否为现场文明创造有利条件等。

2．定量分析

定量分析评价是通过对各个方案的工期指标，实物量指标和价值指标等一系列单个的技术经济指标，进行计算对比，从中选择技术经济指标最优方案的方法。定量分析的指标通常有：

（1）工期指标。当要求工程尽快完成以便尽早投入生产或使用时，选择施工方案就要在确保工程质量、安全和成本较低的条件下，优先考虑缩短工期的方案。

（2）劳动量消耗指标。它反映施工机械化程度和劳动生产率水平。通常，方案中劳动量消耗越小，施工机械化程度和劳动生产率水平越高。

（3）主要材料消耗指标。它反映各个施工方案的主要材料节约情况。

（4）成本指标。它是反映施工方案成本高低的指标。

（5）投资额指标。拟定的施工方案需要增加新的投资时，如购买新的施工机械或设备，则需要增加投资额指标进行比较，低者为好。

在实际应用时，可能会出现指标不一致的情况，这时，就需要根据工程具体情况确定。例如工期紧迫，就优先考虑工期短的方案。当资金短缺时，就应优先考虑投资少的方案。但无论如何选择，都必须保证工程施工质量达到施工合同规定的质量等级。

参　考　文　献

1．重庆建筑大学等．建筑施工．第三版．北京：中国建筑工业出版社，1997

2．朱嬿．建筑施工技术．北京：清华大学出版社，1994

3．《建筑施工手册》编写组．建筑施工手册．第三版．北京：中国建筑工业出版社，1997

4．林瑞铭．建筑施工．天津：天津大学出版社，1989